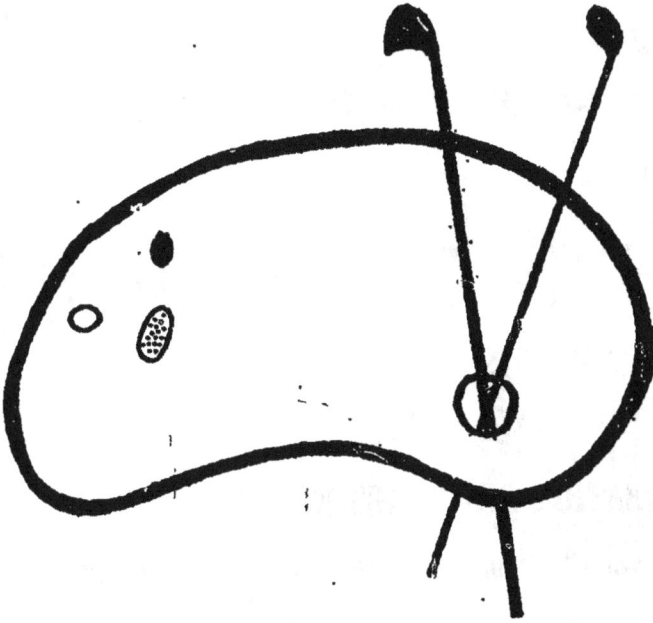

COUVERTURE SUPERIEURE ET INFERIEURE
EN COULEUR

CLASSIQUES DU JARDIN

PARCS ET JARDINS

TRAITÉ COMPLET

DE LA

CRÉATION DES PARCS ET DES JARDINS

DE LA CULTURE ET DE L'ENTRETIEN DES ARBRES D'AGRÉMENT

DE LA CULTURE DES FLEURS

ET DE TOUTES LES PLANTES ORNEMENTALES

PAR GRESSENT

PROFESSEUR D'ARBORICULTURE LT D'HORTICULTURE

CHEZ M. GRESSENT
AUTEUR ET ÉDITEUR
A SANNOIS (Seine-et-Oise)

PARIS
AUGUSTE GOIN, LIBRAIRE
Rue des Écoles, 62

1877

LES CLASSIQUES DU JARDIN

PAR GRESSENT

1° L'ARBORICULTURE FRUITIÈRE (9° édition). Traité complet de la culture, taille et restauration de toutes les espèces.

Cette édition, considérablement augmentée de texte et de figures, traite à fond et de la manière la plus pratique, de la création des jardins fruitiers ; — des vergers ; — du vignoble, etc etc : — du choix des meilleurs fruits ; — de la spéculation fruitière ; — du capital ; — du vignoble ; — de la pépinière ; — des plantations saines et d'alignement ; — de l'entretien des arbres ; — de la culture de la formation, de la taille et de la restauration de toutes les espèces d'arbres à fruits.

Formes d'arbres et tailles nouvelles ; — simplification de toutes les opérations ; — en un mot, tout le règne des vergers. — Nouveau dans un volume de 900 pages et 480 figures intercalées dans le texte. — **Prix : 7 fr.**

2° LE POTAGER MODERNE (4° édition). Traité complet de la création des potagers et de la culture des légumes sous tous les climats de la France. — Production prompte et économique. —
Un volume de 800 pages et nombreuses figures. — **Prix : 7 fr.**

3° PARCS ET JARDINS (4° édition). Traité complet de la création des parcs et de jardins paysagers, de la culture des arbres et arbustes d'ornement et des fleurs. — Un volume de 850 pages et nombreuses figures, plans, paysages, etc. — **Prix : 7 fr.**

Avec ces trois volumes, les plus pratiques qui existent, quicon-

---

ALMANACH GRESSENT

ALMANACH GRESSENT pour 1868, 1869, 1870, 1871, 1872 réunis, 1873, 1874, 1875, 1876 et 1878, traitant de nouveautés horticoles de l'année, et uniquement d'arboriculture, potager moderne et de floriculture.

Chaque année, il paraît un nouvel Almanach Gressent, tenant le public au courant des expériences nouvelles faites pendant l'année. L'Almanach est le complément des livres, et la collection est plus utile.

Chaque Almanach Gressent, 1 franc, 50 centimes, franco par la poste. — La collection, neuf années (1867 et 1877 sont épuisés) contre 3 fr. adressé directement à M. GRESSENT, professeur d'arboriculture, à SANNOIS (Seine-et-Oise).

L'Almanach Gressent paraît toujours du 1er au 5 septembre de l'année précédente. (Envoi franco par la poste.)

ORLÉANS, IMPRIMERIE DE GEORGES JACOB, CLOÎTRE SAINT-ÉTIENNE, 4.

PARCS ET JARDINS

ORLÉANS, IMPRIMERIE DE G. JACOB, CLOÎTRE SAINT-ÉTIENNE, 4.

CLASSIQUES DU JARDIN

PARCS ET JARDINS

TRAITÉ COMPLET

DE LA

CRÉATION DES PARCS ET DES JARDINS

DE LA CULTURE ET DE L'ENTRETIEN DES ARBRES D'AGRÉMENT

DE LA CULTURE DES FLEURS

ET DE TOUTES LES PLANTES ORNEMENTALES

PAR GRESSENT

PROFESSEUR D'ARBORICULTURE ET D'HORTICULTURE

CHEZ M. GRESSENT
AUTEUR ET ÉDITEUR
A SANNOIS (Seine-et-Oise)

PARIS
AUGUSTE GOIN, LIBRAIRE
Rue des Écoles, 62

1877

©

A MES LECTEURS

Le *Potager moderne* a été publié en 1864; ce livre a puissamment contribué à la division des cultures du jardin, acceptée dès 1862, d'après les indications de l'*Arboriculture fruitière*.

La séparation complète des arbres fruitiers, des légumes, des arbres d'ornement et des fleurs, était alors acceptée en principe ; aujourd'hui, elle est un fait accompli.

Dès 1865, mes auditeurs et mes lecteurs me demandaient un troisième volume, traitant des jardins d'agrément et de la culture des fleurs,

1

pour compléter mon œuvre. Malgré leurs vives instances, j'ai ajourné la publication de ce volume : son heure n'était pas venue.

Je voulais le succès pour mes auditeurs et mes lecteurs, un succès aussi complet, avec *Parcs et Jardins*, qu'ils l'ont obtenu avec l'*Arboriculture fruitière* et le *Potager moderne*.

Pour atteindre ce but à coup sûr, la pratique de l'assolement du potager, à quatre ans, avec couches, était indispensable. Avant de faire des fleurs, il fallait avoir les premiers éléments de leur culture : les terreaux et les paillis, la vie des fleurs, et être familiarisé avec les semis et les repiquages en pépinière, presque tout le secret de leur élevage.

Reportons-nous un instant en 1864. Partout des *jardins fouillis ;* on considérait alors la construction d'une couche comme une *témérité ruineuse ;* le repiquage en pépinière, comme la pépinière de légumes, semblait quelque chose de monstrueux ; l'assolement du potager, si fécond en résultats, prenait la forme d'un problème insoluble.

Si j'eusse publié à cette époque, et même trois ou quatre ans après, *Parcs et Jardins,* la moitié de mes lecteurs n'auraient obtenu que des demirésultats, et l'autre moitié eût subi des échecs sérieux.

Le *Potager moderne* a fait disparaître les préjugés, comme les *jardins fouillis*. Les cultures sont divisées depuis longues années ; des jardins fruitiers sont créés partout, et à côté d'eux des potagers modernes, assolés à quatre ans, avec couches, donnant quantité de terreaux et de paillis ; les semis, les repiquages et les pépinières de légumes sont pratiqués partout.

Nous sommes armés de toutes pièces ; le moment de transformer les jardins d'agrément et de cultiver les fleurs est venu. *Parcs et Jardins* paraît. Je lance ce nouveau livre, consciencieusement étudié, avec la conviction de lui voir rendre des services non moins importants que l'*Arboriculture fruitière* et le *Potager moderne,* et avec l'espérance, chers lecteurs, que vous l'accueillerez avec le même empressement que ses aînés.

PARCS ET JARDINS

PREMIÈRE PARTIE

CHAPITRE PREMIER

Les parcs en 1876.

Dans notre examen des parcs à notre époque, exceptons tout d'abord :

1º Les anciens parcs créés par nos grands maîtres ; nous ne pouvons que nous incliner devant leurs majestueuses conceptions.

Leurs belles avenues, leurs vastes pelouses et leurs splendides groupes d'arbres inspirent à la fc. l'admiration et le respect ; tout y est amplement taillé ; l'esprit du grandiose a présidé à leurs créations.

Cet esprit n'est plus de nos jours, mais ces grandes conceptions sont justement appréciées de tous. Heureux ceux qui possèdent ces parcs et savent en respecter le style!

2° Les créations de nos artistes modernes, ne laissant rien à désirer. Tout y est réuni : vues, mouvements de terrain, sites pittoresques, constructions rustiques, eaux, rochers, groupes d'arbres savamment dispersés et floraison luxuriante.

Ces réserves faites, examinons les parcs, ou ce que l'on est convenu d'appeler ainsi, à une certaine distance de Paris :

Dans la Beauce et la Brie, pays généralement plats, où il existe beaucoup de vieux châteaux et de grands parcs, on a tracé de longues avenues droites, encadrées dans d'immenses futaies : un désert de verdure, un silence de mort.

Des hommes moins qu'artistes ont voulu singer les grands maîtres : ils ont voulu faire du grand ; ils n'ont réussi qu'à établir une prison de feuillage où le spleen est enchaîné.

Je défie à l'homme le plus jovial de se promener vingt minutes dans ces parcs sans avoir de fréquentes envies de bâiller. Le bâillement y est à l'état d'épidémie ; personne n'y échappe ; aussi a-t-on grand soin de fuir le parc, pour aller se promener dans les champs, où l'on retrouve la vie.

Éloignons-nous pour entrer dans l'Orléanais et une partie du centre de la France, où les propriétés ont une grande étendue, et où la nature a tout prodigué pour faire de l'art. Que sont les parcs ?

Généralement, une cinquantaine d'hectares et souvent

plus sont affectés à ce que l'on veut bien décorer du nom de parc. Le plus souvent, le terrain était occupé par d'anciens jardins et par un bois.

Presque partout on a établi, avec raison, une grande pelouse devant le château, en y laissant quelques arbres fruitiers rabougris, aussi hideux qu'improductifs. Ensuite on a pensé à la promenade, et l'on a tracé au hasard, à travers le taillis, des allées plates, aux contours des plus forcés, partant assez généralement de l'habitation, mais ne conduisant nulle part.

Les habitants n'éprouvant pas le besoin de tournailler chaque jour quelques heures dans un bois obscur, où ils n'ont à admirer que les ronces, les genêts et les ajoncs, et où ils rencontrent notable quantité de limaces, de crapauds et de reptiles, vont peu dans le parc. L'herbe envahit les allées plates, et bientôt ils n'y vont plus du tout, de peur de se mouiller jusqu'à mi-jambes ou de s'embourber dans les allées.

En échange, les habitants du château ayant besoin d'aller à une foule d'endroits, passent à travers la pelouse, et y font des sentiers conduisant à peu près en ligne droite du château aux endroits les plus fréquentés. Votre pelouse, la seule chose rationnelle, prend bientôt l'aspect d'une grande place de village.

Voilà pour la conception. A la décoration maintenant.

Le père du parc a été, comme dans sa création, très-sobre de génie inventif. On trouve quelquefois une allée de tilleuls, bien droite et rigoureusement mutilée au croissant, pour la fermer par le haut, comme si l'on craignait que les moustics puissent s'en échapper, mais toujours trois ou quatre groupes de pins maritimes ou d'épicéas autour du château, obstruant sa vue, bouchant souvent les fenêtres et donnant aux abords de l'habitation l'aspect d'un cimetière.

Dans une pelouse immense, quelques *macarons* microscopiques, plantés avec des soleils, des digitales, et souvent avec rien du tout, couronnent l'œuvre que l'on décore du nom de parc.

Éloignons-nous encore, et nous trouverons pis que cela, dans les parcs *sans prétention*. Et cependant la nature a tout mis à notre disposition : immensité, riants lointains, ravissants coteaux, etc.; tout cela a été caché par des sapins, par le paradis des vipères et des couleuvres, ou une charmille mutilée.

Ce que je viens de décrire n'est rien à côté des créations *prétentieuses*, nées dans des cerveaux d'*artistes* campagnards, où la bêtise et la niaiserie sont soudées à l'orgueil.

Le plus souvent, l'artiste est tout bonnement le pépiniériste de l'endroit. C'est tout simplement un bon marchand d'arbres, ayant pour devise de débiter le plus de marchandise possible, et quelquefois la prétention d'être *paysagiste*.

Le propriétaire, qui souvent n'y connaît rien, s'en rapporte à l'artiste et le laisse faire. Il commence par établir devant la grille d'entrée une grosse butte de terre.

Quand la butte a pris des proportions assez monumentales pour tout cacher, l'artiste la contemple, regarde ses ouvriers avec complaisance, et semble leur dire d'un air rayonnant : « C'est moi *qu'a* inventé ça! »

Mais ce n'est pas tout que de faire une butte, quelque grosse qu'elle soit; il faut l'orner. L'*artiste* fait apporter quelques grosses pierres qu'il agglomère dans le flanc de sa butte, et couronne son œuvre par une plantation de broussailles, des plus drues naturellement. Voilà pour la partie la plus artistique.

Tous les passants regardent et disent : « M. *** aurait bien dû enlever ce tas d'immondices avant de planter son labyrinthe. Drôle d'idée de faire un labyrinthe devant la grille d'entrée! Cela bouche tout; on ne voit pas du dehors dans le parc, mais du château on ne voit pas dehors. » Et les passants répètent cela à l'envi, jusqu'à ce qu'ils aient rencontré l'*artiste*, qui leur dit avec orgueil : « Comment trouvez-vous mon *rocher?* Et mon *massif*, il est soigné celui-là, hein! »

Le reste du parc se compose de massifs ridicules *bordés* de broussailles, et d'allées aussi sinueuses que disgracieuses, ne conduisant nulle part.

Un parc immense, planté dans ces conditions, paraît grand comme la main. Tout y est bouché, obstrué par les broussailles obligées, heureux quand elles n'envahissent pas les fenêtres du château.

Partout les parcs plantés par ces paysagistes de contrebrande ont le même aspect; ils ont tous été créés sous cette inspiration : débiter le plus d'arbres possible. Ce cachet se trouve à trente ou quarante lieues, comme aux portes de Paris; mon village est rempli de ces épaisses conceptions.

1.

Estimez-vous heureux si votre *artiste* s'en tient au *rocher*; s'il vous lance dans la rivière artificielle, vous êtes perdu ! J'ai vu, *de mes yeux vu*, et fait combler, bien entendu, une rivière artificielle, dans un parc BORNÉ PAR LA LOIRE ! Une potée d'eau croupie voulant lutter contre un fleuve !

Il va sans dire que la Loire avait été soigneusement cachée par une forêt de broussailles.

Il me faudrait plusieurs volumes pour consigner tout ce que j'ai vu de grotesque en fait de créations de parcs. Le lecteur est édifié, et s'il ne l'était pas complètement, qu'il veuille bien prendre la peine de regarder attentivement une vingtaine de parcs; il ne lui restera aucune illusion.

Avant d'éclairer les propriétaires sur la création des parcs, je ne saurais trop leur recommander de veiller aux plantations des massifs, où l'on plante généralement dix fois plus de touffes qu'il n'en faut.

Le premier inconvénient est de donner au propriétaire une note quadruple de celle qu'il doit payer, et ensuite de faire des plantations dont les résultats sont lamentables.

Cela se conçoit : on plante cinq ou six touffes où il en faut une; elles reprennent toutes et poussent tant bien que mal, jusqu'à ce que les fortes aient anéanti les faibles. En faisant la part de la mortalité obligée dans ces conditions, il en reste encore trois fois trop.

Alors, au bout de trois ou quatre ans, quand tout s'étouffe, on recourt aux grands moyens : à l'arrachage du superflu, pour permettre au nécessaire de vivre.

On arrache bien ce qu'il y a en trop, et l'on fait des bourrées avec des arbustes qui ont coûté très-cher; mais le mal ne s'arrête pas là.

Le sol, littéralement rempli de racines au moment de l'arrachage du superflu, est épuisé, du moins pour la végétation des arbustes. Vous donnez bien de la place pour s'étendre aux racines des arbustes conservés, mais dans une terre ruinée, et qu'il faut refaire par une abondante fumure, si l'on veut obtenir de la végétation.

Il eût été bien plus simple et beaucoup plus économique de planter convenablement tout de suite ; on y aurait gagné 75 p. 0/0 sur l'achat des arbres, et 50 p. 0/0 sur la fumure, et l'on aurait obtenu une végétation bien supérieure à celle que l'on peut attendre après l'arrachage, suivi d'une abondante fumure.

Je donnerai plus loin les distances auxquelles les massifs doivent être plantés.

CHAPITRE II

État actuel des jardins.

Si les parcs laissent à désirer, c'est bien autre chose pour les jardins d'agrément, grands et petits.

J'entends par grands jardins ceux de un à deux

hectares, prenant les proportions de petits parcs, et par petits ceux de dix à cinquante ares.

Dès que l'on sort d'un cercle d'une ou deux lieues au plus, autour de Paris, sur cent jardins grands ou petits, on en trouve :

Cinq ou six charmants, réunissant toutes les conditions de vue, de perspective, de goût et d'élégance; ceux-là ont été créés par des architectes paysagistes : ils font l'admiration de tout le monde;

Une dizaine de passables, créés par les propriétaires eux-mêmes, ayant du goût, mais malheureusement ignorant les principes fondamentaux de la création des jardins; bien qu'imparfaits, ceux-là ne font rire personne;

Une vingtaine plus burlesques les uns que les autres, créés par des *paysagistes de village :* des forêts de broussailles plantées sans intelligence et sans goût; des *baquets* en guise de pièces d'eau; des tas de gravois figurant des rochers; des buttes de terre énormes destinées à servir de massifs et de corbeilles; des tonnelles de cabaretiers, et des *bonshommes* en plâtre pour admirer le tout et *faire société* (sic).

Une trentaine des plus petits sont faits par des jardiniers de l'endroit. Ces jardins sont pour la plupart une seconde édition de la foire de Saint-Cloud.

Les cœurs, les pains d'épices, les lunes, les demi-lunes, les quarts de lune, les macarons, etc., etc., y fourmillent en guise de corbeilles.

Le plus souvent, le propriétaire, qui n'y entend rien, fait venir un jardinier et lui dit :

« Je veux quelque chose de joli, de frais et de constamment fleuri. C'est votre métier ; faites pour le mieux. »

L'artiste se met à l'œuvre, et, après mûre réflexion, accouche d'une œuvre ridicule ou de mauvais goût, et pas fleurie du tout.

Sur la judicieuse critique de ses amis, le propriétaire fait venir un second artiste et lui tient à peu près le même langage qu'au premier.

— Laissez-moi faire, monsieur ; je vous ferai un *vrai paradis ;* mais il faut d'abord démolir tout cela.

— Soit, mais faites-moi quelque chose de joli, et des fleurs surtout.

L'artiste n° 2 se met à l'œuvre, et après avoir bousculé tout, il exécute une œuvre à peine au niveau de la première.

Enfin, quand le propriétaire est arrivé au n° 5 ou 6 des hommes de l'art, a bousculé plusieurs fois son jardin, dépensé une somme élevée pour épuiser en dessins toute la série des cœurs, des petits ronds, des grands ronds, des pleines lunes, demi-lunes, des croissants et des triangles ; en floraison : les giroflées jaunes, les astères, les soleils, les oreilles d'ours et autres plantes non moins vulgaires, il prend le parti de dessiner son jardin lui-même, pour ne plus tomber dans le ridicule.

Il n'en faut pas vouloir le moins du monde aux *artistes* de leurs lourdes conceptions. Ce sont le plus souvent de très-braves gens, remplis de bon vouloir ; mais ils ne savent pas, et n'ont pas été à même d'apprendre ce que c'est qu'un jardin. Soyez l'esprit, l'âme du jardin ; tous seront d'excellents exécutants.

Plus, lorsqu'ils auront exécuté plusieurs fois des conceptions rationnelles et en harmonie avec le goût des citadins, ils feront des jardins d'eux-mêmes, et les feront d'autant mieux qu'ils sentiront alors avec raison qu'ils deviennent des artistes.

Est-il juste de demander à un homme qui de laboureur s'est improvisé jardinier, ayant passé toute son existence dans une chaumière et dans les champs, le dessin, le goût et l'harmonie ? Cet homme veut faire de son mieux, mais ne soupçonne même pas l'existence des choses que vous le chargez de créer.

Ce jardinier est une machine intelligente ; il ne possède que les bras ; apportez-lui le concours de la pensée, il deviendra bientôt un homme complet.

Le reste des jardins est tout simplement un champ, plus ou moins grand, dans lequel on a ouvert des allées en croix, planté pêle-mêle des quenouilles ou des choux, des arbres fruitiers à haute tige et des haricots, des groseilliers et des salades, de la vigne et des épinards, le tout agrémenté de quelques fleurs aussi vulgaires qu'étiolées.

Les propriétaires ayant du goût, et ne sachant rien de l'horticulture, préfèrent souvent un champ planté avec toutes espèces de choses à un jardin ridicule.

CHAPITRE III

Le sublime du genre.

Pour vous édifier complètement, cher lecteur, sur l'influence d'un jardin dans la vente d'une propriété, veuillez bien vous pénétrer de l'histoire suivante, et me suivre dans la visite de l'immeuble.

Un ancien maçon, artiste de son métier et enrichi par son travail, voulut se faire construire une maison pour se retirer. Il savait travailler ; la maison était un petit chef-d'œuvre de construction et de distribution. Après la bâtisse, il avait surveillé la menuiserie et la serrurerie ; chaque chose était un objet d'art.

Le propriétaire, des plus experts en construction, ne savait rien du jardinage ; il fit venir l'*artiste* le plus renommé dans le pays et lui dit :

« J'ai fait une belle maison ; je veux un beau jardin. Je n'y connais rien ; fais pour le mieux, et n'économise rien, pour que le jardin marche avec la maison. »

Le maçon perdit sa femme et mourut quelques années après, en léguant sa maison à Agathe, sa gouvernante ; mais Agathe préférant les écus, mit la maison en vente. C'est alors qu'un de mes amis, auquel on avait beaucoup vanté la maison, vint me chercher pour l'accompagner dans sa visite.

C'était à huit lieues de Paris. Après avoir vu le notaire de l'endroit, qui ne tarit pas d'éloges sur la propriété, nous nous y rendîmes pour la visiter.

Arrivé à la porte, mon ami fut très-impressionné de l'aspect de son futur immeuble (fig. 1).

Fig. 1. — Vue de la rue.

— Ce n'est pas ici, me dit-il au moment où je tirais la sonnette.

— Si, numéro 28; voilà.

— On nous a dit une charmante maison.

— Nous ne la voyons pas; impossible d'en juger. Entrons !

Une petite femme à l'air madré, et d'une gracieuseté exagérée, vint nous ouvrir : c'était Agathe.

— Ces messieurs désirent visiter la maison ?

— Oui, madame.

— Pourquoi cette affreuse muraille de verdure ? dit mon ami.

— Monsieur, c'est un *discret*, comme dit le *paysagiste*. M. X... n'aimait pas à être vu du dehors ; l'*artiste* a planté un discret, mais on peut l'arracher.

— Oh ! oui.

— Le jardin n'est peut-être pas à la mode de Paris, mais il a 4,500 mètres, et la maison n'est pas ordinaire. Voyons d'abord la maison, reprit Agathe en entraînant mon ami avec une rapidité vertigineuse.

Il était évident qu'Agathe voulait éviter le jardin, et comme, en matière d'acquisition, il est toujours prudent de regarder ce que l'on cherche à vous cacher, je laissai mon ami visiter la maison pour procéder à l'examen du jardin. Je passai derrière le *discret*, où il y avait un *superbe banc vert* et des *chaises idem*, pour juger de l'étendue du jardin par devant et de l'aspect de la maison.

L'étendue était suffisante pour faire quelque chose de joli, l'aspect de la maison des plus souriants ; quant à celui du jardin, le voici (fig. 2).

Je fis le tour de la maison et vis (fig. 3).

Je suis forcé d'avouer que, malgré ma longue habitude de juger à la première vue de l'étendue d'un jardin, je me demandai où pouvaient être les 4,500 mètres annoncés.

Je traversai le potager, qui avait été placé sous les

Fig. 2. — Vue intérieure devant la maison.

fenêtres du salon, pour..... ménager les pas d'Agathe,

sans doute, et pénétrai dans le bois, où je me perdis aussitôt. Jugez-en, cher lecteur (fig. 4).

L'*artiste* avait voulu que l'on se promenât longtemps dans son bois sans pouvoir se retrouver ; il avait complètement réussi. Après avoir tourné dans trois ou quatre allées, je revins à l'entrée, et comme j'avais déjà trouvé un exemplaire d'un bois semblable, je franchis les broussailles du côté droit, en longeant le mur de

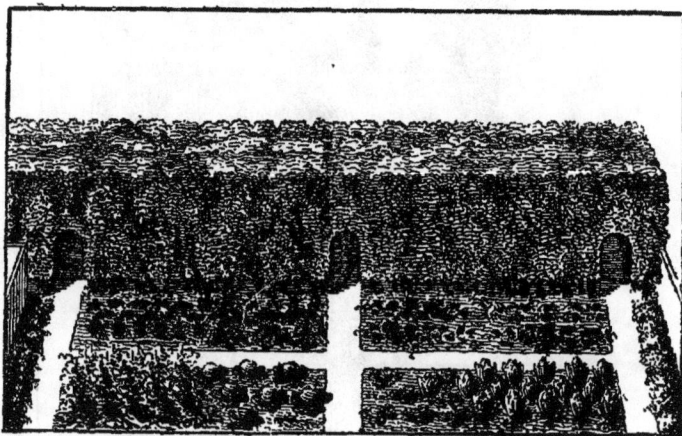

Fig. 3. — Vue derrière la maison.

clôture, pour faire le tour tout de suite, afin d'apprécier la grandeur.

Je reconnus que la partie *b* (fig. 4) était très-profonde, et découvris bientôt la partie *c*, dont il était impossible de soupçonner l'existence. Agathe avait raison : les 4,500 mètres y étaient largement.

Je revins à la maison ; mon ami en sortait avec Agathe.

— Hé bien ! lui dis-je à part.

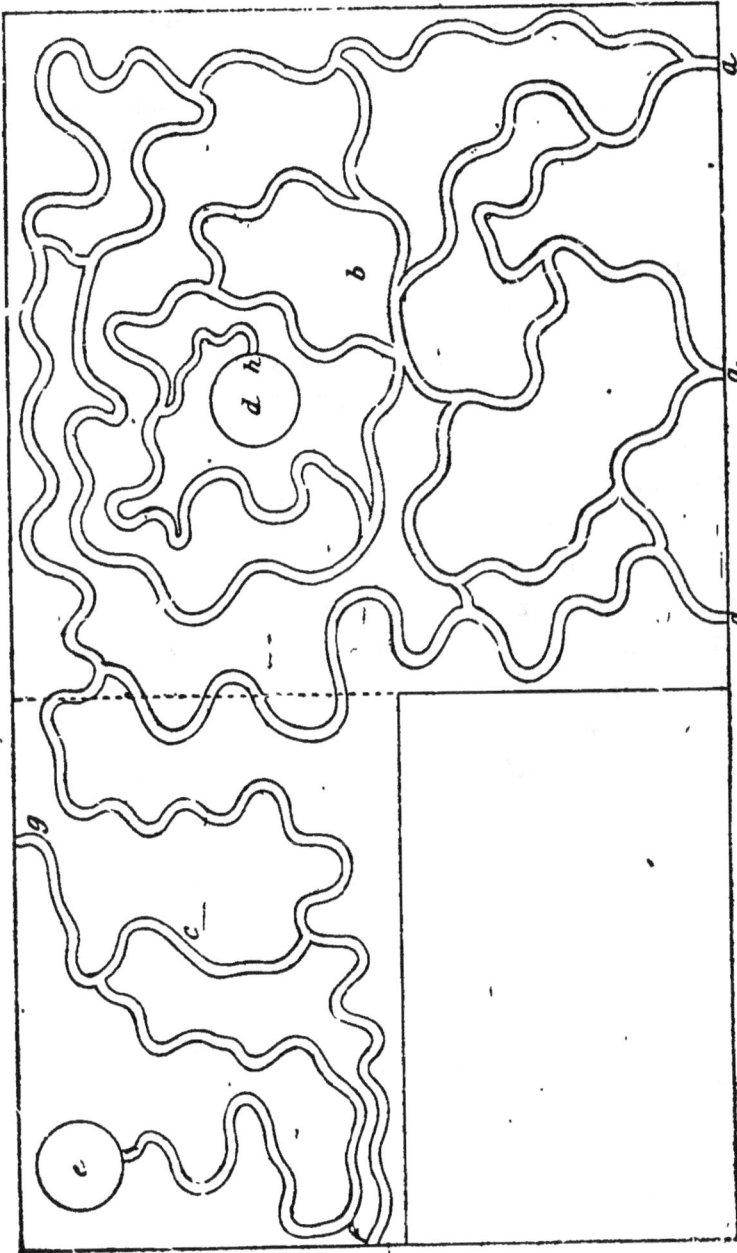

Fig. 4. — Plan du bois.

— L'habitation est ravissante, mais elle est entourée
d'un cloaque.

Et il me montrait un mur à hauteur d'appui, entourant la maison et formant une cour pour les volailles
d'Agathe. Plusieurs étaient sur le perron, attendant
sans doute de la nourriture ; elles ne mangeaient pas...
au contraire.

— Nous ferons sauter tout cela.

— Sapristi oui ! mais il n'y a pas de jardin.

— Si, j'ai vu ; il y a plus qu'il ne faut pour en faire
un charmant.

— Où cela ?

— Derrière ces broussailles.

— Pas possible !

— Si ; vous pouvez vous en rapporter à moi : j'ai vu !

— Messieurs, entrez donc dans le bois ; c'est ce
qu'il y a de plus joli dans la propriété ; un bois comme
on n'en voit nulle part, et joliment grand, allez : on
peut s'y promener deux grandes heures sans retrouver
son chemin.

Mon ami me regardait d'un air de doute ; j'affirmai
d'un signe.

— Un bois, reprit Agathe, où il y a de quoi mourir de
rire ! Faut tout de même que l'*artiste* qui l'a fait ait
bien de l'esprit. Il y a deux places dans le bois (*d* et *e*,
fig. 4), et on ne peut pas les trouver. On tourne, on marche
pendant deux heures, et au lieu d'arriver aux places,
on revient à l'entrée, où on tombe sur les deux
farces, et on *embrasse le mur.* C'est-y drôle, mon
Dieu !

Agathe appelait *farces* les points *f* et *g* (même figure), où les allées aboutissaient au mur.

— M. X..., reprit Agathe enthousiasmée, donnait des prix aux *anciens compagnons,* à la fête du village. Il mettait un dindon dans le rond *d* (fig. 4), et une oie dans le rond *e*, et il donnait aux compagnons une demi-heure pour les trouver. Jamais, mais jamais, ils n'y arrivaient; souvent ils n'avaient gagné que le soir. Si vous voulez en faire autant, monsieur, vous rirez joliment.

Mon ami faisait une grimace significative.

— Avez-vous tout vu? me dit-il.

— Non, il faut que j'examine la vue, s'il y en a, au premier étage, et que je revoie le devant.

Je montai au premier et découvris par dessus le bois une vue ravissante, des lointains splendides. Agathe, ne comprenant pas ce que je cherchais, me bourdonnait sans cesse aux oreilles. Je recueillis une seule chose de son verbiage : c'est qu'il y avait à droite un voisin curieux, indiscret et désagréable.

Mon inspection passée, je revins devant la maison. Je voulais revoir la grandeur du jardin de devant, et aussi me rendre compte de l'étendue de la bêtise humaine. Mon ami me regardait d'un air qui voulait dire : « Pourquoi perd-il son temps et le mien à regarder quelque chose d'aussi hideux? » Je continuai.

Les murs de clôture étaient garnis d'espaliers bons à arracher, et dans les plates-bandes *i* (fig. 5), il y avait des salades et des choux ; du côté gauche, une allée de 50 centimètres, et un massif de pommiers en

buissons dans toute la partie *j*; du côté droit, des
broussailles après l'allée, et toute la partie *k* plantée
en arbres fruitiers à haute tige.

Le mur à hauteur d'appui, renfermant les chères
volailles d'Agathe, était garni de broussailles bouchant
les fenêtres du rez-de-chaussée, borné à gauche par
des cabanes à poules et à lapins, et à droite par un *parterre* figurant une *pleine lune* et *deux lunes nais-
santes*, le tout agrémenté de gazons et planté de rosiers
à haute tige et de fleurs étiolées.

Tout cela n'était rien en comparaison du milieu :
c'est là que l'*artiste* avait déployé toute sa verve.

Le maçon avait perdu sa femme ; l'artiste traça devant
la maison un immense cœur : c'est une pensée digne
d'une bonne nature ! Mais quand on a un cœur, quelque
grand qu'il soit, il faut l'utiliser et l'orner.

L'*artiste* planta le *discret* pour que les passants ne
lisent pas dans le cœur de M. X..., et établit une place
entre le cœur et le *discret*. C'était le lieu de plaisance
du maçon, et comme il était passionné pour le piquet,
l'artiste mit sur son cœur un carreau, un trèfle et un
pique, pour servir de corbeille, attention aussi flatteuse
que délicate. Voilà pour l'ornement ; à l'utilité maintenant.

Pour utiliser son cœur, l'artiste le perfora pour
planter un gros pommier à haute tige au beau milieu *g*
(fig. 5), puis des quenouilles *f* de chaque côté.

Le maçon et Agathe admirèrent sincèrement l'œuvre
de l'*artiste* et la soignèrent religieusement pendant
longtemps. Ils étaient en contemplation devant l'ingé-

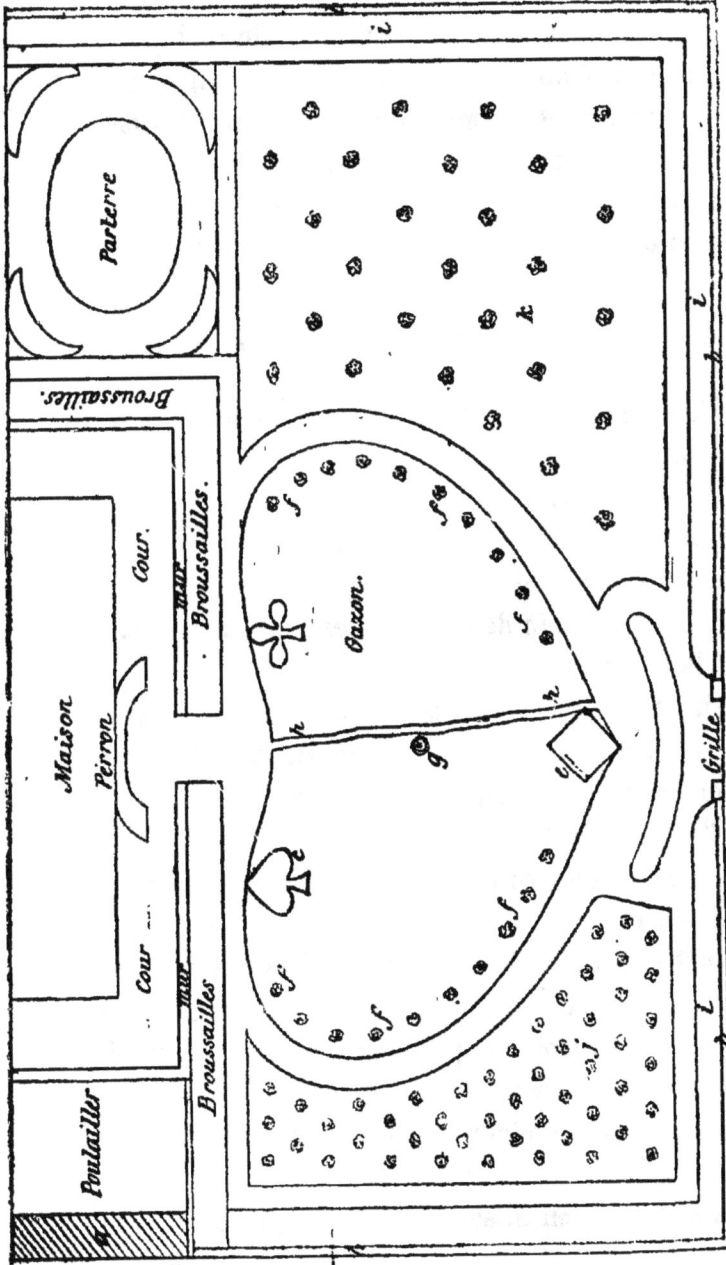

Fig. 5. — Plan du jardin de devant.

Parterre

Broussailles.

Maison

Perron.

Cour.

Cour.

Broussailles

Poulailler

Gazon.

Grille.

niosité de l'*artiste* qui avait su mettre tant de choses dans un cœur. Mais, hélas ! tout a une fin ici-bas.

Agathe était femme d'expédition, et le temps s'écoulant, elle trouva le chemin de la maison au *discret* beaucoup trop long par les allées. Alors elle n'hésita pas à marcher sur le cœur de son bourgeois, et à le couper en deux par le sentier *h* (fig. 5), pour aller plus vite.

Nous sortîmes. Mon ami dit à Agathe qu'il réfléchirait.

— C'est hideux ! me dit-il aussitôt dehors. Je n'en veux pour aucun prix !

— La maison....

— Ravissante, bien distribuée et bâtie de main de maître. Mais le jardin !

— Est fait de main de maître; j'en suis enchanté.

— Allons donc !

— Si, j'en suis ravi; il vous fera payer la propriété vingt mille francs de moins, et avec deux mille francs nous ferons un jardin en harmonie avec la maison.

— C'est une idée.

— Allons déjeûner; nous allons trouver des renseignements à l'hôtel.

L'esprit de toutes les petites localités est le même partout : on y est généralement très-curieux et plus qu'empressé de savoir ce qui se passe chez son voisin. Le maître d'hôtel avait flairé des acquéreurs; il n'aimait pas Agathe, et nous n'eûmes pas besoin de lui délier la langue.

Nous apprîmes en quelques instants qu'une quaran-

2

taine d'acquéreurs s'étaient présentés; plus de la moitié s'étaient retirés en voyant le jardin; les autres, ne voulant ou n'osant pas se lancer dans la création d'un jardin, n'avaient fait aucune offre.

Agathe demandait dans le principe soixante mille francs de sa propriété; elle l'avait laissée ensuite à cinquante et nous l'offrait pour quarante-cinq. J'appris en outre, en faisant causer l'hôtelier, chose des plus faciles, qu'elle était pressée de vendre.

Mon ami était sous la même influence que les précédents visiteurs : il ne pouvait se figurer que cet amas de choses ridicules serait converti en jardin.

— C'est une affaire à conclure; la maison vaut plus de quarante-cinq mille francs.

— Oui ! mais le jardin?

— Nous en ferons un.

— Il y a un casse-cou de trois marches en entrant, et le jardin est plat comme une galette.

— Ce casse-cou fait mon bonheur : il renferme la terre nécessaire aux vallonnements; en y joignant les plâtras de la démolition du mur de la cour, nous avons tout ce qu'il nous faut.

— Nous allons dépenser des sommes folles à tout cela.

J'avais mes dimensions; je pris une feuille de papier et fis mes calculs.

— Avec trois mille francs au plus, je réponds de la confection du jardin, et même de la construction d'une volière et d'un chenil.

Mon ami me connaissait à fond; il était ébranlé.

— Retournons chez le notaire, et offrons-lui vingt mille francs comptant à prendre ou à laisser.

— Agathe va jeter des cris de paon !

— Nous la laisserons crier ; c'est l'affaire du notaire. Nous traiterons avec lui et laisserons cette mégère de côté.

Mon conseil fut suivi. Le notaire fit une assez laide grimace devant notre offre ; mais il se chargea de la transmettre.

Agathe écrivit à mon ami une douzaine de lettres de huit à seize pages : douze éditions des éloges de la maison, concluant chaque fois à cinq cents francs de rabais. Elle reçut une seule réponse disant : « Vingt mille francs comptant ou rien. »

Un matin, mon ami reçut une lettre du notaire, le priant de venir signer le contrat. Notre offre était la seule qui eût été faite ; elle devait forcément être acceptée, et je dois dire qu'elle a été faite grâce à mon intermédiaire.

La dépréciation de cette propriété n'avait d'autre cause que le jardin. Et ce jardin, je le constate, avait coûté aussi cher que s'il avait eu le sens commun. Je dois ajouter que l'*artiste* avait énormément travaillé pour enfanter son œuvre, et pour créer son bois surtout.

J'ai retrouvé ce plan dans mes vieux papiers, et l'ai publié dans ce livre, parce que nous retrouverons plus loin cet affreux fouillis transformé en jardin paysager. Il nous servira de type pour la création.

CHAPITRE IV

Embarras des propriétaires.

La majeure partie des propriétaires n'ignore pas ce que j'ai dit dans les chapitres précédents ; c'est la propre histoire de beaucoup d'entre eux.

Leur propriété perd la moitié de sa valeur, faute de jardin. Ils le savent et restent dans cette position ; voici pourquoi :

Les architectes paysagistes font les plus jolies créations ; le nombre de ces artistes est très-limité ; aussi ont-ils taxé leurs honoraires à un chiffre qui effraie souvent le propriétaire, et je dois dire que devant une somme exorbitante à débourser pour une amélioration, il a souvent raison de s'abstenir.

Il est toujours fâcheux et difficile de finir par le commencement. Lorsque le propriétaire est las de sa propriété et veut la vendre, il se déciderait à faire un jardin pour lui donner de la plus-value, s'il ne fallait attendre quatre ou cinq années pour voir le jardin en bonne voie de végétation.

On veut vendre ; on ne fait rien. On attend ; le mal

augmente, et après longues années de vaine attente, on se décide à vendre pour rien.

Ce n'est pas la ruine, mais une forte brèche, souvent assez notable pour y veiller, et qu'il serait facile d'éviter avec un peu de connaissance en horticulture et une dépense presque nulle ; je le prouverai plus loin.

Les propriétaires qui bâtissent, et font faire leurs jardins aussitôt après la construction, ne sont pas moins embarrassés que ceux qui veulent vendre. Le plus souvent, ils ont dépensé en constructions une somme supérieure à celle qu'ils voulaient y consacrer. Leur budget est compromis ; le jardin reste à faire, et ils reculent épouvantés en pensant aux notes qu'ils auront à payer à l'architecte paysagiste, à l'entrepreneur, au rocailleur, au pépiniériste, etc., etc.

C'est alors qu'en désespoir de cause, et pour faire une économie mal entendue, ils s'adressent au pépiniériste paysagiste ou aux jardiniers entrepreneurs, qui leur confectionnent les merveilles que vous savez.

Le propriétaire venant d'acheter subit les mêmes perplexités. Il a acquis une campagne, souvent d'un prix plus élevé qu'il ne voulait. Le jardin laisse à désirer, il le sait ; mais il ajourne pour cause d'équilibre de budget.

Il repouse l'architecte paysagiste, trop cher pour sa bourse ; il redoute le pépiniériste paysagiste, qui lu plantera des arbres dont il faudra arracher les deux tiers trois années après la plantation, et enfin il craint le jardinier entrepreneur, parce qu'il ne veut pas tomber dans le ridicule ou le grotesque.

2.

Ballotté entre toutes ces craintes, le propriétaire ré-
fléchit; il attend, il ajourne, et finit par ne rien faire du
tout. L'exemple de quelques voisins l'a guéri radicalement de la maladie des travaux.

Pendant toutes ces réflexions, ces attentes et ces in-
décisions, la propriété dépérit; elle perd chaque jour de
sa valeur, et lorsque les travaux les plus urgents ne
peuvent plus se reculer, le propriétaire, fatigué de tous
ces tiraillements, se dégoûte de sa propriété, l'affiche et
la vend la moitié de ce qu'elle lui a coûté.

CHAPITRE V

Le mal. — Le remède.

Le mal est grand, cela est incontestable : dépréciation de la valeur foncière et de la valeur locative,
entraves aux travaux d'entreprise; partant de là manque
de travail pour les entrepreneurs et pour les ouvriers.

Joignons à cela la dépréciation des valeurs foncières
et locatives; nous trouvons une perte énorme pour
tous, pour les propriétaires comme pour les entrepreneurs et les ouvriers. C'est la ruine générale.

J'ai signalé le mal et me suis étendu sur sa gravité, parce que j'apporte le remède.

Le mal provient de l'ignorance de tous des choses horticoles, aussi bien de celle des propriétaires que de celle des entrepreneurs et des ouvriers. Le remède est l'étude ; elle empêchera le propriétaire de laisser dépérir sa propriété, et donnera du travail aux entrepreneurs comme aux ouvriers ; je vais le prouver.

Le propriétaire peut toujours s'éclairer ; qu'il prenne la peine d'étudier un bon livre, un livre pratique surtout, il sera initié aux principaux éléments de l'horticulture, et cessera d'être le jouet des marchands d'arbres et des jardiniers peu avancés. Le jour où il saura, il sera le directeur de ses travaux, mènera toute la partie intelligente, pourra redresser les erreurs, et au besoin commander à ceux chargés de la partie matérielle.

Le propriétaire instruit en horticulture redevient son maître ; il est fort, parce qu'il peut commander et faire exécuter sous sa direction. Toutes les créations deviennent aussi faciles qu'économiques pour ce propriétaire-là, parce qu'il sait.

Les pépiniéristes paysagistes et les jardiniers entrepreneurs, ceux du moins à une certaine distance de Paris, font de mauvaises créations, parce qu'ils ne savent pas ; je dirai plus : parce qu'ils ne peuvent pas savoir.

Aux portes de Paris, quelques hommes se sont formés seuls, après avoir travaillé chez des entrepreneurs, sous la direction d'architectes de jardins. La pratique leur a remplacé la théorie ; ils ont acquis instinctivement le sentiment du beau, et ceux-là ont souvent fait des paysagistes de valeur.

Voilà pour Paris ; mais Paris n'est pas la France, et hors de la ville privilégiée, que trouvons-nous ? Rien !

Je me suis étendu sur les créations plus ou moins grotesques des artistes de province. Loin de ma pensée de leur faire la guerre ; mon but au contraire est de les diriger, pour qu'ils deviennent de véritables artistes ; ils le peuvent s'ils le veulent, car presque tous sont intelligents.

J'ai dû critiquer sévèrement leurs œuvres pour en faire ressortir tous les inconvénients. Apportant le remède, il etait indispensable de signaler le mal.

Pour ménager les susceptibilités de tous, je répète : « Les pépiniéristes pagysagistes et les jardiniers entrepreneurs de province font de mauvaises créations, parce qu'ils ne SAVENT PAS ; je dirai plus : parce qu'ils NE PEUVENT PAS SAVOIR. »

Qui leur a fait connaître les principes fondamentaux de la création des jardins ? Personne ne les a enseignés ! Ont-ils pu les trouver dans un livre ? Non, il n'en existait pas !

Le pépiniériste a-t-il deviné ces principes au milieu de ses baliveaux ? Non, pas plus que le jardinier dans la poche de son tablier ou au bout de sa bêche ou de son râteau.

Ont-ils trouvé une école où on leur ait enseigné quelque chose ? Non, il n'en existe pas ! Il y a bien celle de Versailles, mais elle est inaccessible pour la plupart des jardiniers.

Tous ont été dans l'impossibilité d'apprendre ; il n'existe ni enseignement, ni livres. C'est pourquoi j'ai écrit *Parcs et Jardins ;* ce sera le seul et unique livre enseignant la science de la création des jardins.

Avec l'aide de ce volume, les propriétaires sauront ce qu'ils ont à faire et ce que l'on doit leur faire.

Les entrepreneurs comme les jardiniers sauront par où ils doivent commencer et par où ils devront finir.

Grâce à ce livre, bien étudié et promptement répandu, nous n'aurons pas de dépréciations énormes de propriétés à constater ; nous verrons bientôt disparaître les créations ridicules. Ce sera la richesse pour le propriétaire et le travail constant pour l'entrepreneur et pour l'ouvrier.

Le jour où les propriétaires auront les premières notions, et où ils ne redouteront plus les créations ridicules, le nombre des jardins et des travaux augmentera sensiblement.

Cela dit, j'entre dans la question.

DEUXIÈME PARTIE

CRÉATION DES PARCS ET JARDINS

CHAPITRE PREMIER

Considérations générales. — Le premier jalon.

Un parc ou un jardin paysager se composent :

1º De massifs d'arbres d'ornement ;

2º D'arbres isolés ;

3º De pelouses et de gazons ;

4º De corbeilles et de groupes de fleurs ;

5º D'allées.

Voilà la matière première de tous les parcs et de tous les jardins.

Ajoutons à ces matières premières l'ORNEMENTATION, la DÉCORATION et les MOUVEMENTS DE TERRAIN ; nous aurons tous les éléments de création réunis.

L'ORNEMENTATION comprend :

1º Les pièces d'eau ;

2º Les rivières artificielles ;

3º Les rochers, grottes, etc. ;

4° Les constructions rustiques : kiosques, châlets, fabriques, pigeonniers rustiques, ponts, etc.;

5° Les terrasses;

6° Les arbustes à fleurs et à fruits d'ornement isolés, et les fleurs isolées pour éclairer les massifs.

La DÉCORATION comprend :

1° Les arbres exotiques ou caisses : orangers, grenadiers, lauriers, etc.;

2° Les massifs de poteries, pour orner les abords de l'habitation, les perrons et les endroits les plus fréquentés du parc et du jardin;

3° Les plantes grimpantes, la décoration des terrasses, des kiosques, des tonnelles et du corps des grands arbres;

4° Les vases;

5° Les suspensions;

6° Les jardinières, pour la décoration des perrons, des terrasses. des châlets, kiosques, tonnelles, etc.

Si nous joignons à cela les mouvements de terrain, nous serons au grand complet.

Les MOUVEMENTS DE TERRAIN sont les auxiliaires les plus puissants de la perspective; ils donnent de la grandeur et chassent la monotonie des parcs et des jardins; ils comprennent :

1° Le dégagement de l'habitation;

2° L'élévation des massifs d'arbres et des corbeilles de fleurs;

3° La création de points de vue à l'aide d'élévations de terrain surmontées de constructions rustiques;

4° Le vallonnement des pelouses pour les faire fuir et en augmenter la grandeur en apparence.

Voilà tous les éléments dont l'homme dispose pour créer le plus grand parc comme le plus petit jardin paysager. J'ai passé, avec intention, les statues sous silence ; elles ne peuvent entrer que dans la décoration d'un très-grand parc et ne souffrent pas de médiocrité ; il faut, en fait de statues, des œuvres de grands maîtres ou RIEN !

Notre palette est faite ; toutes les couleurs y sont réunies ; elle contient tout ce qui est nécessaire pour exécuter un ravissant tableau. Nous voulons faire un joli tableau, et non *badigeonner* une toile avec des couleurs plus ou moins criardes. Nous avons en main la palette des grands maîtres ; n'oublions jamais, avant de nous en servir, que les singes de Decamps ont appliqué ses propres couleurs sur un de ses tableaux.

L'homme qui crée doit être modeste, assez du moins pour se rappeler, avant de mettre la main à l'œuvre, qu'il existe un créateur infiniment plus puissant que lui, son maître et l'arbitre de ses destinées, Dieu, le souverain des grands maîtres, et dont il n'est que le très-humble valet.

Certains individus vont crier comme des blaireaux en me voyant mettre Dieu en première ligne dans la création des parcs et des jardins ; mais c'est indispensable à l'intelligence du sujet que je traite. Ce n'est pas Dieu, vont-ils crier bien haut, mais la nature.

Je ne veux me fâcher avec personne et veux clore la discussion avec une seule question :

— Qui est-ce qui a fait la nature?

— Ce n'est pas vous, n'est-ce pas?

— Assez, nous sommes d'accord; continuons.

Avant de nous mettre à l'œuvre, dis-je, consultez la nature, interrogez-la; n'oubliez pas que c'est votre souveraine absolue, et que vous ne pouvez vous soustraire à ses lois sans tomber dans le ridicule et le grotesque.

Interrogez la nature d'abord; regardez ce qu'elle consent à vous donner comme : horizon, vues, sites, eaux et même groupes d'arbres; elle se mêle parfois de composer des massifs, et je puis vous affirmer, sans crainte d'être démenti, qu'elle est infiniment plus forte que nous.

Regardez bien, contemplez même ce que votre souveraine vous donne; acceptez ses cadeaux avec reconnaissance; elle a fait l'esquisse de votre tableau, respectez-la; exécutez votre tableau sur l'esquisse du maître; ne vous écartez pas de ses indications, et vous produirez une excellente œuvre. Insurgez-vous contre votre souverain, et essayez de lutter avec lui; vous ferez un chef-d'œuvre dans le genre de ceux dont j'ai parlé dans la première partie de ce livre, et quand vous demanderez au public son opinion sur votre création, il vous répondra en haussant les épaules ou en pouffant de rire.

La nature vous donne :

1º La vue, bienfait inappréciable, en ce qu'il chasse à tout jamais la monotonie et l'ennui de votre parc ou de votre jardin. La vue, c'est la vie; supprimez-la, vous êtes dans un tombeau.

Ferez-vous ces riants lointains donnant le mouvement dans la solitude? Bâtirez-vous chez autrui des moulins ou des chaumières? Construirez-vous de riants coteaux, des chemins sinueux, et forcerez-vous une foule d'individus à y passer pour égayer votre parc ou votre jardin? Non, n'est-ce pas? quand même vous seriez l'empereur de la Chine ou la République en personne.

La nature met tout cela à votre disposition; ne négligez pas les richesses dont elle vous comble.

2° Les fleuves, les rivières, les ruisseaux et les étangs, de l'eau accompagnée de vertes et fraîches plantations. Encadrez cela avec des feuillages divergents, vous aurez un point de vue splendide.

3° Les mouvements de terrain. Acceptez encore cette grande œuvre dont elle vous fait cadeau; examinez soigneusement; rectifiez partiellement s'il y a lieu, mais ne détruisez pas; étudiez au contraire, et quand vous aurez bien compris, vous ne ferez jamais de grosses buttes de terre en guise de massifs ou de corbeilles.

4° Les groupes d'arbres. Vous en trouverez souvent d'une forme et d'un coloris que vous n'auriez jamais soupçonnés. Respectez cette belle œuvre qui vous échoit gratuitement; admirez-la, et contentez-vous modestement de lui confectionner un cadre.

5° Les arbres fantaisistes. Personne n'inventera jamais ces vieux saules aux formes impossibles, dont le feuillage glauque tranche si bien sur les autres, pas plus qu'un pied d'épine séculaire semé par un oiseau, ou un vieil arbre à moitié brisé par la foudre.

L'homme est impuissant à créer toutes ces choses formant un contraste des plus heureux. Il ne peut que les accepter avec reconnaissance ; s'il veut imiter ces grandes choses, il tombe dans la niaiserie.

La nature vous donne bien aussi pour horizon, dans certains pays, d'immenses étendues de landes, de brandes et de savanes. C'est moins riant, assurément ; mais il est rare qu'à l'une des extrémités ou dans l'un des coins il ne se trouve pas un coin de verdure, une partie plantureuse : c'est un lointain. Les landes les plus arides ont toujours quelque chose pour les orner : des rochers, et ceux-là ne ressemblent pas à un tas d'ordures ; quelques sapins et souvent des genévriers, des genets, que sais-je? Cherchez; vous trouverez toujours quelque chose.

Si vous ne trouvez rien, faites ; créez-vous un lointain et de l'animation ; avec un rien, on fait disparaître le désert. Rien de plus facile dans un pays de landes dont le sol n'a pas de valeur, et où, en échange, vous avez la pierre des rochers et le bois des forêts presque pour rien.

Vous n'avez qu'une lande pour limite ; créez-vous un lointain. Semez quelques bouquets de sapins ; ils feront paysage et trancheront sur la teinte cuivrée de la lande. Au besoin, faites ramasser des éclats de rocher pendant l'hiver, quand il y a une foule de bras inoccupés; faites-en faire un bon tas sur un des points culminants du désert qui borne votre horizon. Quand vos chevaux n'ont rien à faire et votre charretier pas grand chose, faites-leur charrier quelques pièces de bois à côté et quelques sacs de chaux. Tout sera réuni pendant les moments perdus.

Avec tout cela, qui ne vous coûtera pas cher, faites confectionner une hutte si vous voulez ; le bâtiment ne vous coûtera pas grand chose ; il servira à mettre les bergers et les *patous* à l'abri pendant les averses. Semez autour de votre hutte une poignée de graines de sapins, et le désert disparaîtra.

Avec rien ou peu de chose, vous avez une bâtisse et des groupes d'arbres faisant lointain. Votre construction ne devrait-elle servir qu'à abriter les bergers, les *patous* et vous-même en cas de besoin, elle a son utilité. Vous donnez, il est vrai, un abri gratuit aux passants et aux gens des champs, mais ils apportent en échange la vie dans le désert. Vous voyez des hommes qui se meuvent, des moutons, des vaches et des chèvres qui remuent, quelquefois des chevaux et des charrettes. C'est la vie dans la solitude, et sans vous en douter, en élevant une simple hutte au milieu d'un désert, vous y avez appelé et fixé le mouvement, tout en faisant la charité.

Souvent, au lieu d'une hutte, on construira une petite maison pour loger un ménage d'ouvriers, toujours sur un point culminant, pour faire tableau d'abord, et ensuite afin de rendre facile à la bonne famille que vous hébergerez là une surveillance de tous les instants sur votre chasse, vos ouvriers, vos troupeaux, et vous-même, de vos croisées, vous aurez toujours l'œil sur vos surveillants.

Un bienfait n'est jamais perdu, dit le proverbe.

J'appelle le bienfait, je le provoque même; mais par le temps qui court, il est très-sage au propriétaire de se rendre compte de la manière dont on se conduit, et même de savoir ce que l'on fait sur ses domaines.

Cela dit, je scelle à chaux et à ciment mon premier jalon, afin de ne jamais le perdre de vue, même dans le plus petit détail. Le voici :

Nous ne sommes que des pigmées à côté de la nature; notre intelligence ne s'élèvera jamais à la hauteur de ses œuvres; c'est notre seul et unique maître. Contentons-nous de la seconder, de finir les détails de ses immenses ébauches, et nous ferons toujours des créations remarquables, empreintes du cachet de la grandeur et de la vérité.

La personne la moins initiée à l'art du paysagiste respire à l'aise, admire inconsciemment et éprouve un bien-être ineffable devant une création en harmonie avec la nature; elle subit malgré elle le charme du juste et du vrai.

Transportez cette même personne au milieu d'une création des *esprits forts du jour,* de ceux qui ne *s'abaissent pas* à étudier la nature, ne *s'avilissent* jamais à la copier, et en ont inventé une pour les *besoins de leur commerce.*

Vous verrez cette personne regarder chaque chose avec surprise, étonnement, stupéfaction même. Demandez-lui ses impressions sur ses deux visites; elle vous répondra :

« La première propriété est charmante; tout y est

grand, naturel et vous y retient malgré vous. L'aspect en est tellement riant que l'on veut voir encore.

« La seconde propriété renferme une foule de choses étranges que l'on regarde avec surprise, mais qui n'attirent pas. On se sent mal à l'aise au milieu de ces *tours de force* ; j'aimerais mieux me promener dans les champs : on y respire mieux. »

Cela dit, et notre point de repère bien établi, passons aux principes fondamentaux servant de base dans la création de tous les parcs et jardins.

CHAPITRE II

Principes fondamentaux.

Avant tout, et de commencer quoi que ce soit : rechercher la vue. C'est la vie du jardin à créer ; toutes les considérations doivent lui être sacrifiées ; elle commande en souveraine.

Après la vue, L'ASPECT DE LA PROPRIÉTÉ *vient en seconde ligne.* Votre habitation et votre jardin doivent avoir un cachet de bon goût et un aspect agréable du dehors ; il est même utile de ménager une jolie vue à l'entrée. Une jolie création intérieure, sans entrée,

ressemble à un individu en habit noir avec des chaussures éculées, une cravate en ficelle et une casquette
sur la tête.

*Donner de la grandeur par tous les moyens
possibles à l'aide de la perspective, et dégager
tous les points de vue.* En conséquence, proscription
absolue de ces affreux petits murs séparant, dans beaucoup de propriétés, le jardin du parc, et le parc des vergers et des terres labourables. Ils semblent posés là
pour rapetisser la propriété, ôter la liberté du mouvement et arrêter l'essor de la pensée. Les clôtures ont
leur utilité ; les plus élevées comme les plus solides
peuvent être nécessaires ; mais il faut, dans ce cas, les
masquer complètement par des plantations bien enten-
dues.

*La maison d'habitation doit être le point central
du parc et du jardin : tout doit y converger,* c'est-
à-dire qu'en quelque endroit que soit placé le château
ou la maison, fussent-ils bâtis à un angle ou à une
des extrémités, l'habitation doit être dégagée, domi
ner toutes les plantations et tous les points de vue
On doit embrasser toute la propriété de l'habitation
question de vue, de perspective et de... surveillance.

*Quand la propriété est étroite, en long, il faut
cacher les murs des côtés avec de grands arbres et
les dissimuler complètement.*

*Lorsqu'au contraire la propriété manque de pro-
fondeur, est en large, il faut lui donner de la
longueur artificiellement.* Dans le premier cas, on
dissimule les murs par des massifs hauts et très-

minces ; cela permet de conserver presque tout l'espace en largeur. Dans le second, au contraire, on plante des massifs épais sur les côtés et minces au fond ; quand il s'y trouve un point de vue, rien de plus facile que de le relier à la propriété en ouvrant une percée dans les massifs du fond, et en cachant soigneusement le mur de clôture.

L'habitation doit être dégagée d'arbres, d'arbustes ou de broussailles encombrant les croisées, et de tout ce qui peut intercepter la vue, comme l'air et la lumière. C'est-à-dire laisser de l'étendue autour de l'habitation ; une large allée sur chaque face, d'une largeur proportionnée à la hauteur de la construction. Il faut là des arbustes de serre et des fleurs, mais jamais d'arbres, et encore moins de broussailles.

Les grands arbres ne doivent se rencontrer par groupes qu'au cinquième ou sixième plan de l'habitation.

Les massifs d'arbustes d'ornement peuvent être placés aux troisième et quatrième plans. Cette simple combinaison, jointe au dégagement de l'habitation, double, en apparence, l'étendue de la propriété. Quelques beaux conifères isolés sur les pelouses peuvent occuper les second et troisième plans ; on peut au besoin y planter quelques groupes de magnolias ou d'arbustes à fleurs ou à fruits d'ornement, mais toujours planter des arbres à feuilles persistantes près de l'habitation. Il y faut de la verdure en toute saison.

Planter les conifères isolés sur les pelouses, par

ordre de taille et de nuance de feuillage, c'est-
à-dire les plus petits sur les premiers plans, et
les plus grands progressivement en s'éloignant, les
feuillages foncés placés près, et les clairs dans le lointain. Cet ordre aide beaucoup à la perspective et contribue à donner de la grandeur.

*Faire entrer les conifères et les arbres à feuil-
les persistantes dans une certaine proportion
autour de l'habitation et auprès des points de vue
les plus remarquables.* La verdure ne doit jamais
disparaître des abords de l'habitation : il faut y faire
oublier l'hiver ; les arbres à feuilles persistantes seront
également disséminés un peu partout, pour y trouver de
la verdure quand il n'y en a plus.

*Apporter le plus grand soin à varier les
nuances de feuillage des conifères.* Avec du vert
noir, clair, foncé et glauque, on produit des effets
charmants. Avec des arbres verts de la même nuance,
on fait la seconde édition d'un cimetière.

*Les groupes de grands arbres à feuilles cadu-
ques doivent également être composés d'arbres de
nuances diverses, et tranchant les unes sur les
autres.* Rien de plus triste et de plus narcotique qu'un
groupe d'arbres de la même teinte : c'est un plat
d'épinards.

*Les massifs d'arbustes à fleurs et à fruits d'or-
nement doivent également être étudiés avant la
plantation.* Chaque massif doit être planté, en conséquence, avec des arbustes fleurissant à des époques
différentes, et portant des fleurs de toutes les couleurs.

3.

Les fruits doivent succéder aux fleurs dans le même ordre, pour que l'effet soit complet et continuel.

Choisir pour la plantation des massifs d'arbustes d'ornement des sujets portant des fleurs de différentes couleurs, pour qu'elles ressortent davantage, et fleurissant à des époques différentes, afin de les éclairer, le plus longtemps possible, par une floraison abondante. Après les arbustes produisant des fleurs, ceux à fruits colorés servent de décoration.

Quand on plante des massifs de grands arbres, planter les feuillages foncés derrière, et les clairs devant. Un vert foncé sur le devant écrase les feuillages clairs placés derrière : on ne voit qu'un arbre, le plus foncé en couleur. Les arbres à feuillage clair, placés en avant, ressortent sur le vert foncé, et le massif, par cette simple disposition, paraît avoir le double de profondeur.

Les arbres à feuillage brun, rouge et blanc, destinés à apporter une vive opposition de couleurs et à rompre la monotonie, doivent être plantés dans le même ordre : les bruns derrière, les rouges au milieu, et les blancs devant.

Pour les arbustes portant des fleurs, placer les fleurs foncées sur les premiers plans, et les éclairer au besoin avec quelques fleurs roses, jaunes et blanches, mais en très-petite quantité, pour rompre la monotonie, rien de plus.

Sur les plans suivants, au fur et à mesure que l'on s'éloignera, des fleurs roses, blanches et jaunes. Ces trois couleurs s'aperçoivent et tranchent sur les masses vertes à de grandes distances. Disposées comme je l'indique, elles doublent à l'œil l'étendue du jardin. Si, au contraire, vous placez les arbustes à fleurs claires sur les premiers plans, et ceux à fleurs foncées dans le lointain, vous êtes éblouis autour de la maison d'habitation par le rose, le blanc et le jaune, sans apercevoir les fleurs foncées placées plus loin. Par ce seul fait, l'étendue du jardin est diminuée de moitié en apparence.

Ne jamais perdre de vue, dans la plantation, la nuance du feuillage et des fleurs. Ils aident tous deux énormément à la perspective.

Exemple : si vous avez réservé pour point de vue dans le lointain une maison blanche, vivement éclairée par le soleil, et que vous plantiez les arbres entre lesquels vous l'apercevez avec des feuillages clairs, vous perdez la moitié de l'effet. Plantez au contraire quelques arbres à feuillage très-foncé à chaque bord de la trouée, vous aurez un tableau ravissant. Si, au contraire, l'objet servant de point de vue est obscur, foncé, plantez de chaque côté de la percée des arbres à feuillage clair et même blanc, pour servir de *repoussoir*, éloigner et faire ressortir nettement le point de vue.

La grandeur des massifs d'arbres d'ornement devra être proportionnée à celle du jardin, comme la hauteur des arbres doit l'être à l'étendue de la propriété. Planter des arbres de première grandeur dans un jardinet, c'est vouloir faire admirer l'agilité d'un cerf en l'enfermant dans un poulailler.

Grand jardin, grands arbres, grands massifs et

grandes fleurs. Petit jardin, petits arbres, petits arbustes et petites fleurs. On ne peut sortir de cette loi sans s'exposer au ridicule.

Planter un grand arbre au beau milieu d'une pelouse, c'est placer une oie empaillée les ailes ouvertes sur un chapeau de dame, pour l'orner.

La grandeur des corbeilles de fleurs doit être également proportionnée à l'étendue du jardin. Une grande corbeille dans une petite pelouse l'écrase et la rapetisse de moitié ; une petite corbeille dans une grande pelouse ressemble de loin à une touffe de mauvaises herbes.

Les fleurs de couleurs obscures doivent être placées sur les premiers plans ; celles de couleurs lumineuses, occuper les plans les plus éloignés. Le brun, le violet, le brun rouge, le bleu, le rouge, sont des couleurs obscures ; on ne voit pas les fleurs de ces couleurs à soixante mètres. La place de ces fleurs est auprès de l'habitation, où, vues de près, elles produisent un charmant effet.

Le lilas, le rose, le bleu ciel sont des couleurs claires ; ces nuances doivent être placées derrière les couleurs obscures : on les voit de plus loin.

Enfin, le blanc, l'orange et le jaune sont des couleurs lumineuses qui se voient à de grandes distances ; la place des fleurs de ces nuances est dans le lointain.

Les allées d'un parc ou d'un jardin ne sont pas un objet de fantaisie, mais d'utilité et de décoration tout à la fois.

La largeur des allées doit être proportionnée à

l'étendue de la propriété. Il ne faut pas ouvrir de grandes routes dans un jardinet; mais les allées doivent y être assez larges pour permettre à deux dames d'y passer de front.

Les largeurs d'allées de 6, 4 et 3 mètres conviennent aux parcs; celles de 3 mètres et 2^m 50 aux grands jardins, et celles de 2 mètres à 1^m 50 aux petits.

Les contours des allées doivent être arrondis, paraître toujours naturels et jamais forcés. Les allées trop sinueuses représentent les convulsions d'un ver coupé en deux d'un coup de bêche. C'est affreux et du plus mauvais goût.

Réserver autour de l'habitation une allée ou plutôt une place égale au tiers de sa hauteur. Elle doit être dégagée pour en rendre l'accès facile, et aussi pour établir sur cette place des gradins de poterie du meilleur effet, y placer des caisses d'orangers, etc.

Les allées principales doivent toutes partir de la place de la maison, pour aboutir aux points les plus fréquentés de la propriété.

Il est de règle d'établir une allée principale circulaire autour de la propriété. C'est la grande promenade. Il va sans dire que les murs sont cachés avec soin par des arbustes ou de grands arbres, suivant l'étendue du jardin et les points de vue à ménager.

Il faut voir au dehors sans être vu chez soi. Ce résultat s'obtient facilement avec quelques plantations d'arbustes et des percées intelligentes.

Les autres ALLÉES PRINCIPALES *conduiront de la maison aux sorties ou aux endroits les plus fré-*

quentés du jardin : kiosques, salles de verdure, grands massifs, pièces d'eau, etc.

Les ALLÉES SECONDAIRES, moins larges que les précédentes, doivent relier ensemble les allées principales ; elles ont pour but de raccourcir les grandes distances et de multiplier les promenades. Comme les précédentes, elles ont un but et doivent être dessinées sans contours exagérés.

Les pièces d'eau ne peuvent entrer que dans la création des parcs et des grands jardins ; il leur faut de l'étendue pour avoir de la valeur. Il en est de même des rivières artificielles, toujours ridicules dans un jardinet.

Les constructions rustiques, kiosques, etc., doivent être proportionnées à l'étendue de la propriété. Il faut un jardin de cinquante ares au moins pour y construire quelque chose ; s'il est plus petit, la construction écrase tout.

Bien se garder des rochers dans les jardins petits et même moyens. Le rocher n'a sa raison d'être que dans un parc ou un très-grand jardin, et quand il a été construit par un rocailleur. Tous sont artistes et font des rochers qui paraissent naturels ; mais un rocher construit dans un petit jardin par le maçon du pays, avec des pavés ou quelque chose d'analogue, ne sera jamais pris pour autre chose qu'un tas d'ordures oublié dans un jardin propre.

Placer des bonshommes en plâtre ou en terre cuite auprès d'un rocher dans un jardinet, c'est allier le ridicule au grotesque.

Il est urgent de planter quelques arbres à fleurs et à fruits d'ornement ; mais il faut bien se garder d'en abuser. Quelques girandoles de fleurs et de fruits produisent le meilleur effet dans les massifs ; ils font diversion et égaient le feuillage. Quand on en met trop, le massif prend l'aspect d'un habit d'arlequin.

Il faut user de la décoration, mais toujours modérément.

Les objets de décorations : vases, suspensions, jardinières, etc., doivent être proportionnés à l'étendue de la propriété, et en harmonie avec le style du parc ou du jardin. Un grand vase, quelque beau qu'il soit, n'est pas à sa place dans un petit jardin, pas plus qu'un petit dans un grand parc, au centre d'un immense carrefour.

En général, les objets de décoration doivent être simples, sévères et peu nombreux ; dans le cas contraire, votre jardin prend l'aspect de celui d'un brocanteur retiré du commerce.

CHAPITRE III

Division et ordre des opérations.

Le seul moyen d'éviter les déceptions, comme les dépenses si souvent faites en pure perte, est de prendre mes lecteurs par la main et de les faire assister à toutes les phases de la création.

Divisons d'abord nos opérations en deux parties :

La partie intellectuelle et *la partie matérielle.* Gardez-vous bien de jamais les confondre ; vous marcheriez à un sanglant échec et à des dépenses folles.

La partie intellectuelle comprend : l'analyse du sol, la recherche des points de vue, l'examen des arbres à conserver, la confection du plan de la propriété, la perspective, l'étude des mouvements de terrain, les effets d'hiver et d'été, le coloris, la composition des massifs d'arbres, d'arbustes d'ornement et des corbeilles de fleurs ; la dispersion des arbres isolés et des groupes ; le dessin des pelouses, des gazons et des allées ; les constructions rustiques, et enfin la décoration des terrasses, kiosques, etc.

Toutes ces opérations doivent être mûrement étudiées, consignées dans le plan du jardin, et être faites dans l'ordre que j'indique.

Lorsque vous aurez en main un tel plan, où tout est prévu et où rien n'est oublié, vous pourrez en toute sécurité aborder la partie *matérielle*, les TRAVAUX, avec certitude de ne jamais démolir le lendemain ce que vous aurez construit la veille, et vous éviterez une dépense, souvent double de la création, à faire et à défaire.

Commencer une chose sans réflexion en se disant : « Je fais toujours cela ; je verrai après, » est se condamner à détruire sans cesse ce que l'on a fait.

Vous faites un morceau sans savoir ce que vous y

ajouterez ; le morceau est un détail, et dès que vous voulez l'agrandir, le détail absorbe la chose principale : vous le démolissez. Vous avez débuté par la fin de votre œuvre.

Vous me direz avec raison : « Je ne veux dépenser que telle somme par an, » ou : « Je veux conserver des travaux pour me distraire, rien de mieux. » Je vous approuve ; mais pourquoi ne pas faire les choses convenablement, c'est-à-dire :

Vous livrer d'abord aux examens indispensables ; faire un plan général sérieusement étudié, et ensuite en entreprendre l'exécution, en divisant le travail en vingt parties si vous le voulez, pour en faire une chaque année.

En opérant ainsi, votre œuvre est complète ; elle a un commencement et une fin ; elle s'exécutera sans difficultés. Chaque morceau que vous ajouterez s'ajustera sur les autres avec une précision mathématique. Vous accomplirez à coup sûr, et avec la plus grande économie, une œuvre sérieuse, utile, et donnant de la valeur à votre propriété, au lieu de gaspiller une somme énorme à faire et défaire, pour arriver à réunir une foule de choses qui *hurlent* ensemble.

La *partie matérielle*, c'est l'exécution du plan conçu et mûrement étudié ; elle comprend : le tracé sur le terrain, la formation des allées, les mouvements de terrain, le jalonnement et le triage des terres, la préparation du sol, la formation des massifs et des corbeilles, l'établissement des pelouses et des gazons, la répartition des engrais et la plantation.

Tout cela est du travail matériel, ne pouvant être exécuté qu'après la conception, et un plan arrêté et mûrement étudié. Alors on sait ce que l'on veut faire ; il n'y a pas plus d'hésitations que de fausses manœuvres.

Malheureusement, on fait presque toujours le contraire de ce que je viens d'indiquer, surtout quand la conception et l'exécution sont confiées sans contrôle à des entrepreneurs. Ceux qui ont travaillé sous la direction des architectes paysagistes ont la pratique des tracés et des mouvements de terrain. Ceux-là savent, et précisément parce qu'ils savent bien exécuter, ils demandent souvent un conseil.

Mais ceux qui n'ont rien vu, rien appris, et pas fait grand chose, sont les plus bouffis d'orgueil ; ils ne doutent de rien et entreprennent avec assurance une chose qu'ils ne connaissent pas, et se révoltent à la pensée d'un conseil ou d'une observation. *Leur majesté* ne saurait les tolérer.

Malheur au propriétaire qui tombe sur de pareils individus ! C'est pour lui la ruine et pour son jardin l'agglomération d'une foule de stupidités coûtant un prix fou.

Cela dit, nous commençons nos opérations dans l'ordre indiqué.

CHAPITRE IV

Inspection du sol. — Recherche des vues. Arbres à conserver.

———

Avant de commencer le plan, la première chose à faire est de sonder le sol, afin de s'assurer de sa profondeur, et ensuite de sa qualité. Il est urgent de savoir ce qu'il peut nourrir avant de planter.

Je passe sous silence la description des trois éléments principaux composant tous les sols : argile, silice et calcaire. On trouvera les diverses qualités de sols sérieusement étudiées dans l'*Arboriculture fruitière* et le *Potager moderne,* avec les amendements à introduire dans chacun d'eux.

S'il y a doute sur la qualité du sol, on aura recours à l'analyse.

Le point capital, quand on veut créer un parc ou un jardin, est de connaître la profondeur du sol, c'est-à-dire celle de la couche de terre végétale.

On fait dans plusieurs endroits de la propriété, si elle est accidentée, des trous de sondage sur la partie la plus élevée, sur la moyenne et sur la plus basse, puis on mesure la profondeur de la terre végétale, et l'on examine la qualité du sous-sol.

Dans les terrains plats, la qualité du sol est ordinairement la même partout. Cependant, il est prudent d'opérer deux ou trois sondages pour bien se rendre compte de l'uniformité de la terre.

Les parcs et les jardins peuvent être créés dans des sols très-pauvres en terre végétale ; 25 à 30 centimètres suffisent lorsque le sous-sol est de qualité passable, et même médiocre. L'étendue des allées et les vallonnements produiront toujours assez de bonne terre pour établir les massifs, les pelouses et les corbeilles dans les meilleures conditions.

Le sol examiné, on procède à l'inspection minutieuse des arbres qui existent sur le terrain, afin de marquer ceux qui doivent être conservés.

Je ne saurais trop recommander la plus scrupuleuse attention dans cet examen. Quand on achète une propriété dont le jardin a triste apparence et que l'on veut en créer un nouveau tout de suite, on fait souvent trop bon marché d'arbres ayant une grande valeur, et que l'on aperçoit à peine au milieu de broussailles impossibles. Combien de *trésors* j'ai trouvés dans ces conditions !

Regardez toujours, et plutôt deux fois qu'une, avant d'arracher.

Dans une grande partie du centre, et surtout en Anjou, la patrie des arbres d'ornement, il n'est pas rare de trouver un *araucaria* ou un *pinsapo* énorme au milieu d'une rachée de ronces ou au centre d'un massif de broussailles sans valeur. Une semblable trouvaille est un véritable trésor quand on crée un parc ou un jardin. On possède un superbe arbre tout poussé, bénéfice d'argent et, qui plus est, de temps.

Un habitant de Paris avait acheté une propriété dans le centre de la France et m'avait chargé de créer le parc en son absence. Tout était fini depuis plusieurs mois quand nous y allâmes ensemble, et en voyant très-bien placé, sur un des côtés d'une pelouse, un énorme *pinsapo* n'ayant pas moins de 30 centimètres de diamètre, il s'écria :

— C'est un arbre splendide; mais j'en ai au moins pour douze cents francs !

— Il ne vous coûte rien : il était ici.

— Où donc ?

— Où il est encore, mais au centre d'un massif d'arbustes que j'ai arrachés.

— Je ne l'ai jamais vu.

— Cela ne m'étonne pas, dans les conditions où il était placé; mais je l'ai vu et m'en suis servi.

Rappelez-vous bien ceci, cher lecteur, et fouillez toujours scrupuleusement les massifs, même de ronces et d'épines, avant de mettre les bûcherons à l'œuvre.

Quand on a trouvé un arbre précieux au milieu des broussailles, on attache *immédiatement* après un *chiffon blanc*; je dis un *chiffon blanc*, parce qu'on le voit à toutes les distances.

Lorsque tous les arbres à conserver sont marqués ainsi, on monte dans le grenier, quand il y a une habitation de construite, pour examiner l'aspect du paysage et chercher les points de vue.

Quand l'habitation est à construire, on en marque

l'emplacement, et l'on place au centre une longue
échelle double, du haut de laquelle on fait la même
inspection.

L'aspect du paysage vous indiquera tout de suite le
cachet que vous devez donner à votre création pour
établir un contraste et les faire ressortir tous deux.

Si le paysage est gai, plantureux, vert et fleuri, vous
devez faire une création sévère : des arbres à feuillage
foncé et quelques fleurs pour les éclairer. Si au contraire les environs sont arides, agrestes, faites une
création des plus vertes, avec une profusion de fleurs.

Vous aurez deux effets opposés, ayant une double
valeur, en ce qu'ils se font ressortir mutuellement, et
ils offriront un spectacle qui charmera tout le monde.

CHAPITRE V

Plan. — Vues, parti à en tirer. — Surprises.

Nous avons marqué les arbres à conserver, et en descendant du grenier ou de l'échelle, nous sommes édifiés
sur la vue et l'aspect du paysage. Il faut tout d'abord marquer sur notre feuille de papier les arbres conservés.

Grâce à nos chiffons blancs, nous les voyons tout de

suite; il ne nous reste qu'à mesurer les distances
entre eux, et à marquer leur emplacement sur le papier (*a*, fig. 6 et 7).

Montons dans le grenier de la maison du plan (fig. 6);
l'habitation est au milieu, et le jardin en long. Nous
avons la profondeur; la largeur nous manque. Il faudra
nécessairement donner de la largeur artificielle : la
perspective nous en fournira les moyens, et l'examen
des points de vue va nous guider dans ce que nous
aurons à faire.

J'ai dit que les points de vue allaient nous indiquer
ce que nous avions à faire, parce que nous ne pouvons
ni ne devons les sacrifier. On abat un arbre; on n'aveugle
jamais un point de vue.

La vue, ne fût-ce que celle d'un moulin qui tourne
ou se repose, c'est la vie; pas de vue au dehors, c'est
l'ennui au milieu des fleurs; c'est plus encore: c'est une
prison, une cage masquée par des feuilles et des fleurs.

Nous sommes montés. A droite j'aperçois un coteau
élevé, couronné de bois, et des maisons à mi-côte, en *b*
(même figure). Je fais signe à un homme armé de plusieurs jalons, et je lui en fais poser un en *c*, où la vue
est complète. Aussitôt après, je trace sur le papier la
ligne *d* (même figure), partant du point *c*, pour aboutir
à l'axe de l'habitation.

A gauche, un voisin, et pas de vue. Nous prendrons
nos mesures pour être chez nous.

Au fond, au point *e*, un autre coteau bien orné,
planté et bâti. Je fais poser un jalon et tire la ligne *l*,
du point *e* au centre de l'habitation (fig. 6).

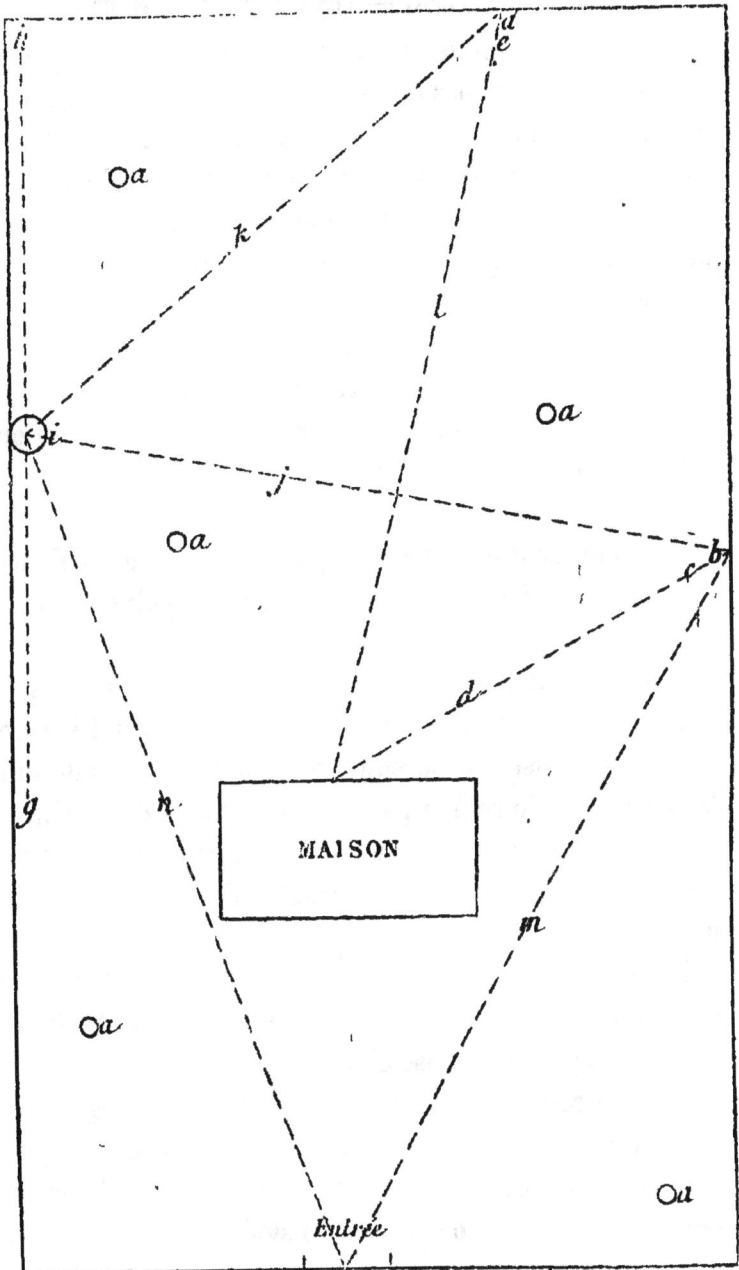

Fig. 6. — Relevé des arbres a conserver et des points de vue.

Transportons-nous dans le grenier de la propriété
(fig. 7). A droite, pas de vue; à gauche, une percée sur
une rue du village en *b* (même figure). La vue d'une
rue, c'est l'expression du mouvement, et celui-là est
d'autant plus précieux que nous verrons des croisées
du premier, ou d'une élévation que nous pratiquerons,
sans être vu du dehors.

Nous posons un jalon au point *b*, et y traçons la
ligne *c*, aboutissant au centre de la maison.

Le point *b* est des plus favorables à la construction
d'un kiosque faisant vue du rez-de-chaussée et dominant
la vue de la rue.

Au fond, de *d* à *e* (même figure), un coteau s'abaissant progressivement jusqu'en *f;* au point *g*, ure
vallée.

Nous faisons poser un jalon au point *h* et traçons la
ligne *j*. Nous aurons le mur pour limite; mais il y a un
coteau au-dessus, et lorsque nous aurons installé un
trompe-l'œil, le coteau paraîtra faire partie du jardin.

Ensuite nous traçons la ligne *k*, dans la plus grande
longueur de la propriété, et ayant à l'extrémité la vue
de la vallée.

Nous avons les vues; il s'agit maintenant d'en tirer
le meilleur parti, en donnant à notre jardin toute la
grandeur apparente possible.

Nous aurons, suivant les circonstances, à éloigner ou
à rapprocher, en apparence, les points de vue. Il n'y a,
pour atteindre ce but, qu'à abaisser la ligne d'horizon
pour déterminer une fuite considérable, ou l'élever
pour la diminuer. Ajoutons à cela un vallonnement en

4

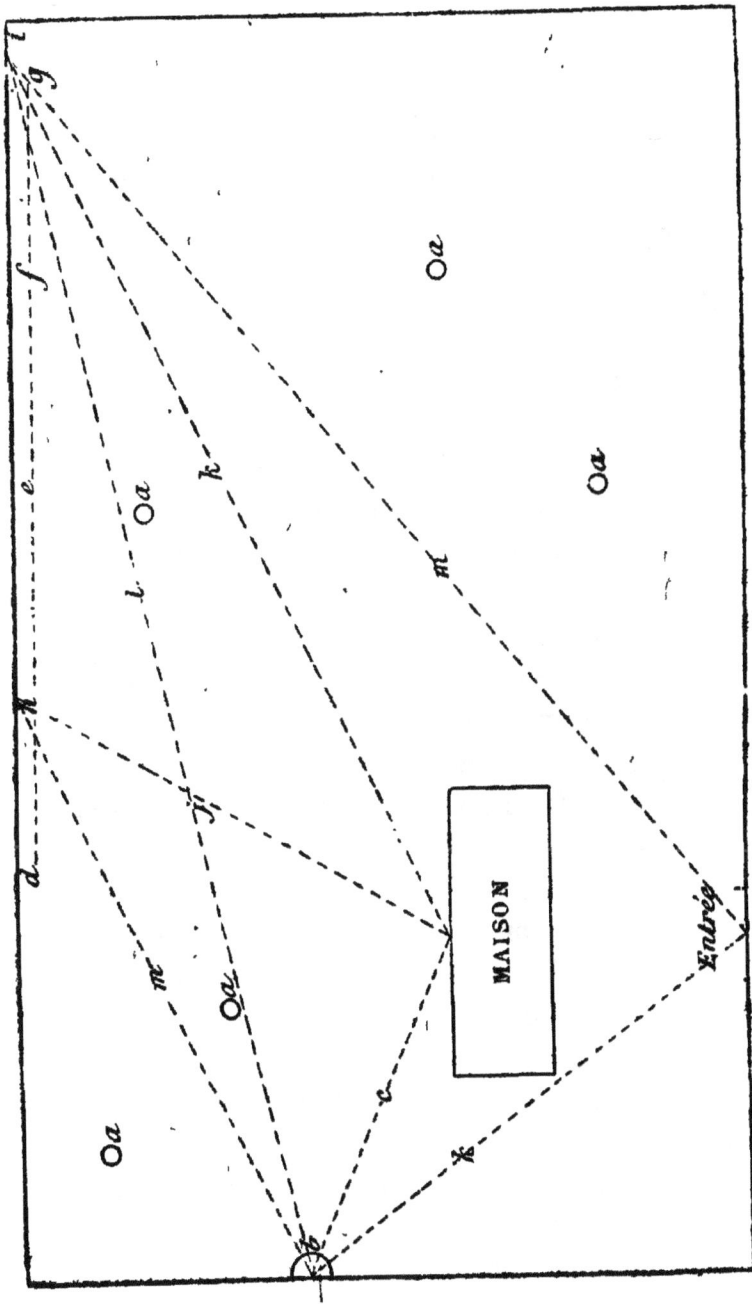

Fig. 7. — Relevé des arbres à conserver et des points de vue.

harmonie avec la perspective, et l'effet sera assez complet pour tromper l'œil le plus exercé.

J'ai dit que la première chose à éviter dans un jardin était la monotonie ; lorsque la vue manque, on crée des surprises, soit avec une vue naturelle encadrée par des groupes d'arbres, ou l'on élève une petite construction rustique faisant paysage.

Lorsque la vue fait complètement défaut, les constructions sont impuissantes à rompre la monotonie ; alors il faut trouver quelque chose d'animé à placer dans les endroits les plus sombres : une volière et même un simple pigeonnier rustique, pour y apporter la vie et le mouvement. Je traiterai ce sujet à fond en temps et lieu utiles.

Revenons au jardin (fig. 6), où nous avons deux points de vue : l'un à droite, en b ; le second au fond, en d. La largeur nous manque, et la longueur est considérable, surtout du côté gauche, où il n'existe pas de vue.

Une ligne d'arbres de g en h, pour nous dérober aux regards du voisin, serait affreuse et ferait paraître le jardin encore plus étroit.

Nous établirons au point i un petit kiosque pour rompre la ligne droite et retrouver deux vues indiquées par les lignes j et k. La ligne j embrasse plus que la largeur de la propriété ; la ligne k n'en diminue pas la longueur, et toutes deux se terminent par deux vues.

Recherchons maintenant l'aspect de la propriété ; ce sera une question de dessin. Mais avant de tracer une seule ligne, tirons parti de la vue : elle commande tout le reste. Toutes nos vues sont marquées par des jalons ; nous en avons également mis à l'endroit où nous devons construire le kiosque.

Plaçons-nous au milieu de l'entrée, et tirons la ligne *m* de l'axe de la grille au coteau *b*, et la ligne *n* de la grille au kiosque. Nous avons deux vues ayant de la profondeur ; le vallonnement et le dessin feront le reste.

Reprenons la propriété (fig. 7), dont la largeur est considérable, mais où la profondeur nous manque. Nous avons en *b* une vue sur un bout de rue ; mais nous ne jouissons de son animation qu'au premier étage. Il nous faut la vue de la rue, non du rez-de-chaussée, cela est impossible, mais du jardin, où rien ne sera plus facile, en élevant un kiosque en *b*, faisant vue de l'habitation par la ligne *c*, de la grille par la ligne *k*, et dominant toutes les vues par les lignes *l* et *m*. Un kiosque placé dans de telles conditions sera constamment visité ; il sera le véritable salon d'été. On y voit partout, sans y être vu de nulle part.

Pour compléter l'aspect de la propriété du dehors, tirons la ligne *n*, nous donnant la vue la plus éloignée.

Toutes nos vues sont relevées et marquées par des jalons ; il s'agit maintenant de les faire fuir ou de les rapprocher, avec l'aide des mouvements de terrain. Lorsque nous les aurons indiqués, nous pourrons commencer le dessin en toute sécurité. Son cadre sera fait ; il y entrera sans nuire aux vues ni à la perspective, c'est-à-dire à la gaîté comme à la grandeur du jardin.

CHAPITRE VI

Perspective. — Mouvements de terrain.

Les vues bien établies et jalonnées, il s'agit de les faire ressortir au moyen de la perspective et des mouvements de terrain. Reprenons les deux jardins que nous venons de jalonner.

Dans celui de la figure 6, nous avons deux vues : l'une en c, et l'autre en d (fig. 8). Pour rompre une ligne droite, très-longue et sans vue, nous construisons en b (même figure) un kiosque ayant trois vues : c et d, et celle de l'entrée. De la grille d'entrée, nous avons deux vues : d, et celle du kiosque (fig. 8).

Le jardin (fig. 7) nous offre trois vues : celle d'un bout de rue en b, d'un coteau en c, et d'une vallée en d (fig. 9). Ne pouvant avoir la vue du bout de rue du rez-de-chaussée de l'habitation, nous construisons en b un kiosque dominant la rue, faisant paysage de l'habitation et ayant la vue du coteau c, de la vallée d et de la grille d'entrée. Les kiosques, lorsqu'ils sont bien placés, sont très-fréquentés ; il est utile de leur ménager une vue sur l'entrée, afin d'éviter les importuns. Tous les kiosques sont ornés de plantes grimpantes permet-

4

17 15 13 11 9 7 5 4 3 c 4 5 6 8 10

11 9 7 5 3 2 1
i   1 2   2 1   *i*
○*a*

8 7 6 4 2 1
h   1 2 3 4 5   5 4 2   *h*
○*a*

⊕*b*

○*a*
6 5 4 3 2 1
g   1   2   3   2   1   1 2 3 5 7 8 *d* *g*

MAISON

○*a*
5 4 2 1
f   4 3 2 1   1 2 3 4   *f*

○*a*
5 4 3 2 1   1 2 3 4 5
e   1   2   3   4   5   5   4   3   2   1   *e*

○*a*

Entrée
l

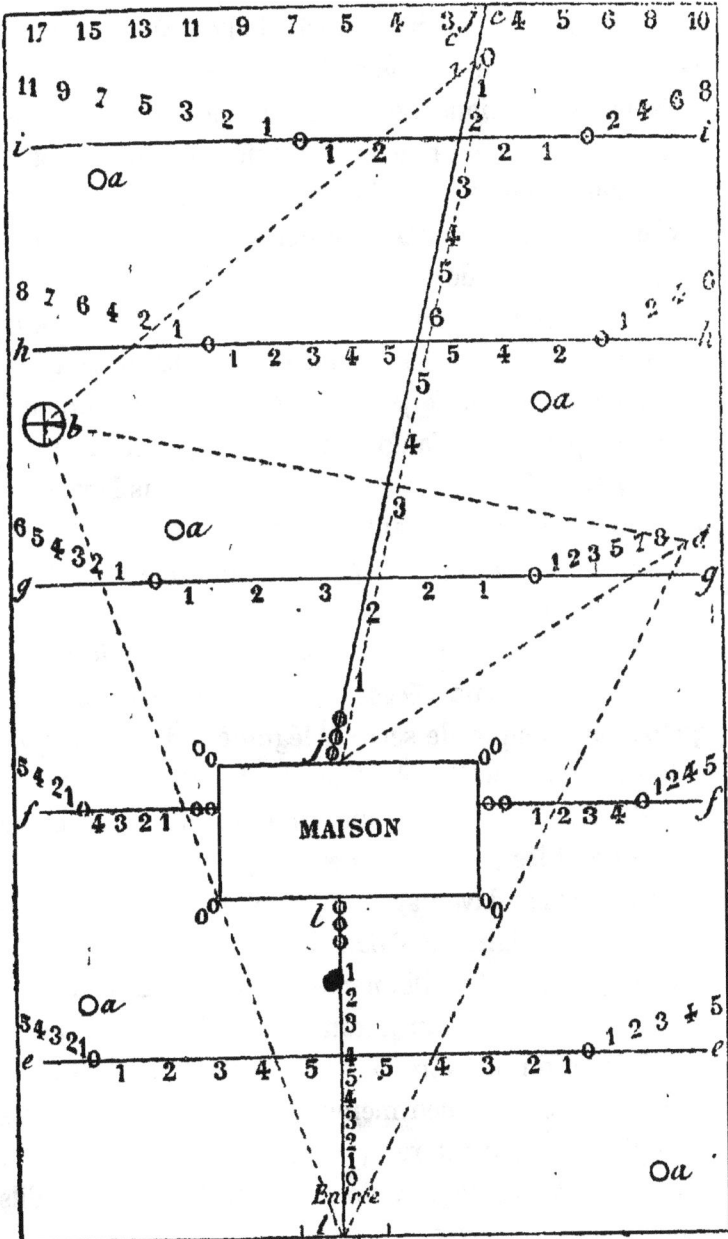

Fig. 8. — Vues répétées.

tant de voir au loin sans être vu. De l'entrée nous avons la vue du kiosque et celle de la vallée d.

Nous ne pouvions tirer meilleur parti de nos vues. Dans la figure 8, où nous n'en avons que deux: c et d, elles sont répétées, du kiosque b et de l'entrée. Le jardin très-long est des plus défectueux, et cependant de partout on y a de la vue.

Dans le jardin figure 9, manquant de profondeur, nous avons trois vues répétées de l'habitation, du kiosque et l'entrée. Ce jardin est également défectueux ; toute la partie de l'angle gauche est privée de vues. Nous y suppléerons par le dessin, ou si nous le voulons par une terrasse dominant la vue de e en f (fig. 9), de laquelle nous aurons, indépendamment de la vue de la rue, celle en c.

Rien de plus facile que la construction d'une terrasse ; elle est souvent une nécessité, une précieuse ressource quand on manque de serre à légumes, de fruitier, de cellier, serre à outils, etc. Tout le dessous est affecté à ces différents usages, sans prendre de place et en augmentant les promenades et les points de vue.

Pour accuser davantage les points de vue, les rapprocher ou les éloigner à l'aide de la perspective, il faut d'abord indiquer le vallonnement général, que l'on rectifiera après le dessin du jardin.

L'habitation doit être dégagée et placée sur un point culminant. Quand bien même nos jardins seraient des plus plats, ce qui est rare, nous arriverons facilement à ce résultat à l'aide du vallonnement. Admettons qu'ils soient plats tous deux.

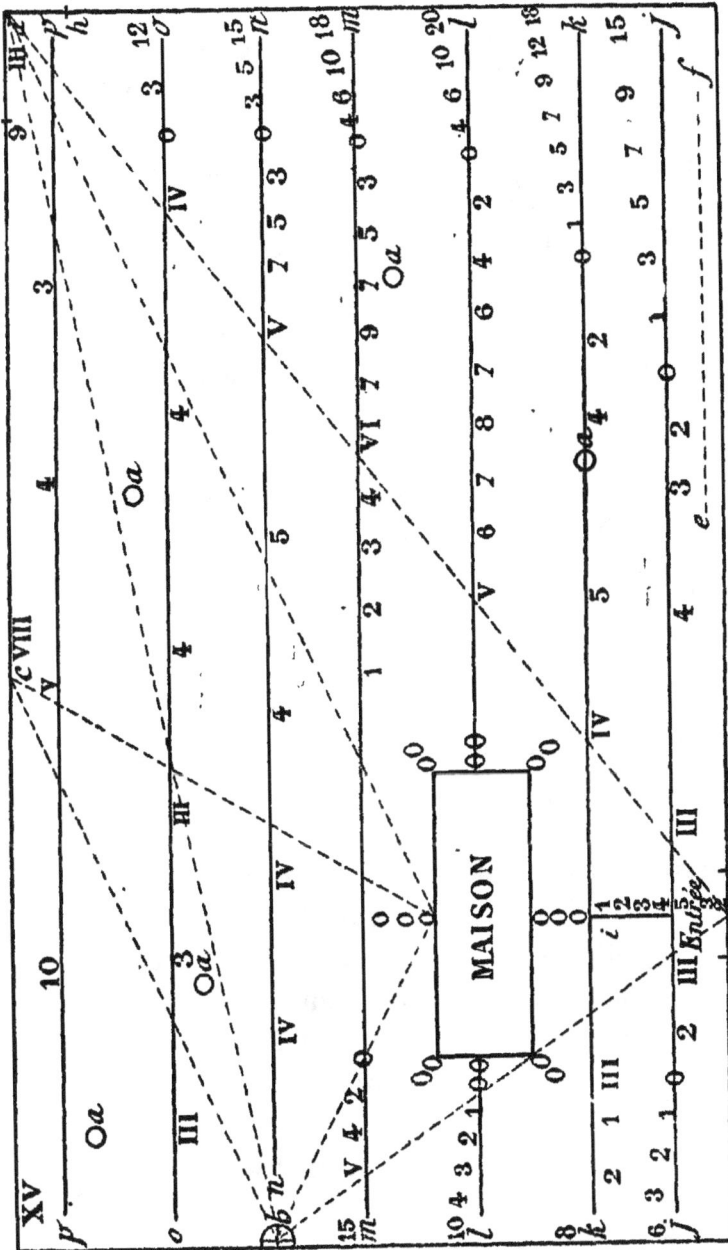

Fig. 9. — Vues répétées.

Commençons par l'entrée du jardin (fig. 8). Il est impossible d'élever l'habitation; nous ne voulons pas recharger l'allée qui sera établie autour, mais nous la dégagerons complètement en remuant un peu de terre.

La maison aura pour élévation le niveau du sol. Nous le laisserons tel que dans les parties 0, sur les les lignes *f*, *j* et *l*, et tout autour. Le mouvement de terrain de la maison à la grille sera déterminé en creusant comme l'indique la ligne *l*, de 1, 2, 3, 4, 5, 4, 3, 2 et 1 centimètres pour revenir à 0, c'est-à-dire au niveau du sol (fig. 8).

La ligne *e* sera creusée à droite et à gauche de 5, 4, 3, 2 et 1 centimètres, pour arriver à 0, niveau du sol; à partir de 0, le sol sera élevé de 1, 2, 3, 4 et 5 centimètres, avec les terres provenant du vallonnement.

La ligne *f* sera creusée à droite et à gauche de 1, 2, 3 et 4 centimètres pour arriver à 0, niveau du sol, et exhaussée de chaque côté de 1, 2, 4 et 5 centimètres (fig. 8).

Le terrain du jardin de la figure 8 présentait, avant le vallonnement, l'aspect de la figure 10.

Tout est plat; la maison paraît enterrée et ne ressort en aucune façon; pas d'aspect, point de mine, rien pour l'effet. Il nous suffira de creuser le milieu et les côtés de 1 à 5 centimètres, et d'exhausser les côtés de 1 à 5 centimètres également, comme je l'ai indiqué figure 8, lignes *l*, *e* et *f*, pour faire disparaître tout cela (fig. 11).

La maison paraît placée sur une éminence. Les par-

lics creusées *a*, *b* et *c*, et celles élevées *d* et *e* (fig. 11)
produisent l'effet demandé. L'habitation est élevée,
bien dégagée, et les lignes de fuite bien déterminées
en *a* et en *b* (fig. 11).

Passons maintenant derrière la maison du jardin
figure 8, pour continuer notre œuvre. Nous avons deux

Fig. 10. — Aspect avant le vallonnement.

vues : un coteau bien meublé en *d*, et un autre coteau
en *c*. La largeur manque au point de vue *d* : le mur est
très-près ; il n'est pas possible de donner de la profondeur apparente à une ligne aussi courte. Le moyen le
plus simple est d'élever la ligne d'horizon pour rapprocher la vue, et de planter un massif épais et peu

élevé, pour cacher soigneusement le mur et trouver la vue du coteau au-dessus du massif.

La largeur du jardin (fig. 8) est petite, mais la profondeur est grande ; nous avons une grande distance de l'habitation au point *c*. Nous abaisserons la ligne d'horizon de la ligne *j*, pour déterminer une fuite con-

Fig. 11. — Aspect après le vallonnement.

sidérable, et augmenter encore la distance en apparence.

En conséquence, nous creuserons la ligne *j* (fig. 8) de 1, 2, 3, 4, 5, 6, 5, 4, 3, 2 et 1 centimètres pour l'élever à l'extrémité de 1, 2 et 3 centimètres. La ligne *g* sera creusée à droite et à gauche de 2 et 1 centimètres, et élevée à droite de 1 à 8 centimètres, et à gauche de 1 à 6 centimètres.

La ligne *h* (fig. 8) sera creusée à droite et à gauche de 5 centimètres à 0, élevée à droite de 0 centimètre à 6, et à gauche de 0 centimètre à 8.

La ligne *i* (fig. 8) sera creusée à droite et à gauche de 3 centimètres à 0, élevée à droite de 0 centimètre à 8, et à gauche de 0 centimètre à 11.

Contre le mur du fond, le terrain sera élevé à droite de 4, 5, 6, 8 et 10 centimètres, et à gauche de 3 à 17 centimètres.

Alors notre terrain, de plat qu'il était, présentera l'aspect de la figure 12.

Reprenons le jardin figure 9, diamétralement opposé à celui que nous venons de vallonner : il a trop de largeur et manque de profondeur.

Nous avons la vue d'un coteau en *c* et celle d'une vallée en *d*, plus la vue d'un bout de rue en *b*, où nous construirons un kiosque. Au besoin, nous pouvons trouver encore une vue de rue et meubler un grand espace en bâtissant une terrasse de *e* en *f*. Je reviendrai sur ces constructions, que je traiterai dans un chapitre spécial.

Notre plus grande étendue de terrain se termine par le point de vue *d*, celui d'une vallée. Il faut donc augmenter la distance en abaissant la ligne d'horizon pour déterminer une fuite très-accentuée du centre de l'habitation et de la grille d'entrée au point *d* (fig. 9).

Pour tirer tout le parti possible de notre vue, nous abattrons l'angle du mur de *g* en *h*, et le remplacerons par un saut de loup, afin de *souder* la vallée à notre jardin.

La distance de la maison au point de vue *c* n'est pas énorme, mais assez grande cependant pour donner artificiellement de la profondeur à notre jardin. La

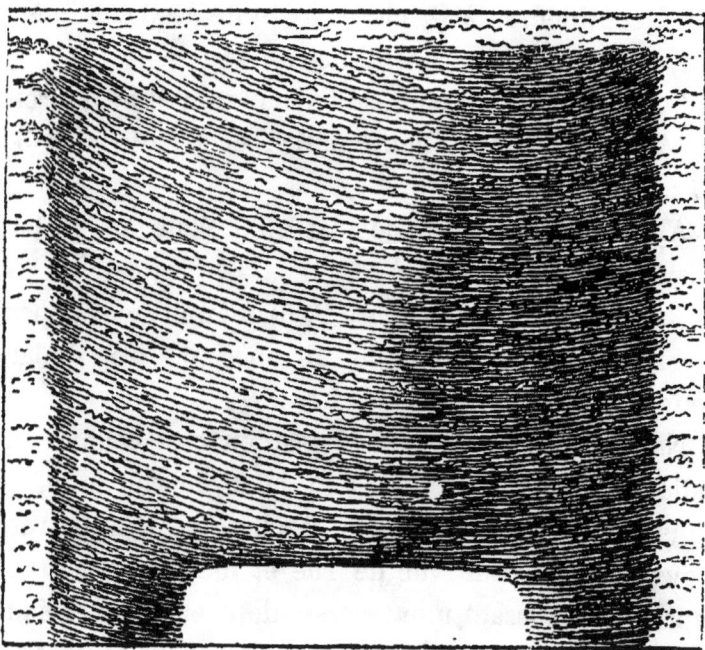

Fig. 12. — Vallonnement du fond.

partie déclive doit donc se trouver de *c* en *d* et vers l'angle gauche, où la distance nous permet d'établir encore une ligne de fuite. Le côté droit est sans vue, mais il est très-étendu; il est facile de lui donner de la grandeur, tout en y plantant de beaux massifs d'arbres et d'arbustes.

5

Le terrain, nous nous le rappelons, est entièrement plat. Avant tout, il faut dégager la maison, chose facile en laissant le sol à sa hauteur dans les parties 0 (fig. 9), et en établissant une pente de 0 centimètre à 5 sur la ligne i, du dernier 0 à la grille. Pour rendre l'opération plus facile aux personnes qui n'en ont pas l'habitude, je n'établis que des lignes transversales sur lesquelles nous allons indiquer le vallonnement en un instant.

Établissons tout d'abord nos lignes de fuite vers les points de vue et l'angle gauche du jardin. Nous les marquerons en chiffres romains, pour éviter toute erreur.

Le sol est abaissé de 2 centimètres à la grille ; il sera abaissé, en partant de la grille pour arriver au point d, de III, IV, V, VI, V, IV centimètres, pour venir à 0, et s'élever de III centimètres au point d.

Du centre de l'habitation au point c, le sol sera abaissé de IV et III centimètres pour s'élever progressivement à V et à VIII au point c, et du centre de la maison à l'angle gauche du jardin on creusera de IV et III centimètres, pour s'élever à XV à l'angle du mur. Enfin, du centre de la grille au kiosque, le sol sera creusé de III et II centimètres, pour s'élever à V et à XXX au kiosque.

Nos lignes de fuite établies, il ne nous reste plus qu'à indiquer le vallonnement sur les lignes j, k, l, m, n, o et p. Commençons par le côté gauche, de la grille au kiosque.

La ligne m sera abaissée de 5 centimètres à 0, niveau

du sol, et élevée de 15 contre le mur ; la ligne l sera élevée de 0 centimètre à 10 ; la ligne k élevée de 0 centimètre à 8 ; la ligne j élevée de 0 centimètre à 6.

Nos pentes sont déterminées de la grille au kiosque et au point de vue d, de la maison à l'angle gauche du jardin et aux points de vue c et d. Reprenons notre tracé de vallonnement par le côté droit du jardin en entrant. Pas de vue et de l'espace. Nous clorons la propriété par de beaux massifs d'arbres, et en conséquence nous vallonnons pour donner de l'étendue.

La ligne j sera abaissée de 4, 3 et 2 centimètres jusqu'à 0, où elle sera élevée en allant vers le mur de 1 à 15 centimètres ; la ligne k sera abaissée de 5, 4 et 2 centimètres jusqu'à 0, où elle sera élevée de 1 à 18 centimètres ; la ligne l sera abaissée de 6, 7, 8, 7, 6, 4 et 2 centimètres à 0, pour s'élever de 4 à 20 centimètres vers la clôture ; la ligne m sera abaissée de la plate-forme de la maison de 2, 3, 4, 6, 7, 8, 7, 6, 4 et 2 centimètres à 0, pour s'élever, comme la précédente, de 4 à 18 centimètres. La ligne n sera abaissée de 4, 5 et 3 centimètres jusqu'à 0, d'où elle s'élèvera vers le mur de 3 à 15 centimètres ; la ligne 0 sera abaissée de la gauche à la droite de 3 et 4 centimètres jusqu'à 0, d'où elle s'élèvera vers la droite jusqu'à 12 centimètres ; la ligne p sera élevée progressivement de gauche à droite de 15, 10, 5, 4 et 3 centimètres (fig. 9).

Nos pentes générales sont déterminées pour mettre l'ensemble du jardin en perspective ; il ne nous reste qu'à placer des piquets de nivellement comme points de repère, et à modifier nos vallonnements après le dessin, mais en respectant notre tracé général.

La première chose à faire est de poser des piquets à la hauteur des fouilles et des remblais ; le vallonnement est indiqué ; les terrassiers n'ont qu'à établir le niveau du sol à la tête de chaque piquet pour arriver juste.

Pour les personnes qui n'ont pas l'habitude de faire des mouvements de terrain et qui ne se rendent pas suffisamment compte de l'effet avec des piquets, il est un moyen très-simple de leur faire juger de l'effet de leur travail, sans erreur possible.

On pose d'abord les piquets de nivellement à la hauteur voulue ; on creuse ensuite les parties en dessous du niveau du sol, et on place sur les piquets des parties élevées, des branchages que l'on recouvre de verdure : genêts, ajoncs, ramilles, etc., tout est bon, et l'effet est complet. Il n'y a qu'à rectifier en cas de besoin.

Nous n'avons fait que des mouvements de terre insignifiants dans les jardins (fig. 8 et 9) ; nous n'avons remué que quelques centimètres de terre. La dépense en sera presque nulle ; mais cette opération, toute simple qu'elle est, double en apparence l'étendue de la propriété et y *soude* les points de vue. Il faudrait, pour en faire apprécier toute la valeur, pouvoir en donner un plan en relief et le comparer avec le terrain plat.

Rien ne grandit ni ne donne meilleure mine à un jardin, quelque petit qu'il soit, qu'un vallonnement bien entendu : c'est la clé de l'effet et le tombeau du vulgaire.

J'ai jalonné deux jardins avec vous, cher lecteur, pour vous familiariser avec cette opération, qui n'est rien en elle-même et se réduit à une dépense presque nulle. Je n'ai voulu opérer que sur des centimètres, afin de vous prouver combien on produit d'effet presque avec rien. Avec un peu d'imagination, quelques notions de perspective, un peu de goût et du bon sens, tout le monde peut entreprendre les vallonnements, quitte à en étudier l'effet avec des branchages, si l'expérience manque.

Quand on a le bonheur de rencontrer un chef de travaux ayant travaillé sous la direction d'un architecte paysagiste, la question de vallonnement se réduit à rien. Le chef de travaux en a la pratique, et il produit les meilleurs effets par intuition, d'inspiration, à l'œil, et sans poser un piquet (ne pas confondre avec un chef de travaux, garçon laborieux et intelligent, les artistes de contrebande qui, sans avoir jamais rien fait ni rien appris, ont la prétention de tout savoir et de tout faire).

Nos vues bien établies et notre vallonnement général déterminé, pour nous assurer tous les bénéfices de la perspective, nous pouvons commencer le dessin du jardin. Notre cadre est fait ; le dessin doit y entrer, en respectant les vues et les pentes générales destinées à les éloigner ou à les rapprocher.

Commençons par les allées et les pelouses, les massifs et les groupes d'arbres, comme les corbeilles de fleurs et les groupes de fleurs viendront ensuite en temps et lieu.

CHAPITRE VII

Dessin des allées.

Les allées ne sont pas un objet de fantaisie, mais d'utilité, d'ornement et de perspective.

Toutes les allées doivent avoir un but : partir d'un point central, généralement de l'habitation, pour aboutir aux endroits les plus fréquentés de la propriété, et toujours en abrégeant les distances.

Les contours des allées doivent être naturels; rien de plus disgracieux que les allées sinueuses à l'excès; c'est contre nature, horrible d'effet et impossible pour se promener.

On croit souvent donner de la grâce à un jardin en forçant les contours des allées; loin de là, on le rapetisse à l'œil, et l'on crée sans s'en douter les figures les plus ridicules.

Les trois allées de la figure 13 ne ressemblent à rien; continuées ainsi, elles offriront les dessins de pelouses les plus ridicules, allongeront le chemin du double et diminueront le jardin de moitié à l'œil.

Qu'y a-t-il, en résumé, dans tous ces tortillons? Une allée avec deux embranchements.

Donnons à notre allée centrale *a, a* (fig. 14) des contours naturels, et faisons partir nos allées *b* et *c* à la naissance d'un contour; nos pelouses paraîtront moitié plus grandes; les distances seront sensiblement abrégées, et nos pelouses auront le sens commun.

Les allées aident énormément à la perspective, suivant

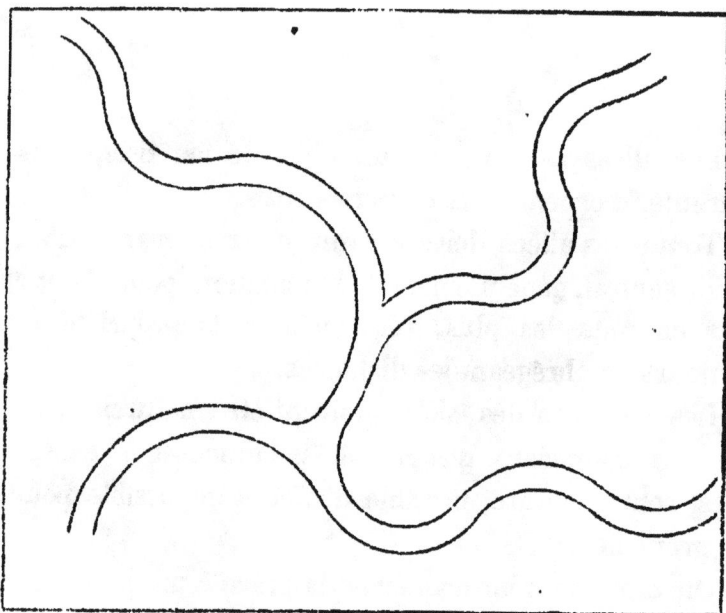

Fig. 13. — Allées trop sinueuses.

leur distribution dans un jardin trop long ou trop large. Leur disposition bien entendue peut, sinon faire disparaître ces inconvénients, mais au moins les atténuer très-sensiblement à l'œil.

Ainsi, dans un jardin long, tous les efforts du dessinateur doivent tendre à donner de la largeur. On atteint ce but en ouvrant des allées dans la largeur et en biais, autant que possible, pour la faire paraître plus grande qu'elle ne l'est réellement.

Les allées *a* et *b* (fig. 15) sont tracées presque dans la largeur du jardin, et sont plus longues que la largeur elle-même. Il ne faut plus, dans ces conditions, que

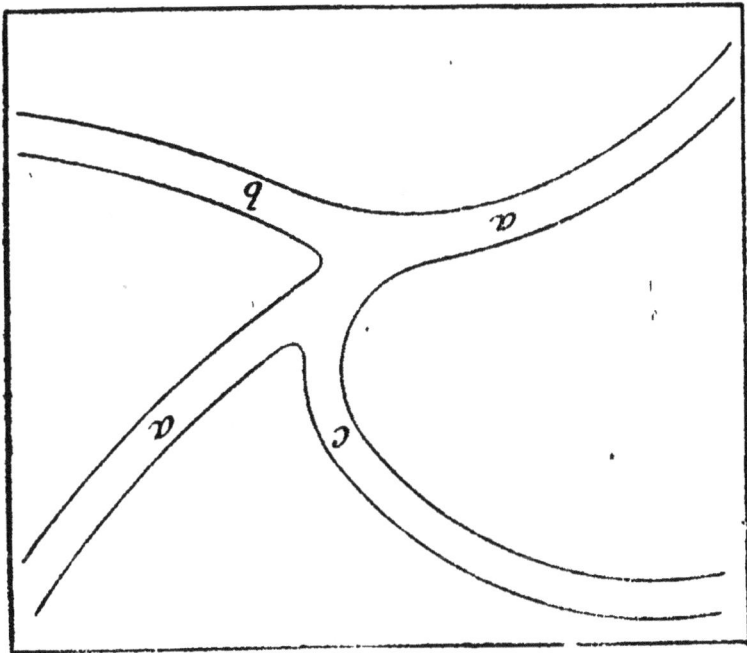

Fig. 14. — Allées dessinées.

quelques massifs habilement distribués et des corbeilles de fleurs bien placées, pour achever de dissimuler la longueur.

Quand le jardin est large, il faut donner la direction contraire aux allées, pour donner une profondeur apparente au jardin. Les allées *a*, *b*, *c* de la figure 16 donnent

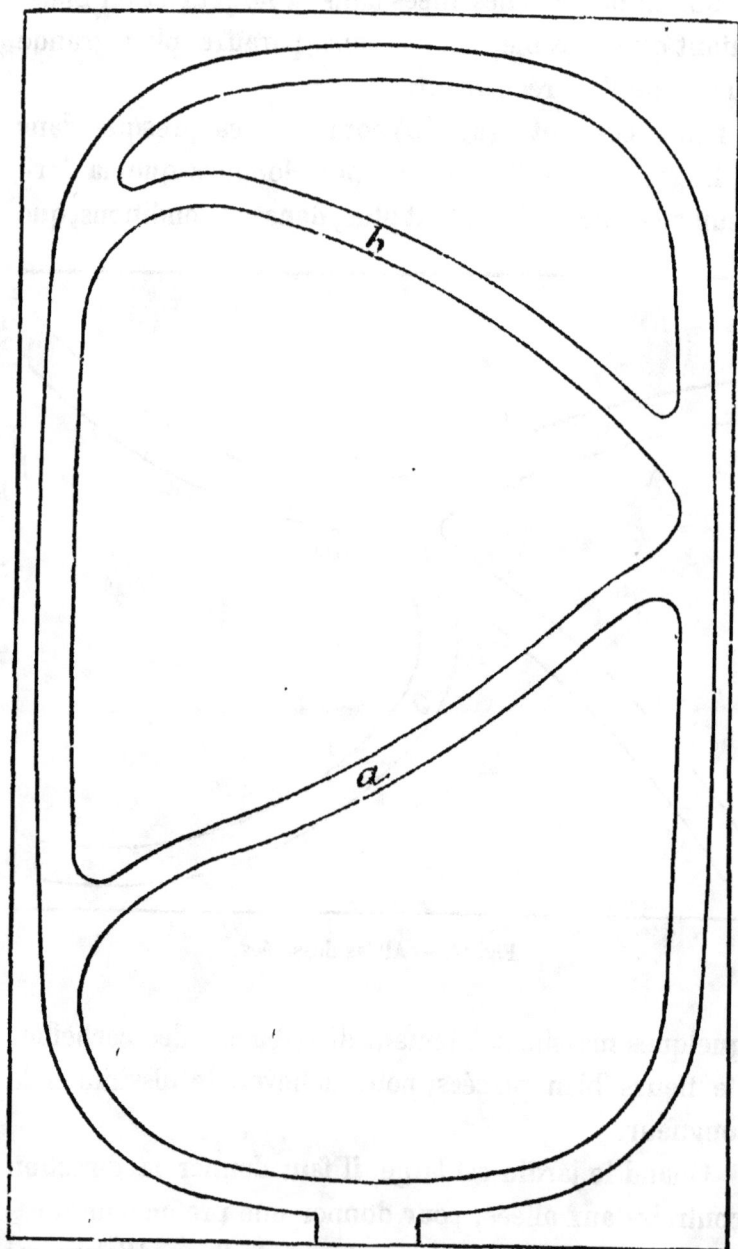

Fig. 15. — Tracé des allées dans un jardin long.

au jardin une grande profondeur. Ajoutez-y des massifs d'arbres et d'arbustes, et des corbeilles de fleurs habilement groupés, l'illusion sera complète : le jardin paraîtra double en profondeur.

Les allées se divisent en trois séries : les allées d'entrée, les allées principales et les allées secondaires.

Les allées d'entrée doivent être plus larges que toutes les autres ; elles conduisent de l'entrée à l'habitation ; il faut donc qu'elles soient amples et largement taillées pour contribuer à l'aspect de la propriété. La plus jolie propriété du monde, avec des allées d'entrée mesquines, est un tableau de maître dans un cadre de bois peint.

Les allées principales sont : l'allée de tour, celle qui encadre la propriété, et celles conduisant directement de l'habitation aux endroits les plus fréquentés.

La largeur des allées principales est subordonnée à l'étendue de la propriété ; mais, quelque petit que soit le jardin, les allées principales doivent être assez larges pour permettre à deux dames d'y passer de front.

Dans les parcs, on peut donner une largeur de 3 à 5 mètres aux allées principales ; les largeurs de 3 mètres, 2m 50 et 2 mètres sont excellentes pour les jardins, suivant leur grandeur.

Les allées secondaires, destinées à relier ensemble les allées principales et à abréger les distances, sont toujours moins larges que les allées principales.

Un étranger ne se perd jamais dans un jardin où il vient pour la première fois, avec ce classement d'allées. Les plus larges, les allées principales, conduisent de la

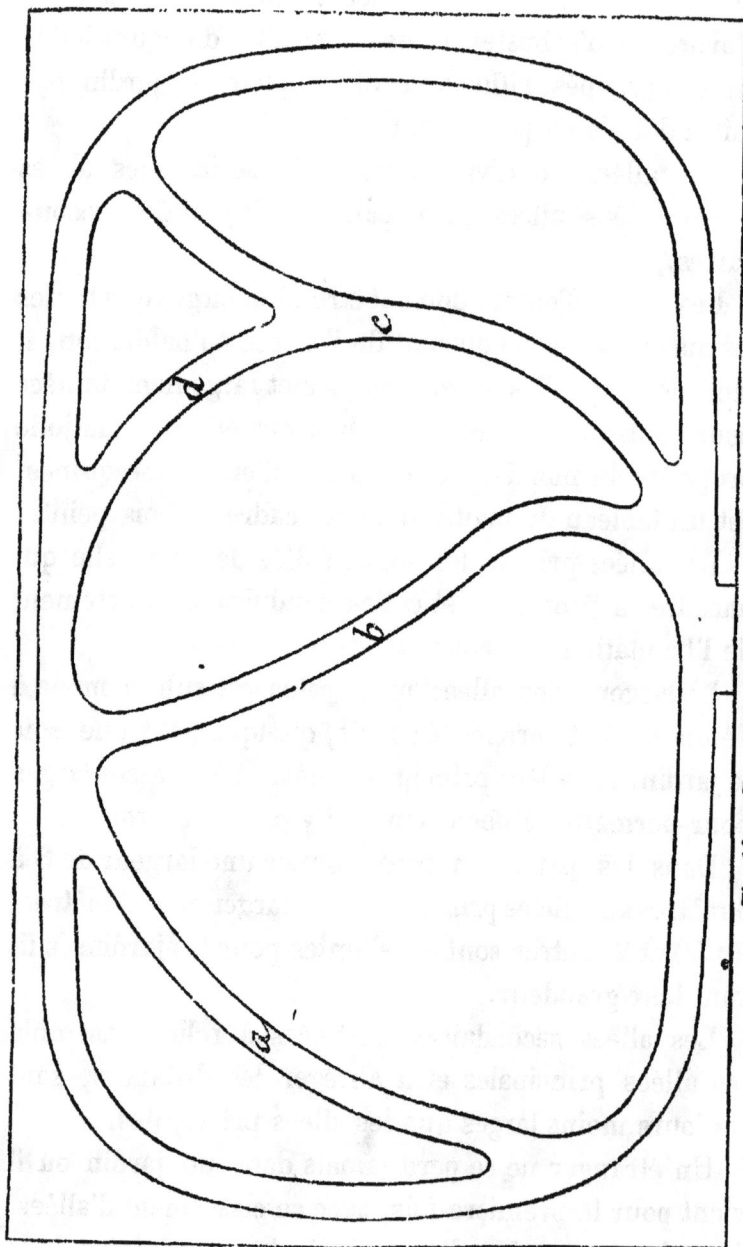

Fig. 16. — Tracé des allées dans un jardin trop large.

maison aux sorties et aux endroits les plus fréquentés ; il n'y a pas à se tromper quand on cherche. Les allées les plus étroites, les secondaires, relient les principales entre elles et abrégent les distances ; il faut être aveugle ou n'avoir jamais quitté l'asphalte des boulevards pour être embarrassé de couper au court.

Il est une dernière série d'allées appelées *trompe-l'œil*, dont il est utile de parler, parce qu'elle rendent parfois d'importants services pour dissimuler les clôtures et faire croire à une étendue qui n'existe pas.

Le *trompe-l'œil* a surtout son utilité pour le jardin de devant, lorsque la propriété manque de largeur, pour lui en donner une apparente, et augmenter du dehors l'aspect de la propriété. C'est un moyen infaillible de mettre à la torture la curiosité des badauds.

Quand, par exemple, le mur de cloture *a* (fig. 17) est caché par des massifs très-minces, pour augmenter la largeur on ouvre, à l'endroit le plus épais du massif, une allée secondaire *b*, partant de l'allée principale *c*, et tournant brusquement, en *d*, au milieu du massif.

A une certaine distance, et même d'assez près, l'œil ne pénètre que jusqu'en *e* (fig. 17) et laisse soup-çonner l'existence d'un bois. Quand l'allée tourne bien, l'illusion est complète.

Cela me rappelle une mystification de M. X***, dans le jardin duquel j'avais fait un *trompe-l'œil* splendide. M. X*** avait tenu la grille hermétiquement bouchée, depuis la création du jardin jusqu'au mois de juin. Nous avions planté des arbustes déjà grands pour garnir tout de suite.

Aussitôt la grille démasquée, tous les indiscrets du pays passaient leur temps à commenter les travaux de M. X***. Le *trompe-l'œil* les intriguait par dessus tout.

— Où peut conduire cette allée?

— Je ne sais pas, à moins que M. X*** n'ait racheté du terrain ; il a fait tant de folies pour son jardin !

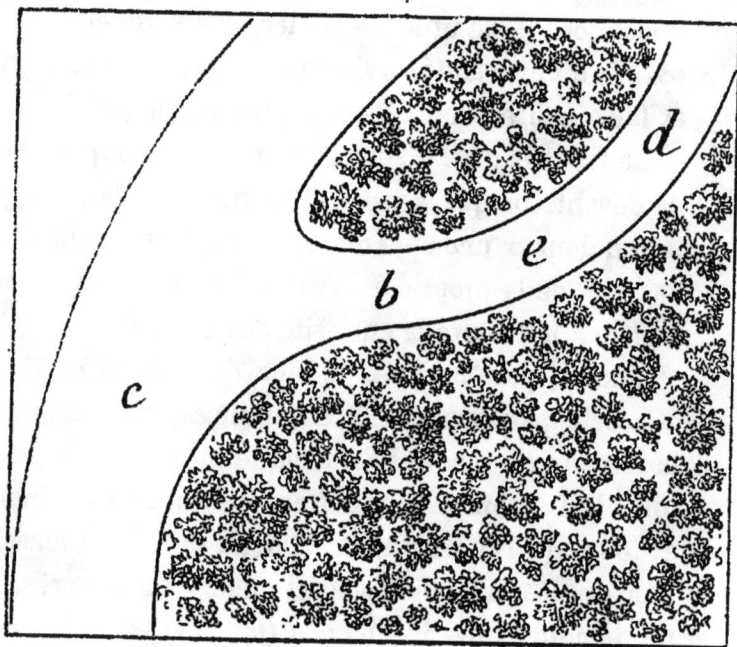

Fig. 17.

Les plus hardis finirent par demander à M. X*** où conduisait son allée.

— Dans mon bois !

— Vous avez donc acheté le jardin à côté?

M. X*** leur tournait invariablement le dos à cette question, et aussitôt le badaud tirait la sonnette du voisin pour lui demander combien M. X*** lui avait acheté de terrain.

Les badauds ont été édifiés en quinze jours et se sont vengés en appelant le *trompe-l'œil* l'allée qui a tant fait jaser.

Les Parisiennes ne sont pas désillusionnées; quand il en vient chez M. X***, elles demandent toutes :

— Où conduit cette allée?

— Dans mon bois!

— Je vais m'y promener !

— Je ne vous y engage pas; il est rempli de vipères!

— Ah mon Dieu! Mais n'y en a-t-il pas dans le jardin au moins?

— Pas une seule ; elles restent toutes dans le bois.

— Il n'y a pas de danger que j'y aille!

M. X*** rit dans sa barbe. Il y a quinze ans que j'ai fait ce jardin : le propriétaire annonce toujours son bois, et les Parisiennes l'ont appelé le bois des vipères.

Quand on dessine un jardin, il faut éviter avec le plus grand soin les pointes dans les carrefours; c'est affreux et du plus mauvais goût.

Au carrefour (fig. 18), nous avons six pointes *a*, menaçant ceux qui s'y promènent comme autant de hallebardes. Ces angles menaçants doivent être arrondis en *b*, pour agrandir le carrefour et faire disparaître des pointes ridicules.

Il ne suffit pas seulement d'arondir les pointes pour mettre les allées en harmonie; mais encore il faut fondre ensemble celles de différentes largeurs, sans que l'œil en soit choqué. Les allées d'entrée, principales et

secondaires doivent avoir la même largeur au point de
jonction. Rien de plus facile en les élargissant progressivement sur une étendue de 4 à 5 mètres.

Dans la figure 19, la place *a*, qui entoure la maison,
se fond en *b* avec les allées principales *c ;* les allées

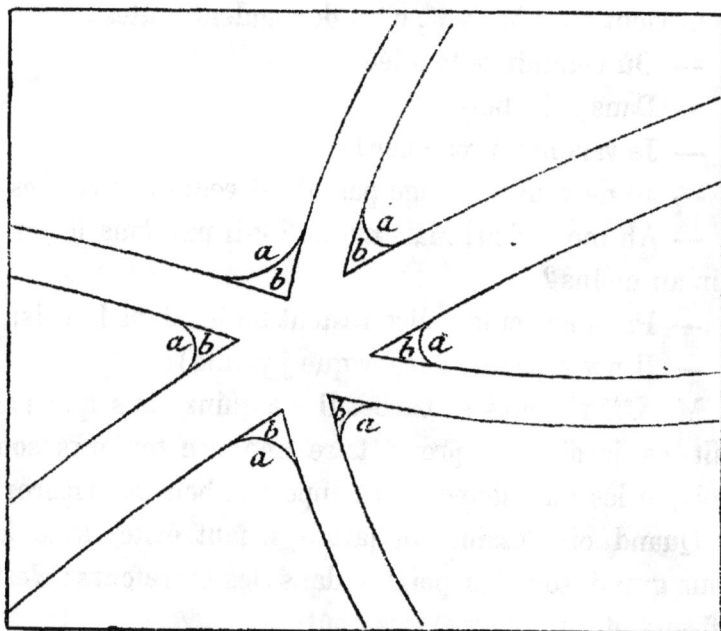

Fig. 18. — Arrondissement des pointes.

secondaires *d* se fondent en *e* avec la place *a* et les
allées principales *c.*

La théorie des allées bien établie, reprenons les deux
jardins que nous avons vallonnés pour les dessiner.

Commençons par celui qui est en long. Nos vues
sont marquées en *b* et en *c* (fig. 20); nous avons
cinq arbres isolés conservés, et dont nous avons à

tirer le meilleur parti possible. Il faut donc que ces arbres se trouvent dans les pelouses ou sur le devant des massifs pour en obtenir tout i effet attendu.

A droite de la maison, en *e* (fig. 20), un petit jardin d'hiver ; en *f*, pour lui faire pendant, un massif de rhododendrons. Il faut [pouvoir circuler autour de tout

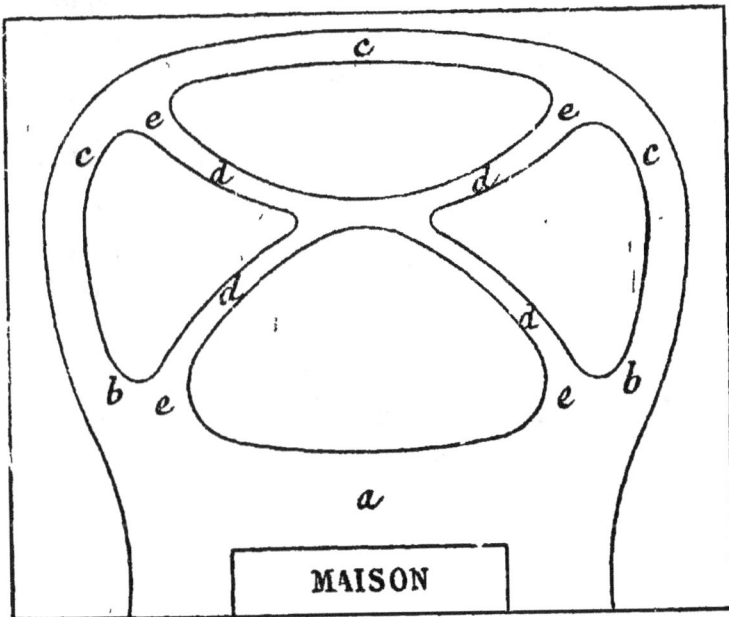

Fig. 19. — Jonction des allées.

cela, et y laisser de l'espace pour bien détacher l'habitation du reste.

Nous traçons d'abord autour de la maison la place *g* (fig. 20), afin de la faire ressortir. Ensuite nous dessinerons les allées d'entrée *h*, plus larges que toutes les autres.

À droite et à gauche, nous avons deux arbres conservés *a*, qui se trouveront en avant des massifs.

La pelouse *i*, bien isolée, est assez grande pour donner au jardin une largeur apparente suffisante.

Nous augmenterons encore la largeur apparente du jardin à l'aide d'un *trompe-l'œil*, en établissant l'allée secondaire *j* (fig. 20), allant aboutir au mur de clôture, masqué par des broussailles. Cette allée, vue de la grille d'entrée, fait supposer une seconde partie du jardin dans sa largeur.

Derrière l'habitation nous avons de la profondeur, mais la largeur nous manque. Pour ne rien perdre de l'une ni de l'autre nous planterons des massifs très-minces contre les murs, et établirons en conséquence l'allée principale *k* (fig. 20), servant d'allée de ceinture et ne faisant rien perdre de la grandeur du jardin.

Le kiosque *d* rompt la ligne trop longue de l'entrée à l'angle gauche et fait paysage, sans rien retirer de la largeur du jardin.

Nous achèverons de donner de la largeur apparente à notre jardin trop long et trop étroit, en ouvrant l'allée secondaire *l* (fig. 20).

L'obliquité de cette allée augmente sensiblement la largeur. Les pelouses *m* et *n* (fig. 20) contribuent également à donner une largeur apparente, par leur configuration en large, sans rien retirer de la profondeur. Enfin les trois arbres *a*, conservés dans ces deux pelouses, sont parfaitement placés pour produire le plus heureux effet.

Lorsque nous aurons ajouté à ce dessin des massifs

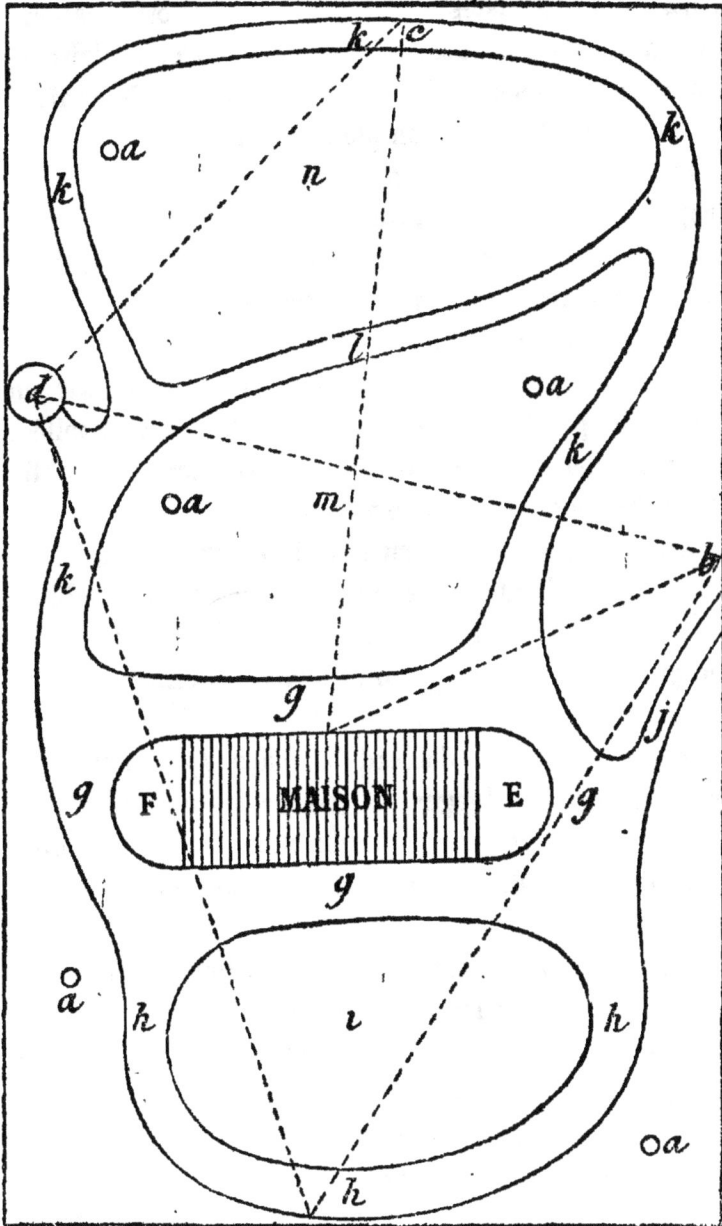

Fig. 20. — Tracé des allées dans un jardin en long.

d'arbres et d'arbustes en harmonie avec notre vallonnement et notre tracé, et que nous aurons éclairé le tout de quelques corbeilles de fleurs, le vice de conformation du jardin aura complètement disparu.

Procédons maintenant au dessin du jardin figure 21, trop large et pas assez profond.

Nous avons cinq arbres conservés a (fig. 21), deux vues : un coteau en b et une vallée en c.

L'angle des murs de droite et du fond est coupé en d (fig. 21); le mur est abattu et remplacé par un saut de loup, afin de ne rien perdre de la vue de la vallée. On se rappelle que la pente du vallonnement est établie de l'habitation au point de vue c.

En outre, nous construisons le kiosque e (fig. 21), dominant un bout de rue et faisant paysage de l'habitation, et, pour donner plus d'animation encore à la propriété, nous élevons une terrasse donnant sur la rue.

Établissons tout d'abord la place f autour de la maison pour la dégager, et ensuite les allées d'entrée g (fig. 21). La largeur du jardin nous permet de donner plus de profondeur aux massifs; nous en profiterons pour leur faire produire plus d'effet.

Nous dessinons ensuite l'allée principale de ceinture h (fig. 21), en laissant le moins d'épaisseur possible aux massifs du fond, afin de ne rien prendre de la profondeur de la propriété.

Ouvrons ensuite l'allée principale i (fig. 21); elle contribuera à augmenter la profondeur.

L'allée secondaire j (fig. 21) augmentera encore la

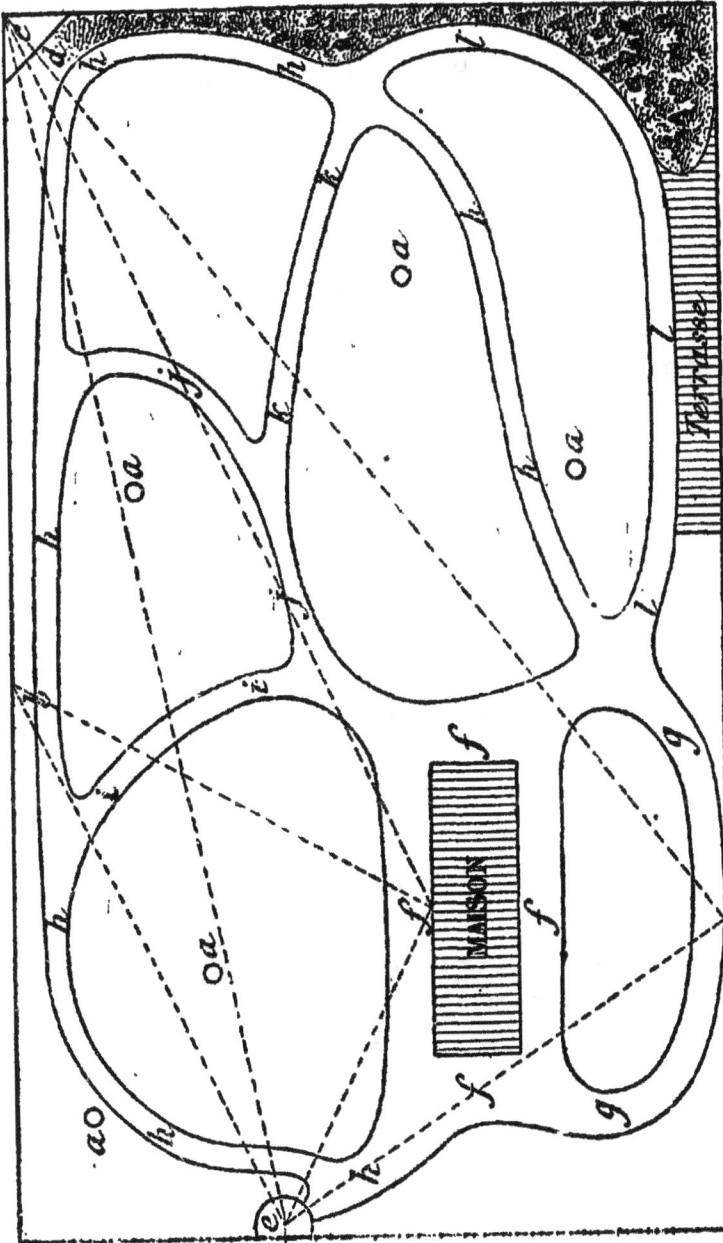

Fig. 24. — Dessin des allées dans un jardin large.

profondeur, et l'allée *k* (même figure) donne au jardin toute l'ampleur possible.

L'ampleur sera considérablement augmentée par l'allée secondaire *l*, conduisant à la terrasse et la longeant, pour aller rejoindre l'allée principale de ceinture *h* (fig. 21).

Nos cinq arbres *a* sont placés dans les meilleures conditions pour en tirer le meilleur parti possible ; les vues sont respectées, et l'aspect général sera saisissant de la grille d'entrée.

J'ai établi une terrasse sur le devant, et y donne accès par une allée secondaire ; voici pourquoi :

Cette terrasse domine la rue, comme les issues donnant à l'habitation, et les vues *b* et *c* (fig. 21). Elle sera très-agréable, et par conséquent très-fréquentée. Il faut donc qu'elle soit réservée aux maîtres de la maison et à leurs amis, et que les importuns ne puissent y arriver trop facilement en l'indiquant par une allée principale.

Notre terrasse sera décorée, bien entendu, c'est-à-dire garnie de plantes grimpantes, de suspensions, jardinières, etc., permettant de voir partout de l'intérieur, et formant un obstacle infranchissable aux yeux de l'extérieur. Je traiterai de ces créations au chapitre des constructions rustiques.

Notre jardin est distribué ; il ne nous reste plus qu'à le meubler avec des massifs d'arbres et d'arbustes, et à l'orner de corbeilles de fleurs, pour en tirer tout l'effet et toute la gaîté possibles.

CHAPITRE VIII

Classement, dessin, effets d'hiver et d'été, coloris, massifs d'arbres et d'arbustes.

Il né suffit pas seulement de bien dessiner un jardin pour obtenir un bon résultat ; il faut encore savoir le meubler avec des massifs d'arbres et d'arbustes, et l'orner avec des corbeilles de fleurs.

Le dessin des massifs d'arbres et d'arbustes a une grande importance aux doubles points de vue de l'effet et de la perspective ; mais la composition de ces massifs en a une plus grande encore au point de vue de l'aspect général, je dirai plus, du succès du jardin.

La composition des massifs d'arbres et d'arbustes est une science, demandant en même temps une connaissance approfondie des végétaux que l'on distribue. Il faut pour créer des massifs savoir le dessin, connaître la perspective, avoir l'intuition des effets et des oppositions de couleurs, et connaître les arbres.

Loin de ma pensée de décourager les amateurs ou les praticiens qui veulent étudier sérieusement ; je vais leur donner tous les moyens d'éviter les écueils, mais je dois avant tout leur montrer les difficultés, pour leur éviter des déceptions plus tard.

L'amateur réussira, parce qu'il prendra la peine d'étudier ce qu'il ne connaît pas ; mais le praticien, ayant trop de tendance à tout savoir, quand il n'a regardé les choses que très-superficiellement, sera plus exposé aux échecs, s'il néglige d'étudier sérieusement ce chapitre.

Les massifs d'arbres et d'arbustes ont pour but de meubler le jardin ; d'en rendre l'aspect riant, en accusant vivement la perspective ; de servir de cadre et de repoussoir aux vues ; de cacher les objets désagréables, comme les murs, etc., etc., en présentant des oppositions de teintes en harmonie avec le caractère du jardin.

Nous diviserons les massifs d'arbres et d'arbustes en quatre groupes :

1° *Les massifs profonds*, ceux qui ont une grande étendue, dans les grands parcs par exemple, et uniquement composés d'arbres de première, seconde et troisième grandeur. Les massifs doivent être composés d'arbres à feuillages divergents, surtout sur les bords ; on y place de préférence les feuillages bruns, rouges ou blancs, suivant la teinte générale du massif.

2° *Les massifs mixtes* pour les petits parcs et les grands jardins, composés de grands arbres et d'arbustes à fleurs ou à fruits d'ornement.

3° *Les massifs factices*, ceux qui ont très-peu d'épaisseur et sont destinés à cacher les murs. Ils se composent tantôt d'arbres et d'arbustes seulement, suivant l'étendue du jardin.

4° *Les massifs de décoration*, faisant office de grandes corbeilles. Ils sont généralement composés d'arbustes à fleurs et à fruits d'ornement. Dans les grands parcs et pour les plus grands massifs, quelques grands arbres plantés au centre font un excellent effet.

Disons encore, avant d'étudier ces différentes séries de massifs, qu'avant de donner un coup de crayon sur le plan, il faut avoir présents à l'esprit les effets d'hiver et d'été.

C'est dire qu'il faut prendre ce problème pour point de centre dans la création des massifs :

Avoir des fleurs et des fruits d'ornement pendant tout l'été, et de la verdure pendant tout l'hiver.

On reste souvent à la campagne jusqu'en janvier ; quelquefois on y passe l'hiver. Dans ces deux cas, il faut avoir le plus grand soin d'éviter de joindre à l'aspect peu riant des brouillards et des frimas la monotonie d'une nature morte. C'est à faire prendre la campagne en horreur.

Le jardin le mieux dessiné et le plus richement planté avec des arbres à feuilles caduques est un paradis de mai à novembre, pour devenir un amas de broussailles mortes, de balais hideux de novembre à mai. La désolation après la joie !

Les conifères et les arbustes à feuilles persistantes doivent entrer en assez grande proportion dans les massifs, et surtout dans ceux qui avoisinent l'habitation, pour leur donner une teinte verte pendant toute l'année. C'est ce qui constitue les effets d'hiver.

Je ne saurais trop insister sur les effets d'hiver, parce qu'ils sont généralement négligés. Ne pas produire dans un jardin les effets d'hiver, c'est faire asseoir l'ennui à son foyer pendant six mois de l'année.

Les effets d'été sont beaucoup plus faciles à produire que ceux d'hiver : il n'y a qu'à choisir dans les plus abondantes collections d'arbustes à fleurs et à fruits d'ornement ; mais l'hiver, si les feuilles sont encore assez abondantes pour permettre la diversité, les fruits sont rares, et les fleurs plus encore.

N'oubliez jamais dans vos massifs :

1° Les *mahonias* au feuillage changeant, tantôt vert, tantôt bronzé, fleurissant en mars pour nous donner ensuite un fruit restant sur l'arbuste jusqu'à la floraison.

Rien de plus gai ni de plus lumineux que la fleur jaune du mahonia sur les teintes sombres des conifères ; rien de plus ornemental que leur fruit, ressemblant à une grappe de raisin noir pendant tout l'hiver.

2° Les *houx*, charmants arbustes, dont la collection est des plus riches au point de vue du feuillage ; il y en a de toutes les teintes, et de panachés de toutes nuances. Son fruit, rouge, très-abondant, reste sur l'arbre pendant tout l'hiver ; ce bienheureux petit fruit rouge éclaire les massifs : c'est la vie au milieu de la mort.

3° Les *arbousiers* au feuillage abondant, portant des fruits rouges de la forme et de la grosseur d'une fraise moyenne. L'arbousier conserve longtemps son fruit pendant l'hiver ; c'est un trésor d'ornementation qu'il ne faut pas négliger.

4° Les *lauriers thym*, au feuillage sombre, épanouis-

6

sant leurs fleurs blanc rosé à l'entrée de l'hiver, et les conservant presque jusqu'au printemps.

Le laurier thym est une ressource des plus précieuses pour éclairer les massifs pendant l'hiver.

Tout en prenant les effets d'hiver et d'été pour point de départ dans la création des massifs d'arbres et d'arbustes, il ne faut jamais négliger le coloris : le coloris est la vie comme la gaîté du jardin.

Il faut chercher, en composant les massifs, et cela pour les arbres à feuilles caduques aussi bien que pour ceux à feuilles persistantes, des feuillages de toutes les nuances, afin d'éviter la monotonie.

Un massif d'arbres à feuilles caduques de la même teinte ressemble à un plat d'épinards ou à un champ de blé pendant l'été.

Une plantation de conifères ou d'arbustes à feuilles persistantes de la même nuance convertit votre parc en cimetière pendant l'hiver.

Apportez dans ces deux *placards* de même couleur des feuillages divergents ; créez des oppositions de teintes : vous aurez la gaîté au lieu de la monotonie, et vous apporterez la vie dans la mort.

Tout cela n'est pas difficile assurément, et peut être fait par le premier venu ; je ne le conteste pas et écris ce livre dans ce but ; mais il faut que le premier venu ait du goût, les connaissances indispensables, et surtout qu'il prenne la peine d'apprendre ce qu'il ne sait pas, au lieu de dire, comme toujours : *Cela me connaît*, et marcher en avant pour aboutir à d'incommensurables bêtises.

CHAPITRE IX

Massifs profonds.

J'entends par massifs profonds ceux de grands arbres, dont la place est dans les parcs d'une grande étendue.

Lorsque ces massifs sont à planter, l'opération est facile, en ce qu'il n'y a qu'à choisir les grandeurs d'arbres et la nuance du feuillage, indiqués plus loin dans le chapitre *Arbres d'ornement*, et placer au bord de ces massifs une certaine quantité d'arbres verts pour obtenir un excellent effet d'hiver.

Dès l'instant où un grand massif est bordé de conifères, il prend une teinte verte. En admettant que nous opérions sur des massifs énormes, il nous suffira d'en planter les bords avec trois variétés de conifères, d'un prix presque nul, pour obtenir le coloris.

Le pin du Nord, le pin maritime et l'épicéa coûtent peu de chose en pépinière; leur feuillage est de trois nuances différentes; c'est suffisant pour rompre la monotonie. En disposant ces trois variétés par groupes sur les bordures, l'effet et le coloris sont obtenus.

Si, au contraire, nous avons un parc à créer en plein bois, et que les grands massifs soient tous poussés, il faudra les conserver soigneusement et les éclairer avec des plantations de conifères, des arbres à feuillage coloré, et, suivant les circonstances, les faire ressortir au besoin par quelques groupes d'arbres habilement jetés à quelques mètres en avant.

Souvent l'étendue d'un parc est telle que le propriétaire doit penser à retirer un produit de ses grands massifs. Cela se peut sans nuire à l'harmonie du parc et sans faire de *trous apparents*, en faisant des coupes de bois. Il suffit, dans ce cas, de bien planter et de bien entretenir les bordures pour conserver l'effet désiré.

Admettons que nous ayons à planter un grand massif dans un sol où le chêne réussit bien et donne un produit assuré. Respectons le revenu d'abord, et opérons ensuite de manière à conserver l'harmonie de notre parc et à lui épargner l'aspect d'une forêt en coupe réglée.

Le massif *a* (fig. 22) sera semé ou planté en chênes pour l'exploitation. Ce massif fait paysage du château, et la coupe produirait une lacune des plus regrettables dans le parc. Nous avons semé ou planté pour la spéculation, rien de mieux; cultivons nos chênes, et coupons-les en temps voulu pour assurer le produit.

Le produit d'une coupe de bois ne nous oblige pas à creuser un abîme dans notre parc. Plantons les bordures, plantons-les avec art, et nous ferons nos coupes sans le moindre inconvénient pour l'aspect ni pour l'harmonie du parc.

La partie *a* (fig. 22) est soumise à l'exploitation, c'est entendu. On y fera les coupes régulières comme en forêt, avec réserve de baliveaux, etc.; en un mot, on y pratiquera toutes les opérations de sylviculture en temps voulu, et sans aucun égard pour le parc, c'est encore entendu.

Nous vous cédons, monsieur, et de grand cœur, le revenu que vous réclamez avec raison, comme chef de famille et comme administrateur ; mais madame réclame à son tour, et aussi avec raison, son parc et ses ombrages.

· Rien de plus facile, monsieur. Coupez vos chênes quand vous voudrez, et donnez à madame le coup d'œil et l'ombre réclamés. C'est plus facile encore en plantant les bordures.

Commençons par disséminer sur la lisière de l'exploitation, en *b* (fig. 22), alternativement quelques épicéas, pins du Nord et pins maritimes. C'est tout simplement un rideau qui cachera une partie du bois, mais à coup sûr les coupes nécessaires.

Faisons mieux encore dans l'intérêt du parc : plantons devant le rideau un groupe de sept épicéas en *c* (fig. 22), un autre groupe de pins du Nord en *d* (même figure), et enfin un dernier groupe de pins maritimes en *e* (même figure) ; nous aurons l'effet d'hiver demandé, plus le coloris, et tout cela à bien peu de frais.

Vous avez acquis, monsieur, le droit de couper votre bois quand son intérêt l'exigera, en échange d'une bien faible dépense, et vous avez pour compensation le plaisir d'avoir été agréable à madame, en sauvegardant vos revenus et en embellissant votre parc.

Maintenant, si vous voulez compléter votre œuvre, plantez en *f* un groupe de trois scythis (fleurs jaunes

6.

et un autre groupe de trois arbres : un sorbier en *g*,
une épine blanche en *h*, et une épine rose double en *i*;
vous aurez tout à la fois l'effet d'hiver et celui d'été :
partout et toujours de la verdure et des fleurs.

Si nous opérons en Sologne ou en Bretagne, où la

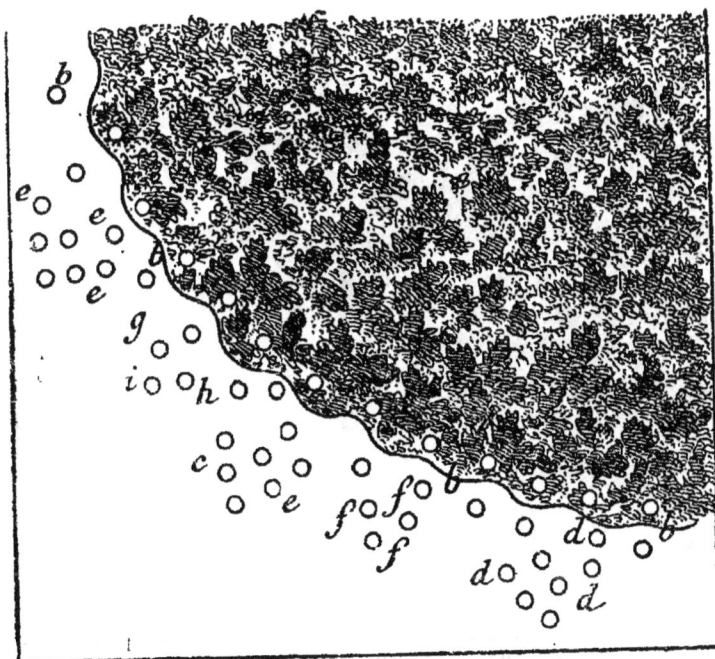

Fig. 22. — Plantation de bordure d'un grand massif de chênes.

culture du pin maritime donne un revenu sérieux,
semez ou plantez tout le massif *a* (fig. 23), et exploitez-
le suivant toutes les règles de la sylviculture ; mais
pour masquer vos opérations et vos bûcherons, plantez
en *b* une bordure de pins du Nord et d'épicéas ; en *c*,
un groupe de trois cèdres déodora ; en *d* un welling-

tonia, et en *e* un cyprès de la Louisiane ; ajoutez pour parfaire votre œuvre un acacia en *f*, et un pommier à fleurs doubles en *g*; vous aurez à la fois, et toujours avec une dépense à peu près nulle, vos effets d'hiver et d'été, de beaux feuillages, des fleurs et même le parfum.

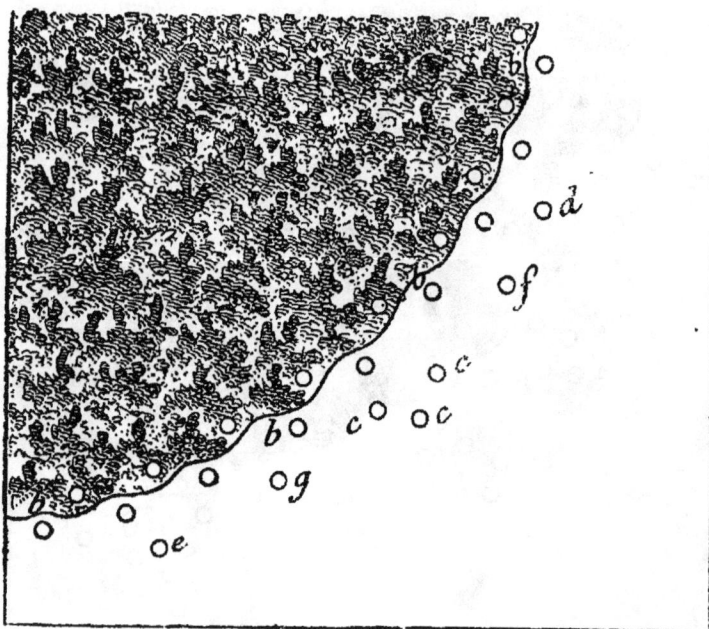

Fig. 23. — Plantation de bordure d'un grand massif de pins.

Quand on crée le parc et que les massifs sont tout venus, on se contente de planter les bordures comme je viens de l'indiquer, afin de conserver le coup d'œil du parc, en faisant des coupes de bois régulières.

Tout ce qui précède s'applique aux grands massifs d'immenses parcs, dont l'étendue oblige à compter avec le revenu. Le plus souvent, les massifs profonds sont uniquement destinés à l'ornement du parc. Dans ce cas, il faut en étudier sérieusement la composition.

Lorsque ces massifs sont au milieu du parc ou à peu près, et ont la forme de la figure 24, il faut les établir en dôme, afin d'avoir un effet égal de chaque côté. Ce

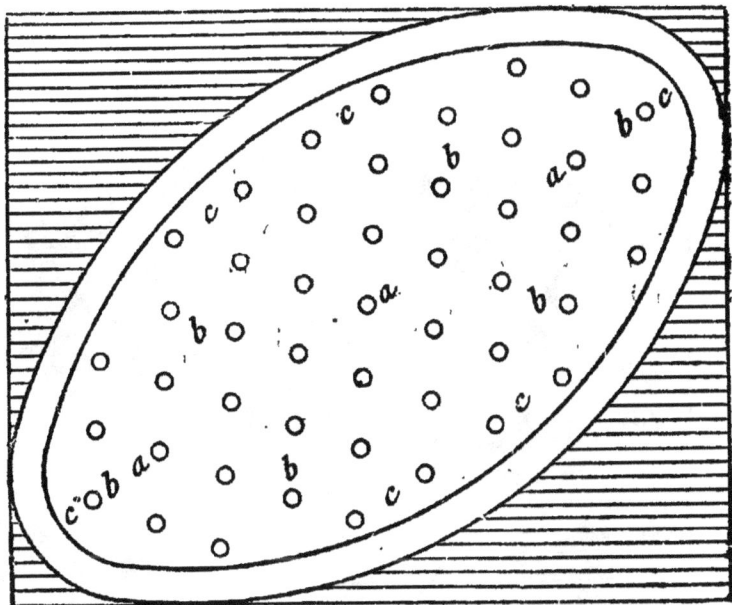

Fig. 24. — Plantation d'un massif profond en dôme.

sont des massifs à grand effet; ils doivent offrir l'aspect en gradins de tous les côtés; les feuillages comme les fleurs demandent à être sérieusement étudiés, et les bords doivent être garnis de quelques arbres verts.

Nous planterons en *a* (fig. 24) une ligne de six arbres de première grandeur, à feuillages divergents;

nous entourerons la ligne *a* d'arbres de seconde grandeur, également à feuillages divergents, en *b* (même
figure), et enfin nous planterons en *c* (même figure) des
arbres de troisième grandeur, de feuillages divergents,
et dont une partie à fleurs et à fruits d'ornement.

Lorsque notre massif aura quelques années, il pré-

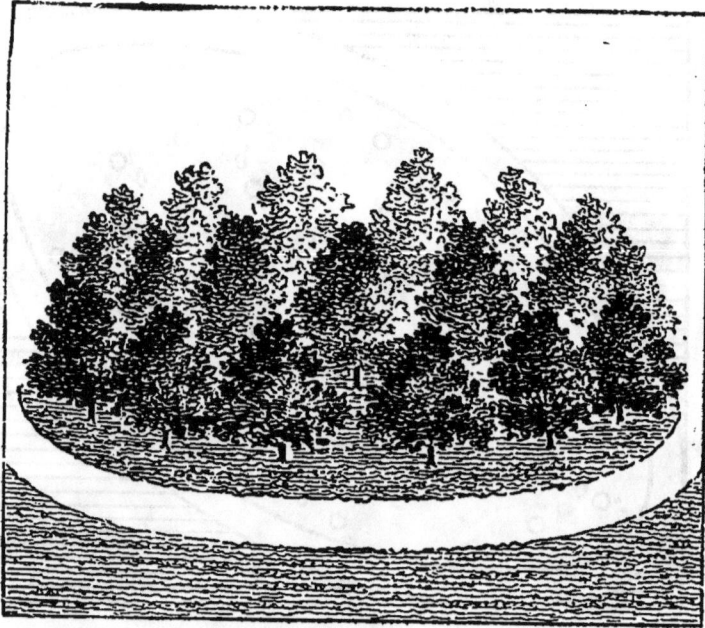

Fig. 25. — Aspect d'un massif en gradin.

sentera sur toutes les faces l'aspect de la figure 25. Il
formera un gradin parfait, aux feuillages variés, et
éclairé pendant une grande partie de l'année par des
fleurs de toutes couleurs et des fruits d'ornement.

Lorsque les massifs sont placés près des clôtures, on
les plante également en gradins : les arbres de première

grandeur contre la clôture, ceux de seconde ensuite, et ceux de troisième grandeur en avant.

Ces massifs sont une précieuse ressource pour cacher des masures, ou pour aveugler un voisin trop curieux. Dans tous les cas, les feuillages doivent être choisis pour éviter la monotonie, et être éclairés par quelques arbres à fleurs ou à fruits d'ornement.

Pour le choix des arbres, voir au chapitre *Arbres et arbustes d'ornement,* où la grandeur comme la nuance du feuillage sont indiquées, ainsi que la couleur des fleurs et des fruits d'ornement.

CHAPITRE X

Massifs mixtes.

Les massifs mixtes sont composés :

1º De grands arbres au centre ;

2º D'arbres moyens ou de grands arbustes en seconde ligne ;

3º De plus petits arbustes, d'arbrisseaux et même de fleurs sur les bords.

Comme dans tous les massifs, les grands arbres doivent être placés au milieu et les plus petits progressivement sur les bords, afin de former le gradin.

Cette règle fondamentale est rarement observée, soit par ignorance ou par manque de connaissance de la grandeur des arbres. La plupart des pépiniéristes connaissent les arbres et les arbustes d'ornement, le feuillage, la fleur, mais se trompent souvent sur la grandeur. Cela se comprend : la mission du pépiniériste est de multiplier et d'élever des arbres jusqu'à l'âge de deux ou trois ans, où il les vend. Jusque-là, il les connaît parfaitement; mais ensuite il ignore, le plus souvent, les proportions qu'ils atteignent.

Les jardiniers échouent presque toujours dans la plantation des massifs, du moins ceux qui n'appartiennent à aucune école et ont été privés d'études sérieuses.

Les erreurs dans la plantation des massifs sont désastreuses. Le résultat est déplorable, en ce que le plus souvent il faut en arracher une grande partie pour remettre les arbres à leur place, et cela au bout de plusieurs années de plantation.

C'est alors un jardin presque à refaire en entier, et il est impossible de reculer devant cette mesure. Les grands arbres placés en avant obstruent les allées, étouffent et cachent les moins grands plantés derrière, et les arbustes à fleurs et à fruits d'ornement, plus petits encore, périssent dans le centre des massifs faute d'air et de lumière.

Quand la plantation des masssifs a été faite ainsi, et cela est très-fréquent, on replante bien, et on remet sans aucun doute les arbres à leur place après cinq ou six années de plantation; mais quand on se voit forcé d'opérer, on a déjà perdu une grande partie de ses arbres.

Le résultat pour le propriétaire est celui-ci : perte d'arbres, perte de temps (les arbres replantés perdent trois années sur leur végétation) et dépense double, pour le remplacement des arbres étouffés et la main-d'œuvre de la nouvelle plantation.

C'est pour éviter tous ces fatales erreurs que je consacre plus loin un chapitre spécial à la grandeur des arbres et à la nuance de leur feuillage. Propriétaire comme jardinier ne devra jamais planter un massif sans avoir préalablement consulté ce chapitre.

Les massifs mixtes conviennent aux parcs, surtout dans les environs du château, et aux grands jardins.

Il faut bien se garder de planter les massifs trop drus. C'est ce qui a lieu quatre-vingt-quinze fois sur cent.

Cela tient à une grave erreur de la part des propriétaires ; ils croient obtenir très-vite de beaux massifs et de l'ombre, en plantant les arbres les uns sur les autres. Le contraire a lieu ; voici pourquoi :

En quelque bon état que vous ayez mis le sol, et quelque riche qu'il soit en engrais, les racines des arbres et des arbustes plantés trop près s'enchevêtrent les unes dans les autres ; elles manquent d'espace pour s'étendre et de nourriture suffisante pour développer la tige. Les arbres les plus vigoureux étouffent bientôt les plus faibles, et quand la bataille des racines est terminée, les arbres les plus robustes n'ont plus à leur disposition qu'une terre épuisée dans laquelle ils poussent aussi mal que lentement.

Souvent, lorsque le pépiniériste est chargé de la direction de la plantation, il opère ainsi ; *c'est de la marchandise de débitée,* mais le résultat est le même pour le propriétaire : perte d'argent sur l'achat des arbres, perte de temps sur la végétation, et *massifs manqués* par l'asphyxie de la majeure partie des arbustes à fleurs et à fruits d'ornement, toujours plus faibles que les autres.

Pour obtenir une bonne et prompte végétation et éviter l'asphyxie, il faut planter les massifs aux distances suivantes :

1º Les arbres de première grandeur à 10 mètres au moins ;

2º Ceux de seconde grandeur à 8 mètres ;

3º Ceux de troisième grandeur à 6 mètres ;

4º Les grands arbrisseaux à 4 mètres ;

5º Les moyens à 3 mètres ;

6º Les petits à 2 mètres ;

Et enfin les plus petits, ce que l'on appelle les touffes, de 1 mètre à 1m 50 de distance, suivant leur vigueur.

Dans ces conditions, et en observant les soins de préparation, de sol, de fumure et de plantation que j'indique plus loin, on sera toujours assuré d'obtenir très-promptement des massifs du plus joli effet.

Les massifs mixtes doivent être composés d'arbres à feuillages divergents, d'arbustes à fleurs et à fruits d'ornement pour toutes les saisons, afin d'obtenir un effet continuel, et enfin d'une certaine quantité d'arbres

7

à feuilles persistantes pour conserver une teinte verte pendant l'hiver.

Les arbres à feuilles persistantes doivent être placés sur les bords des massifs ; il suffit de quelques arbres à feuillage étoffé sur les bordures, pour cacher le centre et donner un aspect des plus riants au jardin pendant tout l'hiver.

Il faut bien se garder de planter des arbustes trop près des bords des massifs, surtout quand ils ont une certaine grandeur.

Dans la pratique, on plante les derniers arbustes à 50 centimètres du bord ; ils poussent, obstruent bientôt l'allée, et pour la rétablir on a recours au croissant, c'est-à-dire que l'on élague en muraille de chaque côté (fig. 26).

Rien de plus affreux qu'un semblable élagage, surtout quand, comme presque toujours, les bordures ont été plantées avec des lilas.

Le propriétaire a le droit d'ignorer que le lilas repousse sans cesse du pied et fournit une quantité de drageons assez grande pour tripler le diamètre de sa touffe en quelques années ; il a aussi le droit d'ignorer que le lilas élagué ne fleurit pas, et celui d'en planter en bordure et de l'élaguer dans l'espérance d'avoir des fleurs. Il ne sait pas !

J'admets le droit du propriétaire de se tromper dans une chose qu'il ne connaît pas, mais aussi le devoir du jardinier ou du pépiniériste qui doit savoir, devoir qui l'oblige à éclairer le propriétaire ignorant, et à l'empêcher d'accomplir une erreur qui lui donnera un résultat diamétralement opposé à celui qu'il espère. Il n'est permis ni à l'un ni à l'autre d'ignorer comment végète un lilas.

Rien de plus hideux que ces plantations de lilas, faites sur les bords des allées, surtout dans le voisinage des carrefours. Vous marchez entre deux haies toujours

Fig. 26. — Élagage en muraille.

veuves de fleurs, mais en échange richement pourvues de chicots ignobles à voir. C'est le comble du mauvais goût et du disgracieux (fig. 27).

Le lilas est un arbuste de seconde grandeur; il fleurit toujours par les extrémités, et ne doit *jamais être élagué*, SOUS PEINE DE VOIR DISPARAITRE LES FLEURS.

Sa place est au second ou troisième rang dans les massifs, et non au premier.

Les tiges du lilas sont loin d'être jolies ; on les cache avec des arbres à feuilles persistantes plantés en bordure. En opérant de la sorte, on obtient sur les lilas

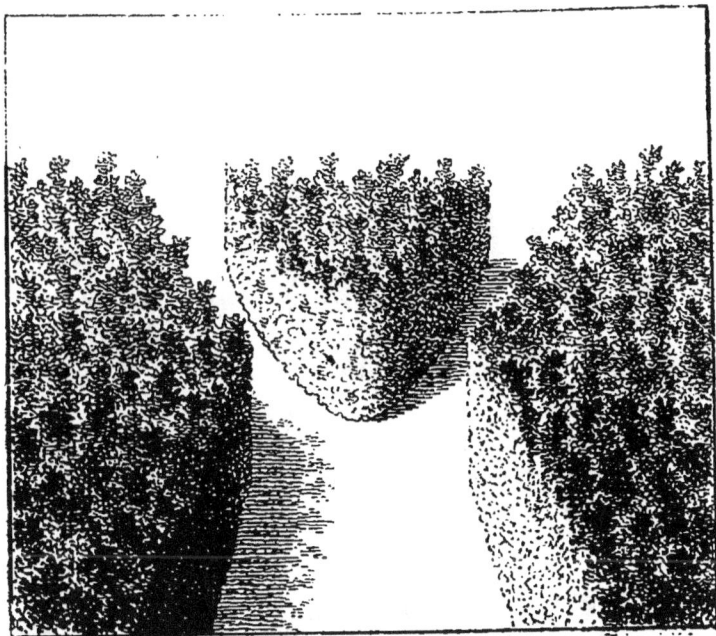

Fig. 27. — Carrefour élagué en muraille.

une abondante floraison au printemps, et de la verdure pendant l'hiver.

Très-souvent les massifs isolés ont été plantés comme je viens de l'indiquer et ont été élagués de la même manière. Alors, au lieu de massifs gracieux, vous avez dans votre jardin une série de *gros nougats* plus ou moins verts sous vos croisées (fig. 28).

C'est la négation du sens commun et l'apogée du ridicule. Quand on est affligé de semblables massifs, il est indispensable de les restaurer ; rien de plus facile.

On laisse le centre intact, quand les arbustes ne son

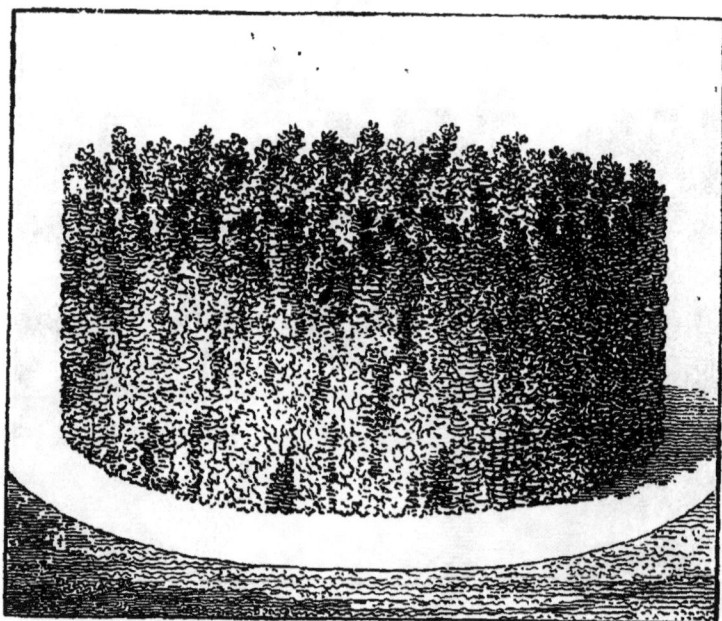

Fig. 28. — Massif élagué en nougat.

pas trop serrés ; dans le cas contraire, on éclaircit assez pour leur permettre de végéter ; on fume, et l'on donne ensuite un bon labour avec la fourche à dents plates (fig. 29), afin d'éviter de couper les racines, ce qui aurait infailliblement lieu avec la bêche. La bêche ne doit jamais entrer dans les massifs.

Ensuite on arrache au moins deux rangs de lilas si le massif est profond, un seul s'il l'est peu.

On donne une bonne fumure que l'on enfouit par un labour énergique, et l'on remplace les arbustes arrachés par de moins grands, à feuilles caduques et à feuilles

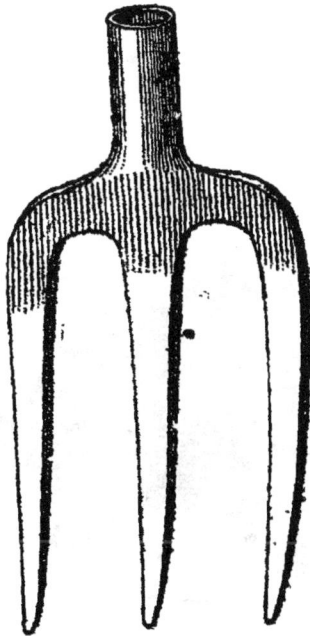

Fig. 29. — Fourche à dents plates.

persistantes, et plantés à une certaine distance du bord.

Les spirées, les rosiers nains, les fusains, les houx, les lauriers thym, les mahonias, etc., etc., sont des plus précieux pour la plantation des bordures.

Le croissant ne doit jamais entrer dans les massifs ;

l'élagage y est interdit d'une manière absolue. Élaguer un massif, c'est le perdre sans ressource ; c'est plus que le détruire : c'est le rendre ridicule.

Les ramilles et les feuilles doivent tomber naturelle-ment à quelque distance du bord des allées (fig. 30) et

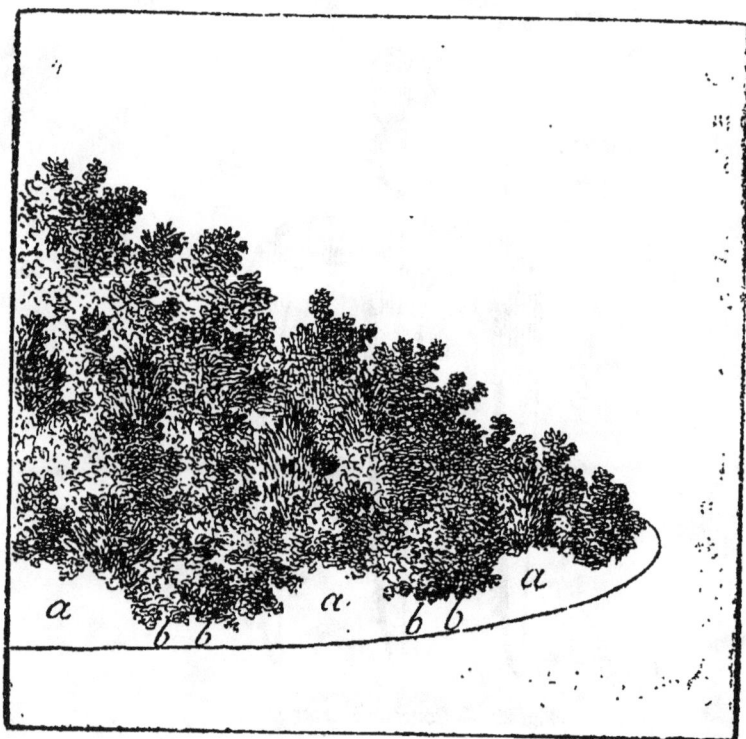

Fig. 30. — Massif bien planté.

sans former de ligne droite. En outre, les arbustes du bord, toujours les plus petits, doivent être plantés assez loin du bord, pour ne jamais envahir l'allée.

La distance à observer varie suivant le développement futur des arbustes ; elle doit être de 1 mètre à 2^m 50, et même 3 mètres, suivant la force des arbustes du rang du bord.

Dans tous les cas, il vaut mieux laisser trop de place que trop peu. Les arbustes gagnent toujours du terrain, et il est urgent de leur laisser une bonne bordure (*a, a, a*, fig. 30).

Dans les grands massifs, on sème cette bordure (*x*, fig. 30) en gazon, ou l'on y plante du lierre terrestre et de la pervenche, qui vient parfaitement à l'ombre et donne de charmantes fleurs.

Dans les massifs moyens et petits, cette bordure est labourée et cultivée en arbrisseaux à fleurs, et même plantée avec quelques fleurs.

Ainsi, trois rosiers de Bengale aux points *a* (fig. 30), quelques fleurs de loin en loin, sont du meilleur effet au bord des massifs. Au besoin, on peut jeter quelques fleurs en *b* (même figure), mais toujours à grande distance, et des fleurs rustiques fleurissant beaucoup et longtemps, comme les géraniums, les zinnias, les giroflées jaunes, les chrysanthèmes, les pétunias, etc.

Avec un peu de goût, et en cherchant toujours à imiter la nature, il est facile avec bien peu de chose de produire les plus heureux effets.

CHAPITRE XI

Massifs de décoration.

On appelle ainsi les massifs placés près de l'habitation. La composition de ces massifs demande toute l'attention de celui qui crée le parc ou le jardin, car à chaque instant ils changent de caractère.

Il ne faut jamais oublier que le style du parc ou du jardin doit être en harmonie avec celui du château ou de la maison, sous peine d'anachronisme.

Ainsi, aux vieux châteaux il faut pour décoration des massifs sévères, composés avec nos plus belles essences de conifères et de grands arbres, ayant un caractère assez grandiose pour lutter avec la majesté des donjons, des tourelles, des fossés et des douves. A nos habitations modernes il faut, au contraire, un entourage de massifs des plus riants et une profusion de fleurs.

Transposez, vous atteindrez le sublime du ridicule. Entourer un château du style Louis XIII de massifs bien fleuris et de petites corbeilles de fleurettes, c'est coiffer un beau cuirassier avec un chapeau de femme et le chausser avec des souliers de satin blanc. Placer des massifs sévères autour d'une habitation moderne,

7.

c'est attacher un grand sabre à la ceinture d'une femme en toilette de bal.

Il est très-rare, malgré l'œuvre des révolutions, d'avoir à refaire en entier le parc d'un vieux château; en dépit de toutes les déprédations, le cadre reste presque toujours, ou au moins assez de fragments épars pour reconstituer l'œuvre première. Il est bien rare qu'il ne reste pas autour du château quelques-uns de ces imposants massifs de gigantesques arbres verts, savamment groupés dans d'immenses pelouses.

Il est vrai que souvent la pelouse est *décorée* de pommiers à tige qu'un propriétaire économe a plantés pour se faire du cidre ou des pommes cuites; que le jardinier dudit propriétaire a *orné* cette pelouse de quelques macarons lilliputiens, pour donner des *bouquets* à son bourgeois. Qu'importe? Poussez tout cela du pied, et cherchez.

Bientôt vous retrouverez les traces du passé: tantôt une allée, habilement dessinée, recouverte d'une prairie (pour récolter plus de foin); mais le tracé est resté visible, comme pour porter un défi au vandalisme. Quelquefois, sous les ronces et les épines, sont enfouis les débris, non d'une rivière artificielle (on n'en faisait pas dans ce temps-là), mais le lit d'un cours d'eau qui avait été détourné pour le service du château et les besoins du paysage; l'eau y coule toujours : il n'y a qu'à restaurer.

Déblayez encore; enlevez toutes les immondices accumulées par le vandalisme ou la rapacité sur l'œuvre d'un grand maître, et bientôt vous aurez tous vos points de repère pour reconstituer son œuvre.

Faites ces recherches vous-même, ou au moins confiez-en le soin à un artiste ayant le sentiment de la chose, la comprenant, et par conséquent apte à la reconstituer. Au vieux château le parc de son époque : tout doit y respirer la puissance, la force, la richesse et la grandeur.

Respectons ces grandes conceptions ; contentons-nous de les reconstituer, de les restaurer, et gardons-nous bien d'y ajouter du moderne qui, non seulement leur ôterait leur mérite, mais encore y introduirait le ridicule.

Nous pourrons au besoin rétablir quelques massifs de grands arbres, et même des massifs d'ornement, mais dans de grandes et larges proportions, par exemple de grands massifs d'arbres à feuilles, à fleurs ou à fruits d'ornement, comme des lauriers thym, des genêts d'Espagne, des mahonias, des fusains, des houx, etc.

Tout doit être grand dans un vieux parc, même les massifs de fleurs, qui doivent être en harmonie avec le reste.

Dans nos créations modernes, au contraire, ou autour d'une riante habitation, nous avons à créer un petit parc ou grand jardin dans un coin de terre ; il faut de l'effet, de la grandeur artificielle, et une grande diversion de feuillages et de fleurs, pour attirer l'attention et la détourner de la contenance de la propriété.

Dans les vieux parcs, nous composerons nos massifs d'ornement avec des arbustes d'une seule espèce. Dans les parcs et jardins modernes, nous les varierons à l'infini.

En principe, les massifs de décoration avoisinant l'habitation doivent être composés de façon à donner pendant toutes les saisons des feuillages différents, des fleurs et des fruits d'ornement.

Admettons que nous ayons à planter le massif (fig. 31) placé près de l'habitation, et devant être vu de tous les côtés.

Commençons par le centre : en *a*, nous planterons, comme en *b*, les deux plus grands arbres du massif. En *a*, un sorbier donnant ses fruits rouges à l'automne ; en *b*, un cytise donnant ses fleurs jaunes au printemps.

En *c* et en *d*, deux arbres moins grands : en *c*, une épine à fleurs doubles roses, et en *d* une épine double à fleurs blanches.

En seconde ligne, des arbustes assez grands, à fleurs de différentes couleurs. En *e*, des lilas rouges, de Perse et blancs, mélangés ; en *f*, des groseilliers à fleurs roses ; en *g*, des cassis à fleurs jaunes ; en *h*, un noisetier à feuilles pourpres ; en *i*, un *rhus cotinus*, dont les panaches fauves trancheront sur tous les feuillages quand il n'y aura plus de fleurs ; en *j*, un tamarix à fleurs roses et à feuillage ornemental, tranchant sur tout ; en *k*, un arbousier, feuillé persistante et fruit rouge ; en *l*, un laurier du Japon, feuillage presque jaune panaché ; en *m*, des spirées, fleurs blanches ; en *n*, des viglias, fleurs roses ; en *o*, un laurier de Portugal, feuille persistante ornementale ;

en *p,* un fusain panaché jaune, feuille persistante ; en
q, un fusain panaché blanc, feuille persistante ; en *r,*
un houx panaché jaune, feuille persistante et fruit
rouge ; en *s,* des lauriers thym, feuille persistante
foncée, fleurs blanc rosé pendant tout l'hiver, et en *t*
des mahonias, feuilles persistantes, changeantes, vert

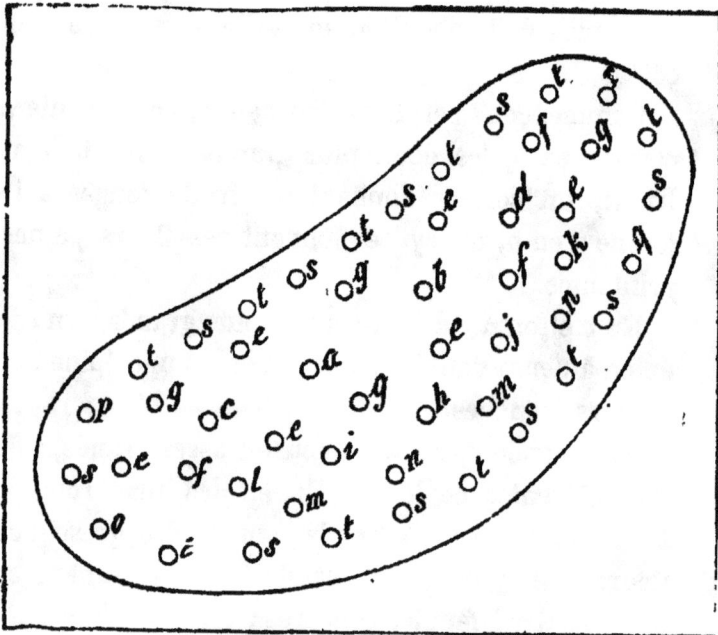

Fig. 31. — Plantation d'un massif d'ornement.

cuivré, fleurs jaunes au printemps, et fruits noirs à
l'automne et pendant l'hiver.

Notre massif ainsi planté formera un gradin parfait,
portera des fleurs blanches, roses, jaunes, lilas, rose
vif et blanc rosé, et des fruits rouges et noirs pendant
une grande partie de l'année. Il porte au centre des

feuillages de toutes nuances et une bordure d'arbustes à feuilles persistantes, de feuillages divergents, à fleurs blanc rosé et jaunes, et de fruits d'ornement rouges et noirs.

Notre massif d'ornement est bien nommé : il aura des feuilles, des fleurs et des fruits d'ornement du 1er janvier au 31 décembre de toutes les années.

On peut varier la composition des massifs d'ornement à l'infini. Rien ne sera plus facile avec les descriptions des arbres et des arbustes que je donne plus loin, mais il ne faut jamais oublier, en les composant ; que les plus grands arbres doivent être placés au centre, les moyens au milieu et les petits sur les bords ; que la couleur des fleurs doit être variée, et qu'il faut avoir des fleurs presque pendant toute l'année ; que les fruits d'ornement doivent succéder aux fleurs, et que, au besoin, on supplée à l'insuffisance par des graines ornementales et des feuillages très-tranchés de couleur, comme le rouge, le blanc et les panachés.

En outre, ne jamais perdre de vue que les massifs d'ornement, plus que tous les autres, doivent présenter pendant tout l'hiver une riche bordure d'arbustes à feuilles persistantes variées de couleur, des fleurs et des fruits d'ornement.

Les abords de l'habitation doivent être gais, ornés de feuilles, de fleurs et de fruits d'ornement pendant tout l'hiver. Cela fait oublier un peu les gelées, les matinées froides, les brouillards et tous les ennuis de l'hiver. Quand il vient un rayon de soleil, vous vous croyez au printemps en décembre et janvier.

Ce but est facile à atteindre avec un peu de travail et d'intelligence, et en suivant mes indications à la lettre.

CHAPITRE XII

Massifs factices.

On appelle ainsi les massifs plantés contre les murs de clôture, destinés à les cacher, et aussi à soustraire le parc ou le jardin à la curiosité ou plutôt à l'indiscrétion de certains voisins.

Le propriétaire seul est apte à bien composer ses massifs factices : lui seul connaît bien ses voisins, et en outre il a le goût qu'il ne rencontrerait pas toujours chez les praticiens.

Dites à un entrepreneur quelconque, pépiniériste ou jardinier : Je veux être chez moi !

— Très-bien, monsieur ; nous connaissons cela, nous autres !

Et là-dessus, le praticien plante contre le mur une longue file de peupliers qui, au bout de quelques années, prennent des proportions telles qu'il faut se résigner à les abattre. Ces arbres ont bien rempli leurs fonctions pendant six mois d'été dans les premières années ; mais quand ils ont grandi, le propriétaire, voyant son jardin diminué de moitié, et s'étant habitué à l'indiscrétion du voisin pendant tous les hivers, lui donne satisfaction entière en faisant des planches avec ses gigantesques peupliers.

Les massifs factices ont pour but :

1º De cacher les murs ;

2º De donner de la grandeur apparente à la propriété en simulant une profondeur fictive ;

3º De défendre votre propriété contre les regards des indiscrets ;

4º Et enfin d'être un ornement en harmonie avec le jardin.

Pour remplir ces conditions, il faut :

1º Que ces massifs soient composés d'un certain nombre d'arbres à feuilles persistantes : conifères et arbustes d'ornement.

Les conifères seront plantés contre le mur, afin d'y établir un rideau impénétrable pour l'hiver comme pour l'été, afin de pouvoir dire aux indiscrets : Bonsoir, voisin !

Les arbustes à feuilles persistantes seront placés en avant comme décoration, et pour que le vert domine pendant l'hiver.

2º Planter une certaine quantité d'arbustes d'ornement à feuilles caduques et à fleurs variées de couleurs, afin d'éclairer vivement au printemps et pendant l'été le rideau d'arbres verts.

3° Planter quelques fleurs sur les bordures, dans les endroits les plus larges, afin de varier le coloris et de jeter de l'éclat sur les massifs.

4° Établir du gazon en avant dans les parties les plus larges pour servir de *repoussoir* et augmenter la profondeur apparente des massifs.

Dans ces conditions, notre but sera complètement rempli : nous serons chez nous hiver et été ; nous aurons de la verdure et des fleurs en toutes saisons, et un ornement de plus dans la propriété.

On peut donner de la profondeur apparente au massif le plus minime, et c'est presque toujours le cas des massifs factices, surtout dans les propriétés étroites, où l'on est forcément obligé de rapprocher l'allée de ceinture des murs, pour donner la plus grande étendue possible au jardin.

Cet inconvénient ne doit pas nous faire abandonner l'indispensable rideau d'arbres à feuilles persistantes. Il faudra, suivant les circonstances, choisir des arbres de différentes grandeurs et de différentes espèces, afin d'éviter la monotonie.

Supposons que nous ayons des massifs factices à planter pour cacher les trois murs de la figure 33. Dans ce cas, il est toujours utile de planter du lierre à la distance de 1 mètre à 1^m 50, sur toute l'étendue du mur. Le lierre vient très-bien à l'ombre et cache entièrement le mur en trois ou quatre ans.

. Le vallonnement a été opéré ; il nous donne une élévation de quelques centimètres, ligne a (fig. 32). La ligne b (même figure) indique le niveau du sol avant le

vallonnement. Nous ajouterons à l'élévation du vallonnement celle du massif, que nous chargerons de 25 à
30 centimètres de terre (c, fig. 34) qui, ajoutés au produit du vallonnement, nous donneront une élévation de
50 à 60 centimètres au point d, où sera planté le rideau

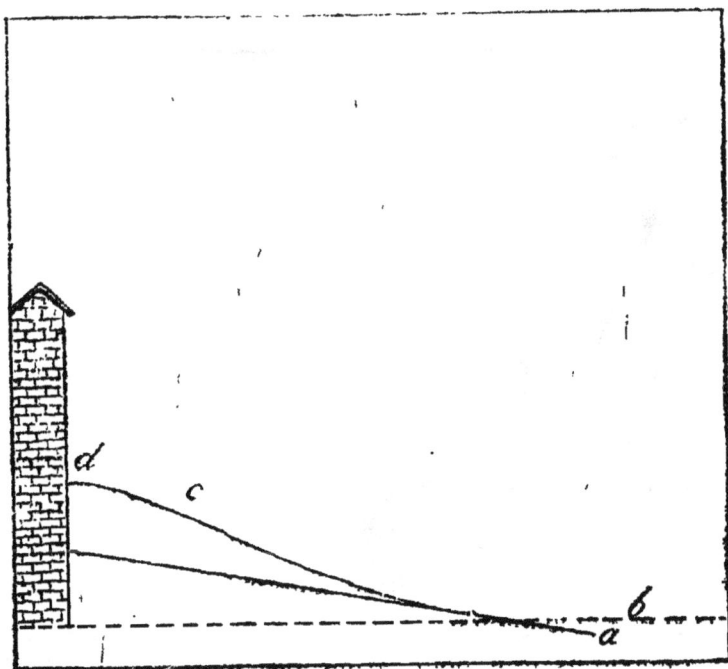

Fig. 32. — Élévation des massifs factices.

d'arbres à feuilles persistantes. C'est une année de végétation de gagnée sur l'élévation de notre rideau.

Suivant les circonstances, et aussi l'étendue de la
propriété, on peut porter la surélévation à 1 mètre et
plus. Les murs ont généralement une hauteur de
2 mètres ; quand vous plantez le rideau d'arbres verts,

ils dépassent déjà le mur, et en deux années vous êtes
à l'abri des curieux.

Quand on veut aller plus vite encore, cela est facile,
surtout lorsque le mur est couvert de lierre le cachant
dans toute son étendue : on ébranche les arbres verts
jusqu'en *a* (fig. 33). L'effet de cette opération est de

Fig. 33. — Élagage des conifères placés contre les murs.

concentrer toute l'action de la sève sur le haut de l'arbre,
qui s'élève avec une grande rapidité.

Ajoutons une touffe de lilas en *b* (même figure), pour
avoir des fleurs au printemps et des feuilles qui cache-
ront le tronc de l'arbre vert pendant l'été. Plantons

un fusain en *c*, un mahonia en *d*, et semons du gazon en *e* jusqu'à l'allée *f* (même figure), et nous aurons un rideau impénétrable, au fond d'un massif vert et fleuri pendant toute l'année.

Les massifs factices de la figure 34 ont une certaine profondeur aux deux angles et au milieu, et en manquent partout ailleurs. Les points *a*, *b* et *c* (fig. 34) doivent être plantés de manière à donner de la grandeur apparente au jardin.

La ligne *d* (fig. 34) sera la limite des arbres verts et des arbustes d'ornement. Les parties *e* et *f* seront semées en gazon, et nous établirons une corbeille de fleurs en *g*. En opérant ainsi, nous ne perdons rien de l'étendue du jardin; nos gazons et notre corbeille repousseront les massifs à l'œil, et donneront de la grandeur artificielle à la propriété.

Tout ce qui reste de vide entre la ligne *d* et l'allée sera semé en gazon pour accompagner les massifs.

Nous planterons en *h* (fig. 34) des conifères de différentes nuances et de différentes grandeurs, suivant ce que nous aurons à obstruer. Ces arbres seront ébranchés, comme je l'ai indiqué, lorsqu'ils seront bien repris, la seconde année de la plantation.

Les lettres *i* (même figure) seront occupées par des arbustes d'ornement à fleurs et à feuilles caduques, et les lettres *j* par de petits arbustes à feuilles persistantes.

Grâce à cette disposition, nous aurons rempli toutes les conditions imposées aux massifs factices, et en même temps nous aurons conservé à notre jardin toute son

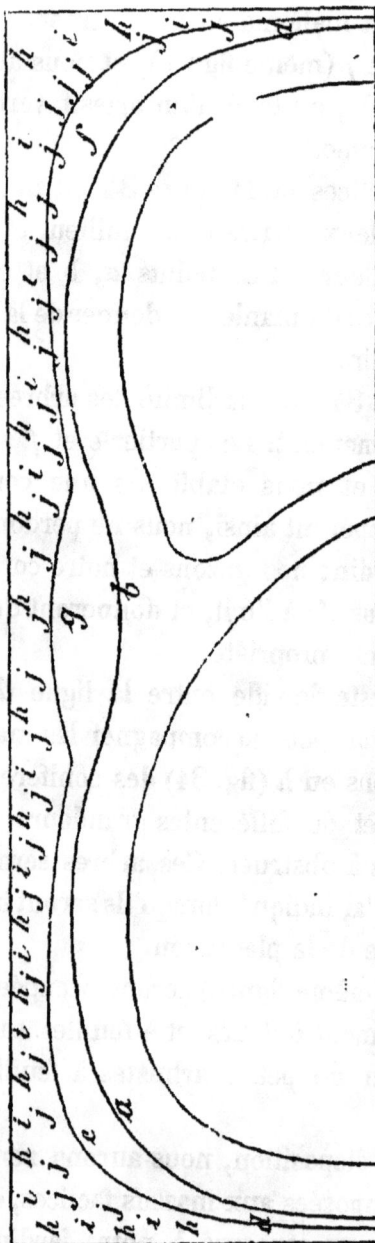

Fig. 34. — Plantation de massifs factices.

étendue, en émaillant nos très-minces massifs de fleurs et de feuillages des plus variés.

CHAPITRE XIII

Arbres en groupes et isolés.

Les arbres en groupe de trois, quatre, cinq et sep rendent les plus grands services dans la plantation des parcs et des jardins aux doubles points de vue de l'ornementation et de la perspective.

Les groupes d'arbres sont employés dans les parcs :

SUR LES GRANDES PELOUSES, qu'il faut meubler sans les diminuer. Dans ce cas, suivant la grandeur du parc et l'étendue de la pelouse, on les plante de trois, quatre, sept ou neuf arbres de feuillages différents, à feuilles caduques et à feuilles persistantes, pour avoir une teinte verte pendant l'hiver.

Les groupes de trois arbres seront plantés en triangle (fig. 35). Lorsque le groupe est éloigné de l'habitation, on peut planter trois arbres à feuilles caduques de différentes espèces, afin d'obtenir des teintes de feuillage différentes ; mais s'il est rapproché de l'habitation, il faudra y planter un et même deux arbres verts, s'il est très en vue du château.

Ainsi, suivant l'effet à obtenir, on pourra planter un arbre à feuilles persistantes en *a* (fig. 35) et deux arbres à feuilles caduques en *b*, ou un arbre à feuilles caduques en *a* et deux arbres à feuilles persistantes en *b* et *c* (fig. 35).

Les groupes de quatre arbres se plantent en losange (fig. 36), et toujours avec mélange d'arbres à feuilles persistantes lorsqu'ils sont voisins de l'habitation.

Ainsi, suivant l'emplacement qu'occupera le groupe.

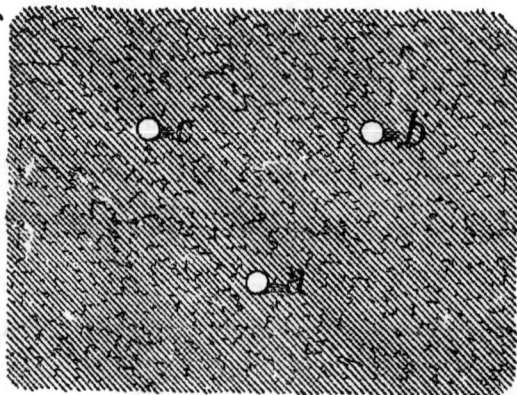

Fig. 35. — Plantation d'un groupe de trois arbres.

(fig. 36), on plantera deux arbres à feuilles persistantes en *a* et *b*, et deux arbres à feuilles caduques en *c* et *d*, ou deux arbres à feuilles persistantes en *c* et *d*, et deux arbres à feuilles caduques en *a* et *b* (fig. 36).

Les groupes de sept arbres sont disposés comme l'indique la figure 37, afin de leur donner le plus d'ampleur possible, sans rien ôter de la grandeur de la pelouse.

On plante cinq arbres à feuilles caduques : *c*, *b*, *d*, *f* et *g*, et deux arbres à feuilles persistantes : *c* et *e* (fig. 37).

Quand le massif est près du château, on plante quatre

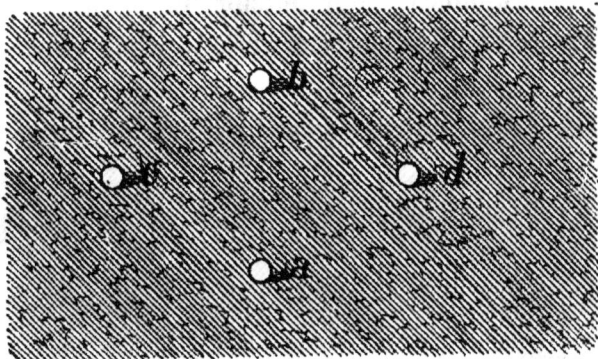

Fig. 36. — Plantation d'un groupe de quatre arbres.

arbres à feuilles persistantes : *c, e, f* et *g*, et trois arbres à feuilles caduques : *a, b* et *d* (fig. 37).

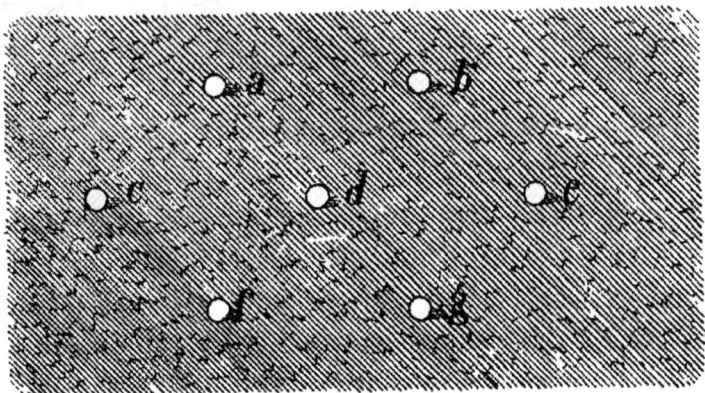

Fig. 37. — Plantation d'un groupe de sept arbres.

Dans les très-grands parcs et sur d'immenses pelouses, on forme des groupes de neuf arbres à feuilles persis-

tantes et a feuilles caduques, et on dispose le groupe
en carré (fig. 38). Il suffit de planter quatre arbres à
feuilles persistantes : *a, b, c* et *d* (fig. 38), et les autres à
feuilles caduques, pour obtenir un groupe très-étoffé,
varié de teintes et toujours vert.

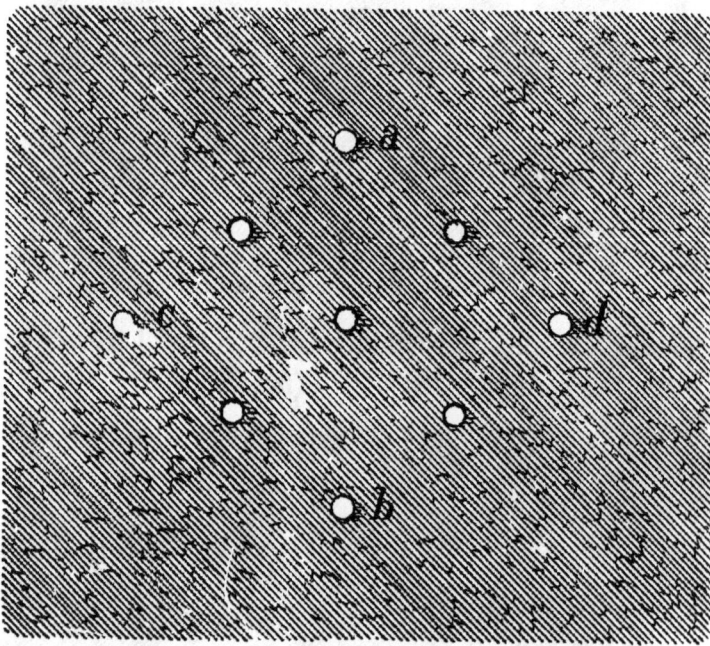

Fig. 38. — Plantation d'un groupe de neuf arbres.

Des groupes ainsi composés sont du plus joli effet
sur les pelouses ; ils les meublent amplement, sans rien
leur retirer de leur grandeur, présentent les effets de
feuillage les plus variés et donnent une teinte verte au
parc pendant tout l'hiver.

Quelquefois on est obligé de planter les groupes avec

8

des arbres à feuilles caduques seulement, quand, par
exemple, le groupe est placé sur une pelouse en pente
et qu'il y a urgence de conserver la vue *des dessous,*
comme celle d'une vallée, d'un cours d'eau ou d'un
étang.

Dans ce cas, un groupe dans lequel il entre des

Fig. 39. — Groupe avec arbres à feuilles persistantes.

arbres verts qui ne s'élaguent pas obstruerait la vue
(fig. 39).

On plante tous arbres à feuilles caduques, dont les
troncs dénudés n'obstruent pas la vue du dessous, en
ayant le soin de choisir des arbres à feuillages de teintes
différentes (fig. 40).

Lorsqu'on est obligé de planter plusieurs groupes d'arbres à feuilles caduques, il est facile de retrouver la teinte verte, qu'il ne faut jamais perdre de vue pour l'hiver, en plantant quelques beaux conifères isolés dans les endroits où ils ne gênent pas la vue.

Au besoin, on donne encore une teinte verte pendant

Fig. 40. — Groupe d'arbres à feuilles caduques.

l'hiver aux groupes d'arbres à feuilles caduques, en faisant monter sur leur tronc des lierres ou des chèvrefeuilles à feuilles persistantes.

Dans les parcs, les groupes sont plantés avec des arbres de première, de seconde et de troisième grandeur, suivant l'étendue du parc et l'ampleur à donner aux groupes.

Dans les grands jardins, les groupes sont formés avec des arbres de troisième grandeur et des arbustes ; dans les jardins moyens et petits, on ne plante que des arbustes ou des arbrisseaux.

Ainsi, le marronnier, le platane, le tilleul argenté, l'érable, le hêtre, le bouleau, le séquoia, le cèdre, le wellingtonia, etc., seront employés pour former les groupes des grands parcs.

Dans les jardins grands et moyens, on emploiera les cytises, les sorbiers, les épines roses et blanches, les pommiers, cerisiers et pêchers à fleurs doubles, les conifères de petite taille, etc.

Enfin, dans les petits jardins, les groupes seront plantés avec des arbustes d'ornement peu élevés, des magnolias, etc.

Les groupes d'arbres rendent les plus grands services dans les parcs. Placés en bordure, ou à quelques mètres en avant d'une ligne de bois, ils rompent la ligne droite et aussi la monotonie de la teinte verte par leurs feuillages divergents.

On coupe la ligne droite des bois par des groupes de trois, cinq ou six arbres adossés au bois, ou plantés quelques mètres en avant. La monotonie de la teinte du bois se rompt par de vives oppositions de couleur de feuillage.

Les arbres forestiers ont bien l'inconvénient de l'uniformité de coloris pendant l'été ; mais à l'automne ils prennent des teintes différentes. Il suffit de quelques groupes d'arbres à feuillages blancs, rouges, vert très-clair et très-foncé pour les éclairer, et de quelques conifères en groupes ou en bordure pour trouver la teinte verte pendant l'hiver.

La difficulté est vite vaincue avec les arbres forestiers ; mais avec les pins ? Avec ces fastidieuses masses vert grisâtre, simulant une tache dans la nature pendant l'été, et vous donnant le spleen pendant l'hiver, c'est la tristesse des oliviers et des lentisques ; mais au moins le Midi a, pour accompagner ses oliviers et ses lentisques de même teinte, ses luxuriants rosiers de Bengale, tandis que le sapin n'a rien que sa teinte triste.

Pour rendre habitable une propriété ayant une grande étendue de sapins, il faut émailler la bordure du bois de groupes à feuilles caduques et à feuilles persistantes, pour obtenir des oppositions de couleur en hiver comme en été.

Les vernis du Japon, les acacias, les bouleaux, les hêtres, les arbres à feuillage blanc et rouge font disparaître l'uniformité de teinte.

Les mélèzes, les cyprès de la Louisiane, les épicéas, les pins du Nord, les thuyas, les genévriers, etc., donnent le même résultat pendant l'hiver, quand les groupes sont bien étudiés et habilement disposés.

Les groupes de bordure se plantent avec trois, cinq ou six arbres. Ceux de trois arbres sont disposés, comme l'indique la figure 41, avec un arbre à feuilles persistantes devant et deux arbres à feuilles caduques, ou deux arbres à feuilles persistantes et un arbre à feuilles caduques par devant.

Les groupes de cinq arbres sont plantés, comme l'indique la figure 42, avec trois arbres à feuilles caduques par derrière et deux arbres à feuilles persistantes, *a* et *b*, par devant.

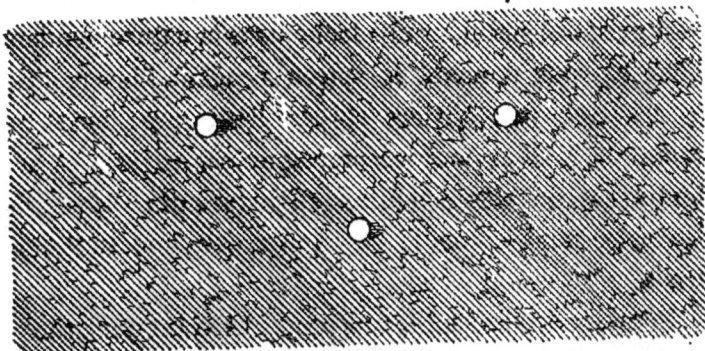

Fig. 41. — Plantation d'un groupe de bordure avec trois arbres.

Les groupes de sept arbres sont plantés, comme l'indique la figure 43, avec trois arbres : *a*, *b* et *c*, à feuilles persistantes, et les quatre autres à feuilles caduques.

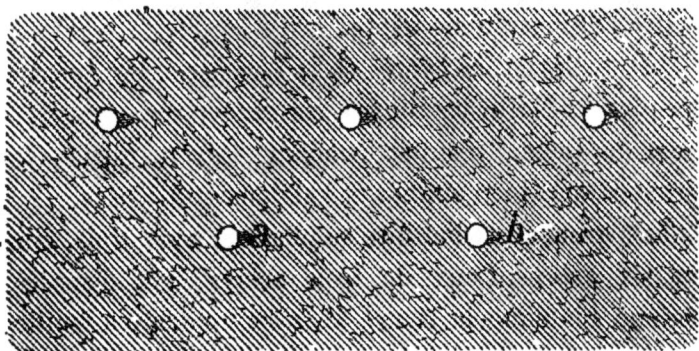

Fig. 42. — Plantation d'un groupe de bordure avec cinq arbres.

Avec ces dispositions, on rend la vue riante, de lugubre qu'elle était, en été comme en hiver.

Ajoutons à nos groupes d'arbres quelques beaux
conifères isolés, et nous aurons une plantation des plus
complètes et des plus variées comme coloris.

Rien ne produit un meilleur effet et ne meuble
mieux une pelouse qu'un bel arbre vert isolé. C'est
surtout dans le voisinage de l'habitation qu'il faut le
placer. C'est le plus bel ornement des pelouses.

Il va sans dire que la taille des conifères isolés sur
les pelouses doit être proportionnée à la grandeur du

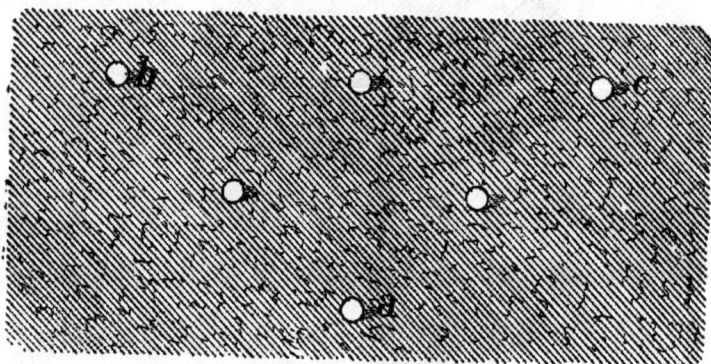

Fig. 43. — Plantation d'un groupe de sept arbres.

parc ou du jardin et de la pelouse. En outre, quand on
plante plusieurs conifères isolés sur la même pelouse,
les plus petits doivent être placés les plus près de l'habitation, et les plus grands progressivement en s'en
éloignant.

Dans ce cas encore, il faut éviter de planter deux
arbres ayant la même nuance de feuillage, et choisir
des feuillages tranchant bien sur les massifs.

Quand on plante des cèdres, il faut les placer à

10 mètres au moins des allées, afin de leur laisser l'espace nécessaire pour s'étendre, et non les planter au bord des allées, comme on le fait si souvent dans la pratique.

Le plus simple bon sens devrait dire aux praticiens

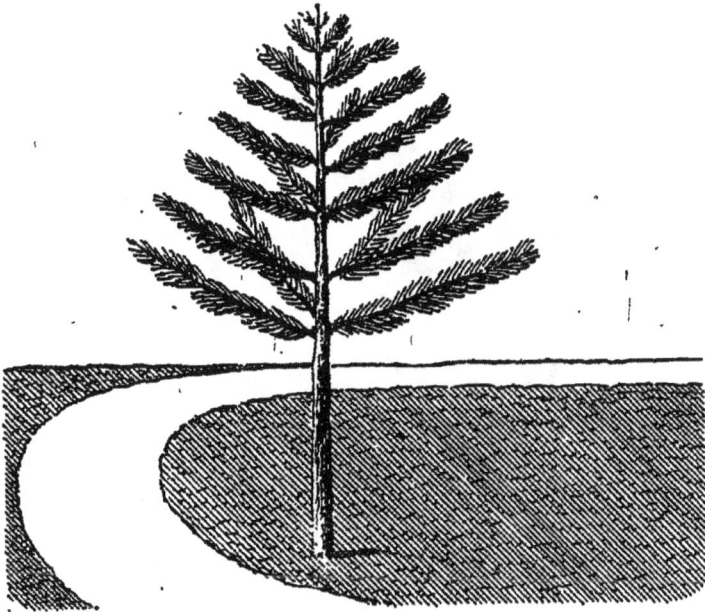

Fig. 44. — Cedre ébranché.

qu'un arbre destiné à devenir le plus bel ornement du jardin, et à acquérir 20 mètres de diamètre par la base, doit être planté à 10 mètres au moins des allées, et non à 1 mètre ou 1^m 50 du bord, comme cela se fait presque partout.

Aussi, que fait-on partout ? On déshonore, on masascre les cèdres, et on leur ôte toute valeur en les ébranchant. C'est une nécessité pour pouvoir passer dans l'allée.

Un cèdre traité comme celui de la figure 44 est un arbre perdu ; il vaudrait mieux l'arracher que de le mutiler ainsi.

Fig. 45. — Cèdre manchot.

Quelquefois on peut détourner l'allée ; l'arbre est sauvé, cela est vrai, au moment où il devient beau, mais le parc est déshonoré par un vice de dessin.

Le plus souvent il est impossible de détourner l'allée ; on ne veut pas arracher le plus bel arbre de la propriété, et pour le conserver on le mutile comme l'indique la figure 45, afin de pouvoir passer dans l'allée.

Dans les deux cas, l'arbre est horrible, et il n'est pas à sa place au bord d'une allée. Il vaudrait mieux le déplanter et le reculer de 9 à 10 mètres. L'opération est douteuse ; elle peut entraîner la mort de l'arbre ; mais il vaut encore mieux risquer de perdre un arbre tout venu que de conserver un infirme hideux à voir, et de détruire pour lui l'harmonie de toute la propriété.

CHAPITRE XIV

Choix des arbres et arbustes d'ornement, par rang de taille et nuances de feuillages.

Quiconque n'a pas une connaissance approfondie des arbres et des arbustes d'ornement, du sol qui leur convient, de leur grandeur, de la nuance de leur feuillage, de la couleur de leurs fleurs et de leurs fruits, comme de leur époque de floraison et de maturité, est incapable de planter un massif ayant le sens commun.

Afin d'éviter au propriétaire une dépense double ou triple de celle nécessaire, et une perte de temps considérable à arracher et à replanter au bout de cinq ou six années les arbres qui ne sont pas à leur place, et aussi à l'entrepreneur de compromettre sa réputation et son avenir par une plantation manquée, j'apporte le plus grand soin au classement des arbres et des arbustes d'ornement par ordre de taille, avec indication de feuillage, de fleurs et de fruits.

Tous ceux qui voudront bien prendre la peine d'étudier ce classement avant de rien faire, propriétaires comme entrepreneurs et jardiniers, éviteront les dépenses inutiles et les pertes de temps, comme les erreurs portant le plus grand préjudice à la réputation comme à la fortune des praticiens.

Cela dit, j'entre en matière :

ARBRES A FEUILLES CADUQUES.

(Grandeur hors ligne.)

Acacia (*faux acacia*) (*robinia pseudo-acacia*). Venant partout. Feuilles vertes; fleurs blanches odorantes, en mai et juin.

Ailante (vernis du Japon) (*ailantus*). Venant partout. Feuillage vert brillant; fruit charnu, jaunâtre, en septembre et octobre.

Ailante glanduleux (*ailantus glandulosa*). Venant partout. Feuillage vert foncé; fruits rouges, en septembre et octobre.

Aulne glutineux (*alnus glutinosa*). Sol frais et léger. Feuillage vert.

Bouleau flexible (*betula lenta*). Sol frais et léger. Feuillage vert.

Châtaignier commun (*castanea vesca*). Sol frais, siliceux. Feuillage vert gai; fruits comestibles, à l'automne.

Châtaignier d'Amérique (*castanea americanensis*). Sol frais, un peu consistant. Feuillage vert brillant; fruits comestibles, à l'automne.

Chêne à feuille de châtaignier (*quercus castaneafolia*). Sol frais et substantiel. Feuillage vert gai.

Chêne des marais (*quercus palustris*). Sol substantiel. Feuillage vert foncé.

Chêne rouge d'Amérique (*quercus rubra*). Sol léger et fertile; les sables ferrugineux lui conviennent tout spécialement. Feuillage vert rougeâtre, rouge à l'automne.

Erable sycomore (*acer pseudo-plataneum*). Sol sec et caillouteux. Feuillage vert foncé.

Févier à trois épines (*gleditschia triacantha*). Sol frais et léger. Feuillage vert.

Frêne commun (*fraxinus excelsior*). Sol humide et substantiel. Feuillage vert.

Hêtre commun (*fagus sylvatica*). Sol argilo-siliceux. Feuillage vert brillant.

Marronnier d'Inde (*œsculus hippocastanea*). Sol frais et léger. Feuillage vert gai; fleurs blanches, en avril et mai.

Maclure orangé épineux (*maclura aurantiaca*). Sol frais et fertile. Feuillage vert foncé; fruit ressemblant à l'orange.

Micocoulier de Provence (*celtis australis*). Sol léger; demande de la chaleur. Feuillage vert foncé.

Negondo érable de Californie (*negundo californensis*). Venant partout. Feuillage vert jaunâtre.

Negondo à feuilles de frêne (*negundo fraxinifolia*). Venant partout. Feuillage vert gai.

Noyer blanc d'Amérique (*juglans alba*). Sol substantiel. Feuillage vert; fruit très-petit, non comestible.

Noyer royal (*juglans regia*). Sol siliceux et calcaire. Feuillage vert foncé; fruit comestible.

Orme d'Amérique (ulmus americanensis). Sol frais et léger. Feuillage vert foncé.

Paulonie impérial (Paulownia imperialis). Sol de consistance moyenne et léger. Feuillage vert; fleur bleue, en mai.

Peuplier de Hollande (populus alba). Vient partout, excepté dans l'argile. Feuillage vert blanchâtre.

Peuplier de la Caroline (populus angulata). Vient partout, pourvu que le sol soit un peu humide. Feuillage vert.

Peuplier baumier (populus balsamifera). Sol frais et léger. Feuillage vert olivâtre.

Peuplier du Canada (populus Canadensis). Sol humide, quelle que soit sa composition. Feuillage vert.

Peuplier à feuilles de laurier (populus laurifolia). Sol léger et frais. Feuillage vert blanchâtre.

Peuplier pyramidal (populus pyramidalis). Sol frais et léger. Feuillage vert foncé brillant.

Peuplier d'Athènes (populus tremuloïdes). Sol frais et léger. Feuillage vert foncé.

Planère, orme de Sibérie (*planera crenata*). Venant partout. Feuillage vert foncé.

Platane commun (platanus orientalis). Vient partout. Feuillage vert.

Platane de Virginie (platanus occidentalis). Vient partout. Feuillage vert foncé.

Tilleul de Hollande (tilia platyphylla). Vient partout. Feuillage vert blanchâtre.

Tulipier de Virginie (liriodendrum tulipiferum). Sol léger. Feuillage étoffé, vert brillant; fleurs jaune et orange, en juillet et août.

ARBRES A FEUILLES CADUQUES.

(Première grandeur.)

Ailante à feuilles panachées (ailantus foliis variegatis). Vient partout. Feuillage panaché de jaune ; fruit jaunâtre, à l'automne.

Aulne blanchâtre (alnus incana). Sol frais et léger, et même humide. Feuillage vert, blanc en dessous.

Bouleau commun (betula communis). Sol sec et léger. Feuillage vert.

Charme commun (carpinus betulea). Sol frais et fertile. Feuillage vert.

Chêne de deux couleurs (quercus bicolor). Sol consistant. Feuillage vert, blanc en dessous.

Chêne denté (quercus dentata). Feuillage vert, cotonneux en dessous.

Chêne en lyre (quercus lyrata). Sol frais et fertile. Feuillage vert clair.

Chêne frisé à grandes feuilles (quercus macrocarpa). Vient partout. Feuillage vert foncé.

Chêne noir (quercus nigra). Sol sec et léger. Feuillage vert, roux en dessous.

Chêne-liége (quercus phillosea). Sol riche et frais. Feuillage vert foncé.

Chêne imbriqué (quercus imbricaria). Sol fertile et frais. Feuillage vert très-foncé.

Févier de la mer Caspienne (gleditschia caspiensis). Sol frais et léger. Feuillage vert très-étoffé.

Févier à une graine (gleditschia monosperma). Sol consistant et frais. Feuillage vert.

Févier de Chine (gledistchia chinensis). Sol frais et léger. Feuillage vert.

Frêne à feuilles de noyer (fraxinus juglandifolia). Sol humide. Feuillage vert.

Hêtre d'Amérique (fagus americanensis). Sol riche et frais. Feuillage vert gai.

Marronnier à fleurs doubles (œsculus flore pleno). Sol léger et un peu frais. Feuillage vert gai ; fleurs blanches doubles, en avril et mai.

Micocoulier à feuilles épaisses (celtis crassifolius). Sol frais et fertile. Feuillage vert foncé.

Micocoulier de Virginie (celtis occidentalis). Sol léger. Feuillage très-vert.

Mûrier du Canada (morus rubra). Sol sec et léger. Feuillage vert foncé ; fruits rouges comestibles, en juin et juillet.

Orme pyramidal (ulmus pyramidalis). Sol frais et léger. Feuillage vert brillant.

Orme à larges feuilles (ulmus latifolia). Sol frais et léger. Feuillage vert ; grandes feuilles.

Ostryer à feuilles de charme (ostrya carpinifolia). Sol frais et fertile. Feuillage vert.

Peuplier à grande dent (populus grandi dentata). Sol frais et léger. Feuillage vert.

Ptérocaryer à feuilles de frêne (pterocarya fraxinifolia). Sol silico-argileux. Grandes feuilles vert foncé.

Saule blanc (salix alba). Sol humide. Feuillage gris blanc.

Sophorée du Japon (sophora Japonensis). Sol frais et léger. Feuillage vert foncé.

Tilleul des bois (tilia silvestris). Sol frais et léger. Feuillage vert foncé en dessus, blanc en dessous.

Tulipier à feuilles entières (liriodendrum integrifolium). Sol léger et fertile. Feuillage vert ; fleurs jaune pâle et orange, en juillet et août.

Virgilier jaune (virgilia lutea). Sol riche et consistant. Feuillage vert; fleurs blanches, en juin et juillet.

ARBRES A FEUILLES CADUQUES.
(Deuxième grandeur.)

Acacia de M. Besson (robinia Bessonea). Venant partout. Feuillage vert ; fleurs blanches, en mai et juin.

Acacia bullé (robinia bullata). Vient partout. Feuillage vert; fleurs blanches, en mai et juin.

Acacia visqueux (robinia viscosa). Venant partout. Feuillage vert; fleurs blanc rose, en mai et juin.

Aulne à feuilles pointues (alnus acutifolia). Sol frais et léger. Feuillage vert.

Aulne glauque (alnus glauca). Sol frais et léger. Feuillage vert glauque.

Aulne à feuilles de fougère (alnus imperialis). Sol frais et léger. Feuillage vert prononcé.

Aulne lacinié (alnus laciniata). Sol frais et léger. Feuillage vert clair.

Aulne du Japon (alnus japonensis). Sol frais et léger. Feuillage vert foncé.

Bouleau à feuilles d'ortie (betula urticæfolia). Sol frais et fertile. Feuillage vert.

Catalpa à feuilles de lilas (catalpa syringæfolia). Sol frais et fertile. Feuillage vert; fleurs blanches ponctuées de jaune et de pourpre, en juin, juillet et août.

Cerisier des oiseaux, merisier *(cerasus avium)*. Venant partout, mais de préférence dans les sols légers et calcaires surtout. Feuillage vert; fruits rouges, en mai.

Cerisier Putiet, merisier à grappes *(cerasus padus)*. Mêmes sols que le précédent. Feuillage vert terne; fleurs blanches en grappes, en juillet et août.

Cerisier de Virginie (cerasus virginensis). Mêmes sols que les précédents. Feuillage vert ; fleurs en grappes blanches.

Cerisier à fleurs doubles (cerasus flore pleno). Mêmes sols. Fleurs blanches doubles, en avril et mai.

Charme pyramidal (carpinus pyramidalis). Sol frais et fertile. Feuillage vert.

Charme à feuilles de chêne (carpinus quercifolia). Sol frais et fertile. Feuillage vert.

Charme de Virginie (carpinus virginensis). Mêmes sols que les précédents. Feuillage vert terne.

Châtaignier panaché (castanea variegata). Sol frais et léger. Feuillage vert panaché de jaune.

Châtaignier à feuilles crispées (castanea crispa). Mêmes sols. Feuillage vert gai.

Châtaignier à feuilles de chêne (castanea quercifolia). Mêmes sols. Feuillage vert.

Chêne velouté (quercus falcata). Sol frais et fertile. Feuillage vert.

Chêne très-pourpre (quercus atropurpurea). Sol frais et fertile. Feuillage pourpre noir.

Chêne à feuilles de fougère (quercus heterophylla). Sol frais et fertile. Feuillage vert.

Chêne à fleurs sessiles (quercus sessiliflora). Venant partout. Feuillage vert.

Érable de Crète (acer cretense). Sol sec et pierreux. Feuillage vert brillant.

Érable à fruits lisses (acer lœvigatum). Sol frais et fertile. Feuillage dentelé vert.

Érable plane (acer platanoïde). Sol sec et pierreux. Feuillage vert.

Érable à bois jaspé (acer labelleum). Vient partout. Feuillage vert.

Érable pourpre (acer purpureum). Vient partout. Feuillage pourpre en dessous.

Érable violacé (acer violaceum). Sol sec et pierreux. Feuillage vert foncé.

Érable rouge de Virginie (acer rubrum). Sol frais et fertile. Feuillage vert rougeâtre.

Érable sucré (acer saccharinum). Vient partout. Feuillage vert glauque.

Épine azérolier (cratægus azerolea). Vient partout. Feuillage vert grisâtre.

Frêne d'Amérique (fraxinus americanensis). Sol humide. Feuillage vert en dessus, vert glauque en dessous.

Frêne rugueux (fraxinus pannosa). Sol frais. Feuillage vert, velu en dessous.

Magnolier en cœur (magnolia cordata). Sol argileux. Feuillage vert, cotonneux en dessous.

Magnolier de M. Tompson (magnolia Tompsonea). Sol argileux. Feuillage vert.

Marronnier à feuilles panachées (œsculus variegatis). Sol frais et léger. Feuilles vertes rayées de blanc jaunâtre.

Micocoulier d'Orient (celtis orientalis). Sol léger. Feuillage vert brun.

Mûrier blanc (morus alba). Sol frais et léger. Feuillage vert.

Mûrier à larges feuilles (morus latifolia). Mêmes sols. Feuilles vertes, très-larges.

Mûrier à fruits noirs (morus nigra). Mêmes sols. Feuillage vert foncé; fruits noirs.

Negondo à feuilles crispées (negundo crispa). Vient partout. Feuillage vert clair.

Noyer cendré (juglans cinerea). Sol calcaire. Feuillage vert cendré.

Noyer lacinié (juglans laciniata). Sol de consistance moyenne. Feuillage vert très-découpé.

Orme horizontal (ulmus horizontalis). Sol frais et léger. Feuillage vert.

Orme à feuilles molles (ulmus mollifolia). Sol frais et léger. Feuillage vert brillant.

Orme tortillard (ulmus tortuosa). Vient partout. Feuillage vert foncé.

Orme rugueux (ulmus rugosa). Vient partout. Feuillage vert foncé.

Pavier jaune (pavia flava). Sol frais et consistant. Feuillage vert, duveteux en dessous; fleur jaune pâle veinée de rouge, en mai.

Peuplier à feuille d'érable (populus acerifolia). Sol frais et léger. Feuillage vert blanchâtre.

Peuplier cotonneux (populus nivea). Sol frais et léger. Feuillage vert, entièrement blanc en dessous.

Peuplier noir (populus nigra). Même sol. Feuillage vert luisant.

Platane à feuille d'érable (platanus acerifolia). Vient partout. Feuillage vert.

Platane panaché (platanus foliis variegatis). Vient partout. Feuillage vert panaché de jaune.

Saule argenté (salix argentea). Sol humide. Feuillage blanc argenté.

Saule azuré (salix cœrulea). Sol humide. Feuillage blanc glauque.

Saule pleureur (salix fœmina). Sol humide. Feuillage vert clair.

Saule marsault (salix capræa). Sol humide. Feuillage vert sombre en dessus, grisâtre en dessous.

Saule à grandes feuilles (salix grandifolia). Sol humide. Feuillage glauque en dessous.

Saule à feuilles de laurier (salix pentandra). Sol humide. Feuillage vert glauque lustré.

Sorbier des oiseaux (sorbus aucuparia). Sol frais et léger. Feuillage vert foncé; fruits rouges, à l'automne.

Sorbier domestique, cormier (sorbus domestica). Sol sec. Feuillage vert; fruit pyriforme, jaune verdâtre.

Sorbier des bois (sorbus terminalis). Sol frais. Feuillage vert; fruit brun.

Tilleul argenté (tilia argentea). Venant partout. Feuillage vert, blanc en dessous. Conserve ses feuilles plus longtemps que le tilleul ordinaire.

Tilleul intermédiaire (tilia intermedia). Vient partout. Feuillage vert clair en dessus, blanchâtre en dessous.

Tilleul à feuilles de vigne (tilia vitifolia). Vient partout. Feuillage vert.

Tulipier jaune (liriodendrum flavum). Sol riche, frais et léger. Feuillage vert brillant; fleur jaune foncé, en juillet et août.

Tulipier à lobe obtus (liriodendrum obtusilobum). Sol frais et léger. Feuillage vert; fleur jaune et orange, en juin et juillet.

ARBRES A FEUILLES CADUQUES.

(Troisième grandeur.)

Acacia à feuilles panachées (robinia variegatis). Vient partout. Feuilles panachées de jaune.

Acacia remarquable (robinia spectabilis). Vient partout. Feuillage vert, grandes feuilles.

Amandier commun (amygdalus communis). Sol sec et même pierreux. Feuillage vert; fleur blanc rosé, en mars et avril.

Amandier à fleurs doubles (amygdalis flore pleno). Mêmes

sols. Feuillage vert; fleurs blanc rosé, doubles, en mars et avril.

Amandier à feuilles panachées (amygdalus foliis variegatis). Mêmes sols. Feuillage panaché de blanc jaunâtre; fleur blanc rosé, en mars et avril.

Amandier à rameaux pendants (amygdalus pendula). Mêmes sols. Feuillage vert foncé; fleur rose pâle, en mars et avril.

Amandier à fleurs roses (amygdalus rosea). Mêmes sols. Feuillage vert; fleurs roses, en mars et avril.

Aulne à feuilles d'aubépine (alnus oxyacantœfolia). Sol frais et léger. Feuillage vert foncé.

Aulne à feuilles de chêne (alnus quercifolia). Mêmes sols. Feuille verte, blanchâtre en dessous.

Bouleau noir (betula nigra). Sol un peu frais. Feuillage vert clair, pâle en dessous.

Broussonelier, mûrier à papier (broussonetia papyrifera). Sol léger et pierreux. Feuillage vert foncé.

Broussonelier à feuilles panachées (broussonetia foliis variegatis). Même sol. Feuillage vert panaché de blanc jaunâtre.

Cerisier à fleurs blanches doubles (cerasus flore albo pleno). Sol léger et calcaire. Feuillage vert; fleurs blanches doubles, en avril et mai.

Cerisier à fleurs carnées doubles (cerasus flore carneo pleno). Même sol. Feuillage vert; fleurs roses doubles, en avril et mai.

Cerisier de Sainte-Lucie (cerasus mahaleb). Venant partout. Feuillage vert luisant; fleurs blanches, en mai et juin; fruits noirs, à l'automne.

Cerisier à feuilles panachées (cerasus foliis variegatis). Venant dans les sols les plus arides. Feuillage vert panaché de blanc jaunâtre; fleurs blanches, en mai et juin.

Chalef à feuilles étroites (elæagnus angustifolia). Sol sec et léger. Feuillage vert argenté.

Chalef à larges feuilles (elæagnus latifolia). Mêmes sols. Feuillage vert argenté.

Charme incisé (carpinus incisa). Sol frais et fertile. Feuillage vert, très-incisé.

Châtaignier à feuilles d'aucuba (castanea aucubæfolia). Sol frais et léger. Feuillage vert panaché de blanc jaunâtre.

Châtaignier disséqué (castanea dissecta). Mêmes sols. Feuillage très-découpé, vert clair.

Châtaignier à feuilles argentées (castanea foliis argenteis). Mêmes sols. Feuillage vert panaché de blanc.

Châtaignier à feuilles dorées (castanea foliis aureis). Mêmes sols. Feuillage vert panaché de jaune.

Chêne d'Ægilops (quercus ægilopsea). Sol frais et fertile. Feuillage vert glauque, cotonneux en dessous.

Chêne blanc d'Amérique (quercus alba). Sol frais et fertile. Feuillage vert cendré.

Chêne étoilé (quercus obtusiloba). Sol sec et léger. Feuillage vert foncé.

Chêne doré (quercus aurea). Sol frais et riche. Feuillage panaché jaune d'or.

Chêne à feuilles de fougère (quercus heterophylla). Vient partout. Feuillage vert panaché jaune.

Cytise des Alpes (cytisus alpensis). Vient partout et même dans les sols les plus arides. Feuillage vert un peu foncé ; fleurs jaunes en grappes, en mai et juin.

Cytise à feuilles panachées (cytisus foliis variegatis). Même sol. Feuillage panaché de jaune ; fleurs jaunes en grappes, en mai et juin.

Cytise à très-larges grappes (cytisus latissima). Feuillage vert un peu foncé. Fleurs jaunes, longues grappes, en mai et juin.

Cytise hybride de M. Adam (cytisus hybrida Adamea).
Sol calcaire et pierreux. Feuillage vert; fleurs rose vineux en grappes, en mai.

Épine à feuilles de bouleau (cratægus betulæfolia). Sol frais et léger. Feuillage vert luisant; fleurs blanches, en mai; fruit rouge, à l'automne.

Épine écarlate (cratægus coccinea). Sol frais et fertile. Feuillage vert; fleurs écarlates, en avril et mai.

Épine blanche (cratægus oxyacantha). Vient partout. Feuillage vert; fleur blanche odorante, en mai et juin; fruit rouge à l'automne.

Épine à fleurs doubles blanches (cratægus flore albo pleno). Vient partout. Feuillage vert; fleur blanche double, en mai et juin.

Épine à fleurs doubles roses (cratægus flore roseo pleno). Vient partout. Feuillage vert; fleurs roses doubles, en mai et juin.

Épine rouge vif (cratægus punicea). Vient partout. Feuillage vert; fleurs rouge vif, en mai et juin.

Érable à feuilles panachées (acer foliis variegatis). Sol sec et pierreux. Feuillage vert panaché de blanc.

Érable de la Colchide (acer colchidense). Mêmes sols. Feuillage vert un peu glauque.

Érable de Pensylvanie (acer pensylvaniense). Sol sec. Feuillage vert luisant.

Érable panaché jaune (acer aureum variegatum). Sol sec et pierreux. Feuillage vert panaché de jaune.

Érable sanguin (acer sanguineum). Sol humide et substantiel. Feuillage vert glauque; fleur rouge, en avril.

Érable à épis (acer spicatum). Mêmes sols que le précédent. Feuillage vert pâle tirant sur le jaune.

Févier à grosse épine (gleditschia macracantha). Sol frais et léger. Feuillage vert.

Frêne de la Caroline (fraxinus carolinensis). Sol humide. Feuillage vert un peu foncé et luisant.

Frêne vert noir (fraxinus atrovirens). Sol frais et substantiel. Feuillage vert noir.

Frêne jaspé (fraxinus jaspidea). Sol frais et fertile. Feuillage vert sombre.

Gaînier du Canada (cercis canadensis). Sol léger. Feuillage vert, velu en dessous; fleurs roses en faisceaux, en mai.

Gaînier de Chine (cercis chinensis japonensis). Sol sec et pierreux. Feuillage vert; fleur rose vif en faisceaux, en mai.

Gaînier à silique, arbre de Judée *(cercis siliquastrea).* Sol sec et pierreux. Feuillage vert brillant; fleurs rouges en faisceau, en avril.

Gaînier à fleurs blanches (cercis flore albo). Sol sec et pierreux. Feuillage vert brillant; fleurs blanches en faisceaux, en mai.

Gaînier à fleurs rose carné (cercis flore carneo). Mêmes sols. Feuillage vert brillant; fleur rose carné en faisceau, en mai.

Gaînier à feuilles panachées (cercis foliis variegatis). Mêmes sols. Feuillage vert panaché de jaune et de blanc; fleur rouge, en mai.

Hêtre à feuilles de fougère (fagus aspleniifolia). Sol argilo-siliceux. Feuillage vert.

Hêtre cuivré (fagus cuprea). Même sol. Feuillage vert rougeâtre à reflets cuivrés.

Hêtre à feuilles panachées (fagus foliis variegatis). Même sol. Feuillage vert panaché de jaune blanchâtre.

Hêtre pourpre (fagus purpurea). Sol argilo-siliceux. Feuillage rouge vif et rouge pourpre foncé.

Magnolier auriculé (magnolia auriculata). Sol consistant, frais et argileux. Feuillage vert pâle; fleurs blanches odorantes, en avril et mai.

Magnolier grêle (*magnolia gracilis*). Sol frais avec mélange de terre de bruyère. Feuillage vert; fleurs pourpres, en juin et juillet.

Magnolier à grandes feuilles (*magnolia macrophylla*). Sol frais, argileux. Feuillage vert clair; fleurs blanches tachées de pourpre, en juin et juillet.

Marronnier rouge, rubicond (*æsculus rubiconda*). Sol frais et de consistance moyenne. Feuillage vert un peu foncé; fleurs rouges, en mai.

Mûrier à plusieurs tiges (*maurus multicaulis*). Sol frais et léger. Feuillage vert.

Noyer hétérophylle (*juglans heterophylla*). Sol calcaire et léger. Feuillage vert.

Noyer à une feuille (*juglans monophylla*). Sol un peu consistant et de bonne qualité. Feuillage vert.

Orme à feuilles panachées (*ulmus foliis variegatis*). Sol léger et calcaire. Feuillage vert panaché jaune.

Orme pleureur (*ulmus pendula*). Mêmes sols. Rameaux tombants; feuillage vert luisant.

Orme à feuilles crispées (*ulmus crispa*). Sol un peu frais. Feuillage vert crispé.

Orme à feuilles marginées (*ulmus marginata*). Sol frais et léger. Feuillage vert bordé de blanc.

Orme à feuilles pourpres (*ulmus purpurea*). Sol frais et léger. Feuillage pourpre noirâtre.

Pavier de Californie (*pavia californensis*). Sol frais et consistant. Feuillage vert en dessus, jaune en dessous; fleurs blanches, en mai.

Peuplier à rameaux pendants (*populus pendula*). Vient partout. Rameaux pendants. Feuillage vert.

Plaqueminier lotus d'Italie (*diospyros lotus*). Sol sec.

Feuillage vert; fleur pourpre foncé, en juin et juillet.

Plaqueminier de Virginie (diospyros virginensis). Sol frais et consistant. Feuillage vert; fleur jaune, en juin et juillet.

Plaqueminier luisant (diospyros lucida). Sol frais et fertile. Feuillage vert brillant en dessus, blanc dessous; fleurs jaunes, en juin et juillet.

Pommier à fleurs blanches doubles (malus flore albo pleno). Sols calcaires, frais et substantiels. Feuillage vert; fleurs blanches doubles, en avril et mai.

Pommier à fleurs roses doubles (malus flore roseo pleno). Mêmes sols. Feuillage vert; fleurs roses doubles, en avril et mai.

Pommier à feuilles panachées (malus foliis variegatis). Mêmes sols. Feuillage vert panaché jaune; fleurs blanches simples, en avril et mai.

Prunier à fleurs doubles (prunus flore pleno). Sols légers et calcaires, un peu frais. Feuillage vert; fleurs blanches doubles, en mars.

Prunier à feuilles blanches (prunus caudicans). Vient partout. Feuillage vert blanchâtre; fleurs blanches, en mars et avril.

Poirier de Perse, du mont Sinaï (pyrus persensis). Sol léger et de bonne qualité. Feuillage vert blanchâtre; fleurs blanches, en mai.

Saule de Babylone (salix babylonensis). Sols humides. Feuillage vert gai.

Saule cendré (salix cinerea). Sol humide. Feuillage vert grisâtre.

Sophorée panachée (sophora variegata). Vient partout, de préférence dans les sols frais. Feuillage panaché blanc jaune.

Sorbier d'Amérique (sorbus americanensis). Sol frais et léger. Feuillage vert; fleurs blanches, en mai et juin; fruits rouges, à l'automne.

Sorbier hybride (sorbus hybrida). Même sol. Feuillage vert, velu en dessous; fleurs blanches; fruit rouge orangé, à l'automne.

Sorbier à larges feuilles (sorbus latifolia). Sol sec et léger. Feuillage vert grisâtre; fruit rouge orangé, à l'automne.

Tilleul pleureur (tilia pendula). Vient partout. Rameaux pendants; feuillage vert.

Tilleul jaunâtre (tilia flavescens). Vient partout. Feuillage vert gai en dessus, pâle en dessous.

Tilleul panaché (tilia foliis variegatis). Vient partout. Feuillage vert panaché de blanc jaunâtre.

Tilleul tronqué (tilia truncata). Vient partout. Feuillage vert foncé taché de blanc.

ARBRISSEAUX A FEUILLES CADUQUES.

(Première grandeur.)

Acacia velu (robinia hispida). Vient partout. Feuillage vert; fleurs rouge foncé, en mai et juin.

Acacia à feuilles de myrte (robinia myrtifolia). Vient partout. Feuille vert foncé.

Amandier strié (amygdalus striata). Sol sec et léger, pierreux même. Feuillage vert rayé de jaune; fleurs rose pâle, en mars et avril.

Argousier, faux nerprun, saule épineux *(hippophae rhamnoïdes).* Sols arides et pierreux. Feuillage vert, blanc en dessous; fruits rouge orangé, à l'automne.

Bumelier, faux lyciet (bumelia lycioides). Sol frais et léger. Feuillage vert blanchâtre.

Bumelier doré (*bumelia tenax*). Même sol. Feuillage argenté.

Catalpa Bunge (*catalpa Bungea*). Sol de consistance moyenne. Feuillage vert; fleurs blanc jaunâtre.

Catalpa Kœmpfer (*catalpa Kœmpferea*). Sol frais et substantiel. Feuillage vert; fleurs blanches ponctuées de cramoisi.

Charme pleureur (*carpinus pendula*). Sol frais et fertile. Rameaux pendants; feuillage vert.

Chêne Banister (*quercus Banisterea*). Sol argileux. Feuillage vert en dessus, cendré en dessous.

Chêne pourpre (*quercus purpurea*). Sol frais et fertile. Feuillage vert et noirâtre.

Chêne pleureur (*quercus pendula*). Même sol. Rameaux pendants; feuillage vert.

Chionanthe, arbre de neige, de Virginie (*chionanthus virginensis*). Sol frais et substantiel. Feuillage vert glauque.

Clavelier à feuilles de frêne (*zanthoxylon fraxineum*). Sols légers et calcaires. Feuillage vert.

Cognassier de Chine (*cydonia sinensis*). Sol de consistance moyenne. Feuillage vert; fleurs rouge rose, en mai.

Cognassier commun (*cydonia vulgaris*). Même sol. Feuillage vert; fleurs blanc rosé, en mai.

Cornouiller paniculé (*cornus paniculata*). Sol humide et pierreux. Feuillage blanc en dessus.

Cytise fleurissant deux fois (*cytisus bifera*). Vient partout. Feuillage vert; fleurs jaunes, en mai et en septembre.

Cytise bullé (*cytisus bullata*). Même sol. Feuillage vert, boursouflé; fleurs jaunes, en mai et juin.

Cytise pendant (*cytisus pendula*). Même sol. Rameaux

pendants; feuillage vert foncé; fleurs jaunes, en mai et juin.

Cytise à feuilles de chêne (*cytisus quercifolia*). Même sol. Feuillage vert, aspect du chêne ; fleurs jaunes, en mai et juin.

Cytise panaché (*cytisus foliis variegatis*). Même sol. Feuillage vert panaché de jaune; fleurs jaunes, en mai et juin.

Diervillier en arbre (*diervillea arborea*). Vient partout. Feuillage vert; fleurs blanches lavées de jaune et de rose, en mai, juin et juillet.

Épine cramoisie (*cratægus punicea*). Vient partout. Feuillage vert; fleurs cramoisies, en mai et juin.

Érable Bosceen (*acer Bosceum*). Sol sec et pierreux. Feuillage vert.

Érable très-pourpre (*acer atropurpureum*. Sol frais et fertile. Feuillage rouge clair.

Févier à trois épines (*gleditschia triacantha*). Sol frais et léger. Feuillage vert.

Févier pleureur (*gleditschia pendula*). Même sol. Rameaux pendants ; feuillage vert.

Frêne pleureur (*fraxinus pendula*). Sol frais et même humide. Feuillage vert.

Gatilier à larges feuilles (*vitex latifolius*). Sols légers et calcaires. Feuillage vert; fleurs lilas, en juillet et août.

Hovénie à fruits doux (*hovenia dulcis*). Sol frais et léger. Feuillage vert glabre; fleurs blanches, en avril et mai.

Kœlreutérie paniculé de Chine (*kœlreuteria paniculata*). Sol frais et fertile. Feuillage vert glabre ; fleurs jaunes, en juin et juillet.

Lilas Varin, de Perse (*syringa dubia*). Sols légers et frais. Feuillage vert; fleurs violet foncé, en avril et mai.

Lilas émodé (syringa emodi). Mêmes sols. Feuillage vert; fleurs lilas foncé, en mai et juin.

Lilas commun (syringa vulgaris). Mêmes sols. Feuillage vert; fleurs lilas rouge, en avril et mai.

Lilas à fleurs blanches (syringa alba). Mêmes sols. Feuillage vert; fleurs blanches des plus odorantes, en avril et mai.

Magnolier glauque (magnolia glauca). Sol frais mélangé de terre de bruyère. Feuillage vert bleuâtre; fleurs blanches, en juin et juillet.

Magnolier discolor (magnolia discolor). Sol frais et fertile mélangé de terre de bruyère. Feuillage vert foncé; fleurs blanches et pourpres, en avril.

Mélia, lilas des Indes (melia azedrarach). Sols frais, légers et calcaires. Feuillage vert; fleurs lilas, odorantes, en juillet, août et septembre.

Négondo à feuilles panachées (negundo foliis variegatis). Vient partout. Feuillage vert panaché de blanc.

Noisetier avelinier (corylus avellanea). Sols secs, légers et même pierreux. Feuillage vert foncé; fruits comestibles.

Noisetier à feuilles panachées (corilus foliis variegatis). Mêmes sols. Feuillage vert panaché de jaune; fruits comestibles.

Noisetier à feuilles de chêne (corylus quercifolia). Mêmes sols. Feuillage vert; fruits comestibles.

Noisetier pourpre (corylus purpurea). Sols frais et légers. Feuillage rouge pourpre.

Noisetier à gros fruits (corylus macrocarpa). Sol frais et légers. Feuillage vert; fruits remarquables.

Noyer pleureur (juglans pendula). Sols argilo-siliceux et calcaires. Feuillage vert sombre.

Orme nain (ulmus pumila). Sols frais, légers et calcaires. Feuillage vert brillant.

Orme de Chine (*ulmus sinensis*). Mêmes sols. Feuillage vert luisant.

Pavier hybride (*pavia discolor*). Sol frais et fertile. Feuillage vert en dessus, blanchâtre en dessous; fleurs jaunes et rouges, en mai.

Pavier de l'Ohio (*pavia ohioensis*). Sol frais et fertile. Feuillage vert foncé; fleurs jaunes, en mai.

Pêcher commun (*persica vulgaris*). Sols légers et calcaires. Feuillage vert; fleurs roses vif, en avril, et mai.

Pêcher à fleurs blanches doubles (*persica flore albo pleno*). Mêmes sols. Feuillage vert; fleurs blanches doubles.

Pêcher à feuilles d'œillet (*persica dianthiflora*). Mêmes sols. Feuillage vert; fleurs doubles, blanc strié de rouge, en avril et mai.

Poirier à feuilles cotonneuses (*pyrus polweria*). Sols frais, légers et fertiles. Feuillage vert en dessus, blanchâtre en dessous.

Prunier épineux, épine noire (*prunus spinosa*). Vient partout, même dans les sols les plus arides. Feuillage vert; fleurs blanches, en mars; fruits noirs, à l'automne.

Saule d'amandier (*salix amygdalea*). Sol humide. Feuillage vert luisant dessus, blanchâtre dessous.

Saule de la Caroline (*salix carolinensis*). Vient partout dans les sols humides. Feuillage vert glauque.

Saule de trois couleurs (*salix tricolor*). Mêmes sols. Feuillage vert panaché de blanc et de rose.

Saule panaché (*salix variegata*). Mêmes sols. Feuillage vert panaché de jaune.

Saule duveteux (*salix incana*). Mêmes sols. Feuillage vert en dessus, blanc en dessous.

Saule ondulé (*salix undulata*). Mêmes sols. Feuillage vert lustré.

Saule doré (salix vitellea). Mêmes sols. Feuillage vert jaunâtre.

Sumac copale (rhus copalea). Sols secs, arides et caillouteux. Feuillage vert; fruits rougeâtres, à l'automne.

Sumac, arbre à perruque (rhus cotinea). Mêmes sols. Feuillage vert; fleurs en houppe, brun verdâtre, en juillet.

Sumac glabre (rhus glabra). Sol frais et léger. Feuillage vert un peu foncé; fleurs jaune rougeâtre, en juillet.

Sumac de Virginie (rhus typhina). Sols légers et pierreux. Feuillage vert, rougissant à l'automne.

Sureau de Canada (sambucus canadensis). Vient partout, de préférence dans les sols frais. Feuillage vert un peu foncé; fleurs blanches, en juin; fruits noir bleu, à l'automne.

Sureau commun (sambucus nigra). Mêmes sols. Feuillage vert foncé; fleurs blanches, en juin; fruits noirs, à l'automne.

Sureau verdâtre (sambucus virescens). Mêmes sols. Fleurs blanches, en juin; fruits verdâtres, à l'automne.

Sureau en grappes (sambucus racemosa). Mêmes sols. Feuillage vert brillant; fleurs blanches, en mai et juin; fruits en baie rouge écarlate.

Viorne boule de neige (viburnum sterilis). Sol consistant et frais. Feuillage vert; fleurs blanches en boule, en mai et juin.

ARBRISSEAUX A FEUILLES CADUQUES.
(Deuxième grandeur.)

Acacia boule (robinia umbraculifera). Sol léger. Feuillage vert très-abondant.

Amélanchier du Canada (amelanchier canadensis). Sol

frais et léger. Feuilles vert rougeâtre ; fruits bleu noir, à l'automne.

Amélanchier à épis (amelanchier spicata). Sol frais et léger. Feuilles rougeâtres ; fleurs blanches en grappes, en mai et juin ; fruits rougeâtres, à l'automne.

Amélanchier commun (amelanchier vulgaris). Vient partout. Feuillage vert, blanc en dessous ; fleurs blanc pourpre, en avril et mai ; fruits bleu noir, à l'automne.

Amorphe frutescent (amorpha fruticosa). Sol frais et pierreux. Feuillage vert grisâtre ; fleurs en épis pourpre foncé, en mai et juin.

Amorphe à feuilles étroites (amorpha angustifolia). Même sol. Feuillage vert ; fleurs pourpre foncé, en juin et juillet.

Argalou, épine du Christ (paliurus australis). Sol léger et calcaire ; demande de la chaleur. Feuillage vert.

Argousier du Canada (hippophaæ canadensis). Sol frais et léger. Feuillage cotonneux en dessous ; fruits jaune rougeâtre, à l'automne.

Baguenaudier d'Alep (colutea alepensis). Vient partout. Feuillage vert ; fleurs jaunes en grappes, en mai et septembre.

Baguenaudier en arbre (colutea arborescens). Vient partout. Feuillage vert glauque en dessous ; fleurs rouges tachées de jaune, en juin et juillet.

Benjoin, laurier benjoin (benzoin odoriferum). Sol léger et humide. Feuillage vert ; fleurs jaunâtres, en mai et juin ; fruits en baies rouges.

Bouleau nain (betula nana). Sol léger un peu frais. Feuillage vert.

Calycanthe fleuri (calycanthus florida). Sol frais et léger mélangé de terre de bruyère. Feuillage vert foncé ; fleurs rouge foncé, odorantes, de mai en août.

Calycanthe glauque (calycanthus glauca). Même sol. Feuillage vert glauque en dessous; fleurs pourpre, de mai à juillet.

Céanotier intermédiaire (ceanothus intermedia). Sol sec et léger. Feuillage vert; fleurs blanches en grappes, de juin à août; fruits en baies noires, à l'automne.

Châtaignier nain (castanea pumila). Sol frais et léger. Feuillage vert gai; fruits comestibles.

Chèvrefeuille de Tartarie (lonicera tartarica). Sols légers et calcaires. Feuillage vert; fleurs rose clair, en mai et juin; fruits rouges, à l'automne.

Chèvrefeuille à fleurs blanches (lonicera albiflora). Mêmes sols. Feuillage vert; fleurs blanches, en mai et juin.

Chèvrefeuille à grandes fleurs rouges (lonicera rubra grandiflora). Mêmes sols. Feuillage vert; fleurs rose foncé, en mai et juin.

Chèvrefeuille des haies (lonicera xylosteum). Mêmes sols. Feuillage vert; fleurs blanc jaunâtre, en mai et juin.

Tous les chèvrefeuilles que je viens de désigner peuvent être élevés sur des tuteurs, et formés en boule dans les massifs, qu'ils égaient en répandant une odeur suave.

Cornouiller blanc (cornus alba). Vient partout. Feuillage vert; fleurs blanches, en mai et juin; fruits blancs, à l'automne.

Cornouiller arrondi (cornus circinata). Même sol. Feuillage vert, blanchâtre en dessous; fleurs blanches, en juillet et août; fruits blancs, à l'automne.

Forsythia à rameaux pendants (forsythia suspensa). Sol frais et léger. Feuillage vert; fleurs jaunes, en mars et avril.

Fusain d'Amérique (evonymus americanus). Sol frais, mélangé de terre de bruyère. Feuillage vert; fleurs blanc jaune, en avril et juin.

Fusain à fleurs pourpres (evonymus atropurpureus). Même sol mélangé de terre de bruyère. Feuillage vert; fleurs pourpres, d'avril à juin.

Fusain d'Europe (evonymus europœus). Sols légers et calcaires, un peu frais. Feuillage vert; fleurs blanc verdâtre, en mai; capsules rouges, à l'automne.

Fusain à feuilles panachées (evonymus variegatus). Feuillage vert panaché; fleurs blanc verdâtre, en mai et juin; capsules rouges, à l'automne.

Gatilier commun (vitex agnus castus). Sols légers et calcaires. Feuillage vert; fleurs lilas, en juillet et août.

Gatilier à feuilles incisées (vitex incisus). Mêmes sols. Feuillage vert; fleurs lilas, en juillet et août.

Genêt de l'Etna (genista œthnensis). Sols secs, légers et calcaires. Feuillage vert blanchâtre; fleurs jaunes, en juillet et août.

Genêt à fruit monosperme (genista monosperma). Mêmes sols. Feuillage vert; fleurs blanches, de mai à juillet.

Hamamelis de Virginie (hamamelis virginiana). Sol léger, un peu frais, mélangé de terre de bruyère. Feuillage vert; fleurs jaunes, de mai à juillet.

Hêtre à rameaux pendants (fagus pendula). Sols frais et consistants. Feuillage vert brillant.

Lyciet des jardins (lycium barbarum). Sols calcaires. Feuillage vert; fleurs violet clair, en juillet et août; fruits rouge orangé, à l'automne.

Lyciet de la Chine (lycium sinense). Mêmes sols. Feuillage vert; fleurs violet foncé, en juillet et août; fruits rouge orangé, à l'automne.

Lyciet de Trew (lycium trewianum). Mêmes sols. Feuillage vert; fleurs violet foncé, en juillet et août; fruits rouges, à l'automne.

Lilas de Perse (syringa persica). Sol léger et un peu frais. Feuillage vert; fleurs lilas, en avril et mai.

Lilas à fleurs blanches (syringa alba). Même sol. Feuillage vert; fleurs blanches très-odorantes.

Pêcher d'Ispahan (persica hispahensis). Sols légers et calcaires. Feuillage vert; fleurs roses doubles, en avril et mai.

Pêcher à fleurs versicolores (persica versicolor). Mêmes sols. Feuillage vert; fleurs doubles, blanc strié de pourpre, en avril et mai.

Rosier blanc (rosa alba). Sol léger et calcaire, un peu frais. Feuillage vert; fleurs blanches demi-pleines, en mai et juin.

Rosier commun, églantier (rosa canina). Même sol. Feuillage vert; fleurs simples, blanc rosé, en mai et juin; fruits rouges, à l'automne.

Rosier de Damas (rosa damascena). Même sol. Fleurs blanches doubles en bouquets, de mai à juillet.

Ces trois variétés de rosiers produisent le meilleur effet dans les grands massifs des parcs.

Spirée de Lindley (spiræa Lindleyana). Sols frais et légers. Feuillage vert; fleurs blanches, de juin à août.

Sureau à feuilles panachées de blanc (sambucus foliis argenteo variegatis). Vient partout. Feuillage vert panaché de blanc; fleurs blanches, en mai et juin; fruit noirâtre, à l'automne.

Sureau à feuilles panachées jaune (sambucus foliis luteo variegatis). Vient partout. Feuillage vert panaché de jaune; fleurs blanches; fruits noirâtres, à l'automne.

Sureau lacinié (sambucus laciniata). Vient partout. Feuilles vertes très-découpées.

Sureau à fruit blanc (sambucus leucocarpa). Vient partout. Feuillage vert pâle; fleurs blanches, en mai et juin; baies blanchâtres, à l'automne.

Sureau monstrueux (sambucus monstrosa). Vient partout. Rameaux très-gros; feuillage vert; fleurs blanches, en mai et juin; fruits noirâtres, à l'automne.

Tamaris de France (tamarix gallica). Sols sableux. Feuillage vert; fleurs roses, en juillet et août.

Tamaris de l'Inde (tamarix indica). Mêmes sols. Feuillage vert; fleurs rose clair, en juillet et août.

Tamaris à quatre étamines (tamarix tetrandra). Mêmes sols. Feuillage vert foncé; fleurs roses, en avril et mai.

Les tamaris produisent le meilleur effet dans les massifs; leurs feuilles, ressemblant à la tige de l'asperge, tranchent sur toutes les feuilles; leurs fleurs sont très-ornementales, et, de plus, leur rusticité permet de les cultiver partout, même sous l'influence des vents de mer faisant périr presque tous les autres arbres.

Troène à feuilles ovales (ligustrum ovalifolium). Sol léger et calcaire. Feuillage vert; fleurs blanches en juillet et août; fruits noirs à l'automne.

Troène commun (ligustrum vulgare). Même sol. Feuillage vert; fleurs blanches en juin et juillet; fruits noirs à l'automne.

Troène à fruits blancs (ligustrum leucocarpum). Mêmes sols. Feuillage vert; fleurs blanches, en juin et juillet; fruits blancs, à l'automne.

Viorne commune (viburnum lantana). Sol frais et calcaire. Feuillage vert; fleurs blanches en boule, en mai et juin.

Viorne à feuilles de poirier (viburnum pyrifolium). Mêmes sols. Feuillage vert brillant; fleurs blanches en boule, en mai et juin.

Viorne obier (viburnum opulus). Mêmes sols. Feuillage vert; fleurs blanches en boule, en mai et juin.

Les viornes, vulgairement appelées boules de neige,

10

doivent entrer dans la plupart des grands massifs, autant pour la diversité de leur feuillage que' pour l'abondance et la richesse de leurs fleurs.

ARBRISSEAUX A FEUILLES CADUQUES.

(Troisième grandeur.)

Acacia inerme sans épines (robinia inermis). Sol frais et léger. Feuillage vert; ne fleurit pas.

Anagyre, bois puant (anagyris fœtida). Sol sec et pierreux. Feuillage vert; fleur jaune pâle, en avril et mai.

Aralie de Chine, du Japon (aralia chinensis). Sol frais et léger. Feuillage vert velu; fleurs blanches, en juillet et octobre.

Chimonantier odorant (chymonanthus fragrans). Sol léger mélangé de terre de bruyère. Feuillage vert luisant; fleurs rougeâtres, odorantes, en décembre et mars.

Chimonantier à grandes feuilles (chimonanthus grandifolia). Même sol. Feuillage vert brillant; fleur jaune rougeâtre, en décembre et mars.

Cornouiller sanguin (cornus sanguinea). Sol humide et pierreux. Feuillage vert; rameaux rougeâtres; fruits rouge noir, à l'automne.

Cornouiller panaché (cornus variegata). Mêmes sols. Feuillage vert panaché de jaune; fruit rouge noir, à l'automne.

Épine vinette du Canada (berberis canadensis). Sol léger. Feuillage vert; fleurs jaunes, en avril et mai.

Épine vinette commune (berberis vulgaris). Vient partout. Feuillage vert terne; fleurs jaunes, en mai et juin; fruits violets, à l'automne.

Épine vinette à feuilles pourpres (berberis foliis pur-

pureis). Vient partout. Feuillage pourpre; fleurs jaunes, en avril et mai; fruit violet pourpre, à l'automne.

Épine vinette panachée (berberis foliis variegatis). Vient partout. Feuillage vert panaché de jaune; fleurs jaunes, en avril et mai; fruits violet pourpre, à l'automne.

Épine vinette à fruits blancs (berberis fructo albo). Vient partout. Feuillage vert terne; fleurs jaunes, en avril et mai; fruits blancs, à l'automne.

Genêt à balais (ginetta scoparia). Sol léger, sec et calcaire. Feuillage vert; fleurs blanches odorantes, en mai et juillet.

Groseillier à fleurs dorées (ribes aureum). Sol frais, léger et calcaire. Feuillage vert; fleurs jaune foncé, en avril et mai; fruit jaune orangé, à l'automne.

Groseillier de Gordon (ribes Gordonianum). Mêmes sols. Feuillage vert; fleurs rouge mélangé de jaune.

Groseillier à fleurs blanches (ribes niveum). Mêmes sols. Feuillage vert; fleurs blanches, en mai et juin.

Groseillier à fleurs pourpres (ribes sanguineum). Mêmes sols. Feuillage vert; fleurs rouges, en avril et mai.

Groseillier à fleurs rouges (ribes flore atrosanguineum). Mêmes sols. Feuillage vert; fleurs rouges, en avril et mai.

Groseillier à fleurs pleines (ribes flore pleno). Mêmes sols. Feuillage vert; fleurs rouges pleines, en avril et mai.

Groseillier à petites fleurs (ribes tenuiflorum). Mêmes sols. Feuillage vert; fleurs jaunes odorantes, en avril et mai.

Ketmie de Syrie (hibiscus syriacus). Sol un peu frais et léger. Vient partout, excepté dans les terres très-compactes. Feuillage vert; fleurs rouge violacé, en juin et août.

Ketmie à fleur d'anémone (hibiscus anemoneflorus). Mêmes sols. Feuillage vert; fleurs rouge foncé, en juin et août.

Ketmie à fleurs pleines (hibiscus monstrosus plenus). Mêmes sols. Feuillage vert; fleurs rouges pleines, en juin et août.

Ketmie à fleurs de pivoine (hibiscus pœoniæflorus). Mêmes sols. Fleurs grandes et pleines, rouge violet, de juin à août.

Keïmie à fleurs pleines pourpres (hibiscus purpureus plenus). Mêmes sols. Feuillage vert; fleurs pleines, pourpre foncé, de juin à août.

Ketmie à fleurs élégantes (hibiscus speciosus). Mêmes sols. Feuillage vert; fleurs pleines, roses, de juin à août.

Ketmie à fleurs blanches (hibiscus totus albus). Mêmes sols. Fleurs pleines, blanc pur, de juin à août.

Ketmie à feuilles panachées (hibiscus variegatis). Mêmes sols. Feuillage vert panaché de blanc jaunâtre et de vert; fleurs grandes, pleines, rouge violet, de juin à août.

Nerprun Bourgène (rhamnus frangula). Sol frais et calcaire. Fruit rougeâtre, à l'automne.

Nerprun hybride (rhamnus hybrida). Mêmes sols. Feuillage vert.

Nerprun tinctorial (rhamnus tinctoria). Mêmes sols. Feuillage vert; fruit noir, à l'automne.

Pavier à gros épis (pavia macrostachya). Sol frais et léger. Feuillage vert; fleurs blanches, en juin et juillet.

Seringa de Gordon (philadelphus Gordonianus). Sol léger et calcaire. Feuillage vert; fleurs blanches très-odorantes, en juin et juillet.

Seringa inodore (philadelphus inodorus). Mêmes sols. Feuillage vert; fleurs blanches inodores, en juin et juillet.

Seringa à larges feuilles (philadelphus latifolius). Mêmes sols. Feuillage vert; fleurs blanches inodores, en juin et juillet.

Staphylier faux pistachier (staphylea pinnata). Sol frais

et léger. Feuillage vert; fleurs blanches en grappes, en avril et mai.

Staphylier à trois folioles (staphylea trifolia). Mêmes sols. Feuillage vert; fleurs blanches en grappes, en mai et juin.

ARBUSTES A FEUILLES CADUQUES.

Pour faciliter la plantation des massifs, je divise les arbustes en trois grandeurs.

La première comprend les arbustes de la hauteur de UN à DEUX MÈTRES, la seconde ceux de UN MÈTRE, et la troisième les arbustes de CINQUANTE à QUATRE-VINGTS centimètres de hauteur.

Avec ce classement, les erreurs de plantation me paraissent impossibles, si l'on veut se donner la peine de consulter ce livre.

(Première grandeur : de UN à DEUX mètres d'élévation.)

Amandier de la Géorgie (amygdalus Georgensis). Sol calcaire, léger et même pierreux. Feuillage vert; fleurs roses de grande dimension, en mars et avril.

Amandier dentelé (amygdalus serrata). Mêmes sols. Feuillage vert; fleurs roses, petites, en mars et avril.

Amandier de Sibérie (amygdalus syberiensis). Mêmes sols. Feuillage vert brillant, pâle en dessous; fleurs rose pâle, petites, en mars et avril.

Amorphe Léwis (amorpha Lewisea). Sol frais et pierreux. Feuillage vert; fleurs en épis violet foncé, en juin et juillet.

Apalanche à feuilles caduques (prinos deciduus). Sol frais et léger mélangé de terre de bruyère. Feuillage vert; fleurs petites, blanc jaunâtre, en mai et juin; fruits pourpres, à l'automne.

10.

Apalanche verticillée (prinos verticillatus). Mêmes sols. Feuillage denté vert; fleurs blanc jaunâtre; fruits rouge vif, à l'automne.

Aralie en grappes (aralia racemosa). Sol frais et léger. Feuillage terne; fleurs en ombelles blanches, en juin et juillet.

Artemisier arborescent (artemisia arborescens). Sol sec et léger. Feuillage vert cendré; fleurs en juin et juillet.

Atraphaxide épineuse (atraphaxis spinosa). Sol frais et léger. Feuillage vert glauque; fleurs blanches teintées de rouge, en juillet et août.

Baguenaudier sanguin d'Orient (colutea cruenta). Vient partout. Feuillage vert glauque; fleurs rouges tachées de jaune, en juin et juillet.

Callicarpier d'Amérique (callicarpa americanensis). Sol léger. Feuillage vert; fleurs rouges, en juin et juillet.

Calycanthe de Californie (calycanthus occidentalis). Sol frais et léger mélangé de terre de bruyère. Feuillage étoffé, vert brillant; fleurs brun noirâtre, de mai à août.

Câprier épineux (capparis spinosa). Sol calcaire et léger. Feuillage vert glauque.

Caraganier de la Chine (caragana chamelaga). Vient partout. Feuillage vert terne; fleurs jaunes devenant rouges ensuite, d'avril à juin.

Caraganier épineux (caragana spinosa). Vient partout. Feuillage vert terne; fleurs jaunes, d'avril à juin.

Cassier de Maryland (cassia marylandensis). Sol frais et léger. Feuillage vert; fleurs en grappes jaune vif, en juillet et août.

Chamecerisier à fruits bleus (chamæcerasus cærula). Sol sec, léger et pierreux. Feuillage vert; fleurs jaunâtres, en avril et mai; fruits bleu foncé, à l'automne.

Chamecerisier à fruits noirs (Chamæcerasus nigra).

Mêmes sols. Feuillage vert velu; fleurs rose pâle, en avril et mai; fruits noirs, à l'automne.

Chèvrefeuille d'Ibérie (*lonicera iberica*). Sol frais et calcaire; feuillage vert; fleurs blanchâtres, en mai et juin.

Cognassier du Japon (*cydonia japonensis*). Sol léger mélangé de terre de bruyère. Feuillage vert un peu foncé; fleurs rouges, en février et juin.

Cognassier orangé (*cydonia aurantiaca*). Même sol. Feuillage vert un peu foncé; fleurs rouges, en février et juin.

Cognassier à fleurs roses (*cydonia rosea*). Mêmes sols. Feuillage vert; fleurs roses, en février et juin.

Coriaire à feuilles de myrthe (*coriaria myrtifolia*). Sol léger. Feuillage vert sombre.

Cornouiller de Sibérie (*cornus siberiensis*). Vient partout, sol frais de préférence. Feuillage vert en dessus, blanc en dessous.

Coronille des jardins (*coronilla pauciflora*). Sol léger. Feuillage vert clair; fleurs jaunes et brunes, en juin et juillet.

Cotonéaster commun (*cotoneaster vulgaris*). Sol frais et léger. Feuillage vert, cotonneux en dessous; fleurs petites, blanc rosé, d'avril à juin; fruit rouge brun, à l'automne.

Cotonéaster acuminé (*cotoneaster acuminata*). Mêmes sols. Feuillage vert velu; fleurs roses, en avril et mai; fruits rouges, à l'automne.

Cotonéaster des neiges (*cotoneaster frigida*). Mêmes sols. Feuillage vert cotonneux en dessous; fleurs blanches, d'avril à juin; fruits rouges, à l'automne.

Cotonéaster à fruits noirs (*cotoneaster melœnocarpa*). Mêmes sols. Feuillage vert cotonneux en dessous; fleurs petites blanc rosé; fruits noirs, à l'automne.

Cytise allongé (*cytisus elongata*). Sol frais et calcaire.

Feuillage vert velu en dessous; fleurs jaunes, en mai et juin.

Cytise à trois fleurs (cytisus triflora). Vient partout. Feuillage vert velu; fleurs jaunes, de mai à juillet.

Deutzier de l'Inde (deutzia scabra). Sol léger et humide. Feuillage vert; fleurs blanches, en mai et juin.

Deutzier à fleurs doubles (deutzia flore pleno). Vient partout, dans les sols frais de préférence. Feuillage vert; fleurs blanches doubles, de mai à juillet.

Diervillier à grandes fleurs (diervillea grandiflora). Vient partout. Feuillage vert gai; fleurs grandes, roses, d'avril à juin.

Diervillier du Canada (diervillea canadensis). Vient partout. Feuillage vert un peu foncé; fleurs jaunes odorantes, de mai à juillet.

Diervillier à fleurs blanches (diervillea alba). Vient partout. Feuillage vert; fleurs blanches rosées, d'avril à juin.

Diervillier à fleurs gracieuses (diervillea amabilis). Feuillage vert; fleur rose foncé, d'avril à juin.

Épine vinette à feuilles de cratægus (berbis cratægina). Vient partout. Feuillage vert glauque; fleurs en grappes, jaunes, d'avril à juin.

Forsythea à feuilles très-vertes (forsythia viridissima). Sol frais et substantiel. Feuillage vert; fleurs jaunes, de février à avril.

Genêt à fleurs blanches (ginetta alba). Sol sec, léger et calcaire. Feuillage vert; fleurs blanches très-odorantes, en avril et mai.

Groseillier à fleurs jaunes (ribes flavum). Sol léger et calcaire, un peu frais. Feuillage vert; fleurs jaune foncé, en avril et mai; fruits noirâtres, à l'automne.

Groseillier élégant (ribes speciosum). Mêmes sols. Feuillage vert; fleurs rouge écarlate, en mars et avril.

Halesia à fruits bi-ailés (halesia diptera). Sols frais et légers mélangés de terre de bruyère. Feuillage vert; fleurs en grappes, blanc pur, en avril et mai.

Halimodendron à feuilles argentées (halimodendron argenteum). Sols secs, légers et calcaires. Feuillage vert argenté; fleurs en grappes lilas, en juin et juillet.

Hortensia arborescent (hydrangea arborescens). Sol léger mélangé de terre de bruyère. Feuillage vert; fleurs blanc rosé et roses, de juin à août.

Hortensia à grosses inflorescences (hydrangea macrocephala). Même sol. Feuillage vert; fleurs roses, de juin à septembre.

Hortensia à feuilles panachées (hydrangea variegata). Même sol. Feuillage vert panaché de blanc et de vert; fleurs rose clair, en juin et juillet.

Indigotier dosua (indigofera dosua). Sol frais et léger; demande de la chaleur. Feuillage vert; fleurs en grappes, rose foncé, en juillet et août.

Jasmin blanc (jasminum officinale). Sols légers et calcaires. Feuillage vert un peu foncé; fleurs blanches très-odorantes, de juin à septembre.

Jasmin triomphant (jasminum revolutum). Mêmes sols. Feuillage vert sombre; fleurs jaunes odorantes, de juillet à septembre.

Ces deux variétés peuvent s'élever en arbre sur des tuteurs; elles produisent bon effet dans les massifs et parfument toute la propriété.

Kerria, corète du Japon (kerria japonica). Sols légers et calcaires un peu frais. Feuillage vert; fleurs jaunes, de mai à août.

Kerria à fleurs pleines (kerria flore pleno). Mêmes sols. Feuillage vert; fleurs jaunes doubles, de mai à août.

Lagerstrémie de l'Inde (lagerstrœmia indica). Sol frais et léger mélangé de terre de bruyère. Feuillage vert; fleurs en grappes roses, en septembre et octobre.

Lagerstrémie à fleurs rouges (lagerstrœmia rubra). Même sol. Feuillage vert; fleurs en grappes rouges, en septembre et octobre.

Lagerstrémie à fleurs violettes (lagerstrœmia violacea). Même sol. Feuillage vert; fleurs violacées, de mai à août.

Lespédeza à fleurs bicolores (lespedeza bicolor). Sols secs et légers. Feuillage vert; fleurs en grappes rose violet, en juilllet et août.

Lilas de Hongrie (syringa josikea). Vient partout. Feuillage vert foncé; fleurs violettes, en mai et juin.

Lilas à feuilles laciniées (syringa laciniata). Vient partout. Feuillage vert; fleurs rose pourpre, en avril et mai.

Nerprun des Alpes (rhamnus alpina). Sols frais et calcaires. Feuillage vert foncé.

Pivoine en arbre (pæonia Moutan). Sols frais, légers et calcaires. Feuillage vert; fleurs semi-pleines, blanc taché de rouge, en mai et juin.

Poincillade de Gillies (poinciana Gilliesii). Sol frais et léger. Feuillage vert; fleurs en grappes jaune rougeâtre, en juillet et août.

Potentille floribonde (potentilla floribunda). Sol frais et léger. Feuillage vert soyeux; fleurs jaunes, en mai et juin.

Rhodothipus à port de kerria (rhodothipus kerrioïdes). Sol frais et calcaire mélangé de terre de bruyère. Feuillage vert; fleurs blanches, de mai à juillet.

Ronce commune (rubus fruticosus). Sols légers, frais et calcaires. Feuillage vert; fleurs blanc rosé, doubles, en mai et octobre.

Ronce à feuilles laciniées (rubus laciniatus). Mêmes sols. Feuillage vert; fleurs rose vif, en mai et octobre.

Ronce odorante (rubus odoratus). Mêmes sols. Feuillage vert; fleurs grandes, roses, odorantes, de juin à août.

Rosier des Alpes (rosa alpina). Sols frais, légers et calcaires. Feuillage vert; fleurs roses simples, de juin à août.

Rosier de la Caroline (rosa carolina). Mêmes sols. Feuillage vert; fleurs simples en bouquets rouges, en mai et juin.

Rosier de Bourgogne (rosa burgundiaca). Mêmes sols. Feuillage vert; fleurs roses demi-doubles, de mai à juillet.

Rosier œillet (rosa caryophyllea). Mêmes sols. Feuillage vert; fleurs grandes, pleines, rose panachée de blanc, de mai à juillet.

Rosier des peintres (rosa maximâ). Mêmes sols. Feuillage vert; fleurs roses, pleines, de mai à juillet.

Rosier moussu (rosa muscosa). Mêmes sols. Feuillage vert; fleurs pleines, roses, de mai à juillet.

Rosier de Provins (rosa gallica). Mêmes sols. Feuillage vert; fleurs pourpre, de mai à juillet.

Toutes ces variétés de rosiers, élevés en arbre, produisent le meilleur effet dans les massifs grands et moyens.

Seringa commun (philadelphus coronarius). Sols frais, légers et calcaires. Feuillage vert; fleurs en grappes blanches très-odorantes, en juin.

Seringa à feuilles hérissées (philadelphus hirsutus). Feuillage vert; fleurs blanches inodores, en juin et juillet.

Seringa de Californie (philadelphus californicus). Mêmes sols. Feuillage vert; fleurs blanches en grappes, en mai et juin.

Spirée de Canton (spirea cantonensis). Sol frais et léger. Feuillage vert; fleurs blanches, en mai et juin.

Spirée de Douglas (spirea Douglasii). Sol léger mélangé

de terre de bruyère. Feuillage vert; fleurs en grappes rose foncé, en juillet et août.

Spirée de Billiard (spirea Billiardii). Même sol. Feuillage vert; fleurs rose foncé, en juillet et août.

Spirée à feuilles d'aria (spirea ariæfolia). Sol frais et léger. Feuillage vert; fleurs blanches très-abondantes, de juin à août.

Staphylier de la Colchide (staphylea colchica). Sol frais et léger. Feuillage vert; fleurs blanches en grappes, en mai et juin.

Tamaris de la Chine (tamarix chinensis). Sols légers un peu frais. Feuillage vert; fleurs roses, en juillet et août.

Viorne à feuilles d'érable (viburnum acerifolium). Sols frais, argilo-calcaires. Feuillage vert; fleurs blanches en boule, en juin et juillet.

Viorne à feuilles dentées (virburnum dentatum). Mêmes sols. Feuillage vert; fleurs blanches en boule, en mai et juin.

ARBUSTES A FEUILLES CADUQUES.

(Deuxième grandeur : UN mètre d'élévation.)

Amandier nain de Chine (amygdalus nana). Sols légers, secs et pierreux. Feuillage vert, glabre; fleurs rouges de grande dimension, en mars et avril.

Aralie hispide (aralia hispida). Vient partout; sols un peu frais de préférence. Feuillage vert terne; fleurs blanches, en juin et juillet.

Aralie à tige nue (aralia nudicaulis). Mêmes sols. Feuillage vert; fleurs blanches, en juin et juillet.

Aronie à feuilles d'arbousier (aronia arbutifolia). Sols légers et secs surtout. Feuillage vert; fleurs blanches, en mai et juin.

Cognassier fastigié (cydonia fastigiata). Sol léger mélangé de terre de bruyère. Feuillage vert un peu foncé ; fleurs rouge foncé, en février et juin.

Cognassier à fleurs blanches (cydonia flore albo). Mêmes sols. Feuillage vert un peu foncé ; fleurs blanc rosé, en février et juin.

Cognassier à fleurs pleines (cydonia flore albo pleno). Même sol. Feuillage vert un peu foncé ; fleurs doubles blanc rosé, en février et juin.

Cognassier à fleurs semi-pleines (cydonia flore semi-pleno). Même sol. Feuillage vert un peu foncé ; fleurs roses demi-doubles, en février et juin.

Cognassier à feuilles panachées (cydonia foliis variegatis). Même sol. Feuillage vert un peu foncé panaché de jaune ; fleurs rouge orangé, en février et juin.

Callicarpier pourpre (callicarpa purpurea). Sols légers. Feuillage vert ; fleurs pourpre, en juin et juillet ; fruits roses, à l'automne.

Calycanthe lisse (calycanthus lævigata). Sols frais et légers mélangés de terre de bruyère. Feuillage vert un peu foncé ; fleurs rouge brun, de mai à juillet.

Caraganier frutescent (caragana frutescens). Vient partout. Feuillage vert ; fleurs jaunes, en avril et mai.

Caraganier barbu (caragana jubata). Mêmes sols. Feuillage vert ; fleurs blanc rougeâtre, de mai à juillet.

Caraganier nain (caragana pygmæa). Mêmes sols. Feuillage vert ; fleurs jaunes, petites, d'avril à juin.

Céanotier ovale (ceanothus ovata). Vient dans tous les sols secs et légers. Feuillage vert un peu foncé ; fleurs blanches, petites, de juin à septembre.

Chamæcerisier des Alpes (chamæcerasus alpensis). Vient dans tous les sols secs, légers et même pierreux. Feuillage vert ; fleurs jaune rougeâtre, en avril et mai ; fruits rouges, à l'automne.

11

Chèvrefeuille Ledebour (lonicera Ledebourii). Sols frais et calcaires. Feuillage vert; fleurs jaunes et rouges, en mai et juin.

Chèvrefeuille à petites feuilles (lonicera mycrophylla). Mêmes sols. Feuillage vert; fleurs blanc rosé, en mai et juin.

Ces deux variétés doivent être élevées sur des tuteurs et formées en boule dans les massifs.

Cytise à deux fleurs (cytisus biflora). Sols légers et calcaires. Feuillage vert, velu; fleurs jaunes, en mai et juin.

Cytise noir (cytisus nigricans). Mêmes sols. Feuillage vert foncé; fleurs jaunes odorantes, de mai à juillet.

Cytise pourpre (cytisus purpurea). Mêmes sols. Feuillage vert; fleurs roses et pourpres, de mai à août.

Épine vinette à feuilles rondes (berberis rotundifolia). Vient partout. Feuillage vert glauque; fleurs jaunes en grappes, en juin; fruits rouges, à l'automne.

Épine vinette de Sibérie (berberis siberiensis). Vient partout. Feuillage vert; fleurs jaunes, de mai à juillet; fruits rouges, à l'automne.

Fothergilla à feuilles d'aulne (fothergilla alnifolia). Sol frais et léger mélangé de terre de bruyère. Feuillage vert; fleurs en épis, blanches, odorantes, d'avril à juin.

Groseillier à fleurs couleur de cire (ribes cereum). Sols frais et calcaires. Feuillage vert; fleurs blanc rosé, en avril et mai.

Groseillier de Menzies (ribes menziesii). Mêmes sols. Feuillage vert; fleurs rouge pourpre, de mai à juin.

Groseillier des pierres (ribes petræum). Mêmes sols. Feuillage vert; fleurs rouges, en mai et juin.

Hortensia à fleurs blanches (hydrangea flore albo). Sol léger mélangé de terre de bruyère. Feuillage vert; fleurs blanches, de juillet à septembre.

Hortensia à fleurs bleues (hydrangea azureis). Même sol. Feuillage vert ; fleurs rose lilas, de juin à septembre.

Hortensia à feuilles blanches (hydrangea nivea). Même sol. Feuillage vert blanchâtre ; fleurs blanches, de juin à septembre.

Hortensia à feuilles de chêne (hydrangea quercifolia). Même sol. Feuillage vert ; fleurs blanches, de juin à septembre.

Itéa de Virginie (itea virginiana). Sol léger mélangé de terre de bruyère. Feuillage vert ; fleurs blanches en grappes, de mai à juillet.

Jasmin ligneux jaune (jasminum fruticans). Sols légers et calcaires. Feuillage vert foncé ; fleurs jaunes, de mai à juillet.

Jasmin nudiflore (jasminum nudiflorum). Mêmes sols. Feuillage vert foncé ; fleurs jaunes venant avant les feuilles, de février à avril.

Kerria, corète à feuilles panachées (kerria foliis variegatis). Sols légers et calcaires. Feuillage vert ; fleurs jaunes, de mai à août.

Leycestérie élégante (leycesteria formosa). Sols frais et légers. Feuillage vert ; fleurs blanc rosé, en juillet et août.

Lilas de Fortune (syringa oblata). Vient partout dans les sols un peu frais. Feuillage vert ; fleurs inodores lilas clair, en avril et mai.

Millepertuis androscème (hypericum androscemum). Sols légers, un peu frais. Feuillage vert ; fleurs jaunes, en juillet et août.

Millepertuis de Kalm (hypericum kalmianum). Sol frais et léger mélangé de terre de bruyère. Feuillage vert, presque persistant ; fleurs jaunes, en juillet et août.

Myricaire d'Allemagne (myricaria germanica). Sols frais

et légers. Feuillage vert; fleurs rose clair en épis, de juin à août.

Nerprun à fleurs d'aulne (rhamnus alnifolia). Sols frais et calcaires. Feuillage vert.

Pivoine en arbre (pæonia alba lilacina). Sols frais et légers. Feuillage vert; fleurs pleines, blanc lilas, en mai et juin.

Pivoine Bérénice. Fleurs pleines, blanc pur, en mai et juin.

Pivoine Christine. Fleurs pleines, saumon vif, en mai et juin.

Pivoine comte de Flandres. Fleurs pleines, violet clair, en mai et juin.

Pivoine Confucius. Fleurs pleines, rouge carminé, en mai et juin.

Pivoine blanche (pæonia lactea). Fleurs pleines, rose tendre, en mai et juin.

Pivoine Louise Mouchelet. Fleurs pleines, blanc pur, en mai et juin.

Pivoine pourpre. Fleurs pleines, amarante foncé, en mai et juin.

Pivoine Van Houtte. Fleurs pleines, rouge cerise, en mai et juin.

Pivoine Madame Stuart Law. Fleurs pleines, rose carné saumoné, en mai et juin.

Potentille ligneuse (potentilla fruticosa). Sols frais et légers. Feuillage vert; fleurs jaunes, en mai et juin.

Ronce élégante (rubus spectabilis). Sols calcaires mélangés de terre de bruyère. Feuillage vert; fleurs roses, de juin à août.

Rosier cent feuilles (rosa centifolia). Sols légers et calcaires un peu frais. Feuillage vert; fleurs pleines, roses, en mai et juin.

Rosier rugueux (rosa rugosa). Mêmes sols. Feuillage vert; fleurs pleines, rose foncé, de mai à juillet.

Variétés par excellence pour éclairer les massifs.

Solanum à feuilles glauques (solanum glaucophyllum). Sols légers et calcaires mélangés de terre de bruyère. Feuillage vert glauque; fleurs bleu clair en grappes, de juillet à septembre.

Sorbier, petit néflier (sorbus chamœmespilus). Sols légers et calcaires mélangés de terre de bruyère. Feuillage vert; fleurs blanc carné, en bouquets, en mai.

Spirée à feuilles aiguës (spirea acutifolia). Sols frais et légers. Feuillage vert; fleurs blanches, en avril et mai.

Spirée remarquable (spiræa bella). Sols frais et légers mélangés de terre de bruyère. Feuillage vert; fleurs roses, en juillet et août.

Spirée à feuilles crénelées (spiræa crenata). Sol frais et léger. Feuillage vert; fleurs blanches, de mai à juillet.

Spirée étalée (spiræa expansa). Même sol. Feuillage vert; fleurs rose clair, en mai et juin.

Spirée à larges feuilles (spiræa latifolia). Même sol. Feuillage vert; fleurs blanches, de mai à juillet.

Spirée à feuilles de prunier (spiræa prunifolia). Même sol. Feuillage vert; fleurs pleines, blanc pur, de mai à juin.

Spirée à feuilles de sorbier (spiræa sorbifolia). Même sol. Feuillage vert; fleurs blanches, en juin et juillet.

Spirée à feuilles d'orme (spiræa ulmifolia). Mêmes sols. Feuillage vert; fleurs blanches, en juin et juillet.

Symphorine des montagnes (symphoricarpos montanus). Sols légers, pierreux et même arides. Feuillage vert; fleurs roses, en juillet et août.

Symphorine à grappes (symphoricarpos racemosus). Mêmes sols. Feuillage vert; fleurs roses, en juillet et août.

Symphorine à petites fleurs (symphoricarpos vulgaris). Mêmes sols. Feuillage vert glauque; fleurs blanches, en juillet et août.

Troëne à feuilles panachées (ligustrum variegatum). Sols légers et calcaires. Feuillage vert panaché de jaune et de vert; fleurs blanches, de juin à août.

Viorne de Keteleer (viburnum Keteleeri). Sols frais un peu consistants et calcaires. Feuillage vert; fleurs blanches en boules, en mai et juin.

Viorne à grosses inflorescences (viburnum macrocephalum). Mêmes sols. Feuillage vert; fleurs blanches en boules, en mai et juin.

ARBUSTES A FEUILLES CADUQUES.

(Troisième grandeur : de 50 à 80 centimètres de hauteur.)

Bugrane ligneuse (ononis fruticosa). Sols légers et calcaires. Feuillage vert; fleurs roses en grappes, de mai à juillet.

Calophaca du Volga (calophaca volgensis). Vient partout. Feuillage vert velu; fleurs en grappes jaunes, de mai à juillet.

Caraganier à grandes fleurs (caragana grandiflora). Vient partout. Feuillage vert; fleurs jaune vif, en juin et juillet.

Chèvrefeuille nain (lonicera nana). Sols légers et calcaires un peu frais. Feuillage vert; fleurs roses, en mai et juin.

Daphné, laurède des Alpes (daphne alpensis). Sols légers. Feuillage vert; fleurs blanches odorantes, d'avril à juin.

Daphné, bois gentil (daphné mezerea). Mêmes sols.

Feuillage vert glauque en dessous; fleurs blanches odorantes, de mai à juillet; fruits rouges, à l'automne.

Daphné à fleurs blanches (*daphne flore albo*). Mêmes sols. Feuillage vert glauque en dessous; fleurs blanches odorantes, de mai à juillet; fruits blancs, à l'automne.

Genêt de Sibérie (*ginesta siberica*). Vient partout. Feuillage vert; fleurs jaunes, de mai à juillet.

Genêt tinctorial (*ginesta tinctoria*). Vient partout. Feuillage vert; fleurs jaunes, de mai à juillet.

Groseillier lacustre (*ribes lacustre*). Sols frais et calcaires. Feuillage vert; fleurs jaune clair, en mai et juin.

Hélianthème à fleurs en ombelles (*helianthemum umbellatum*). Sols secs et légers. Feuillage vert foncé; fleurs blanches en grappes, en mai et juin.

Helwingia à fleurs de pragon (*helwingia rusciflora*). Sols frais, légers et calcaires. Feuillage vert.

Hortensia à feuilles serrées (*hydrangea serrata*). Sols légers mélangés de terre de bruyère; exposition un peu ombragée; feuillage vert; fleurs roses, de juin à septembre.

Cette variété, très-petite, de la hauteur de 50 centimètres environ, est très-précieuse pour les premiers rangs des massifs et pour éclairer les massifs factices.

Indigotier à fleurs blanches (*indigofera alba*). Sols frais et légers. Feuillage vert; fleurs blanches en grappes, en juillet et août.

Indigotier décoratif (*indigofera decora*). Mêmes sols. Feuillage vert; fleurs rose clair, en juillet et août.

Indigotier nain (*indigofera minor*). Mêmes sols. Feuillage vert; fleurs rose purpurin, en juillet et août.

Platycrater à feuilles dentées (*platycrater arguta*). Sol léger mélangé de terre de bruyère. Feuillage vert; fleurs roses, en juillet et août.

Rosier du Bengale (rosa semperflorens). Sols frais, légers et calcaires. Feuillage vert; fleurs roses demi-doubles et presque perpétuelles.

Ce rosier doit tenir une large place sur les bordures des massifs petits et grands. Il rend de grands services pour éclairer les massifs factices, comme ceux d'ornement, et est des plus précieux pour former des haies de clôture destinées à masquer un potager ou toute autre culture que l'on est forcé de faire dans un parc.

Rosier très-épineux (rosa spinosisissima). Mêmes sols. Feuillage vert; fleurs blanches, simples, de mai à juillet.

Seringa nain (philadelphus nanus). Sols frais, légers et calcaires. Feuillage vert; fleurs blanches très-odorantes, en juin.

Variété très-utile pour les bordures de massifs. Elle atteint la hauteur de 80 centimètres au plus.

Solanum Ranthones (solanum ranthoneti). Sols légers mélangés de terre de bruyère. Feuillage vert; fleurs bleu violet, de juillet à septembre.

Spirée blanchâtre (spiræa cana). Sols frais et légers. Feuillage vert; fleurs blanches, en juillet et août.

Spirée à feuilles incanes (spiræa canescens). Mêmes sols. Feuillage vert; fleurs blanches, en juin et juillet.

Spirée à fleurs en corymbe (spiræa corymbosa). Mêmes sols. Feuillage vert; fleurs rose vif, en juillet et août.

Spirée de Thunberg (spiræa Thumbergi). Mêmes sols. Feuillage vert; fleurs blanches très-abondantes, en mai et juin.

Spirée tomenteuse (spiræa tomentosa). Mêmes sols. Feuillage vert tomenteux; fleurs rouges, de juillet à septembre.

Les cinq variétés de spirées qui précèdent sont des plus précieuses pour les bordures des grands massifs et pour celles des massifs factices, comme pour les bordures des petits massifs d'ornement. Je dis les cinq variétés qui précèdent, dont la plus grande atteint la hauteur de 80 centimètres, et non les autres variétés de spirées, ayant de un à deux mètres d'élévation. Ici, comme dans l'*Arboriculture fruitière* et le *Potager moderne*, il faut me suivre *à la lettre*, et non *à peu près*, si l'on veut réussir.

Troëne ibota (*ligustrum ibota*). Sol frais, léger et calcaire. Feuillage vert; fleurs blanches en grappes, en juin et juillet.

Le troëne est un des arbustes qui conservent leurs feuilles très-longtemps. Sa place est marquée dans tous les massifs autant pour la durée du feuillage que pour la fleur.

CONIFÈRES.

L'importance des conifères dans les parcs et les jardins, autant que le nombre et la gravité des erreurs dans la plantation, m'obligent à les diviser en deux séries : en grands et petits conifères.

La première série, les grands conifères, comprend :

1o Ceux de grandeur hors ligne, atteignant la hauteur de 40 à 50 mètres;

2o Les conifères de première grandeur, s'élevant de 30 à 40 mètres;

3o Ceux de deuxième grandeur, atteignant une élévation de 20 à 30 mètres;

4o Les conifères de troisième grandeur, ayant de 10 à 20 mètres de haut.

La deuxième série comprendra les petits conifères, divisés en trois grandeurs :

La première se compose des conifères de la hauteur de 5 à 10 mètres ; la deuxième, de ceux de 2 à 5 mètres de hauteur, et la troisième, de ceux de 1 à 2 mètres de grandeur.

Avec ce classement, les déplorables erreurs de plantation, que je vois chaque jour, me paraissent impossibles.

PREMIÈRE SÉRIE. — GRANDS CONIFÈRES.

(Grandeur hors ligne : de 40 à 50 mètres d'élévation.)

Pin strobus, de Lord Weymouth (*pinus strobus*). Sols légers et de consistance moyenne. Feuillage vert de mer.

Sapin gracieux (*abies amabilis*). Sols frais et argileux. Feuillage vert foncé, un peu glauque en dessous.

Sapin Gordon (*abies Gordonea*). Mêmes sols. Feuillage vert luisant dessus, argenté dessous.

Sapin élancé (*abies grandis*). Mêmes sols. Feuillage vert clair.

Sapin noble (*abies nobilis*). Mêmes sols. Feuillage vert gai.

Sapin glauque (*abies glauca*). Mêmes sols. Feuillage vert glauque.

Sapin robuste (*abies robusta*). Mêmes sols. Feuillage vert gai.

Séquoier toujours vert (*sequoia sempervirens*). Sols frais, légers et substantiels. Feuillage vert dessus, glauque dessous.

Wellingtonier gigantesque (*wellingtonia gigantea*). Vient partout. Feuillage vert foncé, un peu glauque.

Ces deux dernières espèces sont des plus précieuses pour les planter isolées sur les grandes pelouses ; elles y donnent des arbres splendides.

GRANDS CONIFÈRES.

(Première grandeur : de 30 à 40 mètres d'élévation.)

Cèdre de l'Atlas (cedrus atlantensis). Sols secs et calcaires. Feuillage vert gris cendré.

Cèdre panaché (cedrus variegata). Sols secs et calcaires. Feuillage vert panaché de blanc jaunâtre.

Faux tsuga Douglas (pseudotsuga Douglasea). Sols frais et légers. Feuillage vert clair.

Mélèze d'Amérique (larix americanensis). Vient partout dans tous les sols un peu frais. Feuillage vert.

Pin Bentham (pinus Benthamea). Sols légers. Feuillage vert vif.

Pin de Népaul (pinus excelsa). Vient partout. Feuillage vert glauque.

Pin recourbé (pinus hamata). Vient partout. Feuillage vert glauque.

Pin Lambert (pinus Lambertea). Sols frais et substantiels. Feuillage vert gai.

Pin sabine (pinus sabinea). Sols légers et siliceux. Feuillage vert glauque.

Sapin à bractées (abies bracteata). Sols frais et argileux. Feuillage vert gai dessus, glauque dessous.

Thuia gigantesque (thuia gigantea). Vient partout. Feuillage vert brillant.

GRANDS CONIFÈRES.

(Deuxième grandeur : de 20 à 30 mètres de hauteur.)

Araucaire du Chili (araucaria imbricata). Sols frais sans humidité et peu consistants. Feuillage vert foncé. L'un des plus beaux arbres verts à planter isolés sur les pelouses.

Cèdre de l'Inde (cedrus deodora). Sols secs et calcaires. Feuillage vert glauque. Très-bel arbre à planter isolé sur les pelouses, et ayant l'immense avantage de pousser très-vite.

Cèdre du Liban (cedrus libanensis). Mêmes sols. Feuillage vert foncé. A planter isolé sur les pelouses.

Cèdre glauque (cedrus glauca). Mêmes sols. Feuillage vert glauqué argenté.

Chamæcyparis boursier (chamæcyparis boursierea). Vient partout. Feuillage vert bleuâtre.

Chamæcyparis nutka (chamæcyparis nutkaensis). Vient partout. Feuillage vert brillant.

Chamæcyparis, faux thuia (chamæcyparis sphæroidea). Vient partout. Feuillage vert foncé.

Cryptomérie du Japon (cryptomeria japonensis). Sols consistants. Feuillage vert clair.

Cyprès élevé (cupressus excelsa). Vient partout. Feuillage vert glauque.

Cyprès commun (cupressus fastigiata). Vient partout. Feuillage vert sombre.

Cyprès élégant (cupressus elegans). Vient dans tous les sols légers. Feuillage vert.

Épicéa à feuilles ténues (picea tenuifolia). Sols frais et substantiels. Feuillage vert luisant.

Épicéa de Jezo (picea jezoensis). Mêmes sols. Feuillage vert grisâtre.

Épicéa noir, sapinette noire (picea nigra). Mêmes sols. Feuillage vert glauque argenté.

Épicéa poli (picea polita). Mêmes sols. Feuillage vert pâle.

Faux tsuga fastigié (pseudotsuga fastigiata). Sols frais et siliceux. Feuillage vert clair.

Libocèdre du Chili, cèdre à l'encens (libocedrus chiliensis). Sols frais et légers. Feuillage vert clair.

Mélèze d'Europe (Larix europensis). Sols frais et légers. Feuilles caduques, beau vert clair. Malgré l'inconvénient de perdre ses feuilles à l'automne, ce mélèze, par la richesse de sa teinte, fait l'un des plus beaux ornements des parcs et des grands jardins.

Pin d'Autriche, noir (pinus austriensis). Vient partout. Feuillage vert foncé.

Pin ayacahuite (pinus ayacahuitensis). Sols frais et substantiels. Feuillage vert très-glauque.

Pin cembro (pinus cembra). Vient partout. Feuillage vert glauque.

Pin remarquable (pinus insignis). Sols légers. Feuillage vert foncé.

Pin laricio (pinus laricina). Vient partout. Feuillage vert foncé.

Pin à feuilles lisses (pinus leiophylla). Sols substantiels. Feuillage vert glauque.

Pin des montagnes (pinus monticola). Sols substantiels. Feuillage vert argenté.

Pin à bois lourd (pinus ponderosa). Sols légers. Feuillage vert clair.

Pin rouge (pinus rubra). Sols légers et calcaires. Feuillage vert foncé.

Pin sylvestre (pinus sylvestris). Vient partout. Feuillage vert un peu glauque.

Pin à l'encens (pinus tœda). Sols frais et légers. Feuillage vert gai.

Sapin ferme (abies firma). Sols frais et argileux. Feuillage vert foncé dessus, blanchâtre dessous.

Sapin nordmann (abies nordmannea). Mêmes sols. Feuillage vert foncé.

Sapin argenté (abies pectinata). Sols frais et substantiels. Feuillage vert dessus, glauque dessous.

Sapin pinsapo, d'Espagne (abies pinsapo). Sols frais et consistants. Feuillage vert. L'un des plus beaux arbres à planter isolé sur les pelouses.

Tsuga Hoocker (tsuga Hoockerea). Vient partout. Feuillage vert.

Tsuga Mertens (tsuga Mertensea). Sols légers. Feuillage vert clair dessus, glauque dessous.

GRANDS CONIFÈRES.

(Troisième grandeur : de 10 à 20 mètres de hauteur.)

Araucaire panaché (araucaria variegata). Sols frais, de consistance moyenne, sans humidité. Feuillage vert foncé panaché de jaune.

Cèdre argenté (cedrus argentea). Sols secs et calcaires. Feuillage vert glauque panaché de blanc.

Cèdre robuste (cedrus robusta). Mêmes sols. Feuillage vert foncé.

Cèdre vert (cedrus deodora viridis). Mêmes sols. Feuillage vert foncé.

Cèdre vert (cedrus viridis). Mêmes sols. Feuillage vert foncé luisant.

Céphalotaxe Fortune (cephalotaxus Fortunea). Sols légers ; demande de la chaleur. Feuillage vert foncé dessus, glauque dessous.

Chamœcyparis panaché (chamœcyparis variegata). Vient partout. Feuillage vert panaché de jaune.

Cryptomérie, faux dacrydium (cryptomeria dacrydioides). Sols argilo-siliceux mélangés de terre de bruyère. Feuillage vert roux.

Cryptomérie Lobb (*cryptomeria Lobbea*). Mêmes sols. Feuillage vert gai.

Cyprès de Californie (*cupressus californiensis*). Vient partout. Feuillage vert un peu glauque.

Cyprès funèbre (*cupressus funebris*). Vient partout. Feuillage vert bleuâtre.

Cyprès violacé (*cupressus violacea*). Vient partout. Feuillage vert franc.

Cyprès Lindley (*cupressus Lindleya*). Vient partout. Feuillage vert un peu glauque.

Cyprès du Népaul (*cupressus torulosa*). Vient partout. Feuillage vert grisâtre.

Épicéa blanc, sapinette blanche (*picea alba*). Sols frais et consistants. Feuillage vert glauque argenté.

Épicéa bleuâtre, sapinette bleue (*picea cærulea*). Sols frais et consistants. Feuillage vert bleuâtre argenté.

Épicéa Engelmann (*picea Engelmannea*). Mêmes sols. Feuillage vert argenté.

Épicéa pyramidal (*picea pyramidata*). Mêmes sols. Feuillage vert foncé.

Épicéa rouge (*picea rubra*). Mêmes sols. Feuillage vert à pétioles rouges.

Faux mélèze Kœmpfer (*pseudolarix Kœmpferea*). Sols frais et substantiels. Feuillage vert clair (feuilles caduques). Employé comme celui d'Europe, pour sa jolie teinte, dans les massifs, et en arbre isolé sur les pelouses.

Genévrier des Bermudes (*juniperus bermudensis*). Vient partout. Feuillage vert clair.

Genévrier de Californie (*juniperus californiensis*). Vient partout. Feuillage vert.

Genévrier blanchâtre (*juniperus dealbata*). Vient partout. Feuillage vert avec lignes glauques.

Genévrier élevé, de l'Himalaya (*juniperus excelsa*). Vient partout. Feuillage vert très-glauque.

Genévrier gigantesque (*juniperus gigantea*). Vient partout. Feuillage vert.

Ginkgo à deux lobes (*ginkgo biloba*). Sols profonds et légers. Feuillage vert (feuilles caduques).

Ginkgo lacinié (*ginkgo laciniata*). Mêmes sols. Feuillage vert lacinié (feuilles caduques).

Libocèdre du Don (*libocedrus donea*). Sols frais et légers. Feuillage vert.

Libocèdre carré (*libocedrus tetragona*). Mêmes sols. Feuillage vert pâle argenté.

Mélèze pleureur (*larix pendula*). Vient partout. Feuillage vert (feuilles caduques).

Mélèze Griffith (*larix Griffithiana*). Mêmes sols. Feuillage vert foncé (feuilles caduques).

Mélèze du Japon (*larix japonensis*). Mêmes sols. Feuillage vert clair (feuilles caduques).

Pin austral, des marais (*pinus australis*). Vient partout. Feuillage vert brillant.

Pin boursier (*pinus boursierea*). Sol léger et calcaire. Feuillage vert brillant.

Pin Bunge (*pinus Bungea*). Sol léger. Feuillage vert pâle.

Pin Coulter (*pinus Coulterea*). Même sol. Feuillage vert un peu glauque.

Pin Gérard (*pinus Gerardea*). Même sol. Feuillage vert foncé.

Pin d'Alep (*pinus halepensis*). Même sol. Feuillage vert foncé.

Pin pyramidal (*pinus pyramidata*). Vient partout. Feuillage vert.

Pin Masson (*pinus Massonea*). Sols légers et calcaires. Feuillage vert glauque.

Pin de Montezuma (pinus montezuma). Mêmes sols. Feuillage vert glauque.

Pin maritime (pinus pinaster). Mêmes sols. Feuillage vert foncé.

Pin raide (pinus rigida). Sol léger. Feuillage vert foncé.

Pin Salzmann (pinus Salzmannea). Sols légers et calcaires. Feuillage vert clair.

Sapin balsamique, baumier de Gilead (abies basalmea). Sols frais et argileux. Feuillage vert foncé en dessus, glauque en dessous.

Sapin de Céphalonie (abies cephalonensis). Mêmes sols. Feuillage vert sombre.

Sapin de la Cilicie (abies cilisiensis). Mêmes sols. Feuillage vert foncé en dessus, glauque en dessous.

Sapin de la Numidie (abies Numidiensis). Mêmes sols. Feuillage vert glauque.

Sapin de Sibérie (abies siberiensis). Mêmes sols. Feuillage vert foncé.

Séquoier à pointes blanches (sequoia adpressa). Sols frais et de consistance moyenne. Feuillage vert blanchâtre.

Taxodier, cyprès chauve (taxodium distichum). Sols frais et même humides. Feuillage vert tendre (feuilles caduques). Arbre ornemental; même après la végétation, les feuilles desséchées restent longtemps attachées à l'arbre et présentent une teinte foncée tranchant sur les massifs. Cet arbre produit le meilleur effet auprès des cours d'eau ou des pièces d'eau.

Taxodier dénudé (taxodium denudatum). Mêmes sols. Feuillage vert variable (feuilles caduques).

Thuià Menzies (thuia Menziesea). Vient partout. Feuillage vert foncé brillant.

Thuiopsis dolaire (thuiopsis dolabrata). Vient partout. Feuillage vert en dessus, blanchâtre en dessous.

Tsuga du Canada (Tsuga canadensis). Vient partout. Feuillage vert gai, un peu glauque en dessous.

PETITS CONIFÈRES.

(Première grandeur : de 5 à 10 mètres d'élévation.)

Arthrotaxide, forme de sélaginelle (*arthrotaxis selaginoïdes*). Sol frais et léger mélangé de terre de bruyère. Feuillage vert luisant.

Cèdre compact (cedrus compacta). Sols secs et calcaires. Feuillage vert foncé.

Cèdre à feuilles caduques (cedrus decidua). Mêmes sols. Feuillage vert sombre.

Céphalotaxe drupacé (cephalotaxus drupacea). Sol léger. Feuillage vert foncé.

Céphalotaxe pédonculé (cephalotaxus pedunculata). Même sol. Feuillage vert gai.

Chamœcyparis doré (chamœcyparis aurea). Vient partout. Feuillage vert panaché de jaune. Très-joli isolé sur les pelouses ou dans un groupe.

Chamœcyparis des Andelys (chamœcyparis andelyensis). Vient partout. Feuillage vert glauque.

Cryptomérie élégante (cryptomeria elegans). Sol de consistance moyenne. Feuillage vert.

Cunnighamier de Chine (cunnighamia chinensis). Vient partout, dans les sols un peu frais de préférence. Feuillage vert brillant.

Cyprès panaché (cupressus variegata). Vient partout. Feuillage vert panaché de jaune.

Cyprès Hartweg (cupressus Hartewegea). Vient partout. Feuillage vert.

Cyprès pleureur (cupressus pendula). Vient partout. Rameaux pendants. Feuillage vert.

Épicéa intermédiaire (*picea intermedia*). Sols frais et substantiels. Feuillage vert glauque, blanchâtre.

Épicéa monstrueux (*picea monstrosa*). Mêmes sols. Feuillage vert; feuilles grandes et abondantes.

Épicéa panaché (*picea variegata*). Mêmes sols. Feuillage vert panaché de jaune.

Épicéa pleureur (*picea pendula*). Mêmes sols. Feuillage vert; rameaux pendants.

Genévrier des Audes (*juniperus audensis*). Vient partout. Feuillage vert glauque.

Genévrier cendré (*juniperus cinerea*). Vient partout. Feuillage vert cendré.

Genévrier panaché (*juniperus variegata*). Vient partout. Feuillage panaché de blanc jaunâtre.

Genévrier flasque (*juniperus flacinda*). Vient partout. Feuillage vert.

Genévrier odorant (*juniperus flagrans*). Vient partout. Feuillage vert glauque.

Genévrier de Chambéry (*juniperus chamberyensis*). Vient partout. Feuillage vert argenté.

Genévrier glauque (*juniperus glauca*). Vient partout. Feuillage vert très-glauque.

If Dowaston à branche pendante (*taxus Dowastonea*). Sols argileux sans être humides. Feuillage vert foncé.

If fastigié d'Irlande (*taxus fastigiata*). Mêmes sols. Feuillage vert foncé.

If boursier (*taxus boursierea*). Mêmes sols. Feuillage vert foncé en dessus, glauque en dessous.

Mélèze de Sibérie (*larix siberiensis*). Vient partout. Feuillage très-vert (feuilles caduques).

Pin Bancks (*pinus Bancksea*). Sols légers et calcaires. Feuillage vert foncé.

Pin Frémont (*pinus Fremontea*). Mêmes sols. Feuillage vert glauque.

Pin pauvre, chétif (*pinus inopsea*). Mêmes sols. Feuillage vert gai.

Pin Lemon (*pinus Lemonea*). Mêmes sols. Feuillage vert clair.

Pin doux, jaune (*pinus mitis*). Mêmes sols. Feuillage vert gai.

Pin pence (*pinus pence*). Mêmes sols. Feuillage vert gai.

Pin blanc de neige (*pinus nivea*). Vient partout. Feuillage vert blanchâtre.

Pin tuberculé à écorce rugueuse (*pinus tuberculata*). Vient partout. Feuillage vert foncé.

Sapin fraser (*abies fraserea*). Sols frais et consistants. Feuillage vert foncé.

Sapin bleu (*abies cærulea*). Mêmes sols. Feuillage vert bleuâtre.

Sapin panaché de blanc (*abies variegata*). Mêmes sols. Feuillage vert jaune panaché de blanc.

Sapin panaché de jaune (*abies aurea*). Mêmes sols. Feuillage vert panaché de jaune.

Taxodier fastigié (*taxodium fastigiatum*). Sols humides. Feuillage vert clair (feuilles caduques).

Taxodier pleureur (*taxodium pendulum*). Mêmes sols. Feuillage vert clair, rameaux pendants (feuilles caduques).

Thuia du Canada (*thuia occidentalis*). Vient partout. Feuillage vert foncé teinté de rouge.

Thuia robuste (*thuia robusta*). Vient partout. Feuillage vert foncé.

Thuia panaché (*thuia variegata*). Vient partout. Feuillage vert panaché de jaune blanchâtre.

Torréyer nucifère (*torreya nucifera*). Vient partout. Feuillage vert foncé brillant.

Torréyer à feuilles d'if (*torreya taxifolia*). Vient partout. Feuillage vert gai en dessus, vert rosé en dessous.

Tsuga effilé (*tsuga gracilis*). Vient partout. Feuillage vert gai.

Tsuga Siebold (*tsuga Sieboldea*). Vient partout. Feuillage vert foncé en dessus, un peu glauque en dessous.

Wellingtonier doré (*wellingtonia aureo compacta*). Vient partout. Feuillage vert panaché de jaune. Très-bel arbre à planter isolé sur les pelouses ou dans un groupe.

PETITS CONIFÈRES.

(Deuxième grandeur : de 2 à 5 mètres de hauteur.)

Bioté arbre de vie, de Meaux (*biota meldensis*). Sol léger. Feuillage vert bleuâtre.

Cyprès Gowen (*cupressus Gowenea*). Vient partout. Feuillage vert.

Cyprès panaché (*cupressus variegata*). Vient partout. Feuillage vert panaché de blanc jaunâtre.

Cyprès Mac-Nab (*cupressus Mac-Nabea*). Vient partout. Feuillage vert un peu glauque.

Épicéa pleureur (*picea pendula*). Sols frais et substantiels. Rameaux pendants, feuillage vert glauque argenté.

Épicéa doré (*picea aurea*). Mêmes sols. Feuillage vert foncé panaché de jaune.

Épicéa mucroné (*picea mucronata*). Mêmes sols. Feuillage vert.

Genévrier à forme de cèdre (*juniperus cedrea*). Vient partout. Feuillage abondant, vert glauque.

Genévrier de Chine (*juniperus chinensis*). Vient partout. Feuillage vert glauque.

Genévrier pyramidal (juniperus stricta). Vient partout. Feuillage vert blanc.

Genévrier panaché (juniperus variegata aurea). Vient partout. Feuillage panaché jaune d'or.

Genévrier drupacé (juniperus drupacea). Vient partout. Feuillage vert glauque avec ligne de vert foncé.

Genévrier pleureur (juniperus pendula). Vient partout. Rameaux pendants, feuillage vert clair.

Genévrier carré (juniperus tetragona). Vient partout. Feuillage vert foncé.

Ginkgo pleureur (ginkgo pendula). Sols légers et profonds. Feuillage vert; rameaux pendants (feuilles caduques).

Ginkgo panaché (ginkgo variegata). Mêmes sols. Feuillage vert panaché de jaune.

If argenté (taxus argentea). Sols consistants. Feuillage vert foncé panaché de blanc.

If doré (taxus aurea). Mêmes sols. Feuillage vert foncé panaché de jaune.

If dressé (taxus erecta). Mêmes sols. Feuillage vert très-foncé.

If horizontal (taxus horizontalis). Mêmes sols. Feuillage vert bleuâtre foncé.

If du Canada (taxus canadensis). Mêmes sols. Feuillage vert pâle en dessus, jaunâtre en dessous.

Pin de Perse (pinus persensis). Sols légers et calcaires. Feuillage vert.

Pin crochu (pinus uncinata). Mêmes sols. Feuillage vert foncé.

Pin argenté (pinus argentea). Vient partout. Feuillage vert gris argenté.

Sapin d'Fudson (abies Hudsonensis). Sols frais et compacts. Feuillage vert foncé en dessus, très-glauque en dessous.

Rétinospore, faux squarrosa (retinospora pseudo squar-

rosa). Sols frais et légers. Feuillage vert en dessus, glauque en dessous.

Rétinospore rude (retinospora squarrosa). Mêmes sols. Feuillage vert gai.

Taxodier nain (taxodium nanum). Sols légers et humides. Feuillage vert clair.

Thuia à rameaux pendants (thuia pendula). Vient partout. Feuillage vert foncé.

PETITS CONIFÈRES.

(Troisième grandeur : de 1 à 2 mètres de hauteur.)

Bioté doré (biota aurea). Sols légers. Feuillage vert foncé doré à l'extrémité.

Bioté très-élégant (biota elegantissima). Mêmes sols. Feuillage vert jaunâtre.

Bioté nain (biota nana). Mêmes sols. Feuillage vert foncé.

Épicéa nain (picea nano). Sols frais et substantiels. Feuillage vert glauque.

Épicéa Clambrasil (picea Clambrasilea). Mêmes sols. Feuillage vert roussâtre.

Épicéa buissonneux (picea dumosa). Mêmes sols. Feuillage vert foncé.

Pin Bujot (pinus Bujotea). Vient partout. Feuillage vert foncé.

Pin nain (pinus pumila). Sols légers et calcaires. Feuillage vert foncé.

Rétinospore douteux (retinospora dubia). Sols frais et légers. Feuillage vert grisâtre dessus, glauque dessous.

Rétinospore faible (retinospora leptoclada). Mêmes sols. Feuillage vert glauque argenté.

Thuia nain (thuia nana). Vient partout. Feuillage vert foncé.

Thuia occidental panaché (*thuia variegata*). Vient partout. Feuillage vert panaché de jaune pâle.

Il existe beaucoup d'autres variétés de conifères. J'ai choisi celles aux feuillages les plus divergents, afin de rendre la monotonie impossible.

Avec ce que j'ai donné, on peut varier les teintes à l'infini, et créer les plus heureuses diversions de teinte, de feuillage et d'aspect d'arbres.

Règle générale : quand on plante des massifs, des groupes ou des bordures de conifères, il faut avoir le soin de choisir des arbres à feuillages divergents, afin d'éviter la monotonie et même la tristesse.

Les feuillages sombres produisent le meilleur effet quand ils sont mélangés avec des teintes claires. Les verts tendre, gai et glauque, permettent d'égayer les massifs les plus sombres. Quelques arbres, à panachure lumineuse, suffisent pour repousser et éclairer les massifs les plus obscurs.

Les arbres pleureurs, à rameaux pendants, apportent par leur forme une heureuse diversion au port des arbres. Il suffit d'en disséminer habilement quelques-uns au bord des massifs pour faire disparaître la monotonie de la forme.

ARBRES, ARBRISSEAUX ET ARBUSTES A FEUILLES PERSISTANTES.

Les arbres et les arbustes à feuilles persistantes jouent un des rôles les plus importants dans la plantation des parcs et des jardins. Leur fonction est de faire oublier l'hiver et de donner un aspect toujours riant aux abords de l'habitation surtout.

Ces arbres sont presque toujours plantés sur les bordures de tous les massifs pour produire tout leur effet ; il est donc de la première importance de bien connaître leur taille pour éviter les déplantations et les replantations quelques années après.

Pour rendre le travail des plus faciles à mes lecteurs, je classe les arbres et arbustes à feuilles persistantes en deux séries, divisées chacune en trois grandeurs.

La première comprend les arbres et les arbrisseaux de première, de deuxième et de troisième grandeur ; la deuxième, les arbustes de première, de deuxième et de troisième grandeur.

PREMIÈRE SÉRIE.

ARBRES ET ARBRISSEAUX A FEUILLES PERSISTANTES.

(Première grandeur : de 8 à 10 mètres d'élévation.)

Chêne vert (quercus ilexea). Vient partout. Feuillage vert brillant.

Chêne à grandes feuilles (quercus macrophylla). Sols secs et légers. Feuillage vert.

Chêne à feuilles rondes (quercus rotundifolia). Mêmes sols. Feuillage vert dessus, blanc dessous.

Chêne toujours vert (quercus virens). Sols frais et légers. Feuillage vert dessus, blanc dessous.

Magnolier à grande fleur, laurier tulipier (magnolia grandiflora). Sol frais et léger mélangé de terre de bruyère. Feuillage vert brillant ; grandes fleurs blanches, odorantes, de juin à octobre.

ARBRES ET ARBRISSEAUX A FEUILLES PERSISTANTES.

(Deuxième grandeur : de 4 à 8 mètres de hauteur.)

Chêne à feuilles crénelées (quercus crenata). Sols frais et légers. Feuillage vert dessus, blanc dessous.

Laurier noble, sauce (laurus nobilis). Mêmes sols. Feuillage vert foncé.

Laurier à larges feuilles (laurus latifolia). Mêmes sols. Feuillage vert foncé.

Pothinier denté, luisant (pothinia serrulata). Sols frais et fertiles. Feuillage vert; fleurs blanc rosé, en avril et mai.

ARBRES ET ARBRISSEAUX A FEUILLES PERSISTANTES.

(Troisième grandeur : de 3 à 4 mètres de hauteur.)

Bambou à chaume doré (bambusa aurea). Sols de consistance moyenne, un peu frais. Feuillage vert.

Bambou à chaume vert glauque. Mêmes sols. Feuillage vert.

Les bambous produisent le meilleur effet dans les massifs et auprès des rochers.

Cerisier de la Caroline (cerasus caroliniana). Sols légers et calcaires, un peu frais. Feuillage vert; fleurs petites, blanches, en mai.

Cerisier, laurier cerise, laurier amandier (cerasus laurocerasus). Sols riches et frais. Feuillage vert foncé luisant.

Cerisier de Lusitanie, laurier de Portugal (cerasus lusitanica). Mêmes sols. Feuillage vert gai.

Châlet à rameaux réfléchis (eleagnus reflexa). Sols légers. Feuillage vert très-brillant.

Chêne porte kermès (quercus coccifera). Vient partout. Feuillage vert gai.

Chêne liége (quercus suberea). Sols secs et légers. Feuillage vert brillant dessus.

Houx commun (ilex aquifolium). Sols légers et calcaires un peu frais. Feuillage vert brillant et épineux; fruits rouges, à l'automne.

Houx à feuilles épaisses (ilex crassifolia). Mêmes sols. Feuillage vert brillant ; fruits rouges, à l'automne.

Houx de Mahon (ilex balearica). Mêmes sols. Feuillage d'un beau vert et presque sans épines. Fruits rouges, à l'automne.

Laurier à feuilles étroites (laurus angustifolia). Sols frais et légers. Feuillage vert foncé.

Laurier à feuilles crispées (laurus crispa). Mêmes sols. Feuillage vert ondulé.

Magnolier floribond (magnolia floribunda). Sols frais et légers mélangés de terre de bruyère. Feuillage vert luisant; fleurs blanches, de juin à octobre.

Magnolier lancéolé (magnolia lanceolata). Mêmes sols. Feuillage vert brillant; fleurs blanches, de juin à octobre.

Magnolier à feuilles rondes (magnolia rotundifolia). Mêmes sols. Feuillage vert brillant; fleurs blanches, de juin à octobre.

Osmanthus adorant (osmanthus fragrans). Sols frais et légers. Feuillage vert; fleurs petites, blanc jaune, odorantes, en juin et juillet.

Phillarier à feuilles étroites (phillyrea angustifolia). Sols légers et graveleux. Feuillage vert; fleurs blanches en grappes, en mai et juin.

Phillarier à larges feuilles (phillyrea latifolia). Mêmes sols. Feuillage vert; fleurs blanches en grappes, en mai et juin.

DEUXIÈME SÉRIE.

ARBUSTES A FEUILLES PERSISTANTES.

(Première grandeur : de 2 à 3 mètres de hauteur.)

Arondinaria à feuilles en faulx (arundinaria falcata).
Sols de consistance moyenne et légers, un peu frais.
Feuillage vert.

Aucuba du Japon (aucuba japonica). Sols frais et légers.
Feuillage vert gai.

Aucuba du Japon à fleurs pistillées (aucuba femina).
Mêmes sols. Feuillage vert panaché de jaune.

Aucuba à feuilles tachées (aucuba maculata). Mêmes sols.
Feuillage vert picté de blanc jaunâtre.

Bambou à chaume noir (bambusa nigra). Sols frais et légers. Feuillage vert.

Bibassier du Japon, néflier du Japon (eriobotrya japonica). Sols argilo-calcaires. Feuillage vert; fleurs blanches,
au printemps et à l'automne.

Buis commun (buxus sempervirens). Sols consistants et
calcaires. Feuillage vert.

Buis des Baléares (buxus balearica). Mêmes sols. Feuillage vert.

Chalef à feuilles marginées (eleagnus marginata). Sols légers. Feuillage vert très-brillant en dessous; fruits jaune
orangé, à l'automne.

Chalef à feuilles panachées (eleagnus variegata). Mêmes
sols. Feuillage vert très-brillant en dessous.

Épine vinette aristée (berberis aristata). Sols légers. Feuillage vert; fleurs rouge jaune, de mai à juin.

Filaria à feuilles moyennes (phillyrea media). Sols légers et calcaires. Feuillage vert brillant; fruits rouges, à l'automne.

Houx à fruits blancs (ilex fructo albo). Mêmes sols. Feuillage vert luisant; fruits blancs, à l'automne.

Houx à fruits jaunes (ilex fructu luteo). Mêmes sols. Feuillage vert luisant; fruits jaunes, à l'automne.

Houx à feuilles panachées de jaune (ilex variegata lutea). Mêmes sols. Feuillage vert panaché de jaune; fruits rouges, à l'automne.

Houx Perado, de Madère *(ilex Perado).* Mêmes sols. Feuillage vert; fruits rouges, à l'automne.

Houx émétique (ilex vomitoria). Mêmes sols. Feuillage vert crénelé; fruits rouges, à l'automne.

Nerprun alaterne (rhamnus alaternus). Sols frais et de consistance moyenne. Feuillage vert.

Nerprun de Californie (rhamnus californicus). Mêmes sols. Feuillage vert.

Photinia à feuilles dentées (photinia serratifolia). Sols frais et légers. Feuillage vert; fleurs blanches, en janvier et février.

Troëne du Japon (ligustrum japonicum). Vient partout. Feuillage vert; fleurs blanches, en juillet et août; fruits noirs, à l'automne.

Viorne, laurier thym (viburnum tinus). Sols légers et calcaires. Feuillage vert foncé; fleurs blanc rosé, de janvier à avril.

Cet arbuste est des plus précieux, employé en massifs ou en bordures, par son abondante floraison à une époque où les fleurs manquent. On ne saurait trop en planter dans tous les massifs.

gers et calcaires. Feuillage vert; fleurs blanches, en juin et juillet.

Houx à feuilles très-épineuses (ilex ferox). Sols frais, lé-

ARBUSTES A FEUILLES PERSISTANTES.

(Deuxième grandeur : de 1 à 2 mètres d'élévation.)

Ajonc d'Europe (*ulex europeus*). Sols siliceux. Feuillage vert foncé ; fleurs jaunes, de janvier à mai.

Ajonc à fleurs pleines (*ulex floribunda plenis*). Mêmes sols. Feuillage vert foncé ; fleurs jaunes doubles, de janvier à mai.

Arondinaria du Japon (*arundinaria japonica*). Sols frais et légers. Feuillage vert.

Aucuba de l'Himalaya (*aucuba himalaica*). Sols de consistance moyenne. Feuillage vert, denté ; fruits rouges, à l'automne.

Aucuba à très-grandes feuilles (*aucuba macrophylla*). Mêmes sols. Feuillage vert ; fruits rouges, à l'automne.

Buddleia à fleurs en tête (*buddleia globosa*). Sols frais et légers. Feuillage vert ; fleurs jaune foncé, en juin et juillet.

Buis à feuilles étroites (*buxus angustifolia*). Sols calcaires et substantiels. Feuillage vert.

Buis à feuilles crispées (*buxus crispa*). Mêmes sols. Feuillage vert.

Buis panaché blanc (*buxus variegata argentea*). Mêmes sols. Feuillage vert panaché de blanc.

Buis panaché jaune (*buxus aurea*). Mêmes sols. Feuillage vert panaché de jaune.

Buplèvre ligneux (*buplevrum fruticosum*). Sols frais et consistants. Feuillage vert glauque, semi-persistant ; fleurs petites, jaunes, en juillet et août.

Cerisier à feuilles de houx (*cerasus ilicifolia*). Sols frais, légers et calcaires. Feuillage vert, épineux ; fleurs blanches, en mai et juin ; fruits noirs, à l'automne.

Cerisier à feuilles panachées (cerasus variegata). Mêmes sols. Feuillage vert panaché de blanc jaunâtre.

Épine, buisson ardent (cratægus pyracantha). Sols légers et calcaires. Feuillage vert; fleurs blanches, en juin et juillet; fruits rouges, à l'automne.

Épine à fruits jaunes (cratægus fructu luteo). Mêmes sols. Feuillage vert; fleurs blanches, en juin et juillet; fruits jaune orangé, à l'automne.

Épine vinette Wallich (berberis wallichiana). Sols légers et friables. Feuillage vert; fleurs jaunes, en mai, et juin.

Filaria à larges feuilles (phillyrea latifolia). Sols légers et calcaires. Feuillage vert; fleurs blanches, petites, en juin et juillet.

Fusain fimbrié (evonymus fimbriatus). Sols frais et légers. Feuillage vert.

Fusain du Japon (evonymus japonicus). Mêmes sols. Feuillage vert foncé.

Fusain à feuilles panachées blanc et vert (evonymus argenteus). Mêmes sols. Feuillage vert panaché de blanc et vert.

Fusain panaché blanc et jaune d'or (evonymus aureus). Mêmes sols. Feuillage vert panaché de blanc et de jaune foncé.

Fusain à très-grandes feuilles (evonymus macrophyllus). Mêmes sols. Feuillage étoffé, vert.

Garrya à feuilles elliptiques (garrya elliptica). Sols légers et friables. Feuillage vert.

Garrya à très-grandes feuilles (garrya macrophylla). Mêmes sols. Feuillage vert dessus, blanc dessous.

Houx à feuilles contournées (ilex contorta). Sols légers et calcaires un peu frais. Feuillage vert; fruits rouges, à l'automne.

Houx cassiné (ilex cassine). Mêmes sols. Feuillage vert; fruits rouges, à l'automne.

Houx à larges feuilles (ilex latifolia). Mêmes sols. Feuillage vert sans épines; fruits rouges, à l'automne.

Mahonia, houx (mahonia aquifolium). Vient partout, de préférence dans les sols frais et légers. Feuillage vert denté; fleurs jaunes, en avril et mai; fruits noirs, à l'automne et pendant une partie de l'hiver.

Mahonia intermédiaire (mahonia intermedia). Mêmes sols. Feuillage vert changeant; fleurs jaunes, en avril et mai; fruits pourpre noir, à l'automne.

Phlomis frutescent (phlomis fruticosa). Sols légers et calcaires. Feuillage vert cotonneux; fleurs jaunes en grappes, en juillet et août.

Phlomis à feuilles étroites (phlomis angustifolia). Mêmes sols. Feuillage vert, cotonneux; fleurs jaunes en grappes, en juillet et août.

Suéda frutescent (suæda fruticosa). Sols légers. Feuillage vert.

Viorne à feuilles rondes (viburnum rotundifolium). Sols légers et calcaires. Feuillage vert; fleurs blanches, de janvier à avril.

Yucca glorieux (yucca gloriosa). Sols légers et calcaires très-friables. Feuillage vert foncé; fleurs blanches, de juin à septembre.

Yucca de Trécul (yucca Treculanea). Mêmes sols. Feuillage vert foncé; fleurs blanc jaunâtre, de juin à septembre.

ARBUSTES A FEUILLES PERSISTANTES.

(Troisième grandeur : de 50 centimètres à 1 mètre de hauteur).

Adamia à feuilles bleues (adamia cyanea). Sols frais et

légers mélangés de terre de bruyère. Feuillage vert; fleurs bleuâtres en grappes, en juin et juillet.

Apalanche glabré (prinos glabe.). Sols légers mélangés de terre de bruyère. Feuillage vert; fleurs blanches, de mai à juillet.

Ardisia du Japon (ardisia japonensis). Sols frais et légers mélangés de terre de bruyère. Feuillage vert; fleurs blanc rosé, de mai à juillet.

Badiane de la Floride (illicum floridanum). Sols légers mélangés de terre de bruyère. Feuillage vert; fleurs pourpre très-odorantes, en avril et mai.

Berbéridopsis à corail (berberidopsis corallina). Mêmes sols. Feuillage vert; fleurs rouge vif, en grappes, de juin à septembre.

Bonjéania à feuilles velues (bonjeania hirsuta). Sols légers. Feuillage velu, vert blanchâtre; fleurs petites, en grappes, blanc carné.

Buis commun (buxus sempervirens). Sols calcaires et substantiels. Feuillage vert.

Cerisier à feuilles étroites (cerasus angustifolia). Sols frais, de consistance moyenne. Feuillage vert.

Ciste ladanifère (cistus ladaniferus). Sols secs et légers. Feuillage vert; fleurs blanches et pourpres, en juin et juillet.

Ciste à feuilles de laurier (cistus laurifolius). Mêmes sols. Feuillage vert; fleurs blanc pur, en juin et juillet.

Cotonéaster à feuilles de buis (cotoneaster buxifolia). Sols frais, légers et calcaires. Feuillage vert; fleurs blanches, en avril et mai; fruits rouges, à l'automne.

Cotonéaster à feuilles laineuses (cotoneaster lanata). Mêmes sols. Feuillage vert laineux; fleurs blanches, en avril et mai; fruits rouges, à l'automne.

Cotonéaster à feuilles de thym (cotoneaster thymifolia).

Mêmes sols. Feuillage vert très-petit; fleurs blanches, en avril et mai; fruits rouges, à l'automne.

Daphné, bois joli (daphne cneorum). Sols légers mélangés de terre de bruyère. Feuillage vert; fleurs en bouquet, rose clair, en avril et mai.

Daphné à feuilles panachées (daphne variegata). Mêmes sols. Feuillage vert panaché blanc et jaune; fleurs en bouquet, rose foncé, en avril et mai.

Daphné des collines (daphne collina). Mêmes sols. Feuillage vert; fleurs rose vineux, en avril et mai.

Daphné lauréole (daphne laureola). Mêmes sols. Feuillage vert; fleurs blanc verdâtre, en avril et mai.

Épine à feuilles crénelées (cratægus crenulata). Vient partout. Feuillage vert; fleurs blanches, en mai et juin; fruits rouges, à l'automne.

Épine vinette à feuilles de buis (berberis buxifolia). Sols légers un peu frais. Feuillage vert; fleurs jaunes, en mai et juin; fruits rouges, à l'automne.

Épine vinette Darwin (berberis Darwinii). Mêmes sols. Feuillage vert, très-épineux; fleurs jaune orangé, en mai et juin.

Euphorbe characias (euphorbia characias). Sols légers et calcaires. Feuillage vert un peu velu; fleurs verdâtres, en grappes, en avril et mai.

Filaria à feuilles étroites (phillyrea angustifolia). Sols légers et calcaires. Feuillage vert; fleurs en grappes, blanches, en juin et juillet.

Fragon épineux (ruscus aculeatus). Sols frais et un peu consistants. Feuillage vert; fruits rouges, à l'automne.

Fusain à feuilles étroites (evonymus angustifolius). Sols frais et légers. Feuillage vert foncé.

Fusain nain (evonymus nanus). Mêmes sols. Feuillage très-vert.

Fusain panaché (*evonymus variegatis*). Mêmes sols. Feuillage panaché de blanc et de jaune.

Les fusains produisent le meilleur effet au bord des massifs ; depuis quelques années on a obtenu des variétés très-remarquables dans les panachés jaunes, la plupart encore à l'état de nouveautés rares et chères ; par conséquent, on les trouvera dans les catalogues de spécialités.

Houx cornu (*ilex cornuta*). Sols légers et calcaires un peu frais. Feuillage vert ; fruits rouges, à l'automne.

Houx Dahoon (*ilex Dahoon*). Mêmes sols. Feuillage vert clair ; fruits rouges, à l'automne.

Houx à petits fruits (*ilex microcarpa*). Mêmes sols. Feuillage vert non épineux. Fruits rouges, à l'automne.

Lavande vraie (*lavanda vera*). Sols légers et calcaires. Feuillage vert blanchâtre très-odorant ; fleurs petites en grappes bleues, de juin à août.

Mahonia Behal (*Mahonia Beali*). Sols légers. Feuillage vert glauque ; fleurs en grappes, jaune foncé, en avril et mai ; fruit noirâtre, à l'automne.

Mahonia du Japon (*mahonia japonica*). Mêmes sols. Feuillage vert un peu glauque ; fleurs jaune foncé, en avril et mai ; fruit noir prune, à l'automne.

Mahonia rampant (*mahonia repens*). Mêmes sols. Feuillage vert changeant ; fleurs jaunes, en avril et mai ; fruit noir bleu, à l'automne.

Naudina à feuilles étroites (*naudina angustifolia*). Sols frais et un peu consistants. Feuillage vert ; fleurs petites, blanches, en juillet et août.

Naudina élevé (*naudina major*). Mêmes sols. Feuillage vert, rougissant à l'automne ; fleurs petites, blanches, en juillet et août.

Osmanthus à feuilles de houx (*osmanthus aquifolius*).

Sols frais et légers, mélangés de terre de bruyère. Feuillage vert ressemblant à celui du houx.

Osmanthus à feuilles panachées (osmanthus variegatus). Mêmes sols. Feuillage vert panaché de vert et de blanc.

Sauge officinale (salvia officinalis). Sols légers et calcaires. Feuillage vert blanchâtre.

Skimmia odorant (skimmia fragrans). Sols légers mélangés de terre de bruyère. Feuillage vert; fleurs odorantes, blanc jaunâtre, en avril et mai.

Skimmia du Japon (skimmia japonica). Mêmes sols. Feuillage vert; fleurs blanches très-odorantes, en avril et mai.

Skimmia panaché (skimmia variegata). Mêmes sols. Feuillage vert panaché de vert et de blanc; fleurs blanches très-odorantes, en avril et mai.

Skimmia lauréole (skimmia laureola). Mêmes sols. Feuillage vert; fleurs jaunes très-odorantes, en avril et mai.

Raphiolépis à feuilles ovales (raphiolepis ovata). Sols frais et légers mélangés de terre de bruyère. Feuillage vert. Fleurs blanc rosé, en avril et mai.

Romarin officinal (rosmarinus officinalis). Feuillage vert. Fleurs en grappes, bleu clair, en juin et juillet.

Viornes à grosses inflorescences (viburneum macrocephalum). Sols frais un peu consistants et calcaires. Feuillage vert; fleurs blanches, en mars et avril.

Viorne à rameaux pendants (viburneum suspensum). Mêmes sols. Feuillage vert gai; fleurs blanches en boules, en mai et juin.

Yucca à feuilles flexibles (yucca flexilis). Sols légers et calcaires. Feuillage vert; fleurs blanc pur, en juin et septembre.

Yucca jaunâtre (yucca lutescens). Mêmes sols. Feuillage vert jaunâtre; fleur jaune pâle, de juin à septembre.

Yucca à feuilles réfléchies (yucca pendula). Mêmes sols. Feuillage vert gai ; fleurs blanches, de juin à septembre.

Le yucca est une excellente plante pour placer isolée ou en groupe sur les pelouses. Son feuillage lancéolé, autant que ses fleurs en longues hampes, y produisent le meilleur effet.

ARBRISSEAUX ET ARBUSTES DE TERRE DE BRUYÈRE

Ces arbrisseaux et ces arbustes, presque tous à feuilles persistantes, doivent occuper une certaine place dans les parcs et les grands jardins. On en forme des massifs dans de la terre de bruyère rapportée. Il est utile, pour bien établir des massifs en gradins, d'adopter un classement spécial.

Nous diviserons donc les arbrisseaux et les arbustes de terre de bruyère en quatre grandeurs.

La première grandeur comprend les arbrisseaux et arbustes de la hauteur de 2 à 4 mètres ; la deuxième, ceux de la hauteur de 1 à 2 mètres ; la troisième, les arbustes de la hauteur de 50 centimètres à 1 mètre, et la quatrième ceux n'atteignant pas la hauteur de 50 centimètres.

ARBRISSEAUX ET ARBUSTES DE TERRE DE BRUYÈRE.

(Première grandeur : de 2 à 4 mètres d'élévation.)

Andromède en arbre (andromeda arborea). Feuillage vert (feuilles caduques). Fleurs blanches, en juin et juillet.

Arbousier commun (arbutus unedo). Fraisier en arbre, Feuillage vert, abondant (persistant); fruit rouge ressem-

13

blant à une grosse fraise, à l'automne. L'arbousier commun est un fort joli arbuste, et bien qu'il soit classé dans les arbrisseaux de terre de bruyère, il réussit dans les sols frais, légers et calcaires, avec et même sans mélange de terre de bruyère.

Arbousier à feuilles crispées (arbutus crispa). Feuillage vert, arrondi (persistant); fruits rougeâtres, à l'automne.

Arbousier à feuilles de chêne (arbutus quercifolia). Feuillage vert denté (persistant); fruits rougeâtres, à l'automne.

Clétra à feuilles d'aune (cletra alnifolia). Feuillage vert (caduc); fleurs petites, blanches, odorantes, en juillet.

Rosage à fleurs roses (rhododendrum roseum). Feuillage vert (persistant); fleurs rose tendre, d'avril à juin.

Rosage barbu (rhododendrum barbatum). Feuillage vert (persistant); fleurs rouge foncé, en mai et juin.

Rosage à beau feuillage (rhododendrum calaphyllum). Feuillage vert (persistant); fleurs blanches, en mai et juin.

Rosage lady Campbell (rhododendrum Campbelliæ). Feuillage vert (persistant); fleurs rouges maculées de pourpre, en mai et juin.

Rosage élevé (rhododendrum maximum). Feuillage vert (persistant); fleurs rosées, en mai et juin.

Rosage à fleurs blanches (rhododendrum album). Feuillage vert (persistant); fleurs blanches, en mai et juin.

Rosage du Pont (rhododendrum ponticum). Feuillage vert (persistant); fleurs pourpre violet, ponctuées de violet foncé, en mai et juin.

ARBRISSEAUX ET ARBUSTES DE TERRE DE BRUYÈRE.

, (Deuxième grandeur : de 1 à 2 mètres de hauteur.)

Andromède brillante (andromeda formosa). Feuillage

vert (persistant); fleurs rose clair en grappes, de mai à juillet.

Bruyère en arbre (erica arborea). Feuillage vert. Fleurs blanches, en avril et mai.

Bruyère de Portugal (erica lusitanica). Feuillage vert. Fleurs roses, de juillet à octobre.

Cléthra tomenteux (clethra tomentosa). Feuillage vert en dessus, blanc en dessous (caduc); fleurs petites, blanches, odorantes, en juillet.

Cyrille à fleurs en grappes (cyrilla racemiflora). Feuillage vert (persistant); fleurs en grappes, blanches, de mai à juillet.

Kalmia à larges feuilles (kalmia latifolia). Feuillage vert, aigu; fleurs roses, en juin et juillet.

Kalmia à fleurs blanches (kalmia alba). Feuillage vert, fleurs blanc pur, en juin et juillet.

Rosage en arbre (rhododendrum arboreum). Feuillage vert (persistant); fleurs rouge écarlate, d'avril à juin.

Rosage à fleurs blanches (rhododendrum album). Feuillage vert (persistant); fleurs blanches ponctuées de pourpre, d'avril à juin.

Rosage ponceau (rhododendrum puniceum). Feuillage vert (persistant); fleur rouge ponceau, d'avril à juin.

Rosage à port d'azalée (rhododendrum azaloïdes). Feuillage vert (persistant); fleurs rose clair, odorantes, en mai et juin.

Rosage de la Dahurie (rhododendrum dahurium). Feuillage vert (persistant); fleurs rose violet, en mai et juin.

Rosage de Java (rhododendrum javanicum). Feuillage vert (persistant); fleurs jaune foncé, en mai et juin.

ARBUSTES DE TERRE DE BRUYÈRE.

(Troisième grandeur : de 50 centimètres à 1 mètre.)

Airelle myrtille (vaccinus myrtillus). Feuillage vert (caduc); fleurs blanches, en mai et juin.

Airelle de Pensylvanie (vaccinum pensylvanicum). Feuillage vert (caduc); fleurs blanches, en mai et juin.

Andromède à fleurs axillaires (andromeda axillaris). Feuillage vert (persistant); fleurs en grappes, blanches, en juin et juillet.

Andromède à feuilles coriaces (andromeda coriacea). Feuillage vert (persistant); fleurs blanc rosé, en mai et juin.

Azalée souci (azalea calendulacea). Feuillage vert (caduc); fleurs jaunes, en mai et juin.

Azalée à fleur safranée (azalea crocea). Feuillage vert (caduc); fleurs jaune safran, en mai et juin.

Azalées à feuilles molles (azalea mollis). Feuillage vert (caduc); fleurs rouge brique, en avril et mai.

Azalée nudiflore (azalea nudiflora). Feuillage vert (caduc); fleurs rouge foncé, en avril et mai.

Azalée à fleurs brillantes (azalea fulgida). Feuillage vert (caduc); fleurs jaune orangé, en mai et juin.

Azalée à fleurs blanches (azalea alba). Feuillage vert (caduc); fleurs blanches, en mai et juin.

Azalée rouge (azalea rubra). Feuillage vert (caduc); fleurs rouge clair, en mai et juin.

Azalée coccinée (azalea coccinea). Feuillage vert (caduc); fleurs rouge écarlate, en mai et juin.

Bruyère de la Méditerranée (erica mediterranea). Feuillage vert; fleurs roses, de janvier à mai.

Callune commun, bruyère commune (calluna vulgaris). Feuillage vert; fleurs rose carné, de mai à juillet.

Callune à fleurs blanches (calluna alba). Feuillage vert; fleurs blanches, de mai à juillet.

Callune rose (calluna rosea). Feuillage vert; fleurs rose foncé, de mai à juillet.

Itée de Virginie (itea virginica). Feuillage vert; fleurs en grappes, blanches, en juin et juillet.

Kalmia à feuilles de romarin (kalmia rosmarinifolia). Feuillage vert; fleurs blanc rosé, en mai et juin.

Kalmia glauque (kalmia glauca). Feuillage vert glauque en dessous; fleurs rose vif, d'avril à juin.

Ledon à larges feuilles (ledum latifolium). Feuillage vert; fleurs blanches, en mai et juin.

Ledon du Canada (ledum canadense). Feuillage vert; fleurs blanches, en mai et juin.

Pernettye à feuilles mucronées (pernettya mucronata). Feuillage vert (persistant); fleurs blanches, de juin à août.

Rhodora du Canada (rhodora canadensis). Feuillage vert (caduc); fleur en grappes, violet clair, en mars et avril.

Rosage de catawba (rhododendrum catawbiense). Feuillage vert (persistant); fleurs rouges, de mai à juillet.

Rosage du Caucase (rhododendrum caucasicum). Feuillage vert (persistant); fleurs blanc rose, en mai et juin.

Rosage lady Dalhousie (rhododendrum Dalhousiæ). Feuillage vert (persistant); fleurs blanches très-belles, en mai et juin.

Rosage hérissé (rhododendrum hirsutum). Feuillage vert (persistant); fleurs roses, en mai et juin.

Rosage ponctué (rhododendrum punctatum). Feuillage vert (persistant); fleurs purpurines, en mai et juin.

ARBUSTES DE TERRE DE BRUYÈRE.

(Quatrième grandeur : de 25 à 50 centimètres de hauteur.)

Airelle luisante (vaccinium nitidum). Feuillage vert (caduc); fleurs blanc rosé, en grappes, de mai à août.

Airelle à feuilles panachées (vaccinium variegata). Feuillage vert panaché de vert blanc jaunâtre; fleurs en petites grappes, blanc rosé, en mai et juin.

Andromède à port de mousse (andromeda hypnoïdes). Feuillage vert (persistant); fleurs blanches, de février à avril.

Andromède à feuille de romarin (andromeda rosmarinifolia). Feuillage vert (persistant); fleurs rose pâle, de mai à juillet.

Azalée gracieuse (azalea amœna). Feuillage vert (persistant); fleurs rouges, en juin et juillet.

Bruyère carnée (erica carnea). Feuillage vert; fleurs roses, en avril et mai. ·

Bruyère à fleurs blanches (erica alba). Feuillage vert; fleurs blanches, de juillet à septembre.

Bruyère à fleurs foncées (erica atropurpurea). Feuillage vert; fleurs rose foncé, de juin à septembre.

Épigée rampante (epigœa repens). Feuillage vert; fleurs blanc carné, odorantes, de mai à juillet.

Leiophyllum à feuilles de buis (leiophyllum buxifolium). Feuillage vert, persistant; fleurs blanches, en mai et juin.

Phyllodocé à feuilles d'if (phyllodoce taxifolia). Feuillage vert (persistant); fleurs violettes, en juin.

Rosage nain (rhododendron chamæcistus). Feuillage vert persistant; fleurs roses, en mai et juin.

La majeure partie de cette dernière série d'arbustes

de terre de bruyère est employée pour faire des bordures et orner les jardinières des kiosques, terrasses, perrons, etc.

ARBRISSEAUX ET ARBUSTES GRIMPANTS.

Les arbrisseaux et les arbustes grimpants sont une précieuse ressource pour cacher promptement des murs, orner des terrasses, habiller des troncs d'arbres, enfin pour cacher et orner tout ce qui est laid.

Nous les diviserons en quatre séries de grandeur :

La première comprendra les arbrisseaux et arbustes grimpants atteignant la hauteur de 6 à 8 mètres ; la deuxième, ceux montant à la hauteur de 4 à 6 mètres ; la troisième, ceux montant à la hauteur de 2 à 4 mètres, et la quatrième ceux d'une hauteur de 1 à 2 mètres.

ARBRISSEAUX ET ARBUSTES GRIMPANTS.

(Première grandeur : de 6 à 8 mètres de hauteur.)

Arauja à fleurs blanchâtres (arauja albens). Sols frais et légers. Feuillage vert, persistant ; fleurs blanches, de juin à août.

Aristoloche Kœmpfer (aristolochia Kœmpferi). Sols frais et substantiels. Feuilles vertes, très-grandes.

Aristoloche siphon (aristolochia sipho). Feuillage vert, très-étoffé.

Aristoloche tomenteuse (aristolochia tomentosa). Feuillage très-grand, vert blanchâtre.

Bigonie grimpante (bignonia capreolata). Sols calcaires et argileux. Feuillage vert (caduc) ; fleurs rouge orangé, de juin à septembre.

Camptis, bégonie à grandes fleurs (camptis adrepens). Sols calcaires et argileux. Feuillage vért; fleurs en grappes, jaune rougeâtre, de juillet à octobre.

Camptis radicant, jasmin de Virginie (camptis radicans). Mêmes sols. Feuillage vert; fleurs en grappes, rouges, de juillet à octobre.

Camptis précoce (camptis præcox). Mêmes sols. Feuillage vert; fleurs en grappes, rouge foncé, en juin et juillet.

Camptis à fleurs purpurines (camptis sanguinea). Feuillage vert; fleurs en grappes, rouge pourpre, de juillet à octobre.

Célastre grimpant (celastrus scandens). Vient partout. Feuillage vert.

Clématite à fleurs en petites cloches (clematis calycina). Sols légers et calcaires. Feuillage vert; fleurs petites et nombreuses, rose clair, de janvier à mars.

Clématite à feuilles crispées (clematis crispa). Mêmes sols. Feuillage vert; fleurs blanches, en hiver.

Clématite des montagnes (clematis montana). Mêmes sols. Feuillage vert; fleurs blanches, odorantes, de mai à août.

Holbœllia à larges feuilles (holbœllia latifolia). Sols frais et légers. Feuillage vert (persistant); fleurs en grappes, verdâtres, très-odorantes, de septembre à décembre.

Lierre commun (hedera helix). Vient partout, de préférence dans les sols calcaires. Feuillage vert (persistant); fruits noirs, en hiver.

Lierre d'Irlande (hedera hibernica). Feuillage vert un peu clair (persistant); fruits noirs, en hiver.

Lierre du Caucase (hedera regnoriana). Feuillage vert (persistant); feuilles très-larges; fruits noirs, en hiver.

Passiflore à fleurs bleues (passiflora cœrulea). Sols légers. Feuillage vert; fleurs blanches et bleues, de juillet à septembre.

Vigne vierge (*vitis quinquefolia*). Sols frais et calcaires. Feuillage vert, rougissant à l'automne.

ARBRISSEAUX ET ARBUSTES GRIMPANTS.

(Deuxième grandeur : de 4 à 6 mètres de hauteur.)

Akébie à cinq feuilles (*akebia quinata*). Sols frais et légers. Feuillage vert; fleurs en grappes, lilas, en mai.

Berchemie à tige volubile (*berchemia volubilis*). Sols argilo-calcaires. Feuillage vert; fleurs blanc verdâtre, de mai à août.

Chèvrefeuille commun (*lonicera caprifolium*). Sols frais, légers et de consistance moyenne. Feuillage vert; fleurs rouges en dehors, jaunes en dedans, très-odorantes, de mai à août.

Chèvrefeuille panaché (*lonicera foliis variegatis*). Mêmes sols. Feuillage vert panaché de vert et de jaune; fleurs jaunes un peu rosées, odorantes, en mai et juin.

Chèvrefeuille des bois (*lonicera peryclineum*). Mêmes sols. Feuillage vert; fleurs blanc rosé, odorantes, de mai à octobre.

Clématite à vrilles (*clematis cirrhosa*). Sols légers et calcaires. Feuillage vert; fleurs grandes, blanches, en hiver.

Clématite d'Orient (*clematis orientalis*). Mêmes sols. Feuillage vert; fleurs jaunes, de juillet à octobre.

Clématite de Virginie (*clematis virginiana*). Mêmes sols. Feuillage vert; fleurs blanches, de juin à octobre.

Glycine frutescente (*wistaria frutescens*). Sols frais, légers et calcaires. Feuillage vert; fleurs en grappes pendantes, bleu pourpre, odorantes, au printemps et pendant tout l'été (quand on veut prendre la peine de les tailler).

Glycine de la Chine (*wistaria chinensis*). Mêmes sols. Feuillage vert; fleurs en grappes pendantes, bleu violet,

13.

aux mêmes époques que la précédente et dans les mêmes conditions.

Ménisperme du Canada (menispermum canadense). Sols légers et fertiles. Feuillage vert; fleurs en grappes, blanchâtres, en mai et juin.

Périphloca de la Grèce (periphloca græca). Vient partout. Feuillage vert; fleurs purpurines, en juillet et août.

Rosier Banks (rosa Banksiæ). Sols frais et légers. Feuillage vert; fleurs en bouquets, blanches, petites et pleines, de mai à juillet.

Rosier Banks jaune (rosa Banksia lutea). Mêmes sols. Feuillage vert (persistant); fleurs petites en bouquets, jaune clair, de mai à juillet.

Rosier Fortune (rosa grandiflora). Mêmes sols. Feuillage vert (persistant); fleurs plus grandes, pleines, en bouquets, blanches, de mai à juillet.

Rosier Brunon (rosa brunonii). Mêmes sols. Feuillage vert; fleurs en bouquet, blanc rosé, en juin et juillet.

Rosier toujours vert (rosa sempervirens). Mêmes sols. Feuillage vert (persistant); fleurs blanches simples, en juin et juillet.

Vigne à feuilles pourpre (vitis purpurea). Sols légers et calcaires. Feuillage vert, rougissant à l'automne; fruits très-noirs.

ARBUSTES GRIMPANTS.

(Troisième grandeur : de 2 à 4 mètres d'élévation.)

Atrogène de Sibérie (atrogene siberica). Sols légers et calcaires. Feuillage vert; fleurs blanc pur, de mai à juillet.

Chèvrefeuille à petites fleurs (lonicera brachypoda). Sols frais et légers. Feuillage vert (persistant); fleurs jaunâtres, odorantes, de mai à juillet.

Chèvrefeuille du Japon (lonicera confusa). Mêmes sols. Feuillage vert; fleurs blanc jaune, odorantes, de juin à octobre.

Chèvrefeuille Brown (lonicera Brownii). Mêmes sols. Feuillage vert; fleurs rouge feu, de juin à septembre.

Chèvrefeuille étrusque (lonicera etrusca). Mêmes sols. Feuillage vert; fleurs jaunes lavées de rouge, odorantes, de mai à décembre.

Chèvrefeuille jaune (lonicera flava). Mêmes sols. Feuillage vert; fleurs jaune orange, en mai et juin.

Clématite cylindrique (clematis cylindrica). Sols légers et calcaires. Feuillage vert; fleurs grandes, bleu violet, en juin et juillet.

Clématite odorante (clematis flammula). Mêmes sols. Feuillage vert; fleurs blanches, très-odorantes, en juin et juillet.

Clématite Jackmann (clematis Jackmannii). Mêmes sols. Feuillage vert; fleurs pourpre velouté, très-grandes, en juin et juillet.

Clématite à fleurs pourpres (clematis purpurea). Mêmes sols. Feuillage vert; fleurs rose pourpre, de juin à septembre.

Clématite à fleurs pleines (clematis flore pleno). Mêmes sols. Feuillage vert; fleur pleine, bleu clair, de juin à octobre.

Clématite à fleurs rouges pleines (clematis plena). Mêmes sols. Feuillage vert; fleurs rouges, pleines, de juin à septembre.

Lierre à fruits jaunes (hereda chrysocarpa). Sols frais, légers et calcaires. Feuillage vert (persistant); fruits jaunes, pendant l'hiver.

Lierre argenté (hereda foliis argenteis). Mêmes sols. Feuillage vert panaché vert et blanc (persistant); fruits noirs, à l'autommne.

Marsdénie à tige dressée (marsdenia erecta). Sol léger et fertile. Feuillage vert blanchâtre; fleurs blanches, en juin et juillet.

Renouée à feuilles d'oseille (polygonum acetosœfolium). Sols frais et légers. Feuillage vert jaune.

Rhynchospermum à feuilles de jasmin (rhynchospermum jasminioides). Sols frais et légers. Feuillage vert (persistant); fleurs en grappes, blanc pur, très-odorantes, d'avril à juin.

Rosier ayrshire (rosa ayrshirea). Sols frais et légers· Feuillage vert (semi-persistant); fleurs en grappes, petites, blanches, doubles, de juin à septembre.

Rosier multiflore (rosa multiflora). Mêmes sols. Feuillage vert; fleurs en bouquets, pleines, blanc rosé, en juin et juillet.

Rosier noisette (rosa noisettiana). Mêmes sols. Feuillage vert; fleurs très-nombreuses, rose clair, en bouquets, de juin à septembre.

Salsepareille (smilax). Sol frais et léger. Feuillage vert taché de pourpre (persistant); fleurs blanc verdâtre, en juin et juillet.

Solanum, morelle, douce-amère (solanum dulcamera). Sols frais et calcaires. Feuillage vert; fleurs violettes, de juin à octobre.

ARBUSTES GRIMPANTS.

Quatrième grandeur : de 1 à 2 mètres de hauteur.

Aristoloche toujours verte (aristolochia sempervirens). Sols siliceux et calcaires. Feuillage vert, persistant.

Atragène des Alpes (atragene alpina). Sols frais, légers et calcaires. Feuillage vert; fleurs bleu clair, de mai à juillet.

Chèvrefeuille à feuilles réticulées (lonicera reticulata).
Sols frais et un peu substantiels. Feuillage vert clair, persistant ; fleurs jaunâtres, odorantes, de mai à juillet.

Clématite grandiflore (clematis florida). Sols légers et calcaires. Feuillage vert ; fleurs grandes, blanc jaunâtre, d'avril à septembre.

Clématite bicolore (clematis bicolor). Mêmes sols. Feuillage vert ; fleurs blanches à étamines violacées, de mai à septembre.

Clématite Standish (clematis Standishii). Mêmes sols. Feuillage vert ; fleurs grandes, blanc violet, de mai à septembre.

Clématite laineuse (clematis lanuginosa). Mêmes sols. Feuillage vert ; fleurs très-grandes, bleues, de mai à juillet.

Clématite Veitch (clematis Veitchii). Mêmes sols. Feuillage vert ; fleurs blanc pur, très-grandes, de mai à juillet.

Clématite à fleurs étalées (clematis patens). Mêmes sols. Feuillage vert ; fleurs bleues, très-grandes, en juin et juillet.

Decumaria grimpant (decumaria barbara). Sols humides et tourbeux. Feuillage vert, persistant ; fleurs blanches, en grappes, odorantes, en juillet et août.

Kadsura du Japon (kadsura japonica). Sols frais et légers. Feuillage vert, persistant.

Rosiers à fleurs d'anémone (rosa anemonæflora). Mêmes sols. Feuillage vert ; fleurs blanches, petites, en grappes, de mai à juin.

Rosier capucine (rosa lutea). Mêmes sols. Feuillage vert ; fleurs jaunes, grandes, simples, en juin.

Rosier orangé (rosa punicea). Mêmes sols. Feuillage vert ; fleurs grandes, rouge orangé en dedans, jaunes en dehors, en juin.

Rosier sulfureux (*rosa hemisphœrica*). Mêmes sols. Feuillage vert ; fleurs grandes, doubles, jaune foncé, en juin.

Rosier à petites feuilles (*rosa microphylla*). Mêmes sols. Feuillage vert ; fleurs roses, doubles, en juin et juillet.

Solanum à tiges triquètes (*solanum triquetum*). Sols frais et calcaires. Feuillage vert ; fleurs blanc lilas, en juin et juillet.

Vigne à feuilles panachées (*vitis elegans*). Sols frais et calcaires. Feuillage vert panaché de blanc et de jaune ; fruits violets, à l'automne.

CHAPITRE XV

Plantation sur le papier.

Nous connaissons maintenant les arbres et les arbustes d'ornement ; il nous reste à les distribuer, c'est-à-dire à indiquer notre plantation sur le papier.

Reprenons les deux jardins que nous avons dessinés ensemble : celui trop long (fig. 46), et celui trop large (fig. 47), pour les planter.

Disons, tout d'abord, et avant de demander quoi que ce soit au pépiniériste, qu'il est indispensable de faire la plantation sur le plan du jardin, autant pour pouvoir

la rectifier que pour l'étudier sérieusement et sans pré-
cipitation.

On indique la place de chaque arbre avec une lettre
sur le plan, et en marge du plan la même lettre est
suivie du nom de l'arbre; c'est la note de plantation.
Cette note sert à faire la commande au pépiniériste, et
rend toute erreur impossible dans la plantation.

Avec le plan et la note de plantation, le propriétaire
peut planter, sans erreur possible, avec les deux premiers manouvriers venus.

Mais il faut pour cela avoir étudié le plan et l'avoir
fait longtemps à l'avance, pendant l'été, afin de pouvoir préparer convenablement le sol, faire les trous,
aménager les engrais, en un mot être prêt à planter en
novembre.

La demande d'arbres doit être faite au pépiniériste
dès les premiers jours l'octobre, pour recevoir les arbres
en novembre, et s'assurer s'il a tout ce dont on a besoin.

En procédant ainsi, on plante dans la première ou la
seconde quinzaine de novembre, et l'on gagne plus
d'une année sur la végétation.

Les arbres, recevant les dernières pluies d'automne,
logent immédiatement leurs racines; elles prennent
tout de suite possession du sol, et fonctionnent au printemps avec autant d'énergie que si les arbres n'avaient
pas été déplantés. En outre, en demandant des arbres
au pépiniériste dès le commencement d'octobre, il vous
expédie la fleur de ses carrés. Le premier choix des
arbres concourt puissamment au succès de la végétation, autant que la plantation précoce.

Tout cela est facile à faire, mais se fait rarement ; c'est ce qui me fait le répéter, et insister avec la plus grande énergie. Sur vingt plans de jardins qui me sont demandés, deux ou trois le sont en été, et le reste de novembre en mars, et toujours par *retour du courrier*. Avec la meilleure volonté possible, je suis forcé de dire : Trop tard, à l'année prochaine.

Il est bien entendu que pour planter avec succès, il faut avoir son plan et sa note de plantations achevés en août, septembre au plus tard.

Cela dit, reprenons le dessin de notre jardin étroit (fig. 46), pour le planter sur le papier.

Nos cinq grands arbres conservés (*a*, fig. 46) se trouvent : deux dans les massifs et trois dans les pelouses ; ils ne gênent en rien les vues indiquées par les lignes ponctuées ; il n'y a qu'à les nettoyer, les débarrasser du bois mort, et leur appliquer une légère taille, afin de les régulariser et activer leur végétation, pour en obtenir le plus heureux effet.

Notre jardin est long et étroit ; il est urgent de lui conserver toute la largeur possible. Les trois arbres *a*, conservés dans les pelouses, seront presque suffisants à leur ornementation.

La pelouse placée à l'entrée est vide ; nous y planterons seulement un groupe de trois yuccas en *b*, pour éviter de l'encombrer et de lui ôter de la grandeur ; les fleurs feront le reste.

A gauche de la maison *c* (fig. 46), un massif de terre de bruyère faisant pendant au jardin d'hiver. Nous le planterons avec des rhododendrons, arbustes à feuilles persistantes, donnant une floraison splendide. On les classera par couleur pour obtenir une floraison à grand effet, et par ordre de taille pour former le gradin des allées au pignon de la maison.

Les rhododendrons sont plus élevés que les yuccas ; on les apercevra par dessus, et ils ne sont pas assez grands pour masquer, de l'entrée, la vue du kiosque, indiquée par la ligne ponctuée (fig. 46).

Dans la première pelouse, derrière la maison, les deux arbres conservés *a* (fig. 46) et des corbeilles de fleurs, rien de plus. Il faut bien nous garder d'obstruer cette pelouse avec des arbres ; les deux conservés suffisent pour la meubler sans l'encombrer, et encore nous élaguerons les deux arbres *a*, de manière à ne leur laisser que la tête, et un tronc assez long pour permettre de voir tout le jardin. Cette pelouse est grande, et par la configuration du côté droit, elle donne une assez grande largeur apparente au jardin. Obstruez-la, le jardin paraîtra grand comme la main.

Il va sans dire que nous habillerons les troncs de nos deux arbres, autant pour les cacher que pour égayer le paysage. J'en parlerai à l'ornementation.

Dans la seconde pelouse, un seul grand arbre conservé *a* (fig. 46). Cet arbre sera élagué et habillé, comme les deux précédents ; il servira de repoussoir pour l'angle gauche.

Du côté droit de cette même pelouse, nous établirons un massif à effet, se voyant de très-loin, pour augmenter encore la grandeur apparente du jardin, sans rien lui retirer de sa largeur.

Ce massif sera planté tout en arbustes à feuilles persistantes, de manière à produire son effet, en hiver comme en été.

En *d*, des fusains panachés jaune, feuillage des plus brillants et des plus lumineux, s'apercevant aux plus grandes distances, et tranchant vivement sur tous les feuillages; en *e* (fig. 46), des lauriers-thym, feuillage vert foncé, fleurs blanc rosé, de janvier à avril, et en *f* (même figure), une bordure de mahonias, feuillage vert changeant, fleurs jaunes au printemps et fruits noirs à l'automne.

Un massif ainsi composé sera éclatant en toutes saisons, orné de fleurs et de fruits pendant une grande partie de l'année, et conservera son brillant quand il ne restera que les feuilles. La teinte jaune clair des fusains tranchera assez sur le feuillage foncé du laurier-thym pour avoir un éclat presque égal à celui des fleurs; il attirera forcément l'œil, et forcera à voir toute l'étendue du jardin.

En outre, ce massif est placé de manière à laisser voir l'angle droit du jardin et le fond; il éclaire la profondeur et force à la regarder, sans gêner en rien la vue du fond, marquée par deux lignes ponctuées partant de l'habitation et du kiosque.

Voilà pour le milieu; au tour du jardin maintenant.

Recherchons tout d'abord les places faibles, celles où les massifs sont très-minces, afin de faire disparaître les murs. Quelque étroite que soit la plate-bande, le mur doit être complètement caché.

Dans le jardin (fig. 46), les places faibles sont au

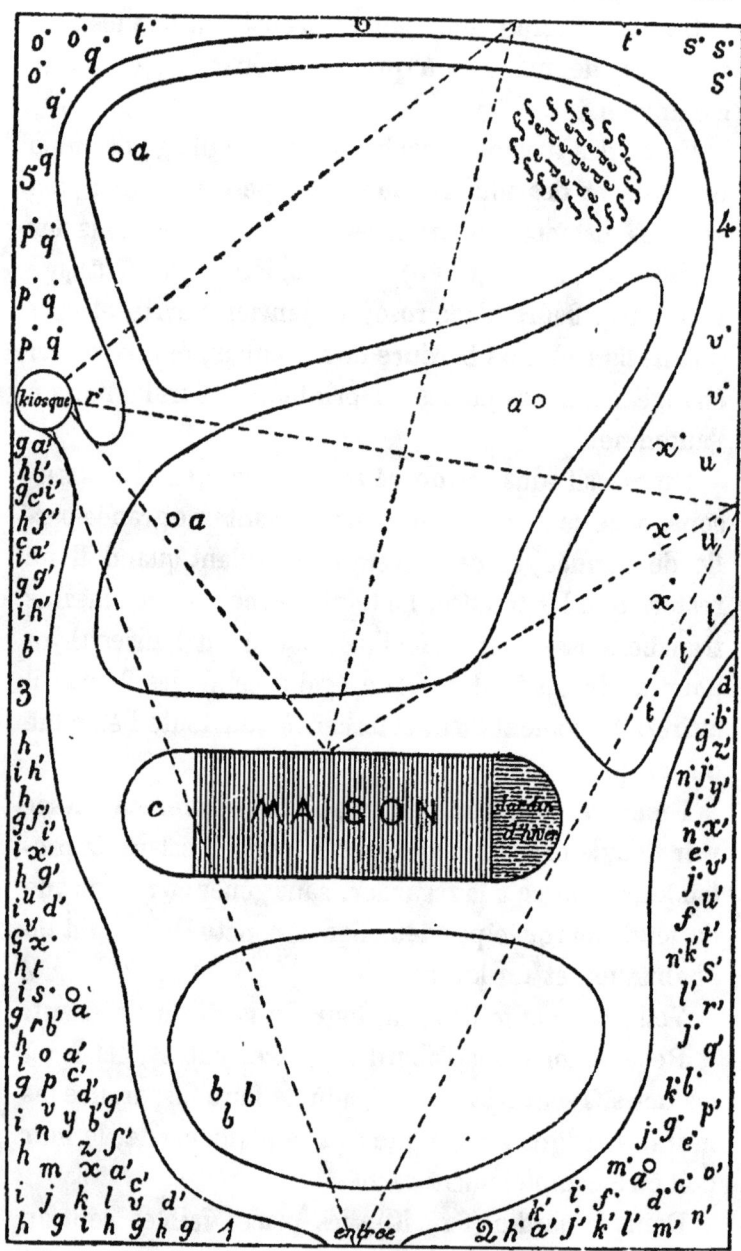

Fig. 46. — Plantation sur le papier.

nombre de six, 1 et 2 auprès de la grille d'entrée, pour laisser toute la distance possible entre la maison et la clôture ; 3 et 5 à gauche ; 4 à droite et 6 au fond, où, pour ne rien perdre de la largeur du jardin et de la vue du fond, les plates-bandes ont été diminuées le plus possible.

Les places 1 et 2 sont à l'entrée, et, en vue de l'habitation, elles exigent de la verdure constante et du parfum.

Nous planterons donc à ces deux places quatre chèvrefeuilles à feuilles persistantes et à fleurs odorantes, choisies parmi les variétés suivantes : chèvrefeuille à petites fleurs, à feuilles réticulées, de Chine (odeur suave), très-odorant, et à rameaux entrelacés.

Pour éviter la monotonie et prolonger la durée des fleurs, nous planterons à chacune des places 1 et 2, au milieu des chèvrefeuilles, deux rosiers à feuilles persistantes et à fleurs de différentes couleurs, choisis parmi les variétés suivantes : rosiers banks (fleurs blanches en bouquet), banks jaune (fleurs jaune clair en bouquet), à petites feuilles (fleurs rose clair), toujours vert (fleurs blanches).

Les rosiers fleurissent de mai à juillet, et même pendant une partie de juillet ; les chèvrefeuilles à la même époque, et les deux variétés de Chine et à rameaux entrelacés jusqu'en octobre. Nous avons avec cette combinaison de la verdure pendant toute l'année, des fleurs variées de couleur et du parfum, depuis mai jusqu'à octobre.

La place 3, à gauche, sera plantée avec quatre ou

cinq lierres à fruits jaunes, les pieds de 50 à 80 centimètres de distance. Le massif a une certaine épaisseur
en cet endroit, et les fruits jaunes du lierre éclaireront
suffisamment le massif, lorsque les feuilles des arbres
placés en avant s'éclairciront.

La place 4, à droite, sera plantée avec deux décu-
mérias grimpants, au milieu desquels on plantera un
pied de passiflore à fleurs bleues. Ces deux arbres sont
à feuilles persistantes et fleurissent : décuméria en juillet et août (fleurs blanches odorantes en grappes) ; passiflore à fleurs bleues, de juillet à septembre (fleur blanchâtre à couronne bleue).

Ces deux fleurs apparaîtront lorsque celles des lauriers-thym et des mahonias, composant le massif voisin,
seront passées, et lorsque toutes les fleurs auront disparu, il nous restera les fruits du mahonia et le brillant
feuillage des fusains jaunes panachés.

Je plante des arbustes à fleurs blanches à la place 4,
parce qu'elle est très-éloignée de la maison. Le blanc
saute aux yeux aux plus grandes distances ; il s'harmonise bien avec le feuillage jaune des fusains, les repousse
en avant et augmente la largeur apparente du jardin,
en attirant les yeux. Placez-vous au centre de la maison, la largeur du jardin paraîtra double ; du kiosque,
elle triplera en apparence. Cet effet sera dû, en grande
partie, à la tapisserie de fleurs blanches qui, en cachant
le mur, repousse en avant le massif de lauriers-thym
et de fusains jaunes, montre toute la largeur du jardin,
et en fait soupçonner une plus grande.

La place 5, à gauche, sera plantée avec quelques pieds

de lierre commun et deux ou trois chèvrefeuilles à feuilles persistantes, choisis parmi les variétés précédemment indiquées. Notre but est de cacher entièrement le mur et d'apporter le parfum près du kiosque.

Enfin, la place 6, dont la plate-bande est des plus étroites, pour laisser plus de grandeur au jardin, ne peut porter d'autre plantation qu'une plante grimpante qui cachera complètement le mur. Cette place est située à la plus grande distance, et derrière le mur il y a un joli coteau, planté et bâti, gai et clair par conséquent. Il lui faut un cadre pour le *souder* au jardin.

Commençons par couvrir ou plutôt cacher tout notre mur avec un feuillage ample et de couleur presque claire, plus claire que les massifs latéraux, pour déterminer une fuite qui donnera de la grandeur apparente au jardin, et un peu plus foncée que la teinte générale du coteau, afin d'en faire ressortir toute la lumière.

L'aristoloche, toujours verte, feuillage vert brillant, remplira notre but; ses larges feuilles couvriront complètement le mur en un instant. Pour éviter la ligne droite, nous planterons au milieu de l'aristoloche trois rosiers grimpants, à feuilles persistantes, à fleurs blanches, jaunes et rose clair, qui courront sur le sommet du mur et le couronneront inégalement de leurs grappes de fleurs.

Alors l'illusion sera complète; le coteau fera partie du jardin, et vous aurez créé l'immensité avec des plantations raisonnées, aussi facilement qu'avec votre palette sur la toile la plus exiguë.

Nos murs sont cachés; revenons à la grille d'entrée

pour continuer notre plantation, et donner à la propriété l'aspect général le plus riant.

Disons que le kiosque, placé à gauche, dans le jardin de la figure 46, est élevé de 1^m30 à 1^m50. La base peut être faite en terre ou en rocaille; l'un et l'autre permettent d'établir dessous une serre à outils, ce qui manque toujours dans tous les jardins, où il est difficile de se promener sans se butter à chaque instant sur des arrosoirs ou les outils du jardinier, qu'il laisse traîner partout, faute d'une place pour les ranger. Je traiterai ce sujet à fond à l'ornementation.

Prenons le côté gauche de la grille d'entrée au kiosque.

Nous avons un grand arbre conservé *a* (fig. 46); il est bien placé pour produire le meilleur effet; il n'y a qu'à le régulariser par une taille raisonnée, habiller le tronc, et établir une corbeille au pied. Ce sera une précieuse ressource pour les fleurs demandant de l'ombre.

Masquons d'abord le mur dans toute sa longueur avec des arbustes à feuilles persistantes.

Nous planterons en *g* (fig. 46) des lauriers-cerise qui seront palissés sur le mur, pour le couvrir plus vite; en *h* (même figure) des troënes du Japon; en *i* (même figure) des chèvrefeuilles à feuilles persistantes. Le mur est caché; au massif à présent.

Il nous faut des arbustes à fleurs pour l'été, de la verdure, des fleurs et des fruits, à leur défaut, pour l'hiver.

Nous planterons en *j* (fig. 46) un érable pourpre; son feuillage sombre fera ressortir les feuillages clairs et les fleurs placées devant; en *h* (même figure), un gaînier du Canada, feuillage vert, velu en dessous, fleurs en grappes roses en mai; en *l* (même figure), un cytise des Alpes, feuillage vert un peu foncé, fleurs en grappes jaunes, en mai et juin; en *m* (même figure), un accacia boursouflé, feuillage vert clair, fleurs en grappes, blanches, odorantes, en mai et juin; en *n* (même figure), un sorbier à feuilles de chêne, feuillage vert un peu foncé, fruits pourpres à l'automne.

Voilà pour les grands arbres; il y en a assez pour bien garnir notre coin avec des feuillages divergents, et l'éclairer avec des fleurs variées et des fruits.

Passons aux arbustes à feuilles caduques, portant des fleurs et des fruits d'ornement.

Nous planterons en *o* (fig. 46) un genêt à fleurs blanches, feuillage foncé, fleurs blanches très-abondantes en avril et mai; en *p* (même figure), ketmie à feuilles panachées, feuillage vert panaché de blanc et de jaune, fleurs rouge violet de juin à août; en *r* (même figure), un hortensia arborescent, feuillage vert, fleurs roses; en *s* (même figure), un seringa commun, feuillage vert, fleurs blanches très-odorantes en juin; en *t* (même figure), un groseillier à fleurs pourpres, feuillage vert, fleurs pourpres en avril et mai; en *u* (même figure), un groseillier à fleurs jaunes, feuillage vert, fleurs jaune foncé en avril et mai; en *v* (même figure), trois lilas à fleurs blanches, feuillage vert, fleurs blanches, très-odorantes, en avril et mai; en *x* (même figure), trois lilas communs, feuillage vert, fleurs lilas rouge, très-odorantes, en avril et mai; en *y* (même figure), un tamaris de l'Inde, feuillage tranchant sur tous les autres, fleurs roses en juillet et août; en *z* (même figure), viorne à grosses inflorescences, feuillage vert, fleurs blanches en boule, en mai et juin ; en *a'* (même figure), quatre spirées à fleurs en corymbe, feuillage vert, fleurs rose vif en juillet et août; en *b'* (même figure), trois spirées à feuilles de prunier, feuillage vert, fleurs pleines, blanc pur, en mai et juin; en *c'* (même figure), trois *solanum* à feuilles glauques, feuillage vert glauque, fleurs bleu clair, en grappes, de juillet à octobre ; en *d'* (même figure), deux kerria du Japon, feuillage vert, fleurs jaunes, pleines.

Notre mur est couvert d'arbustes à feuilles persistantes, dont plusieurs donnent des fleurs odorantes ; nous avons planté des grands arbres et des arbustes à feuilles caduques, à fleurs et à fruits d'ornement, de feuillages variés, qui feront la richesse du jardin pendant l'été.

Il nous reste à planter le bord du massif avec des arbustes à feuilles persistantes, afin d'avoir de la verdure pendant tout l'hiver. En opérant ainsi, le massif aura l'aspect le plus gai pendant toute l'année. Après la chute des feuilles, le mur restera couvert de plantes vertes, et la plantation du bord, que nous allons faire, sera suffisante pour faire oublier la nudité des arbres à feuilles caduques.

Nous planterons donc en *d'* (fig. 46) un aucuba du Japon, feuillage vert panaché de jaune, fruits rouges à l'automne; en *e'* (même figure), un laurier de Portugal ; en *f'* (même figure), trois fusains nains, feuillage vert très-brillant; en *g'* (même figure), trois houx panachés, de nuances différentes; en *h'* (même figure), deux lavandes, feuillage blanchâtre, très-odorant, fleurs bleues en grappes, de juin à septembre; en *i'* (même figure), deux troënes du Japon, feuillage vert, fleurs blanches en grappes, en juillet et août.

Enfin, pour terminer notre massif, nous entremêlerons, au dernier rang : osmanthus odorant, feuillage vert, fleurs jaunes odorantes, en juin et juillet ; skimmia du Japon, feuillage vert, fleurs blanches odorantes, en grappes, en avril et mai; mahonia rampant, feuillage changeant, vert cuivré, fleurs jaunes, en avril et mai, fruits noirs à l'automne ; daphné de la Chine, feuillage vert, fleurs odorantes, en bouquets rosé vineux, en avril et mai ; adamia à fleurs bleues, feuillage vert, fleurs bleues en juin et juillet ; ardisia du Japon, feuillage vert, fleurs blanc rosé, en grappes, au printemps et pendant l'été.

Toutes ces dernières plantes, à feuilles persistantes, n'atteignent pas la hauteur d'un mètre; elles forment de charmantes bordures de massifs, vertes en toutes saisons, et fleuries pendant une grande partie de l'année. En plaçant entre quelques rosiers de Bengale nains, hauts de 30 à 40 centimètres, et fleurissant sans interruption de mai à décembre, la bordure est constamment fleurie.

Passons au massif de droite (fig. 46), partant de la grille d'entrée, et se prolongeant jusqu'à la moitié du mur de clôture. Ce massif est assez épais ; mais comme il est placé à l'entrée, et très-près de l'habitation, il est urgent de planter tout d'abord, en espalier, des lierres et quelques chèvrefeuilles à feuilles persistantes, pour rendre le mur invisible pendant l'hiver et donner du parfum.

Nous avons dans ce massif un grand arbre conservé, *a* (fig. 46) ; il n'y a qu'à le mettre en état, avec un nettoyage et une taille au besoin.

Nous planterons dans ce massif : en *j'* (fig. 46), un marronnier à fleurs pleines, feuillage vert gai, fleurs en grappes blanches, doubles, en avril et mai ; en *k'*, un plaqueminier luisant, feuillage vert brillant dessus, blanc dessous, fleurs jaunes, en juin et juillet ; en *l'*, un hêtre cuivré, feuillage vert roussâtre ; en *m'*, un pavier de l'Ohio, feuillage vert foncé, fleurs en grappes jaunes en mai ; en *n'*, un platane à feuilles panachées, feuillage vert panaché jaunâtre ; en *o'*, un sureau à grappes, fleurs blanches en grappes, en mai et juin, fruits écarlates à l'automne ; en *p'*, un polonia impérial, feuillage vert très-étoffé, fleurs bleues, en mai ; en *q'*, une épine à fleurs roses doubles, feuillage vert un peu foncé, fleurs roses doubles, en mai et juin ; en *r'*, une épine-vinette à feuilles pourpres, feuillage rougeâtre, fleurs en grappes jaunes en avril et mai, fruits violet pourpre à l'automne ; en *s'*, un céanotier d'Amérique, feuillage vert, fleurs en grappes blanches, de juin à septembre ; en *t'*, un cytise pourpre, feuillage vert, fleurs roses et pourpres de mai à août ; en *u'*, un ketmie à fleurs de pivoine, feuillage vert, fleurs doubles, rouge violet de juin à août ; en *v'*, un troène à fruits blancs, feuillage vert, fleurs blanches, de juin à septembre, fruits blancs; en x', un pêcher à fleurs d'œillet, feuillage vert, fleurs doubles, blanc strié de rouge, en avril et mai; en y', un groseillier Gordon, feuillage vert, fleurs rouge mélangé de jaune, en avril et mai; en z', un sureau panaché jaune, feuillage vert panaché de jaune, fleurs blanches, en mai et juin; en $a·$, un lilas Varin, feuillage vert, fleurs lilas foncé, en avril et mai; en $b·$, deux lilas de Marly, feuillage vert, fleurs violet bleuâtre, en avril en mai; en $c·$, deux lilas à fleurs blanches, feuillage vert, fleurs blanches très-odorantes, en avril et mai; en $d·$, deux viornes boule-de-neige, feuillage vert, fleurs blanches en boule, en mai et juin; en $e·$, un tamaris de l'Inde, feuillage vert, fleurs roses, en juillet et août; en $f·$, deux seringas Gordon, feuillage vert, fleurs blanches très-odorantes, en juin et juillet; en $g·$, deux rhus cottinus, feuillage vert, fleurs en houppes verdâtres passant au foncé.

Le mur garni, les arbres et les arbustes à feuilles caduques plantés, il nous reste à garnir le devant de notre massif d'arbustes à feuilles persistantes.

Nous planterons donc en $h·$ (fig. 46) un aucuba à feuilles de saule, feuillage vert, fruits rouge vif; en $i·$, un ciste à feuilles de laurier, feuillage vert, fleurs blanc pur, en juin et juillet; en $j·$, trois fusains du Japon, feuillage vert foncé; en $k·$, trois fusains panachés blanc, feuillage vert clair panaché de blanc; en $l·$, deux houx panachés de variétés différentes; en $m·$, trois ajoncs à fleurs pleines, feuillage vert, fleurs jaunes pleines, de janvier à mai; en $n·$, trois lauriers thym.

Le dernier rang du bord sera planté comme l'autre massif, avec les mêmes arbustes à feuilles persistantes, et entremêlés de la même manière, pour varier le coloris des feuilles, et disséminer les fleurs de chaque couleur un peu partout.

Il est bien entendu, comme je l'ai dit précédemment, que ce dernier rang d'arbustes doit être planté de 60 à 80 centimètres du bord de l'allée, pour leur laisser la place nécessaire, et aussi pour établir une bordure, et planter devant les massifs quelques fleurs isolées ou en groupes, afin de les éclairer constamment. Je traiterai cette question à l'ornementation.

Reprenons le côté gauche du jardin (fig. 46). Nous nous sommes arrêtés au kiosque, élevé, comme je l'ai dit, de 1^m 50 à 1^m 80. Les places 5, 6 et 4 sont plantées avec des arbustes grimpants, à feuilles persistantes, pour cacher les murs; nous ajouterons encore quelques lierres et chèvrefeuilles à feuilles persistantes, pour les couvrir dans toute leur étendue.

A l'angle gauche, nous planterons en o· un groupe de trois arbres verts, composé ainsi : dans l'angle, un sapin Rabutte, feuillage vert foncé; devant, un if doré, feuillage vert foncé panaché de jaune, et un torréyer nucifère, feuillage vert foncé brillant. En p·, nous alternerons des lilas, des cytises, etc.; en q·, une ligne d'arbustes à feuilles persistantes, de 1 à 2 mètres de hauteur, variés de feuillage et de fleurs, et enfin, par devant, une ligne d'arbustes à feuilles persistantes de la hauteur de 50 centimètres à 1 mètre, pour terminer le gradin. Nous laissons toujours au bord du massif un vide de 80 centimètres environ, pour établir une bordure et planter quelques fleurs isolées ou en groupes.

Pour compléter la plantation de ce massif, nous placerons une touffe de gynérium *r* (fig. 46); ses longs panaches feront le meilleur effet auprès du kiosque.

A l'angle droit, nous établirons un groupe de trois arbres verts *s*, composés ainsi : à l'angle, un pin rouge, feuillage vert sombre; devant, un epicéa pyramidal, feuillage vert foncé, et un tsuga Siébold, feuillage vert foncé dessus avec lignes glauques en dessous.

J'ai planté les groupes d'arbres verts des deux angles avec des feuillages foncés, ayant tous des tons vigoureux. Voici pourquoi : nous avons au-dessus du mur la vue d'un coteau planté et bâti, clair par conséquent. Nous avons planté le mur qui en sépare le jardin en feuillages vert clair, pour en confondre la teinte avec celle du coteau. C'est ce qui s'appelle ouvrir une percée, pour *souder* le coteau au jardin.

Pour doubler l'effet de notre percée et faire vivement ressortir la teinte claire du paysage, il lui faut un cadre foncé. Nos six arbres à teintes foncées et vigoureuses remplissent ce but. Non seulement leur teinte sombre fera ressortir le paysage de teinte claire, mais encore ils le détachent, tranchent vigoureusement au point où la vue disparaît, et font paysage eux-mêmes, en augmentant la valeur de celui que la nature nous a donné.

Ajoutons en *t* (fig. 46) quelques lauriers à large feuille, feuillage vert foncé, et deux ou trois phillariers à feuillage vert et à fleurs blanches; le cadre sera achevé, et nous aurons tiré tout le parti possible de notre jardin et de notre vue.

Le massif de droite sera planté, comme celui de gauche, avec une ligne d'arbustes à feuilles caduques, à fleurs ornementales et une double rangée d'arbustes à feuilles persistantes, par devant, en laissant toujours au bord du massif le vide nécessaire pour y placer une bordure et quelques fleurs.

La partie *t·* du massif de droite (fig. 46), longeant l'allée, sera plantée en arbustes à feuilles persistantes, pour conserver l'illusion du *trompe-l'œil* en toutes saisons. La partie *t·* sera donc plantée avec deux ou trois lauriers-amandiers, feuillage vert; un néflier du Japon, feuillage vert, fleurs blanches ; deux troënes du Japon, feuillage vert, fleurs blanches ; un phlomis frutescent, feuillage vert cotonneux, fleurs jaunes en longues grappes.

Tous ces arbustes masqueront parfaitement l'allée qui aboutit au mur, et ne sont pas assez élevés pour cacher le point de vue marqué par les lignes ponctuées.

La partie *u·* (fig. 46) sera plantée avec : calicarpier pourpre, feuillage vert, fleurs pourpres, en juillet et août ; caraganier de la Chine, feuillage vert glabre, fleurs jaunes d'abord et rouges ensuite ; baguenaudier d'Alep, feuillage vert, fleurs en grappes jaunes ; pavia à gros épis, feuillage vert, fleurs blanches en grappes, en juin et juillet.

La partie *o·* (fig. 46), dépassant le point de vue, sera plantée avec : érable à feuilles panachées, feuillage vert panaché de blanc ; érable très-pourpre, feuillage rouge transparent. Ces deux feuillages trancheront sur tous les autres et feront le meilleur effet.

Il suffira de quelques lilas blancs et rouges, seringas, etc., pour apporter dans le massif une grande diversité de feuillages et de fleurs, sans obstruer la vue, et de deux rangs d'arbustes à feuilles persistantes, le premier de 1 à 2 mètres de haut, le second de 50 centimètres à 1 mètre, pour achever le massif.

Notre jardin est planté; il n'y a plus qu'à l'orner avec des fleurs en corbeilles, en groupes et isolées.

Avant de traiter de l'ornementation, plantons le jardin en large (fig. 47). La disposition est diamétralement opposée à celui que nous venons de faire, et je crois utile de faire assister le lecteur à cette opération pour le familiariser avec la plantation, et lui donner la clé de la création des jardins.

Le jardin (fig. 47) a toute la largeur désirable, mais il manque de profondeur; en lui donnant de la profondeur apparente, sans rien lui retirer de la largeur, il paraîtra immense.

Ce but a été atteint, en partie, avec le dessin des pelouses et le vallonnement. Nous avons deux vues : celle d'une vallée à l'angle droit, angle que nous avons coupé pour abattre le mur et le remplacer par un saut de loup, afin de *mettre la vallée dans le jardin ;* celle d'un coteau commençant à la jonction des lignes ponctuées au fond, et s'abaissant presque jusqu'à l'angle droit.

Comme l'indiquent les lignes ponctuées, ces vues sont répétées de l'habitation, de la terrasse, du kiosque *b* et de la grille d'entrée.

La propriété est bornée par deux rues : l'une devant, l'autre à gauche. Le côté gauche n'a d'autre vue que les maisons bâties de l'autre côté de la rue, dont les fenêtres dominent notre jardin. Nous établirons un épais rideau d'arbres verts pour être chez nous en toutes saisons, et bâtirons le kiosque *b* (fig. 47).

Ce kiosque sera élevé sur rocaille, à la hauteur de 2 mètres, celle du mur. Le dessous servira de serre à outils, et du kiosque faisant paysage de la maison, on dominera la rue sans être vu. Quelques plantes grimpantes, trois ou quatre jardinières et autant de suspensions en feront un petit salon d'été ravissant, où l'on aura, jointe à l'animation de la rue, la vue de la vallée et du coteau.

J'ai construit une terrasse sur la rue de devant, pour éviter une partie déserte dans le jardin. Il n'y a pas de vue à droite, et les massifs n'eussent pas eu assez d'attrait pour y attirer les promeneurs.

Notre terrasse sera le grand salon d'été du jardin ; elle domine une rue, l'habitation et les deux vues. C'est la vie apportée dans le désert. Cette terrasse sera élevée à la hauteur du mur, bien entendu ; le dessous nous servira de serre à légumes, à outils, et même de cellier au besoin, chose indispensable et manquant dans toutes les maisons de campagne.

La terrasse sera pourvue d'un escalier à chaque bout, afin de circuler facilement dans toutes les parties du jardin. Elle sera entièrement couverte avec des plantes grimpantes et aura plusieurs ouvertures en arceaux sur la rue et sur le jardin. Ces ouvertures seront garnies de jardinières et de suspensions, pour les orner et pour les défendre des regards indiscrets.

De plus, chaque extrémité de la terrasse, terminée par un escalier, sera perdue dans les massifs, pour éviter que les *baudets* la prennent pour un moulin.

Nous avons cinq grands arbres conservés, *a* (fig. 47); quatre se trouvent dans les pelouses, et le cinquième à l'angle gauche.

Ces notes prises, nous pouvons procéder à la plantation; commençons par l'entrée.

La pelouse de devant est étroite; il faut bien se garder de la rapetisser par des plantations; deux corbeilles de fleurs suffiront pour l'orner, en lui laissant toute son étendue.

La première pelouse à droite porte presque au bout un arbre isolé qui a été conservé; il ne gêne pas la vue; nous nous contenterons de le mettre en état, c'est-à-dire de le tailler pour aider à son développement, d'élaguer le tronc pour qu'il n'obstrue pas la vue, et de l'habiller.

Cette pelouse fait face à la terrasse qui est couverte de fleurs; son aspect doit être sévère, pour établir un contraste, et faire ressortir l'abondante floraison de la terrasse. Dans cette pelouse, pas de fleurs.

Le tronc de l'arbre conservé *a* (fig. 47) sera habillé avec un rosier bancks jaune, feuillage vert, persistant, fleurs jaunes pendant une grande partie de l'été. C'est assez pour éclairer et orner le bout de cette pelouse en été comme en hiver, sans écraser la terrasse.

Dans cette même pelouse, nous planterons en *c* (fig. 47) quatre yuccas qui formeront un groupe du meilleur effet, en face de l'escalier de la terrasse, en meublant notre pelouse. Enfin, à l'extrémité, nous établirons un massif d'arbustes à feuilles caduques et persistantes et à fleurs, avec des arbustes peu élevés pour éviter d'obstruer la vue.

Ce massif sera ainsi composé : *d* (fig. 47), un amandier de Sibérie, feuillage vert, brillant dessus, pâle dessous, fleurs rose pâle, en mars et avril; en *e* (même figure), un calycanthe florifère, feuillage vert foncé, fleurs odorantes, rouge foncé, de mai à août; en *f* (même figure), un baguenaudier d'Alep, feuillage vert, fleurs en grappes jaunes, en juillet et août; en *g* (même figure), un cotonéaster à fruits noirs, feuillage vert cotonneux, fleurs blanc rosé, d'avril à juin; en *h* (même figure), un cognassier orangé, feuillage vert, fleurs rouge orangé, en février et juin; en *i* (même figure), un cytise noir, feuillage vert, fleurs odorantes, jaunes; en *j* (même figure), un daphné à fleurs blanches, feuillage vert, fleurs blanches odorantes, de mai à juillet; en *k* (même figure), un hortensia arborescent, feuillage vert, fleurs blanc rosé, de juin à septembre.

Nous borderons ce massif avec des fusains nains, feuillage vert intense, et des mahonias rampants, alternés.

Le feuillage vert intense du fusain nain tranche avec celui du mahonia, tantôt vert foncé et cuivré; les fleurs jaunes de ce dernier, au printemps, comme ses fruits noirs à l'automne, contribuent à former une bordure de massif du plus brillant effet.

La seconde pelouse, partant du bout de l'habitation

et se terminant presque au mur de droite (fig. 47), porte un arbre isolé qui a été conservé. Nous mettrons cet arbre en état, et ornerons son tronc avec un rosier bancks blanc, feuilles persistantes, fleurs blanches pendant une grande partie de l'été. C'est un vêtement d'hiver et d'été pour le tronc de notre arbre. Dans cette pelouse, pas d'autres plantations ; des fleurs, rien que des fleurs, pour laisser la vue libre.

Passons à la pelouse faisant face à la maison (fig. 47) ; nous y trouvons en *a* un grand arbre isolé qui a été conservé. Il ne gênera pas la vue du kiosque, à la condition de l'ébrancher suffisamment pour voir dessous ; nous le mettrons en état, et habillerons le tronc avec des plantes grimpantes fleurissant abondamment : des volubilis variés, mélangés de quelques grandes capucines. Le volubilis se ferme au soleil, il est vrai ; mais le matin sa floraison est splendide ; les quelques grandes capucines jaunes, brunes et panachées que nous y mélangerons sont en quantité suffisante pour éclairer l'habillage en l'absence des fleurs de volubilis.

Nous aurons à ajouter, pour bien meubler cette pelouse : deux arbres verts isolés et un massif à grand effet, pour repousser le fond et donner de la grandeur apparente.

Nous planterons donc en *l* (fig. 47) un pinsapo, feuillage vert des plus élégants, qui pourra croître à son aise, sans aveugler les vues. En *m* (même figure), nous planterons un araucaria, feuillage vert foncé des plus ornemental, qui meublera également sans rien prendre des vues. Il est bien entendu que ces deux ar-

bres seront plantés à 3 mètres au moins du bord de
la pelouse, pour pouvoir s'étendre à leur aise et produire tout leur effet.

Au bout de la même pelouse, faisant face à l'habitation, nous établirons un massif clair qui se détachera
sur le fond noir du massif planté contre le mur de clôture, et qui, en le repoussant, donnera de la profondeur apparente. Ce massif sera composé d'arbustes à
feuilles caduques et persistantes, à fleurs variées, et
sera composé comme suit :

En *n* (fig. 47), un amélanchier commun, feuillage
vert dessus, blanc dessous, fleurs grandes, blanc pour-
pré, en mai et juin ; en *o* (même figure), une aralie en
grappes, feuillage vert, fleurs en grappes blanches, de
juin à septembre ; en *p* (même figure), une épine-vinette de Sibérie, feuillage vert, fleurs jaunes, en avril
et mai, fruits rouges à l'automne ; en *q* (même figure),
une atropaxide épineuse, feuillage vert glauque, fleurs
blanches teintées de rouge, de juin à septembre ; en *r*
(même figure), un buplèvre ligneux, feuillage vert glauque (persistant), fleurs jaunes, en juillet et août ; en *s*
(même figure), une épine, buisson ardent, feuillage vert
(persistant), fleurs blanches, en juin et juillet ; en *t*
(même figure), un fusain panaché jaune, feuillage vert
panaché de jaune d'or ; c'est l'un des arbustes les plus
lumineux ; en *v* (même figure), un houx panaché blanc,
feuillage vert panaché de blanc, fruits rouges à l'automne et pendant l'hiver ; en *x* (même figure), un houx
de Dahoon, feuillage vert clair, fruits rouges à l'automne et pendant l'hiver ; en *r* (même figure), un ge-

15

névrier touffu, feuillage vert grisâtre. Ce massif sera planté et achevé avec une bordure de sauge officinale, feuillage blanchâtre (persistant) qui fera ressortir le tout, et détachera complètement le massif du fond.

Dans la pelouse suivante, celle du milieu, un arbre isolé qui a été conservé (a, fig. 47). Il se trouve juste dans la ligne ponctuée du kiosque, à l'angle droit, où nous avons la vue d'une vallée. Malgré cet inconvénient, nous le conserverons; il suffit pour meubler cette pelouse, avec une corbeille de fleurs que nous indiquerons plus loin. Il va sans dire que cet arbre sera mis en état, taillé pour le régulariser, et surtout élagué pour que l'on puisse voir la vallée par dessous. Nous habillerons le tronc avec un rosier jaune; il couvrira très-promptement le tronc de l'arbre et donnera une profusion de fleurs du plus grand éclat. Je donnerai plus loin le moyen d'utiliser ces rosiers avec la plus grande facilité.

Reste la dernière pelouse faisant face au saut de loup de l'angle droit du jardin (fig. 47); il est entièrement nu. Une corbeille de fleurs dont je désignerai l'emplacement plus loin, et un groupe de trois grands arbres, seront suffisants pour le meubler. Le sol, nous nous le rappelons, est vallonné en pente vers l'angle droit, où nous découvrons la vallée. C'est la percée la plus profonde du jardin, aboutissant à une vue splendide; il faut bien se garder de l'obstruer. Donc nous nous contenterons d'un groupe de grands arbres que nous planterons ainsi :

En *y* (fig. 47), un acacia Besson, feuillage vert, fleurs blanches odorantes, en mai et juin ; en *z* (même figure), un genévrier de Chine, feuillage vert glauque et un genévrier buissonneux, feuillage vert foncé.

Le milieu de notre jardin est planté ; reste le tour, qui doit servir de cadre à notre œuvre et la faire ressortir comme les points de vue.

Commençons par le massif de gauche (fig. 47), partant de la grille d'entrée et aboutissant au kiosque *b* (même figure).

Dans l'angle gauche (fig. 47), nous planterons : 1, marronnier à fleurs doubles, feuillage vert, fleurs doubles en grappes, blanches, en avril et mai ; 2 (même figure), gaînier à feuilles panachées, feuillage vert panaché de jaune et de blanc, fleurs en faisceaux, rouges, en mai ; 3 (même figure), cytise à larges grappes, feuillage vert un peu foncé, fleurs en longues grappes jaunes ; 4 (même figure), paulonie impérial, feuillage vert, fleurs bleu pâle, en mai ; 5 (même figure), sorbier d'Amérique, feuillage vert un peu foncé, fruits pourpres à l'automne ; 6 (même figure), un prunier à fleurs pleines, feuillage vert, fleurs doubles, blanches, en mars ; 7, un sureau panaché jaune, feuillage vert panaché de jaune, fleurs blanches, en mai et juin ; 8 (même figure), tamaris de l'Inde, feuillage vert foncé, fleurs roses, en juillet et août.

Le reste de ce massif, dont je donne le fond seulement, sera planté, comme ceux du jardin précédent, avec des arbustes à feuilles caduques et à fleurs, dont on variera les nuances de feuillage et de fleurs, en tenant compte

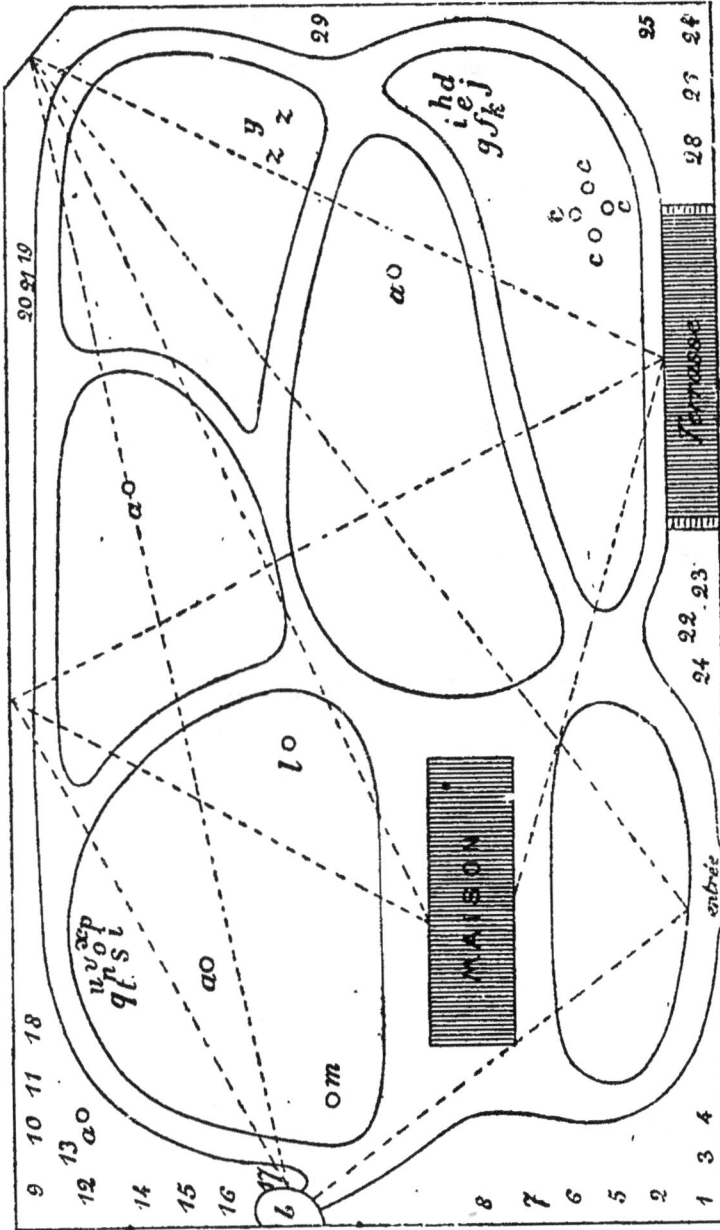

Fig. 47. — Plantation sur le papier.

de la hauteur, afin de placer les grands au fond, les moyens au milieu et les petits par devant. (Voir la liste des arbres et arbustes d'ornement pour le classement.)

On achèvera la plantation par deux lignes d'arbustes à feuilles persistantes, de feuillage et de couleurs de fleurs variées ; on placera les plus hauts derrière et les plus petits en avant. Ne pas oublier qu'il faut laisser un vide au bord du massif, pour établir une bordure et mettre quelques fleurs en groupes ou isolées.

Le massif allant du kiosque *b* à l'angle gauche du jardin (fig. 47) contient un grand arbre qui a été réservé (*a*, même figure). Cet arbre sera réparé comme les autres et habillé avec un chèvrefeuille de Chine, feuillage vert (persistant), fleurs blanches et roses d'une odeur suave, en mai et juin.

Ensuite nous planterons dans l'angle, pour faire une masse foncée, destinée à faire ressortir la vue et le kiosque : 9 (fig. 47), sapin de Céphalonie, feuillage vert sombre ; 10 (même figure), cèdre robuste, feuillage vert gai foncé ; 11 (même figure), un if doré, feuillage vert foncé strié de jaune ; 12 (même figure), un thuya du Canada, feuillage vert foncé teinté de rougeâtre ; 13 (même figure), pin argenté, feuillage vert gris argenté ; 14 (même figure), genévrier pyramidal, feuillage vert très-glauque ; 15 (même figure), épicéa pleureur, feuillage vert foncé vif ; 16, érable panaché, feuillage vert panaché de blanc (feuilles caduques) ; 18 (même figure), un gainier à fleurs blanches, feuillage vert brillant, fleurs blanches en faisceaux, en avril et mai ; 17 (même figure), trois bambous de Fortune, à chaume noir et à chaume vert glauque. Ils feront le meilleur effet auprès du kiosque ; quelques fleurs jetées par devant termineront la décoration.

Les rosiers grimpants rompront bien la ligne droite du mur, mais pas assez pour sa longueur. Donc nous placerons un groupe de trois arbres vers l'extrémité de droite (fig. 47), autant pour couper la ligne droite que pour faire paysage en se détachant sur le coteau. Ce groupe sera disposé ainsi : 19, cyprès violacé, feuillage très-vert ; 20, genévrier de Chine, feuillage vert glauque ; 21 (même figure), thuya panaché, feuillage vert panaché jaune.

Retournons maintenant à la grille d'entrée pour planter les massifs qui doivent encadrer la terrasse et celui du côté droit. J'ai dit que la terrasse serait entièrement couverte d'arbustes grimpants, avec des ouvertures garnies de jardinières et de suspensions remplies de fleurs. Il faut donc que le cadre soit sévère pour en faire ressortir tout le brillant.

Auprès du premier escalier, nous planterons : 22 (fig. 47), hêtre pourpre, feuillage rouge pourpre foncé ; 23 (même figure), plaqueminier luisant, feuillage vert brillant dessus, blanc dessous, fleurs jaunes, en juin et juillet ; 24 (même figure), pavier luisant, feuillage vert foncé, fleurs en grappes, pourpres, en mai.

Quelques genêts, arbousiers, lilas, seringas, spirées, etc., etc., avec des arbustes à feuilles persistantes par devant, termineront le massif.

De l'autre côté de la terrasse, à l'angle droit, nous planterons : 24 (fig. 47), épicéa en forme de candélabre, feuillage vert foncé ; 25 (même figure), pin des Pyrénées, feuillage vert clair ; 26 (même figure), if argenté, feuillage vert foncé panaché de blanc ; 27, céanotier intermédiaire, feuillage vert, blanc en dessous, fleurs blanches, en grappes, de juin à septembre ; 28 (même figure), cerisier à fleurs carnées doubles, feuillage vert, fleurs roses-doubles, en avril et mai ; 29, paulonie impériale, feuillage vert, très-ample, fleurs bleu clair, en mai.

Tout le mur de droite sera caché avec des arbustes grimpants, à feuilles persistantes, lierres, rosiers, chèvrefeuilles, etc., etc., devant lesquels on plantera quelques arbustes à feuilles persistantes, de feuillages divergents, en laissant toujours un vide au bord pour la bordure et quelques fleurs.

Je crois avoir donné tous les renseignement nécessaires pour la plantation des arbres et des arbustes. Le chapitre qui précède est assez explicatif pour permettre, à qui voudra prendre la peine de l'étudier, de bien choisir les arbres et les arbustes. Les grandeurs, la nuance des feuillages, la couleur des fleurs et l'époque de floraison sont indiqués, comme la nature du sol convenant à chaque espèce, et même à chaque variété.

Avant de terminer ce chapitre, une recommandation encore.

Quand on voudra faire une plantation sur le papier, il faudra :

1° Se rendre compte de la nature du sol, et noter sur ma liste d'arbres et d'arbustes à feuilles caduques et persistantes ceux qui doivent prospérer dans le sol à planter;

2° Classer tous ces arbres séparément par grandeurs, avec indication de nuance de feuillage, de couleur de fleur et d'époque de floraison.

Ce classement fait, rien ne sera plus facile que de faire la plantation sur le papier sans erreur possible, et avec la certitude de n'avoir rien à déplanter dans l'avenir.

Cela dit, passons à l'ornementation.

CHAPITRE XVI

Ornementation. — Les fleurs.

Les fleurs sont le plus bel ornement du parc comme du jardin, quand on sait les classer, les mettre à leur place en quantité suffisante et tirer parti de leurs couleurs.

Les fleurs s'emploient de quatre manières :

1° En corbeilles d'une seule couleur, ou de couleurs variées et classées ;

2° En groupes de cinq à dix pieds pour éclairer les massifs d'arbres à feuilles persistantes ou à feuilles caduques. Les groupes se composent avec une ou plusieurs couleurs, suivant l'effet que l'on veut produire;

3° Isolées, pour éclairer les bords des massifs un peu obscurs. Dans ce cas, pour éviter d'écraser un massif à effet, on jette de loin en loin quelques fleurs sur les bords;

4° En bordure, pour terminer les massifs et quelquefois les corbeilles.

Pour bien distribuer les fleurs dans un jardin, il ne faut pas s'éloigner des principes suivants :

Proportionner la grandeur des fleurs à l'étendue du jardin. Plantez des fleurs moyennes et petites dans un petit jardin, vous y produirez les meilleurs effets; introduisez de grandes fleurs dans ce même jardin, y planteriez-vous les plus jolies collections des plus belles, vous n'en feriez qu'un hideux fouillis. Aux grands espaces les grandes fleurs et les grands effets; aux petits, de petites fleurs et des effets plus effacés; à chacun l'harmonie.

N'employer pour corbeilles, groupes et fleurs isolées, que les fleurs de longue durée, c'est-à-dire celles fleurissant abondamment, et pendant longtemps. Si vous composez vos corbeilles et vos groupes avec des plantes donnant peu de fleurs, et passant vite, eussiez-vous planté les fleurs les plus belles et les plus rares, votre jardin sera toujours obscur et triste.

Toujours chercher l'effet, et s'en rendre bien compte avant de planter. Placez des fleurs petites et grêles dans une grande corbeille, elle paraîtra remplie de mauvaises herbes. Mettez ces mêmes fleurs dans le lointain, on ne les apercevra pas. Couvrez une petite corbeille de fleurs amples, étoffées et de nuances variées, vous écraserez tout votre jardin ; introduisez-y des fleurs petites, légères et de nuances peu tranchées, vous obtiendrez les effets les meilleurs, comme les plus harmonieux.

Ne jamais perdre de vue que les couleurs aident énormément à la perspective, quand *on sait les classer.*

Les couleurs obscures ne se voient que de très-près ; leur place est sur les premiers plans, et encore faut-il le plus souvent les mélanger avec des nuances demi-claires, pour les faire ressortir.

Le bleu et le violet noir, le rouge brun, le brun noir sont des couleurs obscures.

Les couleurs sombres ne s'aperçoivent qu'à de petites distances ; leur place est aux seconds plans.

Le rouge foncé, le bleu foncé, le lilas foncé, le violet, sont des couleurs sombres.

Les couleurs claires s'aperçoivent à de plus grandes distances ; leur place est aux troisièmes et quatrièmes plans.

Le lilas clair, le rose, le rouge clair, le bleu clair, les nuances fleur de pêcher, couleur chair, etc., etc., sont des couleurs claires.

Les couleurs lumineuses attirent le regard aux plus grandes distances ; leur place est marquée aux derniers plans et dans le lointain.

Le blanc, le blanc carné, les jaunes clair, d'or et foncé, l'orange, etc., sont des couleurs lumineuses;

Lorsque les couleurs seront classées ainsi, on apercevra toutes les fleurs aux plus grandes distances, et le jardin paraîtra double en étendue, parce que tous les massifs, bien éclairés par des fleurs très-visibles, se détacheront les unes des autres.

Chercher des oppositions de couleur, mais en respectant l'harmonie, c'est-à-dire placer des couleurs différentes à côté les unes de autres, pour les faire ressortir, mais éviter la réunion de nuances criardes, qui donneraient à notre corbeille l'aspect d'un habit d'arlequin.

Le parfum ne doit jamais être oublié dans toutes les plantations. La floraison la plus luxuriante, sans parfum, est une jolie femme frappée d'idiotisme. Rien de plus facile que d'obtenir le parfum au milieu de collections de fleurs inodores, avec des héliotropes, du réséda, des giroflées, tubéreuses, pois de senteur, etc., etc.

Ne jamais oublier que le jardin doit être fleuri dès le *mois de mars.* Rien de plus facile que d'avoir les corbeilles les plus abondamment fleuries en mars et avril, époque où il n'y a de fleurs nulle part. Les pensées, les giroflées jaunes simples, les primevères, les silènes, les myosotis, etc., sont en pleines fleurs à cette époque ; mais pour obtenir ce résultat, il faut les semer en juin, les élever en pépinière pendant l'été, pour les mettre en place en novembre, et non les semer au printemps, comme on le fait presque partout. Dans ce cas, on obtient des fleurs à l'automne seulement.

Le jardin doit être abondamment fleuri de mars à janvier, sans interruption. Rien de plus facile pour

les personnes qui prendront la peine d'étudier plus loin
la culture spéciale des fleurs, et l'appliqueront à la
lettre. Mais pour cette culture, comme pour toutes celles
que j'ai enseignées, il faudra appliquer littéralement ce
que je recommande, et rester sourd aux conseils de la
routine comme aux préjugés. Si je n'avais à enseigner
que ce qui se fait dans ce que l'on est convenu d'appeler LA PRATIQUE, je ne prendrais pas la peine d'écrire
ce livre.

Cela dit, je passe aux corbeilles de fleurs, les principaux ornements des parcs et des jardins.

Disons tout d'abord que toutes les corbeilles doivent
être faites avec de la terre de bonne qualité, bien épurée de pierres, de vieilles racines comme de détritus
d'herbes, et être copieusement mélangée de terreau.
Sans terreau, pas de belles fleurs.

Le sol fait, il est utile d'encadrer les corbeilles avec
un entourage qui maintient les fleurs et les empêche de
tomber sur les pelouses. Le fer est ce que l'industrie a
fait de mieux et de meilleur marché pour cet usage.

Les bordures des corbeilles en fer doivent être pein-
tes en bois rustique, c'est-à-dire imitant le bois naturel, pourvu de son écorce. C'est ce qui est du meilleur
goût et s'harmonise le mieux avec tous les feuillages.

Les marchands, et souvent les jardiniers, qui ne sont
pas forcés d'être artistes, adorent la peinture verte, un
vert bien dur, produisant au milieu des feuilles et des
fleurs l'effet d'une *mare de vin bleu* sur une nappe
damassée.

Nous sommes en 1877, sous le régime de la liberté.

J'octroie de grand cœur aux marchands et même aux
jardiniers le droit d'adorer le vert plus ou moins dur
dans les jardins, et même celui de dire, pour écouler
leurs *vertes marchandises*, que les professeurs *rado-
tent*; mais en vertu de la même liberté, j'ose affirmer
que tous les verts fournis par la peinture sont hideux à
côté de la nature, et *hurlent* devant leurs riches teintes.

La même liberté pour tous m'oblige à dire ceci aux
gens de goût :

Si le commerce vous demande une augmentation
trop grande pour la peinture rustique en écorce de
bois naturel, faites badigeonner vos bordures de corbeille en gris clair. C''est une teinte unie, pas plus
chère que le vert, et même meilleur marché. Le gris
s'harmonise parfaitement avec toutes les teintes de vert,
et vous aurez des bordures du meilleur effet, rele-
vant vos corbeilles au lieu de les déshonorer. Il suffit
de dire au commerce : Je veux du gris, et non du vert,
pour obtenir satisfaction.

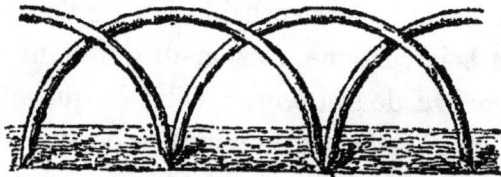

Fig. 48. — Bordures des corbeilles.

Il existe des bordures en fer de toutes les dimensions et de tous les modèles, dont les prix varient suivant la hauteur et la main d'œuvre qu'elles exigent.

La maison de quincaillerie horticole de Derouet,

4, rue du Bouloi, à Paris, m'a remis des clichés des modèles suivants avec leurs prix.

Le plus simple de tous (fig. 48) se compose d'arceaux que l'on pique en terre et qui sont tarifés 25 fr. les cent pièces.

Le modèle n° 1 (fig. 49) coûte 75 centimes le mètre.

Le modèle n° 2 (fig. 50) vaut 1 fr. 10 centimes le mètre.

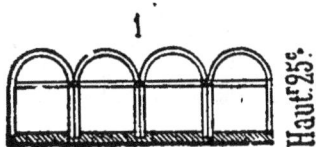

Fig. 49. — Bordure de corbeilles.   Fig. 50. — Bordures de corbeilles.

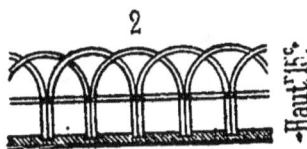

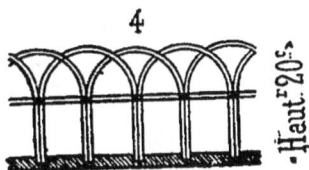

Le modèle n° 3 (fig. 51) est coté 1 fr. 25 centimes le mètre.

Le modèle n° 4 (fig. 52) est coté 1 fr. 75 centimes le mètre.

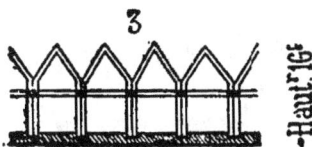

Fig. 51. — Bordure de corbeilles.   Fig. 52. — Bordure de corbeilles.

Le modèle n° 5 (fig. 53) coûte 1 fr. 90 centimes le mètre.

Ces six modèles, dont la hauteur varie entre 15 et

25 centimètres, sont excellents pour les fleurs petites et moyennes.

Pour les grandes fleurs, on emploie les cinq modèles suivants, hauts de 28 centimètres :

Le modèle n° 6 (fig. 54) est taxé 2 fr. 25 centimes le mètre.

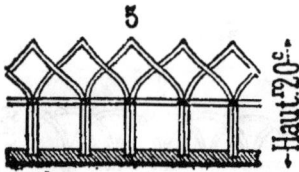

Fig. 53. — Bordure de corbeilles.

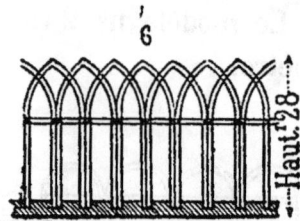

Fig. 54. — Bordure de corbeilles.

Le modèle n° 7 (fig. 55) vaut 2 fr. 26 centimes le mètre.

Le modèle n° 8 (fig. 56) est coté 2 fr. 50 centimes le mètre.

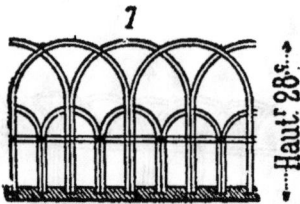

Fig. 55. — Bordure de corbeilles.

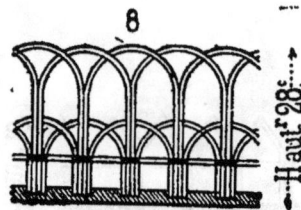

Fig. 56. — Bordure de corbeilles.

Le modèle n° 9 (fig. 57) est taxé 2 fr. 60 centimes le mètre.

Le modèle n° 10 (fig. 58) vaut 2 fr. 70 centimes le mètre.

Pour les fleurs très-grandes, on emploie les modèles suivants, hauts de 60 centimètres :

10

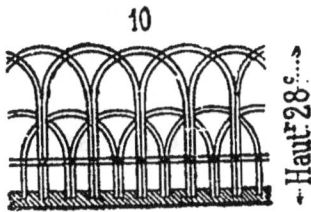

Fig. 57. — Bordure de corbeilles.

9

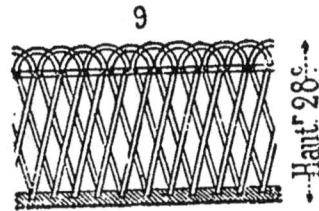

Fig. 58. — Bordure de corbeilles.

Le modèle nᵒ 11 (fig. 59) est coté 2 fr. 80 centimes le mètre.

Le modèle nᵒ 12 (fig. 60) vaut 3 fr. 25 centimes le mètre.

11

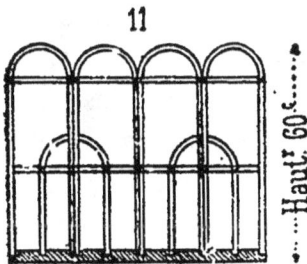

Fig. 59. — Bordure de corbeilles.

12

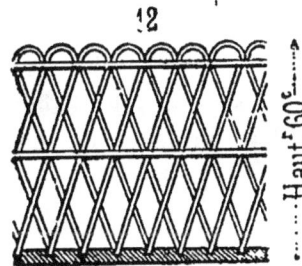

Fig. 60. — Bordure de corbeilles.

Ces douze modèles se posent de la même manière ; ils sont fixés avec une fiche que l'on enfonce en terre, et qui est presque invisible quand elle est posée. Cette fiche (fig. 61) coûte 25 centimes.

Fig. 61. — Fiche pour fixer les bordures.

Les fleurs le plus communément employées pour faire des corbeilles sont : les géraniums, les verveines, les zinnias, les reines-marguerites, les silènes, les myosotis, les giroflées, les jacinthes, les pensées, les pétunias, les primevères, œillets, chrysanthèmes, etc., etc. ; je prends les principales parmi les fleurs fleurissant beaucoup et pendant très-longtemps.

On peut établir les corbeilles de quatre manières, pouvant se varier à l'infini :

1º Avec une seule couleur ;

2º Avec une seule couleur et une bordure ;

3º Avec des fleurs mêlées de plusieurs couleurs ;

5º Les composer avec des couleurs séparées.

Les corbeilles de fleurs d'une seule couleur ont souvent leur raison d'être ; elles apportent la diversion au milieu des autres, et rompent la monotonie, qu'il faut toujours éviter avec le plus grand soin. On peut faire des corbeilles d'une seule couleur : rouges, bleues, roses, jaunes ou blanches, suivant la distance où elles sont placées de l'habitation et l'effet que l'on veut obtenir.

Les géraniums, les zinnias, les reines-marguerites, les silènes, les myosotis, les giroflées et les chrysanthèmes sont d'excellentes plantes pour former des corbeilles unicolores.

Les bordures ajoutées aux corbeilles de fleurs d'une seule couleur sont souvent une précieuse ressource, aux doubles points de vue de l'effet et du parfum.

Une corbeille de fleurs roses s'encadre harmonieusement avec une bordure à feuillage brun ou vert d'eau. Les feuillages blancs et vert clair employés en bordures produisent le meilleur effet sur les corbeilles de fleurs foncées ; ceux rouge foncé, bruns et vert foncé encadrent heureusement les corbeilles de fleurs de couleurs claires.

Lorsque les corbeilles sont en grande partie composées de fleurs inodores, on trouve facilement le parfum avec des bordures de violettes, d'héliotropes, d'œillet mignardise, etc., etc.

Les corbeilles de fleurs mêlées produisent le meilleur effet ; elles apportent la diversion au milieu des corbeilles unicolores et par couleurs séparées.

Certaines fleurs gagnent à être plantées mêlées : les pensées, les giroflées jaunes variées, les pétunias, les verveines, les œillets, les chrysanthèmes, etc., etc., sont de ce nombre.

Les corbeilles formées avec des fleurs de couleurs séparées produisent le plus ravissant effet, quand on les compose avec goût et que l'on sait les faire ressortir avec des corbeilles unicolores et de fleurs mêlées.

On peut varier les corbeilles à l'infini, même avec les mêmes couleurs ; prenons pour exemple le géranium, la plante le plus communément employée pour cet usage :

Le géranium nous donne cinq couleurs : blanc, couleur chair, rose clair, rose vif et rouge.

Les géraniums passent de mode ; cela tient à l'abus que l'on a fait du rouge, qui écrase les autres fleurs, quand il est employé en trop grande quantité, et donne à notre jardin un cachet sanguinaire.

Je signale d'abord la cause de l'abandon du géranium, parce que je tiens à le faire vivre comme une des fleurs les plus précieuses, aux doubles points de vue de l'abondance et de la durée de ses fleurs. Le géranium est la plante ornementale par excellence.

Règle générale : pour faire disparaître tout de suite l'abus du rouge, si vous plantez cent géraniums, prenez-en vingt de chacune des cinq couleurs ; mélangés dans cette proportion, vous obtiendrez les meilleurs résultats et des corbeilles qui s'harmoniseront parfaitement avec les autres, au lieu de les écraser, en vous crevant les yeux.

Admettons que nous ayons à planter une corbeille de trois rangs de géraniums (fig. 62). La ligne *a* sera plantée en blanc, la ligne *b* en couleur chair, et la ligne *c* en rouge. Ajoutons une bordure d'œillets mignardises en *d*, et nous aurons à la fois l'éclat de coloris et le parfum.

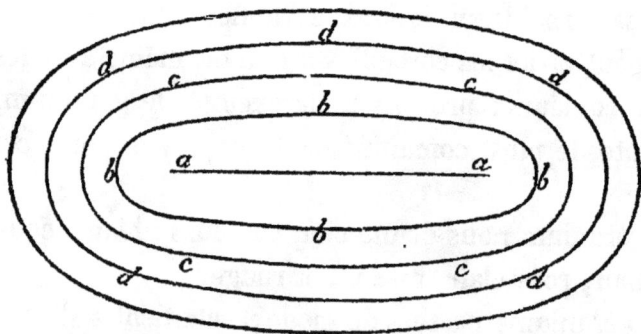

Fig. 62. — Corbeille de géraniums.

La même corbeille pourra être plantée ainsi : la ligne *a* (fig. 63), en rose foncé ; la ligne *b*, en couleur

chair; la ligne *c*, en blanc, avec une bordure d'héliotropes roi des noirs; nous aurons l'éclat et le parfum
tout à la fois.

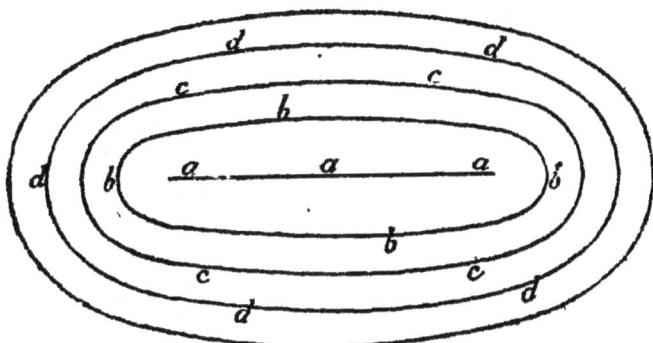

Fig. 63. — Corbeille de géraniums.

Si nous voulons établir une corbeille éclatante pour
faire diversion avec les autres, nous planterons quatre
rangs de géraniums, comme suit :

a (fig. 64), blanc; *b*, couleur chair; *c*, rose; *d*, blanc;
e, rouge. Cette corbeille est des plus brillantes et se
détache sur toutes les autres, sans nous crever les yeux.

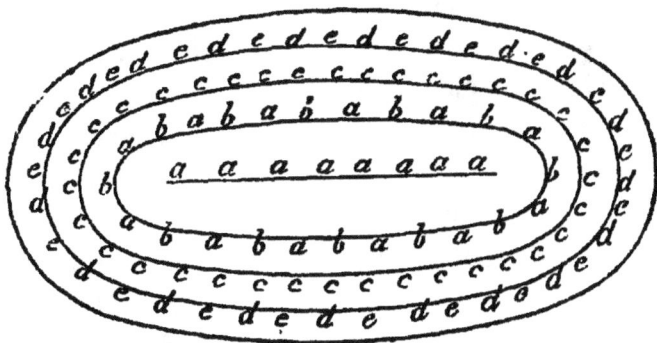

Fig. 64. — Corbeille de géraniums brillante.

Avec cinq rangs, on peut faire des corbeilles fondues de nuance, produisant toujours un excellent effet ; nous planterons la ligne *a* (fig. 65) en blanc, la ligne *b* en rose clair, la ligne *c* en couleur chair, la ligne *d* en rose vif, et la ligne *e* en rouge.

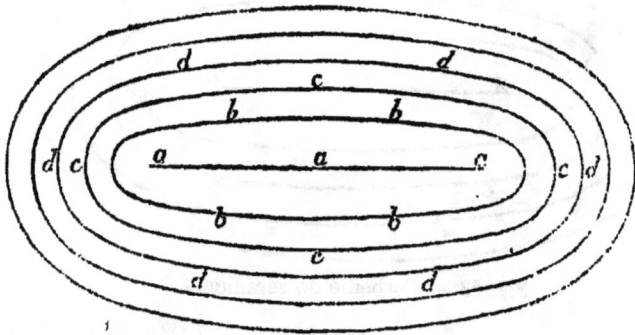

Fig. 65. — Corbeille à nuances fondues.

Si nous avons deux corbeilles à établir, nous pourrons fondre les nuances de la seconde en sens inverse, planter la ligne *a* (fig. 65) en rouge, la ligne *b* en rose vif, la ligne *c* en couleur chair, la ligne *d* en rose clair, et la ligne *e* en blanc.

Deux corbeilles établies ainsi, avec les mêmes nuances, formeront une opposition des plus vives.

Enfin, si nous voulons établir une corbeille très-éclatante pour orner une pelouse auprès de l'habitation, nous planterons ainsi nos cinq rangs :

La ligne *a* (fig. 66) en blanc, la ligne *b* en blanc et rose clair alternés, la ligne *c* en couleur chair et blanc alternés, la ligne *d* en rose vif et blanc alternés, et la ligne *e* en rouge et couleur chair alternés.

On peut varier à l'infini et établir cent corbeilles de géraniums sans en avoir deux pareilles. C'est une question de goût et d'habitude de maniement de couleurs. Il faut, je l'ai dit déjà, savoir faire une· palette pour planter un jardin rationnellement et y produire des effets avec les fleurs.

Quand on opère avec des zinnias, des giroflées quaran_taines, des reines-marguerites dont les nuances sont nombreuses, on peut facilement établir des corbeilles dont

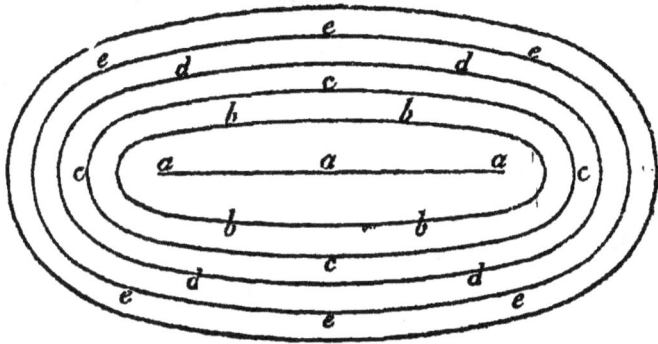

Fig. 66. — Autre corbeille.

les nuances se fondent parfaitement du blanc au rouge foncé, du blanc au violet foncé, et du jaune clair au rouge brique.

Les corbeilles avec nuances fondues produisent un effet splendide dans un jardin, surtout quand elles sont accompagnées d'autres corbeilles d'une seule couleur, de fleurs mêlées, et de dispositions de nuances éclatantes.

Deux charmantes fleurs, ayant le mérite d'être très-précoces, les silènes et les myosotys, produisent pue d'effet dans les jardins ; le rouge vineux des silènes est obscur, et le bleu des myosotis est sombre. On cherche des fleurs très-précoces, et, malgré leurs nuances défectueuses, on plante des corbeilles rouges et bleues, ne produisant pas d'effet. On ne les aperçoit pas à trente mètres.

Il est des plus facile de tirer le meilleur parti de ces deux plantes : il suffit pour cela d'en connaître les variétés.

Les silènes ont deux couleurs : rouge vineux et blanc ; les myosotis, trois : bleu ciel, rose et blanc.

Faites une corbeille de silènes rouges et blancs, alternés, ou bien placez sept ou huit silènes blancs au centre ; plantez un cordon blanc au milieu de la corbeille, et une bordure blanche au bord ; vous aurez une corbeille lumineuse et du plus joli effet.

Alternez des myosotis bleus et blancs dans une corbeille, des myosotis roses et blancs dans une autre, ou faites un centre, un milieu et une bordure blanche dans du bleu, vous aurez la lumière ; la même disposition du blanc avec du rose vous donnera l'éclat. Avec bien peu de chose on convertit l'obscurité en lumière.

Avec ces indications, un peu de goût et le sentiment des couleurs, il sera facile à tout le monde de composer les plus jolies corbeilles de fleurs.

Pour rendre l'application plus facile, nous classerons les corbeilles de fleurs en quatre séries :

1° Les corbeilles unicolores, d'une seule couleur, avec ou sans bordure. On choisira la couleur des fleurs suivant l'éloignement de la corbeille.

2° Les corbeilles de fleurs mêlées, celles contenant des fleurs de plusieurs nuances, plantées pêle-mêle, telles que les pensées, les pétunias, les verveines, etc.

3° Les corbeilles à nuances fondues, c'est-à-dire commençant par le blanc et finissant par le rouge brun ou le violet foncé et le jaune blanc, pour se terminer par le rouge brique.

Les couleurs obscures, sombres, claires et lumineuses, seront choisies suivant la distance où les corbeilles seront placées.

4° Les corbeilles éclatantes, celles composées de plantes alternées de couleurs lumineuses. Suivant leur éloignement, on y fera dominer le rose, le blanc ou le jaune, pour les rendre très-visibles aux plus grandes distances.

Avec ce classement, il n'y aura pas d'erreur possible sur les indications de mes plans.

Les groupes de fleurs disséminés devant les massifs, sur les pelouses ou dans les plates-bandes du tour, ont pour objet d'éclairer les massifs, de les détacher les uns des autres, de rompre la teinte verte, et par conséquent de contribuer à accentuer la perspective.

Les groupes se composent de trois à quinze pieds de fleurs, d'une ou de plusieurs couleurs choisies, suivant la distance à laquelle ils sont placés.

Les fleurs petites sont employées pour les groupes placés en avant des massifs factices, plantés le long des murs de clôture ; les moyennes, les grandes, et même les plus grandes, peuvent être plantées devant les massifs de grands arbres, et dans le lointain.

Il faut toujours choisir, pour former des groupes, des plantes à floraison abondante et de longue durée.

Les géraniums, les pétunias, les zinnias, les giroflées jaunes simples, les soucis, etc., etc., donnant toutes les couleurs, sont excellentes pour les massifs factices.

Les phlox, les dahlias, les pavots doubles, les pivoines, les rosiers de Bengale, etc., sont employés pour les massifs moyens, et enfin les roses trémières et même les soleils pour les grands massifs et les lointains.

Au bord des massifs factices, on plante de loin en loin un groupe de trois fleurs en triangle, et le plus souvent de la même couleur ; cela éclaire mieux et se détache davantage que plusieurs couleurs mêlées dans le même groupe.

On choisit, bien entendu, des couleurs claires pour planter à côté des feuillages foncés, et des couleurs sombres pour planter devant des feuillages clairs, tout en tenant compte de l'effet général sur toute la longueur de la plate-bande, et en plaçant les couleurs obscures et lumineuses suivant l'éloignement.

Près des massifs moyens et grands, on établira des groupes de fleurs plus grandes, composés de cinq à quinze pieds. On adoptera pour la composition des groupes le même classement que pour les corbeilles : unicolores, fleurs mêlées, nuances fondues et groupes éclatants, suivant leur éloignement et l'effet qu'ils devront produire.

Les fleurs isolées trouvent leur emploi dans les petits jardins et dans les grands parcs ; elles produisent le plus joli effet, quand elles sont distribuées avec goût.

16

Dans les petits jardins, lorsque les massifs factices, plantés devant les murs de clôture, sont très-minces et composés entièrement d'arbustes à feuilles persistantes, les fleurs isolées sont du plus grand secours pour les éclairer.

Dans ce cas, l'espace nous manque ; un groupe écraserait tout ; une fleur jetée avec art, par ci par là, apporte la vie et la gaîté dans le massif le plus sombre.

Le rosier de Bengale nain, charmant petit arbuste, haut de 30 centimètres environ, aux fleurs petites, continuelles et très-abondantes, est des plus précieux pour éclairer les petits massifs ; il produit le meilleur effet entre les mahonias et les fusains, etc., etc.

Les reines-marguerites naines, les jacinthes, les giroflées jaunes simples, les zinnias, les pétunias, les bégonias discolores, les soucis, les seneçons, etc., etc., sont d'excellentes plantes pour éclairer les massifs. Quelques graines de volubilis jetées au pied des plus grands arbustes et recouvertes au râteau produisent un pied de volubilis de loin en loin, s'accrochant à une branche, et produisent le meilleur effet. J'ai dit qu'il fallait un pied de loin en loin et non une quantité de pieds. Quelques fleurs de volubilis produisent un charmant effet dans les arbustes, mais à la condition d'être rares, de ne les rencontrer que de distance en distance. Mettez - en une masse, vous aurez une plantation de volubilis qui n'aura rien de pittoresque et ruinera promptement vos arbustes.

Dans les parcs et les grands jardins, les fleurs isolées jouent un rôle des plus importants. Elles ont pour but de rompre avec la solitude et de corriger les parties trop agrestes.

Ne croyez pas, cher lecteur, que les fleurs isolées, jetées avec discernement dans toutes les parties d'un parc ou d'un très-grand jardin, vous entraînent à une dépense d'argent et de temps, avec laquelle il faille compter. La dépense est nulle, et le travail demande quelques heures par an, rien de plus, et les groupes ne nous coûteront pas davantage.

Je suis dans l'obligation de faire cette observation, prévoyant la réponse qui m'a été faite un jour lorsque j'ai voulu faire jeter des fleurs isolées dans les massifs d'une grande propriété : — Ah ben ! merci, des corbeilles dans les bois, ça ne s'est jamais vu. Croyez-vous que j'ai les serres de la ville de Paris, et cent cinquante hommes pour arroser tout cela ; en voilà de l'ouvrage !

— Je ne vous demande pas des corbeilles dans les bois ; ce serait un sophisme.

— J'ai mis cette plante-là au rebut depuis longtemps ! C'est pas vous qui me la ferez cultiver ! Je connais trop mon état, en j'en suis trop glorieux !

Il était inutile de pousser la discussion plus loin. Nous étions au printemps ; je pris un manouvrier armé d'une bêche et d'un râteau, mis quelques paquets de graines dans mes poches et partis accompagné du propriétaire qui voulait éclairer ses massifs, mais redoutait l'immense travail que cela allait occasionner.

Arrivés à un carrefour, nous trouvons de grands massifs, de beaux arbustes, mais des clairières un peu partout.

— Labourez-moi grand comme votre mouchoir à cet endroit.

— Voilà !

— Bien. Je jette quelques graines ; un coup de rateau par dessus.

— C'est fait, monsieur.

Quatre minutes étaient dépensées.

Je continuai mes semis, fis labourer en même temps les places où je voulais faire repiquer des fleurs, et faire les trous des arbustes que je voulais planter. J'en laissai la note au propriétaire en lui disant :

— Tous les semis sont faits. Vous prendrez le même homme pour repiquer les fleurs ; il choisira un jour de pluie, et un autre jour il plantera les arbustes. Il faut pour chacune de ces deux opérations un temps égal à celui que nous avons dépensé : CINQ HEURES ! et tout l'ouvrage sera fait.

Le propriétaire était émerveillé ; je lui dis, quelques jours après, lorsqu'il eut terminé sa plantation et ses repiquages :

— Il faut entretenir tout cela vous-même.

— Si je le pouvais, je le ferais, mais....

— Vous allez acheter un petit outil qui vous servira de canne.

— C'est facile, mais m'en servir !

— C'est aussi facile ; avec votre petit outil, vous couperez entre deux terres les plantes trop serrées dans les semis, pour n'en laisser que le nombre nécessaire.

— Je ferai bien cela, mais après ?

— Après, une fois par mois environ, avec le même

petit outil, vous couperez l'herbe et remuerez un peu la terre.

— C'est bien simple, mais ensuite?

— *Toute l'ouvrage sera faite!!!*

Ce propriétaire a pris le goût de l'horticulture et s'en occupe avec distinction. Il a fait faire trois petits outils différents pour son usage personnel, et dirige ses cultures avec un goût exquis. Il a même converti son jardinier, très-bon garçon, et il l'a fait en homme d'esprit, en lui faisant une concession apparente.

— Hé bien! tu commences à te familiariser avec la méthode Gressent.

— Il y a de bonnes choses; je les applique, mais il y en a....

— Quoi?

— Que je ne ferai jamais! mais jamais, au grand jamais, ah! mais non!

— Quoi donc?

— Cultiver les sophismes dans le bois.

— Je n'en veux pas dans le bois, et encore moins dans le jardin!

— Monsieur voit bien que j'avais raison dès le premier jour, en rejetant les sophismes!

— Je ne te demande que cela.

— Du moment où monsieur me fait cette *concession*, et convient que j'ai eu raison sur le professeur, je ferai tout ce que monsieur voudra pour tout.

Et grâce à la *concession*, tout marche comme sur des roulettes depuis ce mémorable jour.

Il faut un rien pour animer de grands massifs, et

procurer de charmantes surprises aux promeneurs : quelques pervenches ou muguets jetés dans les clairières ; un chèvrefeuille ou un rosier de Bengale, disséminés ; une jolie plante grimpante, paraissant venir naturellement au pied d'un arbre.

De loin en loin, jeter quelques graines de volubilis, de mauves, belles-de-nuit, de coquelicots et de pavots doubles.

Le pavot double produit un effet splendide dans les parcs et les grands jardins ; il en existe une vingtaine de variétés, variant du blanc au violet noir, et du blanc au rouge brun, et plusieurs panachées du plus joli effet.

Le pavot double vient comme du chiendent ; il suffit de remuer un peu la terre et d'y jeter quelques graines pour obtenir une floraison splendide. Je signale cette magnifique plante, venant presque sans culture, parce qu'elle tombe dans l'oubli, et que toutes les personnes qui la cultiveront n'auront qu'à s'en féliciter.

Les digitales, les campanules, les mufliers, les coréopsis, les thlaspis, les pétunias et les soleils même, sont d'excellentes plantes pour jeter au bord des massifs ; joignez-y le réséda et la violette, vous aurez à la fois l'effet et le parfum.

Les bordures ont une grande utilité au point de vue de l'ornement ; elles terminent les massifs, encadrent les corbeilles et sont souvent d'un grand secours pour apporter le parfum au milieu de fleurs inodores.

Une bordure de violette des quatre-saisons au bord d'un massif embaume tout le jardin au printemps et à l'automne. Les héliotropes remplissent les mêmes fonctions pendant tout l'été et font une jolie bordure. Le roi des noirs est la variété préférable pour faire des bordures.

Les primevères, les agératums nains, les ficoïdes, les collinsias, les coléus, etc., forment de très-jolies bordures de massifs.

Pour les très-grands massifs, le gazon et le lierre terrestre sont d'excellentes bordures.

On emploie les bordures pour certaines corbeilles, pour celles des rosiers nains ou de plantes faisant attendre leurs fleurs. Alors il faut égayer la corbeille par une bordure fleurissant abondamment.

Rien n'est plus beau qu'une corbeille de rosiers francs de pied, remontants; je n'admets que ceux-là pour les corbeilles, parce qu'ils fleurissent sans interruption du mois de mai jusqu'aux gelées; mais il faut attendre leurs fleurs jusqu'en mai, et vers la fin de la saison les fleurs deviennent rares.

Il faut par conséquent relever ces corbeilles par des bordures très-florifères, de très-bonne heure et très-tard.

Les jacinthes fleurissent de très-bonne heure et accomplissent leur floraison au moment où les roses s'épanouissent. Les jacinthes forment une bordure des plus éclatantes et d'un parfum suave.

Lorsqu'on arrache les jacinthes, la floraison des rosiers est à son apogée. On remplace les jacinthes par des balsamines naines, qui formeront une bordure très-fleurie au moment où les roses diminueront.

Les pensées et les primevères, fleurissant en février,

mars, avril et mai, sont des plantes des plus précieuses pour bordures de rosiers ; on peut les remplacer par des reines-marguerites naines, des ficoïdes, des collinsias, des agératums nains, etc., etc.

Les œillets mignardise, les giroflées de Mahon, les anémones, les renoncules, les silènes, les myosotis, etc., font de très-jolies bordures.

On choisit, bien entendu, la couleur des fleurs pour les faire trancher sur les corbeilles, et aussi plus ou moins lumineuses, suivant la distance à laquelle les corbeilles sont placées.

Les principes posés, passons à l'application pratique sur le papier, et retournons aux deux jardins que nous avons dessiné et planté, pour les orner de fleurs.

CHAPITRE XVII

Ornementation. — Les fleurs. — Application pratique.

Nous avons abandonné nos deux jardins après la plantation des massifs ; il s'agit maintenant d'y distribuer des corbeilles, des groupes et des fleurs isolées, pour achever notre œuvre, c'est-à-dire accentuer encore l'effet et la perspective en apportant la vie, la gaîté et le parfum dans toutes les parties du jardin.

Commençons par le jardin long.

Nous avons en *a* (fig. 67) cinq grands arbres conservés ; en *b* (même figure), nous avons construit un kiosque ; en *c* (même figure), nous avons planté un massif de rhododendrons pour faire pendant au jardin d'hiver, construit à l'autre bout de la maison ; en *d* (même figure), nous avons planté un groupe de trois yuccas sur la pelouse d'entrée ; et enfin en *e* (même figure), nous avons planté dans le lointain un massif d'arbustes à feuilles persistantes des plus lumineux. Reste à établir des corbeilles pour trouver des fleurs dans toutes les parties du jardin, les voir toutes de l'habitation, et bien orner le jardin sans écraser les massifs.

Les corbeilles *f* et *g* (fig. 67), et les yuccas *d*, suffiront pour orner la pelouse de devant, sans l'amoindrir.

Les corbeilles *h*, *i*, *j*, *k*, *l* et *m* (même figure) sont disséminées de manière à les rencontrer dans toutes les parties du jardin, et à être vues de la maison et du kiosque.

Nous planterons la corbeille *f* (fig. 67) en rosiers remontants, francs de pied.

On ne doit employer que des rosiers francs de pied, ou greffés rez le sol, pour planter des corbeilles de rosiers. Les affreux bâtons, hauts d'un mètre, portant une tête de rosier, doivent être proscrits de la manière la plus absolue.

Ces rosiers, adorés des paysans et des pépiniéristes

de village, trouvent leur place au bord des massifs factices ; leur ignoble bâton est caché par les arbustes voisins, et leur tête fleurie produit un charmant effet au milieu des feuillages persistants. Là, le rosier tige est à sa place et devient d'un grand secours pour l'ornementation.

Le rosier tige ne peut être planté que dans les conditions que j'indique, jamais en corbeilles et surtout devant la maison ; voici pourquoi :

La corbeille de rosiers tiges placée, devant la maison, obstrue la pelouse d'entrée et la rapetisse de moitié ; elle paraît grande comme la main, écrasée par ce monument végétal.

Les rosiers tiges, souvent négligés, poussent des bourgeons d'un mètre et plus, simulant une petite forêt vierge qui bouche littéralement la vue des croisées.

En outre, on plante bien des fleurs au pied des rosiers tiges pour cacher la terre et les bâtons, mais il n'en pousse jamais. Toute végétation florale est impossible sous la tête des rosiers.

Il y a plus d'un siècle que cela est prouvé par la pratique, mais cela n'empêche pas les pépiniéristes de village de planter des corbeilles de rosiers tiges. Quand le propriétaire risque une observation, l'artiste répond : « Ça me connaît ! Mettez-moi des fleurs dessous ; vous en aurez dessus et dessous. » Pourquoi ne pas en faire huit ou neuf étages, comme aux maisons de Paris ?

Le malheureux propriétaire se laisse convaincre par l'assurance du pépiniériste du village, qui affirme avec un aplomb superbe que les professeurs n'y entendent rien ; il plante et obtient sous ses rosiers tiges..... de la mauvaise herbe qui ne cache même pas les bâtons.

Il y a mille exemples de ce que j'avance par canton ; au propriétaire à profiter de l'avis.

Notre corbeille *f* (fig. 67), plantée de rosiers nains de toutes les couleurs, sera bordée avec des jacinthes ou des primevères qui fourniront une abondante floraison avant les roses ; ces bordures seront remplacées par des balsamines naines ou des reines-marguerites naines, qui fleuriront abondamment lorsque les roses diminue-ront.

La corbeille *g* (fig. 67) sera plantée d'abord en pen-sées et ensuite en géraniums nuancés ; ils feront le meilleur effet à côté des roses de toutes couleurs et ressortiront bien, sans rien écraser. Cette corbeille sera bordée avec des héliotropes roi des noirs qui, en con-tribuant à faire ressortir la corbeille, répandront un parfum délicieux dans tout le voisinage de l'habitation.

La corbeille *h* (fig. 67), ombragée par le grand arbre *a*, qui a été conservé, sera plantée d'abord en prime-vères, qui seront enlevées aussitôt défleuries et rempla-cées par des bégonias discolores, feuillage des plus riches, fleurs roses très-abondantes.

Cette corbeille unicolore fera ressortir celle de rosiers de toutes couleurs, autant que la corbeille de géra-niums nuancés, et se détachera heureusement du massif autant par son brillant feuillage que par ses jolies fleurs roses.

La corbeille *i* (fig. 67) sera plantée d'abord en giro-

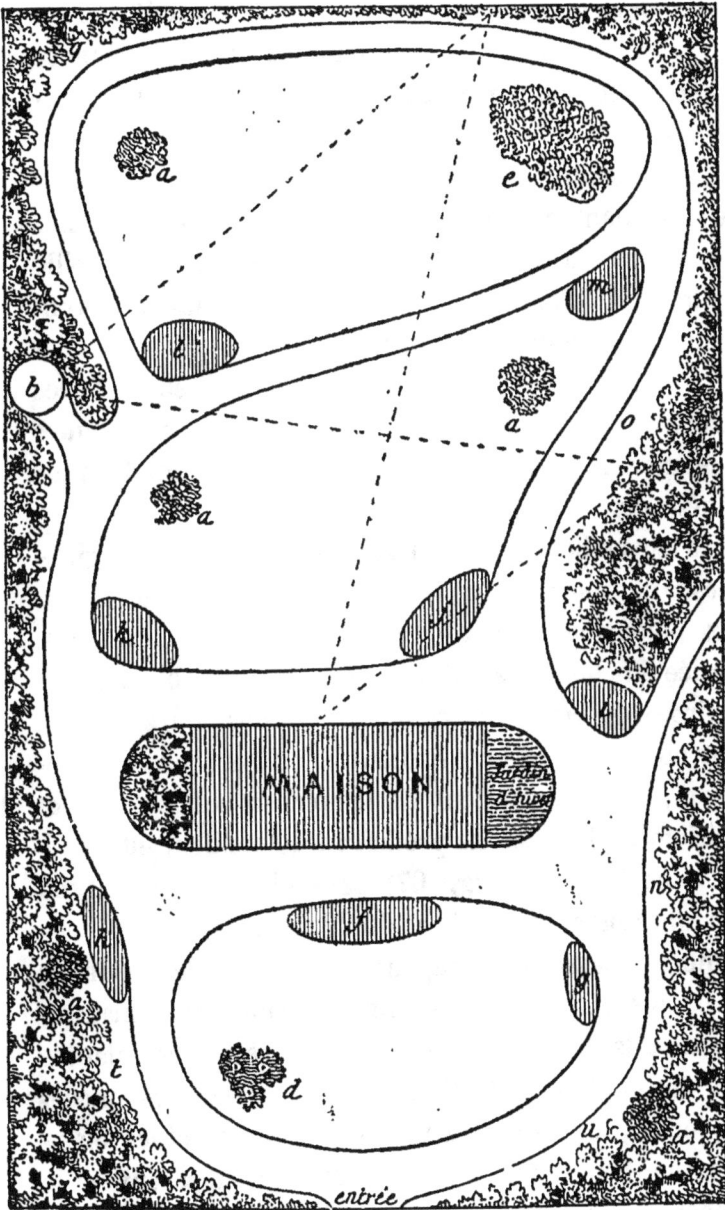

Fig. 67. — Distribution des fleurs sur le plan.

flées jaunes simples variées, arrachées aussitôt défleuries, et remplacées par des verveines mêlées, nuance
générale effacée, aidant à faire ressortir les autres corbeilles.

La corbeille *j* (fig. 67) sera d'abord plantée en jacinthes, brillant coloris et parfum suave. Les jacinthes
seront remplacées par des zinnias disposés en corbeille
brillante ; à l'approche des gelées, les zinnias seront
remplacés par des chrysanthèmes.

La corbeille *k* (fig. 67) sera plantée en giroflées
quarantaines nuancées, floraison des plus abondantes
pendant une grande partie de l'été, et parfum des plus
pénétrants.

La corbeille *l* (fig. 67) sera plantée avec des giroflées jaunes simples variées, qui seront remplacées par
des phlox de couleurs variées (corbeille brillante),
bordée d'héliotropes roi des noirs, pour embaumer les
environs du kiosque. Les phlox sont des fleurs à effet ;
leur taille, comme leur brillant coloris et leur riche floraison, nous permettent de les placer aux seconds et
troisièmes plans, où ils produiront le meilleur effet.

La corbeille *m* (fig. 67) sera plantée d'abord en
juliennes blanches ; l'éclat du blanc détachera la corbeille des massifs et les repoussera ; de plus, les juliennes
embaumeront tout le jardin pendant six semaines.
Aussitôt la défloraison, les juliennes seront remplacées
par des dahlias (corbeille nuancée), les variétés foncées
au centre, les claires au milieu, les jaunes et les blanches sur les bords, pour la rendre très-apparente et la
détacher des massifs. Cette corbeille sera bordée de

17

violettes des quatre-saisons pour perpétuer le parfum dans toutes les parties du jardin.

Avec cette disposition de corbeilles, bien simple et très-peu coûteuse à exécuter, nous avons des fleurs et du parfum pendant toute l'année ; toutes les règles de la perspective sont appliquées autant par la disposition des corbeilles, qui les fait trancher les unes sur les autres, que par le coloris, devenant plus ou moins lumineux au fur et à mesure qu'elles s'éloignent du point de centre de l'habitation, où tout doit converger.

Que le lecteur ne s'effraie pas du renouvellement des corbeilles ; il ne demande ni dépense, ni grand travail. Cette opération est aussi simple et aussi facile que l'élevage et la mise en pépinière des légumes dans le potager. Il suffit d'avoir quelques couches, un carré D dans le potager, et de connaître l'époque des semis et des repiquages pour être, à très-peu de frais, pourvu de fleurs bonnes à mettre en place pour soi et tous ses amis.

Je traiterai cette question à fond dans la troisième partie de ce livre, consacrée au travail matériel.

Les corbeilles établies, passons aux groupes de fleurs ; ils seront peu nombreux dans ce petit jardin, où nous devons éclairer nos massifs, mais sans les écraser.

Commençons par l'entrée :

Dans la partie gauche du jardin (fig. 67), en *t* et *r*, de loin en loin, quelques groupes de giroflées jaunes simples variées, qui seront remplacées par des zinnias et des reines-marguerites naines, derrière lesquels on plantera quelques chrysanthèmes pour l'arrière-saison.

A droite, dans les parties *u* et *n,* mêmes dispositions.

A gauche, à partir du kiosque *b* (fig. 67) jusqu'à la partie *q* (même figure), et dans toute la partie *o* jusqu'à *p* (même figure), quelques groupes de giroflées jaunes simples, remplacées par des pétunias et quelques coréopsis, remplacés eux-mêmes par des chrysanthèmes à l'arrière-saison.

Au fond, dans l'espace vide, entre les lettres *q* et *p* (fig. 67), une plantation alternée de pétunias, de thlaspis blanc julienne et de soleils nains.

Tous nos groupes sont en place et en perspective, autant par la grandeur de leurs fleurs que par le coloris.

Il nous reste à jeter des fleurs isolées pour achever d'éclairer le feuillage des massifs d'arbustes à feuilles persistantes et *enchaîner* la gaîté et le parfum dans notre jardin.

A partir de la grille d'entrée jusqu'au kiosque *b* (fig. 67), et de la grille d'entrée jusqu'à la corbeille *i* (même figure), nous alternerons des pensées, des primevères et des jacinthes, qui seront remplacées par des zinnias, des balsamines et des reines-marguerites, puis par quelques touffes de chrysanthèmes à l'arrière-saison.

Dans la partie *q,* à partir du kiosque jusqu'à l'angle gauche (fig. 67), nous disperserons, entre les groupes, quelques soucis avec des thlaspis lilas, et quelques touffes de pois de senteur.

A droite de la corbeille *i,* au point *o,* et jusqu'en *p* (fig. 67), nous alternerons des reines-marguerites de toutes couleurs avec des balsamines, camélias et des roses d'Inde.

Dans le fond, rien ; les thlaspis blancs et les soleils nains jaunes suffisent pour éclairer à une grande distance et donner toute la grandeur apparente possible au jardin.

Restent les bordures pour achever notre jardin.

Toute la partie gauche, à partir de la grille d'entrée jusqu'au kiosque *b* (fig. 67), et celle de droite, à partir de la grille d'entrée jusqu'à la corbeille *i* (même figure), sera bordée en violette des quatre-saisons.

C'est beaucoup de violettes, me direz-vous, et la fleur est obscure. Oui, vous avez raison ; mais nos massifs étant très-éclairés, la bordure obscure les fera ressortir ; en outre, songez au parfum de la violette autour de votre maison et aux dames qui viennent vous voir et qui, à deux époques de l'année, seront très-heureuses d'emporter un gros bouquet de violettes.

Je dirai plus : la violette est recherchée de tout le monde pour son parfum, et tant qu'il y en a dans le jardin, les cueilleuses de fleurs, quelquefois indiscrètes, laisseront les fleurs rares pour se jeter sur la violette. Je vous l'affirme, c'est un moyen de ménager vos autres fleurs ; vous pouvez en croire mon expérience.

On peut repiquer derrière les violettes une bordure d'agératums nains ou de pensées, qui fleurissent après la première floraison des violettes, et défleurissent lorsque la seconde apparaît.

Tout le reste du tour du jardin, depuis le kiosque *b* jusqu'à la corbeille *i* (fig. 67), sera bordé avec des primevères derrière lesquelles on sèmera en mars ou avril une bordure de collinsias ou de ficoïdes.

Les primevères fleurissent de très-bonne heure ; la bordure sera éclairée dès le mois de février, et, au moment où les fleurs des primevères disparaîtront, celles des collinsias et des ficoïdes se montreront.

Passons maintenant au jardin large, que nous avons également planté, et présentant un caractère opposé à celui que nous venons d'achever.

Le jardin figure 68 renferme cinq grands arbres con- servés (a, même figure) ; nous avons construit un kiosque en d, planté un araucaria en c, un pinsapo en d et un massif à feuillages brillants en e (même figure).

Un massif d'arbustes divers a été planté en f (fig. 68), un groupe de yuccas en g (même figure), et enfin un groupe de cinq grands arbres en h (même figure).

Il nous reste à distribuer des corbeilles de fleurs dans toute l'étendue du jardin.

Partons, comme toujours, de la grille d'entrée. La pelouse qui fait face à la maison est étroite ; il faut bien se garder de la charger, et surtout de diminuer sa largeur.

Les corbeilles i et j (fig. 68) sont suffisantes pour l'orner, sans nuire à son étendue.

Les corbeilles k, l, m et n (fig. 68) entourent l'habi- tation ; il est impossible d'en sortir sans les rencontrer. Des fleurs partout autour de la maison.

Les corbeilles o, p et q rendent toute promenade impossible sans rencontrer des fleurs.

Somme toute, neuf corbeilles pour orner complètement un jardin d'une certaine étendue et trouver des fleurs partout.

La corbeille *i* (fig. 68) sera plantée d'abord avec des giroflées jaunes simples, remplacées par des géraniums de nuances fondues, les blancs au bord, les rouges au milieu.

La corbeille *j* (fig. 68) sera plantée d'abord en jacinthes, qui seront remplacées par des géraniums à nuances fondues en sens inverse de la première, c'est-à-dire le blanc au milieu et le rouge au bord.

La disposition de ces deux corbeilles, composées avec les mêmes fleurs et les mêmes nuances, sera suffisante pour bien orner la pelouse du devant, en présentant un aspect opposé.

J'ai placé avec intention le blanc et les nuances claires au bord de la corbeille *i* (fig. 68), pour la mieux faire ressortir sur les massifs et les repousser. J'ai planté en couleurs sombres le bord de la corbeille *j*, pour attirer l'œil sur la corbeille *k* qui, plantée en fleurs brillantes, au second plan, donnera de la grandeur apparente au carrefour.

La corbeille *k* (fig. 68) sera plantée d'abord en giroflées jaunes variées, qui seront remplacées par des zinnias disposés en corbeille brillante. Cette dernière corbeille sera bordée d'héliotropes roi des noirs.

La corbeille *l* (fig. 68) sera plantée d'abord en pensées, que l'on remplacera par des œillets de nuances mêlées.

La corbeille *m* (fig. 68) sera plantée en rosiers nains remontants, de nuances variées, et sera bordée alternativement d'année en année de pensées ou de jacinthes, suivies de marguerites ou de balsamines naines, de myosotis, de collinsias, d'anémones, d'œillets mignardise, etc., de manière à changer chaque année l'aspect et la disposition des corbeilles, tout en observant le classement des nuances au point de vue de la perspective.

On ne peut faire deux années de suite les mêmes corbeilles; ce serait apporter la monotonie dans le jardin, et notre but est de l'en chasser à tout jamais. Il faut donc, chaque année, tout en observant les principes de coloris et de perspective, changer chaque corbeille d'espèces de fleurs et de disposition de couleur.

En opérant ainsi, votre jardin sera toujours attrayant, parce qu'il aura chaque année un aspect nouveau. Adoptez les mêmes fleurs et les mêmes dispositions à chaque même place pendant plusieurs années, vous ne regarderez plus vos corbeilles sans bâiller dès la troisième année.

La corbeille n (fig. 68) sera plantée d'abord en juliennes blanches, qui seront remplacées par des reines-marguerites couronnées. Les reines-marguerites seront remplacées par des chrysanthèmes à l'arrière-saison.

Les reines-marguerites couronnées ont un grand éclat, grâce à leur centre blanc. Le bord seulement est coloré; elles ont tout à la fois l'éclat et la richesse de coloris.

La corbeille o (fig. 68) sera plantée tout entière en hortensias, corbeille unicolore. Le rose se voit de très-loin et ressortira heureusement sur les massifs voisins.

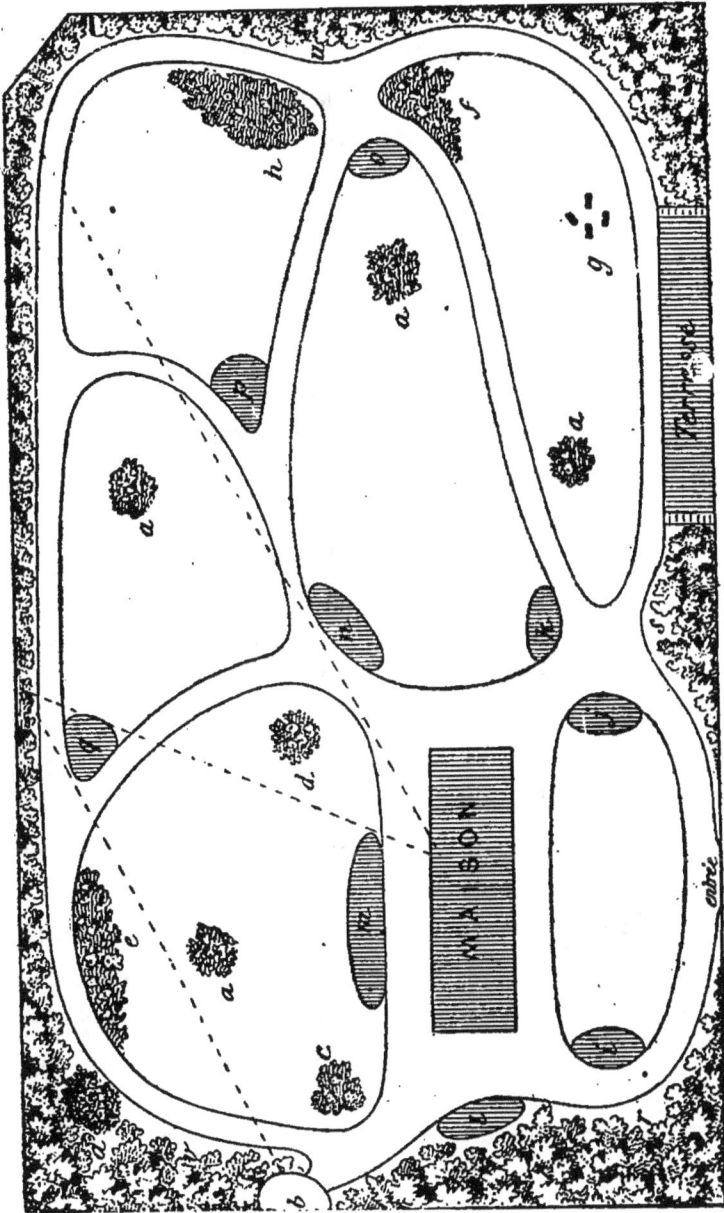

Fig. 68. — Distribution des corbeilles de fleurs.

La corbeille p (fig. 68) sera plantée d'abord avec des primevères, qui seront remplacées par des dahlias de diverses couleurs, en plaçant les blancs, les jaunes et les couleurs claires sur les bords, pour faire ressortir la corbeille dans le lointain.

La corbeille q (fig. 68) sera semée de pavots doubles de toutes nuances, qui seront remplacés par des chrysanthèmes.

Nous planterons ensuite un groupe de bégonias discolores en r (fig. 68), entre la grille d'entrée et la corbeille n; un autre groupe de la même plante en s (fig. 68), entre la grille et la terrasse.

Nous placerons en u (fig. 68) un groupe de zinnias à couleurs lumineuses : jaune, blanc, orange, rose, etc.; en v (même figure), près du kiosque, deux groupes de roses trémières.

Quelques fleurs isolées devant les massifs du tour et entre les groupes : reines-marguerites naines, tigrides, balsamines, zinnias, agératums, soucis, coréopsis, etc., placés suivant leurs couleurs sombres ou lumineuses, termineront la plantation des fleurs.

Enfin nous terminerons l'opération par une bordure de violettes des quatre-saisons, de la grille d'entrée au kiosque, et de la grille d'entrée à l'escalier de la terrasse ; une bordure de ficoïdes de t à u (fig. 68), et une autre de violettes et de primevères alternées de u au kiosque, comprenant tout le fond et une partie des deux côtés du jardin.

Disons avant de terminer que tout doit être constamment fleuri dans le jardin, aussi bien les corbeilles que

17.

les groupes et les fleurs isolées. Aussitôt qu'une espèce de fleur est passée, il faut l'enlever pour la remplacer par une autre prête à fleurir.

Le carré D du potager est assez riche pour pourvoir à tous les élevages de fleurs possibles (voir le *Potager moderne*), sans dépense aucune, comme sans culture spéciale.

Que le lecteur ne s'effraie pas de la quantité de fleurs à élever et à mettre en pépinière dans le carré D du potager. Cette culture était prévue lorsque j'ai déterminé l'assolement des potagers, et grâce à cet assolement, les produits sont doublés et les dépenses diminuées de moitié.

Je n'ai donné des fleurs, dans ce chapitre, que ce qui était indispensable pour le travail intellectuel ; plus loin, à la culture spéciale des fleurs, travail matériel, je donnerai tous les moyens possibles pour les obtenir facilement, en profusion et avec la plus grande économie.

CHAPITRE XVIII

Ornementation. — Habillage des troncs d'arbres.

Un arbre isolé est assurément le plus bel ornement d'une pelouse ; mais son tronc dénudé présente un aspect tellement désagréable, que souvent on serait tenté de renoncer aux arbres isolés pour s'épargner la vue du tronc.

Ce que j'avance est tellement vrai, que beaucoup de propriétaires ayant du goût ont fait planter des lierres au pied de leurs arbres, pour en cacher le tronc. Ils savent pertinemment que le lierre planté au pied des arbres et s'enracinant dans leur écorce abrége sensiblement leur existence ; mais ils préfèrent la perte de quelques arbres à la vue par trop prosaïque du tronc.

Rien de plus facile que de conserver indéfiniment les arbres isolés et de faire en même temps de leur tronc un des plus jolis ornements des parcs et des jardins ; il n'y a pour cela qu'à les habiller.

Je veux habiller les troncs d'arbres de la manière la plus élégante, mais aussi la plus hygiénique, afin de conserver le plus bel ornement des pelouses le plus longtemps possible. Commençons donc par le vêtement hygiénique : la chemise, afin d'assurer à nos arbres santé et longue existence ; ensuite, nous couvrirons cet indispensable vêtement de riches feuillages et de fleurs luxuriantes.

Le contact de l'air est indispensable au tronc de l'arbre, pour décomposer et désagréger ses vieilles écorces. Il ne faut donc que laisser de l'air entre le tronc de l'arbre et les branches de la plante avec laquelle on veut le cacher, pour obtenir à la fois la santé de l'arbre et la décoration de son tronc. La chemise d'habillage remplit ce but.

Rien de plus simple ni de moins coûteux. Voici de quoi se compose la chemise d'habillage :

1° De trois rondelles en fer (fig. 69), faites en deux pièces (*a* et *b*, même figure), réunies par le boulon *c*, qui permet de l'ouvrir, et se fermant solidement avec une cheville *d* (même figure), et percées de trous du diamètre du fil de fer n° 17, placés à 10 ou 12 centimètres de distance les uns des autres (*e*, même figure).

Cette rondelle doit toujours avoir un diamètre excédant de 20 centimètres au moins celui des arbres, afin de laisser un vide contre le tronc.

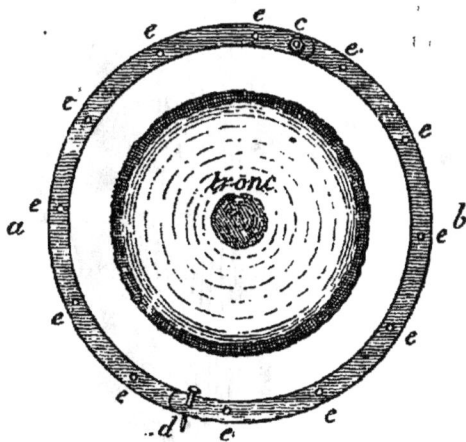

Fig. 69. — Rondelle de chemise d'habillage.

Cette rondelle porte trois pattes de fer plat, assez mince pour faire ressort, et placées à égale distance sur son périmètre (*a*, fig. 70). Aussitôt la rondelle fermée, les pattes font ressort sur le tronc de l'arbre et l'y fixent, sans l'empêcher de grossir ni déterminer d'étranglements. Au fur et à mesure que l'arbre grossit, les pattes s'écartent.

Il est urgent que les pattes soient recourbées en *b* (fig. 70), comme je l'indique, pour les empêcher d'entrer dans les écorces et même de les meurtrir. J'insiste sur cette recommandation, parce que je sais la tendance du commerce à modifier les modèles que je lui donne, et souvent il les rend impraticables en les détériorant par ignorance ou par économie.

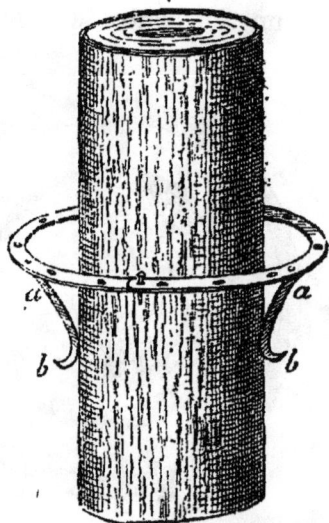

Fig. 70. — Attaches des rondelles.

On emploie trois rondelles par tronc d'arbre ; on pose la première (*a*, fig. 71) à 40 centimètres du sol ; la seconde *b*, à la même distance de la naissance des branches, et la troisième *c* au milieu.

Cela fait, on coupe des fils de fer galvanisés n° 17

de la longueur voulue, et on les passe dans les trous (*d*, même figure), puis on les enfonce de 4 à 5 centimètres dans le sol, pour leur donner toute la solidité désirable.

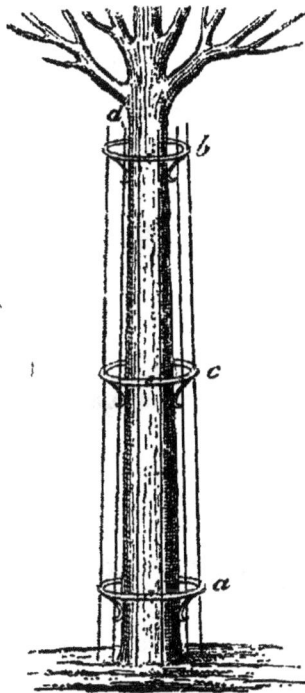

Fig. 71. — Pose des rondelles et des fils de fer.

Les fils de fer posés, tout est terminé ; l'arbre est pourvu de son vêtement indispensable ; il n'y a plus qu'à planter.

J'ai donné ce modèle de chemise d'arbres, parce que c'est le plus solide, qu'il est très-facile à poser et que j'ai l'espérance de voir le commerce le fabriquer à un prix honnête.

On peut faire des chemises d'habillage tout en fil de fer : ce serait peut-être plus économique ; je laisse aux spécialistes le soin de trouver quelque chose de simple, bon marché et pratique.

En attendant les élucubrations du commerce, bon nombre de propriétaires voudront habiller leurs arbres tout de suite, et ils auront raison. Comme ils pourraient manquer de chemises d'habillage, je vais leur donner le moyen d'en faire très-économiquement.

Après s'être assuré de la grosseur de l'arbre à habiller et de la hauteur à donner à la chemise, on coupe ses fils de fer.

Trois longueurs de fil de fer galvanisé n° 14, pour remplacer les rondelles par un fil de fer tortillé en deux.

Admettons que l'arbre ait 20 centimètres de diamètre ; il en faut 40 environ pour la chemise d'habillage : 40 centimètres donnent 1m 20 de tour.

Nous couperons donc trois bouts de fil de fer galvanisé n° 14 de 2m 90 de long, pour les ployer en deux à la longueur de 1m 20 et garder un bout de 10 centimètres pour fermer notre chemise d'habillage.

Cela fait, on coupe quatorze fils de fer galvanisés n° 17, de la longueur, de la hauteur à donner à la chemise d'habillage, et en ajoutant une longueur de 5 centimètres pour piquer en terre. Ensuite on redresse ces fils de fer au marteau, pour qu'ils soient tous bien droits.

Maintenant, il faut remplacer les pattes par des fils de fer. Nous coupons neuf bouts de fil de fer galvanisé n° 14, de la longueur de 60 centimètres, qui, ployés en deux et tordus ensemble, nous donneront une longueur de 30 centimètres, suffisante pour les pattes.

Toutes nos longueurs coupées, nous procédons à la confection.

On enfonce dans un mur un clou à crochet bien solide (*a*, fig. 72) ; on y accroche le fil de fer ployé à 1ᵐ 40, pour faire les rondelles ; on serre avec une pince pour que le fil de fer prenne bien la forme de la tête du clou. C'est la boucle qui fermera la rondelle (*b*, même figure).

Cela fait, on tortille ensemble les deux bouts, bien serrés et bien également.

Fig. 72. — Fil de fer tortillé.

On retire le fil de fer du clou ; on l'arrondit d'abord avec les doigts, puis on le pose sur un moule à cloches économiques (fig. 73), où, d'un coup de marteau donné tout autour, on le rend aussi rond qu'un morceau de fonte.

Le moule à cloches économiques est d'autant plus commode pour cette opération qu'il offre des diamètres différents.

Voilà la rondelle ; il nous faut des pattes.

Nous tortillons ensemble nos neuf bouts de fils de

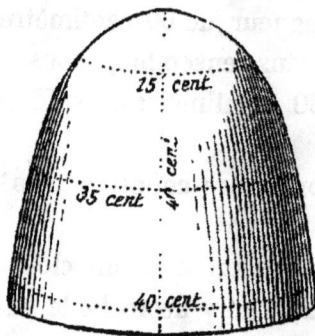

Fig. 73. — Moule à cloche économique.

fer galvanisés n° 14, longs de 60 centimètres, comme nous l'avons fait pour les cercles. Le bout *a* (fig. 74) formera l'extrémité de la patte, et les deux bouts *b* (même figure) serviront à la fixer sur la rondelle.

Les deux bouts de fil de fer de la patte (*b*, fig. 74), seront tortillés très-serrés sur la rondelle *a* (fig. 75) ; le

Fig. 74. — Patte de rondelle tortillée.

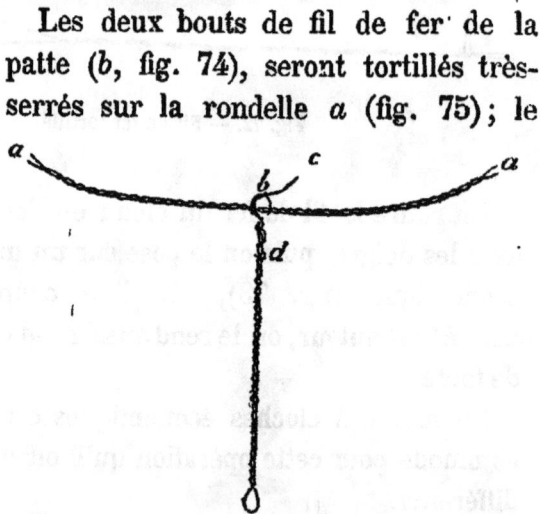

Fig. 75. — Attache des pattes.

bout de fil de fer *b*, terminant la patte, sera tortillé en *b* sur la rondelle, y fera deux tours en *c*, et viendra se tortiller au pied en *d* ; le fil de fer *c* sera tortillé de même.

Lorsque les trois pattes seront fixées à distance égale sur la rondelle, il suffira de la poser sur le moule à cloches économiques, et d'aplatir les attaches avec un marteau, pour leur donner la solidité de la soudure.

Nos pattes sont posées ; il s'agit maintenant de leur faire faire ressort, pour les maintenir sur le tronc de l'arbre, qu'elles serreront juste pour les empêcher de se déplacer, et pas assez pour gêner son accroissement.

Nos pattes sont posées en bas (*a*, fig. 76) ; il suffit de les relever en dehors de la rondelle, en *b* (même figure), et de leur donner la forme voulue (*c*, même figure), pour qu'elles serrent naturellement l'arbre et y maintiennent la rondelle.

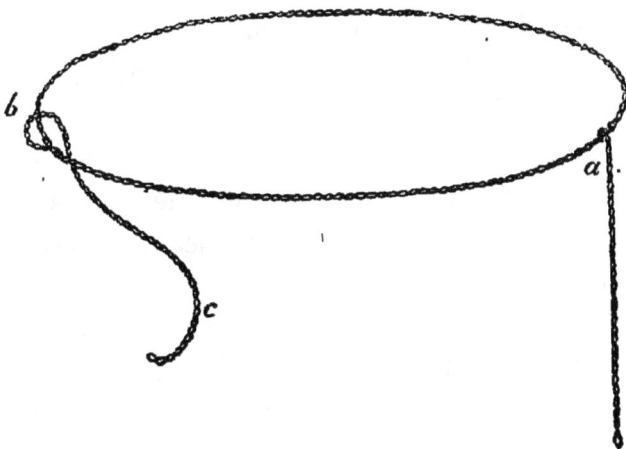

Fig. 76. — Pattes faisant ressort.

Dans ces conditions, les trois pattes serrent l'arbre en bas (*a*, fig. 77); il n'y a plus qu'à poser la rondelle, passer le fil de fer *b* dans la boucle *c*, le tortiller solidement, et vous avez une rondelle parfaitement ronde et tenant en place toute seule.

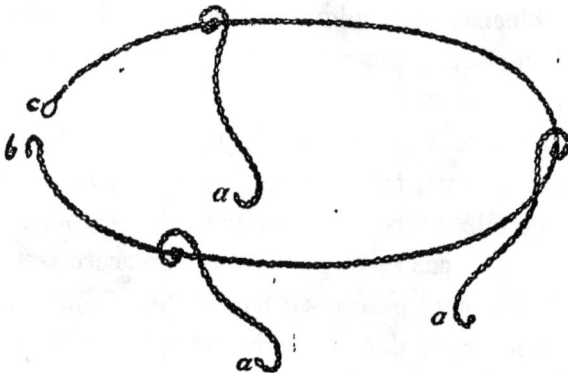

Fig. 77. — Effet des pattes.

On place trois rondelles sur le tronc de l'arbre : la première à 40 centimètres du sol, la seconde à 40 centimètres de la naissance des branches, et la troisième au milieu.

Cela fait, on enfonce de 5 centimètres en terre les fils de fer galvanisés nº 17, qui ont été coupés à la longueur voulue et redressés au marteau, à 10 centimètres de distance.

On attache ces fils de fer sur les rondelles, en haut d'abord, pour les bien ajuster de hauteur, au milieu ensuite, et en dernier lieu en bas, avec du petit fil de fer galvanisé nº 5.

Le fil de fer nº 5 est aussi souple qu'une ficelle ; on

le tortille comme on veut, et lorsque les attaches sont bien serrées avec la pince, elles ne coulent jamais.

Notre chemise terminée présentera l'aspect de la figure 78.

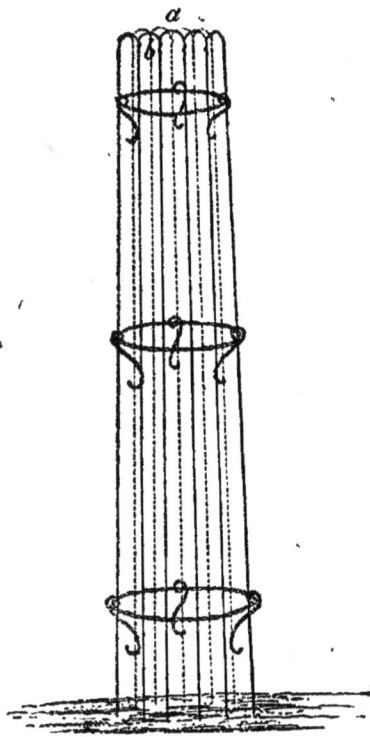

Fig. 78. — Chemise d'habillage.

Pour la terminer, nous replierons les bouts du haut (*a*, fig. 78) en arceaux, et nous les tortillerons en *b* (même figure), pour augmenter encore la solidité.

Une observation encore : il est de *première néces-sité* que les fils de fer de la chemise d'habillage soient placés verticalement. Si vous remplacez les fils de fer verticaux, comme je l'indique, par du treillage, ainsi que l'ont conseillé des marchands *très-forts* en horticulture, voici le résultat que vous obtiendrez :

Les plantes volubiles ne monteront pas sur le treillage, après lequel elles ne peuvent s'enrouler. Non seulement votre but sera manqué, mais encore votre jardin ressemblera à une cité de volières. Des fils de fer droits, rien autre chose, pour les chemises d'habillage.

N'importe qui, jardinier ou tout autre, s'il sait se servir de ses mains, peut confectionner des chemises d'habillage en grande quantité, et à un compte de revient insignifiant.

J'ai voulu atteindre ce but, parce que je sais d'avance le succès de l'arbre habillé ; on commencera par un ou deux, et l'on finira par tous quand on en aura vu l'effet.

Les arbustes grimpants peuvent être employés comme les fleurs pour l'habillage des arbres.

Pour les arbustes, on fait un trou avec ménagement entre les grosses racines ; on mélange du terreau ou du fumier très-consommé à la terre, et l'on plante.

Pour les fleurs, on laboure autour du tronc de l'arbre une largeur de 40 centimètres de terre environ que l'on recharge de 20 centimètres de bonne terre mélangée de terreau.

Il ne faut jamais craindre d'ajouter un peu de terre au pied d'un grand arbre, ni d'y faire un trou entre les grosses racines. L'arbre ne se nourrit pas par le corps des grosses racines, mais par l'extrémité des petites, des spongioles, qui sont à plus d'un mètre du pied de

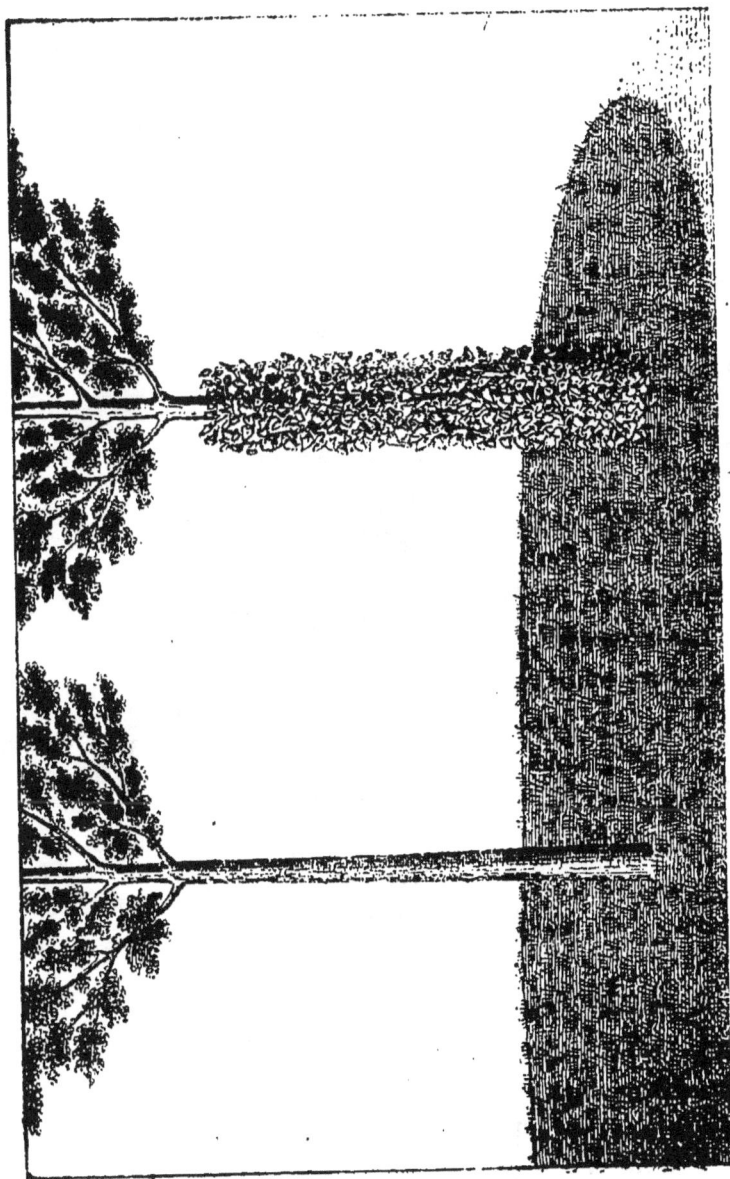

[Fig. 79. — Arbre nu. — Le même habillé.

l'arbre. Évitez de couper des grosses racines ; c'est la seule précaution à prendre.

Les arbustes grimpants à employer pour l'habillage des arbres sont les suivants :

Arauja à fleurs blanches, feuilles vertes (persistantes), fleurs blanches.

Bignonie, feuilles vertes (caduques), fleurs orangées du plus bel effet.

Les *clématites* à grandes fleurs surtout, feuilles vertes (caduques), fleurs blanches, bleues, roses et lilas, suivant les variétés.

Decumaria grimpant, feuilles vertes (persistantes), fleurs blanches, odorantes, en grappes.

Les *chèvrefeuilles* à feuilles persistantes, donnant à la fois la verdure continuelle, les fleurs et le parfum (voir à la liste des arbustes grimpants, page 228.)

Les *passiflores*, feuillage persistant et fleurs abondantes.

Les *rosiers* grimpants à feuilles persistantes et à fleurs jaunes, roses et blanches. (Voir rosiers, page 229.)

Nous ajouterons aux rosiers grimpants :

Le *rosier jaune*, qui s'emporte sans cesse par le haut, et couvre en quelques années une chemise d'habillage sur laquelle ses abondantes et belles fleurs produisent un effet éblouissant.

Toutes les plantes grimpantes peuvent être employées pour l'habillage des arbres ; les préférables sont :

Les *volubilis*, produisant le plus joli effet et fleurissant une partie de la journée à l'ombre.

L'*ipomée* écarlate, dont la fleur est insignifiante ;

mais sa feuille abondante forme de très-belles colonnes.

Les *boussingaultias*, feuillage vert des plus riches, végétation très-rapide, fleurs insignifiantes. mais odorantes.

Les *grandes capucines*, produisant un très-joli effet dans le lointain, etc., etc. (Voir à la liste des plantes grimpantes.)

On choisira, bien entendu, les feuilles persistantes ou caduques pour les arbustes, comme la couleur des fleurs, suivant la distance à laquelle les arbres seront placés, et la même règle sera aussi observée pour toutes les plantes employées pour l'habillage des arbres.

L'habillage des arbres, lorsqu'il est bien exécuté, apporte la gaîté dans tous les jardins et la vie dans les parcs les plus monotones.

CHAPITRE XIX

Ornementation. — Les kiosques.

Les kiosques peuvent entrer dans les plus grands parcs, comme dans les plus petits jardins, et l'on peut en faire de toutes saisons, ouverts pour l'été seulement, ou fermés pour se garantir des fraîcheurs du printemps et de l'automne, comme de tous les prix.

La grandeur des kiosques doit toujours être proportionnée à celle du jardin. Une grande construction dans
un petit jardin le diminue de moitié en apparence; une
petite construction dans un grand parc fait l'effet d'un
jouet d'enfant oublié sur une pelouse.

En général, les kiosques doivent être élevés pour dominer la vue de la campagne, et souvent celle d'une
rue; ce sont les cas qui se sont présentés dans les deux
jardins dont nous venons de faire le plan.

Les kiosques élevés, outre l'avantage de la vue, nous
permettent d'introduire un peu de rocaille dans les jardins trop petits pour y placer un rocher, et le dessous
est une ressource des plus précieuses pour établir une
petite serre à légumes ou même une serre à outils, ce
qui fait toujours défaut dans les petites propriétés.

On peut établir dans les jardins les plus petits un
kiosque ouvert, monté sur rocaille. Le prix de revient
en est modéré; il offre à la fois un abri agréable et une
ressource domestique, tout en faisant paysage.

Si dans l'un des jardins dont nous avons fait le plan
nous établissons le kiosque ouvert (fig. 80) monté sur
rocaille, nous aurons l'avantage de créer un sous-sol
propre à divers usages : serre à légumes, cellier, glacière, ou simplement une serre à outils pour empêcher
le jardinier de nous laisser dans toutes les allées des
bêches, des râteaux, des ratissoires, arrosoirs, etc., etc.,
et quelquefois des pots à fleurs et des paillassons pendant des semaines entières, sous le prétexte qu'il n'a
pas d'endroit pour les ranger.

Une porte de clôture au sous-sol, tout est rangé et

. 18

caché, et vous aurez le droit de vous promener dans votre jardin sans butter à chaque pas sur les outils du jardinier, les pots et les paillassons, qui ont un aspect très-peu pittoresque.

Il va sans dire que nous avons ménagé dans la rocaille de la base des *cuvettes*, pour y planter des plantes d'ornement et les cacher en partie. Il est beau de voir des pierres, mais pas avec excès ; il en est des pierres comme de toutes les choses excellentes : il en faut, mais avec modération.

Dans nos plantations, nous avons mis des gynériums, des bambous, etc., etc., plantes à grand effet, dans le voisinage du kiosque ; en y ajoutant les plantes jetées dans la rocaille, la moitié des pierres est cachée, et nous avons une masse de pierres suffisante, des mieux ornée et accompagnée par le feuillage et les fleurs.

Reste notre kiosque, dont il faut dissimuler l'intérieur, pour nous soustraire aux regards indiscrets, et l'orner tout à la fois.

Nous planterons au pied de chacun des montants un arbuste grimpant : chèvrefeuille, clématite, jasmin, passiflore, bignonie, rosiers grimpants, etc., etc., suivant la distance, et aussi l'éclat, l'effet et le parfum que nous voudrons obtenir.

Nous couronnerons notre œuvre par quelques jardinières aux points *a* (fig. 80), placées sur la clôture à hauteur d'appui. Ces jardinières en bois rustique, par conséquent en harmonie avec la construction, renfermeront des fleurs à effet, ayant pour but d'orner et d'embaum. le kiosque, et dont le feuillage défendra l'intérieur des regards indiscrets de l'extérieur.

Fig. 80. — Kiosque construit sur rocaille.

Ajoutons aux jardinières quelques suspensions remplies de plantes tombantes en *b* (fig. 80), et nous aurons réuni toutes les conditions qu'exige une construction rustique ouverte: abri, décoration, richesse de feuillage et de fleurs, et l'avantage de voir partout sans être vu de nulle part.

Le kiosque dont je donne le modèle (fig. 80) peut être construit contre un mur de clôture et est des mieux installés pour réunir tous les avantages que l'on cherche souvent en vain : vue du paysage, de la rue et effet de l'habitation.

Quand le jardin a une certaine étendue, on peut remplacer le simple kiosque par un kiosque-salon, également monté sur rocaille. Celui représenté par la figure 81 est beaucoup plus grand que le précédent, mais aussi moins élevé. Malgré son peu d'élévation, le dessous pourra être utilisé comme serre à outils ou caveau à champignons.

Nous planterons, comme au précédent, six arbustes grimpants à feuilles persistantes, et à fleurs variées de couleur, au pied de chacun des montants. Ces arbustes diminueront sensiblement, par leurs feuilles et leurs fleurs, la largeur des ouvertures.

Ajoutons à cela des jardinières bien garnies de fleurs en *a*, sur les appuis, et des suspensions portant des plantes tombantes en *b* (fig. 81) ; nous serons presque clos par le feuillage et par les fleurs.

Pour complément, nous aurons les plantes jetées dans les anfractuosités de la rocaille et celles qui l'environnent; le tout formera un joli et frais salon d'été que l'on préférera souvent à celui de l'habitation en juin, juillet et août, parce que l'on y trouvera la vue, la fraîcheur et les fleurs.

Le kiosque devient souvent un objet de nécessité, dans les grands jardins comme dans les parcs. Il est utile d'en construire à de grandes distances de l'habitation, pour faire paysage, animer un endroit désert, et aussi se reposer ou se mettre à l'abri pendant une promenade, ou lorsque vous êtes surpris par la pluie.

Fig. 81. — Kiosque-salon.

et quelquefois pour tirer à votre aise quelques lapins ou guetter une bête fauve.

Dans ce cas, le kiosque est construit à la hauteur du sol et fait avec la plus grande économie : du bois rustique choisi dans les coupes, et une couverture en chaume.

18.

On plante, comme toujours, un arbuste grimpant au pied de chaque montant de charpente, et des fleurs grimpantes : volubilis, boussingaultias, coloquintes, etc., sur tout le périmètre.

Tout cela envahit bientôt tout le tour et forme clôture.

Ce kiosque est construit dans un endroit éloigné, peu visité ; pas de fleurs, de jardinières ni de suspensions : c'est du style agreste qu'il lui faut. Une clématite ou un lierre montant par dessus le toit sera d'un charmant effet. De l'agreste, du champêtre, dans l'acception du mot, c'est ce qui est préférable pour un kiosque éloigné et isolé comme celui que représente la figure 82.

Si, ce qui arrive souvent, vous avez à l'extrémité d'un très-grand jardin ou d'un parc une belle vue, que la configuration du terrain ne vous permette pas d'apercevoir l'habitation, n'hésitez pas à y élever une construction rustique dominant la vue.

On choisit un point culminant pour y établir un kiosque-salon dans le genre de celui de la figure 83. Par derrière, une muraille vous défendant des vents, construite en bois rustique rempli de torchis (mélange d'herbe et de terre forte) ; devant, une colonnade en bois uni, raboté et peint en gris ou en jaune clair, pas de vert surtout, et une rampe de terrasse dans les mêmes conditions, le tout surmonté d'un toit de chaume. On trouve tout cela sur n'importe quelle propriété à peu près pour rien, et le propriétaire peut toujours être son architecte pour une construction comme celle-là.

J'ai fait le fond en rustique et le devant en bois tra-

vaillé, parce que je veux un contraste. Derrière, du côté
du bois, il me faut une cabane de terre couverte de
lierre, en harmonie avec le bois ; devant, du côté de la

Fig. 82. — Kiosque champêtre.

vue, un kiosque élégant et fleuri. C'est une *surprise*
quand on sort du bois.

Je veux le devant riant et fleuri, parce qu'il domine
une jolie vue et que le promeneur, fatigué d'un long
trajet et aussi de la régularité du bois qu'il a fallu tra-

verser pour y parvenir, retrouvera là, la vue et les fleurs, la vie et la gaîté.

Il nous suffira de quelques arbustes à fleurs au pied des colonnes, de quelques fleurs pour orner le balcon, de quatre suspensions placées aux ogives et de quelques arbustes dispersés en avant de notre construction pour

Fig. 83. — Kiosque-salon.

en faire un petit paradis, souvent visité, et auquel on viendra toujours avec plaisir, parce que l'on y trouvera un contraste frappant, les traces de l'art au milieu de l'agreste et du grandiose.

Si le point culminant vous manque pour établir votre kiosque, vous arriverez au même résultat en vous exhaussant d'un étage. Le rez-de-chaussée de la construction (fig. 84) servira d'abord à établir un escalier commode pour arriver au premier, et ensuite à serrer diverses choses, soit des ustensiles de chasse ou de

Fig. 84. — Kiosque à deux étages.

pêche, qu'il est toujours fort ennuyeux de traîner avec soi, et même au besoin un petit caveau pour serrer quelques rafraîchissements pendant les grandes chaleurs, et que l'on ne sera pas fâché de trouver les jours de chasse et de pêche laborieuse.

La construction est éloignée de l'habitation ; je l'ai dit dans le principe. Si on doit l'apercevoir dans le lointain, il faudra l'établir en maçonnerie, comme dans la figure 84, pour que le blanc, vivement éclairé, s'aperçoive de très-loin et tranche sur les masses vertes. Dans le cas contraire, une charpente brute et du torchis pour remplir suffiront.

Au premier, nous aurons un abri sûr et une terrasse circulaire dominant la vue de tous côtés.

Quelques arbustes à fleurs et quelques plantes grimpantes achèveront la décoration de cette construction, placée dans la solitude et où, lorsque l'on sera fatigué du monde et de trop nombreuses visites, on viendra s'isoler, rêver et penser tout à son aise.

Enfin, pour terminer la série des kiosques, j'en donne un fermé qui peut être placé, avec ou sans élévation, dans les jardins moyens commme dans les grands parcs. Ce kiosque, du plus joli effet (fig. 85), a été exécuté par M. Prunières, charpentier à Sannois, et pris dans son album.

Je suis d'autant plus heureux de donner l'hospitalité dans ce livre au kiosque de M. Prunières, ainsi qu'à d'autres dessins qui seront publiés plus loin, que M. Prunières habite mon village.

C'est un artiste dans l'acception du mot, laborieux, opiniâtre, aimant son métier et s'y donnant tout entier, ce qui est rare de nos jours. M. Prunières, bien que très-employé par des architectes, qui lui confient des tra-

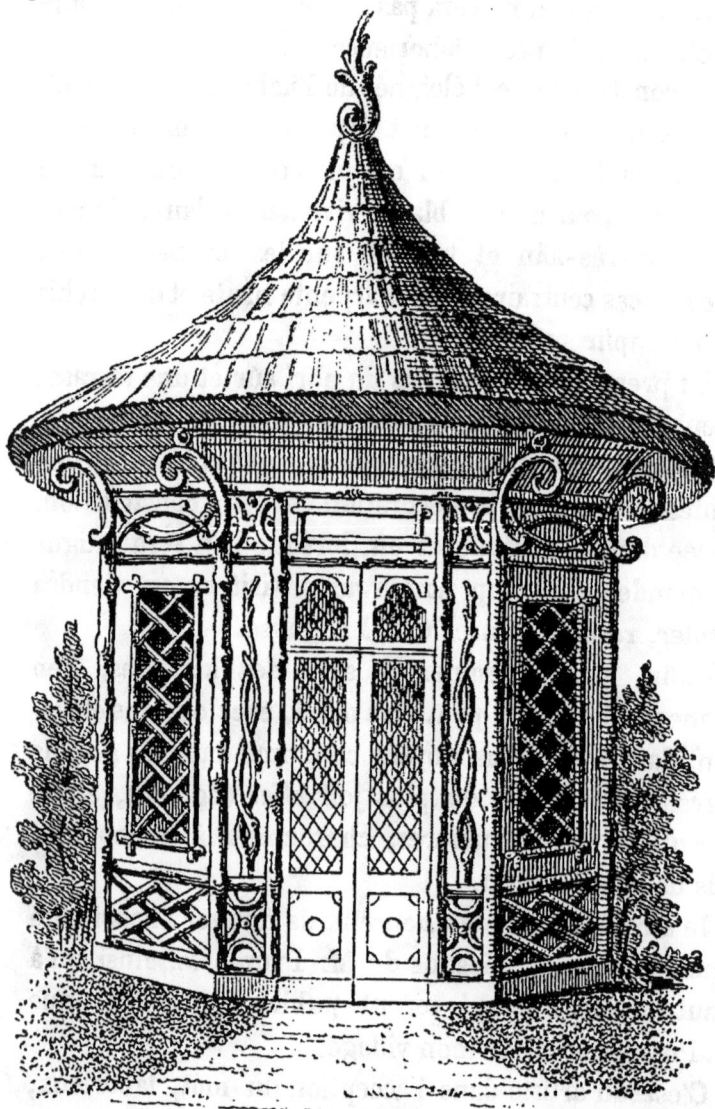

Fig. 85. — Kiosque fermé, exécuté par M. Prunières, charpentier
à Sannois (Seine-et-Oise).

vaux dans toutes les contrées de la France, est peu connu du public. C'est une bonne fortune pour mes lecteurs que de connaître un artiste sérieux et consciencieux en toutes espèces de constructions rustiques. A ce titre, je m'empresse de donner l'adresse de M. *Prunières*, charpentier à *Sannois* (Seine-et-Oise).

Ce charmant kiosque est parfaitement clos; il peut au besoin servir de boudoir ou de lieu de repos, où l'on peut laisser des livres, etc., etc., et dont on peut mettre la clé dans sa poche.

CHAPITRE XX

Ornementation. — Terrasses.

Les terrasses sont appelées à rendre les plus grands services dans les parcs comme dans les jardins de toutes les dimensions.

Nous diviserons les terrasses en trois séries :

1º Les terrasses rustiques ;

2º Les terrasses naturelles ;

3º Les terrasses artificielles.

Les terrasses rustiques ne peuvent être établies que dans les grands parcs. Leur principal architecte est la nature ; c'est elle qui fournit la grosse œuvre ; il ne nous reste qu'à y ajouter quelques ornements.

Il n'est pas rare de trouver à l'extrémité d'un grand parc, et souvent perdu dans les broussailles, les ronces et les épines, un monticule très-élevé, du sommet duquel on domine toutes les vues environnantes, et dont la présence est à peine trahie par une butte verte formée par les arbres qui le couvrent.

Ce monticule, destiné à devenir l'endroit le plus attrayant du parc, reste inaperçu ; quelquefois on le connaît, mais on n'ose s'y aventurer, parce que souvent il se termine d'un côté par une espèce de précipice.

Attendons l'hiver, c'est-a-dire la chute complète des feuilles, pour nous mettre à l'œuvre. Nous y sommes ; écartons les ronces et les épines, et commençons notre inspection : nous voilà au sommet.

Nous apercevons à travers les branches presque tout ce qui nous environne : villages, plaines, bois, coteaux et riants lointains ; une vue splendide ! Et ce trésor-là se trouve souvent enfoui dans un parc triste et monotone.

Le lendemain nous revenons avec cinq ou six bûcherons et prenons pour objectif les principaux points de vue. Nous posons des jalons et faisons faire immédiatement une trouée aboutissant à chaque vue.

Nous commençons à voir clair ; un splendide paysage se déroule autour de nous, et de plus nous dominons le parc et le château.

Nous traçons avec sept ou huit jalons l'emplacement d'un tertre et faisons aussitôt abattre le taillis, en réservant les grands arbres et quelques bouquets de bois par ci par là.

Cette fois, nous y voyons clair tout à fait. Notre tertre offre un site ravissant, mais il se termine d'un côté par une pente assez brusque pour inquiéter les promeneurs.

Avant tout, la sécurité ; nous allons nous la donner d'abord, et ensuite embellir notre tertre à bien peu de frais.

Nous avons du bois de coupé ; nous faisons choisir

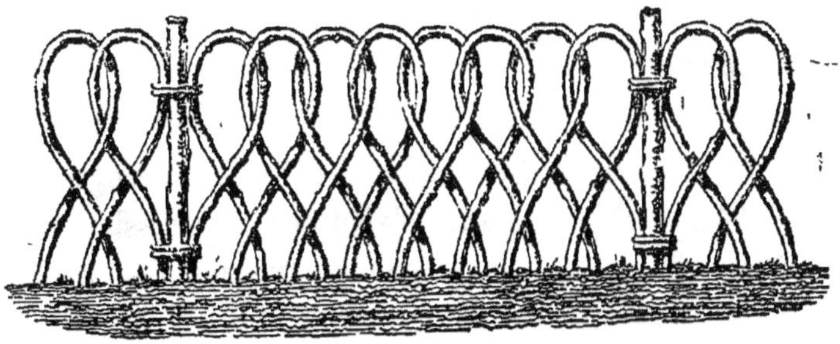

Fig. 86. — Barrière faite avec des branchages.

par les bûcherons la quantité de piquets nécessaires pour border notre précipice.

Ces piquets seront en chêne ou en acacia, les deux bois durant le plus longtemps en terre ; ils auront une longueur totale de 1m 50, 1 mètre hors terre, et 50 centimètres seront enfoncés dans le sol, et un diamètre de 8 à 10 centimètres. Pour être bien assuré de leur solidité et pour prolonger leur durée, nous ferons passer toute la partie destinée à être enterrée au coaltar.

On enfonce les piquets en terre à la distance de 3 mètres environ, puis on prend des branchages courbés au feu, que l'on enfonce par chaque bout dans le sol, en les entrelaçant comme l'indique la figure 86. Quelques maillons de fil de fer galvanisé n° 14 sur les piquets, et de fil de fer n° 12 aux points de jonction des branchages, et nous avons une clôture des plus solides, ayant 1 mètre de hauteur.

Il va sans dire que notre barrière suivra la pente du précipice, c'est-à-dire qu'elle s'abaissera progressivement de 1 mètre, *a, o,* au sol, à partir de l'endroit où il n'y a plus de chutes à redouter.

Nous devons, surtout dans un endroit agreste, éviter la ligne droite, en hauteur comme en longueur. Notre barrière devra donc s'abaisser progressivement des deux côtés, et suivre la courbe du précipice, quitte à la rectifier si elle est disgracieuse.

Tout danger est conjuré, bien facilement, comme vous le voyez, cher lecteur. Cherchons maintenant le point central de notre tertre, celui d'où l'on domine tout ce qui nous entoure.

Nous y sommes ; l'horizon est complet. Nous plantons quatre jalons : c'est l'emplacement d'une baraque.

Tout de suite à l'œuvre : déblayons l'emplacement de la baraque. Pendant ce temps-là, on choisit le bois nécessaire à la charpente, du bois rustique, avec son écorce, et l'on érige la carcasse. Quelques bottes de paille pour la couverture, et du torchis pour remplir les vides, feront tous les frais de la construction.

Si vous avez du bois de débité, vous pouvez établir

la charpente en bois de sciage (fig. 87), mais je préfère le rustique. Voici pourquoi :

Notre baraque n'est qu'un objet provisoire, destiné pour le moment à mettre à l'abri vous-même et les ouvriers qui travaillent dans le parc, et à servir de resserre. Mais il y a cent à parier contre un que, lorsque notre œuvre sera achevée, la baraque disparaîtra pour faire place à une construction rustique

Fig. 87. — Baraque provisoire.

plus complète, parce que la terrasse rustique deviendra la promenade favorite et créera une vue au château.

La baraque élevée, nous établissons autour une large place, en laissant quelques grands arbres pour nous donner de l'ombre et quelques touffes de taillis pour cacher les endroits défectueux.

Ensuite nous ouvrons deux ou trois allées pour

arriver facilement à notre terrasse, et faisons le dernier abattage de bois.

Nous avons une terrasse dessinée et plantée ; reste à l'orner. Tout est agreste ; l'ornement doit être en harmonie avec le fond.

Quelques morceaux de rocher, si nous en avons, jetés dans les flancs de la montée, avec des genêts, des ajoncs, du romarin, etc., pour les accompagner.

Quelques pieds de lierre, de chèvrefeuille, de clématites et quelques graines de volubilis jetées au milieu de tout cela, le long de la barrière, c'est tout ce qu'il faut pour l'orner.

Sur les bords et en avant des massifs de taillis conservés, quelques pieds de genêts, de chèvrefeuilles, de mahonias, de fusains, de rosiers de Bengale pour les terminer ; rien de plus.

Comme fleurs, des ajoncs, des romarins, des digitales, des campanules, des pervenches, des volubilis, en un mot toutes celles ayant le caractère de fleurs des champs.

Tout cela n'a demandé ni grande dépense, ni grand travail, n'exige pas d'entretien coûteux, et, avec presque rien, nous avons chassé l'ennui du parc.

Les terrasses naturelles sont la conséquence de brusques mouvements de terrain dans la propriété. On s'est contenté le plus souvent de construire, pour soutenir les terres, un mur qui s'élève jusqu'à hauteur d'appui sur la terrasse, et un escalier pour y monter. C'est l'état dans lequel nous trouvons presque toutes les terrasses naturelles.

Et cependant la terrasse plaît, séduit et attire, malgré son état de nudité et de délabrement. On vient toujours sur la terrasse, quel que soit son état d'abandon on y vient, quitte à se faire griller par le soleil, parce que l'on y voit quelque chose. C'est l'observatoire de la maison ; on vient quand même, et souvent on ne va que là, parce que là est la vie et que tout le reste est monotone.

Toutes les fois qu'il sera possible de couvrir une terrasse, il faudra la convertir en salon d'été.

Parfois, cela est impossible, quand, par exemple, la couverture obstruerait la vue de l'habitation, ou encore si elle est placée à une trop grande distance de l'habitation. Dans ce cas, il faut se contenter de la décorer, pour en rendre l'aspect agréable.

D'abord, nous supprimerons le mur plein à hauteur d'appui, pour le remplacer par un mur à jour (fig. 88).

Fig. 88. — Mur à jour.

On peut construire ces murs à peu de frais, et avec tous les matériaux : briques, ciment, pierres, plâtre, etc., et en varier les modèles à l'infini.

Le mur établi, qu'il soit plein ou à jour, on en

décore le dessus avec des vases, des jardinières, etc., contenant des fleurs.

Quand la terrasse a une certaine étendue, on peut ajouter des arbres exotiques en caisses, des groupes de poterie de fleurs et même des corbeilles de fleurs. J'en parlerai longuement à la décoration.

Mais toutes les fois que nous pourrons placer sur la terrasse des palissages de 2 à 3 mètres d'élévation, pour supporter des plantes grimpantes, nous la convertirons en salon d'été.

Ce salon d'été aura d'immenses avantages : l'ombre, la fraîcheur, les fleurs et leur parfum, plus la vue partout, sans que personne puisse voir chez vous.

Les terrasses peuvent être parfaitement défendues des rayons du soleil et des regards indiscrets, en les couvrant entièrement ou en les laissant à ciel ouvert.

Il y a plus d'air dans les terrasses à ciel ouvert; les fleurs y viennent plus facilement, mais on y est moins complètement abrité du soleil.

La charpente des terrasses à ciel ouvert s'établit ainsi :

Les murs pleins sont préférables ; ils ont une élévation de 70 à 80 centimètres ; il vaut mieux 70 centimètres pour les terrasses couvertes. On scelle solidement à chaque extrémité, de chaque côté et à la distance de 3 mètres, des montants en fer ayant la hauteur de 3 mètres à partir du sol, c'est-à-dire que l'on déduira de la hauteur totale de 3 mètres, à partir du sol, celle du mur.

Si le mur a une hauteur de 80 centimètres, les montants devront avoir 2m 20, non compris le scellement. Si le mur a 70 centimètres, il nous faudra des montants de 2m 30, qui, scellés sur le mur, nous donneront une hauteur totale de 3 mètres à partir du sol.

Ces montants, bien que demandant de la solidité, ne doivent pas être massifs ; du fer de 20 millimètres est suffisant pour donner toute garantie. Ils seront percés de trous tous les 50 centimètres, pour passer un fil de fer ou un rivet, et d'un trou en haut pour y introduire un autre rivet.

Nous ajusterons sur ces montants des panneaux de 3 mètres de large et de 2m 20 à 2m 30 de haut, suivant l'élévation du mur, ayant une ouverture de croisée dans le milieu (fig. 89).

Les panneaux peuvent être faits en bois ou en fer. Le fer est toujours préférable, en ce qu'il est plus léger, plus solide et d'une durée indéfinie.

Lorsque j'ai pris la peine de faire exécuter mes modèles de palissages de jardin fruitier, je suis arrivé à établir le fer au prix du bois. J'ai donné tous ces modèles à la maison de quincaillerie horticole *Derouet*, 4, rue du Bouloi, à Paris ; il sera facile à cette maison d'établir des panneaux de terrasse dans les mêmes conditions.

A tout événement je donne un modèle en fer et fil de fer des plus simples et des plus économiques à établir, et que le premier serrurier de village pourra confectionner.

Les deux montants *a* (fig. 89), sont en fer plat de 24 millimètres de longueur et de 5 d'épaisseur ; ils se terminent par 2 scellements *b*, qui les fixeront solidement dans le mur, et percés de trous à la distance de 50 centimètres, pour les fixer avec des rivets sur les montants.

La barre de dessus (*c*, même figure) est en fer carré de 14 millimètres, pour offrir toute la solidité désirable,

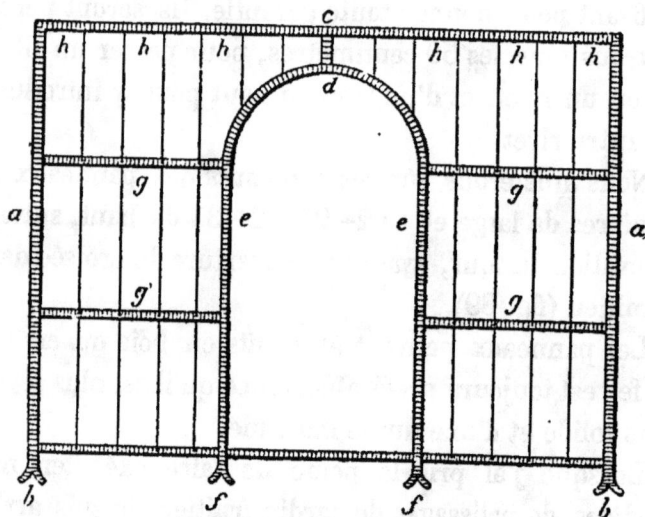

Fig: 89. — Panneau de terrasse en fer.

et maintient par le haut la fenêtre *e* avec la barre de fer *d*.

La fenêtre *e* (fig. 89) est faite également en fer carré de 14 millimètres, et terminée par deux scellements (*f*, même figure) qui la maintiendront sur le mur.

En *g* (fig. 89), quatre barres de fer plat de 15 millimètres, percées de trous pour maintenir les fers ronds

19.

de 5 millimètres (*h*, même figure). Ces fers ronds seront placés à 35 centimètres de distance environ, rivés par le haut dans la barre *c* (même figure), et scellés dans le mur par le bas.

Ce modèle, très-solide, est peu coûteux et des plus faciles à exécuter.

Je le livre à l'industrie qui, j'en suis convaincu, fera mieux, et peut-être meilleur marché encore, avec l'aide de ses connaissances pratiques; mais je lui recommanderai, comme pour les chemises d'habillage, de conserver les lignes verticales, sur lesquelles les plantes volubiles peuvent seules s'enrouler.

Nous avons terminé nos montants par un rivet; ce rivet est destiné à fixer l'armature du dessus. Elle se compose de quatre barres de fer rond, de 12 millimètres, placées en croix sur les montants (fig. 90).

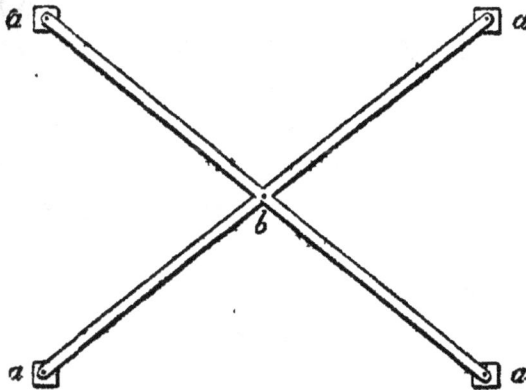

Fig. 90. — Dessus de terrasse à ciel ouvert.

Chaque extrémité est fixée sur les montants (*a*, même figure) par les rivets dont je viens de parler. Au centre, en *b* (même figure), un crochet pour attacher une suspension.

Le dessus de la terrasse offre un aspect des plus pittoresques avec ses guirlandes de feuillage et ses suspensions bien fleuries. Les quatre lignes croisées suffisent à briser les rayons solaires, et la végétation est toujours luxuriante sur ces terrasses.

On pourrait faire les montants en bois; mais pour obtenir la solidité voulue, il faudrait leur donner de 7 à 8 centimètres d'épaisseur : ce serait très-massif.

Cependant il est une combinaison qui peut donner les meilleurs résultats aux propriétaires récoltant du bois qui leur revient à peu de chose : ce serait d'établir les supports en fer comme les précédents, et confectionner le panneau avec du chêne ou du châtaignier courbé au feu.

Ces bois se travaillent bien; on les emploie comme on le veut, et ils peuvent rendre de grands services pour ces sortes de choses. On fixe les panneaux de bois après les montants avec des fils de fer passés dans les trous faits aux montants tous les 50 centimètres.

Quand on emploie du bois, le point capital est d'éviter le massif. Le panneau terminé, on le peint à l'huile avec trois couches de gris, et non en vert.

On peut donner aux fenêtres toutes les formes possibles, les dessiner rondes, carrées, suivant les goûts, aussi bien qu'en ogives ou en formes orientales, selon le style du château et du jardin, et cela aussi bien avec le fer qu'avec le bois.

Lorsque le panneau de la terrasse est posé, on place

une jardinière remplie de fleurs (*a*, fig. 91) sur le mur à hauteur d'appui ; à chaque ouverture une suspension (*b*, même figure), en haut de chaque croisée ; alors notre panneau de terrasse, planté et décoré, présente l'aspect de la figure 91.

Fig. 91. — Panneau de terrasse planté et décoré.

Une terrasse ainsi disposée produit un effet splendide ; elle attire tous les regards et enchaîne les promeneurs, et, disons-le tout de suite, tout cela peut s'exécuter avec la plus grande facilité comme la plus grande économie ; je le prouverai plus loin à la décoration. Il faut savoir, et ensuite savoir commander, rien de plus.

Un jour de fête, mettez des lanternes vénitiennes dans tout cela ; vous aurez une illumination remarquable. Pendant les soirées d'été, contentez-vous de quelques lanternes distribuées pour éclairer les fleurs ; vous obtiendrez un effet magnifique (fig. 92.)

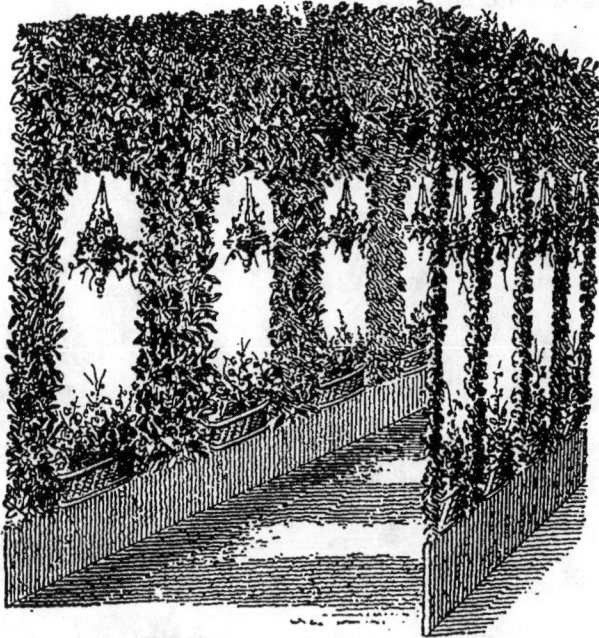

Fig. 92. — Aspect général d'une terrasse à ciel ouvert.

Pour les grandes terrasses, celles que l'on rencontre assez souvent dans les vieux châteaux, présentant un terre-plein finissant presque à pic sur un ravin, et offrant une vue splendide , on se contente d'une bordure de panneaux comme celui de la figure 91, dont les montants sont solidement scellés dans le mur qui soutient les terres.

Les terrasses artificielles conviennent particulièrement aux petits jardins. Elles sont presque toujours construites pour dominer une rue, dans un endroit menaçant de devenir désert, et où l'on trouve une vue qu'il n'est possible d'apercevoir que sur une élévation.

C'est le premier but de la terrasse artificielle.

Le second est de nous apporter un précieux secours pour augmenter les communs, et cela sans élever de constructions gênantes pour les dimensions de la propriété.

Prenons pour exemple le jardin fig. 47, page 256. Nous avons dans ce jardin une longueur considérable sans vue. Tout l'angle formé par la ligne de vue, à partir de la grille d'entrée jusqu'à l'angle droit que nous avons coupé, pour y établir un *saut-de-loup*, serait infailliblement voué à devenir un désert, si nous n'y avions construit une terrasse dominant la vue.

Nous élèverons cette terrasse de 2 mètres au-dessus du sol; le dessous nous donnera un excellent cellier, une serre à légumes et des serres à outils, ou au besoin une orangerie ou même des remises.

Le dessus, couvert comme je vais l'indiquer, formera le salon d'été le plus attrayant qu'il soit possible de rencontrer. Il plongera sur la rue, dominera l'habitation et les deux vues de la propriété. Grâce à notre terrasse, le futur désert va devenir l'endroit le plus riant et le plus fréquenté du jardin.

Commençons par le dessous, la base, c'est-à-dire la construction de notre terrasse. Nous voulons utiliser le dessous. Dans ce cas, nous aurons à construire un seul

mur par devant (celui qui clot la propriété est tout bâti),
et un plancher ou une voûte, appuyés sur les deux
murs et formant le sol de la terrasse.

Si le dessous de la terrasse est destiné à faire une
orangerie ou des remises, et même tous les deux, nous
n'aurons guère à construire que des piliers qui rece-
vront des portes vitrées ou pleines.

Nous cacherons ces piliers avec des arbustes grimpants : glycines, jasmins, bignonies, chèvrefeuilles, rosiers grimpants à feuilles persistantes, etc., etc.

Dans le cas où nous aurions les remises et l'orangerie ailleurs, nous consacrerons le dessous à trois choses
manquant à peu près partout :

1° Une serre à légumes avec tous ses accessoires
(fig. 93), sans laquelle il est impossible de conserver
convenablement les légumes donnant la provision de
tout l'hiver, et une quantité de plantes. (Voir le *Potager moderne* pour l'aménagement de la serre à légumes et la construction.)

2° Une resserre un peu grande, pouvant contenir les
paillassons, les châssis, les cloches, les tuteurs, les
brouettes, etc., etc., qui traînent toujours dans les
allées ou dans les massifs, quand il n'y a pas d'endroit
spécial pour les ranger.

3° Une resserre plus petite, spécialement destinée
aux outils, et où ils doivent être tous accrochés et
non jetés pêle-mêle, et nettoyés avant de les accrocher.

Lorsque les terrasses sont très-larges, on construit
une voûte qui est chargée avec de la terre. Les profon-

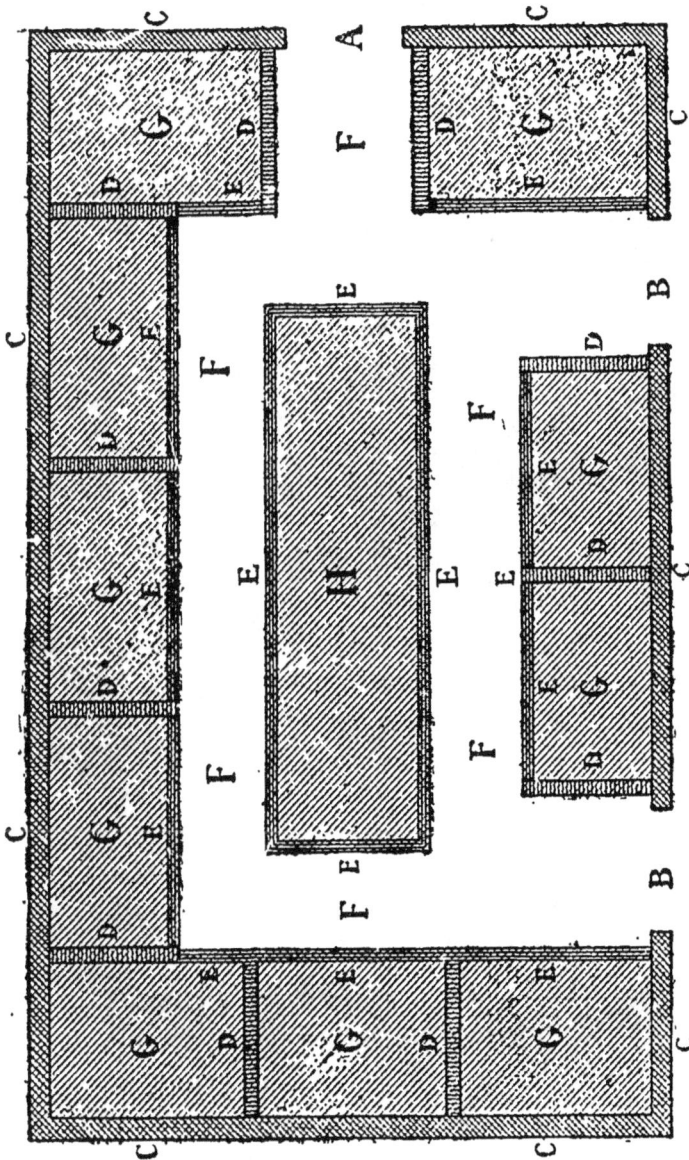

Fig. 93. — Plan de la serre à légumes.

deurs (*a*, fig. 94) permettent de planter des arbustes d'une certaine force sur la terrasse.

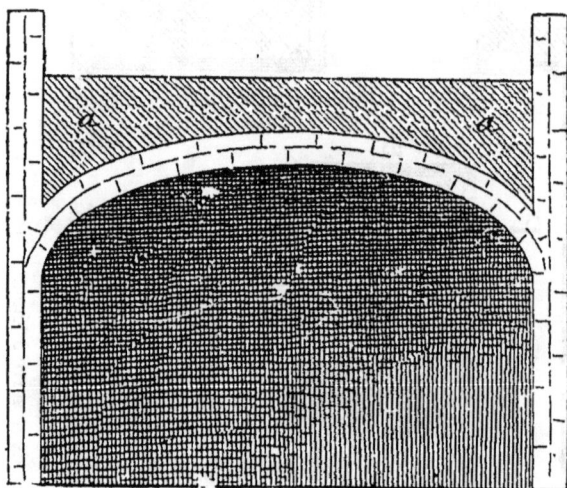

Fig. 94. — Voûte de terrasse.

Quand la terrasse n'est pas très-large, un plancher avec charpentes en fer suffit.

Les petits murs de 70 centimètres bordant la terrasse de chaque côté sont pleins; cela offre plus de solidité pour les scellements.

Les terrasses artificielles pourront être établies à ciel ouvert, comme les précédentes, mais il est préférable de les couvrir entièrement, pour former un salon d'été complet. Le plus souvent, la propriété est entourée de maisons, et il est rare qu'il ne s'en trouve pas une dont les croisées des étages supérieurs plongent chez vous.

La terrasse couverte a en outre l'avantage de donner une ombre complète à toute heure de la journée.

La charpente se compose d'arceaux au lieu de montants. On fait les arceaux en fer de 18 à 20 millimètres, et ils sont scellés dans le mur d'appui, comme les montants dont nous avons parlé.

La forme des arceaux varie suivant la largeur de la terrasse, les vues à garder et le style du jardin. On les fait simplement arrondis, quand la terrasse est étroite, le jardin petit, ou qu'il y a une vue à ménager du premier par dessus la terrasse (fig. 95).

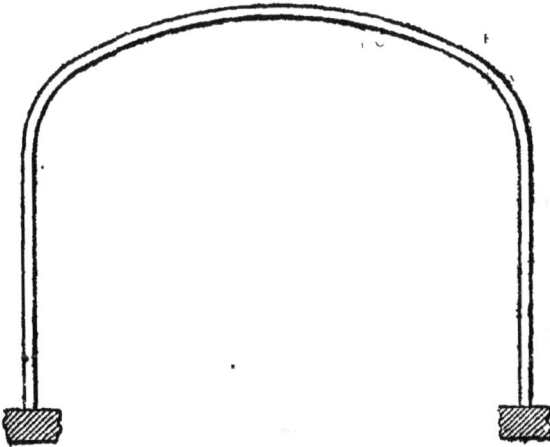

Fig. 95. — Arceau bas.

Mais quand la terrasse a une certaine largeur, que le jardin est assez grand pour ne pas craindre de l'écraser, et qu'il n'y a pas de vues à ménager, on donne plus d'élévation à la couverture de la terrasse (fig. 96).

Les arceaux sont scellés, comme les montants, à la

distance de 3 mètres dans le mur d'appui, et, quelleque soit leur hauteur, ils sont garnis de panneaux de 3 mètres, avec fenêtres, et ornés de suspensions et de jardinières, comme celui de la figure 91, page 336, jusqu'à la naissance de la courbure.

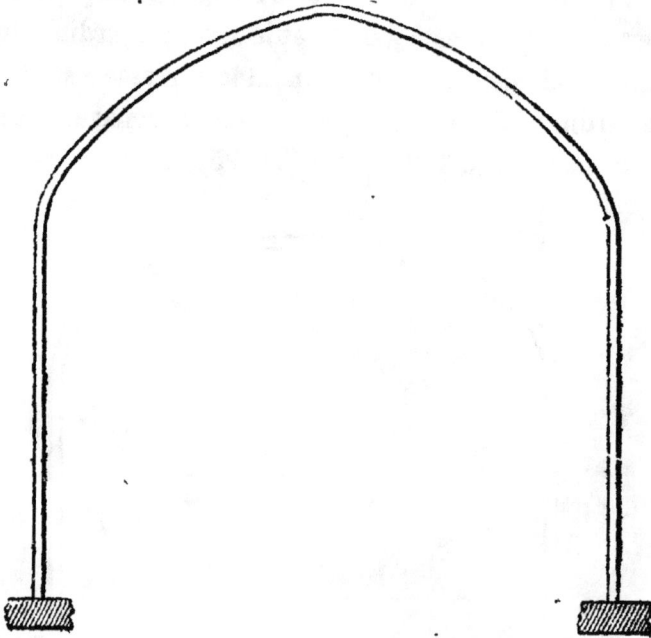

Fig. 96. — Arceau élevé.

Sur toute la partie cintrée on place, à partir de la courbure des arceaux, pour les relier entre eux, des barres de fer à T, à la distance de 60 centimètres les unes des autres (*a*, fig. 97). Le fer à T offre une très-grande solidité, tout en étant très-léger, et par conséquent d'un prix peu élevé.

Les arceaux sont percés d'un trou entre les barres, pour poser un fil de fer entre chacune d'elles, et faciliter le palissage des plantes grimpantes (*b*, fig. 97).

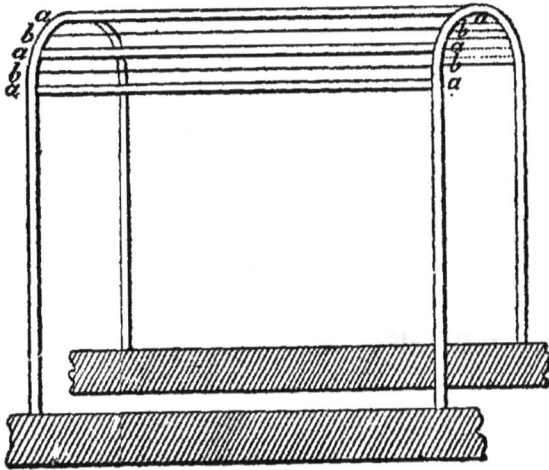

Fig. 97. — Dessus de terrasse couverte.

La terrasse est entièrement fermée avec des murailles et une voûte de verdure et de fleurs. On est complètement chez soi, dans son salon d'été, et les nombreuses fenêtres, ornées de jardinières et de suspensions, produisent le plus joli effet, et nous permettent de voir partout, sans être vu de nulle part.

En outre, la demi-obscurité qui règne sous la terrasse fait doublement ressortir les points de vue, comme les jardinières et les suspensions, vivement éclairées. L'effet est complet.

Les suspensions ne sont pas possibles au milieu d'une terrasse couverte ; les fleurs ne viendraient pas à l'ombre. Il ne faut placer les suspensions qu'aux deux derniers arceaux, ceux formant l'entrée et la sortie, et aux fenêtres.

La terrasse artificielle, construite, plantée et décorée avec goût, devient souvent l'œuvre capitale et l'endroit le plus agréable comme le plus fréquenté du jardin.

CHAPITRE XXI

Ornementation. — Tonnelles et salles vertes.

Je ne parlerai des tonnelles que pour mémoire, et ne pas être accusé de les avoir oubliées. La tonnelle, surtout quand elle est couverte de vigne, est ce qu'il y a de plus affreux et du goût le plus révoltant dans un jardin. Le raisin y mûrit rarement; mais le feuillage de la vigne appelle la bouteille de vin bleu.

J'ai signalé l'existence des tonnelles ; laissons-les aux marchands de vins et aux gargotiers en activité ou en retraite; ils en ont le monopole : gardons-nous bien de le leur disputer.

Si je proscris la tonnelle de tous les jardins, il n'en sera pas de même de la salle verte. J'entends par salle verte un endroit ombragé, créé avec art, et non cet affreux berceau en treillage bien massif, peint en vert bien dur, sur lequel on essaie en vain de faire monter des plantes volubiles qui ne franchissent jamais les carrés formés par le treillage. Vous avez pour vue la cage verte, et le malheureux qui s'est fait un pareil cadeau n'ose jamais s'y asseoir, tant il redoute d'être pris pour un oiseau emprisonné dans une clôture d'osier.

Nous envoyons les berceaux avec les tonnelles ; il y a une telle similitude entre eux, qu'ils ne peuvent manquer de faire un excellent ménage. Laissons-les en paix, et passons aux salles vertes.

. La salle verte est un endroit de repos dans un jardin créé avec goût ; tout doit y être naturel surtout. En conséquence, proscription absolue des armatures lourdes, des treillages massifs, de tout ce qui ressemble à une clôture. Il en faut une, mais elle doit être des plus légères, et entièrement cachée par le feuillage.

Il y a deux espèces de salles vertes : les grandes, taillées dans les grands massifs d'énormes parcs, et les petites, ménagées dans les massifs factices des jardins petits et moyens.

Les grandes salles vertes servent dans les grandes propriétés de lieu de repos, de rendez-vous de chasse ou de pêche, etc., etc. Elles sont le plus souvent taillées en plein bois, au centre de quelques beaux arbres assurant un ombrage sérieux.

On agrandit un peu le cercle pour jeter artistement quelques arbustes d'ornement autour et dans les clairières.

La grande salle verte ne demande pas autre chose.

Quelquefois, lorsqu'elle est très-grande, on peut laisser un grand arbre au centre pour y être plus à l'ombre, et on peut placer sur le corps de cet arbre un toit de roseaux pour se mettre à l'abri en cas d'averse fig. 98).

Fig. 98. — Arbre portant un toit.

Ce modèle a été exécuté par M. Prunières, charpentier à Sannois (Seine-et-Oise), et que je me suis fait un plaisir de signaler comme un artiste du meilleur goût pour toutes les constructions rustiques.

Cette couverture, artistement posée sur le tronc d'un gros arbre, fait paysage, produit le meilleur effet dans un grand parc et offre un abri souvent précieux aux promeneurs.

Cette charmante construction convient aussi bien à un arbre isolé ou placé sur la bordure du bois qu'au centre d'une salle verte.

Toutes les grandes salles vertes doivent être taillées largement et conserver un caractère agreste. Les petites, tout en gardant leur caractère naturel, doivent être en harmonie avec le jardin.

Les petites salles vertes, uniquement destinées aux jardins petits et moyens, peuvent être à ciel ouvert; le plus souvent on les couvre, autant pour s'assurer un ombrage complet que pour les orner avec quelques fleurs.

Les salles vertes à ciel ouvert, dessinées avec le jardin, sont plantées avec des arbustes d'ornement ayant un beau feuillage et donnant des fleurs.

Il faut bien se garder d'élaguer l'intérieur au croissant, lorsque les branches s'allongent trop; ce serait affreux. On n'élague pas l'intérieur; on le taille, afin de conserver à l'intérieur du feuillage des branches tombant naturellement, au lieu d'y former au croissant une ignoble muraille couverte de chicots.

Supposons que la branche fig. 99 anticipe des trois-quarts sur l'intérieur de la salle verte. Coupez-la en *a*, au-dessus des deux premiers rameaux, que vous taillerez également en *b* pour les forcer à se ramifier ; opérez de même toutes les branches qui envahissent l'intérieur de votre salle verte ; vous lui aurez rendu toute sa grandeur, et lorsque les premières feuilles auront poussé, on ne s'apercevra pas de la taille, tant le feuillage sera abondant, et les rameaux tomberont naturellement.

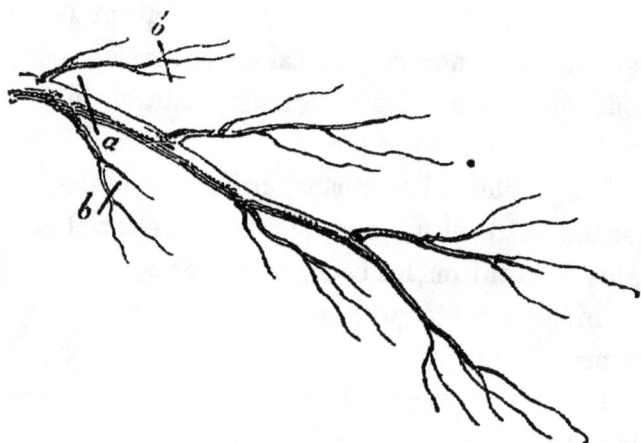

Fig. 99. — Taille de l'intérieur d'une salle verte

Les salles vertes couvertes exigent une armature pour soutenir les arbustes grimpants et les plantes volubiles qui la couvriront ; mais cette armature doit être des plus légères, et se composer en partie de fils de fer invisibles.

L'industrie a fait de très-jolies petites salles vertes

en fer. Il n'y a qu'à voir celles exposées dans les
maisons spéciales et choisir. Il existe de très-jolies
choses, je ne saurais trop le dire ; mais, outre l'inconvénient de coûter assez cher, elles sont encore trop
massives pour l'effet qui doit être produit ; c'est une
édition augmentée de la cage à perroquet.

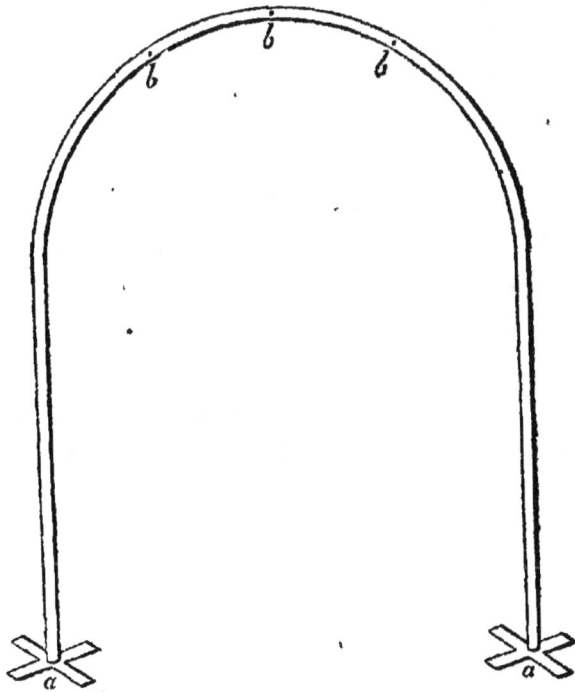

Fig. 100. — Porte de salle verte.

Tout doit être naturel dans une salle verte couverte ;
c'est la première condition, je ne saurais trop le répéter, et il faut éviter les cages, fussent-elles de remarquables objets d'art. Nous allons faire une armature
naturelle, que l'on n'apercevra pas, et à bon marché,

tout en donnant les meilleures garanties de solidité et de durée.

Il nous faut d'abord une porte, et une porte large; on ne doit pas entrer dans une salle verte comme un lapin dans son terrier.

Notre porte sera faite d'un seul morceau de fer courbé en arceau par le haut, ou de deux pièces rivées ensemble et terminées en bas par une croix en fer (*a*, fig. 100), et on fera percer trois trous en *b* (même figure), pour passer un crochet destiné à porter des suspensions.

On prendra, pour la porte, du fer à T, de 20 millimètres ; c'est très-résistant, et léger à la fois. Les croix terminant les bouts sont en fer plat, rivé sur le bout des montants.

Pour le tour, nous prendrons des montants en fer à T, de 20 millimètres, également terminés par une croix (*a*, fig. 101), de la longueur de 1ᵐ 50 à 2 mètres, suivant la grandeur de la salle verte, et portant quatre agrafes en fer rivées sur le montant. La première sera placée à 50 centimètres environ du sol, la seconde en haut, et les deux autres à distance égale (*b*, fig. 101).

Ajoutons à cela quatre bandes de fer plat de 15 millimètres, de la longueur du tour de la salle verte, et un grand fer à T, de 25 millimètres, haut de 3 mètres si les montants ont 1ᵐ 50, et de 4 mètres s'ils ont 2 mètres, portant en haut une rondelle percée de trous, et en bas une croix en fer, comme la porte et les montants ; voilà toute notre charpente.

On fait un trou de 50 centimètres de profondeur au

centre de la salle verte; on unit bien le fond; on y
introduit un peu de béton fait avec du ciment et des
petites pierres; on pose la grande barre de fer bien
d'aplomb, puis on la scelle en terre avec quelques pierres
et du ciment.

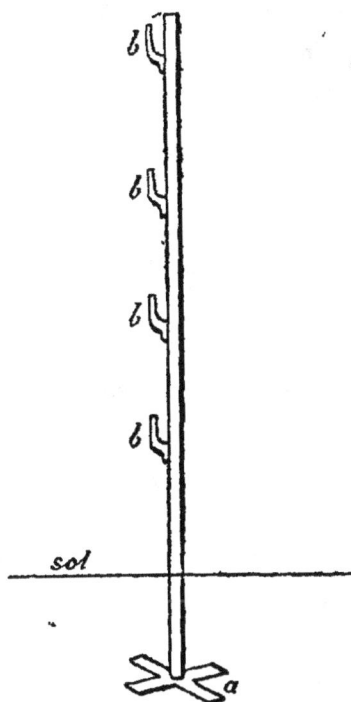

Fig. 101. — Montants pour la salle verte.

Cela nous fait un montant au milieu de notre salle
verte. Nous y mettrons une table ronde, dont le
montant sera le centre; elle nous servira à poser un
livre, un bouquet, votre ombrelle ou toute autre chose.
Autour du montant, sur le milieu de la table, vous

établirez une petite jardinière qui entourera le montant, et dans laquelle vous sèmerez des volubilis qui convertiront la barre de fer en une colonne de fleurs.

Notre centre bien établi, nous posons la porte de la même manière, puis les montants à 2 mètres de distance. Le point du centre fixé, on fait un rond parfait ou une ovale, à volonté.

Lorsque le ciment est bien pris, on rebouche les trous, et l'on passe ensuite les bandes de fer plat dans les agrafes des montants.

Deux rivets sur les montants de la porte, et un coup de marteau sur la tête de l'agrafe, le cercle est fixé ; vous avez une armature légère, des plus solides et du meilleur marché.

Un cercle de fer rond, de 8 millimètres environ et de 1^m 60 à 2 mètres de diamètre, avec deux rouleaux de fil de fer, l'un n° 14 et l'autre n° 10, termineront l'opération.

On augmentera ou l'on diminuera le diamètre du cercle, suivant que l'on voudra obtenir la voûte de verdure de la salle verte plus ou moins élevée, large, ou en pointe par le haut.

Admettons que le jardin ait une certaine étendue et qu'une voûte de fleurs et de verdure élevée n'écrase rien. Dans ce cas, nous placerons un cercle très-grand (*a*, fig. 102), presque du diamètre de la salle verte (*b*, même figure).

On fixe le cercle *a* (fig. 102) au montant *c*, placé au centre de la salle verte, avec quatre bouts de fil de fer galvanisé n° 14 (*d*, même figure), coupés d'égale lon-

20.

gueur. Un bout est passé dans les trous de la rondelle qui termine le montant, et avec l'autre on fait deux tours sur le cercle.

Le cercle placé, les deux fils de fer c (fig. 102) nous donnent la forme exacte du dessus de notre salle verte.

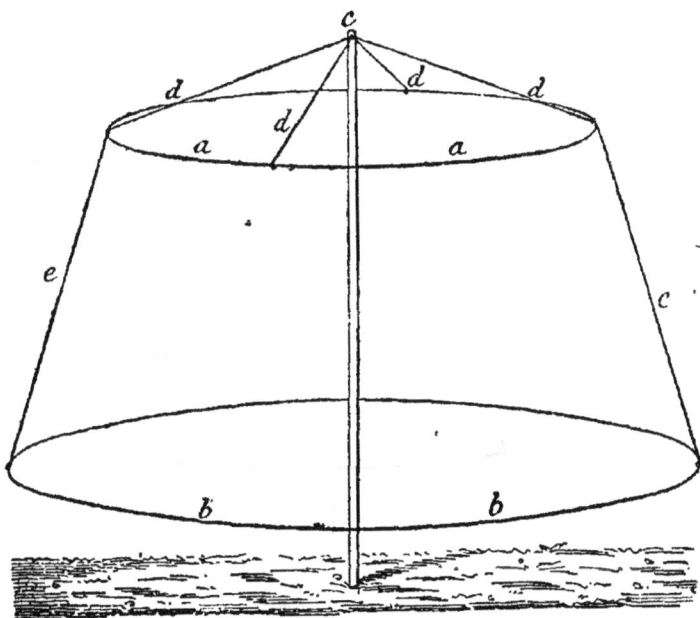

Fig. 102. — Dessus do salle verte large.

Si, au contraire, le jardin manque d'étendue et que nous voulions diminuer en apparence le dessus de la salle verte, afin de le rendre moins lourd, rien de plus facile avec deux cercles.

Le premier (a, fig. 103), très-petit, sera fixé, comme je viens de l'indiquer, à l'extrémité du montant central; le second, plus grand (*b*, même figure), sera également fixé au-dessous de la même manière, et enfin les deux fils de fer *d*, partant de la rondelle du montant pour aboutir au premier cercle de l'armature de la salle verte (*c*, même figure), nous donnent la forme du dessus : une couverture pointue.

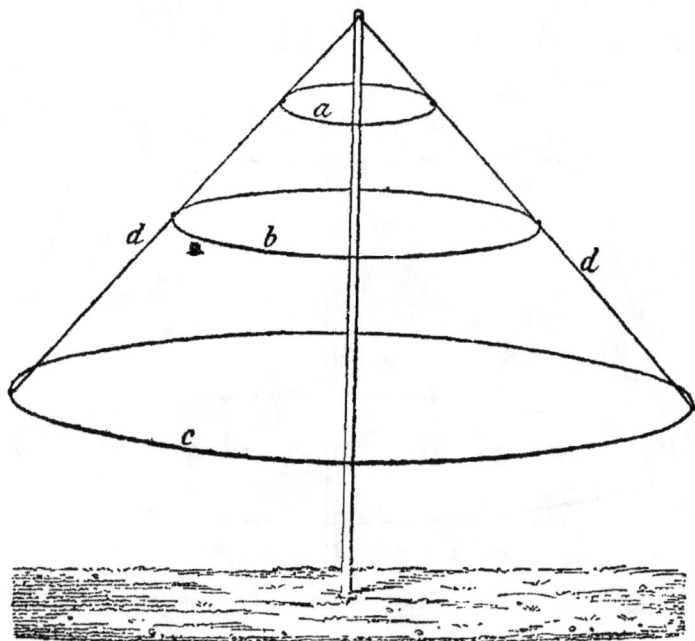

Fig. 103. — Dessus de salle verte pointu.

Le ou les cercles destinés à donner la forme du dessus ne sont jamais posés que lorsque les scellements sont bien pris, les trous rebouchés et les agrafes fermées, enfin quand toute la charpente de la salle verte est bien consolidée.

J'ai dit que l'on fermait les agrafes avec un coup de marteau. Une explication et même une figure est utile pour les personnes qui poseront la charpente elles-mêmes ou la feront poser par des hommes peu habitués à manier le fer.

L'agrafe est tout simplement une patte de fer plat rivée sur le montant par le bas (a, fig. 104), et dont le haut (b, même figure), reste ouvert. On passe la bande de fer plat en c ; elle entrera assez facilement pour l'y faire glisser, afin de l'ajuster pour former un rond parfait.

L'ajustage fait, on ferme l'agrafe pour lui donner la fixité du rivet. Un homme pose un marteau en d, pour maintenir le coup, et l'on frappe en b sur la tête de l'agrafe, pour la ployer sur le cercle en fer plat. Lorsqu'elle est fermée, elle entoure complètement le cercle de fer plat et le fixe sur le montant avec une solidité égale à celle du rivet (e, fig. 105).

Fig. 104. — Fermeture des agrafes.

Le ou les cercles posés, comme je l'ai indiqué, et bien fixés par conséquent, on procède à la pose du reste des fils de fer. Nous en mettrons une quantité plus ou moins grande, suivant ce que nous voudrons planter autour de notre salle verte, soit des arbustes grimpants pour la couvrir très-vite, ou des arbustes et des plantes grimpantes pour augmenter l'épaisseur de la couverture, l'orner de fleurs et lui donner le parfum.

Pour les arbustes grimpants, des fils de fer à la distance de 60 centimètres suffiront pour les palisser, et aussi pour donner à la couverture une solidité assez grande pour braver tous les coups de vent.

Les fils de fer ont pour but de consolider le dessus de la salle verte en remplissant les fonctions de haubans, et ensuite de palisser les arbustes grimpants, afin d'en former une muraille et une voûte de verdure.

Quand il y a deux cercles pour former le dessus de la salle verte, et qu'ils sont maintenus chacun par quatre fils de fer, on coupe des bouts de fil de fer galvanisé n° 14, de la longueur de l'extrêmité du montant du milieu au sol, en laissant en plus une longueur de 30 centimètres environ pour les tours qui seront faits sur la charpente, et enfoncer l'extrémité dans le sol.

On passe dans les trous de la rondelle a (fig. 105) le nombre de fils de fer nécessaires pour qu'il y ait entre eux un écartement de 60 centimètres environ sur le cercle b. On tend bien le fil de fer à la main, pour lui faire faire un tour en d sur le cercle b, puis en e sur le cercle c, en f sur le premier cercle de la charpente, en g et en h sur les deux autres, et enfin on enfonce le bout i dans le sol.

Le diamètre augmentant sensiblement du cercle a au cercle b, et du cercle c à la charpente de la salle verte (fig. 105), il faudra augmenter le nombre des fils de fer. Nous ajouterons en *j* (fig. 105), partant du cercle *b* et allant jusqu'au montant, un fil de fer nº 14,

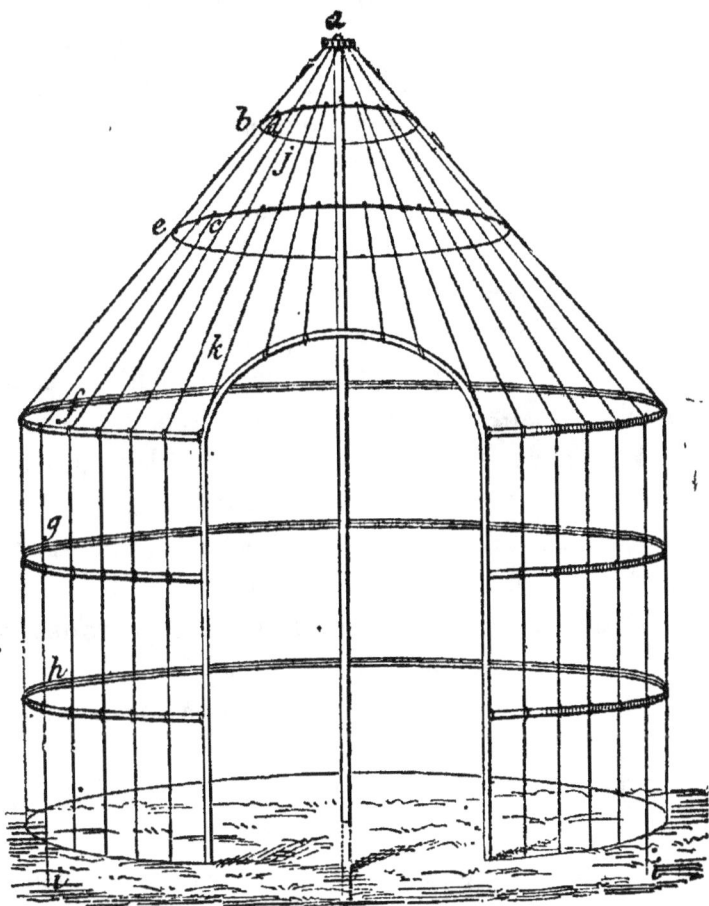

Fig. 105. — Charpente de la salle verte.

et deux autres fils de fer semblables (*k*, même figure) entre les deux premiers fils de fer.

Quand on veut planter des plantes grimpantes sur le

périmètre de la salle verte, on ajoute un fil de fer galvanisé n° 10 entre.

Les plantes qui réussissent le mieux entre les arbustes sont les volubilis, venant bien et fleurissant pendant longtemps à l'ombre; les boussingaultias, feuillage abondant et des plus jolis, fleur insignifiante, mais odorante; les coloquintes, dont les fruits jaunes et vert noir sont très-décoratifs; les grandes capucines, dont les fleurs éclatantes tranchent sur le feuillage, etc., etc. Toujours placer les boussingaultias et les coloquintes du côté du midi; la chaleur leur est indispensable.

En arbustes grimpants : des clématites, chèvrefeuilles, rosiers grimpants, vigne vierge, etc., etc.

Les fils de fer portant des cercles, et placés au-dessus de la porte, s'attachent sur le haut.

Lorsque cette charpente est achevée, elle est aussi légère que solide, et dès la seconde année, tout est couvert par les arbustes, et même la première, avec des boussingaultias, des volubilis, des coloquintes, etc., etc.

Une salle verte, ainsi couverte, résiste à toutes les tempêtes.

Chaque fil de fer maintient la charpente de toutes parts; il n'y a pas d'oscillation possible.

Enfin, lorsque tout est achevé et planté, pendant tout l'été, votre salle verte offre l'aspect de la figure 106.

Nous avons une masse verte, cachant toute la charpente et portant des fleurs. Cet ensemble est charmant; on s'y repose souvent pendant le jour, même avec le soleil le plus ardent, et le soir on trouve encore un salon d'été des plus confortables. Il suffit de quatre ou cinq lanternes vénitiennes seulement, accrochées au cercle de dessus, pour l'éclairer.

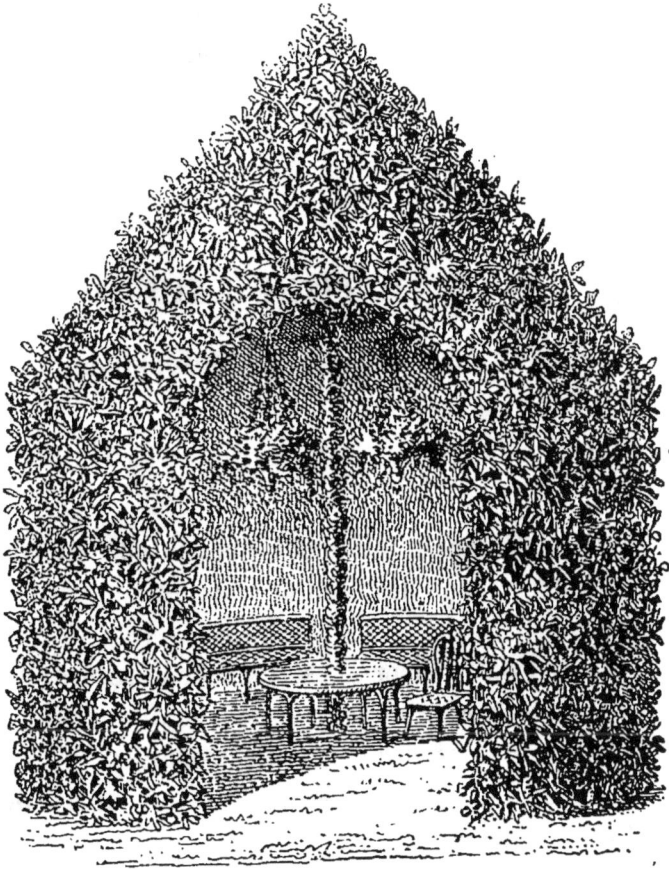

Fig. 106. — Salle verte couverte.

La salle verte est une nécessité dans presque tous les jardins. Elle doit être proportionnée, bien entendu, à la grandeur de la propriété, et son style doit être en harmonie avec celui du jardin. Dans ces conditions, la salle verte est à la fois un ornement pour le jardin et un lieu de réunion toujours fréquenté. Partout où j'en ai créé, elles sont devenues le véritable salon d'été, et font l'admiration de tous les visiteurs.

CHAPITRE XXII

Ornementation. — Surprises.

On appelle ainsi tout objet que l'on ne s'attend pas à rencontrer, dans les endroits tristes du parc ou du jardin.

Le but de la surprise est d'attirer le regard, de captiver l'attention et de faire oublier le *désert*.

On peut faire des surprises produisant le meilleur effet avec bien peu de chose. C'est une affaire de goût et d'intelligence.

Dans un très-grand parc, placez, après un long chemin fait dans le bois une jolie petite cabane que vous pourrez diviser en deux. La moitié sera consacrée au logement d'un ouvrier, d'un bûcheron, etc., d'un brave homme qui vous servira fidèlement, et auquel vous donnerez une des premières nécessités de la vie : le logement.

L'autre moitié sera réservée pour faire une resserre ou, au besoin, un rendez-vous de chasse ou de pêche, et à renfermer les engins les plus volumineux et d'un transport difficile.

Vous faites à la fois une bonne action, et vous trouvez une grande commodité, additionnée d'un gardien

Fig. 107. — Chaumière servant de surprise.

naturel pour les objets laissés là. On construirait à moins.

A quoi se résume la construction ? A quelques pièces de bois rustique ou sciées de long, récoltées chez vous, à quelques pierres ou à du pisé que le sol fournit, et vous aurez en échange une construction habitée, la vie au milieu du désert et un gardien fidèle, pour un toit de chaume.

La bonne action aidant, vous êtes décidé à construire une baraque; faites-la pittoresque, champêtre, avec un toit faisant paysage au besoin, comme celle de la figure 107.

Dans une propriété d'une certaine étendue, il y aura souvent un endroit désert que vous ne visiterez jamais, parce que tout y est triste et inanimé.

L'importance de votre propriété vous oblige à avoir à l'année un régisseur, ou pour le moins un jardinier de confiance, en remplissant les fonctions.

Si vous avez un régisseur, placez-le au centre de ses opérations. Bâtissez-lui une maison dans l'endroit le plus désert. Cet endroit est triste; plantez-y une maison, un châlet plutôt, qui fera paysage.

Vous aurez orné un endroit triste, apporté la vie dans le désert, et créé la surveillance dans l'endroit le plus isolé de la propriété. C'est l'utile et l'agréable tout à la fois; il n'y a pas à hésiter, surtout quand la construction est d'une dépense à peu près nulle.

Si vous avez une brave famille de jardiniers, remplissant l'office de régisseur et de surveillant, logez-la dans un endroit écarté. Faites un joli châlet remplissant l'office de surprise, comme celui de la figure 108.

Un joli petit châlet composé d'un rez-de-chaussée, c'est suffisant pour l'habitation d'une famille, avec un grenier au-dessus pour resserrer tous les fouillis.

N'oubliez pas la cour, cher lecteur, et faites-la quand même, n'eussiez-vous que dix mètres d'espace à lui consacrer. Je suis pratique en tout ; croyez-en mon expérience, et mon but est de vous éviter, comme au bon serviteur que vous logerez, toutes les déceptions et tous les ennuis possibles.

La femme du jardinier est femme de ménage avant tout. Elle l'est, et doit l'être pour élever sa famille. Donc, elle lave, savonne, repasse et nettoie les chaus-

Fig. 108. — Maison de jardinier.

sures de la famille. Il faut que tout cela sèche, et pour faire sécher tous ces objets, on les expose au soleil. C'est simple comme bonjour. Si la jardinière a une cour, quelque petite qu'elle soit, et aussi cachée que vous le voudrez (je l'ai recommandé), elle y mettra sé- cher toutes les *obligations* du ménage.

Mais, hélas! si la cour manque, l'*obligation ména-*

gère et *conjugale* existe quand même. Alors, elle, la jardinière, se trouvera dans la nécessité de décorer le balcon et les fenêtres du châlet de toutes espèces de choses qui doivent *sécher* en vertu des lois humaines ; d'*orner* le devant de son habitation de bottes et de sabots trop humides, et voire même de la *brenée* de l'*habillé de soie*, qui, lui aussi, doit manger à point, et a le devoir de s'engraisser convenablement, pour nourrir la famille du jardinier.

Tout cela décorera la cour ; elle a été faite pour cela, et elle est assez cachée par les broussailles pour vous laisser ignorer les détails intimes du ménage.

Pas de cour, pas de construction ! Si vous négligez la cour, ce sera une source intarissable de *décorations* insolites, et de conflits dans lesquels le maître n'aura pas toujours raison. La vie a ses nécessités ; il faut les accepter, et y faire face bravement.

En quelque endroit que vous établissiez une habitation de régisseur, de garde ou de jardinier, la même nécessité subsistera, et la cour est obligatoire.

La création de la cour pourra peut-être donner lieu à des observations, mais jamais à un conflit.

Dans une propriété d'une grande étendue, au bout d'une prairie entourée de bois, dans un endroit perdu, plantez six morceaux de bois rustiques et un toit de chaume (fig. 109).

Vous avez un abri pour un berger, et pour vous-même au besoin, si vous êtes surpris par une averse.

Deux ou trois vaches ou même une ou deux chèvres, avec un gamin pour les garder, vous avez apporté la vie.

dans la solitude, et vous irez au désert, ne fût-ce que pour voir si vos bêtes mangent, ou si elles ne sont pas abandonnées.

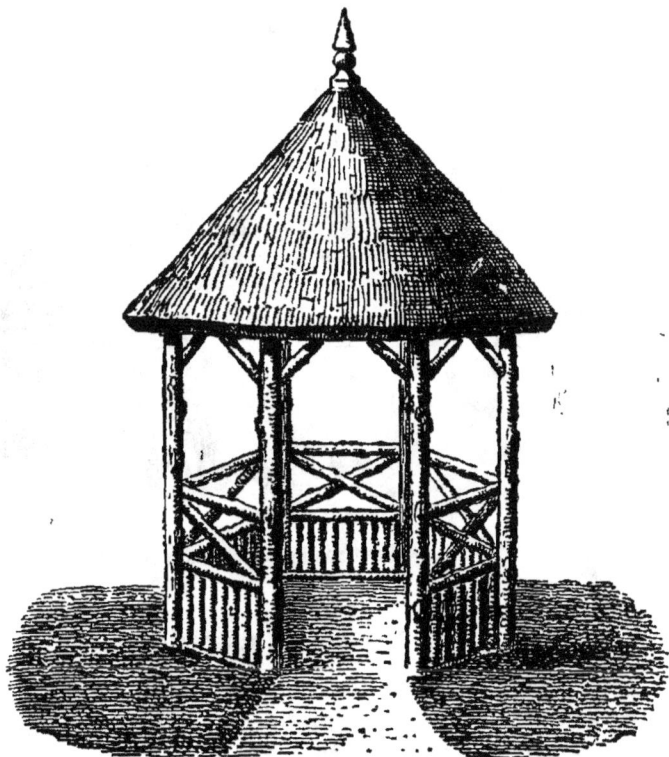

Fig. 109. — Kiosque rustique.

Dans un très-grand jardin, attenant à une habitation qui n'est pas assez considérable pour se donner le luxe des vaches et des chèvres, nous créerons facilement des surprises pour animer les endroits déserts. Nous aurons recours, non aux hommes, mais à des objets d'art ou à de modestes volatiles.

Au besoin, vous créerez une charmante surprise avec un pont de bois rustique monté sur rocaille (fig. 110).

Fig. 110. — Pont rustique monté sur rocaille.

Ce pont servira à traverser un petit cours d'eau ou une rivière artificielle. S'il y a cours d'eau, il fera paysage et servira d'observatoire pour la pêche ; si vous n'avez qu'une rivière artificielle, il vous attirera également, et pour le même objet. Enfin, si vous n'avez pas d'eau, ce pont, faisant paysage, vous aidera à franchir un ravin ; en conséquence, il sera fréquenté, et l'animation aura encore remplacé la solitude.

Quelque petites que soient les propriétés, il faut animer certains points défectueux, c'est-à-dire menacés

de désertion, en y plaçant quelque chose qui attire
malgré soi, comme des volières renfermant des faisans,
un simple pigeonnier rustique, ou même, si vous crai-

Fig. 111. —[Volière a deux étages.

gnez des visites nocturnes, un splendide chien de
montagne enfermé dans une niche rustique.

Quelque triste que soit l'endroit, vous irez quand

même pour dire bonjour à votre chien, fidèle entre les fidèles, et souvent plus soucieux de votre sécurité personnelle que vous ne l'êtes vous-même de lui assurer sa provende quotidienne.

Si le chien n'est pas une nécessité, mettez des volatiles, depuis les plus précieux jusqu'aux plus humbles. Cela animera le paysage et bannira l'ennui.

Faites une construction couverte en chaume, en pierre ou en terre, dans le genre de celle figure 111 ; gardez autour l'espace nécessaire pour une petite cour que vous entourerez d'un grillage.

Au rez-de-chaussée, vous mettrez des faisans ou même des poules, et au premier des pigeons. Tout cela vivra en bonne intelligence ensemble et animera l'endroit le plus désert.

Enfin, si le jardin est petit et qu'une partie menace de tourner au désert, plantez-y un simple pigeonnier sur un pied (fig. 112); la construction et les habitants vous coûteront peu, et vous aurez chassé la tristesse de chez vous.

Pour les faisanderies, comme pour les poulaillers et les pigeonniers éloignés, il sera sage d'y loger un chien, ne fût-ce qu'un roquet de n'importe quelle race ; ce sont les meilleurs gardiens et souvent les plus vigilants. Grâce à votre chien (mais il faut que ce soit votre chien, et non celui de tout le monde), vous éloignerez les renards, les fouines, les putois, les belettes, et même les dénicheurs d'œufs, de poulets, de faisans, etc.

M. Prunières, que je viens de citer, fait des niches de chiens des plus pittoresques; mettez son intelligence

21.

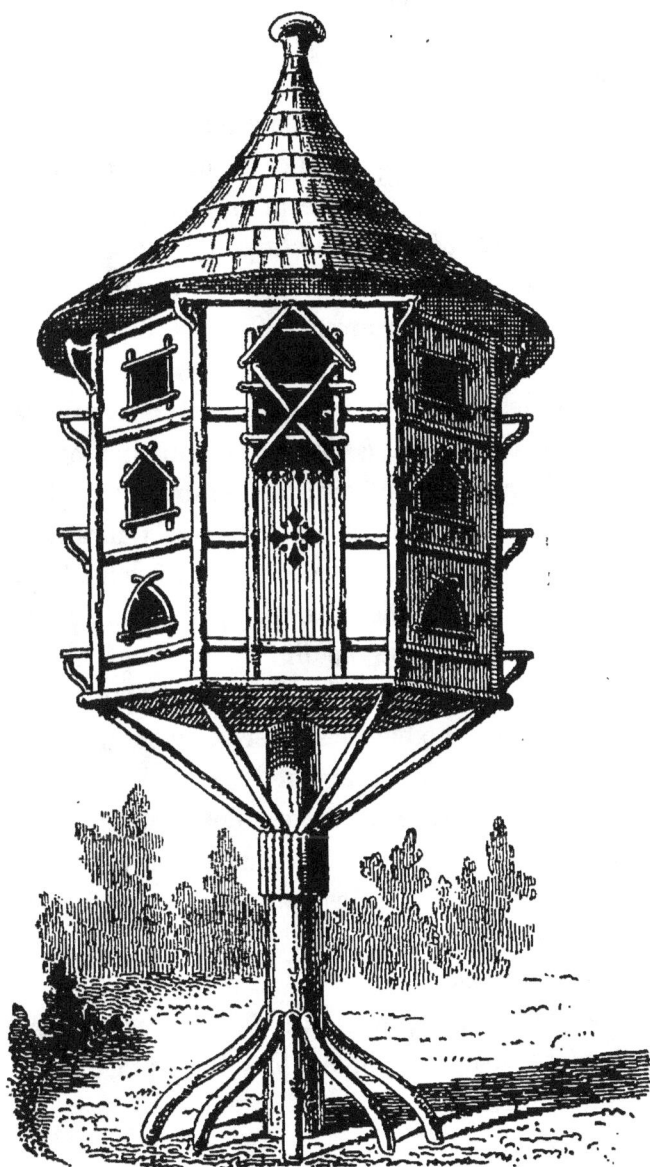

Fig. 112. — Pigeonnier exécuté par M. Prunières, à Sannois
(Seine-et-Oise).

à contribution, cher lecteur ; vous aurez un petit monument rustique qui ne gâtera rien à tout ce que nous aurons créé.

Pendant que nous parlons volatiles, permettez-moi, cher lecteur, de vous rappeler un vieux proverbe dont vous pourrez faire votre profit : *Le fer est souverain pour les couvées et pour la ponte.* Loin de ma pensée d'aspirer à devenir l'émule de feu Matthieu Lænsberg, mais je tiens à prouver l'efficacité du fer par le fait suivant.

J'ai des poules, et assez souvent des ouvriers. Mes poules chantaient à qui mieux mieux ; on allait au poulailler chercher l'œuf tant désiré, et on trouvait le nid vide. Il y avait deux mois que cela durait.

Un jour, je causais avec un patriarche du pays, et j'entendis mes poules chanter ; je cours au poulailler... Rien ! Le patriarche me dit :

— Ah monsieur, c'est pas tout que d'avoir des belles poules, de bien les loger et les nourrir.

— Que leur faut-il encore ?

— Monsieur, on se moque des anciens, parce qu'ils ont appris par tradition que quand il n'y a pas un gros clou au fond du nid, les couvées ne réussissent pas et les poules ne pondent point.

— Vraiment !

— Faut du fer, monsieur, faut du fer, ou les poules chantent, mais ne pondent ｜pas. Il n'y a pas de clous dans vos nids ?

— Non.

— Faut du fer, monsieur !

— J'en mettrai.

— Vous m'en direz des nouvelles.

J'ai suivi le conseil du patriarche, et le lendemain j'ai mis, non pas des clous rouillés dans le nid (il fallait qu'ils fussent rouillés), mais un cadenas solide à la porte.

Le lendemain, j'ai trouvé quinze œufs dans mon poulailler. Après un fait aussi probant, qui osera nier l'influence du fer sur la ponte des poules?

Quelque chose de vivant au milieu de la solitude, un objet qui attire la vue ou fixe l'attention au milieu de l'endroit le plus désert, y constitue la surprise et en chasse l'ennui, dans les plus grands parcs comme dans les plus petits jardins.

Le champ est vaste pour les surprises. J'ai indiqué les principales en principe; je laisse les perfectionnements à l'initiative de mes lecteurs, et je suis convaincu à l'avance d'en avoir de charmantes à consigner dans ma seconde édition.

Il me reste à traiter, avant de terminer, d'un autre genre de surprises : celles qu'il est quelquefois utile de réserver à des voisins trop curieux. La curiosité est une maladie incurable, surtout dans les petites localités. Nous ne chercherons pas à la guérir, cela est impossible; mais il est facile de limiter son action.

Nous avons bien planté les massifs bordant les murs de clôture avec des arbres verts habilement groupés; nous en avons même élagué quelques-uns pour les faire monter plus vite; mais un rideau n'est pas toujours une défense suffisante contre l'indiscrétion de certaines gens : ils montent sur une échelle et vous espionnent par dessus le mur, à la faveur de vos propres broussailles.

On peut, à l'aide d'une surprise très-innocente, empêcher le voisin de prendre le chaperon de votre mur pour observatoire ; mais, soyez-en certain, quand il ne pourra plus voir, il écoutera. Nous ajouterons une petite *scie*, très-innocente également, à la surprise, et avec une petite construction habitée *ad hoc*, nous nous défendrons de ses yeux comme de ses oreilles.

Nous choisirons l'endroit le plus favorable pour écouter de l'autre] côté du mur ce qui se dit chez nous. Cet endroit trouvé, nous élèverons d'abord le mur de clôture d'un mètre à 1ᵐ 50, pour y adosser une petite construction à un étage. Le rez-de-chaussée sera destiné à la surprise, et le premier à la scie.

Le rez-de-chaussée sera construit en rocaille, si le jardin le permet, ou en bois rustique rempli de maçonnerie ou de torchis. Ce sera un carré long que nous diviserons en deux, avec ouverture de chaque côté donnant sur une petite cour de 2 à 4 mètres, close avec un treilllage, et masquée par les massifs.

Sur ce rez-de-chaussée nous établirons une charpente de bois rustique avec une couverture de chaume. Trois ou quatre niches contre le mur, et un grillage sur la charpente, nous avons tout ce qu'il nous faut ; il n'y a plus que les habitants à installer.

Commençons par la surprise, logée au-rez-de-chaussée. Procurez-vous un petit chien griffon de préférence ; il sera laid, mais d'une vigilance extrême, et de plus, incorruptible. Caressez-le, promenez-le, et donnez-lui quelques friandises de temps à autre; son dévoûment vous sera acquis en quelques jours. Alors donnez-lui pour logement un des côtés du rez-de-chaussée.

Quand votre griffon entendra marcher de l'autre côté du mur, il ira dans sa cour et veillera sur le mur; s'il y aperçoit le moindre mouvement, il aboiera. Aussitôt que vous l'entendrez, portez-lui un morceau de sucre, caressez-le bien; répétez cet encouragement pendant huit jours seulement, et vous serez gardé d'une manière féroce.

Si vous voulez faire une surprise à grand orchestre, mettez de l'autre côté du rez-de-chaussée deux chiens courants ayant une *belle gorge ;* le griffon donnera le ton, et le chœur donnera aussitôt toute sa voix.

Devant une pareille aubade, notre voisin n'approchera plus du mur que chaussé avec ses pantoufles les plus molles, pour mettre l'oreille des chiens en défaut. Alors nous lui ménagerons une surprise moins bruyante, mais plus sûre encore.

Nous retirerons les deux chiens courants pour les remplacer par deux oies. Leur finesse d'ouïe ne sera jamais en défaut; elles donneront l'éveil au griffon, qui se mettra aussitôt à guetter et donnera son aubade au voisin aussitôt qu'il touchera au mur.

Il est plus que probable que notre cher voisin renoncera à regarder par dessus le mur. Les curieux les plus invétérés ont encore une certaine pudeur; celui-là aura été vu plusieurs fois : il remisera son échelle ; mais ne pouvant plus voir, il écoutera ce qui se dit. Les habitants du premier, spécialement chargés d'organiser la scie, sauront bien lui rendre cette besogne impossible.

Nous avons construit notre volière à l'endroit où le massif a le moins d'épaisseur, le plus favorable pour écouter, par conséquent. Meublons notre volière avec deux ou trois paires de *pigeons romains*.

Je dis des pigeons romains, parce que ce sont les plus beaux comme les plus gros, et de plus ils roucoulent continuellement, et avec une énergie inconnue à toutes les autres espèces de pigeons. Au besoin, ajoutons dans la volière une paire de tourterelles, et nous aurons, du lever au coucher du soleil, un roucoulement continu au milieu duquel je défie l'oreille la plus fine de distinguer deux mots.

Ce que je dis de la curiosité de certains voisins peut sembler exagéré. Le cas que je signale m'a été soumis par un propriétaire qui ne voyait d'autre remède que de vendre sa maison pour se débarrasser de son voisin. J'ai eu l'idée de la construction à *surprise* et à *scie*, et aussitôt elle a été exécutée.

Le succès a été des plus complets, plus complet que nous ne l'espérions, car, au bout de deux ans, le voisin, ne pouvant plus rien voir ni écouter, s'est décidé à vendre sa maison pour trouver une nouvelle victime à sa curiosité.

Je suis loin de vous souhaiter un pareil voisin, cher lecteur; mais si le hasard vous le donnait, vous avez en main une arme dont l'effet est certain. Usez-en au besoin, et vous n'aurez qu'à vous en féliciter.

CHAPITRE XXIII

Ornementation. — Rochers et rocailles.

Le rocher est assurément l'un des plus beaux ornements des parcs et des très-grands jardins. Il est imposant ; mais n'oublions jamais qu'il lui faut de l'espace pour produire tcut son effet. Il faut un jardin de cinq à six hectares au moins pour oser y construire un rocher.

Dans les parcs, le rocher est d'un puissant secours pour dissimuler une glacière ou même construire une grotte servant d'abri.

Le rocher produit le meilleur effet dans les endroits abruptes, au bord des pièces d'eau, etc., etc. Dans tous les cas, il devra prendre le caractère de l'endroit où il est placé.

J'entends par rocher, un rocher sérieux, construit avec des pierres bien choisies, savamment groupées et colorées par un artiste, et non un amas de pierres entassées par la niaiserie, et produisant dans le jardin l'effet d'un tas de gravois ou d'un gros nougat de Montélimar.

La construction d'un rocher demande réflexion, en ce qu'elle entraîne souvent à une dépense assez élevée. La première condition est d'avoir des pierres à sa por-

tée ou à une petite distance. Quand il faut les faire
venir de loin, le prix du rocher est doublé.

Lorsque les pierres se trouvent à une petite distance,
il faut les grouper en rocher, et construire en même
temps des cavités pour les plantes qui doivent l'orner,
ou y installer des conduits pour faire retomber l'eau en
cascade. C'est l'affaire du rocailleur.

N'essayez jamais de vous passer du rocailleur, quelque bon goût que vous ayez. La rocaille est un art dont
il faut connaître tous les secrets, et avoir la pratique,
pour arriver à quelque chose de bien.

Tous nos rocailleurs sont artistes, je suis heureux
de le constater. Chaque fois que j'ai eu besoin de leur
concours, je n'ai eu qu'à leur indiquer l'emplacement
et le caractère du rocher ou de la rocaille, et toujours
l'exécution a été parfaite.

Très-souvent les propriétaires n'hésitent pas à dépenser des sommes élevées pour des travaux qu'ils conduisent eux-mêmes, et je dirai même presque toujours
bien au-dessus de la valeur des travaux accomplis, et
reculent devant les honoraires d'un architecte ou d'un
artiste ayant l'expérience, ne faisant jamais fausse route,
faisant exécuter vivement et économiquement les travaux. On croit économiser quelques cents francs, et l'on
fait des milliers de francs de travaux en pure perte.
L'économie du rocailleur est une ruine ; elle se traduit
le plus souvent par une dépense double, pour obtenir
un tas de pierres à la place d'un rocher.

J'ai limité la construction des rochers aux jardins de
de cinq à six hectares ; dans les jardins plus petits, nous

aurons souvent recours à la rocaille, qui y produira le meilleur effet.

Trois ou quatre pierres, habilement groupées sur le bord d'une pièce d'eau ou à l'extrémité d'un grand massif, produisent un excellent effet ; mais il faut en être sobre, et surtout construire du naturel.

Dans les petits jardins même, la rocaille rend les plus grands services pour servir de base à une terrasse, à des kiosques, à des volières, etc., etc.

Mais n'oublions jamais que les rochers ou la rocaille sont ce qu'il y a de plus difficile à exécuter, quand on veut les bien faire, et que tout individu entreprenant de construire un rocher ou des rocailles, lorsqu'il manque de savoir et de pratique, s'expose toujours à accomplir une œuvre souvent plus lourde que les pierres qu'il emploie.

CHAPITRE XXIV

Ornementation. — Pièces d'eau. — Cours d'eau et rivières artificielles.

L'eau est un trésor dans un parc, et même dans un grand jardin ; on doit en tirer tout le parti possible. C'est la vie, le mouvement et le pittoresque par excellence.

Quand on est assez heureux pour avoir un cours
d'eau dans un parc, quelque faible qu'il puisse être, on
peut tout créer avec : pièces d'eau, étang et rivière aux
capricieux méandres. Vous avez la matière première :
l'eau ; vous n'avez plus qu'à dessiner son lit et à l'orner
pour l'étendre le plus possible.

Le cours d'eau le plus faible peut alimenter une pièce
d'eau d'une certaine grandeur, et vous donner en même
temps une rivière naturelle. Partout vous aurez de l'eau
courante, ce qui veut dire de l'eau claire, propre, n'in-
fectant pas votre parc, et dans laquelle vous pourrez
mettre du poisson, qu'il vous sera possible de manger
sans crainte.

Nous avons le cours d'eau ; il faut en tirer parti,
c'est-à-dire faire courir de l'eau partout où la disposition du terrain nous le permettra. Toutes les fois qu'il
sera possible d'amener l'eau en vue du château, nous
établirons une pièce d'eau.

La pièce d'eau complète le paysage et y apporte l'animation. Elle permet la plantation de quelques beaux
arbres, et des constructions spéciales, comme celle d'un
pavillon de pêche (fig. 113), charmant endroit de rendez-vous, produisant le plus joli effet dans le paysage.

Si la configuration du terrain ne permet pas de faire
la pièce d'eau en vue de l'habitation, il faudra l'établir
ailleurs. C'est un endroit peut-être désert que l'on animera ; mais il faudra tenter tous les efforts possibles
pour y faire passer le cours d'eau.

Un cours d'eau permet toujours la construction d'un
pont, d'une passerelle, et si vous savez bien placer ces

modestes constructions, elles meubleront admirablement votre parc.

Fig. 113. — Pavillon de pêche exécuté par M. Prunières, charpentier
à Sannois (Seine-et-Oise).

Rien de plus joli qu'un pont rustique. On en fait de
toutes sortes, en bois rustique et même en ciment imitant le bois rustique. Les rocailleurs ont fait de ravissan-

tes créations dans ce genre. Ces ponts sont très-solides, mais ils reviennent à une certaine somme.

Le plus souvent le propriétaire possède le bois; il n'y a qu'à le choisir, et, en pareil cas, il est toujours sage d'employer le produit de ses terres.

Les passerelles comme les ponts peuvent être montés sur rocaille ou sur le sol. Les ponts montés sur rocaille ajoutent au pittoresque; la construction en est facile et peu dispendieuse, quand on a la pierre chez soi ou à petite distance. (Voir page 367, fig. 110.)

J'ajoute comme types un pont rustique et une passerelle, que j'ai pris dans l'album de M. Prunières (fig. 114 et 115); avec son aide, il sera facile de construire tout ce que l'on voudra, vivement et avec le meilleur goût. M. Prunières est un artiste des plus distingués en constructions rustiques; il ne lui manque que d'être connu des propriétaires.

La pièce d'eau, en quelque endroit qu'elle se trouve, doit toujours avoir une forme irrégulière, en harmonie avec le dessin du parc. Il faut avoir le plus grand soin d'éviter les lignes droites, comme les courbes forcées, dans le dessin. Les contours de la pièce d'eau, quelque étudiés qu'ils puissent être, doivent paraître naturels.

Il faut éviter la profondeur dans les pièces d'eau; on les creuse presque toujours trop, et cela a de graves inconvénients. Les accidents sont plus à redouter; l'herbe pousse au fond, et l'eau se salit plus facilement. Une profondeur de 50 à 80 centimètres est suffisante pour conserver du poisson, et avoir toujours de belles eaux.

Le cours d'eau sera conduit partout où il pourra aller ; c'est une question de niveau et de dessin pour

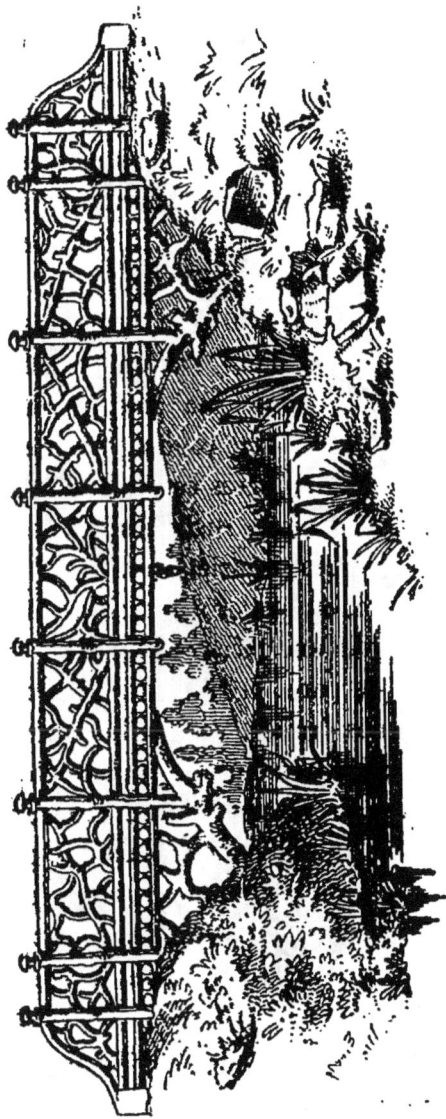

Fig. 114. — Pont rustique exécuté par M. Primières, charpentier à Sannois (Seine-et-Oise.)

les besoins du paysage. Ses contours devront aussi paraître naturels : jamais de lignes droites ni de courbes forcées.

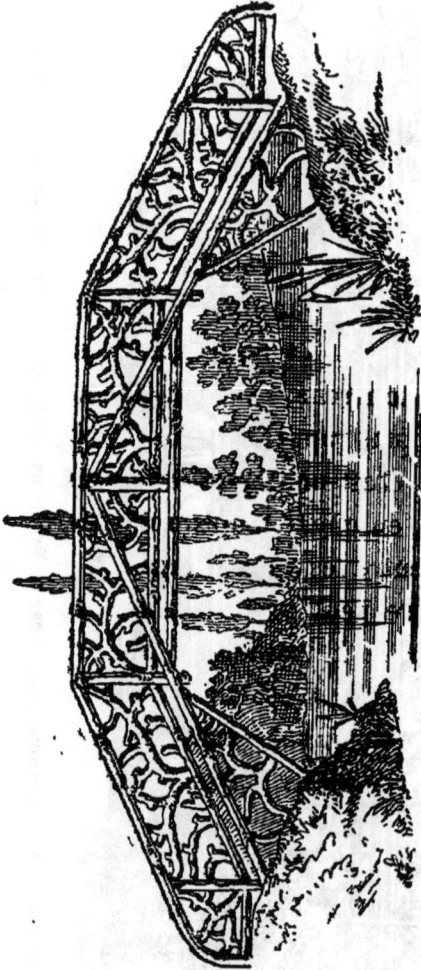

Fig. 115. — Passerelle rustique exécutée par M. Prunières, charpentier à Sannois (Seine-et-Oise).

Les bords de la pièce, comme ceux du cours d'eau, devront toujours être établis en pente et jamais à pic. L'eau doit être vue de partout où on peut l'apercevoir.

Le vallonnement général doit être fait vers la pièce ou le cours d'eau, et sa pente doit aboutir au niveau de l'eau.

Très-souvent, on trouve dans les propriétés des étangs ne tarissant jamais, et ayant presque toujours la forme carrée ou celle d'un carré long. C'est très-laid, il est vrai ; mais c'est toujours une bonne fortune que de trouver de l'eau qui vient chez vous naturellement, et ne vous coûte rien.

Nous pourrons non seulement convertir cet étang en une jolie pièce d'eau, en en changeant la forme, en abaissant les bords, et en plantant les alentours ; mais encore nous pourrons, avec cet étang, créer une autre pièce d'eau, plus rapprochée de l'habitation, si elle en est éloignée. C'est une question de niveau, et de plus nous créons, en même temps une rivière, avec la communication entre les deux étangs.

Cette rivière peut avoir tous les contours possibles et contribuer de la manière la plus efficace à l'animation du paysage. C'est une rivière artificielle ; elle sera quelquefois à sec, mais les contours de son lit n'en feront pas moins paysage quand elle manquera d'eau.

On peut encore se donner le luxe d'une pièce d'eau et d'une rivière artificielle, quand la propriété ne renferme pas d'eau ; mais, pour cela, il faut avoir recours aux machines, et avoir une source abondante à petite distance.

Avec un bélier hydraulique ou une machine Samain, marchant tout seuls nuit et jour, on peut facilement élever l'eau et lui faire parcourir tous les méandres de la rivière artificielle, tracés suivant les besoins du paysage, avant de la jeter dans la pièce d'eau, et établir une autre rivière artificielle avec le trop plein de la pièce d'eau.

Tout cela est possible, facile même, avec un peu d'art et une certaine somme d'argent, dans toutes les propriétés d'une certaine étendue. Il faut à l'eau, comme au rocher, de l'espace, ou l'on tombe dans le ridicule en plaçant dans un jardinet des pièces d'eau simulant un abreuvoir, des cascades ressemblant à une borne-fontaine, et une rivière artificielle bien unie, bien cimentée, et paraissant avoir été établie pour la conservation des sangsues.

CHAPITRE XXV

Ornementation. — Les abords de la propriété.

Il ne suffit pas de créer un joli parc ou un joli jardin ; il faut encore en rendre l'accès facile, donner aux abords de la propriété un aspect riant, et y créer des vues au besoin.

Dans les pays de plaine, presque toujours plats, rien

22

n'est plus triste que les abords d'un château : des champs de blé, d'avoine ou de luzerne, venant jusqu'à la grille et aux murs du parc.

La plupart du temps, ces champs appartiennent au château ; ils font partie de sa réserve et doivent l'alimenter de blé, d'avoine et de fourrage. Rien de mieux.

Du château, par dessus la grande pelouse, nous voyons à perte de vue du blé, de l'avoine et de la luzerne. C'est plus que monotone, et les yeux se portent à regret sur ces riches moissons. Je ne veux pas les supprimer, Dieu m'en garde! mais les égayer.

La réserve vous appartient ; ornons-la, faisons-en l'antichambre du parc, et en même temps créons de l'animation et des vues pour les fenêtres du château, par lesquelles on ne peut regarder sans avoir envie de bâiller. Rien de plus facile.

Il vous faut une grange pour resserrer vos grains ; faites-en une dans ce désert de moissons ; placez-la dans une percée, de manière à être vue du château. Donnez à cette grange une forme originale ; c'est facile avec un peu d'imagination, du bois, de la pierre, de la brique ou du torchis ; vous avez tout cela chez vous.

Construisez quelque chose dans le genre de la figure 116. Le milieu et le dessus renfermeront les gerbes, et au besoin les côtés serviront d'étable ou d'écurie.

Accompagnez cette construction de deux ou trois groupes de grands arbres ; le désert disparaîtra : vous

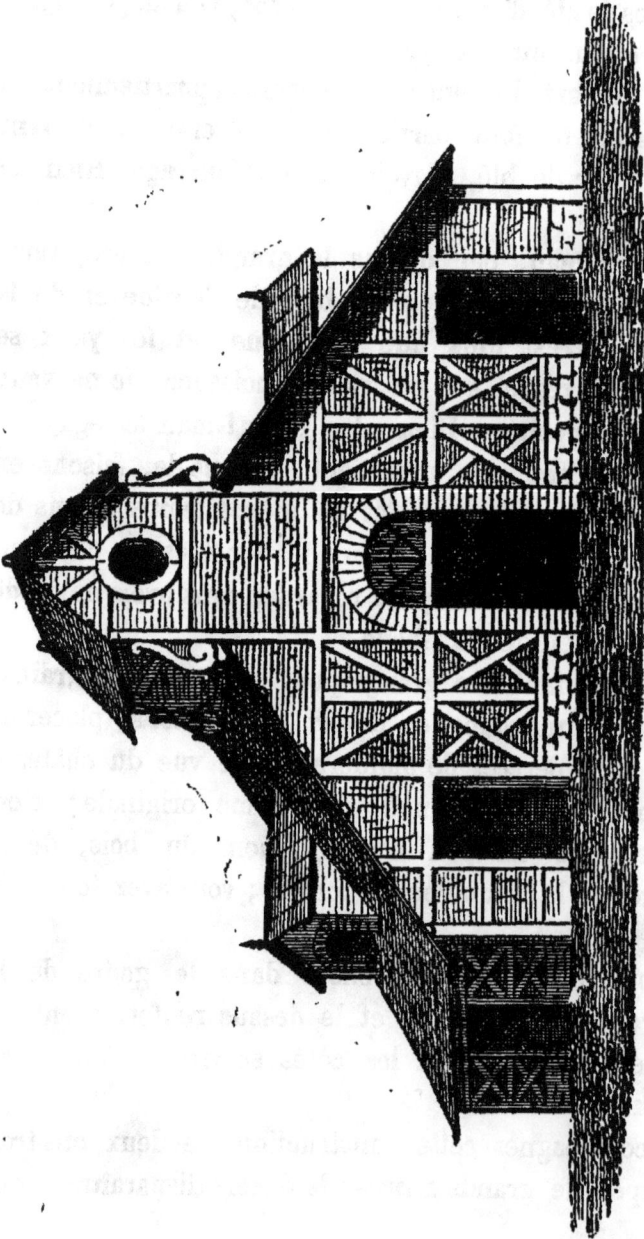

Fig. 116. — Construction rustique.

aurez créé une vue et de l'animation pour le château.

De l'autre côté ou dans une autre percée, pourquoi ne pas créer une petite prairie qui servira de pâturage pour les vaches, et pour mettre les chevaux au vert? Bâtissez au milieu une simple cabane ; quelques pièces de bois, du chaume et du torchis, comme la figure 117,

Fig. 117. — Abris pour les animaux.

c'est tout ce qu'il faut pour abriter les animaux d'une averse, et vous trouvez la vue et le mouvement.

Souvent vous avez dans les pays de plaine de charmants lointains, mais toujours une mer de céréales vous en sépare : un village entouré d'arbres, une route y conduisant, etc. Ces vues sont des plus précieuses, mais elles sont *noyées* dans la plaine. Avec presque rien, on change l'aspect de tout cela, et l'on meuble les abords du château.

Avec quatre ou cinq groupes de grands arbres, de feuillages variés, clairs ou obscurs, suivant la teinte du lointain, vous obtenez l'effet désiré. Vos vues sont encadrées par des arbres; la plaine est coupée; vous n'avez plus la mer de céréales, et les vues ont doublé de valeur. Tout cela est obtenu avec cinq ou six groupes d'arbres habilement distribués; souvent, un conifère pleureur isolé produit un effet presque magique à lui tout seul.

Un rien, artistement jeté, fait disparaître la monotonie et ressortir les lointains. Une vingtaine d'arbres en groupes et isolés changent complètement l'aspect des abords de la propriété.

Nous récolterons, il est vrai, quelques bottes de paille ou de fourrage de moins, perte insignifiante en ce qu'elle est presque compensée par la valeur des arbres, et pour rien, ou à peu près, nous avons rendu riants et vivants les abords de notre propriété, jadis tristes et inanimés.

Presque toujours une avenue conduit à la grille du château. Quand cette avenue est assez longue, rien de mieux; il faut la laisser telle qu'elle est et se contenter d'entretenir les arbres.

Quelquefois, cette avenue est courte, assez peu longue pour produire de l'effet. Dans ce cas, il faut avoir recours à l'ornementation pour la faire ressortir, et bien accompagner l'entrée. On la décore avec des guirlandes de lierre, et l'effet désiré est largement obtenu.

On place à la naissance des branches de chaque tronc d'arbre (a fig. 118) une des rondelles que nous avons employées pour les chemises d'habillage (fig. 69, p. 300). En *b* (fig. 118), on enterre un collier, c'est-à-dire une pierre cerclée avec du fil de fer, à la profondeur de 50 centimètres, ayant un bout de fil de fer galvanisé double n° 17, tortillé et se terminant par une boucle (*c*, même figure) à 40 centimètres du sol.

Dans cette boucle (*c*, fig. 118), on attache deux bouts de fil de fer galvanisé n° 14 (*d*, même figure), qui se bouclent sur la rondelle *a*, en faisant la courbe, puis au-dessus un autre fil de fer galvanisé n° 14 (*e*, même figure), allant d'un arbre à l'autre en décrivant une courbe, et s'attachant également sur les rondelles *a* (même figure).

On plante un pied de lierre en *f* (fig. 118). On le palisse sur le fil de fer double qui tient après le collier *b* (même figure) ; on le fait bifurquer à la boucle *c* (même figure) pour garnir les deux fils de fer *d*, et quand les lierres ont atteint la rondelle *a* (même figure), on les palisse en *g* (fig. 118) sur les fils de fer *e;* quand ils se rejoignent, on laisse pendre l'extrémité de chaque tige en *h* (même figure).

Quand le lierre pousse trop, on le maintient dans les limites indiquées en le taillant.

Cette ornementation des arbres ne coûte pas grand chose, mais elle produit un effet magique sur les troncs d'arbres ; rien d'aussi élégant et de plus inattendu à l'entrée d'une propriété.

Quand, dans un vieux parc entièrement à refaire, on trouve un tronçon de vieille avenue droite, il faut bien se garder de le détruire pour faire de la *fantasia*. Cinq

Fig. 118. — Avenue ornée avec du lierre.

Fig. 119. — Tronçon de vieille avenue utilisé dans un parc moderne.

ou six arbres de chaque côté, c'est assez pour créer un *retiro* charmant.

On orne les arbres comme je viens de l'indiquer, et quand nos dispositions nous permettront de boucher l'avenue, nous la clorons par un massif resplendissant auquel nous adosserons une statue ou même un vase, si l'étendue du parc ne permet pas la statue (fig. 119).

Je laisse au goût et au penchant du lecteur le choix de la statue ; il pourra mettre au fond du *retiro* une statue de Diane, un Apollon, un Jupiter, un Mercure, un bonhomme quelconque, le buste de Thérésa, voire même celui de la République française, liberté absolue ; je fais appel au goût et laisse la liberté la plus complète à chacun, dans le choix du bonhomme, de la bonne femme ou de la marotte qu'il voudra ériger en divinité.

CHAPITRE XXVI

Décoration. — Caisses d'arbres exotiques. — Massifs de poteries. — Vases. — Jardinières et suspensions.

J'ai traité l'ornementation ; reste la décoration, qui en est le complément.

La décoration, c'est le complément de l'œuvre, le

coup de pinceau de la fin, destiné à compléter l'effet général.

Nous avons planté des massifs étudiés pour l'effet ; nous avons construit des terrasses et des kiosques, et les avons plantés pour le mieux ; nous avons laissé autour de l'habitation une vaste place, etc., etc. ; il s'agit maintenant de décorer tout cela pour achever notre œuvre.

Commençons par le tour de l'habitation ; nous y avons réservé une vaste place ; il faut non seulement la décorer, mais encore étendre la décoration aux perrons et aux marquises.

Autour de tous les vieux châteaux, nous trouvons une vaste place pour en rendre l'accès facile. Cette place est très-grande, mais elle ne doit jamais tourner au désert.

L'orangerie est bien garnie d'arbres exotiques : orangers, grenadiers, lauriers, etc., etc. La place des caisses de ces arbres est autour de l'habitation, dès que la température permet de les laisser dehors. Le surplus de ces mêmes arbres ira orner les grandes terrasses naturelles.

Pour les habitations moins grandes, nous décorerons le tour de la maison avec quelques caisses d'orangers, grenadiers, etc., entre lesquelles nous intercalerons quelques gradins de poterie plantés avec des fleurs de serre pouvant passer l'été en plein air.

On peut faire confectionner chez soi des gradins à deux, trois, quatre et cinq étages, avec des planches. L'industrie en fabrique de très-solides et de très-légers tout en fer ; il n'y a qu'à les mettre à la place voulue et poser les pots dessus.

C'est au lecteur à voir les élucubrations de l'industrie, en peser le prix, acheter ou faire faire chez lui.

Dans les jardins petits et moyens, ou plutôt autour des maisons de campagne, la place n'est pas assez grande pour y mettre des orangers, grenadiers, etc. Cette place doit rester libre sous peine d'encombrement. On se contente d'adosser au mur des gradins que l'on garnit de poteries ; ils cachent le mur de soubassement, portent une floraison des plus riches et produisent le meilleur effet.

Les maisons de campagne, grandes et petites, sont généralement pourvues de marquises ; trois ou cinq suspensions, remplies de plantes tombantes, acccrochées à la marquise, produisent le meilleur effet. On en met trois en avant et deux sur les côtés. Ces suspensions peuvent contenir depuis les plantes les plus rares jusqu'aux plus vulgaires. Notre but est de décorer la marquise, de la garnir de fleurs ; ce ne sont pas les fleurs rares qu'il faut rechercher, mais celles qui fleurissent longtemps, abondamment, et tombent gracieusement. Les pétunias remplissent parfaitement notre but. On peut en avoir partout et presque pour rien.

Les géraniums, les lierres à fleurs de géranium, etc., produisent le meilleur effet dans les suspensions.

Les perrons demandent aussi à être décorés. Les vases, les jardinières, et même la poterie, y produisent le meilleur effet.

On couvre toutes les rampes des perrons de vases, de

jardinières et même de poteries qui produisent la plus
jolie décoration.

Cette décoration du tour de l'habitation est facile, et
quand elle est faite avec goût, elle donne un cachet tout
particulier à l'entrée de la maison.

Les murs pleins ou à jour des terrasses naturelles,
découvertes, doivent être également garnis de vases,
intercalés avec des jardinières, le tout rempli de fleurs
de serre ou de pleine terre, donnant des fleurs en abondance et pendant longtemps.

Une jardinière à la base d'une fenêtre de terrasse
couverte, et une suspension en haut, lui donnent un
air de richesse et de gaîté dont on ne se rend bien
compte que par la vue.

Un kiosque, quelque joli qu'il soit, est toujours froid ;
placez des jardinières et des suspensions aux ouvertures, il est animé et poétisé aussitôt.

Les salles vertes ne comportent guère pour ornement
qu'une ou deux suspensions à l'entrée ; elles changent
d'aspect aussitôt les suspensions accrochées.

Ne croyez pas, cher lecteur, que ce luxe de suspensions, de jardinières et de vases vous entraîne à
des dépenses sérieuses d'achat, et de culture de
fleurs.

Vous pourrez acheter tout cela à un prix honnête, et
si ce prix vous effraie, je vous donnerai le moyen de
fabriquer, à peu près pour rien, jardinières et suspensions.

Commençons par l'achat :

La maison de quincaillerie horticole *Derouet, 4, rue*

du Bouloi, à Paris, m'a remis les dessins des modèles suivants avec leurs prix :

Vases pour perrons et murs de terrasses (fig. 120) : en fonte, 29 fr. ; bronzés, 41 fr.

86

Fig. 120. — Vase.

Le modèle figure 121 vaut : en fonte, 19 fr. ; bronzé, 28 fr.

Le modèle figure 122 coûte : en fonte, 32 fr. ; bronzé, 40 fr.

Le modèle figure 123 vaut : en fonte, 4 fr. 50 ; bronzé, 7 fr.

Cette série de vases convient aux perrons d'une certaine grandeur.

Fig. 121. — Vase.

Pour les perrons moyens, et surtout pour les murs des terrasses naturelles, les coupes sont préférables.

Fig. 122. — Vase.

Les vases, comme les jardinières et les suspensions, doivent être d'une grandeur en harmonie avec celle des objets qu'ils doivent décorer.

Figure 123. — Vase.

Le modèle de la coupe figure 124, vaut : en fonte, 20 fr. ; bronzé, 28 fr.

Fig. 124. — Coupe.

Le modèle figure 125 coûte : en fonte, 9 fr. 75 ; bronzé, 14 fr. 50.

Le modèle figure 126 vaut : en fonte, 11 fr. 50 ; bronzé, 16 fr. 50.

Le modèle figure 127 est coté : en fonte, 9 fr. ; bronzé, 12 fr.

Fig. 125. — Coupe.

Le modèle figure 128 vaut : en fonte, 7 fr. 50 ; bronzé, 10 fr. 75.

Fig. 126. — Coupe.

Il existe beaucoup d'autres modèles en fonte ; je donne les principaux ; on verra les autres en magasin.

On fait aussi des vases et des coupes en faïence ; l'industrie en expose de toutes les formes et de toutes les couleurs. Le prix en est presque aussi élevé que celui des vases en fonte, toujours préférable en ce qu'elle ne se casse pas.

Pour les petites propriétés, les vases et les coupes peuvent être remplacés par des jarninières et quelques objets de poterie.

L'industrie a fait des objets très-jolis et d'un prix très-minime avec de la terre : pots, caisses, etc., etc.

Les pots-boules, percés de trous pour planter des

Fig. 127. — Coupe.　　　　Fig. 128. — Coupe.

jacinthes, font un très-joli effet sur les perrons, et répandent tout autour de l'habitation une odeur suave.

Le pot-boule (fig. 129) s'emplit de terre jusqu'au niveau des premiers trous ; on place un rang d'oignons de jacinthes dont on fait sortir la tige par les trous. On remet de la terre par dessus jusqu'au second rang de trous que l'on garnit également d'oignons, et ainsi de suite jusqu'en haut.

Les jacinthes passent par les trous ; les feuilles cachent entièrement le pot, et bientôt vous ne voyez plus qu'une masse de verdure et de fleurs.

Le pot-boule est coté 2 fr. 50. On peut le placer partout, dans un très-grand salon ou dans un vestibule, comme sur un perron, ou suspendu à une marquise.

Fig. 129. — Pot-boule en terre cuite.

On fait également en terre de très-jolies petites caisses pour la décoration des perrons, des kiosques, des terrasses et des salles vertes. Les modèles sont variés à

Fig. 130. — Caisse en terre cuite.

Fig. 131. — Pot à fleur de luxe en terre cuite.

l'infini; j'en donne un seul (fig. 130); on choisira en voyant les collections.

Ce modèle coûte 2 fr. 25. Il y en a de tous les prix.

Les pots de luxe peuvent être employés sans garni-

tures ni cache-pots pour la décoration des perrons, etc.
On en fait de différents modèles, et ils valent environ
1 fr., suivant les grandeurs (fig. 131.)

Les fabricants de terre cuite ont aussi fourni une
quantité de modèles de suspensions plus ou moins ou-
vragés ; il y a des modèles de toutes les grandeurs et
de tous les prix, depuis 2 fr. 50 jusqu'à 6 fr. 50
(fig. 132.)

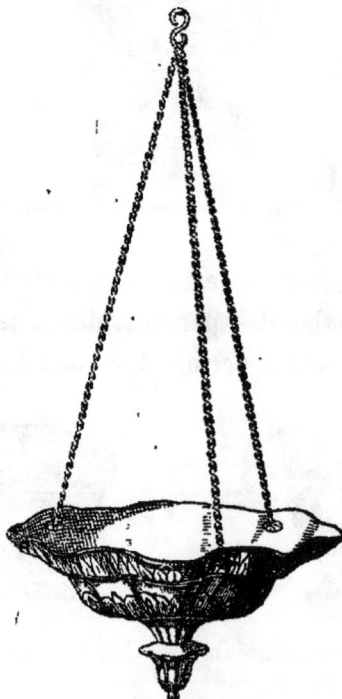

Fig. 132. — Suspension en terre cuite.

Les treillageurs ont aussi apporté leur contingent
d'intelligence dans la fabrication des suspensions, en

confectionnant une quantité de modèles en fil de fer galvanisé. C'est léger, joli, ne craint pas les avaries, peut braver impunément toutes les intempéries et, de plus, coûte très-bon marché.

Le modèle figure 133 vaut 2 fr. 25.

Le modèle figure 134 avec une simple galerie retenant le pot par sa bordure, coûte 1 fr. 25.

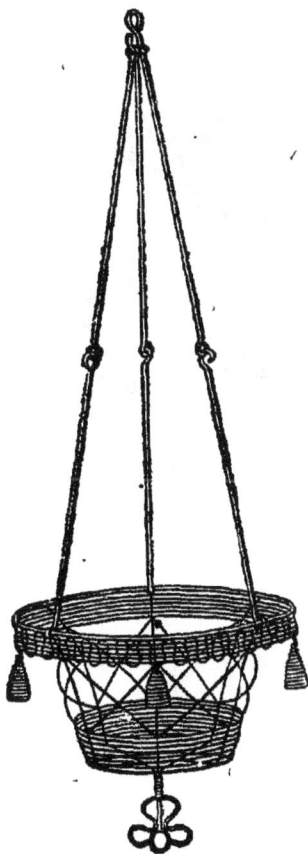

Fig. 133. — Suspension en fil de fer galvanisé.

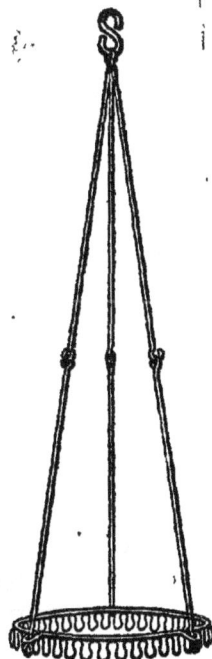

Fig. 134. — Suspension en fil de fer galvanisé.

Les porte-pots en fil de fer galvanisé font le meilleur effet dans la décoration des vestibules, des terrasses, des kiosques ou des salles vertes ; il y en a de tous les modèles, à un ou plusieurs pots. On les accroche à un clou enfoncé dans un mur ou à un crochet rivé dans un montant de fer ou vissé dans du bois.

Le modèle figure 135 vaut 4 fr. 50.

Fig. 135. — Porte-pots en fil de fer galvanisé.

Le modèle figure 136 coûte 60 centimes.

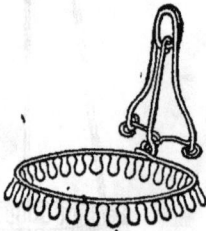

Fig. 136. — Porte-pot en fil de fer galvanisé.

Fig. 137. — Porte-bouquet en fil de fer galvanisé.

Je termine par un diminutif de porte-pot, le porte-bouquet (fig. 137), coûtant 60 centimes.

Pour les vestibules comme pour les perrons et les massifs en poterie, les cache-pots ont leur utilité. C'est un double pot en tôle ou en zinc verni dans lequel on met le pot à fleur pour se priver de sa vue.

Les cache-pots en zinc de toutes couleurs et de tous dessins varient de prix suivant les chefs-d'œuvre que l'on a peints dessus; il y en a depuis 1 jusqu'à 3 fr. (fig. 138).

Fig. 138. — Cache-pot en zinc, peint et verni.

Je respecterai toujours le goût de tout le monde, même celui des marchands et des artistes vitriers; mais si vous me demandez un conseil en fait de cache-pots, cher lecteur, je vous donnerai celui d'être très-sobre de peinture sur ces objets.

Choisissez-les unis, tout simplement peints en couleur jonc ou vert d'eau, avec un filet de même couleur, mais un peu plus foncé. Si vous tenez aux illustrations sur vos cache-pots, faites-y peindre des oiseaux, mais jamais des fleurs. Ayez la charité d'épargner à l'artiste qui a *commis* un bouquet de fleurs sur votre cache-pot la comparaison de son œuvre avec la nature.

J'ai donné tels quels les dessins et les prix qui m'ont été remis par la maison de quincaillerie horticole de *Derouet, 4, rue du Bouloi, à Paris.* C'est au lecteur à voir et à choisir, suivant son goût, dans les collections offertes au public.

Je tiens essentiellement aux jardinières et aux suspensions; elles jouent un rôle des plus importants dans la décoration, et sont indispensables, dans les plus grands parcs comme dans les plus petits jardins.

Rien de plus facile que de confectionner ou de faire tous ces objets en bois rustique à peu près pour rien, et de se donner à ce prix les plus jolies choses, si l'on ne dédaigne pas de se servir d'un marteau, d'une scie, d'une plane et d'un rabot.

Nous avons besoin de suspensions, de jardinières, de caisses et de cache-pots; rien de plus facile.

D'abord nous nous procurerons à l'avance du bois de châtaignier avec son écorce, des branches un peu plus grosses que le pouce, et nous les ferons fendre en deux.

Ensuite, quand on arrachera chez vous ou ailleurs des vieilles vignes, nous choisirons les parties les plus noueuses et les plus tortues; il n'en manque jamais, grâce aux tailles infligées à la vigne.

Nous ajouterons à cela une botte d'osier écorcé et des planches de bois blanc d'un centimètre d'épaisseur, et toutes nos matières premières sont réunies.

Commençons par le plus simple, par les jardinières. Faisons une jardinière pour une croisée de terrasse.

Coupons d'abord deux planches de même dimension

pour faire les deux côtés *a* (fig. 139), ensuite deux autres *b* pour faire les bouts, et une cinquième pour faire le fond. Quelques pointes, et voilà le coffre.

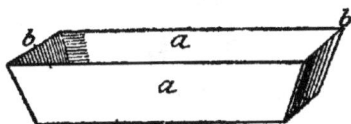

Fig. 139. — Coffre de jardinière.

Nous avons employé du bois raboté ; nous peignons ce coffre à trois couches, en dedans et en dehors. Une peinture solide suffira pour conserver le bois très-long-temps, sans employer de fond en zinc.

Pendant que la peinture sèche, nous coupons en quantité suffisante des bouts de châtaignier ayant 1 centimètre de longueur de plus que la hauteur de la jardinière ; nous les scierons d'équerre par le bas (*a*, fig. 140), et nous les arrondirons par le haut (*b*, même figure).

Fig. 140. — Bouts de châtaigner.

Quand notre peinture sera bien sèche, nous clouerons nos bouts de châtaignier tout autour de la boîte où ils formeront galerie par le haut ; nous ajouterons un filet blanc tout autour, filet fabriqué avec un osier écorcé, fendu en deux, et cloué sur le tout. Un peu de vernis termine l'opération, et nous avons une jardinière très-solide, de

bon goût et susceptible de durer de longues années
(fig. 141.)

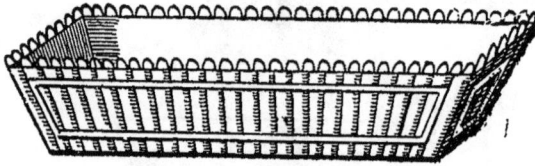

Fig. 141. — Jardinière achevée.

Si nous voulons faire de l'art, rien de plus facile avec
nos bois de vigne et quelques pointes. Nous fendrons le
bois de vigne en deux; nous choisirons les contours les
plus fantastiques pour en faire des *illustrations* que
nous clouerons par-dessus le châtaignier.

Les cache-pots et les caisses se fabriqueront de la
même manière. Pour les suspensions, nous varierons
les formes à l'infini, et nous aurons même la faculté
de les décorer avec des pommes de pin de toutes
les modèles et de toutes les grosseurs, qui formeront
pendants.

Il est bien entendu que tous les bois rustiques, et
même les pommes de pin, destinés à rester au soleil et
à la pluie, seront vernis, ou sans cela la durée sera
très-courte.

Cela dit, je laisse le champ libre aux amateurs pour
fabriquer les plus jolies choses, et nous donner bientôt
de nouveaux modèles, auxquels, dans l'intérêt de tous,
j'offre de grand cœur l'hospitalité dans l'*Almanach*
Gressent et dans les éditions qui suivront celle-ci.

CHAPITRE XXVII

Résumé du travail intellectuel.

———

J'ai réuni dans la seconde partie de ce livre tout ce qui concerne le travail intellectuel, c'est-à-dire toutes les choses qui ne peuvent être faites sans une certaine instruction ou au moins des notions exactes de toutes choses, de l'imagination et une connaissance parfaite de la vie et des habitudes des propriétaires.

Le propriétaire pourra quelquefois s'affranchir du travail, mais jamais de la direction intellectuelle. Un architecte paysagiste créera ; un excellent praticien exécutera la création, mais il faudra faire vivre cette création, lui conserver son harmonie dans les dispositions nouvelles de chaque année : c'est la mission de la direction intellectuelle.

Pendant la création, l'architecte a indiqué la plantation des corbeilles, comme leurs nuances. L'année suivante, ces corbeilles seront changées ; si la direction intellectuelle fait défaut, l'harmonie et l'effet seront remplacés par des tons criards ou des nuances discordantes. Tout vous blessera la vue ; l'effet de votre jardin sera manqué, et partout vous trouverez des choses qui vous choqueront : l'harmonie aura disparu.

— —

J'insiste sur la direction intellectuelle (parce qu'elle est indispensable, même après la création) d'un maître, et, pendant l'exécution, d'un habile praticien, pour conserver à l'œuvre le caractère de la création et l'harmonie.

En m'étendant aussi longuement sur le travail intellectuel, n'ayant rien de commun avec le métier, j'ai voulu remplir un double but :

Rendre la direction facile, et même la création possible au propriétaire, en lui donnant toutes les clés du travail intellectuel; élever le niveau des praticiens, en leur montrant de la manière la plus précise tout ce qui n'est pas *le métier*, et doit précéder son action, sous peine d'échec dans la création.

La conception, l'étude du plan, sa confection sur le papier et ensuite son exécution sur le terrain, voilà l'ordre immuable des choses. Le travail de la pensée d'abord, celui des bras ensuite.

Toutes les fois que cet ordre sera interverti, que l'on commencera à remuer de la terre sans avoir un plan bien arrêté, on s'exposera à toutes les déceptions, et à des dépenses énormes faites en pure perte.

Avant d'aborder le travail matériel, je veux répondre à une objection que le lecteur a déjà faite dans sa pensée :

« M. Gressent est charmant avec ses pelouses, ses massifs, ses corbeilles, ses kiosques, ses terrasses, ses suspensions, etc,; tout cela est très-joli, mais ne me donne ni un légume, ni un fruit, et il m'en faut. Où les mettrai-je ? »

J'ai fait avec vous, cher lecteur, le plan de deux jardins paysagers, et nous ne nous sommes occupés que de notre sujet : le paysage.

Mais patience ; j'avais mes raisons pour procéder ainsi : je voulais que vous fussiez tout entier à la création du jardin d'agrément, afin de vous initier à tous ses principes. Cela est fait, et, de notre point de départ, nous allons faire un tout qui sera le complément du travail intellectuel.

Veuillez bien revoir le chapitre III, page 15, intitulé : *Le sublime du genre,* et relire la description d'une propriété achetée par un de mes amis.

Nous allons reprendre ce jardin, et en faire un tout, c'est-à-dire une propriété d'un aspect des plus agréables, donnant en profusion, et sans de grandes dépenses, de frais ombrages, de jolies fleurs des fruits et des légumes en abondance.

Ensuite nous aborderons le travail matériel, l'exécution du plan.

CHAPITRE XXVIII

Plan d'un jardin complet (paysager, fruitier et potager).

Posons d'abord en principe que la culture des arbres fruitiers, des légumes et des fleurs est incompatible.

Il est matériellement impossible d'obtenir un quart de récolte passable de ces trois espèces de culture, quand elles sont mêlées ensemble, même avec tous les soins possibles. Voici pourquoi :

Ces trois genres de culture ont des besoins et des appétits diamétralement opposés.

Les arbres veulent un sol frais, mais jamais humide, ou la fructification ne s'établit pas, et des engrais à décomposition lente, pour mûrir convenablement leurs fruits et leur faire acquérir de la qualité.

La plupart des légumes exigent des arrosages constants, pour maintenir le sol toujours humide, des engrais très-actifs et à décomposition rapide.

La majeure partie des fleurs demande une certaine humidité, des fumures décomposées depuis longtemps, des vieux terreaux, ou les plus belles variétés dégénéreront aussitôt. Les fleurs pleines deviennent doubles, et les doubles apparaissent simples.

La dépense de main-d'œuvre et d'engrais est du double de celle d'un jardin bien organisé, dans un *jardin fouillis* (celui où tout est cultivé pêle-mêle).

Les récoltes sont assurées, abondantes et de bonne qualité dans le jardin organisé ; elles sont à peu près nulles dans le *jardin fouillis*, et coûtent le double.

On me répondra que le *jardin fouillis* règne encore en souverain et que l'on n'en fait pas d'autres dans beaucoup de contrées. Cela est vrai, mais n'en diminue en rien les inconvenients et la dépense, et n'ajoute rien à leur produit.

Est-ce parce que l'ignorance a fait accepter une chose mauvaise, laide et ruineuse, qu'il faut la continuer ?

Depuis vingt ans, des milliers de *jardins fouillis* ont été détruits, pour faire place à des jardins organisés. C'est l'œuvre de l'*Arboriculture fruitière* et du *Potager moderne*.

Les propriétaires, hésitant d'abord, et les jardiniers, très-opposés à un changement, ne peuvent trop se féliciter aujourd'hui des résultats : un jardin élégant remplaçant un amas de choses hurlant ensemble, dépense et travail diminués de moitié, produits abondants et de qualité hors ligne à la place de fruits pierreux, et de légumes aussi durs que chétifs. (Pour plus amples renseignements, voir l'*Arboriculture fruitière*, 5e édition, et le *Potager moderne*, 4e édition.)

Il faut, dans une propriété habitée constamment ou même une partie de l'année :

Un jardin joli, élégant et toujours fleuri ;

Un jardin fruitier, planté avec discernement, pour fournir des fruits de premier choix et de bonne qualité pendant toute l'année ;

Un potager dont la mission est de fournir abondamment la cuisine de tous les légumes également pendant toute l'année.

Ce sont trois jardins distincts à relier ensemble et à caser dans la propriété, de manière à ne rien prendre des vues ni du paysage.

Nous avons acquis la charmante maison du maçon, entourée d'un jardin tenant lieu de musée aux monstruosités végétales.

Rien de tout cela ne peut être conservé ; nous mettons les bûcherons à l'œuvre pour tout raser, les arbres fruitiers, le *discret*, et même le fameux bois.

Les maçons démolissent en même temps les cabanes à poules et à lapins, et le mur à hauteur d'appui autour de la maison. Nous rasons tout sans pitié.

Maintenant que tout est par terre et que nous y voyons clair, à l'œuvre.

Le sol du jardin est plus élevé de trois marches, environ 60 centimètres, que le niveau de la rue.

Nous n'avons pas l'orgueil de n'acheter que des chevaux dressés par Franconi ; nous pourrions au besoin nous passer de ce grand écuyer pour faire monter et descendre trois marches à nos chevaux, mais c'est plus difficile pour faire entrer les voitures et très-incommode quand il pleut, surtout pour les dames qui viennent quelquefois par le mauvais temps.

Pour obvier à cet inconvénient, il n'y a qu'un moyen :

enlever les trois marches et la terre qui empêche, sinon les chevaux, mais à coup sûr les voitures d'entrer.

Ne vous épouvantez pas, cher lecteur ; nous enlèverons la terre, et serons trop heureux de la trouver pour nos vallonnements ; elle nous servira autant que le produit de la démolition du petit mur à hauteur d'appui, et des cabanes à oies et à lapins, avec lequel nous construirons des communs ayant raison d'être.

Il ne faut pas trop gémir sur les bêtises d'autrui, surtout quand elles nous donnent des matériaux plus que suffisants pour construire des choses sensées ; vous n'aurez que la main d'œuvre à payer, et pas le droit de vous plaindre. C'est ce que je disais à mon ami, en contemplant le tas de démolition provenant des constructions imposées par Agathe :

— Ouf ! c'est déblayé, examinons la situation.

Nous avons une vue ravissante au fond ; les points de vue sont indiqués par des lignes ponctuées partant du centre de l'habitation et aboutissant aux vues ; celles de l'entrée sont également marquées par des lignes ponctuées.

A droite, pas de vue ; à gauche non plus, mais un voisin desagréable, adorant les belles plantes quand elles ne lui coûtent rien, et, de plus, curieux comme soixante chattes.

Vers la gauche, le terrain fait hache. Nous avons tout ce qui est nécessaire pour créer des jardins jolis et des plus productifs, et tirer le meilleur parti de la configuration du terrain.

Jetons le coup d'œil d'ensemble :

Nous placerons, au fond du recoin à gauche, le potager, qu'il faut toujours cacher (C, fig. 142). Les murs seront plantés d'arbres fruitiers, et le potager sera soumis à l'assolement de quatre ans, pour obtenir une abondante récolte des plus beaux légumes, avoir les terreaux et l'emplacement nécessaires à l'élevage des fleurs. (Voir le *Potager moderne*, 4ᵉ édition, pour la création du potager.)

A la suite du potager, en **D** (fig. 142), nous placerons le jardin fruitier, et nous le relierons avec le jardin paysager.

Il va sans dire que j'entends par jardin fruitier un jardin fruitier régulier, créé d'après mes principes, faisant le meilleur effet, tout en donnant une grande quantité des plus beaux et des meilleurs fruits, et non un affreux amas de quenouilles, d'arbres à haute tige, etc., aussi hideux qu'improductifs. (Voir l'*Arboriculture fruitière*, 5ᵉ édition, pour la création du jardin fruitier.)

Les lignes du jardin fruitier sont courtes, de façon à aider à la perspective et donner de la profondeur au jardin (D, fig. 142).

Le potager est caché, et, comme le jardin fruitier, il est placé dans les meilleures conditions, abrité par des murs. Le jardin fruitier n'est séparé par rien du jardin paysager ; la clôture est inutile, en vue de l'habitation, et il se fondra parfaitement avec le jardin paysager en lui donnant de la grandeur apparente.

Le voisin que nous eussions été heureux de ne pas avoir occupait les deux côtés A (fig. 142). En B (même figure), j'ai construit une volière élevée à deux mètres du sol.

Le dessous, très-spacieux, était divisé en deux et servait de chenil. Le dessus renfermait dix paires de pigeons romains ayant des gorges comme nos vaillants chiens du Poitou, et deux paires de tourterelles.

Une cour de chenil est placée à chaque mur, et le succès de ma *volière* à surprise et à scie a dépassé toutes nos espérances.

Chaque fois que notre homme apparaissait sur la crête du mur du potager, armé d'un verre et d'une bouteille de piquette, en échange de laquelle il demandait au jardinier les fleurs les plus belles et les plus rares, le *concert* des chiens commençait. Nous en avions sept : c'était ravissant.

Le brave homme allait à l'autre mur pour espionner un peu les maîtres : même aubade ; et comme il n'avait pas un goût insensé pour les concerts de chiens, il a remisé l'échelle, qui était en permanence contre nos murs, pour ne s'en servir qu'à de rares intervalles, et enfin plus du tout.

Notre homme ayant renoncé à voir, a essayé d'écouter ; sans cessse chaussé de pantoufles, il en était arrivé à parvenir jusqu'au pied du mur sans réveiller les chiens. Alors les pigeons et les tourterelles donnant leur concert du lever au coucher du soleil, il lui était impossible d'entendre un seul mot, et si les oreilles des chiens avaient été mises un instant en défaut, leur nez réparait vite l'erreur, et le morceau à grand orchestre recommençait.

Au bout du mois, notre voisin devint triste et rêveur ; il ne pouvait plus approcher du mur pour satisfaire son insatiable curiosité, et enfin l'année suivante il a vendu sa maison.

Nous avons remplacé les pigeons et les tourterelles par des faisans, remis les chiens à leur chenil et fait une serre à outils. Une seule niche, celle de gauche, a été conservée à *Flore*, chienne griffonne, aussi intelligente qu'incorruptible, qui ne permet à qui que ce soit d'approcher du jardin fruitier en l'absence de son maître.

En E (fig. 142), nous établissons une salle verte qui, comme notre volière, fait vue de la maison. De plus, placée à l'extrémité du jardin, à portée du fruitier et du potager, c'est un endroit des plus confortables de repos et de surveillance. Sa hauteur n'excède pas trois mètres, la même que les contre-espaliers du jardin fruitier pour nous conserver toute la vue des coteaux du fond.

En F (fig. 142), nous construirons un kiosque monté sur rocaille. Il rompt une longue ligne droite, fait paysage de la maison et de la grille d'entrée G (même figure), et a vue partout.

Nous avons abattu le mur et les baraques qui obstruaient les abords de la maison. Les matériaux vont nous servir pour construire en H (fig. 142) un petit châlet pour le jardinier, dont la femme sera élevée à la dignité de concierge ; en I (même figure), nous construirons : écuries, remises, sellerie, chenil, poulailler, etc., etc.

La cour J est assez grande pour tous les services et pour promener les volailles. Tout est confortablement installé et soigneusement caché. L'entrée K (même figure) permet aux chevaux et aux voitures un accès des plus faciles, avec un trajet assez court pour que les chevaux ne *s'oublient pas* dans les allées d'entrée.

Les constructions arrêtées, passons au vallonnement général. Nous avons une surélévation de terrain de 60 centimètres environ. La place entourant l'habitation conservera le niveau du sol, qui sera abaissé de 60 centimètres du bord de la pelouse à la grille d'entrée, et de l'autre côté de la maison de 80 centimètres à partir du bord de la pelouse au mur du fond.

Du côté gauche, au milieu, on vallonnera devant : de 0 à 60 centimètres de profondeur, et derrière : de 0 à 60 et 80 centimètres.

Les terres nous serviront à surélever la partie de droite, progressivement, du centre du jardin au mur : de 20 à 50 centimètres de la basse-cour au kiosque, et de 50 à 0 du kiosque à l'angle droit.

J'indique le vallonnement général ; nous aurons ensuite à faire les vallonnements partiels, à surélever les massifs, les points principaux et les corbeilles pour accentuer les fuites.

Passons au tracé des allées, de manière à pouvoir circuler, sans faire de détours, dans toutes les parties du jardin, et en même temps dessiner des pelouses, lui donnant toute la grandeur apparente possible.

L'habitation se trouve sur un point culminant, grâce au vallonnement. Nous laissons devant la grille et devant l'entrée des communs une large place, pour que les voitures puissent circuler facilement et tourner au besoin (*a*, fig. 142), puis nous ouvrons les deux allées d'entrée (*b*, même figure).

Ensuite nous aurons l'allée principale de ceinture *c* (fig. 142); l'allée principale *d*, conduisant de la maison au kiosque; l'allée principale *e* (même figure), allant du kiosque à la salle verte, les deux endroits les plus fréquentés du jardin, et l'allée principale *f* (même figure), donnant une grande largeur apparente et produisant le meilleur effet de l'entrée.

Nous ouvrirons ensuite les allées secondaires : l'allée *g* (fig. 142), partant de la porte des communs et conduisant au jardin fruitier et au potager.

Cette allée est en quelque sorte une allée de service consacrée au jardinier et aux ouvriers, qui ont cent allées et venues à faire du potager aux communs. Le transport des engrais, comme le chemin des ouvriers, se feront à une certaine distance de la maison, et, par cette même allée, ils peuvent se rendre dans toutes les parties du jardin.

L'allée secondaire *h* contribue à augmenter la largeur du jardin, communique avec les autres allées, en abrégeant les distances.

J'ai réservé une large place devant l'allée centrale du jardin fruitier et autour de la volière B (fig. 142). Cette place isole la volière et la fait ressortir; elle donne un accès facile au jardin fruitier et au potager, et permet, même à l'œil, d'y pénétrer de la maison et du kiosque.

La vue sur le jardin fruitier équivaut, pour la conservation des fruits, à l'influence du fer pour la ponte des poules.

Voilà notre jardin distribué ; nous avons, je le crois, tout prévu au point de vue de la perspective, de la circulation et de la forme des pelouses. Il faut meubler tout cela à présent ; commençons par la plantation.

La pelouse de devant ne doit pas être encombrée ; il faut lui laisser toute son étendue ; il faut qu'elle paraisse vaste. Les trois corbeilles de fleurs i, j et k (fig. 142) suffiront à la bien meubler.

Au bout de la première pelouse, à gauche en entrant, nous planterons un groupe de quatre yuccas (1, fig. 142); il faut laisser une certaine étendue de gazon pour donner de la profondeur et établir une fuite par l'allée f (même figure). Il faut donc meubler sans obstruer.

Nous planterons un pinsapo en avant du massif du fond, afin que ce magnifique arbre puisse croître en toute liberté, se détacher vigoureusement et repousser les deux massifs placés derrière (2, même figure).

Le massif 3 (même figure) sera planté avec des arbustes à fleurs d'ornement. Les plus grands, placés au centre, ne devront pas excéder la hauteur de 4 mètres, et les autres plus petits, afin de former le gradin de chaque côté et surtout du côté du pinsapo.

Ce massif est en vue de l'habitation ; c'est aussi le premier que l'on aperçoit en entrant ; il doit être toujours vert et constamment fleuri. En conséquence, le côté qui regarde l'allée d'entrée s'abaissera vers la

pelouse, et sera planté avec des arbustes à feuilles persistantes.

Le côté regardant l'allée *c* (même figure), par laquelle
on passera peu souvent, s'abaissera moins sensiblement, et pourra être planté avec des arbustes à feuilles
caduques. (Pour le choix des arbustes, voir la liste des
arbrisseaux et arbustes, p. 142, et la disposition à
donner aux massifs mixtes, p. 230.)

Les deux pelouses suivantes, à droite, occupant tout
l'espace entre la maison et le kiosque, doivent également être meublées, sans être chargées ; elles contribuent puissamment à la perspective, en établissant
une fuite très-accentuée, de l'habitation au kiosque.
Il faut donc, pour aider encore à l'illusion, que les
plantations isolées, comme les massifs placés sur ces
pelouses, s'élèvent graduellement de l'habitation à
l'allée *c*.

Nous planterons donc, dans le premier de ces
massifs, à la pointe du bas, un épicéa buissonneux ;
hauteur : 1 mètre. Il ornera sans obstruer la vue
(4, même figure). A l'autre pointe, nous placerons une
touffe de gynériums ; hauteur : 1m 50 à 2 mètres ; ses
longs panaches blancs feront le meilleur effet (5, même
figure). Il est bien entendu que le gynérium doit être
planté à 2 mètres au moins de l'allée *d*, pour laisser
voir le gazon, et non sur le bord de l'allée, pour
l'obstruer et détruire notre fuite.

Le milieu de la pelouse sera orné avec la corbeille *l*,
du côté de l'habitation, et le massif 6 du côté opposé.
Le massif 6 sera planté avec des lauriers-thym ; hauteur :

2 mètres environ; feuillage vert un peu foncé, fleurs blanc rosé de janvier en avril, et bordé avec des mahonias rampants; hauteur : 60 centimètres; feuillage changeant, fleurs jaunes au printemps et fruits noirs à l'automne.

La pelouse suivante sera ornée avec un catalpa isolé (7, même figure); il ne gêne pas les vues; son riche feuillage comme ses longues grappes de fleurs produiront le meilleur effet. Le tronc sera habillé avec un rosier banks blanc. La corbeille *m* terminera la pelouse, et le massif mixte (8, même figure) fera un fond et achèvera d'ombrager l'allée *c*. Ce massif sera composé comme celui de la première pelouse, en introduisant au centre des arbrisseaux de 4 à 5 mètres d'élévation.

Rien ne doit gêner la vue du fond du jardin, où nous avons un coteau charmant. Les pelouses placées entre l'habitation et le mur du fond veulent être ornées, mais elles exigent toute la grandeur apparente possible, et une liberté entière de vue.

La pelouse faisant face à l'habitation sera ornée avec les corbeilles *n* et *o* (même figure); nous planterons, hors des lignes de vue et loin des bords de l'allée, un araucaria du Chili, le plus beau de tous les conifères; de l'autre côté, un groupe de neuf magnoliers, feuillage vert brillant, grandes fleurs blanches très-odorantes (10, même figure). A l'autre extrémité, nous planterons, en denors des lignes de vue, un négondo à feuilles crispées, dont le tronc sera habillé avec un rosier banks jaune. Ce joli arbre, au feuillage vert gai, tranchera admirablement sur le fond et avec les conifères, et pourra acquérir toute sa grandeur sans obstruer la vue.

La pelouse suivante exige toute son étendue pour la perspective comme pour la vue ; les corbeilles p et q, un cèdre déodora (12, fig. 142) et un groupe de ricins (13, même figure) suffisent pour la meubler.

Le cèdre acquerra vite les plus grandes proportions ; il lui faut de l'espace pour qu'il produise tout son effet.

Le massif suivant, à droite, peut recevoir plus de plantations sans gêner la vue ni nuire à la perspective. Hors des lignes de vue, nous planterons un arbre isolé à effet, un taxodier pleureur (14, fig. 142). Vers la pointe droite, nous planterons un groupe de quatre arbres, pour faire ressortir notre arbre pleureur : un hêtre pourpre, 15, feuillage pourpre ; un érable à feuilles panachées, 16, feuillage vert panaché de jaune ; un cytise d'aubour, 17, feuillage vert, fleurs jaunes ; et enfin un cerisier à fleurs blanches doubles (18, même figure), terminera le groupe.

Un massif mixte (19, figure 142), composé d'arbustes à fleurs, à feuilles caduques et persistantes, disposé comme les précédents, bordera l'allée c, et continuera de l'ombrager dans toute son étendue.

Un massif d'arbustes à feuilles caduques et persistantes, dont les plus hauts n'excèderont pas 2 mètres (20, même figure), terminera la plantation de la pelouse.

La pelouse faisant face à gauche sera plantée : la

24.

pointe (21, fig. 142) avec un massif semblable à celui qui lui fait face ; l'autre côté sera bordé avec le massif 22 (même figure), planté avec des fusains à feuilles étroites (1 mètre), nains (50 centimètres), et des mahonias rampants. Le jardin fruitier doit être vu pour donner de la largeur à la propriété ; il se relie parfaitement avec le jardin paysager, donc le massif 22 ne doit pas avoir plus d'un mètre d'élévation sans nuire à l'effet général. Les corbeilles s et t achèveront l'ornementation de la pelouse.

La pelouse du fond sera ornée de trois corbeilles (u, v, x, fig. 142) et plantée avec un massif mixte d'arbustes à feuilles caduques et persistantes, dont la hauteur du milieu, la plus grande par conséquent, n'excèdera pas 2m 50 (23, même figure).

Des arbustes à fleurs roses, blanches et jaunes, et des feuillages éclatants sont nécessaires, en l'absence de fleurs, pour un massif placé à grande distance de la maison ; il faut qu'il se voie, se détache du mur et le repousse. Quelques lauriers-thym et fusains panachés jaunes remplissent parfaitement notre but, mélangés à des lauriers de Portugal, aucubas, etc.

Voilà le milieu planté ; reste le tour. Le tableau est fait ; il lui faut un cadre qui l'orne et le fasse ressortir en même temps.

Commençons par l'entrée : 24, un massif d'arbustes à feuilles persistantes, les murs cachés avec du lierre et des chèvrefeuilles à feuilles persistantes, et partout où les massifs factices sont peu profonds.

Le châlet du jardinier (H, fig. 142) sera planté avec

des rosiers banks, jasmins, bignonies, etc., pour éclairer et parfumer l'entrée.

Tout le tour (25, même figure), commençant à la porte des communs, cernant toute la propriété jusqu'au jardin fruitier, et repartant de la volière (B, même figure) pour se terminer à la grille d'entrée (G, même figure), sera composé d'un massif factice disposé comme ceux indiqués pages 240 et suivantes.

Avec des arbustes à feuilles persistantes au bord et des fleurs isolées et en groupes pour éclairer le tout, c'est le cadre ; reste à l'orner et à faire ressortir les angles.

Dans l'angle droit, autant pour cacher les communs que pour faire un fond, nous planterons un bouquet d'arbres des plus étoffés.

Un marronnier (26, fig. 142) ; un érable de Crète (27, même fig ure) ; un plaqueminier de Virginie (28, même figure) ; un févier de la Caroline (29, même figure) ; un tulipier à fleurs jaunes (30, même figure) ; un hêtre cuivré (31, même figure); un cytise pleureur (32, même figure); un sumac amarante (33, même figure) ; un acacia à feuilles panachées (34, même figure).

Près du kiosque, des tamaris et des bambous (35, même figure) et quelques arbres à effet.

Dans l'angle droit, où nous n'avons pas de vue à ménager, un fond noir se détachant sur le coteau éclairé, et repoussant toutes les plantations du devant ; un sapin d'Apollon (36, fig. 142) ; un sapin robuste (37, même figure); un épicéa à feuilles ténues (38, même figure) ; un érable pourpre (39, même figure) ; un cyprès violacé (40, même figure) et un genévrier de l'Himalaya, 41, pour trancher sur la masse sombre.

Les abords de la salle verte seront plantés en 42 et 43 (fig. 142) avec des arbustes d'ornement à feuilles caduques et persistantes, de la hauteur de 2 mètres au plus. Le dessus de la salle verte doit excéder en hauteur tout ce qui l'entoure ; elle doit donc être plus élevée et faire paysage, avec sa voûte de feuilles, de fleurs et de fruits d'ornement, sans porter d'ombre au jardin fruitier, ni d'entraves à la vue.

Le massif factice de gauche partant de la volière B (fig. 142) et se terminant à la grille d'entrée G (même figure) demande à être des plus compacte, pour nous garantir du voisin A, en l'honneur duquel nous avons construit la volière à surprise et à scie.

Du chiffre 44 à celui 45, nous garnirons à distance légale le mur d'arbres verts très-feuillus et de feuillages divergents, que nous ébrancherons jusqu'à la hauteur du mur, pour les faire monter plus vite ; entre, et devant ces arbres, nous planterons des arbustes à feuilles caduques et persistantes, de manière à former un obstacle impénétrable à l'œil (voir page 126.)

Près de la maison, nous planterons ce qu'il y a de plus épais : un pin austral (46, même figure) ; un if commun (47, même figure) ; un séquoier toujours vert (47, même figure) ; un if doré (48, même figure) ; un torréyer nucifère (49, même figure) et un pin blanc de neige en 50 (même figure). Cet impénétrable rideau n'a rien de monotone, grâce à la divergence des feuillages, et si nous avons la précaution de le *larder* de quelques épines-vinettes, on ne pourra jamais y mettre l'œil, et encore moins le nez, sans leur faire courir des dangers sérieux.

Terminons l'ornementation de notre cadre par l'angle gauche : un thuia gigantesque (51, fig. 142); un pin argenté (52, même figure); un sapin nordmann, (53, même figure). Ajoutons en 54 (même figure) un acacia pyramidal, et en 55 un sorbier des oiseaux ; nous aurons à la fois un rideau des mieux établis, formant une décoration des plus complètes.

Passons aux corbeilles, le complément du jardin :

La première i (fig. 142), placée en face la grille d'entrée, sera plantée en rosiers nains de couleurs variées, et *tous remontants*. On ajoutera à cette corbeille une bordure de circonstance, suivant la saison (voir page 283.)

Les corbeilles j et k (même figure) seront plantées en géraniums nuancés, en sens inverse, pour apporter de la diversion.

La corbeille y (même figure) sera plantée en hortensias avec bordure d'héliotropes, et celle l (même figure) en giroflées variées, brillant coloris et parfum délicieux.

La corbeille n, faisant face à l'habitation, sera plantée de rosiers nains remontants, avec bordure de saison; la corbeille o, en zinnias variés (corbeille brillante); la corbeille p, en phlox; la corbeille s, en pétunias.

Du côté droit, en face du kiosque, trois corbeilles : q, en œillets ; r, en verveines, et m, en pensées.

Pour aider à la perspective, des flots de dalhias dans la corbeille *v*, et des masses de roses trèmières dans la corbeille *x*.

Les corbeilles *t* et *u*, en face de la salle verte, seront plantées d'abord avec des giroflées jaunes variées, suivies de reines-marguerites, auxquelles succéderont des chrysanthèmes.

Fig. 143. — Vue prise jadis de la rue.

Voilà notre jardin planté, orné et fleuri. Ce que nous venons de faire ensemble sur le papier, cher lecteur, je l'ai accompli depuis plus de douze ans. Le jardin est aujourd'hui à son apogée; l'utile et le confortable y sont réunis, et l'effet du tout est des plus séduisants.

Reportons-nous à l'époque de l'acquisition de la propriété, et examinons la différence de ce qu'elle était alors, et ce qu'elle est aujourd'hui. J'avais gardé le plan des monstruosités qui y étaient entassées, sans me douter qu'un jour je leur donnerais place dans un livre.

Retournons à la maison, et procédons par ordre à notre comparaison :

Jadis, le *discret* et les trois marches (fig. 143).

Tout cela a disparu, et nous avons une entrée de maison sans casse-cou et sans barricade (fig. 144).

Fig. 144. — Vue actuelle de l'entrée.

Entrons, et plaçons-nous, comme nous l'avons fait, derrière le *discret*, où alors l'aspect du jardin par devant était celui de la figure 145 : le cœur du bonhomme pour premier plan, et son bois pour lointain.

Fig. 146. — Vue du jardin, prise avant.

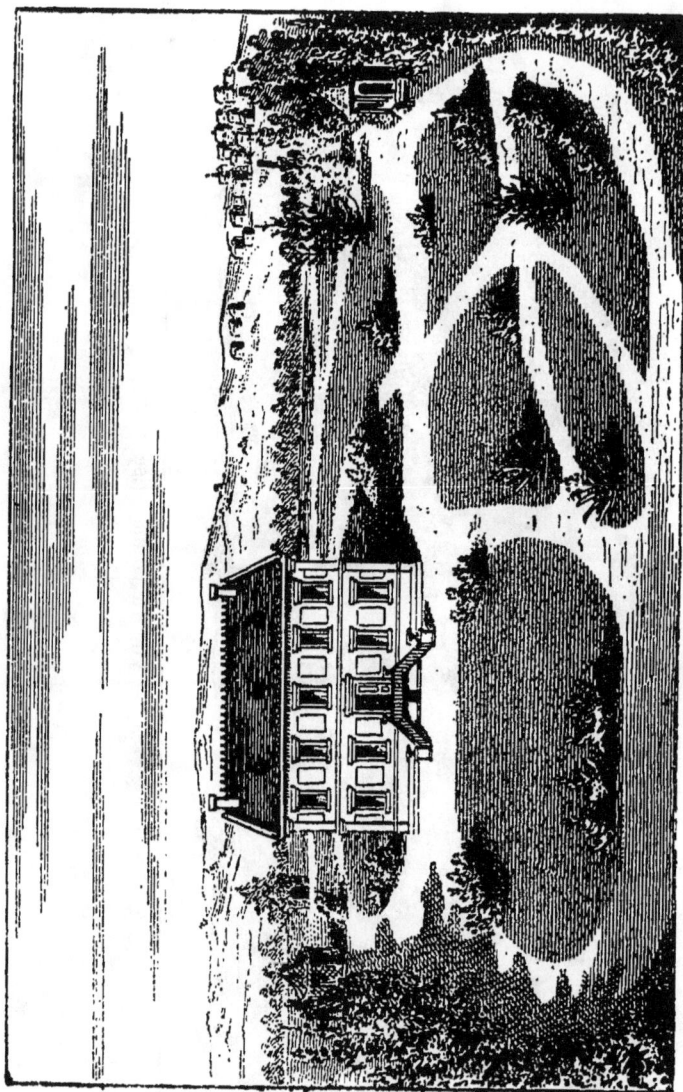

Fig. 146. — La même vue, prise après.

Maintenant, passons derrière la maison, où nous avions au fond, pour premier plan, les choux, les oignons, les carottes et autres choses toutes aussi pittoresques, ayant pour fond le fameux bois (fig. 147.)

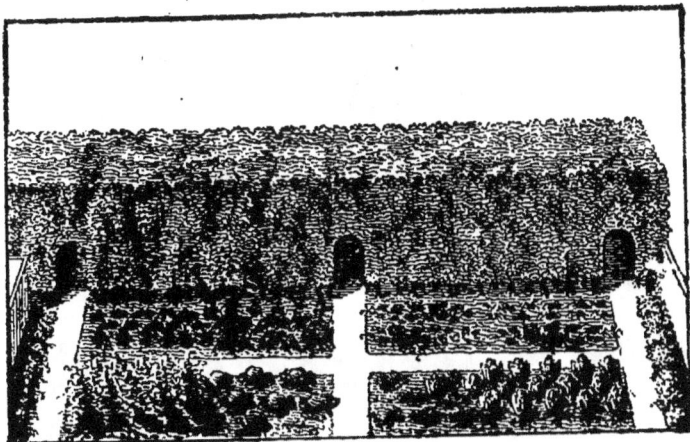

Fig. 147. — Vue prise derrière la maison, avant.

Tout cela est bien changé assurément, et pour opérer ce changement, il n'a fallu qu'une chose : un peu d'art, pour apporter l'ordre dans la confusion.

Il ne faut pour opérer ces miracles que deux choses : savoir, et avoir un peu de goût. Le goût, vous l'avez ; reste le savoir que ce livre vous donne, et tout deviendra facile.

J'ai insisté sur la dépréciation des propriétés dont les jardins sont abandonnés au goût des manouvriers, et sur la nécessité de la direction du propriétaire, dans la création comme dans l'entretien. Cette direction est

Fig. 148. — La même vue, après.

une nécessité ; je vais le prouver par la conclusion de ce chapitre, qui est celle-ci :

Lorsque nous sommes allés visiter cette propriété, on nous a demandé quarante-cinq mille francs ; c'est ce que valait la maison avec le terrain nu. Ce terrain, couvert des chefs-d'œuvre que vous savez, avait perdu toute sa valeur ; il était impossible d'en soupçonner l'étendue.

Le hideux *fouillis* dont il était couvert avait épouvanté tous les acquéreurs ; aucun n'avait fait d'offres, et ou accepta la nôtre, l'unique que je fis faire : vingt mille francs !

J'ai dépensé trois mille quatre cents francs pour faire le jardin et construire la volière et la salle verte, et tout a été fait de manière à n'avoir jamais rien à y retoucher.

Mon ami a dépensé neuf mille francs pour la construction des communs et du kiosque ; total douze mille quatre cents francs, auxquels nous ajouterons vingt-deux mille francs de prix d'achat et de frais de contrat.

La propriété revient donc à la somme totale de trente-quatre mille quatre cents francs ; mettons trente-cinq et même quarante mille francs si vous voulez, pour payer la peinture et les papiers de l'habitation.

On a offert l'année dernière quatre-vingt mille francs de cette propriété, bien qu'elle ne fût pas à vendre, et si mon ami voulait s'en défaire à quatre-vingt-dix mille francs, il trouverait trente acquéreurs pour un.

Devant une pareille conclusion, il n'y a rien à ajouter en faveur du travail intellectuel. Nous en avons étudié toutes les phases; passons au travail matériel qui, lui aussi, demande sinon la direction, mais au moins la surveillance du maître.

TROISIÈME PARTIE

CHAPITRE PREMIER

Tracé sur le terrain. — Jalonnement.

La troisième partie de ce volume est consacrée au travail matériel, à l'exécution du plan sous la direction du propriétaire. Il lui est donc indispensable d'avoir en main les clés de l'exécution des travaux et d'en connaître l'ordre comme la marche, pour aller vite et éviter les dépenses inutiles et les déceptions.

L'œil du maître doit être partout, même quand les travaux sont donnés à l'entreprise. Le travail exécuté sous la direction du propriétaire peut revenir au double et même au triple de sa valeur, par suite de fausses manœuvres et de temps perdu : de terres charriées trois ou quatre fois au lieu d'une, de temps perdu à des choses inutiles, ou qu'il faut refaire plusieurs fois. Votre jardin peut être complètement gâché par un entrepreneur de terrassements, par ignorance de la culture ou par avidité du lucre.

En outre, la tendance des ouvriers à ne pas admettre qu'un bachelier puisse comprendre un mouvement de terrain ou une façon de culture, parce qu'il ne tient ni la pioche, ni la pelle, ni la charrue, les entraîne, faute de raisonnement, à des tournaillements incessants et à une lenteur désespérante dans l'exécution.

Il faut deux choses pour accomplir le travail le plus simple : la pensée qui crée et dirige, et le mouvement qui exécute et lui obéit. Si vous voulez sortir de là, vous ne rencontrerez que déceptions. Cela dit, procédons par ordre à l'exécution de notre plan.

La première opération est le tracé du plan sur le terrain. Admettons que nous ayons à faire le tracé de la figure 149.

Nous tracerons l'allée de tour d'abord ; rien de plus facile, en prenant des mesures de 3 en 3 mètres environ, du mur au contour de l'allée, et en enfonçant aussitôt des piquets (*a*, fig. 150).

Un homme habitué à manier la bêche trace la courbe entre chaque piquet *a ;* les jardiniers excellent dans cet exercice ; ils la tracent et la rectifient avec une grande justesse.

Aussitôt le tracé fait, on enlève les piquets, et des hommes creusent le tracé à 10 ou 15 centimètres de profondeur, en enlevant une bêchée de terre. La ligne du tour est tracée, et elle ne peut pas s'effacer.

On coupe un bâton de la largeur de l'allée ; un homme le tient en travers et l'avance progressivement, pendant qu'un second trace à la bêche, au bout du bâton, le second bord de l'allée. La ligne *b* (fig. 150) se trouve

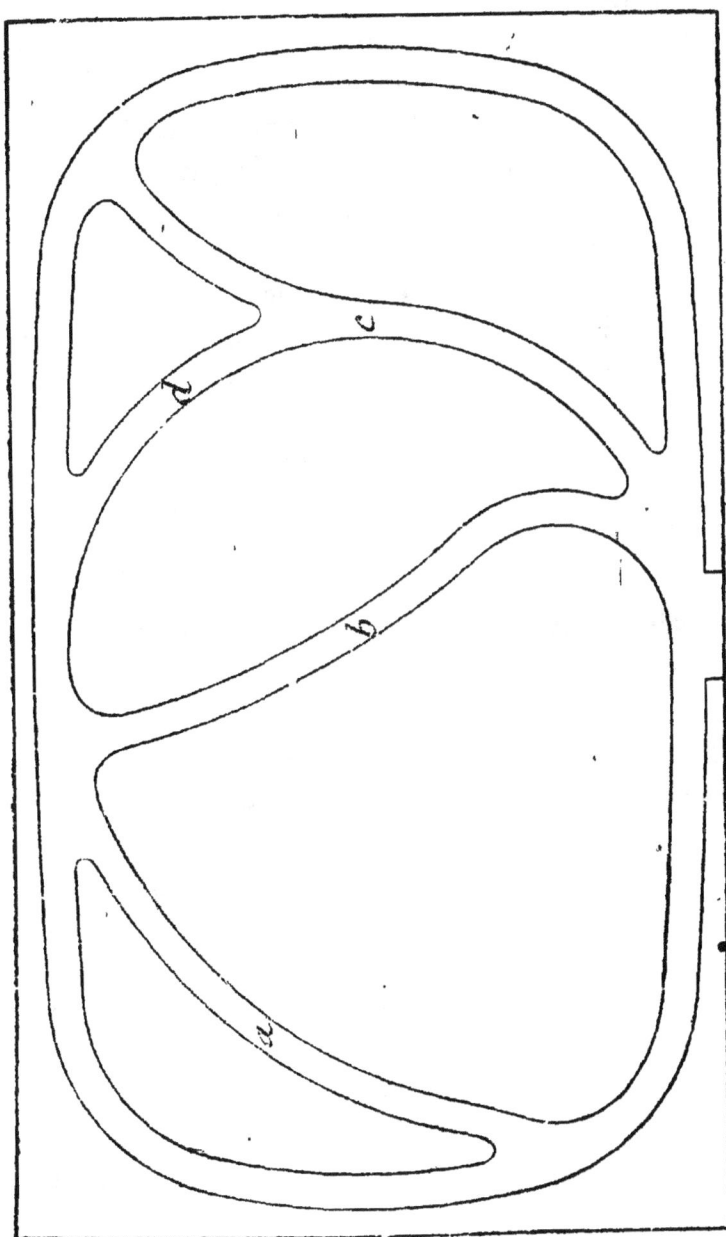

Fig. 149. — Plan à tracer sur le terrain.

tracée très-vite, et avec une grande justesse des contours. On enlève également une bêchée de terre dans toute la longueur du tracé.

Dès qu'un contour d'allée est tracé, il est indispensable de le creuser pour le rendre bien visible, et éviter qu'il ne s'efface, en marchant dessus ou à la suite d'une averse.

Pendant que les ouvriers creusent la première allée, on mesure des murs à l'emplacement des carrefours pour les tracer ; ce sont les points de repère pour tracer les autres allées.

Nous poserons d'abord des piquets à toutes les extrémités aboutissant aux carrefours, pour les tracer et les découper avec l'allée du tour (c, fig. 150).

Les carrefours tracés et découpés, la moitié de notre travail est fait ; toutes les extrémités sont tracées ; nous n'avons plus à trouver que les contours latéraux, dont une partie est déjà donnée, comme l'indique la ligne d (fig. 150), en traçant le second côté de l'allée du tour à l'aide du bâton, opération aussi prompte que sûre.

Pendant que les ouvriers tracent et découpent l'allée du tour et les carrefours, nous revenons à la place déblayée pour tracer la première allée transversale. A gauche, les deux bouts sont tracés et découpés ; il n'y a qu'à dessiner le contour du milieu.

Il suffira de trois piquets e (fig. 150), placés à égale distance au milieu de la ligne, après avoir mesuré les deux bords du massif sur la ligne ponctuée. On pose ensuite à l'œil des piquets intermédiaires f (même

25.

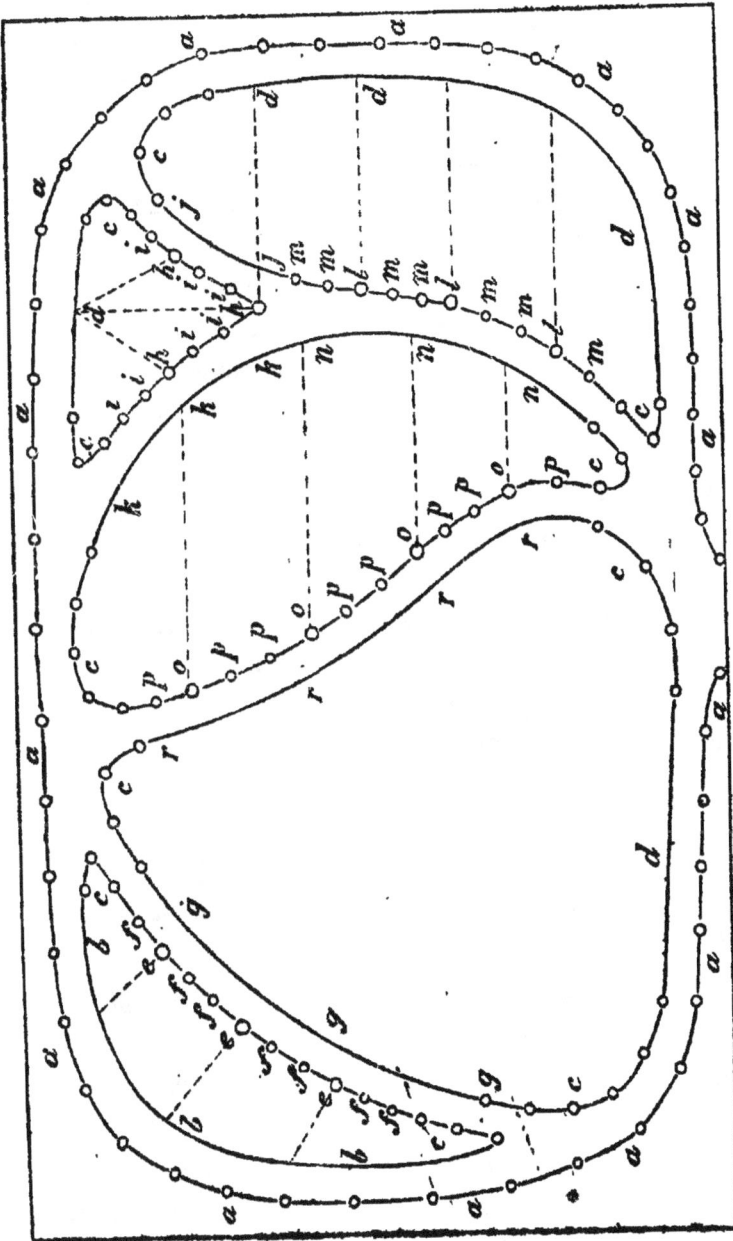

Fig. 150.

figure); on mesure la largeur du massif, si l'on craint quelque erreur de l'œil, puis on trace et l'on découpe à la bêche.

Le bâton de la largeur de l'allée fonctionne de nouveau, et la ligne g (même figure) est tracée en un instant avec la plus grande justesse.

Les deux tiers de notre plus grand massif sont tracés sans prendre une seule mesure, par les lignes d et g faites au bâton. Nous n'aurons pas une seule mesure à prendre dans ce grand massif, ou cette opération serait très-longue.

Pour ne pas perdre de temps, nous prendrons le plus petit massif, celui placé à l'angle gauche (fig. 150); nous posons d'abord les piquets h (même figure), après avoir mesuré sur les lignes ponctuées ; ensuite nous posons les piquets intermédiaires i (même figure), pour tracer et découper aussitôt ce petit massif.

Les deux allées latérales, tracées au bâton, nous donnent les lignes j et k (même figure) sans prendre de mesures.

Les trois piquets l (fig. 150), posés sur le bord du massif de droite, après avoir mesuré sur la ligne ponctuée, nous donneront avec les piquets intermédiaires m (même figure) le contour de l'intérieur de ce massif.

Nous traçons cette allée au bâton et trouvons la ligne n (même figure) du massif, suivant tout naturellement.

Les quatre piquets o (fig. 150), placés après mesure sur les lignes ponctuées, et les piquets intermédiaires p nous donnent le contour de l'autre côté du massif, et enfin, en traçant l'allée au bâton, nous trouvons la ligne *r* (même figure), terminant l'opération.

Notre jardin est tracé avec toute la justesse désirable, en bien peu de temps et sans de grands efforts. Le bord de toutes nos allées est découpé ; notre tracé ne peut plus s'effacer. Passons au jalonnement des mouvements de terrain.

J'attache une grande importance à l'indication exacte des mouvements de terrain, parce que de cette opération dépend le salut des arbres et des plantes : l'existence du jardin.

Le plus souvent, les entrepreneurs trouvent des terres provenant des fouilles de la maison, des terres provenant des derniers sous-sols, toujours infertiles quand elles ne se composent pas de gravier ou de glaise.

On se débarrasse de ces terres en les employant tout de suite ; elles servent à surélever les massifs où seront plantés les arbres et les corbeilles destinées aux fleurs.

Le même inconvénient se produit quand il n'y a pas de terres provenant des fouilles, lorsque le sol est peu profond, c'est-à-dire quand il n'y a que de 35 à 45 centimètres de terre végétale reposant sur un sous-sol de gravier ou de glaise.

Pour opérer le vallonnement, on creuse les endroits qui doivent être les plus bas, et l'on recharge les massifs et les corbeilles avec le produit : un peu de bonne terre et beaucoup de gravier ou de glaise.

Les pelouses, presque toujours creusées, sont formées avec le second sous-sol.

On opère trop souvent ainsi par manque de connaissance en culture, quelquefois pour faire une économie de temps. Le propriétaire, qui n'y connaît rien, a laissé faire ; il a vu remuer de la terre, vallonner, puis planter.

Le jardin est charmant ; les vallonnements sont parfaitement exécutés ; tout cela a un éclat grandi encore par l'illusion de l'ombre, de la verdure et des fleurs dans un avenir très-prochain. Mais, hélas ! arbres et fleurs refusent toute végétation dans ce sol. Les arbres font du bois mort ; les fleurs ne poussent ni ne fleurissent, et les pelouses se convertissent bientôt en *paillassons*.

On met ce premier échec sur le compte d'une mauvaise saison ; on replante et l'on ressème, souvent à plusieurs reprises, et enfin on vient nous consulter. Nous respectons l'ennui causé au propriétaire par ces nombreuses déceptions, mais jamais consultations ne sont aussi laborieuses et aussi douloureuses que celles-là, forcés que nous sommes de dire brutalement au propriétaire :

« Si vous voulez un jardin, il faut arracher les morts et les mourants, enlever la glaise ou le gravier des massifs, vider les corbeilles, creuser les pelouses et les remplir de bonne terre, comme les massifs et les corbeilles, ou la végétation ne fera jamais élection de domicile chez vous. »

Souvent les plaintes sont des plus vives contre l'entrepreneur, que l'on traite de tous les noms. Cet entrepreneur n'est pas un criminel ; c'est un ignorant en culture. Il ne savait pas ; le propriétaire, n'en sachant pas davantage, n'a pu le surveiller, et son manque de surveillance a causé deux désastres : un préjudice

énorme pour lui, et une grave atteinte à la réputation
de l'entrepreneur.

Quand le sol a une certaine profondeur, on a la ressource d'enlever toute la bonne terre des allées pour
l'échanger avec celle des massifs et des corbeilles ; mais
encore faut-il toujours *déterrer* le sol, enfoui sous un
tas de décombres. C'est une opération longue, pénible
et dispendieuse, mais qu'il faut faire si l'on ne veut
faire une grande cour de son jardin.

Lorsque la couche de terre végétale est très-mince,
on est forcé de bouleverser tout le jardin, afin d'en
extraire la terre comme d'une mine. C'est alors une
opération désespérante, c'est le mot, et qui coûte
quelquefois le double du prix d'une bonne création.

Je ne saurais trop le répéter : il faut que le propriétaire sache, non pour faire, mais pour diriger, s'il ne
veut pas être continuellement victime d'erreurs les plus
regrettables, surtout à l'époque où nous vivons. On
veut beaucoup d'argent, le moins de travail possible et
pas d'études ; souvent des individus, n'ayant pas la
moindre notion d'un métier, l'entreprennent sans hésiter, dans l'espoir de faire fortune tout de suite. C'est au
propriétaire à se garer de ces dangereux appétits ; il le
peut par une direction sage et une surveillance active
dans la création comme dans l'entretien de ses jardins.
Rien de plus facile en suivant à la lettre les classiques
du jardin.

Non seulement nous éviterons de gâcher notre sol
par un vallonnement insensé, mais encore nous en dou-
blerons la puissance et la fertilité, sans dépense addi-

tionnelle, par un judicieux emploi de nos terres. Rien de plus
simple; je le prouverai dans le
chapitre suivant.

Pour faire un bon emploi de
terre et éviter les dépenses inutiles en tournaillements et en
charrois, il faut que les mouvements de terrain soient bien dé-
terminés à l'avance, c'est-à-dire
indiqués par des piquets.

Aussitôt le tracé fait sur le
terrain, il faut en indiquer tous
les mouvements par des piquets
enfoncés aux différentes hauteurs que le sol doit prendre.
C'est le jalonnement; quand il
est bien fait, il n'y a pas d'erreur
possible ; les terrassiers n'ont
qu'à combler ou à creuser au
niveau de la tête des piquets.

Supposons que, sur un terrain
plat, nous ayons à faire un vallonnement. La ligne *a* (fig. 151)
indique le niveau du sol, et la
ligne *b* (même figure) le vallonnement à opérer.

Nous jalonnons le vallonnement avec des piquets placés à 3
mètres de distance dans les pentes

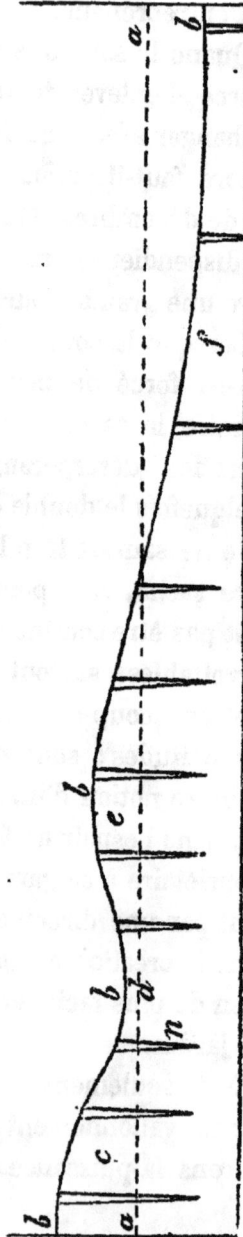

Fig. 151. — Jalonnement.

douces, et à 2 et même 1ᵐ 50 dans les pentes courtes ou rapides.

Ainsi, nous enfoncerons deux piquets aux hauteurs voulues, pour indiquer la pente du massif *c* (fig. 151); deux autres pour marquer l'allée *d* (même figure); quatre pour indiquer l'élévation *e* (même figure), et enfin trois à plus grande distance, pour indiquer la pente douce *f* (même figure).

En opérant dans ces conditions, il est impossible au terrassier le moins intelligent de se tromper; il n'a qu'à remplir de terre à la hauteur des piquets placés au-dessus du sol, et à creuser jusqu'à la hauteur de ceux placés en dessous.

Rien de plus simple que d'opérer le jalonnement : avec deux nivelettes (fig. 152) et une mire (fig. 153), on jalonne en un instant la ligne la plus tourmentée.

Ajoutons à cela un mètre et un rondin à la base duquel on a marqué des centimètres et des millimètres, et assez solide pour ne pas ployer sous les coups de maillet ; nous sommes armés de toutes pièces pour opérer sûrement et vivement.

La ligne *a* (fig. 154) représente le niveau du sol ; nous voulons jalonner la ligne de vallonnement *b* (même figure). On commence par déterminer le niveau du sol en enfonçant une nivelette à chaque extrémité de la ligne. On enfonce un piquet provisoire au milieu de la ligne, rez le sol; on pose la mire dessus, et on ajuste les nivelettes sur elle. Nous avons le niveau du sol, la hauteur de la mire ajustée sur les nivelettes.

Nous enfonçons un piquet à côté du piquet *c* (fig. 154):

nous posons la mire dessus et l'ajustons sur les nivelettes. La tête de ce piquet nous donne le niveau du
sol.

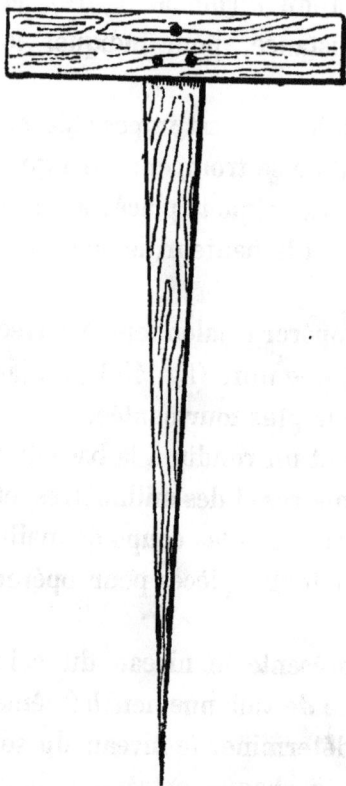

Fig. 152. — Nivelette.   Fig. 153. — Mire.

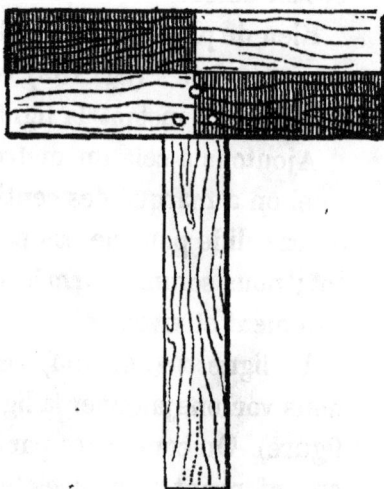

La surélévation à donner est cotée sur le plan ; nous
enfonçons le piquet c, en lui laissant au-dessus du sol
la hauteur indiquée sur le plan. Le piquet d (même
figure), est à hauteur du sol. Les piquets e, f et g sont
au-dessous. Nous relevons pour chacun la hauteur du

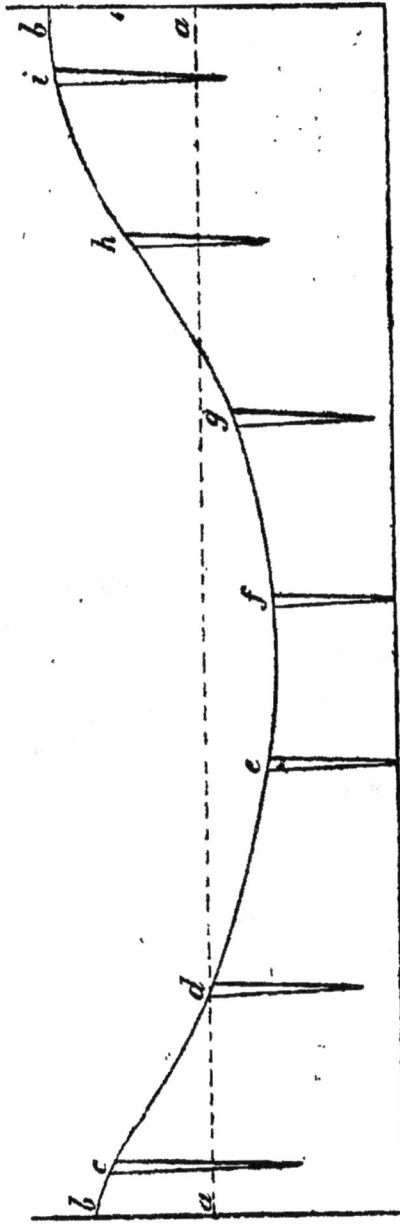

Fig. 154. — Pose des piquets.

sol comme nous l'avons fait pour le premier, puis nous posons le rondin gradué sur chacun de ces piquets, et frappons avec le maillet jusqu'à ce que le rondin marque la cote du plan. Les piquets *h* et *i* sont posés comme le premier.

En un instant notre ligne est établie, et les terrassiers n'ont plus qu'à opérer.

Le point capital est de bien faire le jalonnement ; quand il est fait à peu près, c'est-à-dire pas juste, on s'expose à des remaniements de terre entraînant une certaine dépense en pure perte.

J'ai indiqué les vallonnements généraux ; disons, avant de terminer, que les corbeilles comme les massifs doivent être élevés par une pente douce, pour les faire ressortir et accentuer encore les fuites. C'est le vallonnement partiel, le détail de la chose, mais il ne doit pas être négligé. S'il avait été omis sur le plan, on le jalonnerait sur le terrain. Tous les mouvements doivent être indiqués par des piquets, pour que les terrassiers n'aient autre chose à faire que suivre machinalement les piquets.

Le jalonnement achevé, on procède au défoncement et à la distribution des terres.

CHAPITRE II

Préparation du sol. — Défoncement
Triage des terres.

———

Disons tout d'abord qu'il ne s'agit pas seulement de faire du pittoresque en remuant de la terre, mais encore qu'il faut obtenir, sur cette terre artistement remuée, une végétation luxuriante.

Cela est facile en ne perdant jamais de vue :

1° Qu'un jardin est fait pour s'y promener ; par conséquent les allées doivent y être praticables en toutes saisons ;

2° Que les massifs d'arbres et d'arbustes d'ornement doivent pousser vigoureusement, afin de donner vite un feuillage abondant et des fleurs, et qu'ils ne peuvent remplir ces conditions, s'ils ne sont plantés dans un sol riche et profond ;

3° Que les fleurs ne sont belles que lorsqu'elles sont plantées dans une terre bien épurée et abondamment pourvue d'humus ; hors de ces conditions, les plus belles variétés de fleurs dégénèrent ;

4° Que les pelouses doivent être toujours vertes, et pour obtenir ce résultat, il faut qu'elles soient semées dans un sol de bonne qualité, ayant une profondeur de 30 centimètres environ, et fumé avec discernement.

Il faut donc donner à nos allées la solidité voulue ; aux massifs, aux corbeilles et aux pelouses, la qualité et la profondeur de terre qu'elles exigent, tout en faisant les mouvements de terre les plus considérables.

Posons ceci en principe :

1º Les allées ne seront jamais entièrement comblées avec de la glaise ou avec des terres trop argileuses ; il serait impossible d'y mettre les pieds pendant huit jours quand il a plu.

Toutes les allées doivent toujours être bombées, comme l'indique la figure 155, et jamais plates. En outre, elles doivent être un peu plus basses que le niveau du sol (A, fig. 155).

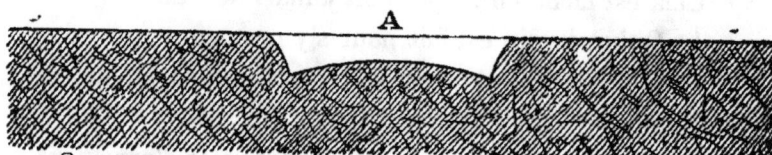

Fig. 155. — Disposition des allées.

L'eau séjourne dans les allées plates et les conserve toujours gâcheuses. Dans les allées bombées, l'eau s'écoule de chaque côté, et le milieu est toujours sec.

Si l'on est forcé de remplir les allées avec des terres très-fortes, il faudra bomber la glaise comme l'allée, mettre un peu de cailloux ou de pierrailles dessus pour former drainage, et recouvrir le tout d'une épaisseur de sable de 10 à 15 centimètres.

Quand on remplira les allées avec du gravier, il faudra mettre par dessus 10 à 15 centimètres de sable.

Dans aucun cas on ne doit macadamiser les allées, à moins d'avoir à sa disposition une sablière abondante, et de recouvrir le macadam de 20 centimètres de sable au moins.

Le propriétaire trouve tout simple, lorsqu'il a du gravier ou de la pierre, de macadamiser des allées qui sont toujours boueuses. Il croit faire une bonne opération, et il se crée une charge des plus lourdes.

L'herbe pousse dans le gravier et entre les cailloux aussi bien que partout ailleurs. Elle envahit bientôt le macadam, sur lequel il est impossible de faire fonctionner les ratissoires. Le propriétaire est obligé de faire arracher l'herbe à la main, s'il veut avoir des allées propres. C'est ruineux et presque impossible à entretenir.

Le macadam et le gravier ne sont possibles que recouverts d'une couche de sable assez épaisse pour permettre aux outils de fonctionner sans obstacle.

2º Les massifs d'arbres et d'arbustes doivent être défoncés en plein et avoir une profondeur de 80 centimètres au moins de bonne terre.

Cela est facile, même dans les sols peu profonds, grâce au vallonnement. Supposons que nous ayons 40 centimètres de terre végétale seulement. Le massif aura au moins 25 centimètres de surélévation par le vallonnement général et autant par le vallonnement partiel.

Dans ce cas, nous défoncerons le sol en plein à

50 centimètres de profondeur et le rechargerons ensuite de 50 centimètres de bonne terre prise dans les allées, et nous aurons 1 mètre de profondeur de terre défoncée de première qualité.

Plantés dans un tel sol, les arbres pousseront avec une vigueur et une promptitude qui surprendra tout le monde, et la plantation ne dépérira pas au bout de quelques années, comme toujours, quand le sol manque de fond.

3° Les corbeilles spécialement destinées à la culture des fleurs seront faites avec une terre toute spéciale, c'est-à-dire très-riche et bien épurée.

Presque toujours les corbeilles seront élevées de 50 centimètres au moins au-dessus du niveau du sol. On défoncera d'abord leur emplacement à la profondeur de la terre végétale ; on en extraira les pierres, et on les rechargera ensuite avec de la terre dont le dessus aura été enlevé, pour éviter d'y introduire des racines ou des graines de mauvaise herbe.

Nos corbeilles auront autant de guérêt que les massifs ; grâce à cette profondeur de terre remuée, elles ne souffriront jamais de la sécheresse. Quelques brouettées de terreau mélangées avec la terre amèneront la perfection.

4° Les pelouses ne peuvent être belles et rester vertes que lorsqu'elles sont semées dans une couche de terre végétale de l'épaisseur de 30 centimètres au moins, et que cette terre sera suffisamment saturée d'humus.

Les pelouses toujours creusées devront être pourvues de l'épaisseur de terre indispensable ; nous en trouverons les moyens dans le triage des terres. Le sol des pelouses sera en outre fumé avec des engrais très-consommés, des composts mélangés de calcaire. La terre, profondément labourée en enfouissant les engrais, sera purgée de pierres et de racines. Ensuite on sèmera et on recouvrira les graines de terreau de couche pour les gazons, et de terreau de feuilles animalisé pour les pelouses.

Les pelouses ne sont pas plus exigeantes que les autres cultures. Elles veulent être placées, comme toutes les autres cultures, dans les conditions où elles peuvent vivre, rien de plus. C'est au paysagiste à connaître les conditions dans lesquelles peuvent supporter l'existence les végétaux dont il fait usage.

Mais, hélas! souvent les paysagistes sont de véritables artistes, rêvant et faisant exécuter de fort jolies œuvres, mais peu en harmonie avec les lois végétales. S'ils avaient les notions de culture indispensables, ils seraient complets.

Conclusion : nous admirons vos œuvres avec raison, messieurs, comme tout ce qui est beau, mais nous voudrions que la pensée fût exécutable. Étudiez la culture ; elle entre et compte même pour beaucoup dans votre cadre ; ou si vous ne voulez ou ne pouvez prendre le temps de vous initier à ses principes fondamentaux, venez nous trouver, et vous remporterez souvent de chez nous un conseil qui vous évitera bien des échecs.

Ne vous effrayez pas, cher lecteur, de la quantité de terre à remuer pour établir dans les meilleures conditions les allées, les massifs, les corbeilles et les pelouses.

Je vais, comme je vous l'ai promis, vous donner le moyen de mener tout cela à bien, sans dépense additionnelle, mais avec votre concours ou au moins votre surveillance, ou je ne réponds de rien.

Quand le tracé est fait sur le terrain, les entrepreneurs ont adopté pour usage de faire vider les allées et creuser les parties basses. On porte aussitôt la terre provenant des allées et des parties basses sur les points culminants, et le vallonnement est à peu près établi.

Ensuite on défonce en plein tout le jardin, parties basses et élevées.

Lorsque le sol a de la profondeur, rien de mieux. Les allées restent telles quelles ; les massifs ont presque assez de guérêt, les corbeilles assez de terre pas épurée de tout, et les pelouses presque assez de terre pour donner un bon résultat. La nature aidant, tout marche encore assez bien.

Mais quand le sol est peu profond et que le sous-sol est de mauvaise qualité, les travaux ainsi faits donnent des résultats lamentables. Les massifs sont rechargés avec de la glaise ou du gravier ; les arbres n'y poussent pas. Les corbeilles ont souvent par dessus de grosses mottes de terre forte qui ne se dissolvent jamais, ou des cailloux en abondance ; les fleurs y languissent et dégénèrent. Les pelouses sont semées sur le sous-sol, mis à nu par le vallonnement ; qu'il soit composé de terre forte ou de gravier, le résultat est le même. L'herbe lève et pousse quand même, pendant qu'il pleut, jusqu'en juin, pour jaunir et disparaître avec les premières chaleurs.

Il est vrai que lorsque le sous-sol des pelouses n'est pas trop mauvais, on peut l'améliorer avec d'abondantes fumures et des cultures sarclées : pommes de terre, betteraves, etc., etc., et l'amener, à force de travail et de patience, à le déterminer à nourrir de l'herbe. Mais cela demande des années, et je me demande forcément pourquoi on ne commence pas par où l'on finit quand c'est si facile et infiniment plus économique.

Outre la dépense que ne compensent jamais les récoltes très-minces faites dans ces conditions, vous avez le désagrément de voir, pendant plusieurs années, dans votre parc ou votre jardin, des tiges de betteraves, de pommes de terre ou de rutabagas en guise de gazon. C'est hideux, et cette chose hideuse vous coûte un prix fou. Pourquoi donc ne pas faire d'une pierre deux coups, une économie notable d'abord, et vous donner en même temps l'agréable : une belle pelouse ?

Vous êtes de mon avis. Un mot encore : si votre paysagiste vous dit : « Les arbres viennent *quand même;* l'herbe *pousse partout* » (vous entendrez cela assez souvent), ne vous insurgez pas, cher lecteur; vous n'aimez pas plus les émeutes que moi, j'en suis sûr. Répondez oui, pour vous concilier l'artiste, et ajoutez : « Mais..... c'est une idée à moi, j'ai peut-être tort, MAIS je tiens à ce que le sol soit préparé ainsi. Faites-moi cette *concession,* qui ne gêne en rien l'exécution de vos projets, si hautement, si grandement, si noblement artistiques ! » Vous avez la concession ; maintenant, à l'œuvre, pour nous assurer la fécondité et la prospérité partout.

— —

Admettons que nous opérons sur un sol ayant seulement 40 centimètres de profondeur, c'est-à-dire de terre végétale, et un sous-sol infertile. Avec cela nous allons donner à chaque chose la profondeur de bonne terre nécessaire et obtenir partout une végétation splendide, sans plus de dépense qu'en versant les terres partout, et au hasard.

Pour atteindre notre but, il faudra faire simultanément le défoncement, l'enlèvement des bonnes terres et le rechargement. L'économie du défoncement, qui ne sera que partiel au lieu d'être général, nous indemnisera largement du transport des terres, qu'il eût fallu faire dans tous les cas. Nous procèderons avec ordre et méthode, au lieu de livrer notre avenir au hasard.

Nous avons tracé sur le terrain le jardin figure 156 ; les allées sont découpées à la bêche comme je l'ai indiqué, et la terre est restée dans le milieu des allées, après avoir creusé les bords.

Les alles a et b (fig. 156) ont été ouvertes pour donner de la largeur apparente au jardin.

Le vallonnement général est établi ainsi : en travers, en a (fig. 157), surélévation de 30 centimètres ; de a en b, de 30 centimètres à 0, et entre les deux b, progressivement de 0 à 30 centimètres en contre-bas ; en long, de c en d (même figure) de 0 à 25 centimètres au-dessous du niveau du sol ; de d en e, progressivement, de 25 à 30 centimètres au-dessous du niveau du sol, et de e en f (même figure) de 25 centimètres au-dessous du niveau du sol à 0.

Les corbeilles g, h, i, j, k, l, m (fig. 157) seront

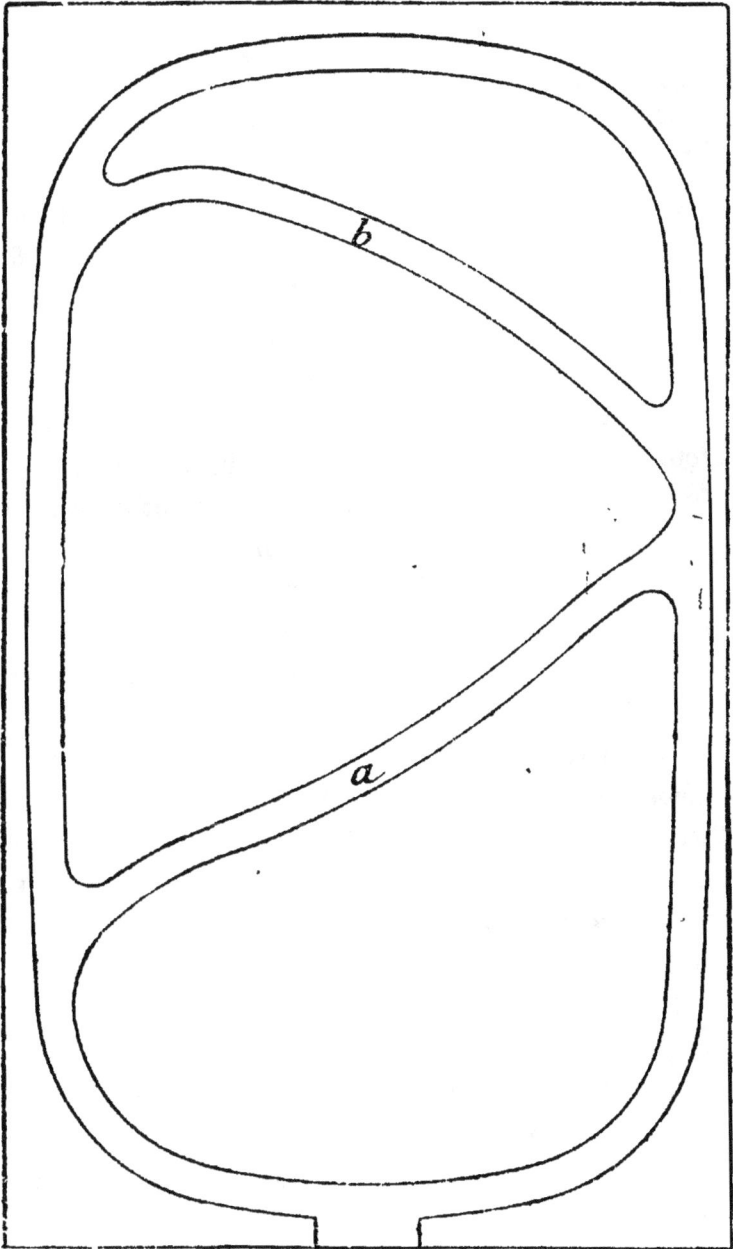

Fig. 156. — Jardin à tracer.

surélevées, c'est-à-dire vallonnées partiellement, ainsi que les massifs *m, n, o, p* et *q*.

Nous commencerons par défoncer en plein toute la plate-bande du tour, destinée à porter des massifs factices, à la profondeur de 50 centimètres ; ensuite les massifs *m, n, o* et *p*, à la même profondeur, puis enfin les corbeilles à la profondeur de 40 centimètres, celle de la terre végétale, que nous épurerons bien de pierres et de mauvaises herbes.

Ensuite on enlève toute la terre végétale de l'allée du tour, pour charger de bonne terre la plate-bande du tour, l'emplacement des massifs et des corbeilles, qui ont été défoncés à la hauteur voulue. L'excédant de la bonne terre extraite des allées sera déposée en tas au milieu du jardin, sur la ligne ponctuée *d* et *e* (fig. 157), c'est-à-dire à l'endroit où sera la plus grande profondeur du vallonnement.

Cela fait, on commencera le défoncement, non un défoncement à la bêche, toujours mal fait et très-coûteux, mais à la pioche et à la pelle, à tranchée ouverte et en rejetant la terre derrière soi. (Voir, pour plus amples renseignements, la manière d'opérer les défoncements, à l'*Arboriculture fruitière*.)

On ouvre la tranchée auprès de la corbeille *m* (fig. 157) ; toute la bonne terre provenant de l'ouverture de la tranchée est portée auprès de la corbeille *i*, où se terminera le défoncement.

La première pelouse du fond sera défoncée en travers de la corbeille *m* à celle *k*.

Nous avons ouvert la tranchée sur une largeur de

4 mètres, afin de pouvoir remuer et opérer facilement le triage des terres. La terre végétale seule a été enlevée ; nous attaquons par une partie haute ; il faut par conséquent élever le sous-sol pour avoir partout la même épaisseur de terre végétale.

On pique le sous-sol à la pioche, et l'on ramasse à la pelle pour jeter contre la corbeille *m* (fig. 157), de manière à remblayer les piquets, également jusqu'à 40 centimètres de la tête. Nous laissons du remblai à la tête du piquet, une distance égale à la profondeur de la couche de terre végétale : 40 centimètres.

Lorsque nous aurons ainsi opéré tout le fond de la tranchée, nous entamerons la terre végétale, seulement pour mettre le sous-sol à découvert et charger la partie défoncée de terre végétale jusqu'à la hauteur de la tête des piquets, ce qui nous donne partout une couche égale de 40 centimètres de bonne terre.

En approchant du centre *e*, nous aurons trop de sous-sol ; on jettera l'excédant à la pelle dans les allées, pour boucher le vide fait par l'enlèvement de la bonne terre. Ce qui ne pourra pas être jeté à la pelle sera transporté avec la brouette.

Nous irons ainsi jusqu'à la corbeille *k* (fig. 157), où il restera un vide qui sera comblé avec l'ouverture d'une nouvelle tranchée autour de la corbeille *j*. La terre sera jetée à la pelle par dessus l'allée.

On défoncera, comme je l'ai indiqué, de la corbeille *j* à la corbeille *l* (fig. 157), puis on redescendra pour terminer à la corbeille *h*. On ouvrira une nouvelle tranchée auprès du massif *n* (même figure). On bouchera

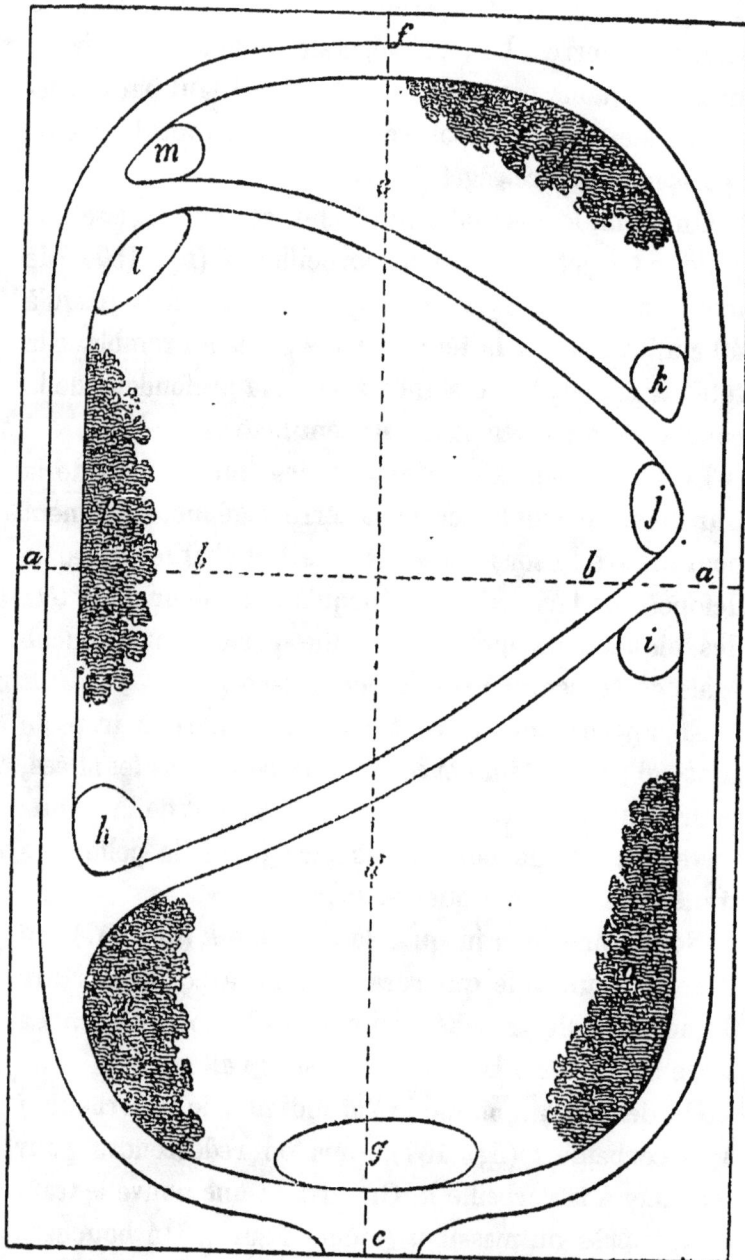

Fig. 157. — Vallonnement et défoncement faits simultanément.

le vide auprès de la corbeille *h* avec la terre de la dernière ouverture de tranchée, en la jetant à la pelle par dessus l'allée.

Nous faisons descendre le défoncement du massif *n* (fig. 157) à la corbeille *g* (même figure), puis nous remontons à la corbeille *i*, pour finir, et nous y trouvons le dépôt de terre de l'ouverture de la première tranchée. Il n'y a qu'à pousser cette terre à la pelle pour terminer les doubles opérations du vallonnement et du défoncement.

Le résultat de l'opération que nous venons de faire est celui-ci :

Nos massifs ont une profondeur d'excellente terre de 90 centimètres au moins, bien défoncée ; nos corbeilles ont 80 centimètres au minimum de guérêt, formé avec de la terre d'élite, et nos pelouses partout une épaisseur de 40 centimètres de bonne terre, jetée sur un sous-sol fouillé, ce qui représente 60 à 70 centimètres de guérêt.

Avec une semblable préparation du sol, les arbres pousseront avec vigueur, les fleurs seront splendides, et jamais les pelouses ne seront atteintes de la sécheresse. Résumé : succès complet partout.

Qu'avons-nous dépensé pour accomplir ce *miracle*? Rie ' Non seulement nous n'avons rien dépensé, mais encore nous avons économisé plus d'un tiers sur le même travail fait en deux fois ; je vais le prouver.

Nous avons charrié la terre des allées pour charger nos corbeilles et nos massifs, et former une réserve de

terre végétale au milieu du jardin. Nous avons également charrié la terre végétale provenant de l'ouverture
de la première tranchée, et à peine la moitié du sol pour
combler les vides des allées ; la moitié au moins a été
jeté à la pelle, et voilà tous nos charrois.

Nous remarquerons aussi que chaque opération a été
combinée pour rendre les transports très-courts.

Comparons maintenant avec la manière de faire de
ce que l'on est convenu d'appeler *la pratique*.

On commence par attaquer la partie la plus creuse,
le centre, pour brouetter la terre qui en provient sur
les points élevés ; ensuite on reprend les points intermédiaires, on les arrondit avec de la terre apportée ou
emportée, et enfin on donne le coup de *fion*, le polis-
sage de la chose, avec pas mal de brouettées de terre
prises et portées un peu partout.

Après cela on défonce, et souvent on ne défonce pas,
parce que la terre est *assez remuée*.

Sans faire de défoncement, vous avez dépensé une
somme au moins égale à celle que nous avons employée
pour faire la même opération, plus un excellent défoncement. Si vous défoncez, vous aurez le coût de votre
défoncement en plus.

Je ne compte que la dépense et laisse de côté l'avenir
du jardin, la végétation, et c'est pour en obtenir que
nous avons fait un jardin. Je n'insiste pas, parce que
l'on me répondrait peut-être encore, ce qui m'a été dit
bien des fois : « Tout le monde n'a pas *la chance* de faire
des jardins qui poussent tous seuls. »

Suivez-moi, cher lecteur, et essayez par vous-même ;

votre bourse s'en trouvera bien, et je puis vous
affirmer, en outre, que vous aurez beaucoup de
chance.

CHAPITRE III

Répartition des engrais. — Arbres. — Fleurs. — Pelouses.

On ne s'est guère occupé jusqu'à présent de la question des engrais dans les jardins paysagers. Parfois on
s'est dit : « Le fumier ne peut pas faire de mal, » et on
a répandu le premier venu n'importe où.

L'engrais est la clé de la végétation, aussi bien dans
le jardin paysager que dans le fruitier et le potager.
C'est la nourriture des plantes, et on en obtient tout ce
que l'on veut, quand on sait distribuer à chaque espèce
les aliments qui lui conviennent.

Nous avons trois séries de végétaux dans un jardin
paysager :

1º Les arbres demandant, pour accomplir une bonne
végétation, des engrais à décomposition lente, c'est-à-
dire cédant leurs substances nutritives en petite quan-

tité, mais d'une manière continue, et pendant une longue durée ;

2° Les fleurs, exigeant un sol riche en humus, mais redoutant par dessus tout les engrais frais, et même les terreaux trop neufs ;

3° Les pelouses, la prairie, voulant un sol frais, riche en humus et une certaine quantité de calcaire.

En outre, nous avons toujours à craindre dans le jardin paysager, comme partout où il y a agglomération d'arbres, un ennemi redoutable pour toutes les cultureres : le *ver blanc*. Les arbres attirent les hannetons, et Dieu sait quels ravages le produit de leur ponte fait dans les massifs !

Les déchets de laine provenant des fabriques de couvertures, de drap, de flanelle, etc., etc., constituent *le meilleur engrais* à décomposition lente pour les arbres. De plus, *toutes les fois que des déchets de laine auront été enfouis* dans le sol le plus peuplé de *vers blancs, vous* n'en verrez plus pendant huit ou dix ans.

L'expérience m'a prouvé ce fait plus de cent fois depuis vingt ans. Je n'explique pas le fait ; je le constate. Mon jardin fruitier de Sannois a été planté en 1867 et en 1868, avec fumure de déchets de laine. Ce jardin était empoisonné de vers blancs ; je n'en ai pas vu un seul depuis la plantation jusqu'à présent (mai 1877).

Toutes les terres que j'ai ajoutées à mes jardins-écoles étaient littéralement infestées de vers blancs, une

fumure de déchets de laine les a fait disparaître, et je
n'en ai pas revu depuis.

Enfin, je renouvelle encore l'expérience, cette année,
dans le jardin de ma maison d'habitation. J'y ai planté,
en janvier 1877, un jardin fruitier ; le sol était farci de
vers blancs, c'est le mot ; on les ramassait par déca-
litres. J'ai planté avec fumure de déchets de laine ;
mes arbres poussent très-vigoureusement, et j'ai la
conviction que les vers blancs ne reparaîtront pas.

Toutes les bordures du jardin fruitier sont plantées en
fraisiers qui signaleront aussitôt leur présence, mais je
répondrais que pas un fraisier ne sera touché par un
ver blanc avant huit ans.

Ce nouveau jardin fruitier est placé dans les plus mauvaises conditions : au centre, des jardins paysagers remplis de broussailles, et à côté de nombreuses couches
qui attirent aussi les hannetons. J'ai pris mes précautions et ne doute pas du résultat.

J'ai fait venir 600 kilogrammes de déchets de laine ;
j'ai planté mes arbres avec, et après la plantation j'en
ai fait répandre également sur toutes les plates-bandes,
et les ai fait enfouir par un labour.

La même mesure a été appliquée aux massifs et aux
corbeilles de mon jardin paysager, et une réserve attend
pour être enfouie dans un second jardin à côté, aussitôt que j'en aurai pris possession.

J'annonce le fait à l'avance, afin que tout le monde
puisse le contrôler. Le 1er janvier 1878, je ferme au
public mes anciens jardins-écoles de Sannois, et
le 1er avril j'ouvre celui que j'ai planté en jan-

vier dernier. A partir du 1ᵉʳ avril 1878, mon nouveau jardin fruitier sera ouvert au public, le JEUDI SEULEMENT, de MIDI à CINQ heures. L'*entrée est gratuite.* Inutile de se présenter un autre jour que le jeudi, ou à d'autres heures que celles indiquées.

Toutes les fois qu'il sera possible de se procurer des déchets de laine, on les emploiera comme fumure dans la plantation des arbres. C'est l'engrais qui leur convient le mieux, et de plus il délivre nos plantations des vers blancs.

Non seulement on fera la plantation des arbres et des arbustes avec des déchets de laine ; mais encore, après la plantation, on en répandra également sur toute l'étendue des massifs, et on les enfouira par un labour donné avec la fourche à dents plates (figure 158). La bêche ne doit jamais entrer dans les massifs d'arbres ni d'arbustes ; elle coupe toutes les radicelles, et ses ravages sont plus désastreux que ceux des vers blancs.

A défaut de déchets de laine, les résidus de tannerie : poils, bourres, rognures de cuir garnies de poils, etc., etc., sont un excellent engrais pour les arbres, mais n'ont pas l'efficacité des déchets de laine pour éloigner les vers blancs.

Quand on manque d'engrais à décomposition lente, on peut employer tous les fumiers pour la plantation des arbres, mais à la condition de les choisir très-décomposés. Le fumier frais est dangereux.

Les composts bien faits sont excellents pour les arbres.

Nous mettrons à chaque corbeille deux ou trois

brouettées de vieux terreaux de couches. C'est le seul
engrais avec lequel on puisse obtenir des fleurs irrépro-
chables ; en y ajoutant quelques arrosements avec le
floral de M. *Dudouy,* on obtient tout ce que l'on veut.

Il est toujours prudent, quand on a des déchets de

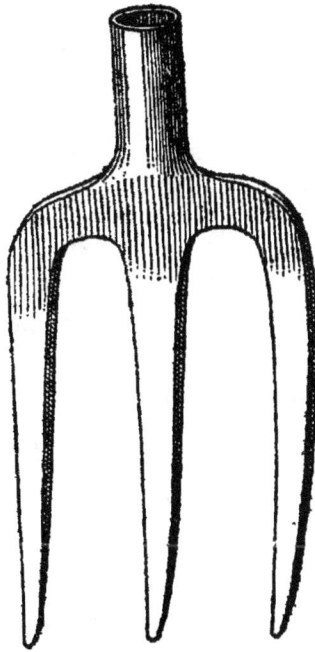

Fig. 158. — Fourche à dents plates.

laine, d'en bien diviser quelques poignées et de les enfouir dans les corbeilles, pour en chasser les vers blancs ;
mais il faut que la laine soit très-divisée et ne forme
pas de pelotes.

On a presque toujours de vilaines pelouses, beaucoup
par la faute de ce raisonnement faux : l'herbe pousse

toujours. Oui, la mauvaise herbe pousse toute seule ; mais il faut faire pousser la bonne.

Après une série plus ou moins longue d'insuccès, le propriétaire se décide à faire retourner une pelouse, à la fumer et à y cultiver des pommes de terre ou des betteraves l'année suivante ; il ressème, et obtient de l'herbe, un peu à cause de l'intermittence de la récolte, beaucoup parce que la terre est pourvue de l'humus qui lui manquait.

L'année suivante, il retourne une autre pelouse et s'y livre de nouveau à la culture de la pomme de terre ou de la betterave, et ainsi de suite. Le propriétaire obtient bien de l'herbe par ce procédé ; mais il se condamne à perpétuité à un champ de pommes de terre ou de betteraves sous ses croisées.

L'alternance d'un an n'est pas suffisante pour une terre fatiguée de la même récolte ; il faut recommencer à chaque instant. Mieux vaut bien créer, entretenir convenablement, et recréer après longues années, pour avoir toujours des pelouses vertes.

Quand on crée une pelouse, il faut d'abord fumer abondamment, avec des composts bien faits, suffisamment animalisés, et additionnés de calcaire, élément faisant presque toujours défaut (voir au *Potager moderne*, fabrication des composts). On peut en faire partout et avec tout. Il en est de même du calcaire : on en trouve n'importe sous quelle forme, quand on veut prendre la peine d'en chercher. Tout est bon : plâtras de démolitions concassés, chaux, marne, cendres, etc.

On enfouit cette fumure par un labour quinze jours

après ; quand la terre a repris ses aplombs, on sème, et l'on recouvre de vieux terreau de couche pour les petits gazons, et de terreau de compost pour les grandes pelouses.

Il ne suffit pas de bien semer : il faut entretenir les pelouses et savoir les faucher en temps opportun ; c'est une des premières garanties de bonne conservation. On ne doit jamais faucher les pelouses quand il fait sec. La racine est aussitôt brûlée par le soleil, et la pelouse fort endommagée. Il faut toujours choisir, pour couper les gazons, un temps p'uvieux, pour que l'herbe repousse vite, et éviter aux racines le contact du soleil.

Quand il fait sec, il vaut mieux attendre et garder encore quelques jours des gazons trop longs plutôt que de les exposer à être brûlés. Par les plus grandes sécheresses, on trouve des jours de pluie et de temps couvert, ne fût-ce qu'à la suite d'un orage. Alors il faut tout quitter pour faucher ; si vous laissez échapper le moment favorable, vous aurez du foin. Il faut pour les pelouses, comme pour toutes les cultures, savoir faire les choses en temps opportun : c'est la clé du succès.

Aux approches de la pleine comme de la nouvelle lune, il pleut presque toujours. Regardez, observez le temps et le baromètre ; si le premier se couvre bien et que le second descende progressivement et d'une manière continue, fauchez ; vous aurez de la pluie avant d'avoir terminé, et vous aurez sauvé vos gazons.

Pendant l'hiver, faites des masses de composts, que vous additionnerez de calcaire et de cendres. Faites macérer ; maniez le tout trois ou quatre fois, et laissez dé-

composer complètement. On a le temps de faire tout
cela dans l'hiver. A chaque printemps répandez également cette espèce de terreau sur vos pelouses ; donnez
ensuite un coup de râteau pour enlever tout ce qui n'est
pas désagrégé, et vous aurez pendant longues années
des gazons magnifiques.

Lorsque vos pelouses seront usées, laissez les pommes de terre et les betteraves dans la plaine, et refaites
vos gazons. N'attendez pas que tout soit ruiné pour vous
décider à y mettre la main ; commencez par la première
pelouse donnant des signes de décrépitude, et opérez
ainsi :

A l'entrée de l'hiver, faites défoncer votre pelouse à
la profondeur de 50 centimètres environ, et enterrez
au fond le vieux gazon. Le défoncement vous donne *un
sol neuf*. Fumez pendant l'hiver avec des composts additionnés de calcaire ; semez au printemps, et recou-
vrez de terreau ; vous aurez une pelouse toute neuve,
qui durera aussi longtemps que la première, et vous
aurez évité les betteraves et les pommes de terre.

Pour bien gouverner un parc ou un jardin paysager,
il est indispensable de savoir la culture, comme pour
obtenir du blé, des choux, de la vigne ou des navets,
des fleurs ou du foin, c'est-à-dire connaître les plantes
que l'on cultive, savoir leurs besoins comme leurs appétits. (Voir, pour plus amples renseignements, le chapitre des engrais, à l'*Arboriculture fruitière* et au
Potager moderne, où la fabrication des engrais et leur
emploi sont traités à fond.)

CHAPITRE IV

Plantation des arbres et arbustes.

La plantation des arbres et des arbustes d'ornement n'est pas aussi minutieuse que celle des arbres fruitiers, mais elle demande des soins et exige l'application des principes avec lesquels il faut compter, sous peine de s'exposer à voir languir les arbres et même de les perdre s'ils sont mal plantés.

Les arbres se composent de la tige et de la racine. Ces deux organes fonctionnent en commun; ils doivent être en équilibre parfait; dans le cas contraire, l'un ou l'autre fonctionne mal, quelquefois tous les deux, et la végétation languit.

Quand l'arbre est planté, le premier soin doit être de mettre la tige en équilibre avec la racine, si l'on veut qu'il reprenne bien et pousse vite.

L'équilibre entre la racine et la tige se rétablit par des suppressions sur celle-ci. *On ne coupe jamais la flèche des grands arbres;* les suppressions ont lieu sur les branches latérales.

Avec quelque soin que l'on déplante un arbre, il y a toujours perte de racine; il faut donc faire une suppression égale sur la tige, pour que toutes deux soient en équilibre. Alors l'arbre reprend vite et pousse de même dès la première année, ce qui ne peut avoir lieu quand l'équilibre est rompu ; il languit pendant plusieurs années et périt quelquefois.

Les racines absorbent les substances nutritives contenues dans le sol et fournissent la sève à la tige. Ces organes sont donc des plus essentiels et doivent toujours être ménagés. En outre, les racines ne fonctionnent que sous l'influence de l'air ; quand on les y soustrait, elles pourrissent, ce qui veut dire :

1º Qu'il faut briser les racines le moins possible à l'arrachage, et bien se garder de les laisser exposées au soleil, à la pluie ou à la gelée, qui les avarieraient gravement ;

2º Qu'il faut planter les arbres comme ils l'étaient dans la pépinière, et non plus profondément, ce qui retarde et empêche quelquefois complètement leur reprise.

N'oublions jamais que les arbres achetés dans les pépinières ont été élevés dans un sol de bonne qualité et abondamment fumé. Ils sont habitués à bien vivre ; si vous les mettez à la diète, ils souffriront beaucoup, pousseront peu et même pas du tout. Il est indispensable de fumer en plantant.

On doit toujours planter vivement, pour éviter de laisser les racines exposées au soleil, à la pluie ou au froid. Il faut donc tout préparer avant d'apporter un seul arbre sur le terrain.

D'abord, on fait tous les trous ; on les garnit d'engrais au fond, et on en laisse une petite réserve au bord de chaque trou. On ne doit jamais fumer les massifs en plein ni planter après avoir fumé. En opérant ainsi, on dépense une quantité d'engrais considérable, et les arbres n'en trouvent à leur portée qu'une quantité insuffisante. Toujours fumer les arbres partiellement en les plantant ; il faut deux fois moins d'engrais, et chaque arbre est abondamment nourri ; je vais le prouver.

Les trous sont faits ; l'engrais est distribué ; celui qui dirige la plantation a jeté chaque arbre dans son trou. Reste à le planter ; mais avant de le planter, il faut *l'habiller*, ce qui veut dire, non *rafraîchir* les racines, opération *pratique* consistant à en couper les trois-quarts, mais les mettre en état de fonctionner à nouveau et sans entraves.

L'habillage consiste à couper seulement l'extrémité des racines desséchées ou brisées par la pioche pendant l'arrachage ; la section doit être faite avec un instrument très-tranchant, une serpette de préférence, pour que la coupe, bien nette, se cicatrise vite. La section doit être faite en biseau et de manière à ce que la coupe du biseau repose à plat sur le sol (*a*, fig. 159).

Ce mode de section a la plus grande importance ; voici pourquoi :

Lorsque la coupe du biseau repose à plat sur le sol, le cambium descend également tout autour de la plaie, y forme un bourrelet qui la recouvre très-promptement, et bientôt ce bourrelet donne naissance à des racines (fig. 160), tandis que lorsque la section a été faite en sens inverse, c'est-à-dire que la pointe du biseau est piquée dans la terre et la plaie en hauteur, le cambium descend à l'extrémité du biseau, où il ne peut for-

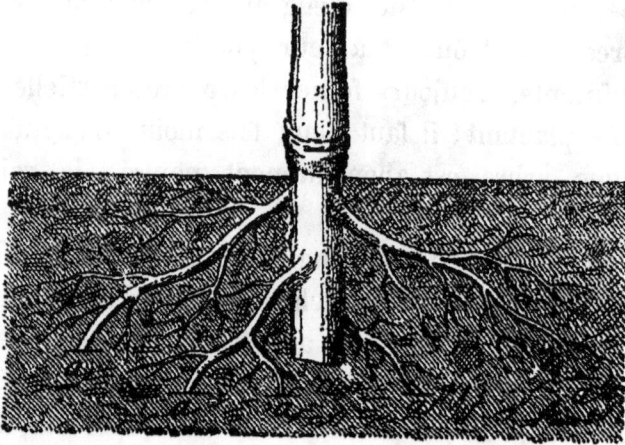

Fig. 159. — Habillage des racines.

mer un bourrelet, et la plaie reste à découvert. Alors la cicatrisation est impossible; l'émission des racines n'a pas lieu, et souvent la plaie, longtemps découverte,

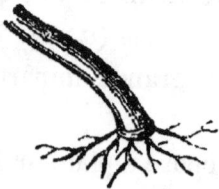

Fig. 160. — Racine bien coupée.

Fig. 161. — Racine mal coupée.

est atteinte par les chancres ou la carie, qui font périr la racine et quelquefois l'arbre lui-même (fig. 161).

27.

L'habillage ne doit être appliqué qu'aux racines brisées pendant la déplantation. Toutes celles qui sont
intactes doivent être religieusement conservées, comme
les organes les plus essentiels à la conservation de
l'arbre, à sa reprise et à sa bonne végétation.

Les racines des arbres absorbent les substances nutritives contenues dans le sol par les *spongioles* placées à l'extrémité des racines. C'est donc à l'extrémité
des racines, et non au collet, au pied de l'arbre, qu'il
faut placer les engrais.

Nous avons mis de l'engrais au fond du trou, et nous
en avons gardé un peu en réserve à côté.

L'arbre habillé, on donne, avant de le planter, un
coup de bêche au fond du trou, pour y amalgamer l'engrais avec la terre. Jamais engrais, de quelque nature
qu'il soit, ne peut être mis en contact avec les racines
ou le collet de la racine, sans danger pour l'existence
de l'arbre.

Presque tous les arbres ont leurs racines par étages
superposés; ces étages de racines doivent être replacés
en terre, à la plantation, comme ils l'étaient dans la pépinière.

Deux hommes sont nécessaires pour planter : pendant qu'un homme recouvre de terre le premier étage
de racines, celui qui tient l'arbre relève avec une main
les étages supérieurs, et couche avec l'autre chaque
racine au fur et à mesure, dès que la terre arrive au
niveau de son point d'attache. Aussitôt les racines placées et recouvertes de 3 à 4 centimètres de terre, le
même homme prend un peu d'engrais avec la main, et

le répand à l'extrémité et au-dessus des racines (*a*, fig. 162), puis son aide recouvre le tout de terre.

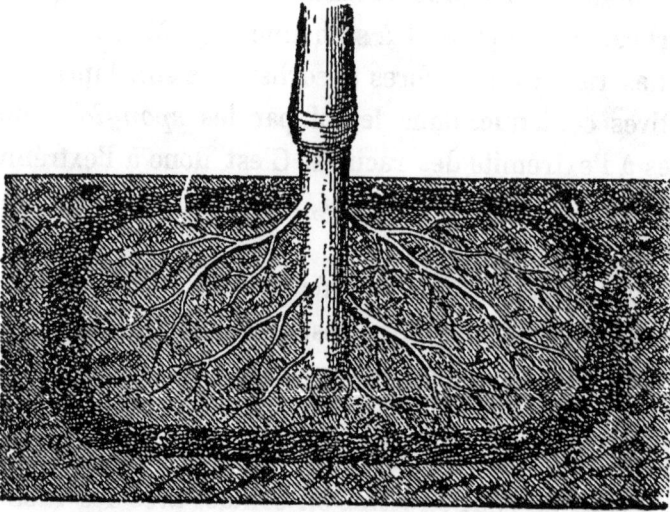

Fig. 162. — Arbre bien planté et bien fumé.

Un arbre ainsi planté pousse toujours bien ; ses racines, placées comme avant la déplantation, étendues tout autour, et séparées par des lits de terre, profitent abondamment des engrais et fonctionnent avec la plus grande énergie. Il est impossible qu'une radicelle s'allonge sans rencontrer une nourriture abondante (fig. 162).

Dans ces conditions, tout est pour le mieux, et la végétation marche vite ; mais quand, par exemple, au lieu de fumer les arbres comme je viens de l'indiquer, on leur met, suivant *la pratique*, une agglomération d'engrais au pied (fig. 163), les choses peuvent changer vite de face, même lorsque l'arbre est planté dans la perfection.

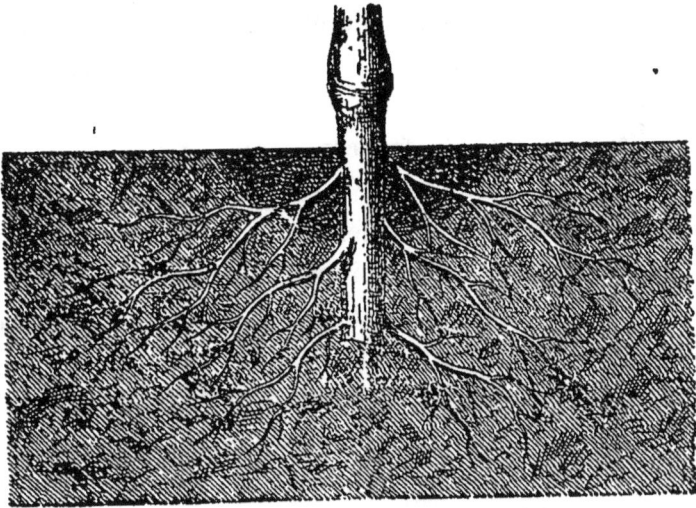

Fig. 163. — Arbre mal fumé.

Une fumure ainsi placée, hors de la portée des spongioles, les seuls organes absorbants des racines, est de nul effet sur la végétation. Elle ne peut servir qu'à une chose : à faire naître, par la fermentation, le blanc des racines, maladie qui tue l'arbre en quelques heures.

Ces riens, que souvent *la pratique* appelle des *manies*, parce qu'elle n'en comprend pas l'importance, sont des questions de vie ou de mort dans la plantation. Je ne saurais trop engager le propriétaire à assister à ses plantations et à les surveiller. Il reconnaîtra bientôt qu'il n'a pas perdu son temps.

Lorsque l'arbre est planté, on tasse la terre très-lé-

gèrement avec le pied au collet et à l'extrémité des racines, pour l'y faire adhérer, et l'on rechausse les arbres.

La plantation terminée, on répand un peu d'engrais
sur le sol, et on l'enfouit par un labour à là fourche
à dents plates ; c'est la dernière façon : les arbres n'ont
plus qu'à pousser.

Pour les massifs factices, comme pour les massifs
mixtes, qui doivent être bordés de fleurs isolées ou en
groupes, on répand également de vieux terreaux sur
les bords, et on les enfouit par le même labour.

Aussitôt que l'arbre est mis en terre, celui qui dirige
applique la taille de plantation, celle qui consiste à équilibrer la tige avec les racines ; cette taille doit toujours
être faite après la plantation, et jamais ajournée. Quelques jours après la plantation, la sève agit. S'il n'y a
pas d'équilibre entre les systèmes souterrain et aé-
rien, ses efforts sont perdus, et la reprise s'opère mal.

QUATRIÈME PARTIE

~~~

CHAPITRE PREMIER

Les arbres d'ornement. — Taille et plantation.

———

Les arbres sont incontestablement le plus bel ornement des parcs et des jardins, et cependant on les laisse dans l'état d'abandon le plus complet. Parfois on daigne leur enlever quelques branches mortes, et c'est tout.

La perte d'un bel arbre est un mal irréparable; celle d'un vieux groupe, d'un ancien massif ou d'une belle futaie, une véritable calamité. L'aspect du parc ou du jardin est entièrement changé; il s'y est fait un vide énorme qui le fait tourner au désert.

On a bien vu les rois du parc dépérir, s'en aller peu à peu; on a prévu leur fin; on s'est lamenté très-fort sur leur mort probable; mais qu'a-t-on fait pour l'empêcher ou même la retarder? Rien !

Je n'ai certes pas la prétention de faire vivre les arbres éternellement (tout être organisé est destiné à périr dans un temps donné), mais de prolonger leur existence le plus longtemps possible à l'aide de soins intelligents.

L'existence des arbres est toujours abrégée par un vice de plantation, par l'émission naturelle de branches trop nombreuses qui empêchent la tête de se développer, ou par des mutilations inintelligentes.

Dans certaines localités où la science de l'arboriculture est inconnue, et où le préjugé règne en souverain, les arbres sont frappés mortellement par la taille de plantation.

Vous avez acheté de beaux et bons arbres chez un pépiniériste ; le bûcheron de l'endroit chargé de votre plantation, prend une serpe et un billot, taille et habille vos arbres en deux coups de serpe. Du premier, il leur coupe la tête, et du second à peu près toutes les racines, puis il plante le bâton que vous voyez figure 164.

Un arbre traité ainsi, privé de ses racines et de sa tige, dans l'impossibilité d'élaborer de la sève et de produire des feuilles, périt cinq fois sur dix, et quand il survit à une mutilation aussi barbare, il languit pendant plusieurs années, tant qu'il n'est pas pourvu d'une racine et d'une tige bien constituée.

Fig. 164. — Taille et habillage pratiques.

L'habillage ne doit porter que sur l'extrémité des racines brisées à la déplantation ; il n'y a jamais rien des racines à supprimer, mais simplement à convertir une plaie déchirée en section nette. Toutes les racines qui ne sont pas brisées doivent être conservées.

La taille de plantation a deux buts : assurer la reprise de l'arbre en mettant la tige en équilibre avec la racine, et favoriser le développement de la flèche, et par conséquent la formation d'une bonne tête.

Nous avons à appliquer une taille de plantation à l'arbre figure 165. Supposons qu'il ait perdu le tiers de ses racines; nous avons donc à supprimer le tiers de la tige, pour obtenir un équilibre parfait.

Cet arbre sort de la pépinière, où il a poussé comme il l'a voulu. La branche *a* (fig. 165) est une branche gourmande; la branche *b* est trop forte. Ces deux branches ont absorbé la majeure partie de la sève et se sont développées outre mesure, au détriment de la tête. La flèche *c* (même figure) ne s'est pas allongée, et la branche *d*, destinée à devenir très-forte, l'absorbera en moins de deux ans, si nous laissons l'arbre dans son état naturel.

Par la même opération, nous allons supprimer le tiers de la tige, et forcer la flèche à s'allonger et à former une bonne tête. Nous couperons la branche *a*, beaucoup trop forte, en *e*. Nous lui laissons des feuilles, rien de plus, pour aider à la reprise de l'arbre.

La branche *b*, trop forte aussi, sera taillée en *f*; la branche *d*, ayant tendance à devenir trop vigoureuse, sera taillée en *g*, et les deux dernières branches en *h*.

L'arbre, suffisamment garni de feuilles, reprendra bien, et toute l'action de la sève étant concentrée sur la flèche *c* (fig. 165), elle poussera vigoureusement ; l'arbre montera vite et formera une tête élancée, au lieu de rester rabougri.

Nous accélérerons encore la formation de la tête et l'élongation de la flèche en supprimant les branches *a* et *b* en *i*, mais l'année suivante seulement, lorsque l'arbre sera repris et aura bien poussé.

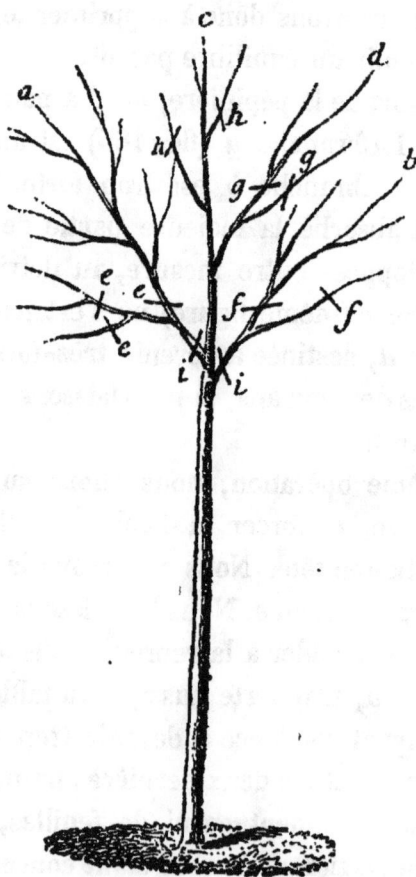

Fig. 165. — Taille de plantation.

Il ne faut pas un grand effort d'imagination pour tailler un arbre ainsi, et le travail matériel, la section, demande trois minutes. Avec aussi peu de peine, on obtient un grand résultat, et on gagne plusieurs années sur la végétation.

C'est au propriétaire à voir et à contrôler ce qui se fait chez lui ; s'il prend cette peine pour ses arbres d'ornement, il en sera bien récompensé par la rapidité de la végétation.

CHAPITRE II

Formation des arbres d'ornement.

Il ne suffit pas seulement d'appliquer juste la taille de plantation ; mais il faut encore surveiller les arbres pendant les premières années, et leur appliquer une taille raisonnée, pour les forcer à développer très-vite une tête haute et étoffée. C'est une question d'équilibre, rien de plus ; on l'établit avec la plus grande facilité, et avec un travail presque nul, chez les arbres d'ornement.

Lorsque la sève se répartit également dans toutes les branches, elles poussent régulièrement, s'allongent également et forment très-promptement une tête régulière.

Quand au contraire une branche gourmande naît au centre, ou encore quand plusieurs branches sont agglomérées, ces productions absorbent toute la sève, elles poussent avec vigueur; mais, en raison même de cette surabondance de végétation, l'accroissement s'arrête dans toutes les autres parties de l'arbre.

L'équilibre dans toutes les parties de l'arbre, voilà le *grand secret* d'une prompte végétation.

On obtiendra toujours un rapide développement et un équilibre parfait chez les arbres d'ornement en appliquant les principes suivants :

FAVORISER TOUJOURS LE DÉVELOPPEMENT DE LA FLÈCHE. Un arbre dont la flèche cesse de pousser ne monte plus. Il est *couronné*, arrêté dans son mouvement ascensionnel ; il pousse en largeur et prend bientôt l'aspect d'un pommier.

De l'élongation de la flèche dépend l'avenir de l'arbre ; elle montera toujours quand elle ne sera pas absorbée par une production plus vigoureuse, ou arrêtée par une branche de vigueur égale.

Prenons pour exemple la flèche *a* de l'arbre figure 166. Si nous laissons faire la nature, la branche *b*, plus vigoureuse, l'absorbera l'année suivante. Pendant cette même année, la branche *c* se ramifiera et arrêtera, l'année d'après, la végétation de la branche *b*, qui aura absorbé la flèche. Alors l'arbre se couronnera; il cessera de monter et ne s'étendra plus qu'en largeur.

Coupons la branche *b* en *d* (fig. 166), et la branche *c*

en *e* (même figure); la flèche s'allongera forcément, et l'arbre continuera à monter.

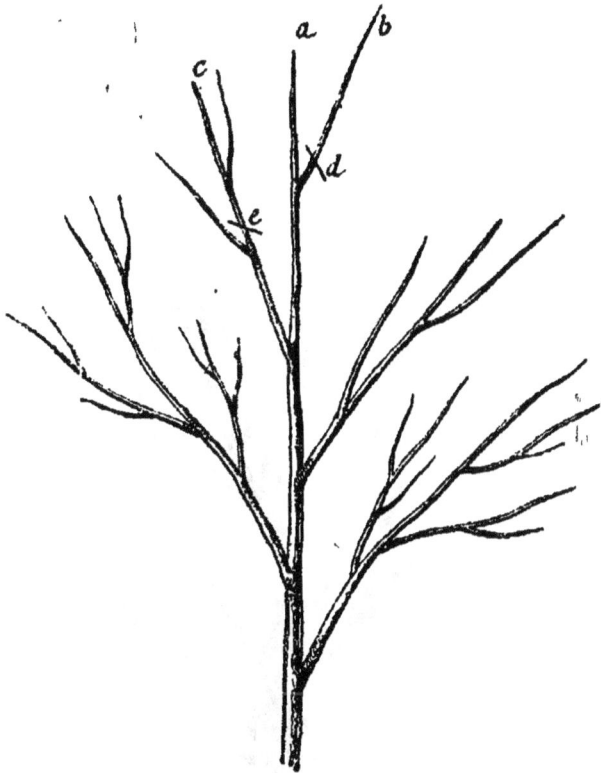

Fig. 166. — Taille pour favoriser le développement de la flèche.

Il n'y a pas besoin de monter dans les arbres pour faire cette opération. Avec un échenilloir, espèce de sécateur monté au bout d'un long manche, et que l'on fait mouvoir avec une corde, cette taille se fait avec la plus grande facilité, sans quitter le pied de l'arbre.

Quelquefois des accidents, occasionnés par le vent ou

par la foudre, détruisent la flèche d'un arbre et même
une partie de la tête. C'est un malheur assurément,
mais il n'est pas irréparable.

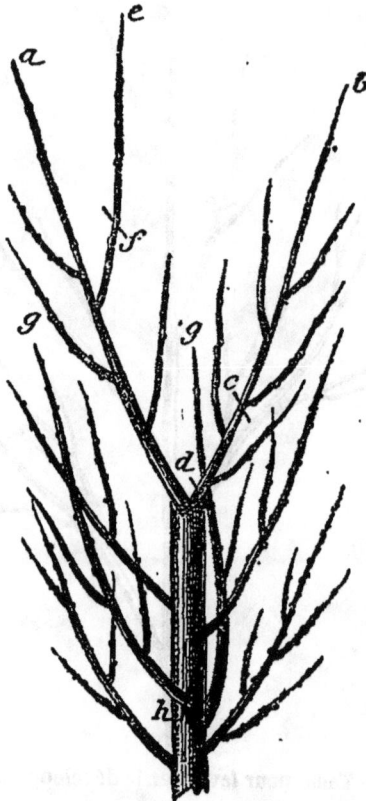

Fig. 167. — Taille d'une tête brisée.

Dans ce cas, il pousse une quantité de branches
autour de l'endroit cassé; dans le nombre, il y en a
toujours une, souvent deux, qui peuvent, par leur disposition, former une nouvelle flèche (fig. 167).

Voici comment on opère :

Nous choisissons la branche la plus vigoureuse pour former notre nouvelle flèche (*a*, fig. 167). La branche *b* sera coupée d'abord en *c* et supprimée en *d* (même figure) l'année suivante. La branche *e* menace le développement de la flèche; nous la coupons en *f* (même figure).

Les deux branches *g* (fig. 167) sont plus vigoureuses que celles qui les entourent, et les branches sont trop rapprochées pour permettre à la flèche de pousser vigoureusement. Nous supprimons les deux branches *g* rez le tronc, en *h* (fig. 167).

Dans ces conditions, la branche *a* (fig. 167) s'allongera très-promptement ; elle se redressera progressivement, formera bientôt une flèche vigoureuse, et en quelques années le mal sera réparé.

SUPPRIMER LES BRANCHES DOUBLES DÈS LA PREMIÈRE ANNÉE DE LEUR FORMATION. Les branches doubles (fig. 168) apportent un obstacle sérieux au développement de la tête ; elles produisent une masse de feuilles et forment bientôt un fouillis impénétrable qui arrête l'accroissement des branches.

Aussitôt que l'on aperçoit une branche double, on en supprime une, en *a* (fig. 168), rez le tronc.

SUPPRIMER LES BRANCHES TROP RAPPROCHÉES. La confusion ne doit jamais exister dans la tête des arbres; les branches trop rapprochées ont pour résultat d'empêcher l'arbre de monter et de lui faire former la boule. Il doit y avoir une distance égale entre toutes les branches, et toutes les agglomérations doivent être

détruites aussitôt, sous peine de voir l'arbre se cou-
ronner.

Le marronnier d'Inde est particulièrement dans ce
cas. C'est un magnifique arbre de première grandeur,
formant une affreuse boule aussi massive que compacte

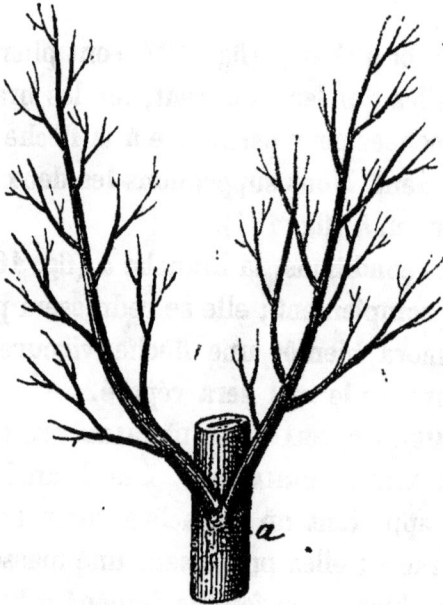

Fig. 168. — Suppression des branches doubles.

quand on ne supprime pas les nombreuses branches
qui se forment à chaque étage.

Il n'est pas rare de trouver sept ou huit branches sur
le même plan chez le marronnier d'Inde. Si on laisse
faire la nature, la tête prend la forme de la boule en
moins de trois ans, et il est ensuite très-difficile de la
faire repartir.

Le verticille est la plaie du marronnier d'Inde ; il faut le détruire aussitôt qu'il se forme.

Le tronçon (fig. 169) porte huit branches. Nous supprimons les branches *a* en *b*, pour ne conserver que les branches *c* (fig. 169.)

Fig. 169. — Suppression des branches trop nombreuses.

Si l'on néglige cette opération, les marronniers ne monteront pas, car une faible partie seulement grandira très-lentement et très-difficilement ; le reste formera des grosses boules, plus lourdes et plus laides les unes que les autres.

ÉLAGUER PROGRESSIVEMENT LES ARBRES DE PREMIÈRE GRANDEUR, c'est-à-dire les plus grands arbres plantés.

en groupes isolés ou au centre des grands massifs, et destinés à atteindre les plus grandes hauteurs.

Ces arbres ne sont pas grands quand on les plante ; il faut donc les former et les faire monter le plus vite possible, chose facile avec l'élagage progressif. On est obligé de conserver des branches sur le tronc, pour le faire grossir plus vite ; ces branches, destinées à tomber au fur et à mesure que l'arbre s'élève, sont maintenues faibles. Une ou deux tailles les empêchent de prendre trop de développement, tout en leur laissant assez de feuilles pour accélérer l'accroissement de l'arbre.

Opérons la taille et l'élagage de l'arbre figure 170, pour élucider complètement la question.

La branche *a* (fig. 170) sera coupée en *b*, pour faciliter le développement de la flèche ; les branches *c*, trop vigoureuses, seront coupées en *d* ; les branches *e* seront supprimées rez le tronc, et deux années plus tard, lorsque la tête aura grandi, on supprimera les branches *f*, et ainsi de suite d'année en année, autant que le tronc pourra acquérir de longueur.

Les tailles devront toujours être faites avec des instruments très-tranchants, et les sections de branche avec une serpe bien affilée, et être pratiquées rez le tronc, sans laisser d'onglet.

Les mauvaises amputations, celles faites avec onglet ou opérées à la scie, tuent plus d'arbres à elles seules que le temps et toutes les maladies réunies.

Toutes les branches doivent être coupées à la serpe, et non à la scie ; dans le cas où la scie serait employée, il faudrait polir ensuite la plaie avec la serpe. C'est

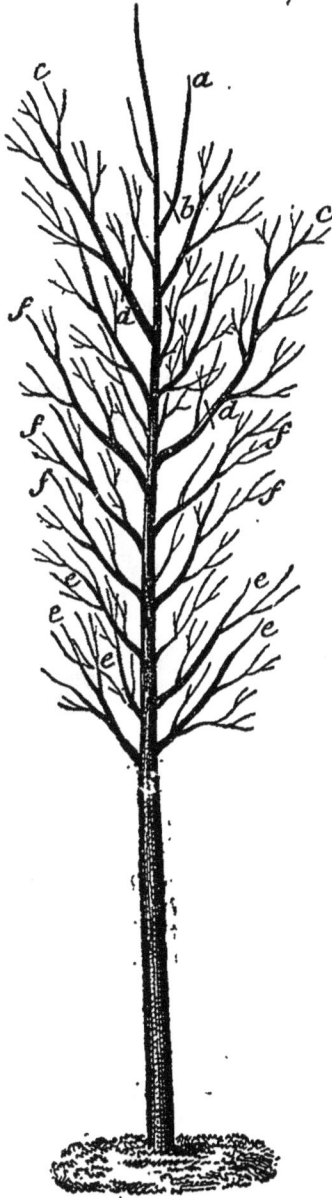

Fig. 170. — Taille et élagage progressif.

double besogne, et l'on court toujours le risque d'une section dangereuse, quand la plaie est mai polie. Le seul instrument à employer est la serpe.

Les sections doivent être faites rez le tronc, parfaitement unies (fig. 171), et aussitôt recouvertes de mastic à greffer.

Lorsque la plaie est soustraite au contact de l'air, il n'y a jamais de décomposition du corps ligneux; il se forme un bourrelet tout autour de la plaie, et en moins de trois ans elle est entièrement recouverte.

Quand on coupe une branche un peu forte, il est urgent de commencer par faire une bonne entaille en dessous avec la serpe (*a*, fig. 172); ensuite on sape en dessus (*b*, même figure) jusqu'à ce que la branche se détache.

Fig. 171.— Branche bien coupée.   Fig. 172. — Entailles en dessous.

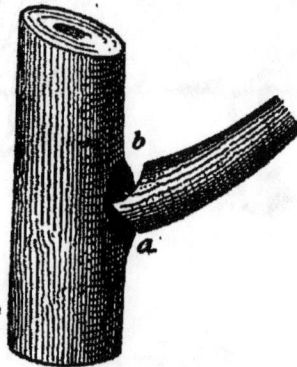

En procédant ainsi, il n'y a jamais de déchirures d'écorces à redouter, tandis que lorsqu'on a omis l'entaille en dessous, le poids de la branche l'entraîne lorsqu'elle est presque coupée, et dans sa chute elle déchire les écorces quelquefois jusqu'au pied de l'arbre.

Je ne saurais trop insister sur les précautions à prendre pour couper les branches, et trop répéter que les quatre cinquièmes de la mortalité chez les arbres n'ont d'autre cause que les mauvaises amputations.

La plus dangereuse de toutes les coupes de branches est celle en chicot (fig. 173); surtout quand elle est faite à la scie et n'est pas recouverte aussitôt après l'amputation.

Deux années après la suppression de la branche, le chicot se décarbonise au contact de l'oxigène de l'air ; les écorces forment leur bourrelet pour recouvrir la plaie, mais le chicot y est un obstacle infranchissable (fig. 174).

Fig. 173. — Coupe avec chicot.   Fig. 174. — Chicot au bout de deux ans.

Les bourrelets serrent toujours la base du chicot d'année en année (fig. 175) ; il finit par tomber en poussière, et la carie gagne le cœur de l'arbre (fig. 176).

Alors l'arbre court grand risque de périr. On peut le guérir et prolonger encore longtemps son existence,

Fig. 175. — Chicot ancien.

Fig. 176. — Résultat final.

mais il faut pour cela se livrer à des opérations longues et minutieuses. Il est bien plus simple de bien couper les branches tout de suite.

CHAPITRE III

Les avenues.

Les avenues droites trouvent rarement place dans les parcs modernes ; mais nous les conservons religieusement dans les anciens, où nous devrons les entretenir, les restaurer et même les replanter au besoin.

Dans les parcs et les jardins modernes, on trouve quelquefois un petit bout d'avenue que l'on décore de lierre avec des guirlandes, comme je l'ai indiqué.

Le plus souvent, nous aurons à planter des avenues en dehors du parc, pour servir d'entrée au château. Dans ce cas, il faut des avenues larges, très-élevées et élaguées en dôme.

La largeur et l'élévation de l'avenue doivent être proportionnées à la grandeur du parc et à l'importance du château. En entrant dans une avenue conduisant à une propriété, on doit savoir ce qu'il y a au bout.

Certaines maisons de campagne, même de peu d'importance, ont une avenue de quelques mètres de longueur pour entrée. Dans ce cas, l'avenue doit être moins large et beaucoup moins haute. Souvent elle se réduit à la proportion des antiques charmilles : une allée élaguée bas, et juste assez large pour livrer passage à une voiture.

Disons, avant de rechercher les espèces d'arbres que nous devons employer pour les avenues, que l'on a fait et que l'on fait encore un abus déplorable du tilleul. Presque partout on plante des avenues de tilleuls, parce que cet arbre verdit de très-bonne heure, en avril ; mais en échange il perd ses feuilles en septembre.

Les châteaux ne sont guère habités que depuis le courant de mai jusqu'en décembre, où les chasses se terminent. Le tilleul perd tous ses avantages, puisqu'en mai tous les autres arbres sont pourvus de leurs feuilles ; mais en échange, il nous motre ses branches dénudées pendant deux mois, et semble dire aux habitants du château, dès septembre : « Allez vous-en donc ;

vous voyez bien que nous sommes en hiver : je n'ai plus de feuilles ; » et cela quand tout est encore vert pour près de deux mois.

L'inconvénient que je signale a été reconnu bien des fois ; mais on plante toujours des avenues de tilleuls, et cela uniquement parce qu'on en a toujours planté, bien entendu. Si vous ne pouvez pas vous empêcher de faire ce que l'on a toujours fait, au moins plantez le *tilleul argenté :* il conserve ses feuilles trois semaines plus longtemps que les autres variétés.

L'*orme* fait de belles avenues, et c'est une précieuse ressource pour les sols calcaires. On lui reproche bien d'être lent à pousser ; cela est vrai ; mais en l'aidant dans sa végétation par une taille raisonnée, on obtient encore assez vite une belle avenue.

Le *marronnier d'Inde* est le roi des avenues, par sa taille et sa prompte végétation autant que par l'abondance, l'ampleur de son feuillage et par la richesse de ses fleurs.

Le marronnier d'Inde monte rapidement (quand on le soigne, bien entendu) et se prête facilement à la forme que l'on veut lui imposer.

Le *platane* pousse aussi très-vite, et a de plus l'avantage de venir partout, même dans les sols les plus médiocres.

Le *vernis du Japon* vient vite, se contente de tous les sols et possède un beau feuillage.

Le *cèdre deodora* grandit rapidement et forme de très-belles avenues dans les contrées où les conifères viennent mieux que les autres espèces.

Enfin, pour les petites avenues donnant accès à des maisons de campagne, on peut employer :

Le *tilleul argenté*, qui pousse vite et se ploie à toutes les formes. Je le mets en tête, pour ne me fâcher avec personne ; mais quand vous aurez une avenue basse à planter, cher lecteur, laissez le tilleul argenté dans la pépinière et le croissant chez le jardinier ; privez-vous des affreuses allées mutilées, rognées et bien carrées, pour planter :

Catalpa, arbre au feuillage splendide et formant naturellement le parasol ; vous aurez de la nature, et en plus des grandes grappes de fleurs blanches qui ont plus de charme pour les yeux que la masse carrée du tilleul.

L'*acacia commun* peut aussi former de jolies avenues de maison de campagne, des avenues courtes, bien entendu, car son feuillage n'irait pas à une grande avenue.

L'*acacia boule* est excellent aussi pour des bouts d'avenues.

Pour les grandes avenues, on plante les arbres à une distance variant entre 6 et 8 mètres, suivant la grandeur des arbres, et avec les soins que j'ai indiqués page 475.

On élève les arbres comme je l'ai indiqué page 491, c'est-à-dire qu'on leur applique l'élagage progressif jusqu'à la hauteur que le tronc doit atteindre.

La taille de la flèche est la même que celle indiquée dans le chapitre précédent ; celle de l'arbre diffère en ce sens, qu'au lieu d'élever des branches tout autour,

on ne conserve que celle des côtés jusqu'à la hauteur
où commence le dôme ; là on laisse la tête se former
librement (fig. 177).

Au fur et à mesure de l'accroissement des arbres,
on donne chaque année un coup de croissant en dedans

Fig. 177. — Grande avenue en dôme.

et en dehors de l'avenue, et lorsque les arbres ont acquis toute leur grandeur, il n'y a plus qu'un élagage à donner chaque année, pour conserver pendant long-temps une avenue comme celle de la figure 177.

Les bouts d'avenue plantés avec des catalpas ou des acacias boules ne s'élaguent pas ; on taille la tête des arbres pendant les premières années, pour leur faire acquérir un prompt développement, et ensuite on ne leur donne plus que des soins d'entretien.

Pour les avenues élaguées bas et destinées à donner une ombre complète en très-peu de temps (fig. 178), la formation est toute différente.

Fig. 178. — Avenue élaguée bas.

Le tilleul est l'arbre de prédilection pour ces sortes d'avenues. Nous emploierons le tilleul argenté, qui conserve ses feuilles plus longtemps que les autres.

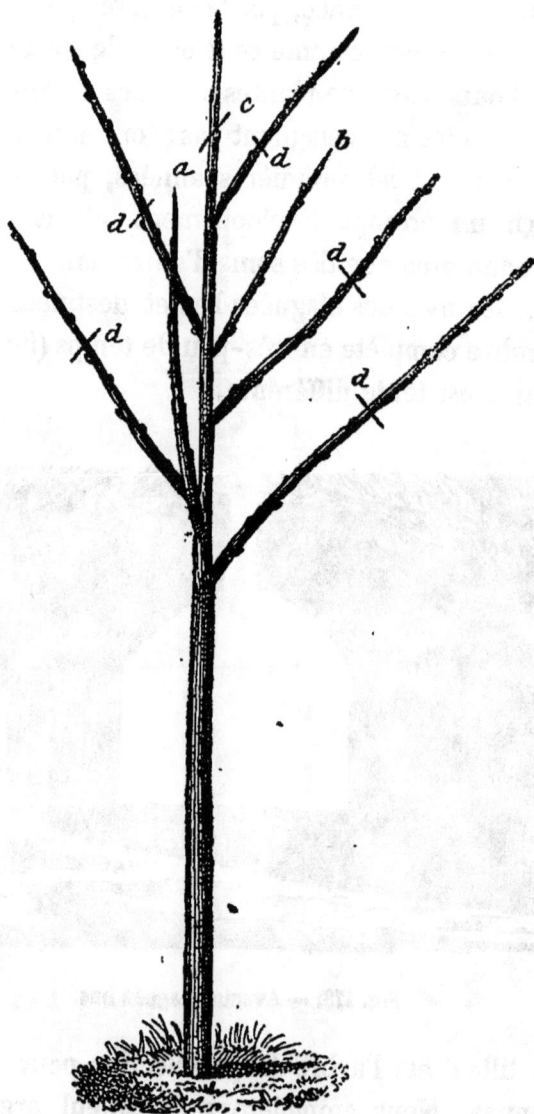

Fig. 179. — Tilleul, première taille.

On plante les arbres à la distance de 5 à 6 mètres, avec tous les soins indiqués précédemment, et, aussitôt après la plantation, on applique la première taille.

On supprime d'abord les branches placées en dedans et en dehors de l'allée (a et b, fig. 179); on taille la flèche en c (même figure), pour la faire bifurquer, et concentrer l'action de la sève sur les branches du bas. Les branches latérales sont taillées en d (même figure), sur un œil ou un rameau placé en dessous, pour les abaisser naturellement.

Pendant les premières années, il faut équilibrer l'arbre, c'est-à-dire obtenir un nombre à peu près égal de branches de chaque côté, et enlever les branches qui ont tendance à pousser dans la ligne verticale (a, fig. 180). Toutes les branches qui naissent en dedans ou en dehors de l'allée sont enlevées au fur et à mesure; tout est sacrifié à la formation de la charpente.

La charpente une fois établie et bien équilibrée, le croissant fait le reste; et quand elle est bien établie, rien n'est plus facile, avec un élagage annuel, que d'obtenir une voûte de verdure bien garnie et une ombre à défier le soleil des tropiques.

J'ai dit que, lorsque les avenues n'étaient pas très-longues, on pouvait leur donner un grand éclat, en les décorant avec des guirlandes d'arbustes ou de fleurs (fig. 181).

(Voir page 389, pour la pose des fils de fer.)

Les guirlandes des avenues de très-grands arbres se plantent avec du lierre; celles dont les arbres sont

moins grands, avec du lierre ou du chèvrefeuille à
feuilles persistantes, entremêlés de quelques jasmins

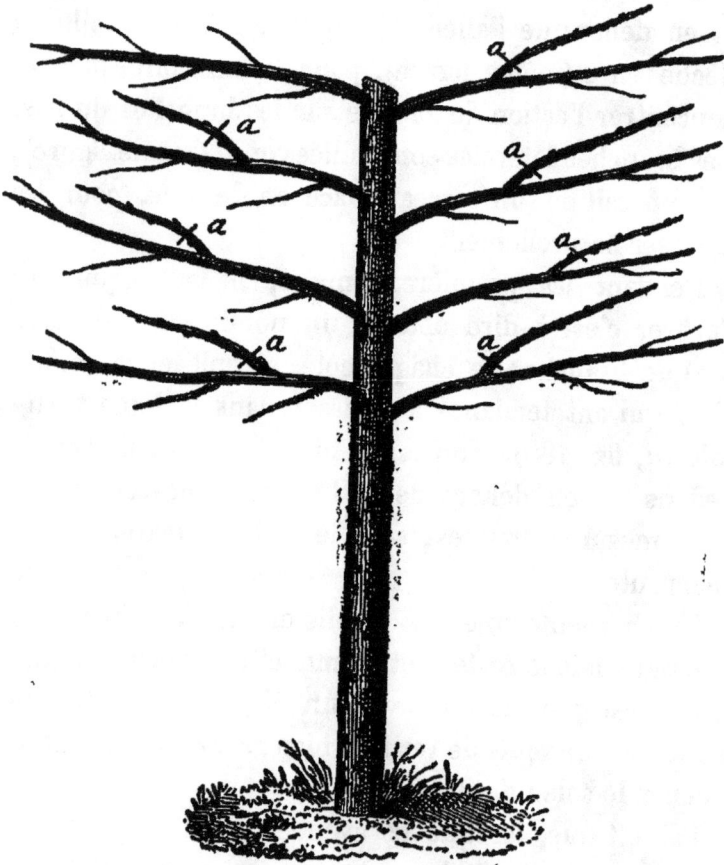

Fig. 180. — Tilleul équilibré.

de Virginie ou d'autres arbustes grimpants donnant
des fleurs ; enfin, pour les bouts d'avenues plantés
avec des arbres plus petits, on pourra remplacer les

Fig. 181. — Avenue décorée.

arbustes des guirlandes par des plantes grimpantes : volubilis, boussingaultias, capucines, coloquintes, etc.

La décoration de l'entrée sera composée de manière à être en harmonie avec l'étendue de la propriété et le style du jardin.

CHAPITRE IV

Entretien des arbres, arbustes, conifères, etc.

Les soins de taille et de formation que j'ai indiqués ne sont nécessaires que pendant les premières années. Une fois les arbres élevés, il n'y a plus qu'à les entretenir.

L'entretien des arbres se résume par très-peu de travail ; mais il est urgent de le faire, car il a une influence énorme sur la santé et sur la longévité. Des arbres bien entretenus vivent des siècles.

Chaque hiver, pendant que *l'on s'ennuie*, il faut faire l'inspection des arbres pour les débarrasser des parasites qui les envahissent, enlever les branches mortes, supprimer les gourmands qui se produisent et rendre le sol perméable au pied de l'arbre.

Tout cela, qui va paraître énorme à la *pratique*, demande quatre minutes en moyenne par arbre, pour

inspecter et pour opérer. Que faites-vous donc en
hiver ? Rien ou à peu près. Eh bien ! visitez les arbres
du parc, et entretenez-les. Cela vous empêchera de
vous *ennuyer*. Vous rendrez service à vous-même, au
propriétaire et aux arbres.

Les parasites sont le gui, la mousse, etc. On enlève
le gui en le coupant, à la naissance de la racine, avec
un instrument tranchant. La mousse s'enlève en un
instant, par le brouillard ou un temps humide, avec
l'émoussoir (fig. 182).

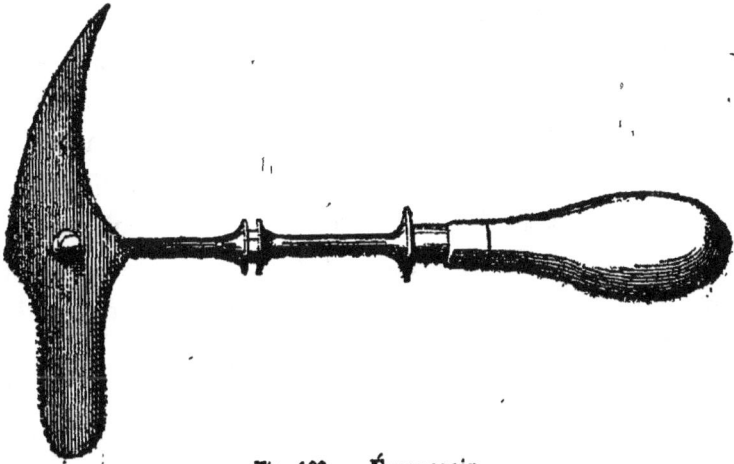

Fig. 182. — Émoussoir.

Ce modèle est monté pour servir à portée de bras ; il
se termine par une douille. Ayez, pour émousser hors
de la portée du bras, un second émoussoir que vous
démancherez et monterez sur un bâton aussi long
que vous le désirerez. En quelques instants, les arbres
les plus précieux du parc seront débarrassés des

mousses, qui décomposent les écorces et paralysent les fonctions du liber.

Le bois mort, l'extrémité des branches que la sève abandonne peut se casser avec un simple crochet que l'on tourne ; la branche morte éclate et tombe aussitôt. Pour les grosses branches mortes, ce qui est plus rare, on prendra la serpe, et on les coupera comme je l'ai indiqué ci-dessus.

Quelque bien formés qu'aient été les arbres, il se produira toujours quelques gourmands, c'est-à-dire des branches qui feront irruption sur le dessus des branches ou au centre de la tête de l'arbre. Ces productions sont des plus dangereuses, en ce qu'elles sont produites par une irruption de sève ; aussitôt formée, la sève s'y précipite avec violence et abandonne les autres parties de l'arbre. Un coup de serpe donné à temps fait disparaître ces productions intempestives et sauve l'arbre. Toute branche gourmande, née pendant la végétation, doit être radicalement supprimée dans le courant de l'hiver.

Pour obtenir un prompt accroissement des arbres, il est urgent que le sol soit cultivé, c'est-à-dire perméable aux agents atmosphériques, sur le périmètre occupé par les racines. On a bien donné quelques binages pendant l'été avec une binette ou plutôt une raclette, dont l'unique fonction est de couper les mauvaises herbes au collet ; elles n'en repoussent souvent que mieux, mais les *praticiens* ont un amour immodéré de la binette (fig. 183).

Si ces braves gens-là voulaient raisonner, ils suivraient notre conseil et remplaceraient la fatale binette par la ratissoire à deux branches, outil très-énergique, pénétrant jusqu'au milieu de la racine et la coupant assez bas pour que la mauvaise herbe exécutée ne

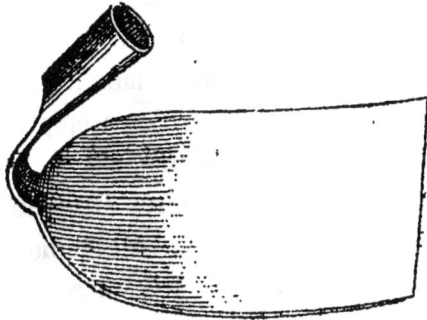

Fig. 183. — Binette.

repousse jamais. De plus, la ratissoire à deux branches, montée sur un manche très-long, vous permet de détruire à coup sûr les mauvaises herbes, sans piétiner le sol ; on travaille à reculons, sans jamais marcher sur ce qui a été fait (fig. 184).

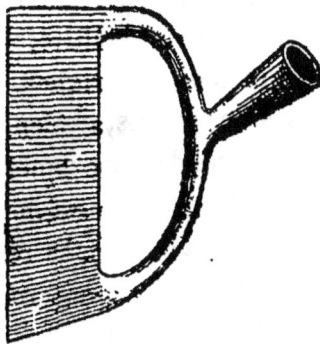

Fig. 184. — Ratissoire à deux branches.

Le travail opéré par la ratissoire à deux branches est parfait; son inclinaison permet de couper, sans effort, les racines des herbes au milieu; le sol est bien rémué, et rendu d'autant plus perméable, que les pieds ne défont pas ce que l'outil a fait.

La malencontreuse binette coupe l'herbe rez le collet; elle n'en repousse que mieux. Elle remue bien un peu le sol; mais comme il faut marcher sur ce que l'on a biné, et Dieu sait si l'on trépigne l'*ouvrage*, le sol, rendu un peu perméable par le binage, devient plus compact que jamais après avoir été foulé; et si, par hasard, un coup de binette donné très-énergiquement coupe une racine entre deux terres, les pieds *malheureux* de l'opérateur se chargent de repiquer la mauvaise herbe et de la faire reprendre en attachant solidement le tronçon de la racine au sol.

Les coups de binette énergiques sont rares, mais ils se produisent cependant de loin en loin, quand, par exemple, le maître ou le surveillant surgissent au détour d'une allée, devant des hommes se reposant des fatigues qu'ils pourront avoir eues dans la journée. Alors l'outil est manié avec une dextérité à nulle autre pareille : la terre vole, c'est le mot. Gare à l'herbe et aussi aux racines des arbres, qui sont confondues avec la mauvaise herbe pendant ce mouvement d'élan irrésistible! Il dure le temps..... de laisser passer le maître ou le surveillant..... heureusement pour les arbres. Conclusion : mettez la binette au musée des antiques, pendant que l'on cultive les massifs; nous la reprendrons pour les plantes sarclées, dans la plaine, où elle nous rendra de grands services. ;

Les transitions brusques sont difficiles, surtout à l'époque où nous vivons. Le mieux serait de vous conseiller de remplacer la malheureuse binette par la ratissoire à deux branches pour la culture des massifs ; je le ferais, si je ne m'attendais à votre réponse : « Mes hommes *ont l'habitude* de travailler en avant, » ce qui veut dire : « Ils ne peuvent rien faire, s'ils ne marchent pas sur leur ouvrage. »

Temporisons : pour arriver à notre but, supprimez les binettes et donnez-leur des crochets à biner (fig. 185).

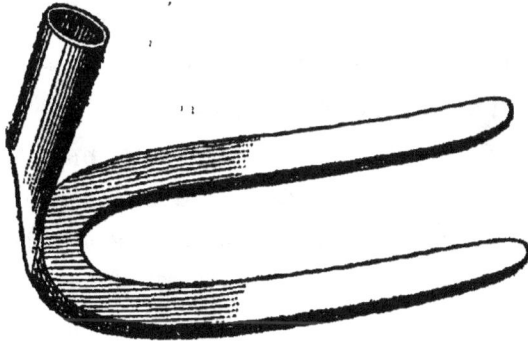

Fig. 185. — Crochet à biner.

C'est un outil très-énergique, avec lequel on peut opérer un petit labour, sans le moindre risque de couper les racines. Vos hommes retourneront le sol sens dessus dessous, le rendront perméable et mettront les racines des mauvaises herbes en l'air, ce qui les fera périr.

Il est vrai que leurs pieds auront bien vite raison de

la perméabilité du sol, que les racines des mauvaises herbes se trouveront bien appuyées dans la terre, mais en sens inverse ; elles ne reprendront pas : c'est toujours cela !

Le travail sera loin d'être parfait, mais il aura donné un résultat : la destruction de la mauvaise herbe, et c'en est un sérieux. De plus, vous avez déshabitué vos hommes de la malheureuse binette ; c'est un point plus important que vous ne le supposez que la *perte d'une habitude.*

Du crochet à biner, qui a été accepté parce qu'il permettait de marcher sur l'ouvrage, à la ratissoire à deux branches, il n'y a qu'un pas. Et ce pas, qui eût occasionné une révolution la première année, se fera tout seul et sans secousse la seconde.

Voilà pour les façons d'été dans les massifs. A celles d'hiver maintenant. J'ai dit qu'il était indispensable que le sol fût perméable aux agents atmosphériques, pour que les racines des arbres fonctionnent avec énergie. Il n'y a qu'une façon pour obtenir ce résultat : le labour, mais pas le labour à la bêche, qui coupe toutes les radicelles. Il vaudrait mieux ne pas labourer du tout que de faire un labour à la bêche, équivalant à une déplantation.

Tous les labours dans les massifs et au pied des arbres doivent être faits avec la fourche à dents plates (fig. 186).

La façon est énergique ; sa profondeur donne une grande perméabilité au sol ; la mauvaise herbe est retournée la racine en l'air, et aucune des radicelles

29.

des arbres ne peut être coupée. Le pis qui puisse arriver est de les déplacer, ce qui arrive quelquefois ; mais aussitôt elles sont recouvertes de terre, et le dommage n'est pas sensible.

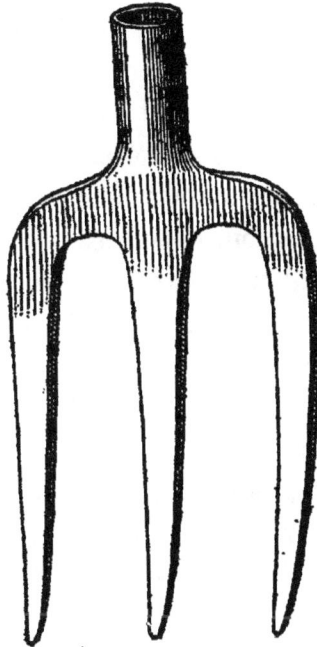

Fig. 186. — Fourche à dents plates.

Les arbres en groupe, et même ceux isolés sur les pelouses, doivent être cultivés au pied, si on veut qu'ils poussent vite. Il faut, au pied de chaque arbre isolé ou en groupe, un diamètre de 1 mètre au moins de terre cultivée, binée pendant l'été pour détruire les mauvaises herbes, et labourée au printemps pour rendre le sol perméable.

Une recommandation avant de terminer : elle a trait aux opérations d'été. J'ai conseillé la plantation du marronnier d'Inde comme l'un des arbres les plus dignes d'occuper une large place dans les parcs et les jardins.

Il est bien entendu que si nous voulons les faire monter vite et leur faire acquérir tout leur développement, il faudra supprimer les branches trop nombreuses, ou ils tourneront à la boule.

Il est un moyen d'accélérer encore leur végétation : c'est de couper, avec un échenilloir, toutes les grappes, aussitôt qu'elles sont défleuries.

Rien ne fatigue autant un arbre et n'arrête plus efficacement sa végétation que la production des fruits. Supprimons les marrons; l'arbre poussera avec d'autant plus de vigueur.

Pour que la suppression des fruits soit efficace et contribue à augmenter la végétation, il faut qu'elle ait lieu *avant* et non *après* la formation du fruit. Si le fruit se forme, il absorbe la sève de l'arbre, et la végétation s'arrête ; quand le fruit est enlevé au moment où il se forme, la sève se répand dans toutes les parties de l'arbre, et concourt à une puissante végétation.

Les arbustes demandent aussi un peu d'entretien. Ceux qui restent en touffes, comme les lilas, les troënes, les spirées, etc., ont toujours tendance à produire une quantité de drageons vivant au détriment de la touffe ; il faut en supprimer une partie.

Chaque année, en taillant les touffes, il faut enlever

rez le tronc les vieilles tiges épuisées, et, parmi les
jeunes, celles qui sont faibles ou trop nombreuses.
On conserve tous les ans quelques jeunes tiges choisies
parmi les plus vigoureuses, pour remplacer celles qui
sont épuisées.

Ce nettoyage n'est rien, mais il doit être fait quand
on veut avoir de belles touffes. Si on le néglige,
les tiges épuisées finissent par mourir sur pied ; les
jeunes se multiplient à l'infini, et le tout forme un
fouillis assez laid, et qui ne fleurit plus.

Les arbustes grimpants doivent aussi être entretenus
et dirigés. Si vous vous contentez de leur appliquer la
taille de plantation, pour les abandonner après, ils
monteront incontestablement, mais sans régularité, et
seront dégarnis du bas.

Il faut veiller au développement des premières tiges
de tous les arbustes grimpants, les diriger pour couvrir
l'espace qui leur est assigné, et attacher ces tiges, au
besoin, avec du jonc. Chaque année, on supprime une
partie de la tige obtenue l'année précédente, pour la
contraindre à se ramifier et à développer tous les yeux
de la base ; une suppression d'un tiers de la longueur
totale du prolongement est suffisante pour obtenir le
meilleur résultat.

En opérant ainsi, on obtient en peu de temps une
excellente charpente garnie partout, ne laissant aucun
vide sur le mur. Une légère taille des rameaux suffit
alors pour entretenir une abondante floraison et maintenir les rameaux dans des limites raisonnables.

Dans la pratique, on fait ces opérations annuelles

tous les quatre ou cinq ans, quand les arbustes ont tout envahi. Ce long intervalle entre les tailles produit les plus fâcheux résultats : ce n'est plus de la taille, c'est de la restauration que l'on fait.

On sape à tort et à travers pour faire de la place ; le mur est découvert, et l'arbuste ne fleurit pas ; mais on a fait de la place. L'ordre se rétablit l'année suivante pour faire place au désordre l'année d'après, et, lorsque la confusion revient, on resape, et ainsi de suite jusqu'à la consommation des siècles.

Les conifères ne se taillent pas et ne s'élaguent pas davantage. Ces arbres se forment parfaitement tout seuls et avec la plus grande régularité quand ils sont isolés, et par conséquent éclairés de tous les côtés.

La seule taille que l'on applique aux conifères est une taille de restauration, après un accident, lorsque la flèche a été cassée par le vent.

Il faut chercher à en faire une nouvelle, et, à cet effet, on choisit la ramification la plus verticale de la dernière couronne, et l'on supprime toutes les autres.

La branche se redresse et finit par former une nouvelle flèche ; quelquefois elle refuse de pousser, et l'arbre se couronne. Il ne monte plus et s'étend en diamètre. Quand c'est un arbre isolé, il vaut mieux l'arracher et en planter un autre.

Exceptionnellement, et pour se défendre plus vite des regards des voisins, on ébranche jusqu'à la hauteur du mur les conifères plantés contre, et destinés à servir de rideau.

Excepté dans ces deux cas, les conifères ne doivent jamais être taillés. Les sections leur sont très-nuisibles, et elles ne produiraient jamais la régularité que la nature donne à ces arbres.

Dans une partie du Centre, on a la déplorable habitude d'ébrancher les conifères par le bas, comme les grands arbres à feuilles caduques : c'est hideux. Je signale cet acte de fabricant de cotterets, pour empêcher les jardiniers, surtout de ces localités, de continuer à déshonorer et à exterminer les conifères.

CHAPITRE V

Restauration des arbres et des arbustes d'ornement.

Presque toujours nous aurons à restaurer les arbres quand nous achèterons une propriété. Il est d'usage en France de laisser tout à l'abandon quand on veut vendre.

Souvent le jardin a été créé avec un certain discernement; on y a planté de beaux arbres qui n'ont jamais été soignés, et que l'on a peine à découvrir au milieu des fouillis qui les envahissent.

Il faut de longues années pour obtenir un bel arbre,

et quand on le trouve enraciné et déjà grand, c'est une bonne fortune, en quelque mauvais état qu'il soit. Tout doit être tenté pour le restaurer.

Lorsque nous trouverons · de beaux arbres à un endroit où nous pouvons les utiliser, quelque âge qu'aient ces arbres et quelque difformes qu'ils soient, il faudra les restaurer. On réussit toujours quand on opère bien; mais pour opérer juste et obtenir un résultat qui nous surprend quelquefois nous-même, il faut le faire hardiment, et sans peur, comme sans faiblesse.

Il faut voir le résultat à obtenir, sans tenir compte de ce qui existe, et trancher dans le vif, pour l'obtenir dans le plus bref délai possible. Si on est arrêté par la crainte de couper une branche, on améliorera l'arbre, mais on ne le restaurera jamais complètement. Un bel arbre aura été sacrifié à une mauvaise branche.

Prenons pour exemple l'arbre figure 187; il a été abandonné à lui-même, et, déjà âgé, il n'a pas grandi.

La branche gourmande *a* et les branches *b* et *c*, trop rapprochées, ont absorbé toute la sève. Le tronc a grossi jusqu'à la naissance de ces branches et s'est affaibli au-dessus, faute de sève. La tête s'est couronnée, et l'arbre s'est développé en large. Un tel arbre peut être refait en quatre ou cinq années.

Les branches *a* et *b* (fig. 187) s'opposent à l'élongation du tronc; elles sont très-vigoureuses, et de plus l'agglomération des branches sur ce point a rendu tout accroissement en hauteur impossible.

Nous pourrions supprimer tout de suite ces trois branches rez le tronc, en *d* (fig. 187); c'est ce qui se fait habituellement dans la pratique ; mais, en opérant ainsi, nous ferions trois plaies très-grandes au corps de l'arbre, à la même hauteur, et embrassant presque tout son périmètre. Le remède serait pis que le mal, en ce qu'il mettrait l'existence de l'arbre en danger.

Nous couperons d'abord la branche *a* (fig. 187) en *e*,

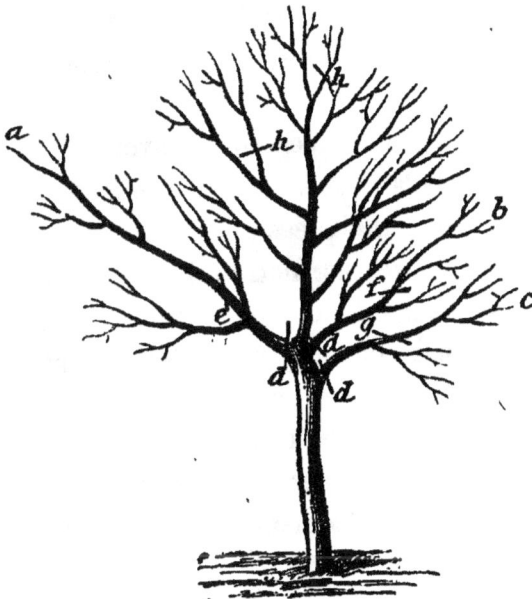

Fig. 187. — Arbre abandonné à lui-même.

la branche *b* en *f*, et la branche *c* en *g* ; l'action de la sève se portera vers le haut de l'arbre avec autant d'énergie que si les branches étaient entièrement enlevées, et cela sans aucun danger pour la santé de l'arbre.

Ajoutons à ces opérations les tailles en *h*, pour favoriser la naissance d'une flèche ; notre arbre poussera forcément par le haut et nous donnera, dès la première année, plusieurs pousses, parmi lesquelles nous n'aurons qn'à choisir la flèche demandée.

L'année suivante, nous déblaierons la flèche choisie de toutes espèces de brindilles; il faut qu'elle pousse énergiquement; c'est l'arbre retrouvé, et nous couperons en d (fig. 187), rez le tronc, la branche b.

L'anné d'après, nous enlèverons encore en d (fig. 187), rez le tronc, le fragment de la branche a, et l'année suivante en d, rez le tronc, le dernier tronçon de la branche c.

Pendant ces trois années, nous avons favorisé le développement de la flèche, et appliqué à la formation de la tête les tailles indiquées précédemment.

Au bout de quatre ans, notre arbre, débarrassé des branches qui l'empêchaient de monter, redressé et pourvu d'une nouvelle tête, présentera l'aspect de la figure 188. On apercevra encore en a la place de la section des trois branches coupées. Ces sections sont recouvertes par les écorces; deux années plus tard, elles se perdront complètement dans les corps ligneux et deviendront invisibles.

En comparant les arbres des figures 187 et 188, on me demandera si une pareille métamorphose est possible; je répondrai : Elle est facile, si vous voulez bien faire ce que je vous indique.

Il n'y a rien d'exagéré dans le dessin, et si l'arbre eût été entretenu, il aurait acquis un développement beaucoup plus grand que celui donné par la restauration.

On restaure des arbres plus mal faits que celui de la figure 187, et on en obtient les meilleurs résultats.

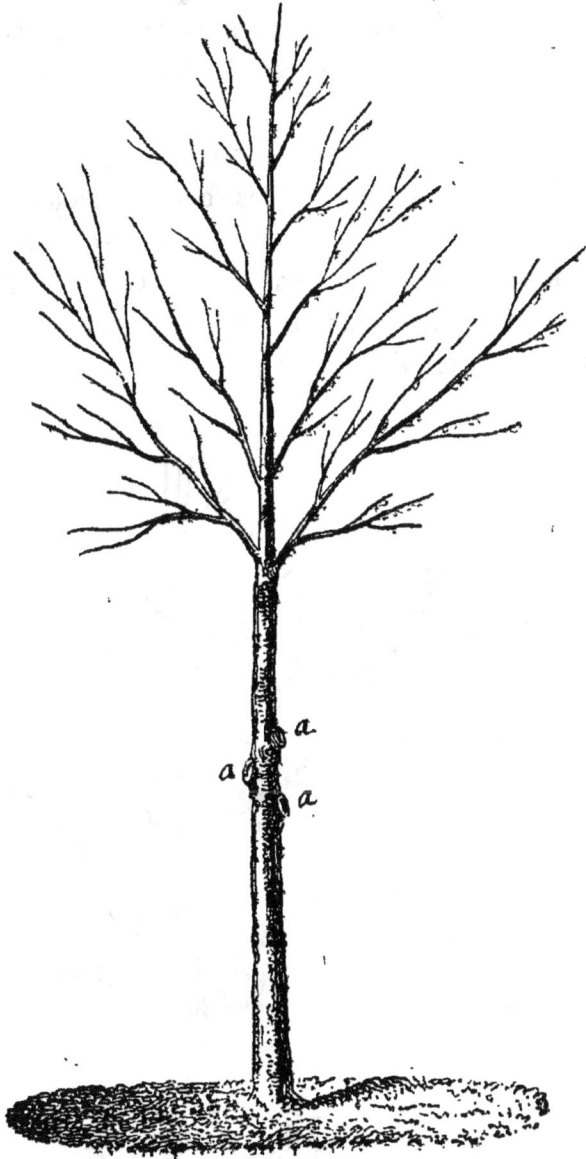

Fig. 188. — Arbre restauré.

Prenons pour second exemple l'arbre figure 189, abandonné depuis longtemps, et cherchons à redresser le tronc, à le faire monter et à lui former une nouvelle tête.

Nous supprimerons d'abord, rez le tronc, les trois branches *a* (fig. 189). Elles sont assez éloignées pour qu'il n'y ait aucun danger à les enlever tout de suite. La branche *b*, placée dans la ligne verticale, formera le tronc qui portera la tête à former. Nous couperons la branche *c* en *d*, pour concentrer l'action de la sève

Fig. 189. — Restauration.

en *b* et y faire naître une flèche, et nous opérerons ensuite les tailles *e*, pour équilibrer la tête.

Quatre ou cinq ans après, notre arbre aura considérablement monté ; il sera pourvu d'une nouvelle tête, et le tronc se sera redressé naturellement.

Quelquefois, on a supprimé une branche depuis plusieurs années aux arbres que nous voulons restaurer, mais on l'a coupée en laissant un onglet. L'onglet s'est décomposé ; la carie a régné en souveraine et gagné le cœur de l'arbre (fig. 190). Au lieu d'un onglet qui était en *a*, nous avons un trou produit par la carie, descendant jusqu'en *b* (fig. 190).

La lésion est grave, même dangereuse, mais elle peut être guérie si l'arbre en vaut la peine ; dans le cas contraire, nous l'arracherons. L'arbre guéri pourra être restauré et donner les mêmes résultats que s'il n'était pas carié ; mais, pour entreprendre la cure, il faut que l'arbre en vaille la peine.

Fig. 190. — Effet de la carie.

On peut sauver et conserver, pendant de longues années encore, les arbres les plus perforés par la carie, quand, toutefois, elle n'a pas atteint le collet de la racine. Voici comment on opère : il faut d'abord élargir le trou primitif, et aviver les parois jusqu'aux parties bien saines ; enlever ensuite toutes les parties cariées avec des instruments tranchants, dans toute la profondeur de la cavité, et la remplir complètement, après l'avoir bien nettoyée, de mortier de chaux auquel on mêle des petits cailloux, si la cavité est très-grande et très-profonde. On laisse sécher le mortier pendant quelques jours ; on avive l'orifice du trou, et l'on recouvre de mastic à greffer. Quelques années après, les écorces recouvrent l'ouverture, et l'arbre est aussi bien portant que s'il n'avait jamais été atteint par la carie.

Les arbustes sont presque toujours dans un état lamentable dans une propriété négligée depuis longtemps, le lilas surtout. Les drageons poussent tout autour et épuisent la tige qui dépérit.

Dans ce cas, on découvre presque les racines pendant le repos de la végétation, et par un temps couvert, pour détruire cette fourmilière de drageons. On en conserve deux ou trois vigoureux seulement, pour remplacer les tiges au besoin. On les taille pour les faire ramifier et leur donner de la vigueur. Ensuite on débarrasse les tiges de tous les fouillis, rameaux faibles et tortus, pour ne conserver que du bois jeune et vigoureux. La végétation revient bien vite, et les fleurs viennent bientôt en abondance.

On traitera de même toutes les touffes qui se sont élargies outre mesure ; on découvrira les racines pour enlever les tiges épuisées, celles faibles ou trop nombreuses, pour n'en conserver que de bonnes, bien constituées, et en petit nombre. Règle générale : toutes les fois que les touffes s'épaississent trop, les fleurs disparaissent. Il faut les éclaircir pour obtenir à la fois de bonnes tiges, et des fleurs.

Quelquefois, quand la direction des arbustes a été confiée à un manouvrier, et cela se voit assez souvent, les touffes ne sont guère restaurables.

Ce brave homme, avec les meilleures intentions du monde, les a éclaircies par le bas, et n'a pas taillé le haut; au bout de deux ou trois ans de ce traitement, vos arbustes simulent une futaie. Dans ce cas, il n'y a qu'une chose à faire : recéper, c'est-à-dire raser tout par le pied, et élever une nouvelle touffe.

Les arbustes grimpants sont souvent les plus avariés. Le haut couronne les toits; le bas et le milieu sont dénudés. Le plus court est de recéper. Il part une grande quantité de tiges de la souche, et on refait très-vite une bonne charpente.

Quand on trouvera, comme trop souvent, de beaux conifères : cèdres, araucarias, pinsapos, etc., etc., entourés de broussailles qui les empêchent de pousser, et ont même déjà abîmé la base, il ne faut pas hésiter un instant à tout raser immédiatement, en faveur d'un arbre de prix qui est déjà grand.

Il n'y a rien à y tailler ; il ne demande que de l'air et de la lumière : prodiguez-les lui, il se régularisera de lui-même en quelques années.

CINQUIÈME PARTIE

FLEURS ET PLANTES A FEUILLES ORNEMENTALES

—∞—

CHAPITRE PREMIER

But.

———

Loin de ma pensée, en abordant la culture des fleurs, d'augmenter la liste, déjà trop longue, des copies plus ou moins pâles du *Bon Jardinier*, encore moins de tout ébaucher sans rien finir, en un mot de publier un traité qui parle de tout et laisse le lecteur dans l'impossibilité d'exécuter quoi que ce soit.

Mon but est de mettre les propriétaires et les jardiniers à même d'obtenir constamment de belles fleurs, avec le moins de travail et de dépense possible. Mais pour atteindre ce but, il faut savoir limiter ses désirs, et faire une culture en harmonie avec l'étendue de la propriété, et aussi de ses revenus.

Rien de plus facile que d'avoir un jardin toujours fleuri, d'y réunir de belles collections, et d'y obtenir les plus belles fleurs, sans grever son budget. C'est le but de la culture que je vais enseigner, et pour l'atteindre, je procèderai d'une manière diamétralement opposée à celle de mes devanciers.

Pendant longues années, malgré tout le désir que j'en avais, les exigences de l'enseignement et mes travaux ne m'ont pas permis de m'occuper de la culture des fleurs. Je ne savais pas ; je n'avais pas le temps d'apprendre, et j'entendais chaque jour les fleuristes me dire: « Vous faites des arbres et des légumes; ce n'est rien à côté des fleurs. » Les jardiniers faisaient chorus avec les fleuristes, et chaque fois qu'il en venait un s'offrir chez moi, le dialogue suivant était invariable:

— Savez-vous quelque chose en arboriculture?

— Peu de chose, mais je taille, par à peu près, les arbres.

— Savez-vous faire les légumes?

— Ah! de la *légume*, on en a toujours; c'est si facile! ça vient tout seul !

— Que savez-vous donc faire ?

— Les fleurs. C'est autre chose que les arbres et la *légume*, et ça me connaît !

Ce n'était pas encourageant pour débuter. Chaque année, j'achetais des fleurs, et le plus souvent on me livrait des plantes en mauvais état de végétation. Lorsque je risquais une observation, le fleuriste me répondait invariablement: « Ce n'est rien; ça va se refaire. Ah ! les fleurs, vous ne savez pas ce que c'est, pour les élever ! »

Je donnais tous les soins possibles à des plantes maigres, tirées ou étiolées, et j'obtenais infailliblement des fleurs assez médiocres. Fatigué d'acheter tous les ans des plantes me donnant des résultats négatifs, je fis quelqués semis et les traitai comme mon expérience me le dictait. Les fleuristes se moquaient de moi, et les jardiniers riaient beaucoup de mes repiquages. J'opérais timidement, mais sans vouloir rien modifier à ma manière de faire ; mes essais ont été couronnés d'un plein succès.

J'ai continué ; même résultat. Voulant me perfectionner, j'ai pris un jardinier fleuriste ; le résultat a changé : les plantes maigres et les petites fleurs sont revenues. Depuis, j'ai essayé d'autres fleuristes ; je voulais pénétrer les mystères d'une culture que l'on me présentait comme hérissée de difficultés et me suis dit, après tous mes essais et toutes mes expériences : « Comment, ce n'est que cela ! »

Lorsque j'ai été édifié, je me suis sérieusement mis à l'œuvre. Mon premier acte a été de réformer plus des trois quarts du matériel que mes artistes fleuristes m'avaient fait acheter ; il était plus nuisible qu'utile. J'ai laissé de côté tous les préjugés, comme les habitudes, pour chercher le vrai, l'expéditif, le simple, l'économique, et en faire une culture essentiellement pratique et facile pour tous.

C'est cette culture que je viens vous enseigner aujourd'hui, et j'ai dû, avant de commencer, vous initier à mes débuts, pour vous défendre des conseils erronés comme des influences fâcheuses.

Il en est des fleurs comme des fruits et des légumes : il ne faut pas trop collectionner pour obtenir des pro-

30

duits certains. La disette de fleurs qui se produit dans beaucoup de jardins provient de ce que l'on veut tout faire et tout avoir dans un espace trop restreint, ou avec des moyens d'action insuffisants.

On fait de tout en petit, de très-petites choses, par conséquent, donnant toujours pour résultat un *gigantesque rien !* Et cependant, ces toutes petites choses ont donné beaucoup de peine à faire, et occasionné une dépense assez élevée. Avec moitié moins de travail et le quart de dépense, on eût obtenu une floraison splendide, en faisant bien des plantes beaucoup plus faciles à cultiver.

Je laisse complètement de côté les serres chaudes ou tempérées, pour ne m'occuper que des fleurs de pleine terre, ne demandant de la chaleur artificielle que pour les semis, ou un abri dans l'orangerie ou sous châssis froids pendant l'hiver.

La culture de serre est un art tout spécial, dans lequel excellent les jardiniers qui s'y sont livrés; ils ne font que cette culture et la savent, parce qu'ils l'ont apprise à bonne école. Les serres exigent un jardinier spécial; on trouvera toujours un homme éclairé et expérimenté sortant de l'école du Muséum ou de chez nos grands horticulteurs.

A une certaine distance de Paris, les grands jardiniers font défaut. Ceux qui ont été élevés dans le pays sont remplis de bon vouloir, mais l'école leur a manqué. L'école peut être remplacée par un livre pratique avec lequel ils pourront obtenir les meilleurs résultats, des plantes de pleine terre semées sur couches et sous châssis, abritées l'hiver dans l'orangerie ou sous châssis froids, ou cultivées dans une petite serre tempérée.

Nous avons donc à nous occuper de la culture :

1º Des fleurs annuelles ;

2º Des fleurs bisannuelles ;

3º Des plantes vivaces ;

4º Des plantes grimpantes ;

5º Des oignons à fleur ;

6º Des plantes à feuilles d'ornement.

C'est plus qu'il n'en faut pour obtenir la plus riche floraison, si nous voulons prendre la peine de bien faire, et ne faire que ce que l'étendue de notre jardin et le nombre de nos châssis nous permettra. Faites peu et bien, le résultat sera toujours brillant et économique ; faites beaucoup et mal, le résultat sera aussi pitoyable que ruineux.

Avant d'aborder chacune de ces cultures, quelques notions de culture générale sont indispensables ; leur bonne application est la clé du succès.

CHAPITRE II

Cultures générales. — Sol. — Préparation. — Amendement.

Les travaux d'amélioration de sol, défoncements et amendements, seront toujours de très-peu d'importance pour la culture des fleurs.

Dans les jardins d'une certaine étendue, le potager soumis à l'assolement de quatre ans nous donne son carré D, tout défoncé, amendé et en état de fumure convenable pour l'élevage des fleurs. Ce même carré D du potager contient les couches, les châssis et les cloches. Tout est sous la main, préparé à l'avance et dans les meilleures conditions pour les semis, les repiquages sous verre ou en plein air de toutes les fleurs (voir au *Potager moderne* le chapitre : *Assolement,* pour plus amples renseignements).

Dans le cas où il n'y aurait pas de potager et que l'on voulût se livrer à l'élevage des fleurs, on défoncerait un petit carré que l'on amenderait au besoin, si le sol était de mauvaise qualité, et où l'on installerait les couches et les plates-bandes destinées aux pépinières de fleurs.

Les fleurs ne redoutent guère que les sols très-argileux ou calcaires à l'excès. Les sols siliceux s'améliorent très-vite avec les engrais et les terreaux abondamment fournis par les couches.

Il ne serait utile d'amender que dans l'hypothèse où l'on rencontrerait, ce qui est très-rare :

1º Un sol très-argileux composé de terre à brique ou à poterie. Dans ce cas, il faudrait le couvrir de 10 à 15 centimètres de sable avant d'opérer le défoncement, et mêler le sable au sol, en défonçant à la profondeur de 60 centimètres, à jauge ouverte. Quelques fumures et terreaux enfouis feront de cette terre, impossible à son état naturel, le sol le plus riche pour l'élevage des fleurs ;

2º Les sols composés de sable pur. On les défonce d'abord à 70 centimètres environ, et ensuite on les couvre d'un centimètre d'épaisseur environ de poudre d'argile, mélangée par moitié avec de la poudre de chaux, et on l'enfouit par un labour à la fourche donné par un temps sec. Cela suffit pour donner de la consistance au sol ; les fumiers et les terreaux feront le reste ;

3º Les sols essentiellement calcaires ; c'est-à-dire composés en entier de carbonate de chaux; c'est le sol le plus défavorable à la culture des fleurs. Comme on opère toujours sur de très-petits espaces, ce qu'il y a de mieux à faire est d'enlever environ 40 centimètres du sol, et de le remplacer par de la bonne terre.

Voilà notre carré d'élevage organisé. Il sera très-rare d'avoir recours aux amendements ; quatre-vingt-dix-neuf fois sur cent, un simple défoncement suffira.

30.

Le sol des corbeilles a été préparé en défonçant le jardin et en opérant le vallonnement (voir page 445). Dans le cas où nous aurions à opérer dans un jardin ancien, non défoncé et mal préparé, il serait urgent de s'assurer de la qualité de la terre des corbeilles jusqu'à la profondeur de 70 centimètres, afin de la défoncer si la terre est bonne, de l'amender ou de la remplacer par de bonne terre, si elle est mauvaise.

Les bordures des massifs, où nous planterons des fleurs en groupes et isolées, devront également être amendées si le sol était complètement composé de terre à brique, de sable pur ou de carbonate de chaux. Dans tous les autres cas, une addition de terreau amènera le résultat demandé.

Lorsque nous restaurerons un vieux jardin qui n'aura pas été défoncé, il faudra mettre les bordures des massifs en état de recevoir des fleurs par un défoncement à deux fers de bêche.

Dans les jardins que nous créerons, tout sera défoncé, et le sol mis en état partout; il ne nous restera que les engrais à distribuer, pour obtenir des résultats assurés.

La culture des fleurs, pour la faire dans les meilleures conditions, n'exige que le défoncement d'un petit carré quand il n'y a pas de potager, et celui des corbeilles et des bordures de massifs dans un jardin qui n'a pas été défoncé. C'est un travail des plus importants au point de vue de la culture; nous pouvons regarder ce travail comme insignifiant : il se traduit par quelques brouettées de terre à remuer; rien de plus.

CHAPITRE III

Engrais, terreaux et paillis.

J'ai déjà parlé de la répartition des engrais dans les
jardins que nous avons créés, page 466. Il me reste à
traiter de la distribution des engrais spécialement pour
les fleurs, dans les jardins neufs et dans les anciens
que nous voudrons remettre en état.

Dans les propriétés où nous aurons installé un potager soumis à l'assolement de quatre ans, nous aurons,
indépendamment du carré D, pour élever nos fleurs,
l'avantage d'une fabrique d'engrais qui nous donnera,
faits à point, les composts pour les fumures de fond,
avant d'employer les terreaux et les paillis.

La fumure de fond est d'un grand secours pour
amener instantanément le sol au plus haut dégré
de puissance et de fertilité. Dans le jardin que l'on crée,
comme dans celui que l'on restaure, il faut obtenir des
résultats immédiats dans la culture des fleurs, en faisant
le sol des corbeilles et des bordures destinées à recevoir des fleurs tout d'un coup.

La fumure de fond se compose d'engrais très-décomposés, presque entièrement désagrégés ; les composts un
peu vieux sont ce qu'il y a de meilleur. On peut rem-

placer les composts par des fumiers très-décomposés ou
celui provenant de la démolition des couches.

On couvre les corbeilles et les bordures des massifs
destinés à recevoir des fleurs d'une couche de 20 centimètres d'épaisseur de ces engrais, que l'on enfouit par
un labour très-profond.

Ensuite on répand une épaisseur de 20 centimètres
environ de terreau de couche sur les corbeilles, et de
10 à 15 centimètres sur les bordures, et on l'enfouit
très-superficiellement avec la fourche à dents plates,
pour le mieux amalgamer avec la terre. La fourche vaut
infiniment mieux que la bêche pour cette opération.

Lorsque le sol est ainsi préparé, on paille, c'est-à-
dire qu'on le couvre d'une couche de fumier très-
consommé de 5 centimètres d'épaisseur environ. Le
meilleur fumier pour cet usage est celui provenant de la
démolition des couches ; celui provenant des meules de
champignons est aussi excellent pour pailler.

On écarte un peu le paillis pour repiquer ou planter
les fleurs, et on le remet en place aussitôt après, et
avant d'arroser.

Le paillis contribue presque autant que la fumure et
le terreau à la prompte végétation et à l'ampleur des
fleurs. Il empêche le sol de se dessécher, de se durcir
et de se battre à la suite des arrosements. Les plantes
végètent sous le paillis avec la plus grande régularité, et
sans jamais être atteinte par les excès de température.

En outre, les arrosements donnés aux fleurs dissolvent les parties nutritives solubles du paillis, et les entraînent sur les racines ; chaque arrosage donné sur le paillis équivaut à une distribution d'engrais liquide, le plus actif de tous.

Faites un essai comparatif : plantez deux corbeilles des mêmes fleurs, provenant du même semis, dans deux corbeilles ; paillez l'une, et laissez l'autre à découvert : la corbeille paillée aura trois semaines d'avance sur l'autre, et donnera non seulement le double de fleurs, mais encore des fleurs beaucoup plus belles.

Essayez, cher lecteur, malgré tout ce que l'on pourra vous dire ; autant je repousse les préjugés et les dictons, autant j'appelle les essais comparatifs, les seuls répondant à toutes les niaiseries éditées et répétées depuis des siècles, par la brutalité des faits. Essayez le paillis, et quand vous aurez vu les résultats, vous paillerez toutes vos corbeilles et toutes vos bordures, malgré toutes les niaiseries dont on vous assourdira les oreilles.

Je me résume pour les engrais à employer pour les fleurs :

1º Une fumure de fond, avec des composts ;

2º Une certaine quantité de terreau, enfoui comme la fumure de fond ;

3º Un paillis couronnant l'œuvre, et vous donnant la garantie d'une végétation splendide.

Telles sont les conditions dans lesquelles on obtiendra, à coup sûr, les plus brillants résultats. J'ai procédé à cet ordre de fumure dans une propriété où il y a un potager moderne établi, c'est-à-dire un potager donnant

la majeure partie du carré D, pour l'élevage des fleurs :
des terreaux et des paillis en abondance.

Les personnes qui n'ont pas de potager, mais un
jardin limité, et qui veulent se livrer à l'élevage des
fleurs, me diront : « Nous acceptons votre enseignement
avec reconnaissance ; nous serions heureux de le suivre
pour produire les merveilles qu'il annonce ; mais nous
n'avons pas de potager, encore moins de fabrique d'engrais. Où voulez-vous que nous prenions des composts,
des terreaux et les paillis dont vous faites un si pom-
peux éloge ? Nous acceptons tout cela ; MAIS ce n'est
pratiquable que dans *les maisons princières ! ! !* »

Les personnes ayant le plus grand désir d'avancer
nous considèrent toujours comme des révolutionnaires
en horticulture ; elles nous arrivent prévenues, par
la routine, que tout ce que nous enseignons ne peut se
faire qu'avec des millions et une armée d'ouvriers.

Je leur répondrai : « Vous n'avez pas de potager, tant
pis ; mais ce n'est pas une raison pour obtenir des fleurs
dégénérées, quand vous pouvez en avoir de belles.

— Mais je n'ai ni potager, ni compost, ni couches, ni
terreau, ni paillis ; que voulez-vous que je fasse ? Vos
indications me sont inutiles !

— Au contraire, monsieur ; elles vont vous être de la
plus grande utilité ; elles vont devenir le *salut* de votre
jardin.

— Mais je n'ai pas de fabrique de fumier, de
terreau et de paillis ; je ne suis pas millionnaire, moi !

— Vous n'avez rien de tout cela, je le sais ; mais vous
le ferez sans dépense.

— Comment ?

— Ecoutez-moi ; rien n'est plus facile. A défaut de potager, je vous ai dit de défoncer, et d'amender au besoin un coin pour l'élevage des fleurs !

— Oui, votre petit coin pourra me donner un peu de terreau et de paillis ; mais où prendrai-je la fabrique de fumier pour me donner les composts ?

— Vous prendrez un très-petit coin, dans le petit carré destiné à l'élevage des fleurs ; vous y ferez établir deux petites plates-formes inclinées en sens inverse; au milieu, vous enterrerez un vieux tonneau pour contenir les liquides, et vous ferez dresser vos plates-formes de manière à ce que tous les liquides qui s'en échapperont coulent dans le tonneau enterré (fig. 191). Il ne faut pas être millionnaire pour faire accomplir ce prodige!

Fig. 191. — Fabrique de fumier économique.

— D'accord, c'est une fabrique de fumier économique ; mais où prendrai-je la matière première pour fabriquer ? Il me faudra tout acheter, et je dépenserai des sommes folles.

— Vous n'achèterez rien, ne dépenserez rien et ferez d'excellents composts, et au besoin des terreaux d'une qualité remarquable.

— Avec rien ? Je vous écoute alors.

— C'est ce que vous auriez dû faire avant de prendre l'avis de vos serviteurs.

— Je suis tout oreilles !

— Je vous accorde de n'être pas millionnaire : ce n'est pas donné à tout le monde, mais vous avez une maison organisée et une cuisine où l'on consomme.

— Hélas !... oh! oui !

— Tous les jours faites apporter sur une des plates-formes que nous avons installées, tous les détritus de la cuisine : épluchures de légumes, de volailles, balayures de la maison, le sang et les plumes des volailles, etc., etc.

— C'est bien facile.

— Vous ajouterez le produit des sarclages, des binages, les tontes de gazon, les tiges de fleurs et de légumes, etc., etc.

— Rien de mieux.

— Les cendres des foyers, la suie des cheminées.

— C'est facile.

— Puis vous ferez porter dans le tonneau enterré toutes les eaux ménagères, de toilette, de vaisselle, les eaux de savon, etc.; etc.

— Cela peut se faire.

— Si vous savez le vouloir, cela se fera. Au bout d'une semaine, vous aurez déjà un joli tas de détritus de toutes espèces...

— Je le crois bien; la cuisine, à elle seule, en fournit...

— Je le sais, et c'est pourquoi je vous conseille de les amasser. Lorsque le tas sera un peu gros, vous le ferez arroser avec les liquides du tonneau.

— Cela sentira mauvais.

— Non; vous mettrez dans votre tonneau 1 kilogr. de sulfate de fer qui neutralisera l'odeur, en doublant la valeur de votre engrais.

— C'est merveilleux !

— Non, c'est raisonné, rien de plus. Quand votre tas de débris aura été arrosé deux ou trois fois, la fermentation s'y produira. Vous le ferez manier à la fourche et transporter sur l'autre plate-forme. Vous le ferez arroser encore deux ou trois fois, puis vous attendrez que vous en ayez l'emploi.

— Ce sera du fumier ?

— Un excellent compost, qui fera vos fumiers de fond, ou du terreau à votre choix, suivant le temps que vous le laisserez se décomposer.

— J'en aurai assez pour mon jardin ?

— Plus qu'il ne vous en faudra, si vous ne laissez rien perdre.

— C'est prodigieux ! Mais pourquoi mon jardinier me faisait-il acheter du fumier très-cher, au lieu d'en faire, puisque c'est si facile ?

— Parce qu'il ne savait pas en faire.

— Je suivrai votre conseil; mais on verra la fabrique de fumier?

— Entourez-la de broussailles, n'importe lesquelles ; on ne la verra pas longtemps, car je vous garantis que les broussailles pousseront vite.

— C'est vrai.

— Oui, mais faites au plus tôt ; faites faire, imposez votre volonté ; dirigez, et tout ira pour le mieux.

— Je suivrai votre conseil.

— Le résultat sera celui-ci : avec tout ce que vous laissez jeter dans la rue, vous fertiliserez votre jardin et obtiendrez une végétation luxuriante.

Ma cause est gagnée auprès de vous, cher lecteur, et gagnée aussi facilement que lorsque je portais la parole dans toute la France, et faisais convertir en matières fertilisantes tous les détritus et les purins que l'on laissait se décomposer ou s'évaporer au détriment de la santé publique.

Disons encore que vouloir, c'est pouvoir. Admettons que nous manquions de tout. Ce n'est pas une raison pour renoncer à avoir de belles fleurs ; la science nous a donné le moyen de remplacer, sinon complètement, mais au moins temporairement, les engrais naturels : nous aurons recours au *floral* de M. *Dudouy*, 38, rue Notre-Dame-des-Victoires, à Paris. Le *floral*, dissous dans l'eau, remplace tous les engrais. Les essais de M. Dudouy ne laissent aucun doute à cet égard. Si vous manquez d'engrais la première année, arrosez au floral, et vous aurez des fleurs magnifiques.

Les essais faits par M. Dudouy et que j'ai vus, des fleurs plantées dans du gravier, et arrosées au floral, sont des plus concluants. La végétation était des plus actives, et les fleurs d'une ampleur remarquable.

Je ne veux pas dire qu'avec le *floral*, que j'apprécie à sa juste valeur, on peut se passer d'engrais. Il en faut, au contraire, pour augmenter son action; la présence d'un corps poreux est nécessaire dans le sol.

On peut, à l'aide du *floral* de M. *Dudouy*, obtenir une bonne végétation et de belles fleurs quand on manque d'engrais, et doubler l'action de ceux-ci avec deux ou trois arrosages donnés à intervalles de huit jours environ.

Notre terre est en état; nous n'avons plus qu'à planter nos fleurs et à leur donner l'humidité nécessaire pour dissoudre les engrais naturels ou chimiques, et les rendre solubles.

CHAPITRE IV

Arrosage.

Il ne faut jamais perdre de vue que l'eau est indispensable dans un jardin, et que, quelque petit qu'il soit, on doit toujours en avoir à sa portée.

Quand la propriété renferme un potager, l'arrosage est presque toujours organisé : on a de l'eau en quantité suffisante ; mais il faut quelquefois aller la chercher loin, et alors on arrose peu ou point. Dans ce cas, il est utile d'établir un tuyau partant d'un bassin ou d'un étang, pour conduire l'eau dans un bassin placé au centre des corbeilles, et caché dans un massif. Au besoin, on peut se servir de tuyaux mobiles que l'on enlève quand le bassin est rempli.

Avec la pompe à brouette Dudon (fig. 192), qui se transporte à volonté, donne beaucoup d'eau, en exigeant très-peu de force, on remplit un bassin en un instant. Cette pompe est tellement douce qu'elle peut être manœuvrée par une femme ou un enfant de douze ans.

La meilleure eau à employer pour les arrosages est l'eau de pluie ; c'est la plus dissolvante : non seulement elle mouille, mais encore elle agit énergiquement sur les engrais en les dissolvant et en les rendant assimilables.

Les semis délicats devront être arrosés, autant que possible, avec de l'eau de pluie.

Ensuite vient l'eau de rivière, ayant toujours des propriétés dissolvantes. A défaut d'eau de pluie, c'est la meilleure, bien qu'elle ait l'inconvénient d'être souvent froide ; quand on l'extrait d'un cours d'eau avec une pompe, il est bon de la laisser chauffer pendant une demi-journée au soleil, avant de l'employer.

Viennent après les eaux d'étangs et de pièces d'eau ; elles ne sont pas froides comme les eaux de rivière,

mais elles sont lourdes, peu aérées, et n'agissent pas
sur les engrais comme les deux précédentes.

Enfin, en dernier lieu, et comme dernière ressource,

Fig. 192. — Pompe à brouette Dudon.

l'eau de puits, la moins bonne, et celle dont on se sert
le plus souvent. Cette eau est toujours froide, souvent
chargée de calcaire, ce qui lui enlève ses propriétés

dissolvantes. Elle donne bien de l'humidité, mais elle agit moins sur les engrais que toutes les précédentes. On ne doit employer les eaux de puits que lorsqu'elles ont été chauffées quelques heures au soleil, pour l'arrosage des fleurs, et surtout pour l'aspersion sur les feuilles des massifs. De l'eau très-froide, jetée sur les feuilles par les grandes chaleurs, peut les faire tomber.

Le tonneau arroseur Dudon est des plus précieux pour faire chauffer l'eau très-vite. Il faut le prendre peint en noir, pour qu'il attire l'action des rayons solaires, et absorbe la chaleur par conséquent.

Ce tonneau (fig. 193) est monté sur une brouette en

Fig. 193. — Tonneau arroseur.

fer; il contient 60 litres d'eau; son poids permet de le manœuvrer facilement quand il est plein. Il est garni au fond d'une rondelle en fer dans laquelle s'adapte la pompe à main Dudon, et à l'ouverture de deux entailles dans lesquelles la pompe à main vient se fixer ; elle est amarrée et se manie avec la plus grande facilité.

Pendant les grandes chaleurs, et lorsque la séche-resse se prolonge, les arbres souffrent. Une simple aspersion donnée sur les feuilles, le soir, après le cou-cher du soleil, avec de l'eau à la température de l'at-mosphère, suffit pour les rétablir.

On remplit le tonneau arroseur (fig. 193), et on le place au soleil. Une heure après, l'eau est tiède ; on peut l'employer aussitôt sur les massifs placés à l'ombre. En cinq minutes, le tonneau est vidé par la pompe, et les massifs sont bien mouillés.

Ce tonneau peut aussi rendre les plus grands ser-vices pour asperger les corbeilles, lorsque l'eau est éloignée, ou pour donner de l'eau en pluie aux plantes délicates.

La pompe à main Dudon est indispensable dans un jardin pour asperger les feuilles des arbres, les corbeilles, et pour bassiner les cultures sous châssis.

Cette pompe (fig. 194) peut se placer au besoin dans un seau d'eau ou dans un arrosoir ; elle lance l'eau à 18 mètres et la divise autant qu'on le veut avec le doigt.

On a conseillé des pommes d'arrosoir, puis des queues d'hirondelle au bout des lances de pompe, pour diviser l'eau. Tout cela fonctionne mal; il n'y a que le doigt pour diviser l'eau à volonté, et autant qu'on le veut.

J'ai expérimenté à peu près toutes les pompes, et m'en suis tenu à celle de M. Dudon, comme très-énergique et en même temps la plus douce à manœuvrer. La maison de vente est à Paris, rue du Bouloi, nº 4, chez M. Derouet.

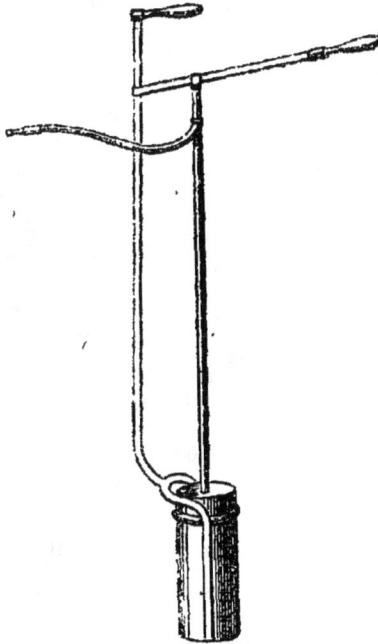

Fig. 194. — Pompe à main Dudon.

On a essayé bien des arrosoirs de tous les systèmes ; je les ai essayés aussi, et m'arrête à l'arrosoir Raveneau, comme le plus énergique, le plus expéditif et celui qui distribue le mieux l'eau sans battre la terre.

On débite plus d'eau en une heure avec l'arrosoir Raveneau (fig. 195) qu'avec l'arrosoir à pomme en trois heures.

L'opérateur n'a jamais à s'arrêter pour déboucher les

Fig. 195. — Arrosoir Raveneau.

pommes d'arrosoir; le brise-jet (fig. 196) qui termine le goulot de l'arrosoir forme une nappe d'eau très-étendue, et permet à tous les corps étrangers de passer sans que l'on ait à s'en occuper.

Fig. 196. — Brise-jet Raveneau.

Il y a des arrosoirs de toutes les grandeurs, et des brise-jets de tous les diamètres, depuis l'arrosoir maraîcher, qui jette une nappe d'eau énorme, jusqu'à l'arrosoir de serre dont une dame peut se servir.

Reste à répandre l'eau convenablement, en quantité suffisante, sans la gâcher, ce que peu de garçons jardiniers savent faire.

Il ne suffit pas de jeter de l'eau : il faut la jeter avec profit pour les plantes.

Quand on arrose, il faut que l'eau pénètre, a le but de l'opération est manqué. La terre est sèche ; il faut la mouiller et la bien mouiller, ou se tenir tranquille. Je n'appelle pas arroser que de jeter un arrosoir d'eau sur une corbeille : c'est asperger les feuilles, et non mouiller les racines ; c'est ce qui se fait à peu près partout. Si vous dites : « Mouillez davantage, » on répand tout d'un coup une masse d'eau qui coule et inonde les allées.

Les corbeilles sont bombées; il faut y répandre peu d'eau à la fois, et à plusieurs reprises. On commence par leur distribuer deux arrosoirs d'eau, et quand elle est bien pénétrée, on en met deux autres, suivis de deux autres encore quelques instants après.

En opérant ainsi, tout pénètre ; il n'en coule pas une goutte, et la corbeille, mouillée à fond, peut se passer d'eau pendant plusieurs jours.

Mouiller une fois à fond produit le meilleur effet; bassiner dix fois ne donne qu'un mauvais résultat. Tout ou rien en arrosage : mouiller à fond ou s'abstenir.

CHAPITRE V

Outils et instruments à employer.

L'outillage a une grande importance au point de vue du succès, de la culture et de l'exécution du travail. Avec un outil bien fait, un ouvrier exécute vite, et sans fatigue, un travail qui traîne et est toujours imparfait avec un mauvais outil.

En outre, le propriétaire, surtout en ce qui concerne le jardin d'agrément, aura toujours à lutter, pour l'achat des outils, contre les inventions des fabricants parisiens, ne connaissant de l'usage des outils que celui qu'ils en font sur leur comptoir. Cela ne les empêche pas d'inventer des outils, et Dieu sait ce que leur cerveau enfante!

D'autres, influencés par des ouvriers dont l'unique but est de se reposer le plus possible, éditent des outils avec lesquels on écorche juste la terre. Quand l'acheteur risque une observation sur le peu d'énergie de l'outil offert, le marchand prend un air superbe et répond avec majesté :

— Les premiers ouvriers du globe ne prennent que cet article-là.

— Ce n'est pas ce que les professeurs recommandent.

— Les professeurs! est-ce qu'ils savent ce que c'est qu'un outil? Ce qu'ils indiquent est impossible.

— J'ai vu fonctionner ces outils.

— Les ouvriers ne peuvent travailler avec.

— Les miens ne se servent pas d'autre chose et s'en trouvent très-bien.

— Ça ne vaut pas cet article-là.

— Je n'en veux pas.

— Il faut bien que vous le preniez; je ne tiens pas les autres, et je n'ai que des articles dont les premiers ouvriers du globe...

— Allez au diable! j'en prendrai ailleurs ou j'en ferai faire sur mesure.

Pour éviter de semblables ennuis aux propriétaires, je donne les modèles des outils que j'ai fait fabriquer et emploie dans mes cultures depuis longues années, à l'exclusion de tous autres, parce que *l'expérience m'a prouvé, ainsi qu'à ceux qui les manient, que ces outils permettent à l'ouvrier de faire un bon travail vite, et sans fatigue.*

Le propriétaire n'a qu'une chose à répondre à tous les *boniments* de marchands : « Je veux cela! Si vous ne pouvez me le livrer, je le ferai faire, sur le modèle et aux mesures indiquées, par le premier taillandier venu.

Les outils indispensables sont :

La PIOCHE (fig. 197) pour opérer les défoncements, faire les trous et attaquer la terre durcie par les pieds

ou la sécheresse. Le pic comme la lame de la pioche
doivent être aciérés, et non en fer brut.

Fig. 197. — Pioche.

La PELLE EN FER (fig. 198), compagne inséparable de
la pioche, pour ramasser la terre dans les défoncements en faisant les trous, est très-utile pour enlever
les ordures dans les allées.

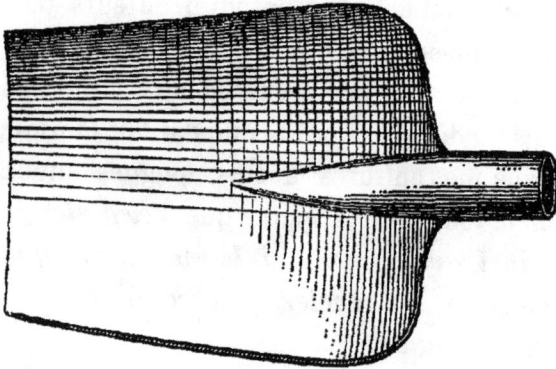

Fig. 198. — Pelle en fer.

La BÊCHE DE LABOUR, le premier comme le plus utile
de tous les outils pour exécuter de bons labours.

Le labour profond est la clé de la végétation. Les
plantes se comportent toujours bien sur un labour profond ; elles viennent mal et souffrent de la sécheresse
sur un labour superficiel.

Pour opérer un bon labour, il faut une bêche énergique, une bêche de labour, et non une plaque de fer grande comme une pelle à feu, et pénétrant dans le sol à 20 centimètres à peine.

La bêche de labour doit être aciérée et bien trempée, assez large et assez longue pour pénétrer profondément et facilement dans la terre.

La bêche de labour (fig. 199) doit être bien trempée; la lame doit avoir 40 centimètres de longueur, 23 de large en haut et 19 en bas. Elle doit être un peu creuse dans le milieu pour pénétrer plus facilement dans le sol, être pourvue d'une douille solide pour y adapter un bon manche de frêne tourné et se terminant par une boule sur laquelle on pose la main droite.

En outre, les bêches, comme tous les outils qui s'emmanchent dans une douille, doivent être emmanchées à chaud, afin d'éviter le désagrément de voir les hommes passer la moitié de leur

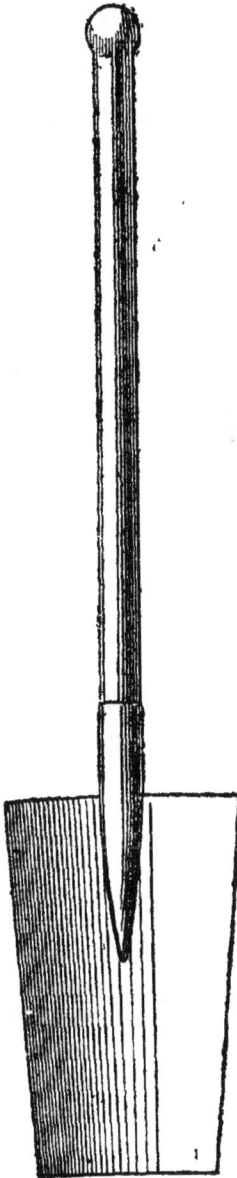

Fig. 199.— Bêche de labour (modèle au dixième).

journée à garnir le manche de leurs bêches de chiffons ou de morceaux de cuir, et les perforer de clous, ce qui n'empêche pas la lame de quitter le manche toutes les demi-heures.

Voici comment on emmanche à chaud : on taille la pointe du manche de manière à ce qu'il n'entre pas tout à fait jusqu'au fond de la douille ; on le mouille pour qu'il ne brûle pas, puis on chauffe la douille presque jusqu'au rouge brun ; on y introduit le manche, que l'on fait entrer de force en frappant deux ou trois coups sur une pierre avec la tête, puis on plonge aussitôt le tout dans l'eau froide, pour faire resserrer le fer, qui s'est dilaté lorsqu'il était chaud. Une bêche ainsi emmanchée n'a pas besoin de clou et ne se démanche jamais.

La FOURCHE A DENTS PLATES (fig. 200), outil indispensable pour opérer les labours dans les massifs d'arbres, amalgamer le terreau, etc., etc. Cette fourche doit être bien faite, aciérée et trempée.

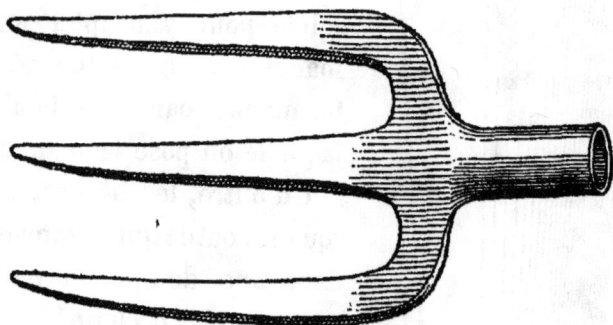

Fig. 200. — Fourche à dents plates.

La FOURCHE A FUMIER, grande, à dents fortes et triangulaires, est indispensable pour manier les fumiers, charger les voitures, les brouettes et répandre l'engrais.

Depuis quelques années, les FOURCHES AMÉRICAINES, très-légères et très-solides, à trois ou quatre dents, remplacent avec avantage la fourche à dents triangulaires.

La FOURCHE A COUCHES (fig. 201), à dents rondes, polies et bien aciérées, est très-utile pour la confection des couches; elle est légère et montée avec un manche un peu long.

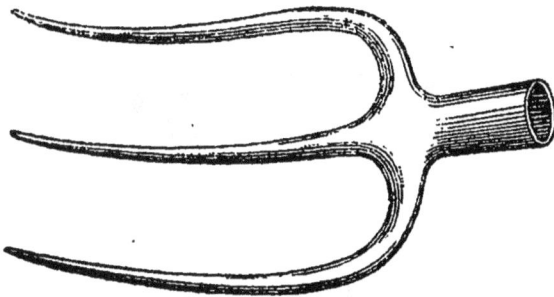

Fig. 201. — Fourche à couches.

Le CROCHET A FUMIER (fig. 202), s'emmanchant comme une houe, très-expéditif pour démonter les tas et décharger les voitures de fumier.

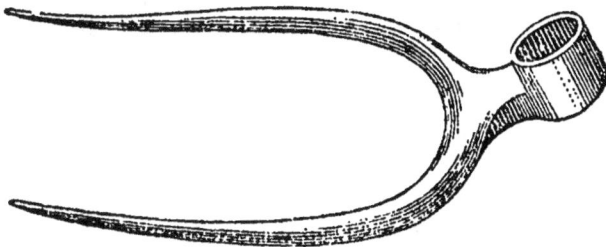

Fig. 202. — Crochet à fumier.

La RATISSOIRE A DEUX BRANCHES (fig. 203), outil des plus énergiques et des plus faciles à manœuvrer, et qui a détrôné toutes les antiques ratissoires.

La lame de la ratissoire à deux branches a de 20 à 25 centimètres de large; cette lame doit être aciérée et bien trempée, très-tranchante. On expédie vite et sans fatigue le ratissage des allées, comme les binages des grands massifs, avec cet excellent outil, offrant de plus l'avantage de ne jamais marcher dans ce qui a été biné.

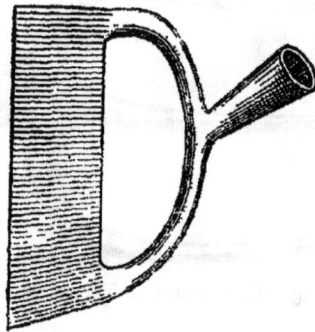

Fig. 203. — Ratissoire à deux branches.

La PETITE RATISSOIRE A DEUX BRANCHES, le même modèle, mais beaucoup plus petit : la lame n'a que 10 centimètres de largeur, en bon acier et très-tranchante.

Ce charmant petit outil est de la plus grande utilité pour le propriétaire ; il peut lui servir de canne, et au besoin, une dame peut s'en servir facilement. Il sert à éclaircir les semis faits dans les clairières des bois, et au besoin à couper entre deux terres les herbes qui poussent dans les massifs ; il rend aussi de grands services pour les petits binages.

La GRANDE CERFOUETTE (fig. 204) est un des outils les plus utiles dans toutes les cultures, mais aussi le plus difficile à obtenir des marchands, qui s'obstinent à vendre des plaques de tôle qu'ils décorent du nom de cerfouette ; ils en ont de toutes les dimensions, excepté des bonnes.

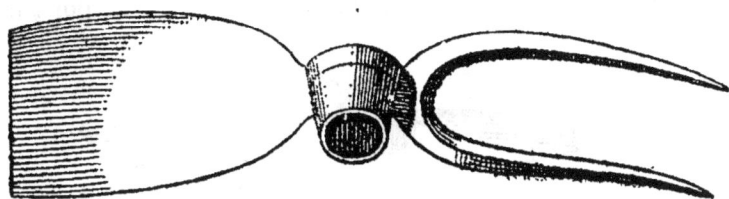

Fig. 204. — Grande cerfouette.

Comme tous les outils, la cerfouette doit être aciérée, bien trempée et très-tranchante ; sa longueur totale, du bout de la lame à l'extrémité des crochets, doit être de 33 centimètres, et la largeur de la lame en bas de 11 centimètres.

Rien n'est aussi expéditif et aussi énergique que cet outil, quand il est bon et a les dimensions que j'indique.

La PETITE CERFOUETTE (fig. 205), des plus utiles pour

Fig. 205. — Petite cerfouette.

donner un binage énergique, entre des plantes très-rapprochées.

La petite cerfouette doit avoir une longueur totale de 18 à 20 centimètres ; la largeur de la lame à l'extrémité est de 6 à 7 centimètres.

Le RAYONNEUR (fig. 206), indispensable pour creuser les lignes de semis des bordures avec régularité, et tracer les lignes de repiquage. Cet outil est également des plus utiles dans le potager, pour les semis de pois, etc.

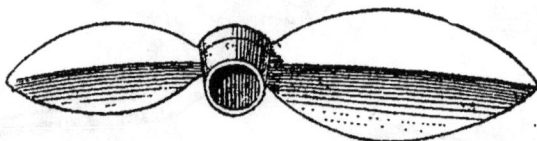

Fig. 206. — Rayonneur.

La FOURCHE CROCHUE (fig. 209), le plus énergique de tous les outils pour briser les mottes après les labours, et ameublir en un instant la surface du sol, quand il commence à se dessécher.

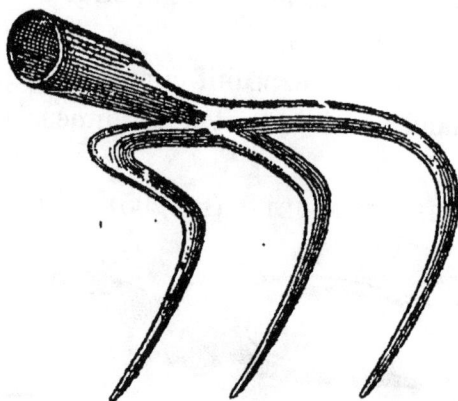

Fig. 207. — Fourche crochue.

La PETITE FOURCHE CROCHUE (fig. 208), très-expédi-tive pour exécuter très-vite un binage superficiel dans les massifs plantés serré. La partie recourbée doit avoir la longueur de 10 centimètres, et la largeur des trois dents 10 à 12 centimètres.

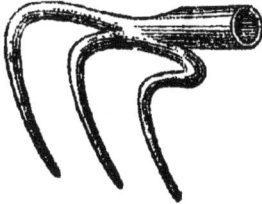

Fig. 208. — Petite fourche crochue.

Le RATEAU A DÉGROSSIR (fig. 209), très-énergique pour briser les mottes et étaler l'herbe dans les allées, après les avoir grattées.

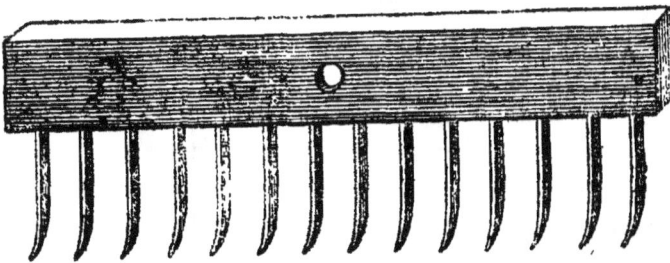

Fig. 209. — Râteau à dégrossir.

Le râteau fin (fig. 210), pour tirer les allées et en enlever les pierres et les mauvaises herbes.

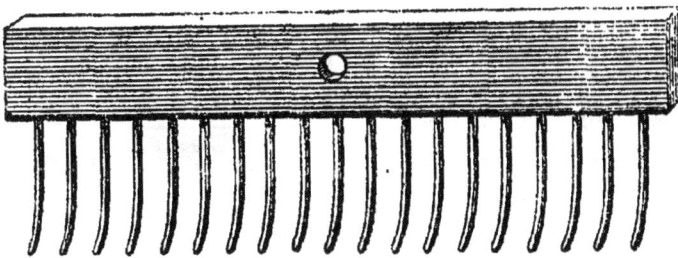

Fig. 210. — Râteau fin.

Le RATEAU ROULEAU (fig. 211), édité par M. Derouet, 4, rue du Bouloi, à Paris. Je n'en connais que le cliché qu'il m'a remis. Prière de demander l'explication à M. Derouet.

L'EXTIRPATEUR (fig. 212). Ce petit outil est le compagnon du propriétaire dans ses promenades solitaires dans le parc, et même dans les bois, pour couper sans se baisser les drageons trop nombreux qui naissent dans les touffes, et pour détruire infailliblement toutes les plantes nuisibles à racines les plus résistantes.

Cet outil très-solide est fort léger et peut servir de canne. La lame forte et de bon acier se termine par des petites dents coupantes (a, fig. 212); elle fait partie du fer rond b, dont elle est la prolongation, et le tout se termine par une douille c (même figure) dans laquelle on introduit un bâton.

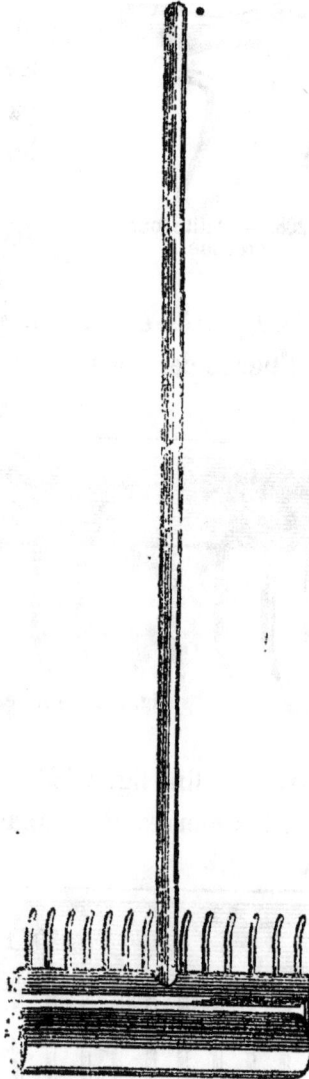

Fig. 211. — Râteau rouleau.

Rien n'est plus énergique que la lame ; il n'est pas de racine, quelque dure qu'elle soit, qui résiste à l'action des dents. Le fer rond est assez fort, ainsi que la lame, pour être enfoncé profondément en terre et couper la racine au milieu. Dans ces conditions, elle ne repousse jamais. J'ai fait fabriquer cet excellent outil avec toute la solidité désirable, alliée à la légèreté, et ne saurais dire tous les services qu'il m'a rendus depuis que je le possède.

Le CUEILLE-FLEURS (fig. 213) et une petite raclette de dame (fig. 214) ont été clichés par les soins de M. Derouet ; le premier est armé d'un mécanisme des plus ingénieux (je n'en doute pas, puisque M. Derouet l'a adopté), mais sur lequel je ne puis donner aucune

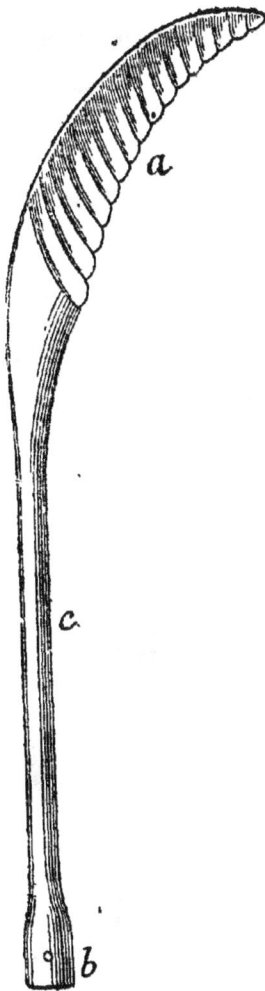

Fig. 212. — Extirpateur.

Fig. 213. — Cueille-fleurs.

explication, n'en connaissant que le cliché ; le second
peut rendre de bons ser-
vices pour biner des jar-
dinières et des corbeilles.

Le SARCLOIR (fig. 215)
est l'outil le plus utile et
le plus expéditif pour les
petits binages des corbeilles et le nettoyage des

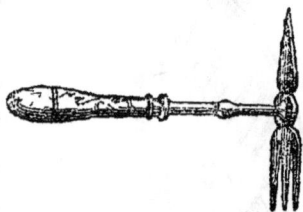

Fig. 214. — Raclette de dame.

bordures. En un instant une corbeille est fouillée, et
une bordure est purgée d'herbe. En raison des services
qu'il rend et des bonnes façons qu'il donne, le sarcloir
est le moins employé de tous les outils, cela va sans
dire.

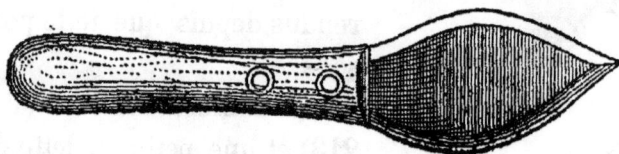

Fig. 215. — Sarcloir.

Le DÉPLANTOIR (fig. 216), indispensable pour enlever
les fleurs en mottes sur les couches et dans les pépinières, et les replanter sans briser les racines ni les
mettre à l'air.

Fig. 216. — Déplantoir.

Des fleurs enlevées et replantées ainsi au moment où elles fleurissent ne fanent même pas.

Le PLANTOIR (fig. 217), pour repiquer les plantes. C'est tout simplement un bois courbé, garni de cuivre par le bout.

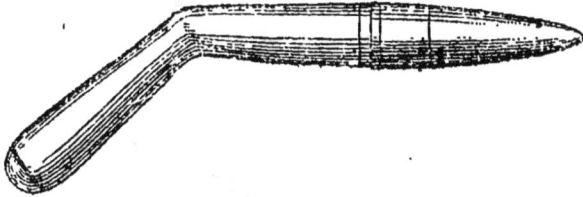

Fig. 217. — Plantoir.

Le CROISSANT, instrument des plus utiles pour l'élagage (fig. 218).

L'ÉCHENILLOIR (fig. 219), espèce de sécateur qu'on fait

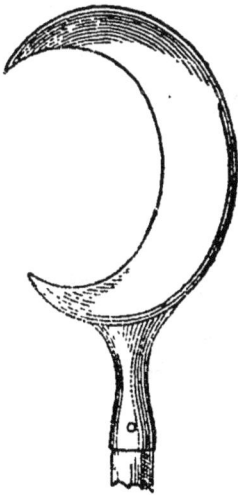

Fig. 218. Croissant.

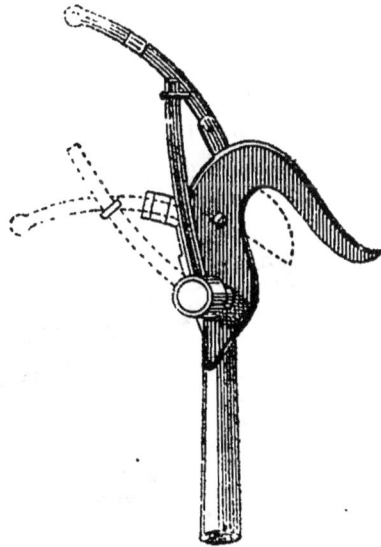

Fig. 219. — Échenilloir.

mouvoir avec une corde, et que l'on place au bout d'un manche aussi long qu'on le désire. Des plus utiles pour tailler les flèches des arbres, couper des branches élevées, et détruire les nids de chenilles dans les grands arbres.

Les CISAILLES (fig. 220), des plus expéditives pour tondre les haies, bordures, etc., etc.

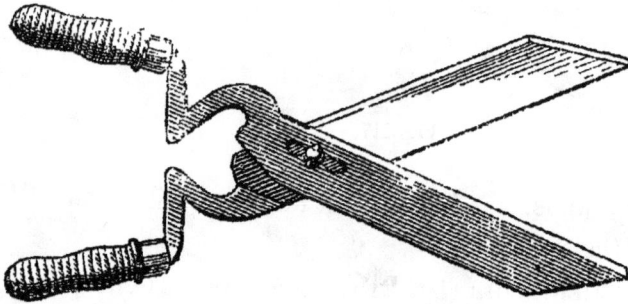

Fig. 220. — Cisailles.

Le SÉCATEUR GRESSENT (fig. 221), très-tranchant et n'écrasant pas le bois, rend les plus grands services pour tailler les arbustes d'ornement et surtout les rosiers.

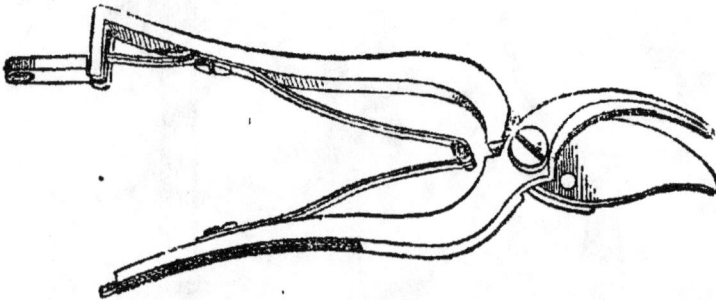

Fig. 221. — Sécateur Gressent.

32

Le PETIT SÉCATEUR à éclaircir les fruits (fig. 222) rend les plus grands services aux dames pour cueillir les roses et toutes les autres fleurs, sans se salir les doigts.

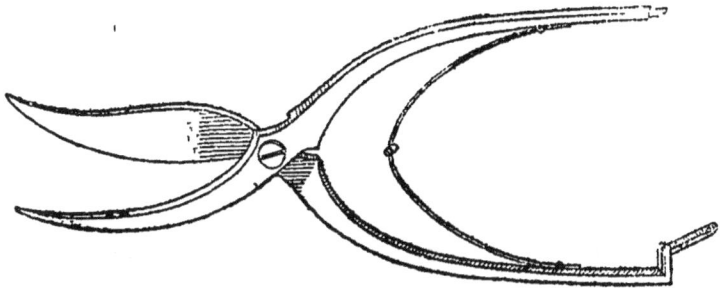

Fig. 222. — Petit sécateur à éclaircir les fruits.

La SERPETTE (fig. 223). Elle doit être de première qualité et conforme au modèle. Elle est indispensable pour la taille des arbres délicats.

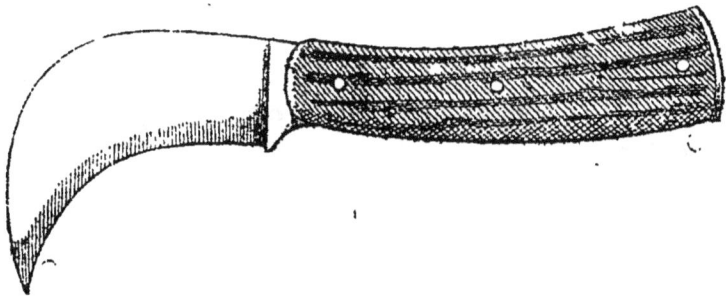

Fig. 223. — Serpette Gressent.

Le GREFFOIR, pour pratiquer les greffes et faire les boutures (fig. 224).

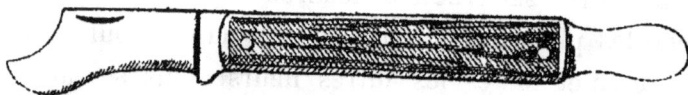

Fig. 224. — Greffoir.

L'ÉGOHINE (fig. 225), pour couper des branches moyennes. La plaie faite par la scie doit toujours être polie à la serpette, aussitôt après la section.

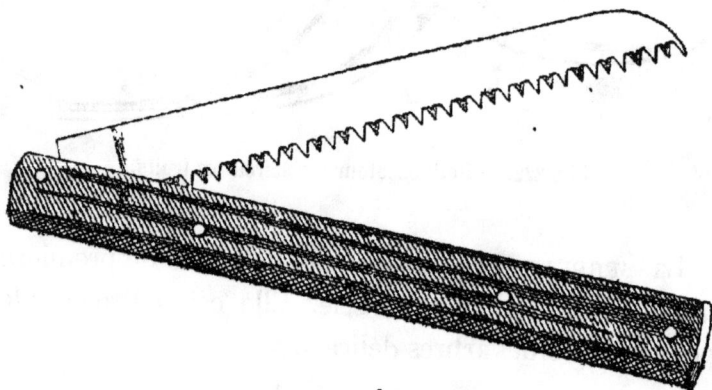

Fig. 225. — Égohine.

La SERPE (fig. 226), pour couper les grosses branches. Ce modèle est le meilleur comme le plus facile à manier.

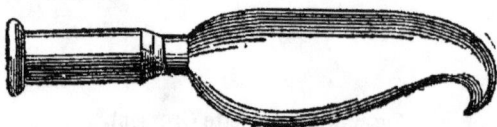

Fig. 226. — Serpe à lame bombée.

L'ÉMOUSSOIR (fig. 227), pour enlever les mousses qui

envahissent les arbres. En opérant par un temps humide, c'est fait en un instant.

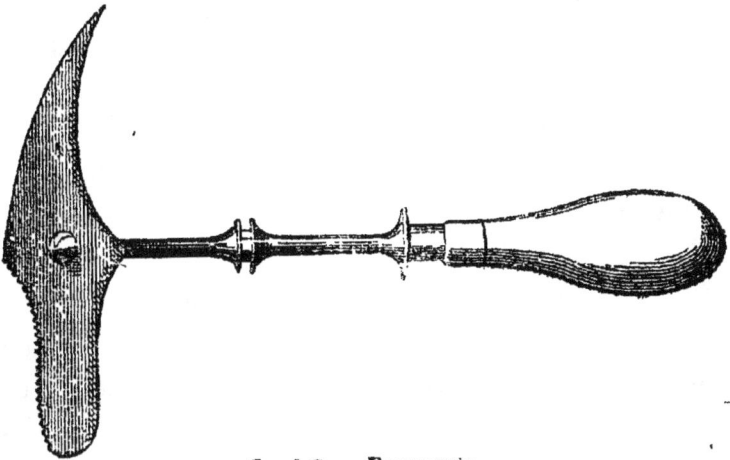

Fig. 227. — Emoussoir.

Ajoutez à cela une brouette et deux échelles ; vous n'aurez pas dépensé une somme bien élevée, et vous serez bien monté en excellents outils.

CHAPITRE VI

Couches.

Avant d'aborder les semis, quelques indications sur la construction des couches sont indispensables. Je ne traite ici des couches que pour les petits jardins n'ayant pas de potager, et où les couches sont uniquement destinées au semis et à l'élevage des fleurs.

Pour les jardins ayant un potager, voir le chapitre : *Couches* au *Potager moderne,* où cette question est traitée à fond.

Les couches tièdes et sourdes sont très-suffisantes pour le semis et l'élevage des fleurs. Partout, et dans les plus petits jardins, on peut en établir avec la plus grande facilité et la plus stricte économie.

On fait d'abord, à l'automne, une bonne provision de feuilles. Rien de plus facile : on fait ramasser toutes celles de son jardin, et l'on en fait ramasser par des enfants, des femmes ou des vieillards, sur les promenades, les routes et dans les bois. Pour très-peu d'argent, on en fait une ample provision.

Les feuilles doivent être ramassées quelques jours après leur chute, par un temps sec, et être mises en tas, bien sèches. On couvre le tout avec un peu de paille, pour empêcher l'humidité de les pénétrer.

Quand on fait ramasser des feuilles à la fin de l'hiver, au moment de faire les couches, elles ne valent plus rien ; elles ont été mouillées pendant tout l'hiver et ne fermentent plus. C'est à l'automne qu'il faut en faire provision pour qu'elles aient toute leur valeur.

Il faut un volume de fumier de cheval égal à celui des feuilles pour faire d'excellentes couches. On mélange le fumier et les feuilles par moitié. Quand on a le fumier chez soi, on le met en tas, à l'état sec, et on recouvre le tas d'un capuchon de paille, pour empêcher l'eau des pluies d'y pénétrer, et le fumier de fermenter par conséquent. Si l'on n'a pas d'animaux chez soi, on achète le fumier nécessaire ; celui d'auberge provenant des chevaux entiers est préférable, et il faut autant que possible le prendre tout frais et sortant de l'écurie.

Avant de charrier le fumier et les feuilles à la place où les couches doivent être montées, il faut opérer le mélange du fumier avec les feuilles et humecter le tout, c'est-à-dire au fur et à mesure que l'on défait le tas de fumier : *mêler ensemble le long et le court, celui qui est consommé avec le plus paillu ; diviser les plaques de crottin, et les mêler avec la paille la plus longue ; bien amalgamer avec ce fumier moitié feuilles*, en ayant le soin d'en extraire les pierres et tous les corps étrangers qui pourraient s'y trouver ; *délier les nœuds de paille*, et ensuite arroser le tout *par petites parties avec la pomme de l'arrosoir, et mieux encore avec le brise-jet Raveneau, afin que tout soit également mouillé.* J'insiste sur ces détails, parce que les personnes qui n'ont pas la pratique des couches négligent ces petits soins et dépensent, pour faire de mauvaises couches, beaucoup plus de peine et le double de fumier de ce qu'il en faudrait pour en obtenir d'excellentes.

Supposons que nous voulons établir une couche tiède pour quatre châssis : nos châssis ont 1ᵐ 30 carré ; nous creuserons une tranchée longue de 5ᵐ 40, large de 1ᵐ40 et profonde de 10 centimètres (*a*, figure 228).

Nous mettons en réserve la terre provenant de la tranchée, pour la mélanger avec le terreau qui recouvrira la couche.

La tranchée faite, on apporte le fumier, qui a été mélangé avec les feuilles et suffisamment arrosé pour que toutes les parties soient mouillées, et on le décharge par tas dans les tranchées, pour monter vivement les couches au fur et à mesure que l'on apporte le fumier.

Ensuite on prend du fumier par petites fourchées, et on le pose *bien à plat* au fond de la tranchée, en ayant le soin *d'appuyer chaque fourchée avec le dos de la fourche, de manière à former un lit de fumier très-*

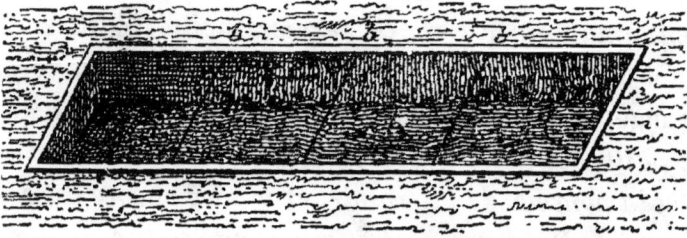

Fig. 228. — Tranchée par couche chaude.

égal, et surtout sans cavités. On commence à un bout, et l'on opère à reculons jusqu'à l'autre. On place ainsi sur toute la longueur de la couche un lit de fumier de 40 centimètres d'épaisseur environ, puis *on le foule avec les pieds,* ou plutôt *avec les sabots,* seule chaussure propre à fouler convenablement une couche. On verse encore quelques arrosoirs d'eau en foulant le fumier ; il se tasse mieux, et l'on est certain que toutes les parties sont suffisamment humectées.

Cependant, quoiqu'il soit urgent de bien mouiller le

fumier pour obtenir une fermentation égale et soutenue,
il faut se bien garder *de le noyer* : le fumier trop
mouillé pourrit sans donner de chaleur. La pratique est
nécessaire pour apprécier le degré de mouillure ; à défaut de pratique, on peut se baser sur ce renseignement : lorsque le fumier est mouillé à point, il conserve
la forme qu'on lui donne en le pressant dans la main,
mais sans exprimer l'eau.

Le fond monté, foulé et mouillé, on pose les coffres
dessus, en leur donnant une inclinaison de deux à trois
centimètres, pas plus. Une cale placée derrière le coffre
suffit pour donner l'inclinaison.

Il est préférable d'employer des coffres à deux
châssis (*b*, fig. 229). Cela donne plus de place pour les
semis et pour les repiquages.

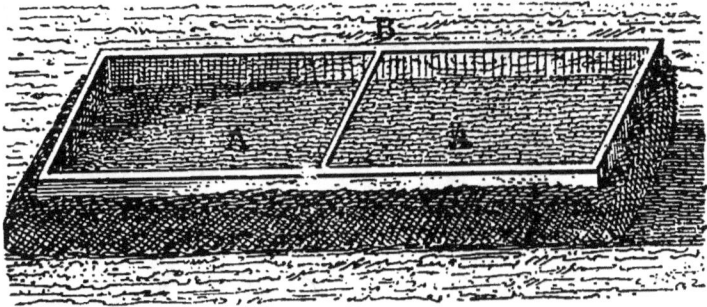

Fig. 229. — Coffre posé sur la couche.

On fait ensuite un mélange par moitié environ de
terre bien épurée de pierres et de mottes, avec du terreau de couche, et l'on en met une épaisseur de 15 à
20 centimètres dans le coffre. Il faut laisser un vide de 8

à 10 centimètres seulement entre le terreau mélangé de terre, avec lequel on a rempli le coffre, et le verre des châssis. Cela fait, on pose les châssis sur les coffres.

On termine l'opération par le réchaud, c'est-à-dire que l'on garnit jusqu'en haut le coffre de fumier mélangé avec des feuilles, et mouillé, bien entendu, sur une épaisseur de 40 centimètres, tout autour. On foule et l'on mouille le réchaud, comme le fond de la couche (*a*, fig. 230). Le coffre doit disparaître entièrement dans le réchaud.

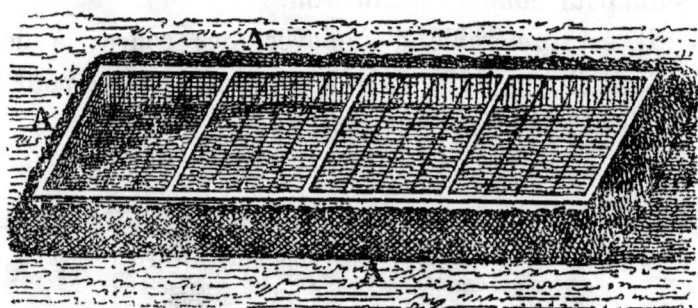

Fig. 230. — Coffre garni et réchauds.

La fermentation se produit bientôt dans le fond de la couche comme dans le réchaud, et communique la chaleur dans les châssis. On entretient cette chaleur aussi longtemps qu'on le désire, en maniant les réchauds, en y ajoutant un peu de fumier frais que l'on y mêle, et même en les renouvelant entièrement lorsqu'ils ne donnent plus de chaleur.

On peut faire tous les semis posssibles sur une couche ainsi construite, avec certitude de succès. Les repiquages peuvent se faire sur courbe sourde et sous cloches, ou même en pleine terre, abrités par des cloches, ou en plein air, si la température le permet.

Les couches sourdes se montent à la fin de mars ou dans les premiers jours d'avril, lorsque les gelées ne sont plus qu'accidentelles. On les établit dans des tranchées parallèles, larges de 80 centimètres à 1 mètre, profondes de 15 à 20 centimètres, et séparées par des allées de 30 centimètres.

On met en réserve la terre provenant des tranchées; une partie servira à recouvrir les couches après l'avoir mélangée avec du terreau, ou, à défaut de terreau, avec de la terre mêlée à un tiers de crottin de cheval bien émietté.

Il va sans dire que la terre mélangée avec le terreau devra toujours être très-meuble, bien divisée et bien épurée.

On peut employer toutes les matières fermentescibles pour la confection des couches sourdes, peu importe lesquelles, pourvu qu'elles donnent un peu de chaleur, mélangées avec un fumier quelconque. Ainsi, avec un tiers de fumier de cheval ou de vache mêlé de fumiers de porc et de lapin, mais tout frais, et deux tiers de feuilles, de mousse, de chenevotte, de tiges tendres de genêts, d'ajoncs, de bruyères, de roseaux, ou même deux tiers de tontures de gazons ou d'herbes coupées dans les fossés, sur les chemins ou sur le bord des étangs, etc., nous ferons encore de bonnes couches sourdes, sur lesquelles on pourra élever des fleurs sous cloches et même sous *Abris économiques* (voir, au

Potager moderne, abris économiques). Ces couches seront une précieuse ressource pour les semis délicats et les repiquages des plantes sensibles à la gelée, et de plus elles nous fourniront du fumier assimilable et des terreaux pour les cultures de pleine terre.

Le mélange du fumier et des matières herbacées que l'on emploiera devra être aussi complet que celui du fumier de cheval et des feuilles, pour les couches tièdes.

On mouillera également le tout, que l'on transportera, mêlé et humecté, au bord de la première tranchée, au fond de laquelle on établira un lit de 40 centimètres d'épaisseur, avec les mêmes soins que pour les autres couches ; on le tassera et on le mouillera comme je l'ai dit ci-dessus ; ensuite on couvrira de terreau mélangé avec moitié terre. La couverture aura 20 centimètres d'épaisseur.

Si le propriétaire était privé de fumier et qu'il ne pût établir que des *couches sourdes*, il pourrait entretenir leur chaleur pendant assez longtemps, en leur appliquant un demi-réchaud. Dans ce cas, on vide les allées à la profondeur de la tranchée, lorsque les couches commencent à se refroidir, puis on les remplit avec un mélange de feuilles et de fumier frais jusqu'à la hauteur du terreau. La fermentation qui se dégage aussitôt de ce mélange de fumier et de feuilles mouillées communique une nouvelle chaleur aux couches, chaleur qui peut encore être prolongée en maniant de temps en temps le réchaud, et en y ajoutant un peu de fumier frais arrosé.

A défaut de fumier et de feuilles, on peut encore établir des réchauds avec des herbes foulées et mouillées. Il est urgent de les employer fraîches. Les herbes ne valent pas le mélange des feuilles avec du fumier, mais elles peuvent cependant donner un bon et utile résultat.

Au pis aller, on pourrait faire les semis sur couche sourde et sous cloche, en ne semant pas plus tôt que le courant de mars.

Une couche tiède de quatre châssis et une couche sourde permettront d'élever toutes les fleurs nécessaires pour un petit jardin, et le fourniront abondamment de terreau.

Sans couches, pas de bons semis, et sans terreau, pas de belles fleurs. Donc les couches sont indispensables, et on doit toujours en faire, ne fût-ce que des couches sourdes, pour assurer le succès des semis et l'existence des fleurs.

CHAPITRE VII

Semis sur couches et en pleine terre.

Les semis ont une grande importance ; on ne saurait jamais leur donner trop de soins. De leur succès dépend toute la floraison de l'année.

Les plantes ne donnent de beaux résultats que lorsque leur germination a été prompte et leur accroissement rapide.

Pour obtenir ce résultat, il faut aux graines :

1º Le concours de l'eau ;

2º Celui de l'air ;

3º Celui de la chaleur.

Mais chacun de ces concours doit intervenir dans une proportion donnée, et au moment voulu, ou l'opération est manquée.

L'eau amollit la graine, la fait gonfler et lui permet de déchirer son enveloppe. Quand il y a trop d'humidité, la graine pourrit ; s'il n'y en a pas assez, elle ne germe pas ; si, après avoir donné l'humidité nécessaire, la germination est accomplie, et que l'on cesse d'arroser suffisamment, les germes, très-tendres, se dessèchent en un instant, et tout périt. Il faut savoir arroser, le faire dans la mesure voulue et en temps opportun.

L'air agit chimiquement sur le contenu de la graine et le rend propre à servir de nourriture première à la plante. Toute graine enfouie trop profondément est privée du contact de l'air ; elle pourrit et ne germe pas. Les graines doivent être assez recouvertes pour être maintenues humides, et assez peu pour rester sous l'influence de l'air. Combien de semis ont pourri pour avoir enterré les graines trop profondément ! Dans tous les cas, que ce soit sur couche ou en pleine terre, les semis doivent toujours être recouverts avec de la terre très-perméable. Avec de vieux terreaux, de la terre de bruyère, et même de la terre mélangée de terreau, on fait les meilleures couvertures pour les graines.

La chaleur accélère la germination et concourt puissamment au développement de la plante. Sur couche, on donne de la chaleur à volonté avec les réchauds ; quand on allie à la chaleur l'humidité nécessaire, la végétation est des plus rapides.

Les semis doivent être constamment surveillés quand on veut réussir ; à chaque instant il faut donner de l'eau, ranimer la chaleur artificielle, la modérer ou faire disparaître l'humidité surabondante. C'est une surveillance de tous les instants, jusqu'à ce que les plantes aient acquis une certaine force.

Cette surveillance est difficile à obtenir de la plupart des serviteurs. L'œil du maître est nécessaire, et il sauve beaucoup de choses quand, en inspectant son jardin, il dit : « Tel semis est sec ; donnez-lui un peu d'eau, » ou : « Tel châssis est rempli de vapeur d'eau ; ouvrez-le, pour la laisser évaporer. »

On répond invariablement au maître :

— Oui, monsieur ; j'allais le faire. On le fait parce que le maître a commandé et qu'il est là.

Mais si le maître ne se fût pas occupé de ses plantes, les châssis trop secs se fussent passés d'eau, et les trop humides eussent été privés d'air.

L'absence des soins à donner aux semis ne provient ni de la presse, ni du mauvais vouloir, mais de l'ignorance des lois de la végétation, et aussi d'un malheureux préjugé trop enraciné chez les praticiens qui n'ont pas fait d'études sérieuses : c'est que, lorsque n'importe quoi est sous verre, le verre fait tout, et il n'y a plus à s'en occuper.

Il est d'autant plus urgent d'acquérir la pratique des semis, que c'est par eux seuls que l'on obtient les plus belles plantes, les plus rustiques, les plus vigoureuses, comme celles qui fleurissent le plus. Pendant une grande partie de l'année, il faut semer, si l'on veut obtenir de bonnes plantes, de belles fleurs, et des fleurs précoces.

La majeure partie des plantes annuelles se sèment sur couches vers le mois de mars; les plantes bisannuelles se sèment en mai et juin; la majeure partie des plantes vivaces se sèment en juin et juillet, et enfin les plantes annuelles, qui ne redoutent pas les gelées, se sèment en septembre, pour obtenir des sujets plus vigoureux, une floraison plus précoce et plus abondante. Il faut constamment semer, quand on veut être toujours fleuri.

Commençons par les semis sur couches et sous châssis, ceux des plantes annuelles, que l'on sème généralement vers le mois de mars.

Lorsque la couche a jeté son feu, on prend une planche de 40 centimètres carrés, sur laquelle on cloue une traverse, pour l'enlever plus facilement. Nos châssis ont 1m 30 carré; nous ferons neuf divisions de 40 centimètres carrés sous un panneau de châssis. Les 10 centimètres excédants seront employés à faire les séparations. C'est donc neuf semis différents que nous aurons à faire par panneau de châssis.

Il est utile de tasser légèrement la terre avant de

semer, pour que la graine y adhère bien et ne soit pas déplacée par l'eau des arrosements. Nous n'avons qu'à placer neuf fois notre planche de 40 centimètres carrés sur le terreau, et à l'appuyer légèrement avec la main ou avec le pied. Nos neuf divisions sont tassées et tracées du même coup.

On sème à la volée, pas trop dru, et l'on recouvre aussitôt.

Les graines doivent être enterrées plus ou moins profondément, suivant leur grosseur. Les graines de la grosseur de celles des balsamines seront recouvertes de 6 à 8 millimètres de terreau environ passé au tamis; celles de giroflées, de pensées, etc., de 2 millimètres environ. Suivant la grosseur des graines, on recouvrira plus ou moins, en prenant une moyenne entre celles que j'ai indiquées.

Il est toujours bon d'arroser très-légèrement les graines après les avoir recouvertes. Le petit arrosoir Raveneau est excellent pour cela. Un léger arrosage attache la graine à la terre et avance la germination. J'ai dit un léger arrosage, c'est-à-dire très-peu d'eau. Trop ferait tout pourrir.

Cela fait, on pose les châssis, et on les recouvre de paillassons la nuit; on enlève les paillassons quand le soleil apparaît. S'il y a trop d'humidité sous les châssis et que la buée s'amasse après les vitres, il faut donner de l'air pour la faire évaporer et éviter la pourriture. Quand le soleil est ardent, il faut également donner de l'air pour tempérer la chaleur, et maintenir, par les arrosements, le terreau en bon état d'humidité.

Dès que les plantes lèvent, il faut donner de l'air tous les jours, quand la température le permet, pour les fortifier et les durcir tout à la fois. On ombre quand le soleil est persistant, pour éviter les coups de soleil.

On peut ombrer avec toutes espèces de choses, des claies, un badigeonnage de blanc, et même avec de la paille jetée de distance en distance sur les châssis. La toile à abris pour les arbres fruitiers, très-claire par conséquent, est ce qu'il y a de meilleur.

La toile peut se fixer en la pliant sur les coins du châssis, assez solidement pour que le vent ne la dérange pas ; elle garantit parfaitement des coups de soleil, tout en laissant pénétrer la lumière. Il n'y a jamais de plantes étiolées parmi celles ombrées avec des toiles, avantage que ne présentent ni les claies, ni le blanc, pas plus que la paille.

Il faut avoir le plus grand soin d'arracher les mauvaises herbes des semis aussitôt qu'elles apparaissent ; il faut également les éclaircir quand ils sont trop épais. Les plants doivent être séparés pour croître à l'aise et se fortifier, et non rester agglomérés.

Jusqu'à ce que le plant soit bon à repiquer, il faut donner le plus d'air et le plus de chaleur possible, pour fortifier le plant et accélérer sa végétation ; quand il est presque bon à repiquer, et que la température est douce, on enlève même complètement les châssis pendant une partie de la journée, pour l'habituer progressivement au grand air et au soleil. Si la saison est avancée et que le plant doive être repiqué en pleine terre, on retire les châssis, et on le laisse exposé à l'air nuit et jour, pendant trois ou quatre jours. En opérant ainsi, les plantes ne souffrent jamais au repiquage.

Les semis peuvent se faire aussi sous cloche, soit sur une couche sourde ou même en pleine terre, à un endroit chaud et abrité, dans une plate-bande d'espalier exposée au midi. On donne avant de semer un labour énergique à la plate-bande; on marque ensuite un rond sur la terre avec la cloche, et on le couvre d'une épaisseur de 5 à 6 centimètres de terreau que l'on amalgame avec la terre, à l'aide du déplantoir (fig. 231).

Fig. 231. — Déplantoir.

C'est un instrument très-commode pour ces petits labours et pour ceux que l'on donne sous les châssis. Ensuite on tasse la terre avec une planche ronde, du diamètre de la cloche; on sème, on recouvre, et l'on arrose un peu, comme pour les semis sous châssis, puis on place la cloche, et l'on veille à donner au semis la chaleur, l'humidité et l'air qui lui sont nécessaires.

On couvre les couches avec un paillasson pendant la nuit, quand il fait froid.

Les semis sous cloches rendent les plus grands services pour les plantes bisannuelles, et même annuelles;

ils marchent rapidement quand ils sont bien conduits.

On choisit de préférence des cloches à bouton
(fig. 232) ; elles sont très-commodes à manier, et de plus
elles sont un peu plus larges et moins hautes que les
autres ; elles contiennent par conséquent plus de
plantes, et celles-ci s'allongent moins que sous les anciennes cloches.

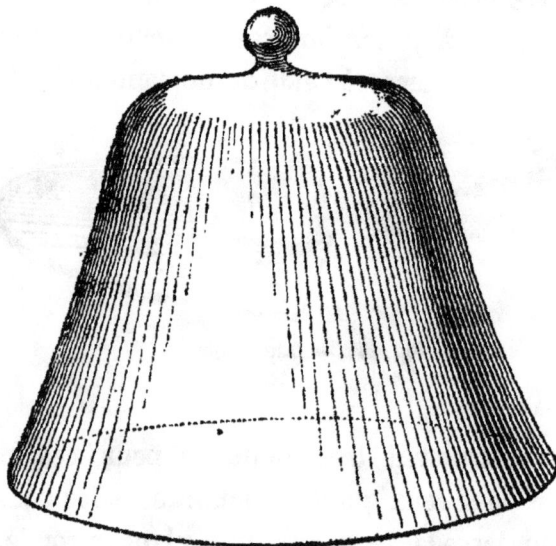

Fig. 232. — Cloche à bouton.

On donne de l'air à volonté, et avec la plus grande
facilité, à l'aide d'une crémaillère (fig. 233). Les spécialistes en vendent de toutes faites ; mais on peut les faire
fabriquer chez soi par le premier venu, pourvu qu'il
sache se servir d'une scie. Du bois de 5 à 8 millimètres
d'épaisseur suffit ; des débris de vieilles caisses d'em-

ballage sont excellents pour faire des crémaillères : on n'a qu'à les découper.

On pique la crémaillère en terre un peu en avant de la cloche (*a*, fig. 234); on la pousse sur la cloche pour donner plus ou moins d'air, suivant le temps, en posant le bord de la cloche sur le haut de la crémaillère, au premier ou au second cran; pour fermer, on prend la crémaillère par le haut (*b*, même figure), et on l'attire sur la ligne *c*; la cloche tombe et couvre le semis, sans qu'il soit besoin d'y toucher.

Avec cette petite installation, on manœuvre les cloches à volonté, et

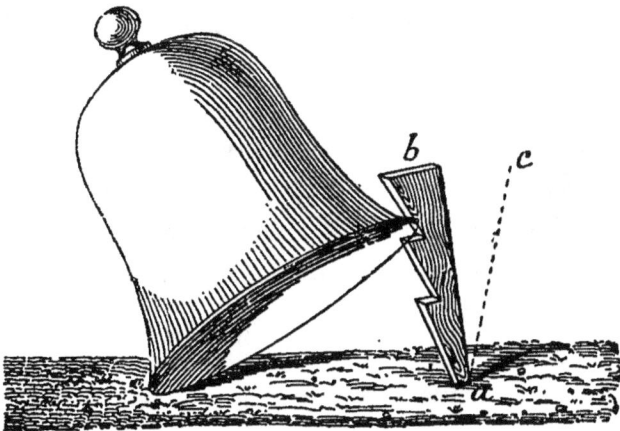

Fig. 233. — Crémaillère.

Fig. 234. — Usage des crémaillères.

l'on obtient avec un peu de soin d'excellents résultats du semis sous cloches.

Restent les semis de pleine terre, qui se font de juin à octobre pour les plantes vivaces et quelques plantes annuelles ne craignant pas la gelée.

Les semis de pleine terre se font dans des planches larges d'un mètre seulement, afin de pouvoir les sarcler, arracher les mauvaises herbes très-facilement. On fait les semis par division de 1 mètre et de 50 centimètres. Pour aller vite et faire bien, nous confectionnerons deux planches pour tasser la terre et diviser nos semis : l'une d'un mètre carré, l'autre de 1 mètre de long sur 50 centimètres de large. Cela nous fait quatre planches en tout pour nos semis de couches et de pleine terre, et avec ces quatre planches, non seulement nous ferons de bon travail, mais encore nous gagnerons beaucoup de temps.

Si nous avons un potager, cette planche de semis sera prise dans le carré D ; dans le cas contraire, nous l'établirons dans le coin affecté à l'élevage des fleurs.

On donne d'abord un labour profond, et l'on extrait, en labourant, les racines, les mauvaises herbes et les pierres. Ensuite on couvre la planche d'une épaisseur de 4 à 5 centimètres de vieux terreau de couche, que l'on amalgame avec la superficie du sol à l'aide de la fourche crochue (fig. 235).

Cet outil, monté sur un long manche, est des plus énergiques. On herse vigoureusement avec ; il ne reste pas une motte, et le terreau est parfaitement amalgamé avec la terre à une profondeur de 10 centimètres en moins d'un instant.

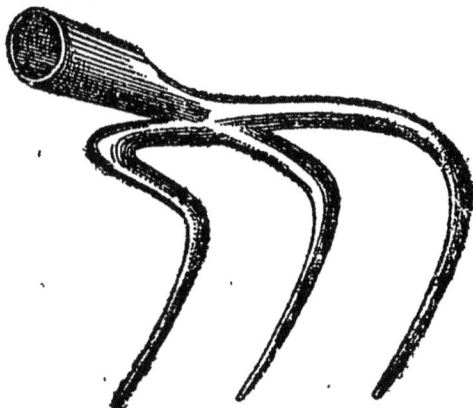

Fig. 235. — Fourche crochue.

On donne un coup de râteau fin pour bien unir la surface du sol, puis on pose dessus les planches que nous avons fabriquées ; on appuie avec le pied : la terre est tassée et les divisions tracées.

Il ne reste plus qu'à semer ; on recouvre ensuite, plus ou moins, suivant le volume des graines, en semant du vieux terreau par dessus ; on arrose pour attacher la graine à la terre, et l'opération est terminée.

Les semis de pleine terre demandent moins de soins que ceux faits sous châssis ou sous cloches, mais ils exigent des soins constants d'arrosage. Il ne faut jamais oublier que ces semis se font en grande partie pendant les chaleurs, et qu'ils ont besoin d'une humidité constante.

LA SURFACE DES SEMIS DE PLEINE TERRE NE DOIT

JAMAIS SE DESSÉCHER. Voici pourquoi: la germination s'accomplit vite par une température élevée; mais aussi, par cette température, le soleil est des plus ardents. Si la surface du sol reste desséchée, ne fût-ce qu'une heure, depuis le moment où la graine germe jusqu'à celui où la plante a des feuilles, c'est plus de temps qu'il n'en faut pour tout brûler.

Il faut arroser les semis de pleine terre plusieurs fois par jour; je ne puis dire combien (cela est subordonné à la température), mais assez et assez souvent pour que le sol reste toujours humide à la surface. Le défaut d'arrosage offre pour les semis d'été un péril égal à la gelée pour ceux d'hiver.

On peut ombrer les semis d'été avec une claie, par les grandes chaleurs; il est même utile de le faire pour certaines plantes, mais cela ne dispense pas de les arroser. S'ils manquent d'eau, les plantes se développent mal, languissent et ne fournissent que des sujets chétifs, donnant des fleurs aussi rares que petites.

Tous les semis, sans exception, doivent être éclaircis quand ils sont trop épais; on ne doit JAMAIS Y AVOIR UNE MAUVAISE HERBE.

Je ne saurais trop engager tous ceux qui s'occupent de culture à apporter tous leurs soins aux semis, à bien se pénétrer de ce qui précède, et à l'appliquer à la lettre. Ceux qui prendront la peine de le faire seront certains d'une floraison splendide pendant toute l'année.

CHAPITRE VIII

Repiquage en pépinière.

Le repiquage en pépinière concourt aussi puissamment qu'un bon semis au développement et à la vigueur de la plante, comme à l'abondance et à la beauté de ses fleurs. C'est le complément de l'élevage, et le moyen assuré d'obtenir infailliblement les plus belles plantes et les plus grandes fleurs.

Malgré tous ses avantages, le repiquage en pépinière n'est pas toujours pratiqué. On objecte qu'il demande du temps, que c'est une opération minutieuse, et que l'on réussit également en mettant tout de suite en place. On obtient des plantes et des fleurs, j'en conviens, mais des plantes moins vigoureuses, des fleurs moins nombreuses, plus petites, et se faisant attendre six semaines ou deux mois de plus que celles des plantes qui ont été repiquées.

Voilà pourquoi je tiens au repiquage en pépinière et dis à ceux qui ne veulent pas prendre la peine de repiquer : « Si vous voulez faire de la culture les deux mains dans vos poches, en fumant votre pipe ou en lisant votre journal, renoncez-y, et cherchez un autre métier. »

Au moment où les semis prennent de la force et que

les plantes commencent à se gêner, on les déplante pour les repiquer en pépinière, à une distance plus grande, et dans un sol préparé, pour favoriser leur prompt accroissement.

Le repiquage en pépinière a pour effet :

1º De faire naître un abondant chevelu. La déplantation suspend un instant l'accroissement de la racine ; ce temps d'arrêt suffit pour la faire ramifier, et les nouvelles racines qui se développent après le repiquage en pépinière sont d'autant plus vigoureuses qu'elles pénètrent dans un sol des plus riches ;

2º De faire taller et ramifier la tige ; toutes les fois que les plantes sont trop serrées, l'accroissement en longueur est énorme, celui en diamètre presque nul. De là des tiges longues, minces et faibles qui montent toujours sans se ramifier.

Le fait de la déplantation arrête l'accroissement en longueur ; la plante, placée à plus grande distance, est vivement éclairée, et aussitôt que de nouvelles racines se forment, ce qui a lieu quelques jours après le repiquage, il se développe des ramifications d'une vigueur égale aux racines qui les produisent. La plante cesse de monter avec excès ; elle s'élargit et forme bientôt un véritable buisson ;

3º D'augmenter considérablement la quantité, la durée et la beauté des fleurs.

Le *buisson* que nous venons de former, pourvu de ramifications nombreuses, donnera une profusion de fleurs des plus grandes, et la floraison durera longtemps, parce qu'elle sera produite par un sujet robuste.

L'*asperge* que nous eussions obtenue en prenant la plante dans le semis pour la mettre en place nous eût donné à grand peine quelques fleurs maigres à l'extrémité et eût péri aussitôt après, comme toutes les plantes mal constituées;

4° L'immense avantage de pouvoir donner à un grand nombre de plantes, sur un très-petit espace de terrain, le maximum de soins, d'engrais et d'eau, avec quatre fois moins de peine que si on les eût mises en place tout de suite. Avec six arrosoirs d'eau, on mouille une planche de pépinière; mouillez le même nombre de planches en place, il vous en faudra deux cents, et en admettant que vous les donniez, vous aurez encore de mauvaises plantes.

On met en pépinière, sous châssis et sous cloches, les plantes qui redoutent la gelée ou que l'on veut faire marcher très-vite; plus tard, lorsque la température s'adoucit, on établit les pépinières en pleine terre.

Aussitôt le châssis débarrassé de ses semis, on donne un labour au déplantoir à la couche; on unit bien le terreau, et on repique les plantes de 4 à 6 centimètres de distance, suivant leur force.

Pour que le repiquage soit efficace, il est urgent que le plant soit bien arraché et le repiquage bien fait.

Il faut bien se garder d'arracher le plant, ce que l'on fait trop souvent, sous prétexte qu'il ne tient pas dans le terreau. On plonge verticalement le sarcloir en terre (fig. 236), et on enlève une motte.

Pas une racine n'est brisée; on sépare ensuite les

pieds; on met les bons ensemble pous les planter, et on jette les mauvais.

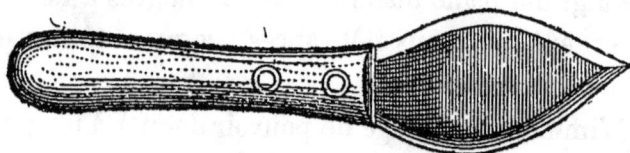

Fig. 236. — Sarcloir.

On prend un morceau de bois gros comme le doigt, et on l'apointit par le bout : c'est notre plantoir.

Pour bien repiquer, il faut faire un trou assez profond pour que la racine y descende tout entière et n'y soit jamais recourbée par le bout. On ajuste le plant de manière à ne pas enterrer le collet de la racine, puis on rebouche le trou avec la cheville, en tassant légèrement la terre sur la racine.

Ensuite on arrose, aussitôt le repiquage terminé ; on replace les châssis, et on les couvre avec des paillassons pour favoriser la reprise.

Deux jours après, on donne de la lumière, deux jours plus tard un peu d'air, et dès que les plantes ne fanent plus, on leur donne toute la lumière possible, et de l'air autant que la température le permet.

Je ne saurais trop insister sur le soin que l'on doit apporter à repiquer ; quand l'opération a été faite comme je l'ai indiqué, la reprise a lieu en quarante-huit heures ; mais quand le repiquage a été mal fait, dans des trous pas assez profonds, et que la racine est ployée en deux au fond du trou, la reprise est très-longue, et la plante reste toujours faible.

Le repiquage sous cloche se fait sur couche sourde, et même en pleine terre additionnée de terreau, dans une plate-bande abritée et bien exposée. On repique les plants de 3 à 5 centimètres de distance, suivant leur force ; on arrose, et l'on recouvre aussitôt après le repiquage, puis on donne de la lumière et de l'air progressivement, jusqu'à ce que la température permette de se passer d'abris.

Les repiquages en pépinière en pleine terre se font dans le carré D du potager, ou dans une planche du carré destiné aux fleurs quand il n'y a pas de potager. La planche choisie, on la couvre d'une épaisseur de 10 à 15 centimètres de compost très-décomposé, presque entièrement désagrégé, que l'on enfouit par un labour. Il nous faut, pour de jeunes plantes sortant du terreau, des engrais assimilables immédiatement. C'est pour cela que nous les choisissons ainsi ; les fumiers frais n'agissent que lorsqu'ils sont décomposés.

Après le labour, on donne un hersage à la fourche crochue, pour rendre la terre très-meuble et briser toutes les mottes. On donne ensuite, avec le râteau à dégrossir (fig. 237), un second hersage, et l'on établit tout autour

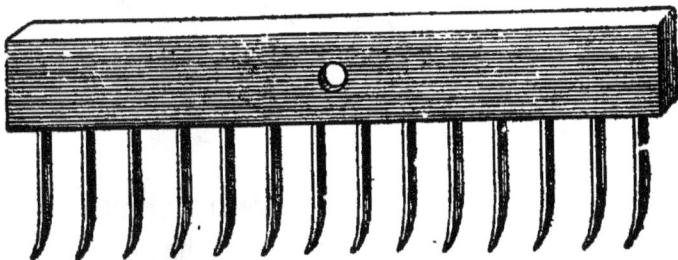

Fig. 237. — Râteau à dégrossir.

de la planche un petit rebord de 2 à 3 centimètres, afin de retenir l'eau des arrosements dans la planche et l'empêcher de couler dans les allées (fig. 238).

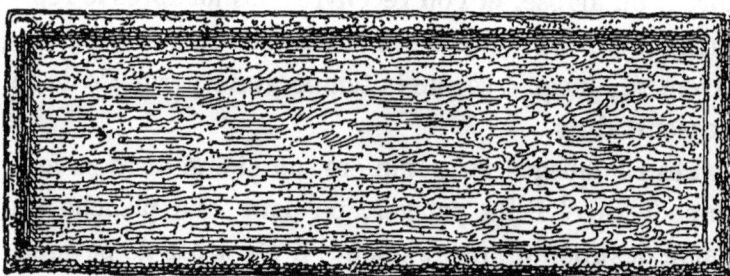

Fig. 238. — Planche dressée pour un repiquage.

On donne un coup avec le râteau fin (fig. 239), pour bien unir la planche et enlever les dernières petites pierres ou les racines qui auraient échappé à la fourche crochue ou au râteau à dégrossir.

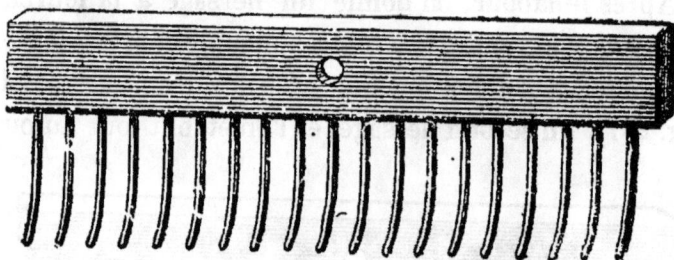

Fig. 239. — Râteau fin.

On enfonce en terre, tous les 15 ou 20 centimètres, des piquets à chaque bout de la planche; on pose le cordeau sur tous les piquets à la fois, et avec le rayon-

neur (fig. 240) on trace une ligne profonde de 2 centimètres environ ; ce sont nos lignes de repiquage.

Fig. 240. — Rayonneur.

On enlève le cordeau et les piquets, en ayant le soin
de reboucher les trous. Notre repiquage est tracé d'un
seul coup ; il n'y a plus qu'à arracher le plant et à repiquer (fig. 241).

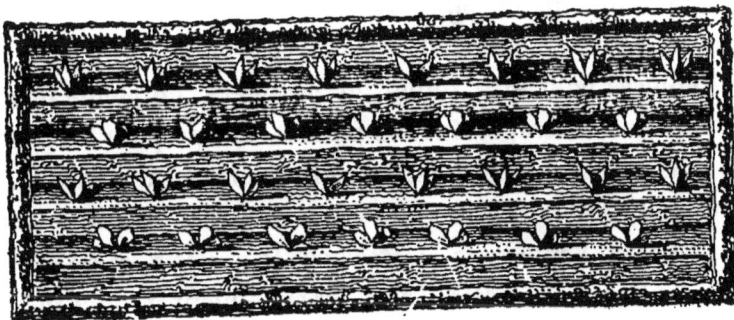

Fig. 241. — Planche rayonnée pour un repiquage.

On repique les plants dans les lignes tracées au
rayonneur avec tous les soins indiqués ; bien se garder
surtout de laisser un trou à côté du plant, pour verser
une goutte d'eau dedans avec le goulot de l'arrosoir,
après le repiquage. C'est la plus fatale de toutes les pratiques. L'arrosage au goulot est imparfait ; la planche
n'est pas mouillée, et le plus souvent l'eau, jetée brus-

quement au goulot, ravine le trou et met à découvert la racine de la plante, qui est sèche le lendemain.

Il faut reboucher entièrement les trous en repiquant, et arroser la planche en plein avec l'arrosoir Raveneau. Les plants sont repiqués dans la ligne creusée par le rayonneur; l'eau s'infiltre forcément sur les racines. On va deux fois plus vite en opérant ainsi, et le travail est parfait.

Quelques jours après, lorsque le plant est bien repris, on donne un binage avec la petite cerfouette, faite exprès pour passer, sans danger, dans les lignes de pépinières de fleurs et de légumes. Il n'y a plus que des arrosements et quelques petits binages à donner, pour obtenir du plant d'élite.

Les repiquages faits sous châssis et sous cloches sont enlevés pour être remis en pépinière en pleine terre, dès que la température le permet. On prépare les planches de la même manière ; mais au lieu d'arracher le plant, qui est déjà fort, et de le repiquer avec une cheville, on l'enlève en mottes avec le sarcloir, et on le replante avec la motte. Traité ainsi, le plant ne fane même pas. On donne un bon arrosage aussitôt après la plantation, et on continue d'arroser copieusement pendant trois ou quatre jours.

Avec des pépinières, des fleurs bien organisées, on assure l'abondance des plantes et la richesse de leur végétation ; sans pépinières, on n'obtiendra jamais, avec une somme de travail souvent plus grande, que disette de plantes et végétation chétive.

CHAPITRE IX

Multiplication naturelle. — Séparation de drageons. — Division des pieds.

Le premier moyen de multiplication naturelle est le semis. C'est le plus naturel et aussi le plus puissant. Le semis, toutes choses égales d'ailleurs, donne toujours lieu à des sujets plus vigoureux que tous les autres genres de multiplication.

Par le semis seul, on peut obtenir de nouvelle variétés et multiplier les plantes dans de grandes proportions, presque sans dépense et avec certitude de succès.

Le semis et le repiquage en pépinière se font sur de très-petits espaces et ont l'immense avantage de vous donner chez vous des plants de qualité hors ligne, que vous mettez en place, sans temps d'arrêt dans la végétation.

Quand on achète des plantes tout élevées, non seulement, en coûtant assez cher, elles ne donnent aucune certitude sur leur valeur réelle, la beauté des fleurs, mais encore elles reprennent difficilement et ne donnent jamais lieu à des sujets rustiques et vigoureux, fatiguées qu'elles sont par le transport, un long séjour hors de terre ou un procédé de multiplication imparfait.

Le semis a, d'un autre côté, l'inconvénient de ne pas

toujours reproduire exactement le type du sujet qui a
produit la graine. Il nous donne bien des variétés nouvelles, mais aussi et assez souvent, chez certaines espèces,
des fleurs simples, comme les giroflées, les œillets, etc.

Pour reproduire exactement le type, on a recours à
la multiplication artificielle : au bouturage, au marcottage, à la greffe, etc., etc. Elle donne le moyen de
multiplier certaines plantes très-vite, en grande quantité et avec certitude de reproduction exacte du type.

Avant de traiter de la multiplication artificielle, un
mot de la séparation des drageons et la division des
pieds est nécessaire. C'est de la multiplication naturelle,
appelée à rendre de grands services pour certaines
plantes ligneuses et herbacées, en ce qu'elle donne des
résultats certains avec peu de soins et de travail.

Il est quantité d'arbustes d'ornement que l'on cultive
en touffes et qui produisent quantité de drageons au
pied ; tels sont les spirées, les lilas, etc. On se contente
souvent de les multiplier, quand on en a besoin, en séparant une touffe en trois ou en quatre avec la bêche, et
on plante les morceaux tels que la bêche les a laissés.
C'est le plus mauvais moyen de multiplication qu'il soit
possible d'employer.

Vous plantez des racines trop vieilles, et de plus
mutilées par la séparation à la bêche, des touffes
trop grosses, et ayant un trop grand nombre de tiges
pour produire une touffe vigoureuse et de belles fleurs.
Vous n'obtenez, par ce procédé, que des touffes chétives, s'épuisant à produire des drageons et ne donnant
que des fleurs rares et grêles.

Quand on veut multiplier des arbustes par drageons et obtenir des sujets vigoureux et florifères, rien de plus facile en s'y prenant un an à l'avance.

On choisit une planche ou un carré pour faire une petite pépinière ; on fume énergiquement avec des composts ou du fumier un peu consommé, que l'on enfouit par un labour profond, en décembre, janvier et même février (vaut mieux décembre ; le plus tôt est le meilleur). On donne un bon hersage à la fourche crochue pour bien ameublir le sol, puis on rayonne des lignes à 50 centimètres de distance. Notre sol est préparé ; choisissons notre plant, habillons-le, et plantons.

Par un temps couvert et quand il ne gèle pas, bien entendu, on découvre les racines de la touffe sur laquelle on veut prendre des drageons, et on les coupe à leur naissance sur la racine avec une serpette bien tranchante, ce qui veut dire : faire une plaie nette et sans laisser d'onglet. Aussitôt les drageons enlevés, on recouvre la racine de la touffe.

Quand les drageons sont récoltés, on choisit les meilleurs, ceux qui ont la tige un peu forte, la naissance de la racine grosse, et on conserve le plus possible de petites racines, et on les habille.

Fig. 242.

On prend une bonne serpette, et l'on coupe d'abord le talon en *a* (fig. 242), de manière à ce que la section repose à plat sur le sol et offre une plaie bien nette. On coupe ensuite les radicelles en *b*, et enfin la tige en *c*, sur quatre ou cinq yeux. Notre plant est habillé, et notre terrain préparé.

On prend tout simplement un plantoir (fig. 243) ; on fait des trous tous les 40 centimètres sur les lignes tracées au rayonneur, et l'on y met un plant. La plantation doit se faire en quinconce pour laisser plus de place aux racines.

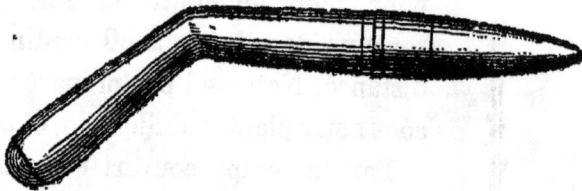

Fig. 243. — Plantoir.

Le trou se fait assez large et assez profond pour que la racine y entre à l'aise ; on laisse deux yeux hors de terre ; on rebouche le trou avec le plantoir, et on appuie bien la terre sur la racine, pour l'y faire adhérer immédiatement.

Deux ou trois binages pendant l'été, pour ameublir le sol et détruire les mauvaises herbes, rien de plus, et à la fin de la saison vous avez une collection de touffes excellentes, bonnes à mettre en place, et qui vous donneront les meilleurs résultats comme prompte végétation et abondante floraison.

Pendant l'hiver, les racines ont produit les rudiments de nouvelles radicelles qui se sont développées dès le printemps ; les deux yeux laissés hors de terre ont formé deux tiges qui ont aidé les racines à se développer, et les yeux enterrés ont aussi produit des tiges armées de radicelles à leur base. Au mois d'octobre, vous avez une touffe dans les meilleures conditions, et que vous pouvez planter en toute assurance.

Mais, pour obtenir un résultat aussi prompt et aussi complet, il faut planter de bonne heure, en janvier au plus tard. Ceux qui ont *toujours le temps* et planteront en mars et avril, quand on ne sera pas en mai, emploieront deux années pour obtenir des plants de qualité médiocre. Double façon, emploi de terre deux années au lieu d'une, et un *fiasco* pour résultat. La grande science en culture est de savoir faire les choses en temps opportun.

Ce mode de multiplication est des plus faciles pour les arbustes ; il est aussi des plus prompts et rend les plus grands services. Ainsi, quand vous trouvez chez un parent ou un ami un joli arbuste, vous avez aussitôt et plus sûrement fait de le multiplier que de le faire venir de loin. Dans ce cas, la reprise est quelquefois douteuse, tandis qu'elle est certaine avec le sujet formé chez vous.

Beaucoup de plantes vivaces peuvent se multiplier à l'infini par division de pieds. Je dis division de pieds et non *hachage* de pieds à la bèche ; telles sont les primevères, les chysanthèmes, les astères, les œillets mignardise, avec lesquels on fait des bordures, etc., etc.

Voici comment on opère : aussitôt la plante défleurie, on l'arrache, puis on secoue bien la terre pour mettre les racines à nu. On choisit toutes les tiges pourvues de racines, et on les coupe avec un greffoir à leur point de naissance sur la racine mère. Voilà des sujets excellents. Il n'y a plus qu'à les repiquer en pépinière dans une planche du carré D du potager, les arroser pendant quelques jours, leur donner un binage de temps en temps, et l'année suivante, lorsqu'ils auront grossi et se seront ramifiés en pépinière, vous aurez quantité d'excellentes plantes à mettre en place, et dont la floraison sera aussi abondante que belle et précoce.

Il faut couper les racines, et non les éclater ou les déchirer. L'éclatement et la déchirure produisent des plaies rugueuses, qui se cicatrisent mal et souvent engendrent la pourriture, qui fait périr la plante ; quand elle ne meurt pas, elle reste souffreteuse, malingre, et partant de là donne peu de fleurs, et des fleurs petites.

Combien de fois ai-je donné à mes amis des graines et même des sujets de fleurs des plus belles variétés, avec lesquels ils obtenaient des fleurs aussi rares que chétives? Quand ils venaient chez moi, ils voyaient les mêmes plantes couvertes de fleurs splendides et me disaient tous : Comment diable faites-vous ?

— Ce n'est pas difficile, mais trop long à expliquer. Patience ! bientôt je vous donnerai un volume avec lequel vous pourrez obtenir des résultats égaux aux miens, si toutefois vous voulez bien vous occuper de vos fleurs et me suivre à la lettre.

— Comptez-y.

— J'y compte ; voilà enfin *Parcs et jardins;* l'année prochaine, j'irai admirer vos fleurs.

_____

. 34

CHAPITRE X

Boutures.

Les boutures rendent les plus grands services pour la multiplication rapide des arbustes et des fleurs. Il est indispensable d'en faire, autant pour multiplier vite un sujet précieux que pour être assuré de ce qu'on plante.

Avez-vous un arbuste rare et précieux, multipliez-le ; si vous avez plusieurs corbeilles de rosiers francs de pied à planter, ne livrez rien au hasard. Vous avez chez vous de belles roses ; choisissez entre les plus belles ; multipliez les rosiers par le bouturage, et vous serez certain de ce que vous planterez.

Si par exemple, dans un semis de géraniums, de verveines, etc., etc., vous trouvez des types précieux, bouturez-les aussitôt, pour en augmenter le nombre et être certain de les conserver.

Nous diviserons les boutures en deux séries : les boutures ligneuses et les boutures herbacées.

Les boutures ligneuses se font avec des tronçons de rameaux dépourvus de feuilles pour les espèces à feuilles caduques, et pourvus de feuilles pour celles à feuilles persistantes.

Les boutures par rameaux dépourvus de feuilles seront détachées du pied-mère dans le courant d'octobre, dès la chute des feuilles, pour être plantées de suite, ou stratifiées et plantées au printemps seulement, suivant les espèces.

Les boutures des végétaux très-rustiques, comme le sureau, les seringas, les rosiers de Bengale, les tamaris, les lilas, les épines-vinettes, les viornes, etc., peuvent être plantées à l'automne. Pour les arbustes plus délicats, pouvant souffrir des gélées, il sera préférable de les stratifier et de ne les planter qu'au printemps. Les rosiers sont de ce nombre.

Quand on plante à l'automne, on prépare une planche à l'avance. On la fume avec des engrais très-consommés, enfouis par un bon labour. On herse à la fourche crochue pour bien ameublir le sol, puis on paille, c'est-à-dire que l'on couvre toute la planche de vieux fumier ; celui provenant de la démolition des couches est excellent pour cela.

On choisit pour planter les boutures un sol plutôt léger que compact; c'est celui dans lequel elles réussissent le mieux. Le paillis empêche le sol de se dessécher et fournit en même temps de la nourriture aux jeunes plantes. Le sol préparé, on coupe les boutures pour les planter aussitôt.

Dès la chute des feuilles, on choisit [des rameaux de l'année, bien constitués, bien nourris, ayant les écorces lisses et les yeux bien formés, et on les coupe par tronçons de 12 à 15 centimètres de longueur.

Les rameaux détachés du pied-mère aussitôt la chute

des feuilles reprennent plus sûrement et produisent des sujets plus vigoureux que ceux qui ont été coupés plus tard. On choisit, pour faire la bouture, la partie la mieux constituée du rameau : le milieu. Dans le bas, les yeux sont mal constitués ; dans le haut, ils ne sont pas assez bien formés, assez mûrs.

On taille le rameau en bas, en *a* (fig. 244). On opère la section avec une serpette bien tranchante, et de manière à ce qu'elle repose à plat sur le sol. Le sécateur ne peut pas être employé pour tailler les boutures : le bois serait écrasé, et la bouture ne reprendrait pas. Si la section était faite en biseau, les racines auraient beaucoup de peine à se former. Ensuite on taille l'extrémité en *b* (même figure).

Lorsque toutes les boutures sont taillées, on les plante avec le plantoir, en ayant le soin de bien faire adhérer la terre à la base, en la serrant avec le plantoir. On écarte le paillis pour planter, et on le replace aussitôt la plantation faite.

Fig. 244.

Si le temps était sec, et le sol dépourvu d'humidité suffisante, ce qui est très-rare à cette époque, on arroserait légèrement pour l'humecter.

En plantant, on laisse deux ou trois yeux au plus hors de terre ; tout le reste est enterré et bien attaché au sol, en tassant la terre avec le plantoir.

La planche de boutures ne demande d'autres soins, pendant l'hiver, que l'enlèvement des mauvaises herbes, qu'il faut arracher aussitôt qu'elles apparaissent.

Au printemps, les yeux s'allongent et produisent bientôt des bourgeons qui déterminent l'émission des racines. La bouture est prise, et vous avez alors un sujet complet, pourvu d'une tige et de racines.

L'ennemi le plus redoutable des boutures est l'escargot, qui mange les feuilles au fur et à mesure qu'elles se forment. On leur fait la chasse le matin, et le soir on répand de la cendre ou du plâtre dans l'allée qui entoure la planche, pour les empêcher d'y pénétrer. Une planche de boutures peut être détruite en entier par les escargots, lorsqu'on n'y 'fait pas attention ; ils mangent toutes les jeunes feuilles, et la bouture, ne pouvant émettre de racines faute de feuilles, sèche bientôt.

Pendant l'été, on donne quelques binages pour maintenir le sol meuble et très-perméable. La petite cerfouette (fig. 245) est excellente pour cela.

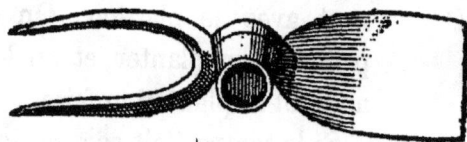

Fig. 245. — Petite cerfouette.

Les boutures sont assez rapprochées : les lignes de 25 à 40 centimètres et les plants de 15 à 30, suivant la force des espèces bouturées. La petite cerfouette passe

34.

entre tous les plants sans rien endommager. On donne les deux premiers binages avec le crochet, pour ameublir simplement le sol, et le rendre perméable à l'air ; les herbes sont enlevées à la main.

Lorsque les bourgeons sont bien développés et que leurs feuilles ombragent le sol, le paillis est désagrégé ; on donne un binage avec la lame, et on l'enterre pour augmenter encore la nourriture indispensable à la jeune plante. Ensuite il n'y a plus qu'un binage à donner de loin en loin, pour détruire les mauvaises herbes, et mainten'r le sol perméable à l'air et à l'eau. Nos boutures sont sauvées ; elles seront bonnes à enlever l'année suivante pour mettre les plus fortes en place, et les plus faibles en pépinière, à plus grande distance, pour les fortifier et en faire la seconde année des sujets de première force.

Les boutures ligneuses pourvues de feuilles, celles des arbustes à feuilles persistantes, demandent plus de soins. L'évaporation, très-rapide par les feuilles, nous oblige à faire ces boutures à l'étouffée, c'est-à-dire à les priver d'air jusqu'à l'émission des racines.

On coupe les boutures depuis la seconde quinzaine de septembre jusqu'à la première de novembre, selon que le bois de l'année est plus ou moins bien formé. On choisit des rameaux de l'année, et on les taille comme je l'ai indiqué précédemment en leur laissant seulement une longueur de 5 à 6 centimètres.

Les arbustes très-rustiques, comme les fusains, les lauriers, les aucubas, etc., peuvent se bouturer sous châssis froids, c'est-à-dire sans couche. On choisit une

place au nord ; on fait une tranchée de 10 centimètres
de profondeur, un peu plus large que le châssis, puis
on pose le coffre au fond. On lui donne l'inclinaison
voulue, et on y met une épaisseur de 15 à 18 centimètres de terre passée à la claie mélangée d'un tiers de
terreau de couche et d'un peu de terre de bruyère,
quand on en a ; cela n'en vaut que mieux, mais ce n'est
pas indispensable.

On garnit le fond de la tranchée tout autour du coffre,
et jusqu'en haut, avec des feuilles mêlées à de la
mousse ; c'est suffisant pour passer l'hiver. Ensuite on
plante les boutures à 6 ou 8 centimètres de distance, et
l'on pose le châssis sur le coffre, après avoir garni le
bord de mousse, pour que l'air ne puisse pas y pénétrer.

On arrose légèrement de temps à autre pour maintenir l'humidité indispensable, et on couvre avec un
paillasson quand la gelée menace. Les racines se forment pendant l'automne, même en hiver, et s'allongent
au printemps. Aussitôt les racines formées, les yeux
s'allongent : la bouture est prise. Alors un peu d'air
pendant quelques heures, puis davantage de jour en
jour, autant qu'il est possible de le faire sans que les
boutures fanent, pour les exposer ensuite au grand air.

Les boutures sont tout à fait prises ; elles sont pourvues de racines et ont produit des feuilles. On les enlève en motte avec le déplantoir, pour les mettre en
pépinière dans une planche du carré D du potager, à
40 centimètres de distance environ, et à la fin de la saison vous avez obtenu d'excellentes plantes. Les plus
fortes pourront être mises en place, et les plus faibles

conservées en pépinière, pour les planter l'année suivante.

Quand on n'a pas un grand nombre de boutures à faire, on gagne un peu de temps en les faisant en pots. On emplit les pots (les plus petits sont les meilleurs) de bonne terre passée au tamis, mélangée d'un tiers de terreau et d'un peu de terre de bruyère ; on plante une bouture dans chaque pot, et on place aussitôt les pots sous un châssis froid ou sous des cloches, dans une plate-bande au nord. On entretient l'humidité nécessaire à l'aide des arrosements. Les pots sont enterrés aux trois quarts dans les châssis ou sous les cloches.

Dans ces conditions, les racines s'émettent plus vite et plus facilement. Aussitôt les boutures bien prises, on les dépote pour les mettre en pépinière en pleine terre, opération qui se fait sans le moindre accident, grâce aux pots.

Quand on veut encore gagner du temps, on commence à bouturer dans l'eau. Plusieurs arbustes y émettent facilement des racines. On prépare les boutures comme je l'ai indiqué, puis on les place dans un vase quelconque rempli d'eau, et de manière à ce que 3 ou 4 centimètres de la bouture trempent dans l'eau. On place le vase à l'ombre, dans une orangerie, une serre tempérée ou une pièce de la maison. Il faut avoir le soin de remplir d'eau tous les jours ; les feuilles en absorbent une grande quantité, et si on négligeait de remplir, la bouture tremperait peu ou point, et l'opération serait manquée.

Quelques jours après, l'émission des racines a lieu. Dès qu'elles sont bien formées, on plante en pots que l'on place sous châssis ou sous cloche, pour priver les boutures d'air. Quand elles sont bien reprises, on leur donne de l'air progressivement, et lorsqu'elles ont poussé à l'air libre, on dépote pour mettre en pépinière en pleine terre.

Les boutures herbacées se font à peu près toutes à l'étouffée, sous châssis et sous cloches, et à différentes époques.

Les plantes annuelles, telles que les pétunias, les verveines, les lobélias, etc., se bouturent en août, quand on veut avoir des fleurs très-précoces. Dans ce cas, on les conserve sous châssis froid pendant l'hiver, et au printemps on obtient des fleurs des plus précoces. Quand on dispose de peu de châssis, on peut obtenir le même résultat en empotant quelques vieux pieds, que l'on conserve pendant l'hiver sous châssis froid. On enterre les pots dans le terreau d'une couche chaude vers le mois de février; il se développe aussitôt une quantité de tiges que l'on bouture en pots et sous cloches, sur une couche sourde. On couvre pendant la nuit avec des paillassons, et s'il survenait une gelée de quelques jours de durée, on entourerait les cloches avec du fumier frais.

Lorsque les gelées ne sont plus à craindre, on dépote les plantes pour les mettre en pleine terre; elles sont alors en boutons, quand elles ne portent pas les premières fleurs. Leurs racines, gênées dans les pots, prennent aussitôt possession du sol; la plante pousse avec énergie, et vous obtenez en quelques jours une corbeille splendide.

En général, les boutures de plantes herbacées qui doivent fleurir de bonne heure, au printemps, se font à l'automne, sous châssis froid ou sous cloches, excepté les géraniums, qui reprennent parfaitement en pleine terre et à l'air libre. On empote les boutures avant l'hiver, pour les abriter des gelées, dans une serre ou orangerie, ou sous des châssis froids.

Les plantes délicates et celles qui doivent fleurir pendant l'été se bouturent au printemps. Il est toujours préférable de faire les boutures dans des pots : la plantation est plus facile; les plantes n'en souffrent pas et n'éprouvent pas de temps d'arrêt dans la végétation.

Les terres les plus légères sont les meilleures pour faire des boutures en pleine terre, et pour mettre dans les pots. Plus elles sont légères, plus les racines se forment vite. Un mélange par tiers de terre passée au tamis, de terre de bruyère et de terreau de jardin, donne les plus prompts et les meilleurs résultats.

On prend pour faire les boutures herbacées de jeunes pousses que l'on peut couper en deux ou en trois, si elles sont longues. L'extrémité des rameaux est préférable pour faire les boutures; les plantes poussent plus vite; mais quand on est à court, on obtient avec un peu de soins d'excellentes plantes avec toutes les parties des rameaux.

On fait des tronçons de quatre yeux, cinq au plus. On coupe la base, le bout qui doit être enterré, avec un instrument [très-tranchant (un greffoir est ce qu'il y a de meilleur), de manière à ce que la plaie soit bien nette. La section doit être faite horizontalement, pour reposer à plat sur la terre, et immédiatement au-dessous de l'œil (*a*, fig. 246).

On coupe ensuite les deux premières feuilles en *b* (même figure), à leur point d'attache, et en prenant garde de blesser les yeux placés à leur aisselle.

Lorsque toutes les boutures sont préparées, on les plante, et on les enterre jusqu'à la ligne *c* (fig. 246).

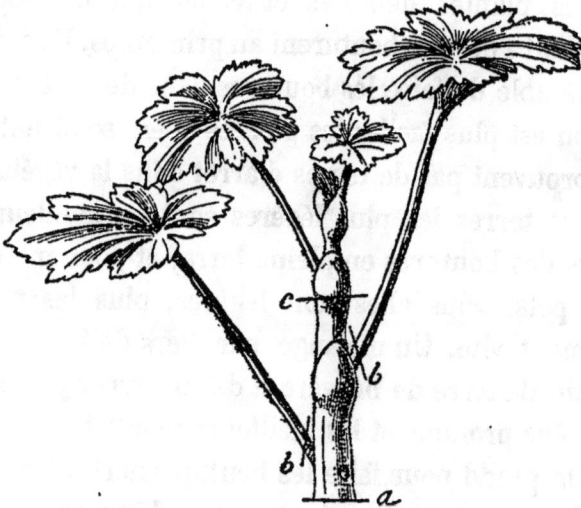

Fig. 246. — Bouture de géranium.

Que l'on plante les boutures en pots ou en pleine terre, il faut toujours bien tasser la terre à la base, afin de l'y faire adhérer, entretenir par les arrosements l'humidité indispensable à leur reprise, et leur donner de l'air progressivement dès qu'elles commencent à pousser.

Je ne saurais trop recommander les boutures pour les verveines, les pétunias, etc., dont on bouture les plus beaux types. Par ce moyen, on obtient une uniformité de teintes que l'on ne rencontre pas toujours dans les semis.

CHAPITRE XI

Marcottage.

La marcotte diffère de la bouture, en ce que la tige avec laquelle on veut obtenir un nouveau sujet n'est pas séparée de la plante-mère. Les marcottes sont beaucoup plus faciles à faire que les boutures; l'émission des racines est toujours certaine et la reprise toujours assurée.

Le plus souvent, l'opération du marcottage consiste à abaisser les rameaux d'une plante et à les enterrer au printemps, pour qu'ils émettent des racines pendant l'été. A l'automne, on sèvre la marcotte, c'est-à-dire qu'on la sépare du pied-mère, pour la planter et la faire vivre avec ses propres racines. C'est le marcottage couché.

Quand les rameaux ne peuvent pas être abaissés jusqu'au sol, on attache un pot au bout d'un tuteur, et on y enterre la branche que l'on veut faire enraciner : c'est le marcottage droit.

Tous les arbustes sarmenteux, la vigne, etc., se marcottent avec la plus grande facilité; plusieurs plantes herbacées se multiplient très-facilement par la marcotte : les œillets, les verveines, etc.

Le marcottage couché est des plus simples et des plus faciles à faire pour les arbustes sarmenteux. On peut les multiplier à l'infini, soit en employant seulement les pousses qui naissent au bas, si l'on n'a besoin que d'un nombre limité de nouveaux sujets, ou en provoquant l'émission d'une grande quantité de nouvelles tiges par un recépage, si l'on veut une grande quantité de plantes. Dans ce cas, voici comment on opère :

On coupe l'arbuste en *d* (fig. 247), pour concentrer toute l'action de la sève sur la partie conservée. Le résultat de cette concentration est l'émission de plusieurs bourgeons vigoureux. On les palisse verticalement à des tuteurs, pour qu'ils se développent plus vite pendant l'été.

La seconde année, vers le mois de février, on laboure, à la fourche à dents plates, un diamètre de 1 mètre à 1m 50 autour de l'arbre. On y creuse à la houe autant de rigoles qu'il y a de rameaux à marcotter. On donne à ces rigoles une longueur de 50 à 60 centimètres, une largeur de 25 et une profondeur de 30 centimètres environ. On fume le fond avec des composts ou du fumier très-consommé, que l'on mêle à la terre du fond avec la fourche à dents plates, et on garde un peu d'engrais en réserve au bord de la rigole.

On couche les rameaux à marcotter dans la rigole ;
toute la partie a (fig. 247) sera enterrée ; on fixe le
rameau couché au fond de la rigole avec un crochet en
bois (b, même figure). On recouvre de 2 centimètres
de terre environ, et l'on répand la réserve d'engrais,
conservée au bord du trou, sur la partie enterrée ;
ensuite on rebouche la rigole.

On enfonce un tuteur c (fig. 247) à la courbure de
chaque marcotte ; on taille sur deux yeux hors de terre,
et l'on palisse l'extrémité sur le tuteur avec un osier. Un
paillis de 5 centimètres d'épaisseur sur le diamètre occupé par les marcottes termine l'opération.

Pendant tout l'été la partie a (fig. 247), qui a été
enterrée, émet des racines, et ces racines s'allongent
avec d'autant plus de rapidité qu'elles rencontrent les
engrais que nous avons placés dans les rigoles. Après
la chute des feuilles, en novembre, on sèvre les marcottes en les coupant en d (fig. 247), et on les déplante
pour les mettre en place ou en pépinière.

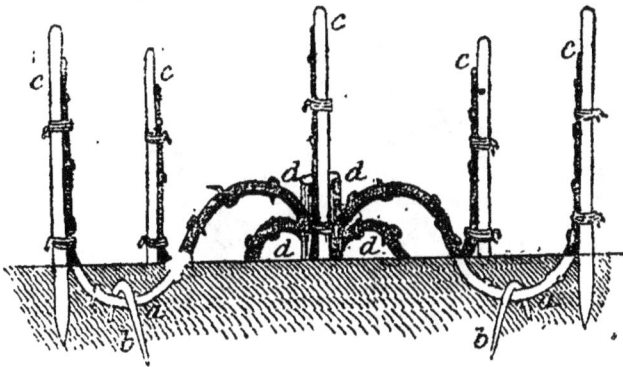

Fig. 247. — Marcottage couché.

Quand on veut aller vite, gagner du temps sur la végétation, et éviter le temps d'arrêt obligé par la reprise,
on marcotte dans des paniers (fig. 248).

La marcotte se fait de la même manière, mais avec
cette différence qu'au lieu d'une simple rigole, on fait
un trou pour enterrer le panier rempli de terre mélangée
de terreau, dans lequel on a couché la marcotte. On
répand un peu d'engrais autour du panier; on rebouche
le trou, et l'on paille ensuite.

Les racines de la marcotte se développent à l'intérieur
du panier. A l'automne, on sèvre la marcotte en *f*
(fig. 248); on déterre le panier; on l'enlève tout entier,
pour le replacer dans un trou fait à l'avance à l'endroit
où l'on veut planter le nouveau sujet.

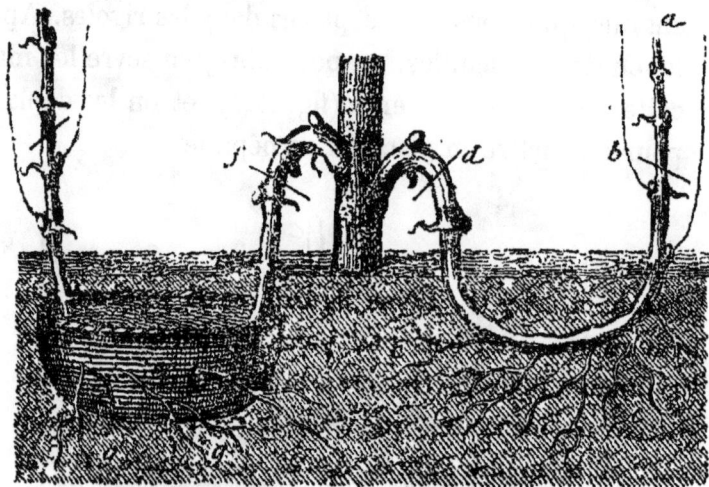

Fig. 248. — Marcotte en panier.

Dans ce cas, la marcotte ne souffre pas de la déplantation. Ses racines n'ont pas été mises à nu, excepté quelques radicelles qui sortent à travers le panier, et qui sont recouvertes quelques instants après.

Il n'y a pas de déplantation, par le fait, avec les marcottes en panier. On fume, en replantant, le fond du trou avec des engrais consommés, puis tout le tour du panier, et on comble le tout. A la fin de la saison, le panier est complètement pourri ; les racines font irruption dans les engrais placés autour du panier, et l'arbre pousse avec énergie.

La plupart des plantes herbacées se marcottent avec la plus grande facilité. Il suffit le plus souvent de faire de petites rigoles autour de la plante, d'y coucher les tiges, de les y fixer avec un crochet, et de recouvrir de terre pour obtenir l'émission des racines. Mais il est aussi des plantes chez lesquelles la partie enterrée émet difficilement des racines. De ce nombre est l'œillet.

Dans ce cas, il faut avoir recours à l'incision pour obtenir des racines. Voici comment on opère :

On coupe les feuilles à leur point d'attache sur toute la partie a (fig, 249) ; on fait, avec le greffoir, une incision en long (b, même figure), et on y introduit un petit morceau de bois plat pour la maintenir ouverte (c, même figure). On creuse une rigole, et l'on y enterre la marcotte, que l'on fixe avec un crochet placé en d (même figure). Après le couchage, la marcotte est enterrée jusqu'à la ligne e (même figure), et bientôt les racines se forment grâce à l'incision, qui est restée ouverte.

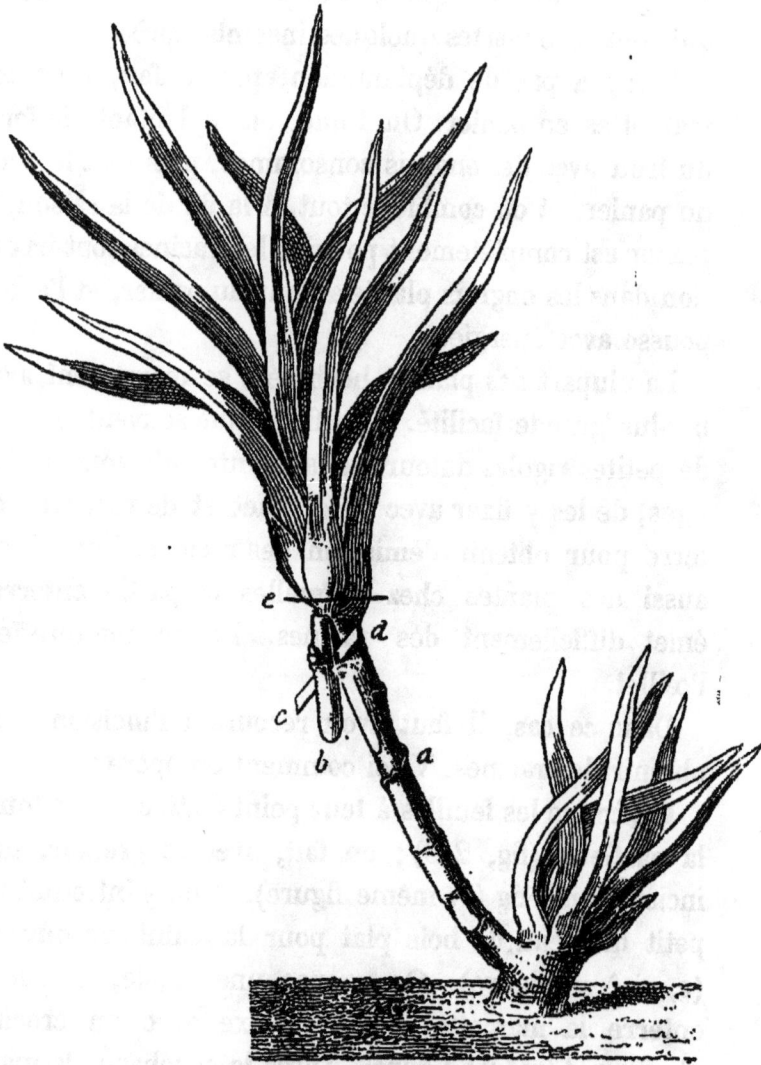

Fig. 249. — Marcotte d'œillet.

Je ne saurais trop recommander l'emploi des instruments les plus tranchants pour les entailles de mar-

cottes, comme pour tailler les boutures. Le plus grand
nombre des insuccès a pour cause les plaies *mâchées*,
faites avec des lames qui ne coupent pas, sont sales ou
mal entretenues. Il n'y a pour tout cela qu'un instrument à employer : le greffoir du modèle que je donne
figure 250.

Fig. 250. — Greffoir.

Il n'a qu'une lame et une spatule. La lame est du
meilleur acier, et la spatule en os.

Après chaque opération, on doit essuyer la lame du
greffoir, la bien nettoyer et la passer sur la pierre avant
de le resserrer. Un greffoir doit être aussi tranchant et
entretenu avec le même soin qu'un bistouri.

Le marcottage droit n'est pas plus difficile que le
couché, mais il demande plus de soins et des arrosages
plus fréquents. Le point capital est de maintenir
l'humidité indispensable, dans un pot accroché à un
tuteur.

Le marcottage droit s'opère quand le pied-mère est
dépourvu de ramifications à la base, ou que les branches sont trop fortes pour les incliner jusqu'au sol. Il
faut marcotter en l'air.

On emploie, pour le marcottage droit, des pots spé-
ciaux ayant une ouverture pour y faire entrer la marcotte (fig. 251).

On emplit ce pot de
terre préparée à l'a-
vance, comme je l'ai in-
diqué ; on l'attache au tuteur *a* (fig. 252), solidement enfoncé en terre,
à la hauteur de la mar-
cotte à faire ; on l'introduit dans le pot ; on la
fixe avec un crochet,
puis on attache le bout
de la marcotte au tuteur
en *b*, pour
qu'elle ne soit
pas ébranlée
par le vent.
Ensuite on
bouche l'ou-
verture du pot
à marcotter (*a*,
fig. 251) avec
de la mousse
humide ; on en
entoure égale-
ment le pot, et
on recouvre le
tout avec de la
paille attachée
avec un osier
(*c*, fig. 252).

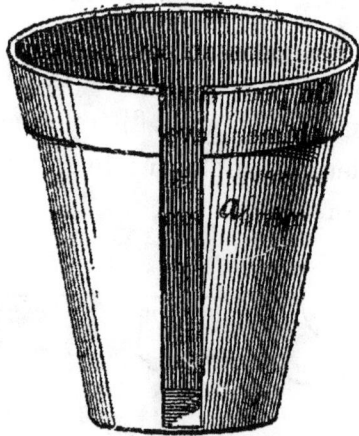

Fig. 251. — Pot à marcotter.

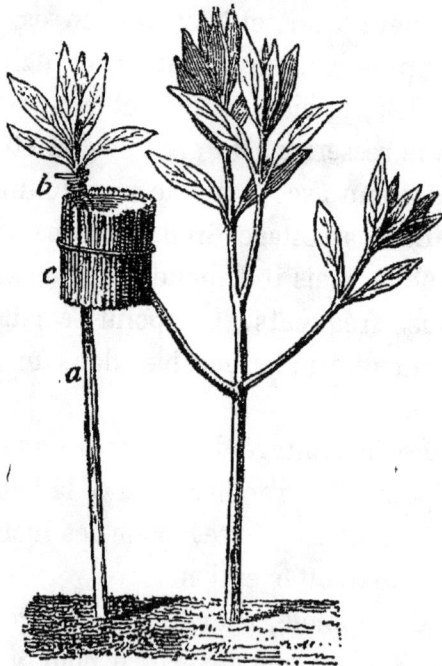

Fig. 252. — Marcottage droit.

Cette double couverture empêche l'évaporation, très-active dans un pot, pendant l'été.

On peut multiplier les arbustes les plus rares, sans les abîmer, avec le marcottage droit ; aussitôt la marcotte sevrée et le tuteur enlevé, on ne voit plus rien, pas même l'emplacement où l'on a pris un nouveau sujet.

CHAPITRE XII

Greffes.

Je serai très-sobre de greffes dans ce livre ; je traite les deux les plus usitées pour les arbustes d'ornement : la greffe en écusson pour les rosiers et différents arbustes trop faibles pour être bouturés ou marcottés ; et la greffe en placage, la plus favorable pour les camellias, azalées, etc. Pour toutes les autres, voir l'*Arboriculture fruitière*, 5e édition, où elles sont traitées à fond.

La greffe en écusson est la plus facile à faire ; elle est aussi celle qui désorganise le moins les arbres, et peut être appliquée sans danger aux espèces les plus délicates.

Cette greffe consiste à prendre un œil de la variété que l'on veut multiplier et à l'insérer sous l'écorce du sujet que l'on veut greffer, pour qu'il y végète comme sur le pied-mère.

La greffe en écusson se pratique au mois d'août. On choisit pour greffe un bourgeon de l'année, bien constitué et dont les yeux sont bien formés. Aussitôt détaché de l'arbre, on coupe les feuilles pour empêcher l'évaporation. On coupe les feuilles en haut du pétiole, et on laisse ce dernier attaché après le bourgeon.

On enlève ensuite l'écusson avec le greffoir. On fait pénétrer la lame dans l'écorce, à un centimètre environ au-dessous du pétiole, et d'un seul coup on enlève l'écorce sur une longueur de 2 à 3 centimètres, au centre de laquelle est placé l'œil que l'on veut greffer (fig. 253).

Fig. 253. — Écusson.   Fig. 254. — Greffe en écusson (sujet).

L'écusson enlevé, on fait une incision en *t* sur le sujet (*a*, fig. 254) ; on soulève les écorces avec la spa-

35.

tule du greffoir, puis on glisse l'écusson dessous, en
ayant surtout le soin de laisser dépasser un peu le haut,
afin de pouvoir le couper de manière à ce qu'il soit
bien ajusté sur la coupe transversale de l'incision faite
au sujet (*a*, fig. 254). On lie ensuite avec du coton, en
prenant la précaution de serrer un peu autour de l'œil.
Huit jours après, on desserre pour éviter l'étrangle-
ment.

L'année suivante, vers le mois de février, avant que
la végétation se soit manifestée, on coupe le sujet à
10 centimètres au-dessus de la greffe ; on laisse pousser
quelques petits bourgeons sur le chicot, pour appeler la
sève dans la greffe. Dès que celle-ci a produit un bourgeon de 20 à 25 centimètres de longueur, on supprime
tous ceux du sujet, puis on attache la greffe avec un
jonc sur le chicot, qui est coupé à son tour rez de la
greffe au mois d'août suivant.

La greffe en placage est celle qui réussit le mieux sur
les sujets délicats et pour les arbustes de serre : camellias, rhododendrons, clématites, aucubas, etc.

On fait d'abord avec le greffoir une entaille horizon-
tale en *a* (fig. 255), pénétrant dans le corps ligneux, de
manière à donner une profondeur de 2 à 4 millimètres, suivant la force du sujet. On entame ensuite le
sujet de 15 millimètres à 3 centimètres au-dessus de
la première entaille *a*, en *b* (même figure), et on fait
avec le greffoir une entaille partant du point *b* jusqu'à
la première entaille *a* (même figure), et pénétrant jusqu'à la moelle.

On choisit pour greffer un rameau bien constitué,

pourvu de plusieurs yeux, et autant que possible de
l'œil terminal. On pratique au-dessous de deux ou
trois yeux au plus une entaille un peu plus grande que
celle faite au sujet (*a*, fig. 256). On ajuste la greffe
sur le sujet par le haut, et avec le greffoir on

Fig. 255. — Sujet.   Fig. 256. — Greffe.

coupe horizontalement le bout de la greffe *b*, en *c*
(fig. 256), de manière à ce qu'il vienne s'ajuster dans
l'entaille faite au sujet, en *a* (fig. 255). On lie avec du
coton à greffer, et l'on serre pour faire adhérer les
plaies ; ensuite on mastique soigneusement la greffe,
pour la soustraire au contact de l'air.

Quand la greffe est bien prise, c'est-à-dire quand
elle pousse, on coupe la ligature par derrière avec la
lame du greffoir, et la tête du sujet au-dessus de la
de la greffe. Elle reçoit alors toute l'influence de la sève,
et forme bientôt un arbre.

CHAPITRE XIII

Culture en pots. — Pincements.

Nous avons multiplié quantité de plantes par semis, par boutures et par marcottes. Une grande partie de ces plantes sera mise en pots, pour les hiverner dans l'orangerie, ou même sous châssis.

L'hivernage des plantes en pots présente de grands avantages. Le transport est des plus faciles ; on peut mettre une grande quantité de pots dans un très-petit espace ; les plantes végètent avec régularité, et, chose précieuse pour celles qui doivent aller de bonne heure en pleine terre, la déplantation, loin de leur être nuisible, donne une impulsion des plus énergiques à leur végétation.

· On peut arriver à de grands résultats avec des ressources très-limitées, et pour le prouver je laisse de côté les serres, avec lesquelles on obtient tout ce que l'on veut. Je ne veux effrayer personne et tiens à prouver à tous qu'avec de l'intelligence, un peu de peine et une grande économie, tout est possible et même facile.

Il est peu de maisons où il n'y ait pas une orangerie,

ou un petit coin de serre pour rentrer quelques fleurs
pendant l'hiver. Admettons que nous n'en ayons pas ;
nous opérerons avec des châssis.

Nous voulons avoir des corbeilles fleuries de très-
bonne heure. Pour atteindre ce but, nous avons semé
en temps utile des giroflées quarantaines, des agératums, etc.; bouturé des anthémis, des verveines, des
pétunias, etc. Il s'agit de faire fleurir tout cela au moment de le mettre en pleine terre, vers la fin d'avril.
Rien de plus facile sans le secours de la serre.

Nous avons mis en pots nos semis et nos boutures.
Nous avons monté des châssis froids pour les conserver
pendant l'hiver. Cela ne nous entraîne à aucune dépense, et ne nous demande qu'un peu de surveillance.
Quand nos châssis sont montés, calfeutrés avec de la
mousse, garnis de feuilles, et que les pots sont enterrés
dans le coffre, qu'avons-nous à faire ?

Regarder chaque jour le temps qu'il fait ; couvrir
avec des paillassons quand il gèle ; retirer les paillassons pour donner de la lumière tant qu'il ne gèle
pas ; ouvrir pour donner de l'air quand le soleil se
montre ou que la température s'adoucit, et donner un
peu d'eau de temps en temps ; en vérité, il n'y a pas de
quoi effrayer un homme, en admettant même qu'il soit
très-médiocrement laborieux. Tout cela demande plus
d'intelligence que de travail.

Il faut une certaine appréciation pour ne laisser rien
perdre de ce que nous donne la température, même
par un hiver un peu long.

S'il gèle très-fort, laissez les paillassons nuit et jour ;

mais aussitôt que le temps se détendra, profitez-en.
Quand il gèle la nuit seulement et que le soleil se montre
dans la journée, la température s'élève, et son élévation
double à travers les vitres de vos châssis. Donnez de la
lumière d'abord, et ensuite de l'air ; quand le soleil disparaît, ayez le soin de fermer vos châssis, et de les
couvrir avec des paillassons, non quand le soleil aura
disparu, mais quand il perdra de sa force.

Dans le premier cas, vous aurez chauffé vos plantes,
pour les faire geler ensuite : c'est déplorable ; rien
n'entrave autant la végétation que les variations brusques de température.

Dans le second cas, nous avons chauffé nos plantes, et
nous avons enfermé à temps le maximum de la chaleur que nous conservons sous nos paillassons, pour
lutter avec le froid de la nuit. Nous avons une température plus égale, une chaleur progressive, conservée
avec soin : nos plantes végètent sans interruption.

Si la gelée est forte et de longue durée, avec deux
brouettées de fumier frais, mélangé aux feuilles et à la
mousse qui entourent les coffres des châssis, nous
obtiendrons assez de chaleur pour défendre nos plantes
des gelées les plus rigoureuses. Un double paillasson
dessus, et nous n'avons rien à craindre.

En principe, il faut donner de la lumière quand il ne
gèle pas, et de l'air toutes les fois que la température le
permet. C'est un moyen certain d'éviter la pourriture et
d'entretenir la végétation ; en prenant les soins que
j'indique, elle ne s'arrêtera pas, et les plantes seront en
boutons au moment de les placer en pleine terre.

Il est urgent d'arroser très-légèrement pour maintenir l'humidité indispensable à l'existence des plantes, mais il faut les maintenir plutôt un peu sèches que trop humides. Un peu de sécheresse modère la végétation; trop d'humidité peut tout faire pourrir.

Il est prudent de n'arroser que lorsque le soleil se montre, et que l'on peut donner de l'air pour évaporer l'excédant d'humidité. Par les temps pluvieux, donnez de l'air, mais abstenez-vous d'arroser.

Voilà pour la conservation pendant l'hiver. Elle demande dix minutes tous les jours : ce n'est pas mortel.

Admettons que l'hiver ait été long et rigoureux, et que nos plantes, bien conservées, ne soient pas avancées à la fin de février. Ne maudissez rien; ne perdez pas votre temps à maudire la température : vous ne pouvez pas la changer; acceptez-la, et donnez à vos plantes la chaleur qui leur a manqué, pour rattraper le temps perdu.

Apportez du fumier de cheval frais, sortant de l'écurie, et mélangez-le dans la proportion d'un tiers, et même de moitié, à la garniture de feuilles qui entoure vos coffres de châssis. Maniez bien le tout, mouillez et arrosez. Quelques jours après, la fermentation sera développée, et une douce chaleur pénétrera à l'intérieur de votre coffre; ajoutez à cette chaleur le secours que le soleil vous apportera; donnez de l'air et de l'eau : vos plantes partiront aussitôt.

Plus le retard sera grand, plus il faudra animer vos réchauds, pour augmenter la chaleur. Le mois de mars s'avance ; le soleil prend de la force ; laissez les réchauds s'éteindre progressivement ; le soleil les remplacera.

Servez-vous du soleil : donnez de l'air, encore et toujours, et lorsque le moment de planter en pleine terre approchera, enlevez tout à fait les châssis, de dix à trois heures, pour laisser ensuite après vos plantes en plein air, nuit et jour. Toutes sont en boutons ; les premières fleurs s'ouvrent même ; vous avez pris un peu de peine : le résultat est obtenu.

Dépotez et plantez en pleine terre, et ne maudissez rien du tout ; c'est du temps perdu, et le temps est ce qu'il y a de plus précieux en culture.

L'empotage des plantes, qu'elles proviennent de semis, de boutures ou de marcottes, demande quelques soins, sur lesquels il est utile d'appeler l'attention.

La pourriture est ce qu'il y a le plus à redouter sous châssis. Le premier moyen de l'éviter est de préparer les pots de manière à ce que l'eau s'en écoule facilement. J'insiste sur cette opération, parce qu'elle est généralement négligée.

On se contente de couvrir le trou du pot avec un caillou ou un morceau de poterie cassée. Cela est insuffisant : la terre mouillée soude le caillou ou le morceau de poterie aux parois du pot ; l'eau s'écoule mal, et la pourriture apparaît.

Le fond des pots doit être garni d'un lit de gravier ou de poterie cassée, d'une épaisseur d'un centimètre au moins. Dans ces conditions, l'eau ne séjourne jamais dans les pots, et la pourriture n'est pas à craindre.

On a donné toute espèce de recettes pour composer la terre des pots. Des écrivains d'un immense talent, vivant dans les régions horticoles du quartier Bréda, ont savamment composé des *macédoines* et des *olla podrida* de terres dont ils ont donné les recettes dans d'innombrables parodies du *Bon Jardinier*. Passons, pour être logiques et pratiques surtout.

La meilleure terre pour mettre dans les pots est celle du carré B du potager. La fumure est décomposée, et la terre est riche en humus. Il est indispensable que nos plantes se nourrissent, ce qui ne pourrait avoir lieu avec les combinaisons trop ingénieuses, même en les *liant* avec de la *colle forte*. Dans le cas où notre terre serait un peu grasse ou trop compacte, nous ferions un mélange par parties égales de sable ou de terre de bruyère, et mêlerions un tiers de ce mélange à la terre prise dans le carré B du potager.

Si nous n'avons pas de potager, mais un simple carré pour l'élevage des fleurs, nous prendrons la terre dans une planche ayant servi de pépinière pour les fleurs, et opérerons le mélange dans les mêmes proportions.

La terre des pots doit être substantielle et perméable à la fois. Il faut que les plantes trouvent une nourriture abondante et une terre saine en même temps. C'est pour assainir la terre trop compacte que j'ai ajouté du sable ou de la terre de bruyère au terreau.

Lorsque le sol du potager sera léger naturellement, nous prendrons également la terre dans le carré B du potager, ou dans une planche ayant servi de pépinière de fleurs, et nous en mélangerons trois cinquièmes à deux cinquièmes de terreau de couche. Ce mélange nous donnera les meilleurs résultats.

Dans tous les cas, la terre devra être bien épurée et passée à la claie.

Ajoutons à cette terre quelques arrosements avec le floral de M. Dudouy, *38, rue Notre-Dame-des-Victoires, à Paris*, quand nous voudrons activer la végétation et augmenter l'ampleur des fleurs, et nous obtiendrons le maximum de végétation.

Les arrosements au *floral* sont les plus utiles aux époques suivantes : aussitôt après la reprise des boutures ou celle des semis repiqués en pépinière ; après la mise en pots ; lorsque la fin de l'hiver arrive et que l'on veut avancer les plantes ; après avoir mis en place dans les corbeilles, et enfin à l'approche de la floraison, pour augmenter le volume des fleurs.

Voila notre terre préparée, notre drainage fait dans les pots ; il n'y a plus qu'à y mettre les plantes.

On enlève les plantes provenant de semis, de boutures ou de marcottes, avec le déplantoir, en motte, afin d'éviter de mettre leurs racines à l'air. On met un peu de terre préparée au fond du pot, et on la tasse légèrement avec la main. La quantité de terre à mettre au fond du pot est calculée d'après la grosseur de la motte de la plante, dont le haut doit venir au niveau du bourrelet du pot, pour laisser le vide nécessaire aux arrosements.

La motte introduite dans le pot, et bien assise sur le fond de terre que l'on y a placé, on coule de la terre tout autour, et on la tasse avec les doigts, pour qu'il ne reste pas de vide. On remplit de terre jusqu'au niveau du bourrelet, et ensuite on arrose, pour bien lier [la terre et la motte ensemble, et assurer la reprise de la plante.

Les arrosements doivent être donnés aux pots avec les plus grandes précautions.

Je ne saurais trop m'élever contre la déplorable habitude de les arroser au goulot. On verse l'eau brusquement, et presque toujours on fait un trou dans la terre, et souvent on met les racines à découvert. On me répond : « Je rebouche le trou. » Je le sais, et c'est ce que je veux éviter, parce qu'en le rebouchant vous dérangez les racines, quand vous ne les brisez pas. Et quand vos plantes ne viennent pas, vous dites : « Je n'ai pas de chance; » ou plus souvent : « La terre ne vaut rien ; les châssis ne sont pas bons ; les pots sont mal faits, etc. »

Un propriétaire un peu soucieux de ses plantes ne doit pas laisser un seul arrosoir à goulot chez lui. S'il en laisse un seul, on ne se servira jamais que de celui-là.

Si vos arrosoirs à pomme sont encore bons, faites-leur ajouter des goulots portant le brise-jet Raveneau.

M. Raveneau, en nous dotant de son excellent arrosoir, a fait faire un pas énorme à l'horticulture et sauvé une quantité énorme de plantes, tuées la plupart par le goulot.

L'arrosoir Raveneau (fig. 257) distribue l'eau vite et également tout à la fois. La terre est toujours bien

mouillée, sans être battue, et il n'y a pas de pommes à
déboucher à chaque minute.

Fig. 257. — Arrosoir Raveneau.

Le brise-jet (fig. 258) est soudé au goulot ; il y a
impossibilité de le retirer pour dé-
raciner les plantes, aussi bien
celles en pleine terre que celles en
pots.

Fig. 258. — Brise-jet
Raveneau.

Le petit modèle pour serres est
parfait pour arroser les pots ; il est
impossible de jamais faire des trous avec.

Disons encore que les pots doivent être copieusement arrosés. Pour que l'arrosement soit profitable, il
faut que la motte soit bien mouillée. On obtient ce
résultat avec deux arrosages donnés à un quart-d'heure

d'intervalle. Dans ce cas, tout est pour le mieux, et la végétation marche bien. Un arrosage donné ainsi à quelques jours de distance est suffisant.

Quand on arrose un peu tous les jours, la motte n'est jamais mouillée; la végétation languit et subit un retard notable.

Non seulement la racine, mais les feuilles des plantes ont besoin d'eau, surtout lorsqu'elles sont sous verre et ne peuvent recevoir l'influence des rosées. Alors il est nécessaire d'asperger les feuilles de temps à autre, quand la température le permet.

Quand on a beaucoup de châssis, la pompe à main Dudon (fig. 259) est très-expéditive. Il suffit de mettre

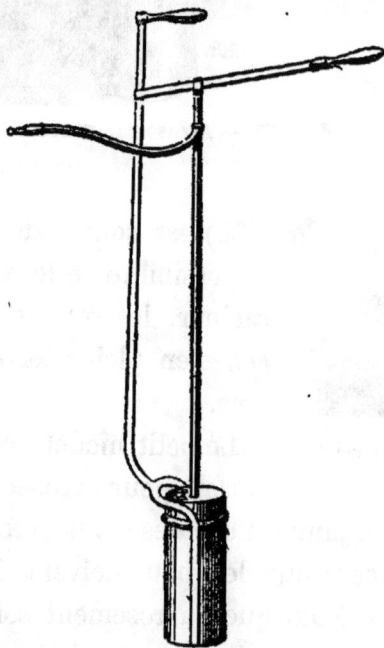

Fig. 259. — Pompe à main Dudon.

le doigt sur le trou de la lance, pour faire de la pluie
plus ou moins fine, à volonté.

Pour un nombre limité de châssis et pour les serres,
la seringue Raveneau (fig. 260) donne tous les résultats
désirés. Cet ingénieux instrument est garni de trois
brise-jets différents que l'on change à volonté : l'un
donne un jet en nappe, l'autre un jet contourné dans
tous les sens, et le troisième est construit de manière à
passer un mur à la chaux en un instant.

Fig. 260. — Seringue Raveneau.

J'insiste sur l'excellence des instruments Raveneau,
parce qu'elle m'est prouvée par le long usage que j'en
ai fait, et que de plus je connais la répugnance du commerce à les livrer. Les marchands tiennent à ne pas
vendre *c't'article-là!*

Il ne suffit pas seulement de bien soigner nos plantes;
il faut encore obtenir des pieds ramifiés, touffus, et
portant par conséquent le double de fleurs que ceux
dépourvus de ramifications. Ce dernier résultat est
obtenu à l'aide du pincement, qu'il ne faut jamais
négliger sur un grand nombre d'espèces, telles que :
les giroflées, les agératums, les verveines, les résé-
das, etc.

La majeure partie des plantes développe une unique
tige ayant tendance à monter indéfiniment, au détriment des ramifications latérales. Si nous abandonnions

les plantes à leur impulsion naturelle, la tige principale
se développerait seule, et ne serait arrêtée dans son
élongation que par les fleurs qui naissent au bout, et

Fig. 261. — Pincement d'une giroflée.

alors seulement, après la floraison de la tige principale,
il se produirait quelques ramifications latérales faibles.
Un pincement fait à temps et avec discernement

remédie à tout cela et convertit une plante longue en superbe buisson. Prenons une giroflée pour exemple.

Admettons un plant de semis ; la tige principale s'al-

Fig. 262. — Résultat du pincement.

longe sans se ramifier et fleurira très-tardivement en *a* (fig. 261), à l'extrémité, et seulement quand la tige aura acquis toute sa longueur. Quelques petits rameaux portant peu de fleurs, et des fleurs très-tardives, se développeront en haut, et ce sera tout. Résumé : une plante mal faite donnant très-tard, et en deux fois, très-peu de fleurs chétives et maigres.

Au lieu de laisser faire la nature, pinçons notre giroflée sur cinq feuilles en *b* (fig. 261), aussitôt que la tige aura produit sept ou huit feuilles.

Par le fait du pincement, de la suppression de la tige principale, toute l'action de la sève sera concentrée sur les cinq yeux conservés, qui produiront aussitôt cinq ramifications vigoureuses qui se ramifieront elles-mêmes naturellement et formeront un buisson splendide, couvert de fleurs aussi abondantes que précoces et étoffées (fig. 262).

Le pincement doit être appliqué à toutes les espèces dont on veut obtenir de fortes touffes; quelquefois, sur certaines espèces, comme sur des sujets très-vigoureux, on pince la tige principale, et ensuite les ramifications, pour augmenter encore le volume de la touffe en les forçant à se ramifier.

On peut tout obtenir avec des pincements judicieusement appliqués. J'en indiquerai la mesure pour chaque plante, aux cultures spéciales.

36

CHAPITRE XIV

Pépinière de réserve. — Plantation des corbeilles, groupes, etc.

Une pépinière de réserve est indispensable, quand on veut que le jardin soit bien et toujours fleuri.

Quand les fleurs mises en pépinière après le semis, le bouturage ou le marcottage, ont atteint un développement assez grand pour se gêner, on les enlève pour les mettre en place dans les corbeilles, en groupes ou isolées. Le reste est mis dans la pépinière de réserve.

La pépinière de réserve a pour but :

1° De tenir toujours à notre disposition des plantes prêtes à fleurir ou commençant à fleurir, pour replanter les corbeilles dont les fleurs sont passées. Un jardin doit toujours être en fleurs. Aussitôt qu'une corbeille commence à défleurir, on l'arrache, pour la replanter avec des plantes en boutons, fleuries ou prêtes à fleurir ;

2° De parer aux accidents. Malgré tous les soins possibles, on peut perdre quelques plantes ; il peut en être brisé par le vent, par la chute d'un objet quelconque, par un écart de cheval ou la visite insolite d'un chien. Il y a une foule de gens qui ont la manie de mener

partout avec eux des chiens aussi maussades que mal
élevés.

Lorsqu'un accident arrive dans une corbeille bien
étudiée et plantée par couleurs, il prend les proportions d'un désastre quand on n'a pas de pépinière de
réserve. C'est un mal sans remède. Avec la pépinière
de réserve, on reconstruit sa corbeille en quelques instants ;

3° De fournir les fleurs indispensables pour la confection des bouquets. Si vous êtes près de Paris, dou-
blez l'étendue de la pépinière de réserve. Il suffit de
trois Parisiennes pour ruiner en une heure le jardin
le plus riche en fleurs. Laissez-les faire ; elles ne laisseront dans vos corbeilles et vos groupes que des tiges
brisées, hachées, qui ne seront pas même bonnes à
faire des boutures. Donnez des bouquets, donnez-en
beaucoup, c'est mon avis ; mais ne laissez pas détruire
votre jardin, pour n'avoir à *contempler* ensuite que le
paillis de vos corbeilles, et du foin en guise de fleurs.
La pépinière de réserve ne dût-elle servir qu'à produire
les fleurs pour les bouquets, elle serait indispensable.
Je n'exagère rien dans ce qui précède. J'ai fermé mes
anciens jardins-écoles à la fin de 1877, parce que je suis
obligé d'y cultiver des collections de fleurs, et que,
malgré toute la surveillance possible, plus de la moitié
des fleurs destinées à produire des graines était, non
pas cueillie, mais arrachée, et souvent la plante avec ;

4° De prendre toutes les boutures, sans déformer les
plantes mises à demeure dans les corbeilles ou les
groupes ;

5º De marcotter avec la plus grande facilité, sans nuire à l'harmonie du jardin ;

6º Enfin de pouvoir récolter les graines des meilleures plantes, chose impossible dans le jardin, où elles mûrissent mal, et où on ne peut laisser des plantes faner et sécher.

On crée la pépinière de réserve dans le carré D du potager, ou dans le carré spécialement consacré à l'élevage des fleurs ; une fumûre donnée avec de vieux composts ou des terreaux anciens, et enfouie par un labour, avec un hersage à la fourche crochue, voilà tous les préparatifs.

On met ensuite les fleurs en place, aux distances proportionnées à leur taille, pour qu'elles puissent accomplir leur végétation ; on paille, on arrose de temps à autre : rien de plus. Bien peu de travail pour obtenir une chose de première nécessité.

Quand on plante des corbeilles, il ne faut pas oublier que leur forme bombée n'est pas favorable aux arrosements. On remédie facilement à cet inconvénient en formant un bassin au pied des fleurs, en les plantant.

On commence toujours par le haut de la corbeille. La ligne du sommet établie et les bassins formés pour retenir l'eau, on entoure cette ligne d'une rangée de fleurs plantées de la même manière, et ainsi de suite jusqu'à la bordure.

Que l'on plante une corbeille avec des fleurs en mottes ou en pots, on ne doit jamais négliger le bassin au pied de la plante, en la mettant en place. Ensuite, on paille, et l'on arrose après avoir mis le paillis.

Il est bien entendu que l'on n'arrose pas au goulot ; ce serait faire languir les fleurs et ruiner la corbeille pour le plaisir de faire quelque chose de mal. On n'arrose jamais les corbeilles qu'avec le brise-jet Raveneau ou la pomme, en donnant peu d'eau à la fois, et à plusieurs reprises, pour lui laisser le temps de s'infiltrer au pied des plantes.

L'eau séjourne dans les bassins faits au pied des fleurs en les plantant, et s'y infiltre. En opérant comme je viens de l'indiquer, on mouille à fond une corbeille bombée avec autant de facilité qu'une surface unie ; les bassins formés autour des fleurs, en les plantant, con- servent toujours leur forme, quand on a paillé tout de suite après la plantation, et avant d'arroser.

Quand on néglige de former les bassins, l'eau pénètre moins bien, et l'arrosage est beaucoup moins profitable ; quand on jette à la fois une grande quantité d'eau sur les corbeilles, on inonde les allées, et les plantes péris- sent de sécheresse.

Ce que je dis ici de la manière d'arroser est inutile pour les jardiniers, qui savent cela aussi bien que moi, mais indispensable pour leurs aides, auquel le soin d'arroser revient de droit, et qui le plus souvent versent des quantités d'eau énormes à la fois, pour avoir plus vite fini ou faire quinze pas de moins.

Pour les fleurs plantées en groupes et isolées, il sera toujours utile de former un bassin au pied et de mettre le paillis par dessus avant d'arroser. En admettant que les arrosages soient mal faits, les fleurs auront toujours un peu d'eau qui pénétrera forcément sur les racines.

CHAPITRE XV

Les gazons.

Les gazons, presque toujours négligés et par conséquent en très-mauvais état presque partout, méritent un meilleur sort. On est généralement trop porté à penser que l'herbe vient toute seule et ne demande aucun soin.

Le premier, comme le plus bel ornement d'un jardin, est le gazon. Un beau gazon dénote la richesse et la fertilité ; c'est le fond du jardin, sur lequel tout tranche, se détache heureusement, et avec lequel tout s'harmonise.

Le jardin le mieux planté et le plus abondamment fleuri, avec de vilains gazons, ressemblera toujours à un monsieur tout de noir habillé portant une chemise de calicot peu repassée, et pas de cravate.

Avec un peu de soin, on peut obtenir du gazon acceptable à peu près dans tous les sols. Il faut savoir le cultiver convenablement et semer des espèces appropriées à la nature du sol.

Je ne m'étendrai pas sur les mélanges à faire pour obtenir des gazons bien verts dans les sols humides, secs et légers, et dans les endroits ombragés.

Le ray-grass forme le fond de tous les gazons ; il vient très-vite et dans tous les sols, pourvu qu'ils ne soient ni trop humides, ni trop secs. Pour les sols très-humides et très-secs, comme pour les endroits ombragés, on y mêle d'autres espèces qui ne font pas un gazon aussi beau que le ray-grass, mais reste toujours vert. C'est tout ce que l'on peut obtenir dans des sols qui n'ont donné que des gazons variant du jaune soufre à la teinte fauve plus ou moins foncée ; c'est assez pour apporter la gaîté et la fertilité au milieu de la tristesse et de l'aridité : il faut nous en contenter.

Je n'indique pas les mélanges à faire dans les divers sols que j'ai désignés ; le propriétaire pourrait faire des écoles regrettables. Le plus simple est de s'adresser à une bonne maison de graineterie, et de lui demander de la graine de gazon avec cette indication :

Pour bonne terre, pour terrains humides, pour terrains secs et maigres, pour endroits ombragés.

On demandera la quantité nécessaire pour semer, en se basant sur la proportion de 100 à 120 kilogrammes de graines par hectare.

J'ai parlé de la création des pelouses au chapitre *Engrais*, et des fumures à leur donner, page 470. Le sol a été défoncé en créant le jardin, puis fumé ensuite.

Ajoutons cependant que, pour créer des nouvelles pelouses dans un ancien jardin, on doit commencer par un labour profond, en brisant bien toutes les mottes. On enfouit la fumure du fond par un second labour plus superficiel, suivi d'un hersage énergique à la fourche

crochue, pour bien briser les mottes et rendre le sol
très-meuble. On donne ensuite un coup de râteau fin,
pour enlever toutes les pierres, grosses comme petites ;
il ne doit jamais en rester sur une pelouse : c'est nuisible à la végétation, et de plus un obstacle sérieux pour
faucher.

On laisse reposer le sol pendant quelques jours, et
l'on sème à la volée, le plus également possible et dans
la proportion de 12 kilogr. par are. Puis on recouvre la
graine avec du vieux terreau ou des composts réduits
en terreau, préparés à cet effet comme je l'ai indiqué
précédemment.

L'époque la plus favorable pour semer les gazons est
de février à mars ; on peut semer en avril, en mai, et
même pendant l'été ; le semis de mars est celui qui
donne les meilleurs résultats : les pluies du printemps
favorisent la végétation ; le gazon devient vite très-
fort, reste beau et dure longtemps.

Les semis faits plus tard, et même pendant l'été,
réussissent incontestablement. C'est une nécessité qu'il
faut subir dans une propriété où l'on arrive tard, et
que l'on trouve sans pelouses ; mais les semis tardifs et
ceux d'été entraînent presque toujours à des arrosements souvent difficiles à donner sur des espaces un
peu étendus. Malgré tous les soins possibles, on n'obtiendra jamais des gazons aussi beaux et d'aussi longue
durée avec les semis tardifs qu'avec ceux du printemps.

Aussitôt que le gazon s'allonge un peu, on profite
d'un jour de temps couvert ou de pluie pour le faucher,
et aussitôt l'herbe coupée enlevée, on passe le rouleau

dessus. Cette opération est nécessaire pour les deux premières coupes. L'herbe n'est pas encore enracinée ; la faux ébranle les racines ; le rouleau les remet en place et les replante solidement dans le sol.

Règle générale : il ne faut jamais faucher les pelouses que par les temps de pluie ou quand la pluie est imminente. Il y a toujours danger à exposer le collet des racines au soleil. Il vaut mieux conserver des gazons un peu longs, et attendre la pluie pour les faucher. On s'expose à les perdre en le faisant par la sécheresse.

On devra également calculer l'époque de la dernière coupe, de manière à ce que l'herbe ait le temps de repousser avant l'hiver. La gelée ferait le plus grand mal aux racines, si elles n'étaient protégées par les tiges.

Chaque année, on donnera une fumure annuelle comme je l'ai indiqué page 472.

Somme toute, avec des soins qui ne sont pas énormes et un travail modéré, on peut obtenir assez facilement des gazons toujours verts, à peu près dans tous les sols.

Les points capitaux sont : la préparation du sol, les engrais et le choix du moment opportun pour le fauchage.

CHAPITRE XVI

Maladies. — Animaux et insectes nuisibles.

———

Lorsque le jardin a été créé comme je l'ai indiqué, que le sol a été bien préparé et les fleurs élevées comme je l'ai conseillé, les maladies sont très-rares.

Le *blanc,* qui attaque particulièrement les rosiers et les pensées, apparaît quelquefois; on s'en débarrasse avec un soufrage.

La *chlorose* apparaît souvent lorsqu'il y a humidité surabondante, lorsque l'eau séjourne dans le sol. Alors il faut assainir; quelques tuyaux de drainage posés dans une allée, et une ou deux aspersions sur les feuilles avec de l'eau tenant en dissolution du sulfate de fer, dans la proportion de deux grammes par litre, suffisent pour faire reverdir les feuilles.

La plupart des maladies : l'étiolement, la rouille, etc., n'ont d'autres causes que la mauvaise organisation des jardins. On y entasse plantes sur plantes; des petits arbres sous les grands, quand on n'en plante pas des grands sous les petits; des plantes grimpantes s'accrochant dans le tout, et des fleurs par dessus tout cela : un fouillis hideux ! Rien ne pousse; tout est atteint par l'asphyxie, et bientôt toutes les maladies s'y joignent et font périr fleurs et arbres, les uns après les autres, jusqu'à ce que l'air et la lumière puissent pénétrer dans ce cloaque.

Nous n'aurons jamais l'étiolement, ni les maladies qui en sont la conséquence, à redouter dans nos jardins, aérés, éclairés, où toutes les plantes sont à leur place, et ont la part d'air et de lumière sans laquelle elles ne peuvent vivre.

Si les plantes de nos jardins sont à l'abri des maladies, il n'en est pas de même des animaux nuisibles et des insectes, contre les ravages desquels nous aurons à nous défendre continuellement.

C'est une guerre sans fin, sans merci ni pitié, à faire aux animaux nuisibles; mais comme dans toutes les guerres, commençons par chercher des auxiliaires parmi les animaux; attirons-les, et favorisons leur multiplication dans nos parcs et nos jardins, au lieu de les détruire, comme le font le plus souvent l'ignorance et la bestialité.

Commençons par nos alliés parmi les quadrupèdes :

Le *hérisson* est notre plus puissant auxiliaire pour la destruction des limaçons, des limaces et des loches. Non seulement on ne doit pas le détruire, mais on doit s'efforcer de l'attirer et de le multiplier dans les jardins.

Mettez deux hérissons dans un jardin infesté de limaçons et de loches; vous en serez débarrassé au bout de quinze jours, et un mois après vous serez forcé de nourrir vos hérissons pour les conserver.

Rien n'est plus facile que de se procurer des hérissons.

Presque tous les chiens d'arrêt un peu habitués à buissonner les chassent, vous les indiquent à la voix; il en est même d'assez adroits pour les apporter.

Lorsque les hérissons ne trouveront plus à manger dans le jardin, donnez-leur un peu de la soupe des chiens pour toute nourriture, et cinq ou six fagots posés en tas, par terrre, pour logement. C'est tout ce qu'il leur faut, et vous serez à tout jamais délivré dés limaçons et des loches.

La *belette* fait peut-être un peu de mal, mais à coup sûr beaucoup de bien; elle mérite d'être, sinon multipliée, mais au moins conservée. Elle détruit bien quelques nids d'oiseaux; mais en échange elle dévore des quantités considérables de mulots. Les défauts de la belette sont bien compensés par ses services.

Parmi les quadrupèdes, nous devons faire une guerre acharnée aux *lapins*, aux *loirs*, aux *taupes*, aux *rats* et aux *mulots*.

Le *lapin* est peut-être le plus redoutable de tous. Il dévore tout ce qui existe dans le potager, les fleurs, pèle les arbres pendant les neiges et les fait périr.

Lorsqu'il y a des lapins dans un parc, on ne saurait trop prendre de précautions pour se défendre de leurs ravages.

Il faut d'abord clore le potager et le jardin fruitier avec des grillages quand ils n'ont pas de murs; sans cela, les lapins n'y laisseraient rien. La meilleure clôture est un grillage serré, de la hauteur de 1m 20 au moins. Si les lapins sont peu nombreux, le potager sera préservé; mais s'il y en a beaucoup, quelques-uns sauteront par dessus le treillage. Je l'affirme, en ma qualité de vieux chasseur, bien que l'on dise que *le lapin ne saute pas*.

Le treillage doit avoir de 1^m 20 à 1^m 50 de hauteur. On le pose au bord d'un fossé fait exprès, et dont le talus est revêtu d'une maçonnerie solide et ne laisse de trous nulle part.

Même avec cette précaution, il faut encore, pour s'en garer, inquiéter constamment les lapins dans les environs du potager, les chasser, les traquer et les tirer continuellement.

Une excellente mesure, qui réussit souvent, est d'avoir deux ou trois roquets, les plus petits possibles, pour qu'ils abîment moins le jardin. Tous chassent le lapin avec acharnement. On leur construit une niche dans laquelle on les enferme toute la journée, et on les laisse libres toute la nuit.

On défend avec succès les écorces des jeunes arbres de la dent du lapin, en les chaulant tous les ans à l'approche des neiges, à la hauteur d'un mètre. Le lapin n'attaque jamais le tronc d'un arbre couvert de chaux.

Les *taupes* occasionnent des ravages énormes dans les jardins. Quelques philantropes ont voulu les conserver et même les multiplier, sous le prétexte qu'elles mangeaient les vers blancs. C'est possible, mais elles bouleversent tout le jardin et y détruisent toutes les cultures. Nous avons un moyen certain de détruire le ver blanc; donc la taupe, si elle le mange, ce qui n'est pas prouvé, n'est que nuisible.

37

La taupe fouille à la surface du sol quand il est humide. Dans ce cas, on la prend avec la plus grande facilité avec un crochet; on la traverse ou on l'enlève au moment où elle fouille. Rien n'est plus facile, sans perdre de temps à la guetter.

La taupe est d'une exactitude militaire; elle fouille quatre fois par jour : à six heures du matin, à midi, à quatre heures et à six heures du soir. Soyez aussi exact qu'elle, et vous ne l'attendrez pas cinq minutes, si toutefois vous vous y prenez bien. La taupe est très-fine; elle fait de nombreux *regards,* des trous pratiqués dans les allées et sur le bord des plates-bandes. Avant de fouiller, elle vient voir si rien ne la dérangera. Si vous êtes à la guetter avant l'heure, elle vous a vu, et ne fouillera pas. En outre, la taupe perçoit tous les sons avec une finesse inouïe; il faut marcher avec la plus grande précaution, sous le vent, et presque retenir votre respiration. Si elle vous entend, sent votre pipe ou votre cigare, elle ne fouillera pas tant que vous serez là; mais aussitôt parti, elle bouleversera tout.

On prend assez facilement les taupes avec les piéges; le meilleur de tous est l'antique piége à pincette, qui, pour les praticiens, détrône toutes les élucubrations modernes, rêvées et exécutées par de braves inventeurs très-intelligents, nous le reconnaissons, mais n'ayant jamais vu que des taupes empaillées et ignorant absolument comment elles fouillent.

Les galeries souterraines des taupes sont souvent à une grande profondeur. C'est leur grande route; elles y passent toujours pour se **rendre à de grandes distances**.

Quand on les a découvertes, on y place deux piéges en sens inverse, afin de les prendre au départ où à l'arrivée.

Les piéges doivent être posés avec précaution, sans trop dégrader le trou ; elles passeraient à côté. On pose plusieurs mottes de terre sur le piége, pour que la terre ne l'obstrue pas et ne l'empêche de se détendre. On recouvre le tout de terre, afin d'éviter de laisser la lumière pénétrer sur les piéges, et l'on place un petit bâton au-dessus pour marquer la place.

N'oublions point le petit bâton pour marquer la place. Les praticiens vous diront : *Monsieur, je n'ai pas besoin de ce bâton ; je sais ben ousque mes piéges sont!* En suivant cette pratique par trop confiante dans l'infaillibilité et la mémoire, en moins de huit jours, de deux douzaines de piéges, il vous en restera deux ou trois.

Les *rats* et les *mulots* sont à redouter dans les jardins ; ils y causent des ravages énormes, en mangeant pendant l'hiver les racines des arbres.

On en prend bien quelques-uns avec des ratières, des souricières et autres engins ; mais on ne les détruit pas. Le poison seul peut en débarrasser le jardin.

Il est dangereux de se servir de poisons violents, et plus dangereux encore de les laisser entre les mains de gens qui ne savent ni les employer, ni prendre les précautions nécessaires. On est sans cesse exposé à des accidents ou à des désagréments ; c'est ce qui fait, avec raison, rejeter le poison par la majeure partie des intéressés.

Depuis que je connais le *tord-boyau* et l'ai expérimenté avec succès, je reviens et conseille plus que jamais l'empoisonnement avec cette composition, poison violent pour tous les rongeurs, et que les animaux domestiques ne mangent pas. On trouve des boîtes de *tord-boyau* à 75 centimes, rue du Bouloi, 4, chez Derouet.

Avec gros comme une noisette de *tord-boyau* sur des morceaux de tuile exposés aux endroits où l'on s'aperçoit des déprédations des rats et des mulots, on en est débarrassé en trois ou quatre jours.

LES OISEAUX.

Presque tous les oiseaux doivent être conservés ; il y a même bénéfice énorme, pour tous ceux qui possèdent des jardins, à en favoriser la multiplication, dût-on en tuer une certaine quantité à des époques déterminées.

LES OISEAUX DE PROIE, objet de la convoitise des chasseurs parisiens, ne sont pas les moins utiles. La *buse,* le *chat-huant,* l'*émouchet,* le *tiercelet,* le *hibou,* et même la *chouette,* rendent des services signalés en détruisant des quantités considérables de mulots, et même de rats ; c'est leur principale nourriture, et ce qu'ils en consomment est inimaginable pour qui n'a pas visité les repaires de ces oiseaux.

La *buse* et l'*émouchet* se rendent bien coupables de quelques larcins à l'endroit des perdreaux, cela est incontestable ; mais on a grand bénéfice à leur abandonner quelques perdreaux en échange de la masse de rongeurs qu'ils détruisent.

La *chouette* elle-même, que l'on redoute, souvent à tort, dans le voisinage des colombiers, détruit plus de deux mille rongeurs par an. Il faut évidemment tuer celles qui s'introduisent dans les colombiers et y mangent des pigeonneaux, mais épargner celles qui s'en tiennent à distance.

La fouine pénètre plus souvent dans les colombiers, et presque toujours ses déprédations sont mises sur le compte de la chouette, qui, la plupart du temps, se contente de prendre et de *croquer* les rats et les souris qui se trouvent sur les toits.

Les *corbeaux* et les *pies* ont aussi leur utilité, en dévorant une quantité énorme de vers rouges, blancs et gris. Les *corbeaux* abîment bien un peu les prairies et les blés quand ils s'y mettent par centaines ; mais combien de millions de vers ont-ils mangés !

La *pie* est l'animal malfaisant par excellence ; c'est le génie du mal : elle détruit, pour le plaisir de détruire, les nids des autres oiseaux, et à ce titre elle ne mérite pas de pitié. Une *pie* est toujours bonne à tuer, et il y a toujours profit à le faire, ses services ne compensant pas ses dégâts.

Quand on commet la faute d'établir des plantations de cerisiers ou de pruniers dans le voisinage des bois, ou que l'on est forcé de le faire à défaut d'autre place, il devient indispensable de faire une guerre des plus acharnées aux *pies*, aux *merles* et aux *geais*, si l'on veut récolter quelques fruits.

La destruction des oiseaux est dans ce cas une nécessité temporaire ; mais ne prolongez jamais la chasse au-delà du délai de la récolte. Tuez les déliquants ; mais conservez-en l'espèce. Ceci n'est pas un paradoxe ; c'est un calcul ; je vais le prouver.

Les *geais* et les *merles*, avant la maturité des cerises et des prunes, qu'ils mangent avec avidité, vous ont dévoré assez d'insectes pour assurer une bonne récolte l'année suivante ; c'est peut-être pour cela qu'ils se croient le droit d'y faire une large brèche. Tuez, je le répète, ce qui mange trop de fruits ; mais conservez-en pour détruire les chenilles, et même leurs larves pendant l'hiver.

Quelques coups de fusil tirés à deux ou trois jours d'intervalle pendant quinze à vingt jours éloignent les *geais* et les *merles*, et arrêtent leurs dégâts.

Les petits oiseaux, excepté quatre : le *moineau franc* (le pierrot), le *bouvreuil*, le *bruant* et le *linot*, doivent être l'objet de toute notre sollicitude.

Tous les petits oiseaux A BEC DROIT : le *rossignol*, les *fauvettes* de toutes les espèces, les *mésanges*, les *pieds noirs*, les *bergeronnettes*, etc., sont les plus puissants auxiliaires de l'homme pour la destruction des insectes : *c'est leur unique nourriture ;* ILS NE MANGENT JAMAIS DE GRAINS NI DE FRUITS.

Détruisez cette innombrable race, il ne vous restera ni un grain, ni un fruit, ni un légume. Tout sera la pâture des insectes.

L'homme, dans son ignorance, fait bien tout ce qu'il peut pour en détruire le plus possible ; il en est même qui poussent la stupidité jusqu'à tuer les hirondelles (ces gens-là méritent d'être dévorés par les moustiques); mais la race est si nombreuse, si laborieuse et si active, qu'elle se conserve quand même pour sauver nos récoltes.

Lorsque vous aurez dans votre jardin un nid des petits oiseaux que je viens de nommer, que les œufs seront éclos, prenez un siége, pour être à votre aise; asseyez-vous, et comptez pendant une demi-heure les voyages que feront le père et la mère en apportant chaque fois une chenille ou un ver à leurs petits.

Vous reconnaîtrez que ces deux oiseaux font au moins chacun *trois cents voyages par jour,* et vous détruisent SIX CENTS INSECTES en une journée.

Lorsque vous vous serez livré à l'observation que je vous indique, vous défendrez aux enfants de dénicher les petits oiseaux, et vous empêcherez de les tuer chez vous. Vous ferez plus : pendant l'hiver, vous ferez creuser avec une tarière quelques morceaux de bois pourvus de leur écorce, des bouts de branches de pommiers, et vous les placerez en février dans les principales fourches de vos arbres; les mésanges viendront aussitôt y faire leur nid.

Les fauvettes et les rossignols éliront domicile dans vos massifs, et y reviendront sans cesse, si vous ne les laissez pas dénicher. Chaque année, ceux de ces oiseaux qui seront nés chez vous y reviendront multiplier.

Quand vous aurez dans votre jardin tout une population de *mésanges,* de *fauvettes* et de *rossignols,* dont le chant vous égaiera, les insectes ne seront pas détruits, mais assez diminués pour ne plus causer de ravages.

Attirer par tous les moyens possibles les petits oiseaux dans les jardins, c'est y apporter la richesse et la gaîté.

Voyons maintenant comment nous devons détruire nos ennemis : le *moineau,* le *bouvreuil,* le *bruant* et le *linot,* sans effrayer les oiseaux que nous voulons conserver.

Le *moineau* est essentiellement dévastateur ; il dévore des quantités incroyables de fruits et de grains ; mais il est plus facile à éloigner que les autres. Il suffit d'en prendre quelques-uns à un piége quelconque, ou de les tirer deux ou trois fois, pour que leur légion abandonne le jardin.

Quand les moineaux attaquent les fruits, c'est toujours avec fureur et en grande quantité ; il faut les tuer ; il n'y a pas d'autre moyen si l'on veut conserver sa récolte. On les tire non avec un fusil, qui ferait trop de bruit et effraierait les oiseaux à conserver, mais avec une carabine Flobert, qui ne détonne pas plus qu'un coup de fouet, et tue à vingt-cinq ou trente pas, neuf fois sur dix, quand on tire juste.

Tirez une heure pendant deux jours ; les moineaux partiront pour six ou sept jours, et recommencez jusqu'à la récolte des fruits.

Il est facile de sauver la récolte de la voracité des moineaux, en semant auprès, du *cresson alénois,* qu'on laisse monter à graine. Dès qu'il y a de la graine de cresson dans le jardin, les moineaux abandonnent tout pour la dévorer, et arrivent par centaines.

Laissez-les bien manger pendant quelques jours ; ils seront en bandes nombreuses, mais ils ne toucheront à rien qu'au cresson. Lorsqu'ils seront familiers, couvrez le matin tout le cresson de gluaux ; vous en prendrez quelques centaines jusqu'à midi ; le reste ne reviendra pas de quelques jours.

Mettez une seconde fois des gluaux, et si les moineaux reviennent une troisième, tirez-les en bandes ; vous n'en reverrez plus jusqu'à la récolte des fruits.

Ces moyens sont éfficaces et peuvent être mis en pratique, avec succès, par tout le monde. Les épouvantails (les bonshommes en paille, les vieux chapeaux et même les miroirs à double face) servent de perchoirs aux moineaux au bout de cinq ou six jours ; les pots ne servent guère qu'à les multiplier, car on les visite le plus souvent quand la couvée est partie : l'expérience l'a prouvé depuis longtemps.

Le *bouvreuil* est plus difficile à détruire : il vient dans l'hiver et toujours isolé. Deux bouvreuils mangent en un jour la moitié des boutons à fruits d'un espalier. Il n'y a qu'un moyen : c'est de les tirer aussitôt qu'il en vient un.

Le *bruant* et le *linot* sont des ennemis implacables pour qui a des graines dans son jardin. Ils les dévorent avec avidité. On peut en prendre des quantités considérables avec des gluaux posés sur les graines, et les tirer avec la plus grande facilité avec la carabine Flobert. Mais il faut leur faire une chasse acharnée, car ils ne sont pas fuyards, et reviennent sans cesse derrière vous, tant qu'il reste dans le jardin une de leurs graines de prédilection.

LES INSECTES.

Les insectes de toutes les espèces font des dégâts énormes. Les *vers blancs* (larves de hannetons), les *courtillières*, les *chenilles*, les *pucerons*, etc., sont les plus redoutables.

Les *vers blancs* se détruisent facilement, en enfouissant des déchets de laine comme fumure. L'action de la laine est très-énergique sur la végétation, et l'expérience m'a prouvé depuis longues années que partout où on enfouissait des déchets de laine en guise de fumier, les *vers blancs* disparaissaient pendant cinq années au moins.

Dans tous les cas, on doit toujours faire la chasse aux hannetons dans les fourrés, les bois, etc., et les détruire chaque printemps.

Les *courtillières* causent de véritables ravages quand elles sont nombreuses. Elles fouillent et tracent des galeries comme les taupes. On ne peut guère les détruire qu'en recherchant leurs galeries; on place une feuillle roulée, trempée dans l'huile, à l'orifice du trou, et l'on verse de l'eau dedans. La *courtillière*, chassée par l'eau, remonte, traverse la feuille huilée, et meurt aussitôt.

Ce moyen est long, demande beaucoup de soin et d'habitude d'opérer ; mais c'est jusqu'à présent le seul efficace et connu pour diminuer les ravages des courtillières.

Les *chenilles* de toutes les espèces sont des plus nuisibles dans les jardins ; elles dévorent les arbres, les fleurs et les légumes.

On défend les espaliers des chenilles, en chaulant les arbres, aussitôt la chute des feuilles, avec le chaulage caustique indiqué dans l'*Arboriculture fruitière*, cinquième édition.

Dans le potager et le jardin paysager, on peut sinon détruire, mais au moins diminuer très-sensiblement le nombre des chenilles et des vers, en se servant des oiseaux domestiques. Les poules et les canards rendent les plus grands services, et rien n'est plus facile que de les dresser très-promptement à la chasse aux insectes.

Ayez quatre ou cinq canards ; s'ils sont un peu sauvages, donnez-leur pendant quelques jours du pain pour les apprivoiser et vous faire approcher par eux. Aussitôt qu'ils viendront manger à côté de vous, donnez-leur des vers et des limaçons ; ils vous suivront où vous voudrez. Prenez une bêche ; conduisez-les dans le jardin, et retournez un peu de terre ; à chaque pelletée, ils se précipiteront sur les vers.

L'apprentissage de ces messieurs est fait ; il suffira, dès ce moment, de leur montrer une bêche pour qu'ils vous suivent où vous voudrez ; et quand on labourera, ils se placeront d'eux-mêmes en rang sur la jauge, guetteront chaque pelletée de terre, et tous les insectes iront dans leur estomac.

J'ai vu des canards qui suivaient des hommes armés de bêches comme des chiens, à une demi-lieue, sans s'arrêter ni flâner une minute. Le soir, on était obligé de les rapporter ; ils avaient tellement mangé, qu'ils ne pouvaient plus faire un pas.

Quand les chenilles attaquent les fleurs avec fureur, il y a un moyen très-simple de s'en débarrasser en quelques jours, si l'on a chez soi une couvée de petits poulets ; si on ne l'a pas, on peut la demander à un voisin.

Prenez des lattes de sciage de 2 mètres de long, et d'un centimètre carré. Posez quatre des mêmes lattes en travers par terre, une en haut, une en bas, et les deux autres au milieu, à égale distance. Clouez avec des petites pointes des lattes à 12 centimètres environ d'écartement. Lorsque vous aurez confectionné quatre claies, enfoncez en terre quatre piquets à chaque angle d'un carré de 2 mètres, près de l'endroit infesté de chenilles. Attachez vos claies sur les piquets avec des fils de fer ou même des ficelles : voilà un parc établi et économique par excellence.

A la maison maintenant : prenez une vieille caisse, si vous ne voulez pas vous lancer dans la confection d'une niche ; laissez-y une entrée, assez grande pour que la poule puisse y passer, et fermez-la avec un grillage très-serré pour la nuit, en prévision des bêtes fauves ; couvrez avec un paillasson, et voilà la maison d'habitation placée au milieu du parc.

Il n'y a plus qu'à mettre la poule et ses poussins dans le parc. Quelques instants après, les poussins aperçoivent les chenilles ; ils passent entre les lattes, et en font un vrai carnage. Ils laissent tout pour une chenille, et restent sourds aux cris de la mère tant qu'ils en trouvent.

On promène le parc tout le long des endroits infestés, et en quelques jours les chenilles sont converties en engrais parfait.

C'est une excellente pratique que de laisser quelques poules libres pendant l'hiver dans le jardin fruitier et dans le potager, quand il n'y a plus rien à becqueter, et que leur grattage n'est plus à redouter.

Les *loches* font des ravages énormes dans les corbeilles ; elles dévorent tout. Il est un moyen très-simple d'en prendre une grande quantité : quand les *loches* attaquent une corbeille, on met une poignée de son sur des tuiles placées autour, de distance en distance ; elles se jettent avec la plus grande voracité sur le son, et le matin chaque tuile est couverte de centaines de *loches*, qu'il est facile d'écraser.

Un peu de cendre ou de plâtre répandu autour d'une corbeille la défend des loches et des escargots, non moins redoutables que les loches, surtout quand ils attaquent les pétunias ; c'est leur mets favori.

Quand vous plantez des pétunias en corbeilles, en groupes ou isolés, ne les quittez pas de vue après la mise en place. Dès que vous verrez une feuille mangée, cernez la corbeille, le groupe, ou même la plante isolée, avec de la cendre ou du plâtre ; les loches et les escargots n'y viendront plus. La causticité de la cendre, et plus encore celle du plâtre, les jette dans des convulsions atroces au moindre contact, et les fait périr aussitôt.

Toutes les fois que les loches et les escargots attaquent une corbeille, elle sera dévorée en quatre ou cinq jours. Mettez de la cendre ou du plâtre d'abord, et en même temps montez le parc mobile des poussins dans le voisinage. Ils ne mangeront pas les escargots (la force de leur bec s'y oppose), mais ils ne feront qu'une becquetée des loches.

J'ai commencé l'indication de mes cures par l'action des animaux. C'est la plus énergique, comme la plus assurée. Les bêtes offrent un contraste frappant avec l'homme, et j'ai le regret d'être forcé de l'avouer. Dans la destruction des insectes, l'avantage est en faveur des bêtes ; elles ont les qualités des défauts de l'homme.

Les animaux poussent l'amour paternel et maternel au plus haut degré, et cet amour exagéré de la famille leur donne le courage poussé jusqu'à la vaillance, l'intrépidité et la persévérance jusqu'aux limites de la folie, et convertit les plus faibles d'entre eux en lions furieux, s'ils soupçonnent que leur progéniture peut courir le moindre danger. De plus, le père et la mère d'animaux quelconques ont la reconnâissance de l'es-tomac ; ils vous seront dévoués si vous leur donnez à manger ; mais si vous en donnez à leurs petits, ils vous adoreront et ne trouveront pas assez de caresses pour vous prouver leur reconnaissance.

L'animal est un animal, mais il ne sera jamais une

bête. C'est ce qui fait sa supériorité sur l'homme, qui n'est pas un animal assurément, mais qui est, hélas! trop souvent bête, avec quinze accents circonflexes superposés.

La supériorité de l'animal vient peut-être de ce qu'il ne s'occupe pas de politique. C'est sans doute à l'absence des ambitions les plus stupides qu'il doit de remplir tous ses devoirs de famille avec héroïsme, et qui lui inspire la reconnaissance au lieu de lui souffler l'ingratitude.

La dernière des poules entreprendrait de percer le globe avec ses pattes, pour donner un ver à ses poussins. Je ne veux pas faire de comparaison en défaveur de la race humaine. Vous lisez les journaux, cher lecteur; vous m'avez compris. La même poule, qui n'a pas été gratifiée de l'enseignement laïque et obligatoire, sait compter peut être mieux que ne le sauront jamais les jeunes citoyens que l'on voudrait forcer à fréquenter ces écoles.

Vous en doutez, cher lecteur. Admettez que vous ayez la poule la moins intelligente, ayant quinze poussins. Prenez un de ses poussins, et cachez-le; il ne faudra pas six secondes à la poule ayant le moins d'instinct, pour compter jusqu'à quinze, et quand elle verra que le quinzième poussin manque, vous entendrez un beau vacarme. Cette bonne volaille voudra son quinzième enfant; il le lui faudra à tout prix.

Dernièrement, dans une fête, je ne sais plus laquelle, les journaux annonçaient que plusieurs enfants avaient été perdus sur les boulevarts. Pauvres petits êtres, que n'aviez-vous des poules pour mères! L'animal ne vous aurait pas perdus, je vous en réponds.

J'ai donc compté sur les animaux pour nos plus puissants auxiliaires dans la destruction des insectes, et leur ai donné la place d'honneur. Passons maintenant à ce que peut faire la main de l'homme pour préserver nos cultures.

Parmi les insectes les plus redoutables, je citerai le puceron, qui attaque les rosiers et une foule d'autres plantes avec fureur; les rossignols, les fauvettes et d'autres petits oiseaux en consomment des quantités considérables. Mais la multiplication de ces insectes est tellement rapide, que l'homme doit aider les animaux.

On détruit les pucerons avec la plus grande facilité avec de l'eau de pluie ou de rivière, dans laquelle on fait dissoudre 25 grammes de savon noir par litre. On peut augmenter la dose de 10 grammes par litre pour la seconde aspersion.

Le liquide doit être lancé avec force et en pluie très-fine, pour qu'il puisse atteindre toutes les feuilles en dessus et en dessous. *La pompe à main de Dudon* est le meilleur instrument que l'on puisse employer pour cet usage. Quand l'eau n'est pas projetée avec force et en pluie très-fine, le résultat est nul.

L'araignée cause de sérieux dégâts dans les semis; elle perce la tige et fait périr les jeunes plantes, le plus souvent. On la détruit en répandant de la cendre ou de la chaux vive dans les sentiers, et surtout en bassinant en même temps les semis avec une décoction de suie ou une dissolution de savon noir.

Le *tiquet* (*altise*) ou *puce de terre* fait grand tort aux semis, qu'il détruit quelquefois. Quand on en est infesté, on sacrifie le semis pour les détruire, en le couvrant d'herbe fine bien sèche, à laquelle on met le feu.

Quand les *tiquets* ne sont pas en trop grande quantité, on les détruit assez facilement avec des arrosements très-copieux donnés en plein soleil, à l'heure la plus chaude de la journée. On verse très-vite une grande quantité d'eau. L'arrosoir maraîcher Raveneau est excellent pour cela, en ce que l'eau, projetée en très-grande quantité, séjourne quelques instants sur la planche. Elle entraîne avec elle les *tiquets*, qui sont noyés en grande partie.

Les *fourmis* sont très-gênantes, surtout quand elles établissent leur domicile dans les couches. On s'en débarrasse en jetant de l'eau bouillante sur la fourmilière, et en créant quelques fourmilières artificielles autour des couches.

On laboure profondément un diamètre de terre de 60 centimètres environ, et l'on arrose copieusement. Ensuite, on recouvre la terre labourée et mouillée avec un grand pot à fleur dont on bouche le trou, pour empêcher la lumière de pénétrer dessous.

Cinq ou six jours après, il y a une fourmilière sous le pot; on l'enlève, et l'on jette de l'eau bouillante sur les fourmis.

Quand il y a une fourmilière éloignée des plantes, on la détruit radicalement en cinq minutes, en versant dessus du pétrole ou de l'essence minérale, et en y mettant le feu.

Enfin, avec un peu de soin, d'activité et une surveillance constante, on ne détruit pas radicalement, mais on empêche assez la multiplication des animaux nuisibles et des insectes pour éviter de grands dégâts.

L'industrie nous offre chaque jour des insecticides ayant, dit-elle, le pouvoir de détruire tous les insectes de la création.

J'accueille généralement tous ces inventeurs avec la déférence que l'on doit à tout homme susceptible d'apporter un remède aux maux de l'humanité; mais je ne consens à parler de leur découverte, dans mes almanachs et dans mes livres, qu'après expérimentation, c'est-à-dire quand l'expérience pratique m'a prouvé que le produit remplit son programme. Les lignes que j'insère sont gratuites ; je ne demande pas d'argent, ce qui pourra étonner une grande partie du peuple français ; mais je veux des produits sérieux, appelés à rendre des services. A cette condition, je suis heureux de les recommander.

Beaucoup d'inventeurs de produits *incomparables* ont pris leur chapeau et leurs *jambes à leur cou* devant mon programme. Parmi les inventeurs, un seul ne s'est pas présenté chez moi : c'est M. Fichet, auteur d'un insecticide dont il s'est contenté de m'envoyer une bouteille par un tiers, M. Derouet.

J'ai employé la bouteille et ai obtenu de bons résultats. J'avais dit à Derouet de m'envoyer M. Fichet. J'avais parlé de son produit dans l'un de mes almanachs, et voulais faire de nouvelles expériences avant de lui donner une place dans mes livres.

Derouet m'avait même dit : « M. Fichet viendra bientôt et vous détruira, séance tenante, tout ce que vous voudrez ; il s'en fait un plaisir. » Ce à quoi j'ai répondu : « Envoyez-le-moi. »

J'ai le regret de n'avoir jamais vu M. Fichet, et je le regrette dans l'intérêt général, après l'unique essai que j'ai fait de son invention. Derouet a-t-il oublié de lui dire que je désirais le voir ? C'est très-probable. Si ces lignes tombent sous les yeux de M. Fichet, il peut venir quand il voudra faire de nouvelles expériences, et si elles sont aussi concluantes que celle que j'ai faite, je serai heureux de donner une large place à son produit dans les *Classiques du jardin.*

SIXIÈME PARTIE

FLORICULTURE

Choix des plantes. — Désignation et culture spéciale de chacune d'elles.

Mon but, je l'ai dit déjà, est de faciliter la culture des fleurs à tous, et de mettre tout le monde à même d'avoir un jardin constamment fleuri, avec une culture simple et facile, c'est-à-dire sans serres, sans grand travail, et aussi avec peu de dépense.

Il en a été de la culture des fleurs comme de celles des fruits et des légumes. On s'est guidé avec des livres effleurant tout et approfondissant peu de choses. On a voulu de tout; on a fait superficiellement de tout, et on a échoué presque dans tout.

L'*Arboriculture fruitière* et le *Potager moderne* ont ouvert des horizons tout nouveaux. Ces deux livres ne traitent chacun que de leur sujet, mais en traitent à fond, et de la manière la plus pratique. Tous ceux qui les ont suivis à la lettre ont obtenu des résultats qui ont dépassé leurs espérances. C'est tout simple : ils ont entrepris une chose qu'ils avaient étudiée dans un livre concis et pratique, dans tous ses détails, abandonnant les chimères pour la réalité, et attaquant de front les erreurs et la routine, pour entrer dans la voie de la vérité et du raisonnement.

Parcs et Jardins suit la même route pour atteindre le même but : la création de jardins ayant le sens commun, où les végétaux que l'on y plante puissent vivre, et la production abondante des plus belles espèces de fleurs facile pour tous, et possible pour toutes les bourses.

Pour atteindre ce but à coup sûr, il faut abandonner le merveilleux, pour adopter le bon.

Le merveilleux, c'est la culture des plantes exotiques, des fleurs de serre chaude, assez laides la plupart du temps, et coûtant des prix insensés. Ces merveilles ont leur raison d'être dans les maisons princières ; elles sont là à leur place, et je ne saurais trop en encouraher la culture par d'habiles jardiniers, dans ces conditions. Essayer de faire ces cultures avec une fortune modeste et un matériel insuffisant, c'est vouloir courir un grand prix avec un cheval de fiacre.

Le bon, c'est la culture des plantes rustiques, venant bien en pleine terre, sans le secours d'autre installation qu'une orangerie, un coin de serre de quelques mètres, ou même de modestes châssis.

Je pourrais ajouter que le beau se trouve plus souvent dans les choses modestes que dans les choses rares ou nouvelles. Loin de ma pensée de repousser les nouveautés ; je les accepte, quand elles sont belles, avec un empressement égal à celui avec lequel je conserve une belle fleur, quelque vieille qu'elle soit. Je veux du beau, mais du vrai beau, et non des choses qui ne sont trouvées belles que parce qu'elles viennent d'éclore.

J'étends, autant que cela m'est possible, ma liste de plantes à cultiver, mais en me renfermant dans mon programme : plantes rustiques de pleine terre pour la plupart, belles fleurs ; culture facile et économique.

Cette liste peut être augmentée d'excellentes plantes, je le sais ; mais je ne puis m'écarter de mon but, en adoptant des choses douteuses.

Les personnes qui me suivront à la lettre seront assurées de réussir dans leurs cultures, d'avoir de jolies fleurs, et de finir toujours la culture qu'elles auront commencée. Les amateurs de collections ont le champ libre ; ils trouveront dans tous les catalogues une foule de choses très-méritantes, mais je ne réponds de rien comme résultat.

Cela dit, je commence ma liste de plantes :

Abronia umbellata. Plante annuelle, très-ramifiée, atteignant la hauteur de 1ᵐ 50 environ, pouvant être employée comme plante grimpante. Fleurs rose lilacé, en ombelle, d'une odeur suave, de juillet à octobre. Sol léger et exposition chaude. Vient très-bien en espalier au midi.

Semer en août, en pleine terre, repiquer en pépinière, et hiverner ensuite sous châssis ou dans l'orangerie, pour mettre en place au mois de mai suivant.

Aconit Napel. Vivace. Tiges nombreuses, très-garnies de feuilles, de la hauteur de 1ᵐ 20. Fleurs bleues, en longs épis, ayant la forme d'un casque, de mai à juillet.

Aconit à fleurs blanches. Mêmes caractères. Fleurs blanches, en juin et juillet.

Aconit rubicand. Tiges rameuses, de la hauteur de 1 mètre. Feuilles très-courtes; fleurs lie de vin mélangé de jaune, en juillet et août.

Les aconits sont une précieuse ressource pour la décoration des massifs factices, des massifs mixtes, et même pour placer dans les clairières des grands massifs; c'est une plante à effet par excellence. Ils demandent un sol frais et léger, et une exposition un peu ombragée.

On multiplie les aconits par division de pieds et par semis. On sème d'avril à juillet, à une exposition un peu ombragée, dans des pots remplis de terre de bruyère. On les enterre pour y maintenir l'humidité nécessaire. Aussitôt que les plantes ont quatre à cinq feuilles bien développées, on les repique en pépinière, pour les mettre en place dès qu'ils sont assez forts. Il est impossible d'indiquer les époques de repiquage et de mise en place. La graine d'aconit est très-longue à lever; parfois elle ne lève que le printemps suivant.

Adonide d'été, goutte de sang. Annuelle. Tiges droites très-feuillées; fleurs jaunes et rouges, en mai et juin. Cette plante peut être employée pour bordure, et isolée dans les massifs factices. Vient dans tous les sols de consistance moyenne.

On sème en place à deux époques : en septembre, pour obtenir des fleurs en mai et juin; en mars et avril pour fleurir en juillet et août.

Agératum du Mexique. Annuel. Tiges rameuses, de

40 à 50 centimètres de hauteur. Fleurs en flocons bleu gris, d'un très-joli effet, de mai à novembre.

Agératum nain. Mêmes caractères que le précédent et mêmes fleurs, mais plus petites. Sa hauteur, de 15 à 25 centimètres, en fait une plante précieuse pour bordures.

Les agératums viennent partout, dans tous les sols et à toutes les expositions. On peut en faire des corbeilles, des groupes au bord des massifs, et les planter isolés. La facilité de leur culture, comme leur abondante et longue floraison, leur assure une place des plus honorables dans tous les jardins. De plus, leurs fleurs produisent le plus joli effet dans les bouquets.

On peut semer les agératums à trois époques différentes : en mars, sur couche, pour repiquer en pépinière sur couche sourde et mettre en place en mai : on obtient des fleurs de juin à septembre ; en avril, sur une vieille couche, pour repiquer en pépinière en pleine terre et mettre en place en juin : ces plantes fleurissent de juillet à septembre ; en août, en pleine terre, pour mettre en pépinière en pleine terre, et ensuite en pots pour hiverner sous châssis : les fleurs apparaissent en mai.

Quand on veut avoir des agératums de très-bonne heure, on les bouture au mois d'août et de septembre en pots, pour les hiverner sous châssis.

Il est toujours prudent, quand on a une serre, de mettre en pots quelques vieux pieds d'agératums, pour les conserver dans la serre, et même sous châssis, dans le cas où il arriverait un accident aux semis ou aux boutures. Ces vieux pieds fourniront d'excellentes tiges que l'on pourra bouturer au printemps, et répareront facilement un désastre.

Tous les agératums provenant de semis ou de bouture doivent être pincés sur trois ou quatre feuilles, pour les faire ramifier. Traités ainsi, ils formeront des buissons splendides.

Amarante queue de renard. Annuelle. Tige rameuse, de 60 à 80 centimètres de hauteur. Feuilles ovales, étoffées, vert gai ; fleurs en épi retombant, très-long, couleur amarante, de juillet à septembre. Sol léger et exposition chaude.

L'amarante est une très-belle plante d'ornement, une plante à effet que l'on peut employer pour les très-grandes corbeilles, en groupes d'une ou plusieurs couleurs, ou isolées au bord des massifs.

Les amarantes font un très-joli effet cultivées en vases, pour l'ornement des perrons et des terrasses. On peut augmenter la taille de l'amarante en la semant de très-bonne heure et en lui donnant beaucoup d'engrais et de fréquents arrosements. Des vieux terreaux ou des composts bien décomposés sont excellents ; si on y ajoute quelques arrosements au *floral*, elle peut atteindre la hauteur d'un mètre.

On sème sur couche tiède de mars à avril ; on repique en pépinière sur couche sourde, et l'on met en place en juin, pour obtenir des plantes très-grandes et des fleurs très-précoces. Quand on veut avoir des amarantes moins grandes et plus tardives, on sème sur couche sourde ou même en pleine terre en mai ; on repique en pépinière en pleine terre, pour mettre en place quand les plantes sont assez fortes.

Il y a plusieurs variétés d'amarantes, de plusieurs couleurs ; j'indique les principales, qui nous permettront d'augmenter la culture de cette belle et bonne plante :

Amarante à fleurs jaunes. Mêmes caractères que la précédente. Fleurs jaunes, de juillet à octobre.

Amarante à feuilles rouges. Atteignant la hauteur de près d'un mètre. Feuilles rouges ; fleurs pourpres, de juillet à octobre.

Amarante gigantesque. Atteignant la hauteur de 1m 50 au moins. Feuilles vertes lavées de rouge ; fleurs abondantes, cramoisies, de juillet à septembre.

Amarante bicolore. Hauteur : 1 mètre. Feuilles vertes et rouges très-ornementales ; fleurs petites, vertes, insignifiantes, de juillet à septembre. Cette variété est cultivée pour son feuillage, des plus remarquables.

Amarante mélancolique, très-rouge. Plante très-ramifiée, cultivée uniquement pour son feuillage rouge très-vif. La fleur n'a aucun mérite, mais la feuille est des plus remarquables. On obtient des touffes magnifiques et moins élevées en pinçant les tiges.

Amarantoïde (immortelles). Annuelle. Blanchâtre, un peu velue et ramifiée, de la hauteur de 30 centimètres environ. Fleurs de couleurs différentes, de juillet à octobre.

Les fleurs des amarantoïdes conservent parfaitement leurs couleurs quand elles sont desséchées, et deviennent pendant l'hiver une précieuse ressource pour les vases et les bouquets. Il suffit de les accrocher, la tête en bas, dans une pièce très-saine, et de les laisser sécher ainsi pour les conserver indéfiniment.

Ces plantes font un très-joli effet en bordure ; on peut en faire des corbeilles, des groupes, et les planter isolées au bord des massifs factices.

Les amarantoïdes demandent un sol sec et léger, abondamment pourvu d'humus. On sème sur couche vers la fin de mars ; on met en pépinière sur couche sourde et en place vers la fin de mai.

Les principales variétés sont :

Amarantoïde violette. Fleurs violet luisant.

Amarantoïde panachée. Fleurs blanches panachées de violet.

Amarantoïde couleur chair. Fleurs carnées.

Amarantoïde blanche. Fleurs blanches.

Amarantoïde orange. Fleurs jaune orange. Cette dernière variété, plus délicate que les autres, demande beaucoup de chaleur et ne vient bien que dans du terreau mélangé de terre de bruyère.

Ancolie des jardins. Vivace. Tiges droites, de 80 centimètres de haut environ. Fleurs pendantes, en forme de capuchon, ayant l'ouverture vers le sol de plusieurs couleurs : violet, blanc, pourpre, rose et quelquefois panaché, fleurissant en mai et juin.

L'ancolie est une plante rustique venant à peu près partout et à toutes les expositions, même à celles ombragées. Cette plante est utilisée pour former des groupes au bord des massifs factices, et au besoin dans les massifs, pour boucher une clairière.

Les ancolies se multiplient par divisions de pieds.

Quand on veut obtenir de nouvelles variétés, on sème à l'ombre, en pleine terre mélangée de terre de bruyère et de terreau, en mai et juin. On repique en pépinière en pleine terre, pour mettre en place à l'automne ou au printemps, suivant la force du plant.

Les graines sont longtemps à lever ; il arrive parfois qu'elles ne lèvent qu'au printemps suivant.

Anémone. Plante vivace, à souche aplatie, que l'on appelle généralement patte. Feuillage élégant, très-découpé, vert clair, haut de 10 centimètres environ ; fleurs portées sur une hampe de 20-25 centimètres, de nuances variées et panachées à l'infini du blanc au rose, au rouge, au bleu et au violet. Les anémones fleurissent pendant très-longtemps, souvent du printemps à l'automne.

Les anémones ne seront jamais assez cultivées dans les jardins, autant pour la richesse et la variété de leur coloris que pour l'élégance et la longue durée de la fleur et de la floraison.

Cette excellente plante forme les plus jolies corbeilles, des bordures du plus vif éclat, et des groupes du plus joli effet. On peut mettre des anémones partout et dans tout, sans avoir jamais à regretter leur abondance. C'est la fleur à effet par excellence ; elle tranche sur toutes les autres, égaie et éclaire les endroits les plus obscurs.

Les anémones sont simples ou doubles. Les simples ont des couleurs plus éclatantes, plus variées, sont plus vigoureuses que les doubles ; elles fleurissent aussi davantage et plus longtemps.

L'anémone réussit à peu près dans tous les sols de

consistance moyenne, contenant des engrais décomposés depuis longtemps. Les corbeilles fumées, comme je l'ai indiqué, avec des composts entièrement désagrégés et des vieux terreaux de couche, lui conviennent parfaitement. Elle ne redoute que l'excédant d'humidité dans le sol, ce que nous n'avons jamais à craindre dans nos jardins.

On multiplie les anémones par division de pattes et par semis. La division des pattes donne des résultats immédiats ; c'est le mode qui convient le mieux au propriétaire. Il lui suffira de demander des pattes d'anémones variées, simples ou doubles, à une bonne maison, pour avoir la même année une riche et abondante floraison.

Le semis donne des variétés et des nuances nouvelles ; il est toujours bon d'en faire chaque année, tantôt avec la graine récoltée chez soi, tantôt avec celles provenant de bonnes sources, pour enrichir sa collection

On plante les pattes d'anémones à l'automne ou au printemps. La plantation d'automne, en septembre ou octobre, est préférable à celle du printemps, en ce qu'elle donne des plantes plus vigoureuses, et une floraison plus abondante et de plus longue durée. Les anémones doubles seront plantées au plus tard dans les premiers jours de septembre. Les plantations faites dans ces conditions commenceront à fleurir en avril, et donneront des fleurs jusqu'en juillet.

Pendant l'hiver, il faudra garantir la plantation d'anémones des fortes gelées, avec une couverture quelconque : mousse, paille, vieux fumier, paillassons, peu importe, pourvu que le sol ne gèle pas. .

La plantation du printemps se fait en février et mars ; les premières fleurs apparaissent en mai, et la floraison se prolonge jusqu'en août.

La plantation des anémones doit se faire avec le plus grand soin. Les pattes sont très-fragiles : un rien les brise ; il faut les prendre avec la plus grande précaution, et bien les regarder pour savoir où est le haut et le bas, afin de planter le collet, sur lequel se développeront les yeux, en haut, et non en bas. On plante les pattes à une profondeur de 6 à 8 centimètres. Les anémones doivent être plantées assez près, en corbeilles, en groupes ou en bordure, pour que les feuilles couvrent entièrement le sol. Une distance de 20 centimètres est suffisante pour les doubles ; on plante les simples à 25 centimètres.

Lorsque la floraison est terminée et que les feuilles sont fanées, la végétation de l'anémone est terminée. Alors on arrache les griffes ; on les divise, et on les met sécher à l'ombre dans une pièce bien saine, sur des tablettes ou sur le parquet, où on les conserve jusqu'à la première plantation.

Les semis d'anémones se font en juin, en pots ou en pleine terre. Pour maintenir la terre fraîche et empêcher les mauvaises herbes de pousser, on couvre le sol de mousse, sur laquelle on arrose pour lui donner l'humidité nécessaire. ◦

Pendant l'hiver, on préservera le semis des atteintes de la gelée avec une couverture quelconque, et vers le milieu de l'été suivant, les pattes seront bonnes à arracher pour les mettre en place.

On obtient souvent, il est vrai, de nouvelles nuances, et de même de nouvelles variétés par le semis, mais il faut attendre deux années avant de voir la première fleur.

Anthémis d'Arabie. Plante annuelle, très-touffue et rameuse dès la base, haute de 50 à 60 centimètres. Feuilles vert un peu foncé ; fleurs blanches ressemblant à la marguerite des prés, de juillet à octobre.

L'anthémis d'Arabie a le mérite de fleurir abondamment et pendant très-longtemps ; on en obtient de très-belles touffes par le pincement, et à ces titres elle peut entrer dans les corbeilles et dans les plates-bandes des massifs.

On sème en mars en pleine terre, sous cloche ou dans une plate-bande abritée ; on repique en pépinière en pleine terre, pour mettre en place à la fin de mai.

Dès que la tige principale a développé cinq ou six feuilles, on pince sur quatre, puis on pince ensuite sur cinq ou six feuilles les ramifications nées après le premier pincement.

Quand on veut s'éviter la peine de semer, on bouture des anthémis dans des pots, en août ou septembre. On pince les boutures comme je viens de l'indiquer, puis on les hiverne sous châssis froids ou dans l'orangerie, pour les mettre en place en mai. Ces boutures font de très-belles plantes, dont la floraison est très-précoce et des plus abondantes.

Argémone à grandes fleurs. Plante annuelle, d'un vert glauque ; tiges vigoureuses et très-rameuses, formant une belle touffe de la hauteur d'un mètre environ.

fleurs blanches, d'une odeur suave, de juillet à octobre.

L'argémone est une plante précieuse pour les massifs; elle fait diversion par la couleur de ses feuilles, et ses fleurs blanches éclairent les massifs les plus obscurs, en répandant un parfum délicieux dans le jardin. Elle vient dans les sols qui ne sont pas trop humides.

On sème sur couche en mars; on repique en pépinière sur couche sourde ou en pleine terre, pour mettre en place en mai.

Aspérule (muguet). Plante vivace; tiges de 20 à 25 centimètres de hauteur. Fleur blanche, petite, mais très-odorante, en mai.

On sème en juin; on repique en pépinière pour mettre en place à l'automne ou au printemps, si le plant n'était pas assez fort. L'aspérule vient à peu près partout, mais de préférence dans les endroits frais et ombragés. Avec quelques pieds repiqués dans les clairières des massifs, on embaume le jardin pendant le mois de mai.

Baguenaudier d'Éthiopie. Plante annuelle. Tige ligneuse à la base, rameuse et haute de 70 centimètres environ. Feuilles blanchâtres; fleurs rouge écarlate, de mai à septembre.

Le baguenaudier d'Éthiopie est une plante très-ornementale, pas assez cultivée et trop peu connue. Elle fait le meilleur effet devant les massifs, en groupe ou isolée.

Baguenaudier à grandes fleurs. Plante bisannuelle, ayant les mêmes caractères que la précédente, mais avec cette différence que celui-ci ne fleurit que la seconde année, et que les fleurs sont beaucoup plus grandes.

Les baguenaudiers viennent dans tous les sols exempts d'humidité surabondante, et demandent une exposition chaude. On sème sur couche en mars; on repique sur couche sourde, pour mettre en place quand le plant a acquis la force nécessaire.

On sème encore en juin et juillet en pleine terre ; on repique en pots, que l'on place sous châssis, en privant d'air pour assurer la reprise, puis on enterre les pots dans une planche jusqu'à l'automne, et on les hiverne ensuite sous châssis, pour les mettre en place au mois d'avril suivant.

Balisier (canna), *canne d'Inde*. Plante vivace, ayant une souche volumineuse; tiges de $1^m 50$ de hauteur, garnies de belles feuilles ovales, terminées par des fleurs en épi, rouge carminé, rouge et jaune, ou jaune pointillé de rouge, suivant les variétés, depuis le mois de juillet jusqu'aux gelées.

Le balisier est une plante ornementale par excellence pour les parcs et les très-grands jardins. Il serait plus que ridicule dans un très-petit jardin, où son effet serait celui d'un bonnet à poil coiffant un enfant en maillot. C'est une plante ornementale par excellence, mais à laquelle il faut de la place, ou elle écrasera tout.

Je suis obligé de dire ceci, parce que je sais d'avance que bon nombre d'individus ayant un jardin de 6 mètres carrés me diront :

— Monsieur, le balisier est une plante à la mode ; il me faut des balisiers dans mon jardin, ou je suis un homme déshonoré. J'ai toujours été à la mode, monsieur.

— Même quand elle a été ridicule ?

— Oui, monsieur ; la mode, c'est ma loi.

— Le balisier est à la mode, c'est vrai, et il le mérite ; c'est une plante splendide, mais elle est à la mode pour les parcs, les grands jardins, les squares...

— Vous en convenez : le balisier est à la mode ; il m'en faut.

— Pas dans votre jardinet.

— Si, monsieur ; c'est la mode ; j'en veux, entendez-vous ? Moi ne pas être à la mode !

— Vous seriez perdu de réputation ?

— Vous l'avez dit, monsieur.

— Très-bien, monsieur ; pavez votre jardinet de balisiers ; faites tout ce que vous voudrez, et surtout ne venez plus me demander de conseils.

— *Mossieur*, je trouverai des gens plus conciliants que vous.

— Je n'en doute pas.

— Qui ne mettront pas les deux pieds sur la mode, ce qu'il y a de plus sacré...

— A l'époque où nous vivons ?

— A toutes les époques, *mossieur*.

— Faites ce que bon vous semblera, et n'abusez pas de mon temps. Allez planter vos balisiers, et que votre erreur vous soit légère !

Le balisier produit un effet splendide en massif dans les parcs et les très-grands jardins ; en groupe, auprès des pièces d'eau et des kiosques. C'est une plante à grand effet, mais pour les grands espaces seulement.

Il existe une grande quantité de variétés de balisiers; je citerai les principales :

Balisier à feuilles d'iris. Tiges de 2 mètres à 2^m 50 de hauteur ; fleurs rose vif taché de jaune.

Balisier gigantesque. Tiges de 2 mètres d'élévation ; fleurs grandes, rouge pourpre foncé.

Balisier discolor. Tiges de 2 mètres de hauteur ; fleurs rouge orangé.

Il existe quantité d'autres variétés que l'on trouvera dans les catalogues des marchands de plantes.

La culture des balisiers est des plus simples. Donnez-leur un sol aussi meuble que riche, de la lumière, de l'air, des engrais et de l'eau en quantité suffisante, et vous obtiendrez des résultats resplendissants.

On sème les balisiers sur couche en février et mars ; on repique en pépinière sur couche, pour mettre en place en juin. On sème encore de mai à juillet, en pleine terre, pour repiquer les plants en pépinière. A l'aide de ce semis tardif, on obtient des plantes excellentes pour l'année suivante, en les hivernant dans une serre ou même dans la serre à légumes, pour les mettre en place au mois de mai suivant.

La multiplication des balisiers peut s'opérer par division de pieds à l'automne ou au printemps. On met les pieds sur couche chaude et sous châssis en mars ou avril ; la végétation se manifeste aussitôt ; on enlève chaque bourgeon naissant avec une parcelle de racine, et on le plante dans un pot sur couche tiède, jusqu'à ce que la température permette de les mettre en place, ce qui est des plus faciles, en les dépotant et les plantant en mottes.

Balsamine. Plante annuelle. Tige rameuse, à ramifications pyramidales, de la hauteur de 50 centimètres environ. Feuilles longues, d'un beau vert; fleurs de toutes les couleurs et panachées dans toutes les nuances, du blanc au violet foncé, au rouge cocciné et au pourpre, depuis juin jusqu'à octobre.

La balsamine est une plante précieuse pour corbeilles, bordures, groupes, et en plante isolée au bord des massifs. Il en existe plusieurs variétés; nous en adopterons deux seulement :

1° *La balsamine camélia*, la plus belle de toutes les doubles; la fleur atteint le volume d'un petit camélia, quand elle est convenablement cultivée ;

2° *La balsamine naine*, de la hauteur de 30 centimètres au plus. Cette variété, très-ramifiée et très-florifère, est une fleur par excellence pour bordures.

La culture de la balsamine est des plus faciles; elle vient partout et à toutes les expositions, à la condition de lui donner un sol perméable, contenant assez d'engrais très-consommé, de terreau, et la quantité d'eau suffisante.

On sème en pleine terre, un peu clair, sous cloche, et dans un endroit abrité, en mars ; on abrite en cas de gelée, à laquelle la balsamine est très-sensible, et dès que les gelées ne sont plus à craindre, on la met en place ou on la repique en pépinière.

La balsamine peut être mise en place en sortant du

semis; mais il est préférable de la mettre en pépinière, pour attendre les fleurs moins longtemps. Sa place est dans la pépinière de réserve, où on peut l'élever, pour l'enlever quand elle commence à fleurir. En la déplantant en motte avec le déplantoir, même en pleine fleur, en la replantant tout de suite et en l'arrosant copieusement pendant quelques jours, elle ne fane même pas.

Il est toujours prudent d'avoir une certaine quantité de balsamines dans la pépinière de réserve, autant pour récolter les graines des plus beaux pieds que pour avoir, en cas d'accident ou de perte, d'autres fleurs, des plantes toutes fleuries pour les remplacer.

Bambou. Plante vivace du plus bel effet dans le voisinage des rocailles, dans les pelouses et au bord des massifs, où ils apportent un contraste des plus heureux.

Il existe plusieurs variétés de bambous ; j'en adopterai deux, les deux préférables, bien entendu :

Le *bambou noir*, produisant de nombreuses tiges de la hauteur de 1m 50 à 2 mètres, d'un vert clair pointillé de noir, et devenant noir luisant en vieillissant. Ces tiges noires offrent un contraste frappant avec le vert clair des feuilles, et en font une plante ornementale du plus grand mérite.

Le *bambou vert glaucescent.* Plante vivace, produisant des tiges de 3 à 4 mètres de hauteur, d'un vert clair jaunâtre, feuillage vert gai en dessus, glaucescent en dessous.

Les bambous veulent, pour acquérir tout leur développement, un sol substantiel et profond, mais sans humidité surabondante.

On multiplie les bambous par séparation de pieds, au printemps. On met les jeunes sujets en pots, que l'on enterre dans le terreau d'une couche chaude ; on les laisse jusqu'à ce que la température permette de les mettre en place en pleine terre.

Il est toujours prudent, dans le nord de la France et sous le climat de Paris, de couvrir le pied des bambous, pendant l'hiver, avec des feuilles ou du fumier, pour préserver les racines de la gelée.

Basilic. Plante annuelle, aromatique, de 25 à 30 centimètres de hauteur, formant naturellement de très-jolies touffes et de charmantes bordures.

Nous en cultiverons trois variétés seulement pour cet objet :

Le *basilic petit* (fin vert). Jolie plante très-rameuse, feuillage vert gai.

Le *basilic à feuilles violettes* (fin violet). Feuillage violet.

Le *basilic frisé.* Très-odorant. Feuillage vert pâle.

La culture du basilic est des plus faciles. On sème sur couche en mars, et on repique dans des pots que l'on enterre dans une planche bien exposée et abritée, pour mettre en place quand les gelées ne sont plus à craindre.

On dépote au fur et à mesure de la déplantation, et l'on enterre aussitôt : les plantes ne fanent jamais.

Rien n'est plus joli ni plus odorant qu'une bordure

de basilic ; le vert et le violet tranchent sur tous les feuillages et répandent dans le jardin une excellente odeur, aussitôt que les pieds sont agités par le vent.

Il est facile d'obtenir des plantes plus petites et très-ramifiées par le pincement. On plante les pieds de 25 à 30 centimètres de distance pour faire des bordures.

Bégonia discolor. Plante vivace, bulbeuse, des plus méritantes à introduire dans les parcs et les jardins. Les tiges charnues et vigoureuses portent des feuilles vert intense en dessus, rouge sanguin en dessous, et se terminent par des fleurs roses s'épanouissant de mai aux gelées.

Cette belle plante, ornementale par la feuille et par la fleur, est d'une hauteur de 30 à 40 centimètres ; elle vient dans tous les sols, pourvu qu'ils soient ombragés et contiennent un peu de terreau.

Le bégonia discolor doit être placé à l'ombre. Ses feuilles ne doivent pas voir le soleil, ou elles brûleront tout de suite. On l'emploie pour corbeilles et pour groupes dans les endroits ombragés ; il forme aussi les plus jolies bordures, mais à la condition d'être à l'ombre. En pots, il fait le meilleur effet à l'intérieur des terrasses couvertes. C'est une belle et bonne plante que l'on ne saurait assez propager.

Le bégonia discolor se multiplie par la division des rhizomes, que l'on sépare chaque année. La culture de cette belle plante est des plus faciles.

On place les rhizomes dans des pots que l'on enterre

sous châssis et sur couche, en février ou bien encore on les plante à même le terreau du châssis. La végétation se manifeste quelques jours après, et les premières feuilles se déploient. Il faut ombrer les châssis quand il fait du soleil ; sans cela, elles brûleraient en moins d'une heure.

Dès que les gelées ne sont plus à craindre, vers le 20 mai, on enlève les pots ou les pieds en motte avec le déplantoir, pour les mettre en place, et l'on arrose aussitôt après la plantation, pour souder la motte à la terre.

Quelque temps après, les fleurs apparaissent et se produisent sans interruption jusqu'aux gelées, auxquelles les tiges sont très-sensibles. Alors on arrache les rhizomes ; on les divise et on les étend sur une tablette, dans une pièce bien saine, où ils passent l'hiver jusqu'au moment de les planter sous châssis.

Belle de jour. Plante annuelle. Tiges très-rameuses étalées sur le sol ; feuilles longues ; fleurs de plusieurs couleurs, de juin à septembre.

La belle de jour vient partout, dans tous les sols et à toutes les expositions. On sème en pleine terre ou en place en avril, mai et juin, pour prolonger sa floraison. Cette plante souffrant beaucoup de la déplantation, il est préférable de la semer très-clair en place et de l'éclaircir ensuite, de manière à laisser environ 30 centimètres d'espace entre les pieds. Quand on ne sème pas en place, il faut déplanter le plant aussitôt qu'il a deux feuilles et le repiquer en pots, pour qu'il n'ait pas à souffrir de la déplantation.

Les fleurs de la belle de jour s'ouvrent le matin et se ferment pendant la nuit. Cette plante, très-florifère, est d'une culture facile, produit le meilleur effet dans les plates-bandes des massifs factices et au bord des massifs mixtes. Elle peut servir utilement à l'ornement des perrons et des terrasses.

Belle de nuit. Annuelle. Belle plante très-rameuse, d'un mètre de hauteur environ; fleurs de plusieurs couleurs, très-abondantes, de juillet à octobre.

Il existe plusieurs variétés de belles de nuit : à fleurs rouges, à fleurs jaunes, jaune panaché, blanches, panachées blanc et rouge.

Belle de nuit odorante. Plante vivace. Tiges diffuses, d'un mètre de hauteur environ; fleurs très-odorantes, de plusieurs couleurs, de juillet à octobre.

Les belles de nuit ouvrent leurs fleurs le soir et les ferment le matin, et malgré cet inconvénient, cette plante, très-florifère, tient une place honorable dans les jardins, pour en faire des corbeilles, des groupes, et pour placer devant les massifs.

La culture en est des plus faciles; la belle de nuit vient à peu près dans tous les sols et à toutes les expositions, bien qu'elle préfère les terres un peu consistantes et une exposition chaude.

On sème en avril et mai; on repique en pépinière pour mettre en place en juin, et l'on arrose copieusement. La belle de nuit aime l'eau; il lui en faut pour obtenir une floraison abondante et de longue durée.

Boussingaultia. Plante vivace, à tubercules allongés très-nombreux. Tiges volubiles pouvant atteindre 5 ou

6 mètres et plus ; feuilles luisantes, d'un beau vert ; fleurs insignifiantes, blanc verdâtre, mais odorantes.

Le boussingaultia demande une terre un peu consistante et bien fumée. La multiplication a lieu par la plantation des tubercules, en mai, à une exposition chaude. On arrache les tubercules à l'entrée de l'hiver pour les conserver dans une cave ou dans la serre à légumes pendant l'hiver.

Le boussingaultia, d'abord introduit en France comme plante comestible, est une plante grimpante du plus grand mérite, trop peu connue, et pas assez répandue. Rien n'est plus précieux pour couvrir très-vite un grand espace. La végétation rapide, le beau feuillage et le parfum des fleurs du boussingaultia ont marqué sa place pour la décoration des salles vertes, des terrasses, des kiosques, etc.

Le boussingaultia vient dans tous les sols, pourvu qu'on lui donne de l'engrais et de l'eau ; mais il exige une exposition chaude et aérée.

Brachycome à feuilles d'ibéride. Plante annuelle, de la hauteur de 30 à 35 centimètres. Tiges très-rameuses à la base et étalées sur le sol ; feuilles découpées ; fleurs très-nombreuses, bleues et blanches, de juin à septembre.

Cette plante produit le meilleur effet pour bordures ; c'est son emploi spécial. On sème en mars sur couche ; on repique sur couche sourde, pour mettre en place en mai.

Caladium comestible. Plante vivace, se reproduisant

par rhizomes volumineux; feuilles énormes, atteignant 60 et 70 centimètres de long, sur 40 à 50 de large, d'un beau vert quelquefois nuancé.

La fleur du caladium est insignifiante; mais l'énorme dimension de ses feuilles en fait une plante majestueuse, et du plus haut ornement dans les parcs et les grands jardins.

Le caladium forme des corbeilles splendides et des groupes imposants. La culture n'en est pas difficile. Toutes les terres lui conviennent, pourvu qu'elles soient un peu fraîches, plutôt légères que fortes. Un mélange de terre de bruyère et de terreau dans les sols argileux permet d'y cultiver avec succès cette magnifique plante. Le caladium aime les engrais très-actifs et l'humidité. Les arrosements à l'engrais liquide lui conviennent particulièrement; ceux au *floral* activent le développement de ses énormes feuilles.

Le caladium devra toujours être placé à une exposition chaude, mais abritée; le vent lui est pernicieux.

On plante les tubercules de caladium vers la fin de mai, dans une terre bien préparée et très-abondamment fumée avec des engrais consommés, des composts bien faits ou du terreau de couche. Une distance de 70 à 80 centimètres est nécessaire entre les pieds; la plantation faite, on recouvre d'un paillis de 10 centimètres d'épaisseur, de fumier décomposé ou de débris de couches, puis on arrose copieusement et de temps à autre avec des engrais liquides. Les arrosages à l'engrais liquide doivent être multipliés, surtout pendant le développement des feuilles.

Vers la fin de la saison, à l'approche des gelées, on coupe les feuilles, et l'on arrache les tubercules que l'on divise aussitôt ; on les laisse sécher à l'air pendant quelques jours, pour les conserver dans un endroit sain, à l'abri de la gelée et de l'humidité, pendant l'hiver.

On avance beaucoup la végétation des caladiums en plantant les tubercules dans des pots que l'on met sur couche chaude en avril ; quand on a une serre à sa disposition, on fait la plantation en pots dès le mois de mars.

Exposition chaude et abritée, beaucoup d'engrais, d'eau et d'engrais liquide, voilà la clé de la culture du caladium.

Campanule à grosses fleurs. Plante bisannuelle, velue, hérissée. Tige rameuse, à ramifications pyramidales, de 40 à 60 centimètres de hauteur ; fleurs en cloches, très-grandes, bleu clair, en juin et juillet.

La campanule à grosses fleurs est très-ornementale, toute vieille qu'elle est, et produit le meilleur effet au bord des massifs. Tous les sols lui conviennent.

On sème en mai et juin, et l'on repique en pépinière pour mettre en place à l'automne. Les fleurs apparaissent l'été suivant.

Campanule à larges feuilles. Plante vivace. Tige de 70 à 80 centimètres de hauteur ; fleurs en longues grappes bleu intense, en juin et juillet.

La campanule à larges feuilles est d'une rusticité sans égale ; elle vient partout, dans tous les sols et à toutes les expositions, aussi bien dans les plates-bandes que dans les clairières des massifs. C'est une plante ornementale ayant de la valeur, plus le mérite de venir avec la plus grande facilité.

On sème en avril et mai en pleine terre, et l'on repique en pépinière, pour mettre en place aussitôt que les plants sont assez forts.

La campanule à larges feuilles se multiplie aussi par divisions de pieds. Elle se ressème aussi naturellement, et quand il y en a dans un jardin, il n'y a guère à s'occuper de sa multiplication ; on trouve toujours des pieds à diviser ou du jeune plant qui s'est semé et élevé tout seul.

Capucines. Plante annuelle, venant partout et rendant des services importants dans l'ornementation des jardins. Rien de plus éclatant ni de plus florifère que la capucine. Les grandes sont employées pour la décoration des treillages, l'habillage des troncs d'arbres, etc. ; les naines forment de charmantes touffes au bord des massifs.

Il existe un certain nombre de variétés de capucines ; mais pour en obtenir tout leur effet, il y avantage à les semer en mélange.

Les grandes donnent les nuances feu, brun, panaché, etc., les naines toutes les nuances possibles. Toutes les variétés sont également florifères ; elles donnent des fleurs de juin aux gelées.

On sème vers la fin d'avril en pleine terre et en place, par touffes de cinq ou six graines. Un peu d'eau de temps à autre, et c'est tout ce que cette charmante fleur demande.

Chrysanthème. Plante vivace, aussi rustique que florifère, une des plus précieuses que nous possédions pour l'arrière-saison, la seule nous donnant des fleurs en abondance pendant tout l'hiver, et même sous la neige.

Il existe une quantité innombrable de variétés de chrysanthèmes de toutes les couleurs, de toutes les tailles, et je le dirai aussi, toutes plus méritantes les unes que les autres. La liste en est trop longue pour m'arrêter à les décrire; le plus simple, pour le propriétaire qui veut se monter en chrysanthèmes, est de visiter nos expositions, d'acheter un pied des variétés les plus remarquables, et de multiplier par boutures.

Le chrysanthème vient dans tous les sols; il préfère ceux un peu consistants, mais il réussit également dans les sols légers, quand on lui donne assez d'eau. On multiplie cette excellente plante par division de pieds, par boutures et par semis.

La division des pieds se fait à la fin de l'hiver. Aussitôt les chrysanthèmes défleuris, on les arrache pour les remplacer par d'autres plantes. On divise les pieds en deux, trois, quatre ou cinq, suivant leur force, et on replante aussitôt, à 30 centimètres en tous sens, dans la pépinière de réserve. Chaque pied grossira pendant l'été, sans demander d'autres soins que des pincements, deux binages et quelques arrosements. A l'automne, nous aurons des touffes magnifiques à mettre en place.

La multiplication des chrysanthèmes par boutures est des plus faciles; on pourrait la confier à un enfant de cinq ans, qui s'en tirerait avec succès. Quand on veut obtenir des fleurs de très-bonne heure, on place vers le mois de mars, sur couche chaude et sous châssis, les pieds que l'on veut multiplier ; quelques jours après, on a des tiges que l'on enlève, pour bouturer sous un autre châssis ou sous cloche. Aussitôt ces boutures reprises, on les met en pépinière en pleine terre.

Si on ne veut obtenir des fleurs qu'à l'époque ordinaire de floraison des chrysanthèmes, on attend tout simplement que les pieds qui ont été divisés et plantés dans la pépinière de réserve aient produit des tiges. Aussitôt que ces tiges sont bonnes à pincer, on a des boutures. On les prépare comme je l'ai indiqué, et on les plante en pleine terre sous des cloches. Huit jours après, elles sont enracinées. Quand elles sont bien habituées à l'air, on les enlève en mottes pour les planter en pépinière, et ensuite en place à la fin de l'été.

A la rigueur, on pourrait faire des boutures de chrysanthèmes à l'ombre et l'air libre, sans autre couverture qu'un paillasson soutenu par des piquets pendant les cinq ou six premiers jours. Cette plante se bouture comme on le veut, partout et dans toutes les conditions. Avec un pied de chrysanthème, on peut en faire cent dans la même année.

Enfin, quand on veut obtenir de nouvelles variétés, il faut semer. C'est le moyen de multiplication le plus long et le plus difficile pour les chrysanthèmes. On peut semer à deux époques : en février et mars, sur couche chaude et sous chassis ; en juin et juillet, en pleine terre, dans un endroit un peu ombragé.

Aussitôt que le plant est bon à repiquer, on le met

en pépinière en pleine terre; on paille, on pince, et l'on arrose jusqu'à la floraison. Tous les pieds qui produiront des fleurs sans valeur aucune seront arrachés immédiatement; ceux qui produiront de belles fleurs seront mis en place, et multipliés ensuite par divisions de pieds et par boutures; enfin ceux qui donneront des fleurs douteuses seront conservés en pépinière, pour y attendre la seconde floraison.

Très-souvent le chrysanthème ne produit ses plus belles fleurs que la seconde, et quelquefois la troisième année. Il faut attendre et ne rien précipiter. Aussitôt qu'un pied a donné des fleurs remarquables, on le multiplie par boutures, seul moyen de fixer la variété.

Cinéraires. Plante bisannuelle, de serre tempérée et de pleine terre. C'est à ce titre que je la traite dans ce volume.

La cinéraire est la plante d'ornement par excellence, autant par son abondant feuillage et son port élégant que par son abondante et longue floraison.

La cinéraire est une précieuse ressource pour l'ornement des appartements, des perrons, des terrasses, etc., et pour la plantation de corbeilles dans des endroits abrités, et où on perpétuera leur floraison, en ayant le soin de couper les fleurs aussitôt qu'elles seront passées.

La cinéraire a un feuillage étoffé, une tige rameuse prenant la forme d'un bouquet, les fleurs les plus abondantes et les plus variées de couleur pendant l'hiver, le printemps et une partie de l'été.

Il existe une quantité de variétés, toutes plus riches de coloris les unes que les autres. Nous adopterons deux séries se variant de coloris à l'infini : la cinéraire hybride et la cinéraire naine, plus petite que la précédente, ayant aussi les fleurs plus petites, mais mieux faites.

On sème les cinéraires en juin et juillet, en pleine terre, dans un endroit un peu ombragé ; on repique le jeune plant dans des godets (très-petits pots) que l'on place à l'automne sous châssis ou dans une serre tempérée, mais toujours bien exposés à la lumière. Au fur et à mesure de l'accroissement du plant, on le place dans des pots plus grands, pour lui permettre d'acquérir tout son développement.

Il faut aux cinéraires une terre substantielle, légère et exempte d'humidité surabondante. Rien de plus facile que de leur donner tout cela en composant la terre des pots. Le plus souvent, c'est un mélange de bonne terre, un peu substantielle, avec de la terre de bruyère et du terreau ; elles s'accommodent parfaitement de ce mélange. Mais si vous êtes dans le voisinage de grands bois et que vous puissiez vous procurer de la *terre de chêne*, c'est-à-dire du bois de chêne entièrement décomposé, réduit à l'état d'humus, et que vous puissiez en mélanger un tiers ou un quart dans votre mélange de terre, vos cinéraires prendront des proportions inusitées, et la floraison sera doublée, en nombre de fleurs et en durée.

La *terre de chêne* se trouve le plus souvent dans les vieilles forêts mal exploitées. Quand par exemple un chêne se carie et que la maladie gagne le cœur de l'arbre, tout le corps ligneux est décomposé et tombe en poussière jusqu'au collet de la racine. C'est cette poussière ou plutôt ce résidu que l'on appelle *terre de chêne*. On la trouve à l'état de terreau dans les vieux troncs de chênes pourris, entièrement désorganisés par la carie. Usez-en, cher lecteur, et vous m'en direz des nouvelles.

On place les pots dans une serre tempérée ou sous châssis, où ils accomplissent leur floraison.

Les cinéraires redoutent l'humidité ; il sera utile pour cette plante de bien garnir de poterie cassée le fond des pots.

Vers les premiers jours de juin, quand les gelées ne sont plus à craindre, on dépote les cinéraires, et on les plante en corbeilles ou en groupe au bord des massifs factices.

Il faut avoir le soin, en les plantant, de faire tomber de leur motte les morceaux de poterie cassée qui y adhèrent, et au besoin de mettre au fond du trou quelques ramilles remplissant l'office du drainage, si le sol des corbeilles était trop compact.

Traitées dans ces conditions, les cinéraires font des corbeilles splendides et produisent le meilleur effet en groupes. De plus elles apportent un concours des plus appréciables dans la décoration des terrasses et des perrons, en les plaçant dans des jardinières, des pots ou des suspensions.

Clarkia. Plante annuelle. Tige de 40 à 50 centimètres de hauteur, très-rameuse ; fleurs grandes, de plusieurs nuances, variant du blanc au rouge et au violet, de mai à août.

Les clarkias peuvent être employés pour faire des corbeilles, des groupes, et en fleurs isolées devant les massifs.

Cette plante vient à peu près dans tous les sols. On sème en août et même septembre, en pleine terre ; on repique en pépinière exposée au midi, pour mettre en place en mars et avril. Le clarkia se sème de lui-même, et fournit d'excellent plant quand il en a fleuri une fois dans le jardin, et ce plant, semé naturellement, produit des sujets rustiques et vigoureux.

Cobée (gobéa). Plante annuelle, grimpante, montant à la hauteur de 5 à 6 mètres ; fleurs très-grandes, en forme de cloches, violet bleuâtre, de juin à octobre.

Cette plante monte très-vite et rend des services importants pour cacher promptement des murs, couvrir des terrasses, des salles vertes, orner des kiosques, etc., etc.

On sème de janvier à mars, sur couche, suivant que l'on veut obtenir des plantes plus ou moins précoces. On repique en pots dans lesquels on enfonce des tuteurs pour faire monter les plantes, et l'on enterre les pots dans le terreau d'une couche jusqu'en mai, pour les mettre en place. Dans ces conditions, elles poussent très-vite et couvrent en un instant les plus grands espaces.

Collinsia. Charmante petite plante annuelle, dont l'emploi spécial est de servir de bordures. La tige, très-rameuse dès la base, est haute de 30 centimètres environ. Feuilles vert gai ; fleurs très-abondantes, lilas rosé, en juin et juillet.

On sème le collinsia de mars en mai, en place, ou bien de mars en avril, en pleine terre, pour repiquer en place, à 15 centimètres de distance, dans le courant de mai.

Coloquinte. Plante annuelle, grimpante, à tige rameuse et montante. Feuillage étoffé; fleurs jaunes insignifiantes; fruits de diverses couleurs, suivant les variétés dont les principales sont:

Coloquinte orange, ainsi nommée parce que ses fruits, très-décoratifs, ont la forme, le volume et la couleur d'une orange.

Coloquinte poire, fruit blanchâtre, ayant la forme d'une poire.

Coloquinte maliforme, fruits ayant la forme d'une pomme.

Coloquinte oviforme, fruits blancs ou jaunes ayant la forme d'un œuf, etc., etc.

Ces différentes variétés de coloquintes, et leurs nombreuses sous-variétés, sont des plantes ornementales par excellence, pour couvrir des terrasses, des salles vertes et orner des kiosques. Leurs tiges atteignent la hauteur de 4 à 5 mètres et plus, et leurs fruits de toutes couleurs et de toutes formes produisent le plus joli effet.

Il y a bénéfice à cultiver les coloquintes en mélange et à en récolter la graine; elles se fécondent mutuellement et donnent, l'année suivante, des fruits aux formes les plus étranges.

Les coloquintes viennent partout et dans tous les sols. On peut les semer en place, en ayant le soin de bien ameublir la terre et d'y mélanger un peu de terreau.

Quand on veut que les coloquintes couvrent une terrasse ou une salle verte de très-bonne heure, on les sème dans des pots remplis de terreau, que l'on enterre dans une plate-bande au midi, dans le courant de mars. On couvre avec une cloche, et dès que les gelées ne sont plus à craindre, on les met en place, en entourant la motte de terre mélangée de terreau. Deux arrosements au *floral*, à quelques jours d'intervalle, et elles partent comme des flèches.

Coquelicots doubles. Plante annuelle, ornementale par excellence, trop peu connue et pas assez cultivée dans les parcs et les grands jardins, où par grands groupes ils produisent un effet resplendissant.

Le coquelicot a sur le pavot l'immense avantage de prolonger sa floraison beaucoup plus longtemps. Quelques groupes de coquelicots, jetés en avant des massifs les plus sombres et les plus narcotiques, suffisent pour apporter la gaîté dans le parc le plus monotone.

La culture du coquelicot est des plus faciles. On laboure la place que l'on veut ensemencer ; on y met un peu de vieux terreau de couche, puis on sème à la volée, en février ou mars au plus tard ; un coup de râteau par dessus le tout, pour enterrer la graine, et *toute l'ouvrage est faite*. Quand le semis a atteint la hauteur de 10 centimètres environ, on prend la petite ratissoire à deux branches, et du même coup on détruit les mauvaises herbes et les plants trop serrés. Il faut laisser une distance de 20 à 25 centimètres environ entre les plants.

Cette dernière opération demande vingt minutes pour un grand massif. Quelques jours après, les coquelicots couvrent complètement le sol ; la mauvaise herbe ne pousse plus, et vous n'avéz plus rien à faire, qu'à admirer un massif splendide pendant deux mois que dure sa floraison.

Coréopsis. Charmante plante annuelle, à tige haute de 50 à 70 centimètres, à feuille légère et aux fleurs jaunes, avec le cœur brun ou rouge plus ou moins foncé, de juillet à septembre.

Le coréopsis ne peut jamais être assez cultivé dans tous les jardins ; sa légèreté, son abondante floraison, comme la couleur éclatante de ses fleurs, ont marqué sa place sur toutes les bordures de massifs, où il éclaire les endroits les plus sombres.

Il existe quantité de variétés de coréopsis, ne différant que par la nuance du centre de la fleur. Donc il y a bénéfice à les semer en mélange. Les nains forment de charmantes bordures dont je ne saurais trop recommander l'emploi.

Les coréopsis aiment les sols légers ; ils s'y sèment naturellement, et l'on a toujours à sa disposition du plant que l'on n'a pas la peine de faire. Ils préfèrent les sols légers, mais ils viennent dans tous les autres.

On sème les coréopsis en pleine terre à deux époques différentes : en septembre pour repiquer en pépinière et mettre en place en mars : la floraison commence en juin et finit en août ; en mars et avril pour repiquer en place aussitôt que le plant est assez fort : ce dernier semis commence à fleurir en juillet et finit en octobre.

Dalhia. Plante vivace. Racines en gros tubercules sur lesquels naissent des tiges semi-ligneuses d'une élévation de 80 centimètres à 1m 50, suivant les variétés ; feuillage abondant et étoffé, vert un peu foncé ; fleurs grandes, doubles et pleines, de plusieurs formes et de toutes les couleurs, depuis juin jusqu'aux gelées.

Le dalhia est assurément une des plantes les plus belles et les plus florifères que l'on puisse cultiver. Il peut être employé en massifs, en corbeilles, en groupes et en plante isolée, dans tous les parcs et les jardins un peu grands.

Je n'entreprendrai pas d'énumérer les nombreuses variétés de dalhias dont nos plus habiles horticulteurs nous ont doté ; on les compte par centaines. Il suffira d'aller voir les expositions publiques et celles des marchands, pour choisir les plus belles variétés, suivant son goût.

Le dalhia vient à peu près partout ; il préfère cependant les sols légers et bien pourvus d'engrais très-consommés. Il se multiplie de trois manières différentes : par division de pieds, par boutures et par semis.

La division des tubercules est le mode de multiplier le plus généralement employé. On met les pieds entiers germer à la chaleur, dans une serre ou sur une couche, et dès que les yeux sont sortis sur le collet, on opère la division avec une serpette. On fend le collet avec précaution, et de manière à avoir sur chaque fragment un œil et un tubercule y adhérant.

En principe, il vaut mieux ne planter qu'un seul œil et un seul tubercule ; on obtient de plus belles fleurs et aussi des fleurs plus abondantes. Le moyen le plus sûr de faire dégénérer des dalhias, de diminuer le nombre et l'ampleur des fleurs, est de planter des pieds pourvus de plusieurs yeux et de nombreux tubercules.

La division opérée, on plante dans de la terre bien meuble, à laquelle on mêle un peu de terreau de couche. La plantation faite, on établit un bassin au pied de chaque plante, pour maintenir l'eau des arrosements, puis on applique un bon paillis pour maintenir la fraîcheur au pied, et lui fournir une nourriture additionnelle.

En même temps, on enfonce au pied de chaque dalhia un tuteur solide, sur lequel on les attachera. Il est urgent de placer les tuteurs aussitôt après la plantation, avant que les racines se soient allongées ; si on attendait, on s'exposerait à de graves accidents en enfonçant les tuteurs.

Au fur et à mesure de l'élongation de la tige, on l'attache solidement sur le tuteur avec des osiers. Quand les pousses latérales poussent trop vigoureusement, on leur applique un pincement qui contribue à donner une jolie forme à la plante et à augmenter le nombre des fleurs.

Le dalhia aime l'eau, mais il faut bien se garder de lui en donner trop. L'excès d'eau le fait pousser en tige, et partant de là, les fleurs sont plus rares, plus tardives et moins belles.

A l'approche des gelées, auquel le dalhia est très-sensible, on coupe les tiges à 15 centimètres du sol environ, et on arrache les tubercules quelques jours après. Cet arrachage doit être fait avec précaution, afin d'éviter de briser ou de blesser les tubercules. On les débarrasse de la terre qui reste après ; on les laisse se ressuyer à l'air pendant quelques jours, puis on rentre les tubercules dans un endroit sain et obscur tout à la fois. Pour la conservation pendant l'hiver, il ne faut ni humidité, ni chaleur, pas plus que d'air ni de lumière.

La multiplication des dalhias par boutures se fait en mars et avril. On met les tubercules en serre ou sur couche chaude, pour leur faire développer promptement des bourgeons que l'on coupe à 1 ou 2 millimètres de leur naissance : ce sont les boutures. On les taille comme je l'ai indiqué, pour les planter dans des pots remplis de terre plutôt légère que forte, mélangée de terreau.

On plantera les boutures autour de chaque pot, et à 2 centimètres du bord, en ayant le soin de n'enterrer qu'un tiers de la bouture.

Les boutures reprennent beaucoup mieux lorsqu'elles sont placées sur les bords des pots qu'au milieu. L'émission des racines est plus prompte dans ces conditions.

On met les pots dans une serre ou sur couche, en les privant d'air avec une cloche, et en les ombrant. Quelque temps après, la reprise s'opère ; on donne de l'air progressivement, et quand la reprise est complète, on enlève chaque bouture en motte, pour la placer dans un pot plus grand que l'on enterre sur couche, en attendant que l'on puisse planter en pépinière, en place et en pleine terre.

Les dahlias bouturés donnent toujours des fleurs plus belles et mieux faites que ceux provenant de divisions de pieds, et de plus, avec le secours des boutures, on peut multiplier les dahlias à l'infini.

Le semis nous fournit de temps à autre de nouvelles variétés, mais il est gros de déceptions. Souvent les graines prises sur les plus belles fleurs nous donnent des dahlias simples ou des fleurs doubles de peu de valeur.

Il faut semer beaucoup pour obtenir quelque chose. On sème en mars et avril, sur couche recouverte avec de la terre légère mélangée de terreau. Aussitôt que les plants auront quatre ou cinq feuilles, on les enlèvera en mottes pour les repiquer en pots, que l'on enterrera sur une couche sourde, sous cloche, jusqu'à ce que la température nous permette de mettre nos plants en pépinière, en pleine terre, à 70 centimètres de distance, où ils resteront jusqu'à la première floraison.

Tous les pieds portant des fleurs simples seront arrachés; ceux qui auront donné des fleurs douteuses seront conservés pour voir la seconde floraison, presque toujours plus belle que la première. Chez le dahlia comme chez le chrysanthème, les fleurs de première année ne sont jamais aussi belles que celles de seconde et de troisième.

Datura. Belle plante annuelle, comptant plusieurs variétés, dont parmi les principales :

Datura d'Égypte. De 50 à 80 centimètres de hauteur ; feuilles ovales ; fleurs blanches, très-odorantes.

Datura à fleurs violettes. Mêmes caractères. Fleurs violettes et pourpres.

Datura à fleurs jaunes. Mêmes caractères. Fleurs jaune pâle.

Le datura est une belle plante, très-ornementale, trop peu connue et pas assez cultivée. On peut en faire des corbeilles d'un très-joli effet, et les planter dans les plates-bandes bordant les massifs.

On sème le datura en mars, sur couche chaude, et on le repique sur couche sourde, pour le mettre en place vers la fin de mai, quand les gelées ne sont plus à craindre. La floraison a lieu de juillet à octobre.

Le datura demande un sol léger, abondamment pourvu d'engrais très-consommés, et des arrosements fréquents.

Digitale. Jolie plante bisannelle, à fleurs rouges et blanches, selon les variétés ; feuillage vert couvert de poils blanchâtres ; fleurs en grappes, de juin à août.

La digitale aime les sols secs et légers ; la tige et les fleurs ne perdent rien à son introduction dans les plates-bandes du jardin.

On sème en avril et mai, en pépinière, en pleine terre, pour repiquer et mettre en place à l'automne.

On peut semer la digitale en place dans les clairières des parcs et auprès des terrasses naturelles ; elle y vient parfaitement, sans autre peine que d'éclaircir, c'est-à-dire supprimer les plants trop serrés.

Épervière. Plante vivace, à plusieurs tiges hautes de 15 à 20 centimètres ; feuilles poilues ; fleurs jaune d'or d'abord, orange ensuite, et finalement rouges, en juin et juillet.

L'épervière vient à peu près partout, dans les sols un peu frais. Elle s'emploie le plus souvent pour la décoration des rochers et rocailles, quelquefois en bordure, où elle produit un assez joli effet.

On sème en pleine terre d'avril à mai ; on repique en pépinière, pour mettre en place à l'automne. On multiplie ensuite par division de pieds.

Eupatoire à feuilles molles. Plante annuelle, vivace en serre, à tiges ramifiées, de la hauteur de 40 à 50 centimètres ; feuilles vertes dentées ; fleurs blanches, en août et septembre.

On sème en mars ou avril sur couche ; on repique en pépinière sur couche, pour mettre en place en juin.

Ficoïde. Charmante plante annuelle, spécialement consacrée aux bordures, à tiges ramifiées dès la base, et de la hauteur de 10 à 15 centimètres. Fleurs jaunes, blanches, roses, etc., en avril et mai, et en juin et juillet.

Le mieux est de semer en mélange pour les bordures. Les fleurs sont abondantes, et les couleurs mélangées produisent un excellent effet.

On sème à deux époques différentes : en mars sur couche, pour repiquer en pépinière sur couche, et mettre en place en mai ; la floraison a lieu en juin et juillet.

On peut semer aussi en août et septembre, pour repiquer en pots et hiverner sous châssis ; la floraison commence en avril pour finir en juin.

On peut également multiplier les ficoïdes par boutures faites à l'automne, en pots, et hivernées sous châssis pendant l'hiver.

Fraxinelle. Plante vivace, à forte odeur, ayant des tiges de 50 à 60 centimètres de hauteur, couvertes de poils glanduleux ; fleurs en grappes en juin et juillet.

Il existe deux variétés de cette plante :

La fraxinelle commune, à fleurs blanches, et la fraxinelle à fleurs roses.

Les fraxinelles demandent un sol frais, riche et profond. On les multiplie par divisions de pieds tous les cinq ou six ans. On peut aussi en obtenir de semis, mais c'est long.

On sème en terrines remplies de terre de bruyère en août et septembre, et les graines ne lèvent guère qu'au printemps suivant. On repique en pépinière, où on laisse le plant au moins deux années avant de le mettre en place ; il ne fleurit souvent que la troisième année.

Géranium. Plante vivace, ornementale par excellence ; joli feuillage ; fleurs des plus abondantes, donnant de mai aux gelées, sans interruption. Depuis longtemps déjà on a obtenu des géraniums de plusieurs couleurs : blancs, rose clair, rose vif, couleur chair, rouge violacé, etc., etc. Grâce aux intelligents travaux de nos horticulteurs, on n'est plus voué exclusivement au rouge, inconvénient qui avait fait abandonner cette belle plante, à une époque surtout où on mêle la politique à tout, et où l'on en met dans tout.

La culture du géranium est des plus faciles; c'est une plante rustique, s'accommodant de tous les sols, pourvu que l'on y mélange un peu de terreau.

Les géraniums peuvent être employés à tout, en en variant les nuances, bien entendu : en corbeilles de nuances fondues ou mêlées; en groupes, en touffes isolées; dans des jardinières, des vases, des suspensions, etc., etc.

On multiplie le géranium de deux manières : par boutures et par semis. La bouture est préférable, en ce qu'elle est des plus faciles à faire, vient très-vite et reproduit exactement le type du pied-mère, ce qui ne pourrait avoir lieu par le semis.

Le moment le plus opportun pour faire les boutures de géranium est le mois d'août, et même celui de septembre. On peut bouturer le géranium même à l'air libre, tant il reprend avec facilité. Il vaut mieux opérer sous cloche; pas une bouture ne manque.

On prépare les boutures comme je l'ai indiqué page 610, et aussitôt les boutures préparées, on les plante en pleine terre, dans une planche du carré D du potager ou du carré spécialement affecté à l'élevage des fleurs, s'il n'y a pas de potager. Avant de planter, on répand sur la planche un peu de terreau de couche, que l'on enfouit par un labour à la fourche à dents plates, pour qu'il soit bien amalgamé avec le sol.

Quand la terre est un peu rassise, quelques jours après, on plante les boutures aussitôt préparées, et sans les arroser. On se contente de bien appuyer la terre à la base, pour l'y faire adhérer.

Un temps couvert est des plus favorables pour la plantation des boutures; si le soleil était persistant, il faudrait ombrer pendant les premiers jours avec des claies ou des paillassons maintenus par des piquets, de manière à faire de l'ombre, et non posés sur les boutures.

On arrose très-légèrement cinq ou six jours après la plantation seulement. Quelques jours après, les yeux s'allongent; les boutures sont reprises. Alors on arrose plus copieusement; la pourriture n'est plus à craindre, et lorsque les boutures ont bien poussé, on les repique en motte dans des pots que l'on enterrera sous châssis froids ou que l'on rentrera dans l'orangerie, pour les préserver de la gelée à laquelle le géranium est très-sensible.

Un peu d'eau de temps à autre, c'est tout ce qu'il leur faut pendant l'hiver, et avant de les mettre en place, dans la première quinzaine de mai.

Quand on a peu de boutures à faire, on les plante tout de suite en pots que l'on range à l'ombre, au milieu d'un massif. C'est plus vite fait, et cela évite de la main d'œuvre pour ombrer et repiquer en pots.

J'ai dit, pour les boutures en pleine terre, *de les planter aussitôt préparées*, c'est-à-dire quelques heures après avoir été separées du pied-mère. Il en sera de même de celles que l'on fera en pots. J'y tiens, et voici pourquoi :

Il existe une vieille manière de faire, des plus dangereuses pour la reprise des boutures, et tellement enracinée chez ceux que l'on est convenu d'appeler des praticiens, que le bon sens n'a pas toujours raison quand on l'oppose à une habitude acquise, ayant en sa faveur la force du préjugé.

La pourriture est à craindre pour les boutures de géranium ; les praticiens le savent, et pour l'éviter, ils n'ont trouvé rien de mieux que de faire faner leurs boutures au soleil pendant huit jours. Quand elles sont à peu près sèches, ils se décident à les planter et en perdent les deux tiers. Cela ne les empêche pas de recommencer l'année suivante : les boutures n'avaient pas pris, parce que *l'année n'y était pas !*

La plantation des boutures en pleine terre ou en pots, aussitôt préparées et sans les arroser, les garantit de la pourriture et accélère considérablement la reprise, si vous avez le soin de bien faire adhérer la terre à l'extrémité et d'arroser très-légèrement cinq ou six jours après. J'insiste sur ce point, cher lecteur, parce que, lorsque vous demanderez à un vieux praticien de faire les boutures comme je l'indique, il vous répondra :

— Est-ce que M. Gressent peut savoir faire des boutures, avec ses gants ? C'est un monsieur ; il n'y entend rien. Faut que le géranium fane six bons jours au soleil, qu'il soit quasi-sec, ou sans ça il ne prend pas.

Vous ne sortirez pas votre praticien de là. Mais comme vous n'êtes pas praticien en boutures, cher lecteur, je vais vous faire une comparaison qui gagnera ma cause tout de suite auprès de vous.

Vous avez un cheval de sang, une bête d'acier, comme on en rencontre quelquefois une dans sa vie. Vous avez une route de trente lieues à faire tout d'un trait. Vous en savez votre cheval capable ; mais il faut l'y préparer.

Prenez-vous-y huit jours d'avance, pendant lesquels vous ferez saigner votre bête tous les matins ; vous lui supprimerez l'avoine en même temps, et au bout de huit jours de ce régime, vous attellerez votre cheval, et il n'en marchera que mieux.

Essayez-en et vous obtiendrez le même résultat qu'avec les boutures *cuites* au soleil.

Les géraniums peuvent être multipliés par semis, mais on n'obtient guère de fleurs que la seconde année.

On sème en avril sur couche, pour repiquer en pleine terre ; on empote à l'automne, pour hiverner sous châssis et mettre en place en mai suivant.

Les plants de semis, et même ceux provenant de boutures, doivent être pincés ; cela les force à se ramifier ; les touffes sont plus belles et la floraison plus abondante.

Gesse odorante (pois de senteur). Plante annuelle, à tige un peu velue ; feuille vert clair ; fleurs très-odorantes, violettes, rouge rosé, blanches et panachées violet et rose, en mai, juin et juillet.

Le pois de senteur est très-connu, mais pas encore assez cultivé pour les services qu'il rend contre les treillages, pour la décoration des terrasses, des kiosques, et même en touffes soutenues par quelques rames devant les massifs. Sa rusticité, autant que son brillant coloris et son parfum délicieux, lui ouvrent la porte de tous les parcs et de tous les jardins.

Le pois de senteur vient dans tous les sols et à toutes les expositions. On le sème en pleine terre et en place, par touffes, en mars et avril. Il ne demande d'autres soins que deux ou trois rames pour s'accrocher.

Quand on veut obtenir des pois de senteur de très-bonne heure, on les sème en pots en septembre et même octobre, huit ou dix grains par pot, puis on enterre les pots dans une plate-bande au midi, et on les couvre de litière ou avec des paillassons pendant les gelées rigoureuses. Au printemps, on les dépote pour les mettre en place en mottes.

Les pois de senteur obtenus par ce procédé donnent des plantes très-vigoureuses et une floraison des plus précoces. Il en est de même de ceux qui se sèment naturellement ; il faut bien se garder de les détruire quand on en trouve au printemps. On les sarcle, et on les rame dès que les tiges s'allongent.

Giroflées. Les giroflées ne seront jamais assez cultivées dans tous les parcs et les jardins. L'éclat de leur coloris, leur longue floraison en font une plante ornementale de premier ordre.

Mais comme en tout, pour obtenir des résultats certains, il faut se contenter de quelques variétés, des plus belles et des plus rustiques, et s'y tenir pour avoir toujours le même résultat.

Les giroflées font des corbeilles ravissantes ; elles produisent le meilleur effet en groupes, comme fleurs isolées, et aussi en pots ou jardinières, pour la décoration des perrons, des terrasses, des kiosques, etc., etc. Semez beaucoup de giroflées, et si vous les obtenez belles, vous n'en aurez jamais trop.

Commençons par la moins belle, mais peut-être celle qui fait le plus de plaisir par sa précocité :

La giroflée jaune simple. Tige de 40 à 50 centimètres de haut ; fleurs odorantes, jaunes, brunes et panachées jaune et brun, de février à mai. Il existe une autre variété très-bonne à cultiver en mélange avec la giroflée jaune, ayant les mêmes caractères, mais les fleurs lie de vin plus ou moins foncé, faisant très-bon effet, mélangé au brun et au jaune. Ces deux variétés viennent partout, dans tous les sols et à toutes les expositions.

On sème les giroflées simples en juin et en juillet, en pleine terre, et on les repique en pépinière en pleine terre, à 25 centimètres de distance environ, pour les mettre en place avant l'hiver, ce qui est de la plus haute importance pour obtenir une floraison abondante et précoce. Toutes les giroflées mises en place au printemps, quelques soins qu'on leur donne, n'ont pas le temps de prendre possession du sol avant la floraison, qui, par ce fait, est diminuée et beaucoup plus tardive.

Les semis de juin fleurissent depuis mars jusqu'à mai. Les plants n'ont besoin d'aucun abri pendant l'hiver. La giroflée jaune simple supporte les plus grandes gelées.

J'ai dit de les mettre en pépinière à la distance de 25 centimètres. Aussitôt que les giroflées ont développé sept à huit feuilles, on pince la tige principale sur cinq feuilles, pour la forcer à se ramifier. Quelques jours après, les ramifications se développent ; on les pince à leur tour, et vers la fin de l'automne on a des touffes des mieux garnies.

Quand on veut faire fleurir les giroflées simples dès le mois de février, on sème de très-bonne heure en pleine terre, en mars, et on traite le plant comme je l'ai indiqué ; on aura des fleurs dès le mois de février.

Après les giroflées jaunes simples, qui sont une ressource inappréciable pour les premières floraisons, nous cultiverons :

1° Les *giroflées quarantaines anglaises*. Plante annuelle, haute de 30 centimètres environ ; fleurs de toutes couleurs : rouge de plusieurs nuances, blanc, rose, couleur chair, bleu clair et foncé, lilas, violet, chamois, jaune de plusieurs nuances, etc., etc., de juin à la fin de l'été.

2° *Giroflée quarantaine naine à bouquet.* Charmante variété, pour bordures surtout, haute de 25 centimètres environ, trapue, étalée, à fleurs très-abondantes, de plusieurs nuances : rouge, rose, lilas, couleur chair et violet.

3° La *giroflée quarantaine anglaise à grandes fleurs,* un peu plus haute que la quarantaine anglaise, ayant les fleurs plus grandes, à peu près des mêmes nuances, mais fleurissant un peu plus tard.

Avec ces trois variétés de quarantaines, on peut tout faire et être sûr de réussir. Ces giroflées font de très-jolies corbeilles, ajoutant le parfum aux nuances les plus nombreuses et à la richesse de coloris. Les groupes de giroflées sont splendides ; elles produisent le meilleur effet en plantes isolées, devant les massifs. Enfin, elles sont encore une précieuse ressource, cultivées en pots, pour la décoration des perrons, des terrasses, des kiosques, etc., etc.

Les giroflées quarantaines se sèment ordinairement sur couche, depuis le mois de février jusqu'en avril. On repique en pépinière sur couche sourde, pour mettre en place en pleine terre, de mai à juin.

Quand on veut une floraison tardive, de juillet à septembre, on peut encore semer en avril et mai, en pleine terre, en abritant avec une cloche, et l'on met en place aussitôt que le plant est assez fort. Il faut avoir le soin de l'enlever en mottes et de le replanter de même.

Pour obtenir une floraison très-précoce, on sème en septembre, en pleine terre, et on repique en pots, pour hiverner sous châssis froids et mettre en place en avril.

Un seul pincement, celui de la tige centrale, suffit pour bien faire ramifier les quarantaines, etc. Cette giroflée est facile à cultiver, mais elle demande quelques soins urgents. Elle est sujette à une maladie quelquefois difficile à guérir : le blanc, espèce de lèpre qui envahit les feuilles. On en vient à bout avec un soufrage, quand on s'y prend au début de la maladie, mais il vaut mieux la prévenir à l'aide de quelques soins.

Les giroflées quarantaines sont très-sensibles aux changements brusques de température. Elles sont très-sujettes aux coups de soleil pendant leur séjour sous châssis. Il faut ombrer avec soin.

Il faut toujours arroser les giroflées quarantaines le soir, pas le matin, et encore moins quand il fait du soleil. L'eau distribuée au soleil, surtout si elle est un peu fraîche, peut déterminer le blanc.

A part ces précautions à prendre, la giroflée quarantaine vient à peu près partout et se contente de tous les sols.

N'oublions pas que dans tous les semis de giroflées, avec quelques soins que les graines aient été récoltées, il y a toujours des pieds simples, en plus ou moins grande quantité. C'est un écueil pour la composition des corbeilles quand on met en place trop tôt, c'est-à-dire avant de pouvoir reconnaître les plantes simples des doubles.

On obvie à cet inconvénient en replantant les giroflées dans la pépinière de réserve, à 30 centimètres environ, pour ne les mettre en place que lorsqu'elles sont en boutons ; alors il n'y a pas d'erreur possible. La déplantation en mottes s'opère avec la plus grande facilité, à l'aide du déplantoir. On peut même enlever des giroflées fleuries et les replanter sans qu'elles fanent. C'est ce que je fais toujours, non seulement pour les giroflées, mais pour toutes les autres plantes, depuis bien des années, et depuis bien des années mes jardiniers me disent : « Monsieur tient à transplanter cela, mais *ça ne se peut pas!* » Je transplante moi-même, bien entendu, et j'obtiens toujours le même résultat : la plante, même en pleine fleurs, ne fane pas. Laissez dire, cher lecteur, et faites comme moi; vous ne vous en repentirez pas.

Nous ajouterons aux excellentes variétés de giroflées quarantaines les giroflées coc. rdeau, un nom malheureux, mais donné à une plante splendide. On compte plusieurs variétés de ces magnifiques giroflées, et fidèle à mon principe de simplifier, au lieu de compliquer (on se perd presque toujours dans les complications), je n'adopte qu'une seule variété de giroflées cocardeau, donnant cinq couleurs : rose, lilas, blanc, violet et rouge. Je les désignerai tout simplement sous le nom de giroflées cocardeau. C'est un choix de la variété dite impériale, de celle appelée empereur, etc., etc. J'ai trouvé cinq types superbes; je les adopte et les transmets à mes lecteurs avec la certitude qu'ils obtiendront des résultats égaux aux miens, en cultivant mes choix : des corbeilles splendides comme coloris et comme parfum, et fleurissant pendant presque tout l'été.

La giroflée cocardeau est bisannuelle; ses tiges atteignent la hauteur de 35 à 40 centimètres; ses fleurs sont bien doubles, très-larges et étoffées; elles durent depuis le mois de juin jusqu'aux gelées. Si on veut prendre le soin de couper les tiges aussitôt défleuries, il part de nouvelles pousses au-dessous de la section, et toutes portent des fleurs.

On sème en juin et juillet en pleine terre; on repique en pépinière en pleine terre, pour mettre en pots en novembre, avant les gelées, et hiverner sous châssis froids. On dépote en avril et mai, pour mettre en place.

La giroflée cocardeau demande à être pincée, au moins sur la tige principale, à cinq yeux, pour la faire ramifier; au besoin, on pince les ramifications quand elles sont vigoureuses; cela augmente le volume de la touffe, mais ce n'est pas indispensable, comme le pincement de la tige principale.

Rien de beau comme ces giroflées, rien de plus riche que leur coloris, rien de plus suave que leur parfum. La giroflée cocardeau fait des corbeilles éblouissantes, c'est le mot, et qui restent cinq mois en fleurs.

A la rigueur, on pourrait conserver les giroflées jaunes simples et les co ardeau pendant deux années. Souvent elles donnent de belles fleurs la seconde année, mais il ne faut pas y compter : le résultat n'est pas exact. Il est beaucoup plus simple d'arracher après la défloraison et de semer chaque année.

On peut aussi obtenir des résultats accidentels en bouturant les giroflées à l'automne ; cela réussit quelquefois, mais pas toujours. Il est impossible de compter sur ces moyens de multiplication pour les giroflées : il n'y a que le semis d'assuré.

Ces divers moyens, inventés par la paresse, uniquement pour s'épargner la peine de faire des semis et surtout de les arroser, n'ont jamais donné que des résultats accidentels. Le propriétaire ignorant en horticulture se laisse souvent prendre aux affirmations émanant de *l'amour du repos.*

Le propriétaire dit bien :

— Je veux avoir des giroflées, et beaucoup.

On lui répond :

— Soyez tranquille, monsieur ; ça me connaît, et je réponds de tout.

— Si vous en semiez de nouvelles ?

— Jamais, monsieur ; les vieilles seront *ben* plus belles que vos *semailles ; seyez* tranquille : je ne vous *dis que ça !*

Le propriétaire croit ; il laisse faire, et l'année suivante il se passe de sa fleur de prédilection. S'il *se permet* de rappeler les affirmations, on lui répond :

— Ah ! dame, monsieur, l'année n'est pas aux giroflées !

L'année, comme le sol, est toujours à tout, quand on veut prendre la peine de cultiver rationnellement et de préparer la terre convenablement. Les procédés que j'ai indiqués sont souvent plus économiques que ceux de la routine, et le résultat est aussi certain, avec une culture raisonnée, que douteux quand on base ses opérations sur des proverbes ou des dictons, ayant plus ou moins raison de... *ne pas être.*

Glaïeuls. Magnifique plante vivace, bulbeuse, portant un superbe épi de fleurs au bout d'une hampe de 80 centimètres à un mètre d'élévation.

Il y a des glaïeuls de toutes les nuances ; nos horticulteurs en possèdent de riches collections. La fleur est splendide, mais elle dure peu de temps, un mois environ, de mai à juin, ou plutôt de la mi-juin à la fin d'août. Malgré cet inconvénient, le glaïeul mérite à tous les titres une place d'honneur dans tous les jardins. C'est une plante ornementale par excellence.

Je renvoie aux catalogues des spécialistes les amateurs de collections. Quant aux personnes qui peuvent vivre sans posséder toutes les nouveautés, qu'elles s'adressent à une bonne maison, en demandant une belle collection de glaïeuls ; elles obtiendront facilement des plantes très-belles et souvent plus méritantes que les nouveautés écloses d'hier.

41

La culture des glaïeuls est des plus faciles quand on plante des bulbes. Le glaïeul réussit dans tous les sols, à la condition de n'être ni argileux, ni humide à l'excès. Le sol doit avoir été ameubli par un bon labour avant la plantation des bulbes, qui se fait en avril, lorsque les grandes gelées ne sont plus à redouter. Un sol bien épuré, profondément remué, et des engrais très-consommés, voilà tout le secret de la culture du glaïeul.

Quand on veut faire des corbeilles ou des groupes, on plante les bulbes des glaïeuls à 25 centimètres de distance environ, et à une profondeur variant entre 6 à 10 centimètres, suivant la grosseur des bulbes. Les plus grosses sont plantées plus profondément, les plus petites plus superficiellement. Aussitôt après la plantation, on paille toute la surface du sol avec du fumier décomposé, pour entretenir la fraîcheur et donner à la plante une nourriture additionnelle.

Les glaïeuls demandent une certaine quantité d'eau; il ne faut pas hésiter à leur en donner souvent, surtout par les temps secs; mais il faut mouiller et non bassiner, la passion favorite des praticiens. Mouiller veut dire faire pénétrer l'eau dans le sol, le mouiller. Une planche ou une corbeille bien mouillée peut rester une semaine sans être arrosée, mais pour cela il faut que le sol soit bien trempé.

Bassiner, en terme de jardinage, veut dire arroser très-légèrement: mouiller un peu les feuilles et pas du tout la terre. Le *bassinage* est poussé avec une telle perfection chez les praticiens, qu'il en existe (ceux-là sont des artistes) qui trouveraient le moyen d'arroser un hectare avec une carafe d'eau. Je suis l'ami de l'art, mais pas trop n'en faut, surtout en arrosage. C'est aux propriétaires qu'il appartient de veiller à ce que les arrosages ne soient pas faits trop artistement, s'ils tiennent à conserver leurs fleurs.

Quand les glaïeuls grandissent, il est urgent de placer un tuteur au pied de chacun, pour attacher la hampe. L'osier pourvu de son écorce et bien sec est excellent pour cela. S'il n'était pas séché à l'avance, il pousserait au bout de quelques jours.

Je dis de l'osier, parce que son écorce lisse est propre et d'une teinte unie, s'harmonisant bien avec le feuillage. Prenez un autre bois, si vous le voulez, pour faire des tuteurs, n'importe lequel, pourvu que, condition essentielle :

Les écorces soient unies, de la même teinte, de la même grosseur, et que les tuteurs soient coupés à la même longueur.

Le tuteur semble *a priori* un détail infime. Détrompez-vous, cher lecteur : le tuteur est à la symétrie de la corbeille ce que sont la chaussure et les gants dans la toilette d'une dame. Une femme avec des chaussures éculées et des gants de filoselle n'est pas une dame ; des tuteurs de toutes les couleurs, de toutes les grosseurs et de toutes les hauteurs ne peuvent trouver place que dans le jardin d'un marchand de..... mesdames les mères des veaux ou d'*habillés de soie*.

Les tuteurs placés, on attache la hampe dessus avec un jonc, dès qu'elle est bien dégagée des feuilles, et au fur et à mesure qu'elle s'allonge on ajoute un ou deux liens, pour éviter de laisser briser ou coucher les hampes par les coups de vent.

Après la floraison, on laisse les glaïeuls en terre jusqu'aux gelées ; on les arrache alors ; on met ressuyer les bulbes à l'air, pour les conserver pendant l'hiver sur des tablettes, dans un endroit sain et à l'abri de la gelée, pour les replanter le printemps suivant.

Le glaïeul se multiplie de deux manières : par caïeux et par semis.

Les caïeux, petites bulbes qui se forment à côté de l'ancienne, reproduisent exactement le type premier ; ils demandent quelques soins avant de les mettre en place et de donner leurs premières fleurs, qui n'apparaissent que la seconde et quelquefois la troisième année, suivant leur développement.

Quand on arrache les glaïeuls, on sépare les caïeux adhérents aux bulbes, et on les conserve de la même manière jusqu'en avril. A cette époque, on les plante en pépinière à 15 centimètres de distance environ, et on les y laisse jusqu'à l'approche des gelées, pour les conserver comme les bulbes pendant l'hiver. Les plus gros fleuriront l'été suivant ; on peut les mettre en place en avril. Les plus petits ne donneront des fleurs que l'année d'après ; on les replante en pépinière jusqu'à l'automne, pour les arracher et les conserver jusqu'au printemps suivant, où ils seront bons à mettre en place.

Le semis nous donne de nouvelles variétés, mais il faut attendre trois années pour en connaître le résultat, c'est-à-dire pour obtenir des fleurs. On sème en mars et avril, et même en mai, en pleine terre, et on laisse le semis passer l'hiver en pleine terre, en le couvrant de litière ou de vieux fumier, pour le defendre de la gelée. On le laisse pousser en place la seconde année. On arrache à l'automne pour conserver les bulbes pendant l'hiver, et on replante en pépinière jusqu'à ce qu'elles aient acquis assez d'accroissement pour être mises en place. Les produits des semis, une fois arrachés, sont traités comme les caïeux.

Les glaïeuls font des corbeilles et des groupes à grand effet. Leurs hampes se dessinent gracieusement sur les massifs, quand ils sont placés en avant, en fleurs isolées. De plus, c'est une plante par excellence pour la culture en vases, pour les appartements, comme pour orner les perrons, les terrasses et les kiosques.

Gynerium argenté. Magnifique plante vivace, formant des touffes superbes; feuilles longues, vert blanchâtre, de la hauteur de 1^m 50 à 2 mètres et plus, au centre desquelles naissent de longs épis soyeux, du plus bel effet.

Le gynérium est la plante par excellence pour l'ornementation des pelouses, le voisinage des terrasses, salles vertes, kiosques, etc. La mauvaise saison venue, ses longs panaches font un très-joli ornement pour l'intérieur.

Cette précieuse plante vient à peu près partout et dans tous les sols, excepté dans les sols argileux à l'excès, et aux expositions trop froides.

Le gynérium se multiplie par division de pieds, au printemps et à l'automne. Dans tous les cas, au printemps ou à l'automne, il est bon de mettre les divisions de pieds en pots, et de les placer sous châssis.

Au printemps, on place les pots sur couche chaude ou tiède, pour avancer la végétation, et l'on met en place quand les gelées ne sont plus à redouter. A l'automne, on place les pots sous châssis pour les hiverner, et on les met pendant quelques jours sous châssis chauds, pour les avancer avant de les mettre en place.

Le gynérium est assez sensible au froid. On l'en préserve en couvrant les racines de litière ou de vieux fumier à l'approche des gelées. Au nord de Paris, on fera bien d'empailler les tiges pendant les fortes gelées.

Héliotrope. Charmante plante vivace, haute de 50 centimètres en moyenne, à fleurs lilas plus ou moins foncé, suivant les variétés, et d'une odeur suave. La floraison commence vers la fin de mai et se continue sans interruption jusqu'aux gelées. Cette excellente plante est précieuse surtout pour faire des bordures. Elle rend de grands services en groupes, en plante isolée et cultivée en pots, pour les appartements comme pour la décoration des terrasses, des kiosques, etc.

Nous cultiverons spécialement trois variétés :

L'*héliotrope du Pérou*, de la hauteur de 60 à 80 centimètres; fleurs lilas ou bleu grisâtre clair.

L'*héliotrope à grandes fleurs*. Mêmes caractères que le précédent; fleurs un peu plus grandes, un peu plus pâles, mais moins odorantes.

L'*héliotrope roi des noirs*, plus petit, convenant

spécialement pour bordures ; fleurs violet très-foncé, odorantes.

L'héliotrope se reproduit par semis et par boutures. Le semis ne reproduit pas toujours les types très-exactement, mais il peut faire trouver de nouvelles variétés. Il y a toujours bénéfice à semer ; quand on a obtenu un type satisfaisant, on le bouture, pour le reproduire fidèlement.

On sème sur couche, en mars, pour mettre en place aussitôt que la plante est assez forte. On pince sur trois ou quatre feuilles pour faire ramifier, et ensuite on pince les ramifications pour obtenir des buissons très-fournis.

Vers la fin de la saison, et avant les gelées, on choisit les pieds portant les fleurs les mieux faites ; on les met en pots pour les hiverner en serre ou sous châssis froids. Ces pieds fourniront quantité de boutures au printemps. On bouturera en pots ; on pincera pour obtenir de belles touffes, et l'on mettra en place aussitôt que les gelées ne seront plus à craindre.

Les plantes provenant de boutures sont toujours préférables pour faire des bordures. Leur végétation est uniforme, comme la teinte de leurs fleurs.

Immortelles à bractées. Plante bisannuelle, de la hauteur d'un mètre environ ; fleurs blanches, jaunes divers et violettes, pendant tout l'été et l'automne. Les fleurs séchées à l'ombre, la tête en bas, conservent leurs couleurs pendant très-longtemps.

Les immortelles à bractées sont de très-belles plantes d'ornement pour corbeilles, groupes et fleurs isolées dans les massifs, où elles produisent le meilleur effet.

On sème en septembre, en pleine terre, pour repiquer en pots et hiverner sous châssis froids, pour mettre en place en mai. On peut semer en mars, sur couche, pour repiquer sur couche sourde et mettre en place en mai.

Immortelle xéranthème. Plante annuelle, velue, laineuse, de la hauteur de 50 à 60 centimètres ; fleurs blanches et violettes, aux mêmes époques que la précédente.

Ces immortelles sont employées spécialement en bordures, en groupes et en fleurs isolées, devant les massifs factices.

On sème en septembre, en pleine terre, pour repiquer en pépinière dans une planche abritée et bien exposée. On couvre avec des paillassons ou de la litière pendant les gelées, et l'on met en place en avril. On peut encore semer en avril, pour repiquer en pépinière en pleine terre et mettre en place en juin.

Ipomée écarlate. Plante annuelle, grimpante, atteignant la hauteur de 5 mètres environ ; feuillage vert un peu foncé, très-abondant ; fleurs très-petites, écarlates, de juillet en octobre.

On sème en place en avril.

Cette plante est précieuse par sa rapide croissance et l'abondance de ses feuilles, pour couvrir très-vite les salles vertes, terrasses, etc., etc.

Ipomée volubilis. Plante annuelle, grimpante, de la hauteur de 3 mètres environ, à fleurs bleues, roses, pourpres, violet foncé, blanches et panachées, de juillet à octobre.

Les fleurs des volubilis se ferment aussitôt que le soleil les atteint ; à l'ombre, elles restent ouvertes une grande partie de la journée.

Malgré cet inconvénient, le volubilis est une plante précieuse et des plus ornementales, autant par l'abondance de ses fleurs que par la richesse de leur coloris ; il couvre en un instant un treillage avec ses feuilles et ses fleurs, et produit le plus joli effet, jeté en très-petite quantité dans les massifs. Tous les endroits ombragés lui conviennent, et il vient à peu près dans tous les sols.

On sème ordinairement le volubilis en place en avril et mai ; dans ces conditions, il fleurit en juillet. On peut obtenir des fleurs beaucoup plus tôt en le semant en mars sur une vieille couche, ou même en pleine terre, abrité par une cloche, pour le repiquer en place dès qu'il commence à monter. En arrosant copieusement aussitôt après la plantation, les volubilis ne fanent pas ; ils montent quelques jours après et ont près de deux mois d'avance sur ceux semés en pleine terre.

Iris. Plante vivace, à rhizome charnu ; feuilles en forme de roseau ; fleurs bleues, violettes, jaunes, etc., à l'extrémité de hampes d'un mètre d'élévation environ, en mai et juin.

La variété naine, à fleurs violet foncé, forme de très-jolies bordures pour les grands massifs.

Les iris viennent à peu près partout, dans les sols qui ne sont pas trop compacts, et à toutes les expositions. C'est une plante assez ornementale dont il faut user,

41.

mais jamais abuser, dans les parcs et les grands jardins. Les iris font bon effet près des terrasses naturelles, des kiosques, et devant les grands massifs; mais il faut avoir le soin de diviser les touffes presque tous les ans, ou sans cela ils envahissent tout.

On multiplie l'iris par divisions de pieds, soit à l'automne ou au printemps, peu importe; il reprend toujours et ne demande pas d'autre soin que celui de le planter.

Jacinthe. Plante vivace, bulbeuse, trop connue pour la décrire; tout le monde connaît les jacinthes, et il n'est personne qui puisse cultiver assez cette charmante plante, précieuse entre toutes par sa précocité, son parfum délicieux, ses nombreuses nuances, le brillant de son coloris et la longue durée de sa floraison.

Les jacinthes sont bonnes à tout et font plaisir partout, dans le jardin comme dans les appartements.

En pleine terre, elles forment des corbeilles éblouissantes, des groupes du plus joli effet et des bordures de corbeilles des plus coquettes. En pots, les jacinthes sont un des plus jolis ornements des perrons, des vestibules et des appartements, et cultivées dans l'eau, dans une modeste carafe, elles font encore le bonheur des citadins.

Les plus belles jacinthes, comme les plus variées en couleurs, sont celles de Hollande. Il y en a de simples et de doubles, de toutes nuances. Les simples sont employées pour la culture de pleine terre, les doubles pour mettre en pots et en carafes. De loin, les simples font plus d'effet que les doubles.

Paris a bien la spécialité d'une variété de jacinthes appelées parisiennes; mais elles ne peuvent lutter avec les jacinthes de Hollande, ni pour la beauté des fleurs, ni pour la diversité des couleurs, qui se réduisent à quatre seulement.

Quand on achète des oignons de jacinthes, il n'y a pas à hésiter à acheter des hollandais; la différence de quelques centimes est bien compensée par la beauté des fleurs et le nombre des nuances.

La jacinthe aime les terres légères et très-meubles. Il lui faut, avant la plantation, un labour profond, et comme presque toutes les fleurs, des engrais très-consommés : du terreau. Donc les jacinthes donneront d'excellents résultats dans toutes nos corbeilles, lorsqu'elles auront été préparées comme je l'ai indiqué. Si cependant le sol était très-argileux, on pourrait encore cultiver les jacinthes avec succès, en mélangeant du sable ou de la terre de bruyère mêlées de terreau au sol des corbeilles.

Quand on veut obtenir de belles fleurs, il faut planter sinon à l'automne, mais au moins avant l'hiver. Toutes les plantations de jacinthes devraient être faites en octobre; on peut encore planter en novembre, mais vaut mieux en octobre, et même en septembre. Les plantations faites au printemps ne réussissent jamais aussi bien.

On plante les oignons de 12 à 15 centimètres de distance, et à une profondeur égale.

Cette profondeur de 12 à 15 centimètres est nécessaire pour soustraire les oignons de jacinthes à l'action des gelées. En outre, l'expérience a prouvé que les oignons profondément plantés avant l'hiver produisaient moins de caïeux, et partant de là, des fleurs plus belles. Quand on plante au printemps, une profondeur de 5 ou 6 centimètres suffit. L'émission des caïeux est plus considérable ; elle a lieu au détriment des fleurs, ne l'oublions pas.

Il est bon, dans les plantations d'automne, de couvrir la terre de feuilles ou de litière pendant les gelées, pour éviter aux oignons des changements de température trop brusques. On enlève la couverture dès que les oignons lèvent.

Dans ces conditions, la floraison a lieu en mars et avril. Aussitôt les jacinthes défleuries, on coupe les hampes pour éviter de fatiguer les oignons par la production des graines. On laisse les tiges faner, et lorsqu'elles sont jaunes on arrache les oignons, que l'on met d'abord sécher à l'ombre, pour les conserver dans un endroit sain jusqu'à la plantation prochaine.

Après l'arrachage, il faudra débarrasser les oignons de jacinthes de leurs caïeux, que l'on repiquera en pépinière pendant deux années. Vers la troisième année, ils fleuriront.

Je passe sous silence les semis de jacinthe ; ils donnent, il est vrai, des variétés nouvelles, mais ils demandent trop de temps et de soins, pour obtenir le plus souvent des résultats médiocres ; il est bien plus simple d'acheter des oignons de jacinthes de Hollande.

Rien n'est plus facile que d'avoir des jacinthes en

fleurs pendant tout l'hiver, pour les appartements. Voici comment on procède :

Suivant la quantité de plantes dont on a besoin, on met des oignons en pots dès le mois de septembre, en les enterrant à peine jusqu'au collet. Les pots sont remplis de terre mélangée de moitié de terreau. On peut mettre du terreau seulement, mais la végétation des feuilles est trop active, et cette végétation se produit au détriment de la beauté des fleurs. Le mélange que je viens d'indiquer ne donne pas trop de feuilles et toujours de belles fleurs.

On place les pots dans une tranchée faite dans une plate-bande, et on recouvre d'un bon paillis. Cinq à six semaines après, les racines se forment ; dès ce moment, on peut forcer les jacinthes avec certitude de succès. Dès lors, on prend le nombre de pots nécessaire, et on les enterre dans le terreau d'une couche chaude ou tiède, suivant que l'on veut obtenir des fleurs plus ou moins vite. Au moment où les jacinthes sont en boutons, on les apporte dans les appartements.

En mettant sous châssis ou en serre de nouveaux pots, toutes les trois semaines environ, on obtient des jacinthes en pleines fleurs pendant tout l'hiver.

On peut encore obtenir pendant l'hiver des jacinthes en fleur à l'aide de carafes que l'on emplit d'eau, dans laquelle on met un peu de poudre de charbon, pour l'empêcher de se corrompre. La base de l'oignon seule doit tremper dans l'eau. Il faut avoir le soin de remplir la carafe pour qu'il n'y ait pas de vide.

Quelques jours après, on aperçoit les racines se

form r et descendre dans l'eau. Bientôt les feuilles se développent, et la hampe apparaît: c'est la fleur. Elle fleurit plus ou moins vite, suivant la température de l'appartement.

Il est urgent, pour obtenir de bons résultats de cette culture, de placer les carafes à la lumière, auprès d'une croisée, et non dans un endroit obscur, où la plante se contourne et se déforme pour chercher la lumi re.

Si l'on veut obtenir en carafes des jacinthes bien droites et régulières de végétation, il est utile, même quand on les place devant une croisée, de retourner la carafe tous les jours, pour que les deux faces de la plante reçoivent la même somme de lumière ; autrement les jacinthes se contournent.

Juliennes. Plante des plus précieuses pour la décoration des jardins, tant par l'éclat de la floraison que par le parfum.

Les juliennes sont vivaces ; elles ont une hauteur de 50 à 70 centimètres ; les fleurs sont blanches, roses ou violettes, doubles ou simples, et fleurissent de mai à juillet.

Les juliennes simples se reproduisent par semis ; les doubles, qui ne donnent pas de graines, par division de pieds et par boutures. Toutes les terres de jardin conviennent à la julienne ; elle vient partout et y rend les plus grands services comme plante ornementale, pour corbeilles, groupes et plantes isolées devant les massifs.

Les juliennes simples sont toujours plus rustiques et plus vigoureuses que les doubles ; elles ne sont pas assez cultivées dans les parcs et les grands jardins, où elles forment des massifs à effet, embaumant l'atmosphère.

On sème les juliennes simples en avril et mai, en pleine terre; on repique ensuite en pépinière, pour mettre en place à l'automne ou au printemps. Vaut mieux à l'automne; tous les plants mis en place avant l'hiver donnent toujours, toutes choses égales d'ailleurs, des fleurs plus précoces, plus nombreuses et plus belles que ceux plantés au printemps.

Le jour où nous pourrons décider les propriétaires et les jardiniers à semer en temps voulu, à repiquer en pépinière et à mettre en place en temps utile, au lieu de tout semer et planter invariablement au printemps, il n'y aura plus d'échecs dans la culture, et tout le monde aura des fleurs splendides, sans autre peine que celle d'avoir pris le temps d'étudier ce livre et de le suivre à la lettre.

On peut multiplier les juliennes simples par division de pieds. Aussitôt la défloraison, on coupe les tiges, on arrache et l'on divise les pieds en deux ou trois, suivant leur grosseur, pour les placer dans la pépinière de réserve, où ils restent jusqu'à l'automne, où on les remet en place.

Les pieds divisés ne donnent jamais d'aussi bons résultats que les semis et demandent autant de travail. Il est préférable de semer tous les ans.

Les juliennes doubles ne donnent pas de graines; on les multiplie par divisions de pieds aussitôt après la défloraison, comme je viens de l'indiquer, et mieux encore par boutures. Quand les pieds sont divisés et remis en pépinière, on coupe les nouvelles pousses, et on les bouture aussitôt en pleine terre sous une cloche. Dès que les boutures sont bien prises et habituées à l'air, on les repique en pépinière, pour les mettre en place à l'automne ou au printemps suivant.

Il sera utile de pailler les corbeilles de juliennes doubles; elles aiment la fraîcheur et sont moins rustiques que les simples. Par la même raison, les arrosements devront être aussi plus fréquents.

Julienne de Mahon. Plante annuelle, haute de 20 à 30 centimètres; fleurs odorantes, en grappes, d'abord roses, devenant ensuite lilas, de mai à août; il y a une variété à fleurs blanches.

La julienne de Mahon est une plante de mérite par sa rusticité, l'abondance de ses fleurs et leur parfum. Elle vient partout, même dans les décombres, où toute autre plante ne vivrait pas. C'est une précieuse ressource pour orner et parfumer les endroits les plus arides : les terrasses naturelles, les rochers, etc., etc., et aussi pour faire des bordures du plus charmant effet.

On sème la julienne de Mahon en pleine terre, et l'on repique en pépinière dans une plate-bande abritée, où elle passera l'hiver, pour la mettre en place en mars, à 20 centimètres de distance environ; la floraison a lieu d'avril à septembre. On peut aussi semer en avril et mai, pour faire des bordures; on éclaircit les plants de manière à laisser entre eux une distance de 10 centimètres environ. La floraison a lieu en juillet et août.

A la rigueur, quand on manque de bordures tardives, on sème encore la julienne de Mahon en place, en juin, et l'on obtient des fleurs en septembre et octobre ; mais cette floraison est moins belle et moins abondante. C'est une ressource dont on peut user, mais non un mode de culture à adopter.

Lavatères (mauves). Plantes annuelles, ornementales par excellence, dans les parcs et les grands jardins ; elles produisent le meilleur effet devant les grands massifs. Nous en adopterons deux variétés :

Lavatère à grandes fleurs, de la hauteur de 80 centimètres à 1 mètre ; feuillage vert un peu foncé ; fleurs rose pâle veiné de rose foncé, de juillet à septembre.

Lavatère à fleurs blanches. Mêmes caractères. Fleurs blanches.

Ces variétés, très-rustiques, viennent bien dans tous les sols qui ne sont pas trop compacts. On les sème en place en avril et mai. On éclaircit les plants pour laisser entre eux une distance de 40 à 50 centimètres, et on paille pour maintenir la fraîcheur au pied.

Lin à grandes fleurs. Plante annuelle, de 30 centimètres de hauteur ; fleurs abondantes, rouge éclatant strié de fauve à la base, d'avril à août.

Le lin à grandes fleurs est une jolie plante, produisant le meilleur effet en bordures et pouvant être utilisée en groupes et isolée devant les massifs factices. On peut semer à différentes époques : en septembre, en pleine terre, pour repiquer en pots que l'on hiverne sous châssis froids, pour mettre en place au printemps. On pourrait hiverner au besoin dans une plate-bande d'espalier, en ayant le soin de couvrir quand il gèle ; mais la conservation sous châssis est plus sûre.

On peut semer aussi en place en avril et mai, et même en juin, pour obtenir une floraison plus tardive.

Lin à fleurs bleues. Plante vivace; fleurs bleues, de juillet à septembre. On sème en mai, juin et même juillet, en pleine terre; on repique en pépinière en pleine terre, et l'on met en place à l'automne.

Lis blanc. Plante vivace, bulbeuse; hampes de la hauteur de 1 mètre au moins, portant une belle grappe de fleurs blanches d'un parfum des plus pénétrants. C'est une fleur bien ancienne, mais assurément l'une des plus belles que l'on puisse cultiver encore dans nos jardins. Aucune fleur n'est d'un blanc aussi pur que le lys et n'égale son parfum. Les lis produisent le meilleur effet en groupes et en touffes isolées devant les massifs.

Le lis vient à peu près partout et se multiplie par la division des écailles de ses bulbes, que l'on plante en pépinière, pour les mettre en place la seconde année.

Nos horticulteurs ont obtenu des lis de toutes les formes et de toutes les couleurs; mais la plupart de ces variétés demandant une culture toute spéciale, rentre dans la série des plantes de serre. (Voir les catalogues des spécialistes pour le choix des variétés et les conditions dans lesquelles on doit les cultiver.)

Lobélia. Plante annuelle, de la hauteur de 10 à 15 centimètres, à fleurs bleues, très-abondantes pendant tout l'été. Jolie petite plante très-élégante, faisant le meilleur effet en bordure et des plus charmantes en pots, pour orner les fenêtres, les rocailles, les terrasses et les kiosques, etc., etc.

On sème en août et septembre en pleine terre, pour repiquer en pots que l'on hiverne sous châssis, pour mettre en place en mai. On peut semer aussi en mars et avril, sur couche, repiquer en pépinière sur couche, pour mettre en place à la fin de mai ; et enfin on peut encore risquer de semer en mai et juin en place, pour obtenir une floraison tardive.

De tous ces semis, c'est celui d'automne qui donne les meilleures plantes, comme la plus belle floraison. En outre, il offre un grand avantage, celui de raser les lobélias aussitôt les fleurs passées, et d'obtenir à l'aide de ce moyen une seconde floraison.

Lupins. Jolie plante annuelle, de la hauteur de 60 centimètres à 1 mètre et plus, suivant les variétés. Fleurs en longues grappes, très-odorantes, bleues, lilas, blanches, roses et jaunes. Il existe une grande quantité de variétés de lupins ; le mieux est de les semer en mélange. Les lupins fleurissent depuis juillet jusqu'en septembre.

La plante est rustique, vient à peu près dans tous les sols un peu légers, mais elle ne supporte pas la transplantation. On les sème en place en mai ; il n'y a qu'à les éclaircir et les laisser pousser. A la rigueur, on pourrait semer des lupins en pots et les mettre en place dès qu'ils auront développé quatre ou cinq feuilles, sans briser la motte. Dans ces conditions, ils reprennent, mais le semis en place est préférable.

Les lupins font le plus joli effet en groupe dans les

plates-bandés bordant les massifs factices, surtout quand ils sont de couleurs variées. La plante est jolie, la fleur élégante et des plus odorantes.

Lychnis, croix de Jérusalem. Plante vivace, de 80 centimètres à 1 mètre de hauteur ; fleurs agglomérées, formant de beaux pompons rouge écarlate, blancs, roses, suivant les variétés, et fleurissant en juin, juillet et même août.

Les lychnis aiment les sols frais et un peu consistants ; ils font très-bon effet en groupes et en fleurs isolées devant les massifs. Leur fleur est éclatante et tranche avantageusement sur les autres.

On sème en mai et juin en pleine terre, et l'on repique en pépinière, pour mettre en place à l'automne ou au printemps. Ensuite on peut multiplier par division de pieds, mais faire de nouveaux semis tous les trois ou quatre ans, pour avoir toujours de belles plantes. Celles multipliées par division de pieds dégénèrent au bout d'un certain temps.

Mauve frisée. Plante annuelle, de la hauteur de 2 mètres environ ; feuilles gaufrées, très-élégantes ; fleurs blanches, petites, de juillet à septembre. La fleur de la mauve frisée est insignifiante, mais la feuille est très-ornementale. De plus, elle remplace avec avantage, pour les desserts, la prosaïque feuille de vigne.

La mauve frisée pousse comme du chiendent, dans tous les sols frais et légers, et fait très-bon effet au bord des massifs. On sème en place en avril et mai ; on éclaircit les plants pour laisser entre eux une distance de 70 à 80 centimètres, quand on en fait des massifs.

Momordique à feuilles de vigne. Plante annuelle, grimpante, très-rameuse, à vrilles, s'élevant à 2 mètres environ; fleurs jaunes, insignifiantes; fruit long, très-ornemental, d'abord vert, puis jaune orangé, se fendant après maturité, et mettant à découvert la pulpe rouge écarlate.

C'est une excellente plante, et d'un très-joli effet pour couvrir des terrasses, des salles vertes, orner des kiosques, etc.

On sème dans des pots que l'on enterre dans le terreau d'une couche en avril, pour mettre en place en mai, à une exposition chaude. Un peu de terreau autour de la motte du pot et des arrosements fréquents, c'est tout ce qu'il faut à cette jolie plante.

Muflier à grandes fleurs. Plante annuelle, haute de 50 à 75 centimètres; feuilles vert sombre; fleurs en grappes très-nombreuses et de couleurs diverses, suivant les variétés : rouges, roses, mélangées de jaune, panachées, etc.

Muflier nain. Plus petit et plus trapu que le précédent, très-florifère et d'un joli effet; fleurs des mêmes nuances que le précédent.

Les mufliers fleurissent pendant une grande partie de l'été, et leur culture est des plus faciles. Les sols frais et légers leur conviennent particulièrement, mais ils poussent partout.

On sème en août en pleine terre, et on repique en pépinière dans un endroit abrité, pour mettre en place au printemps. On peut semer aussi en pleine terre en mars et avril, pour repiquer en pépinière et mettre en place en pleine terre en juin ou juillet. On obtient encore une floraison tardive, mais les plantes n'ont jamais la même vigueur ni d'aussi belles fleurs que celles semées à la fin de l'été précédent.

Les muffliers sont d'excellentes plantes pour mettre en groupes, ou planter isolés devant les massifs.

Muguet de mai. Charmante plante vivace ; jolie feuille ; fleur modeste, mais parfumée, dont on avait abandonné le soin à la nature. Partout où le muguet se plaît, il se reproduit avec abondance et sans le moindre soin. Il pullule dans les clairières des bois, où il s'est semé tout seul. Combien de propriétaires ont envié et envient, dans leur parc, une clairière de la forêt, garnie de muguet ! Rien de plus facile que de se contenter.

Le muguet croît naturellement dans tous les sols siliceux, un peu frais, et demande de l'ombre. Sa mission est de garnir les clairières des massifs ; il ne nous demande qu'un peu d'ombre et nous donne son parfum en échange.

On sème le muguet en avril, à l'ombre, et en terre très-légère mélangée de terreau ; on repique en pépinière à l'ombre, pour mettre en place à l'automne. Au mois de mai suivant, on obtient des fleurs, et pourvu que le sol lui convienne, il se multiplie et nous embaume tous les printemps, sans qu'on ait le moindre soin à lui donner.

La culture a créé plusieurs variétés de muguets ; il en existe de doubles, et aussi de plusieurs nuances. Ces variétés sont délicates et, il faut le dire, ne valent pas le muguet de mai, celui que la nature nous a donné.

Les horticulteurs ont voulu faire mieux que la nature, et ils n'ont pas réussi.

Myosotis. Charmante plante bisannuelle, à floraison très-précoce (c'est un de ses principaux mérites), d'une hauteur de 20 à 25 centimètres, à fleurs bleu ciel, blanches et roses, commençant à fleurir en mai, et donnant des fleurs sans interruption et en abondance jusqu'en juin.

Les myosotis font de charmantes corbeilles en mélangeant les couleurs pour leur donner de l'éclat ; ils peuvent être employés en bordures, en groupe, comme plante isolée devant les massifs, sans préjudice de la culture en pots, et rendent les plus grands services pour la décoration des appartements, des perrons, des terrasses, etc.

La culture du myosotis est des plus faciles ; il vient dans tous les sols. On le sème de juillet à septembre en pleine terre, et on le repique en pépinière pour le mettre en place à l'automne. Le plus souvent le myosotis se sème tout seul ; quand il y a eu quelques pieds dans le jardin, on trouve de jeunes plants tout autour de l'endroit où ils étaient plantés. Il n'y a qu'à les enlever et les repiquer en pépinière, pour les mettre en place à l'automne.

On sème ordinairement le myosotis au printemps ; il pousse et donne des fleurs, cela est incontestable, mais moitié moins que lorsqu'il est semé à la fin de l'été.

Narcisse. Plante vivace, bulbeuse, haute de 30 à 40 centimètres, à feuilles planes ; fleurs blanches et jaunes, odorantes, variant du blanc au jaune clair, sui-

vant les variétés, et des plus précoces, en avril et mai ;
c'est là le principal mérite des narcisses.

La culture est des plus faciles et en tout conforme à
celle des jacinthes, pour les époques de plantation,
comme pour les soins à donner (voir page 731).

Le narcisse vient dans tous les sols légers et exempts
d'humidité. C'est une des rares fleurs qui saluent le retour de la belle saison.

Œillet des fleuristes. Plante vivace, à feuilles vert
gris, de la hauteur de 50 à 60 centimètres ; fleurs très-
odorantes, de plusieurs nuances, et panachées de toutes
couleurs, suivant les variétés, pendant une bonne partie
de l'été.

L'œillet occupe à juste titre la place d'honneur dans
tous les jardins ; il réunit tout : variété de coloris, longue
et abondante floraison, et parfum délicieux.

On peut faire des corbeilles très-brillantes et de très-
longue durée avec les œillets ; ils font très-bon effet en
groupes, quand les couleurs sont bien variées, et même
en fleurs isolées aux abords de l'habitation, ou dans le
voisinage des salles vertes, des kiosques, des terrasses, etc., où ils apportent le parfum.

Les œillets viennent parfaitement en pots, et c'est
une grande ressource pour la décoration des perrons,
des terrasses, des kiosques et même des appartements.
Pour cet usage on les palisse sur une espèce de raquette en osier qui bientôt est littéralement couverte de
leurs fleurs.

La maison *Derouet*, 4, rue du Bouloi, m'a envoyé le
dessin d'une raquette à œillets en fil de fer galvanisé

(fig. 263). C'est très-propre, très-solide et en même temps très-bon marché.

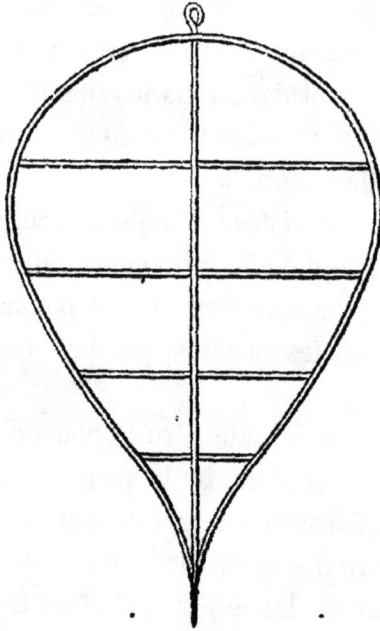

Fig. 263. — Raquette à œillets en fil de fer.

Il n'y a qu'à enfoncer la pointe dans la terre du pot, et couvrir le disque avec des branches d'œillets que l'on étale dessus.

On multiplie les œillets de trois manières : par boutures, par marcottes et par semis.

Les boutures ne réussissent pas toujours, les œillets émettant assez difficilement des racines. Il faut prendre des rameaux jeunes et encore très-tendres pour faire des boutures, et fendre l'extrémité en quatre sur

42

une longueur dé 5 millimètres environ, pour faciliter l'émission des racines. Les boutures seront plantées en pleine terre vers la fin de l'été, dans une planche bien préparée pour obtenir de la terre légère. On recouvrira les boutures avec des cloches pour les priver d'air, et on ombrera jusqu'à la reprise. Quand les boutures seront bien habituées à l'air, on les repiquera en pots.

Le marcottage est le procédé le plus sûr pour multiplier les œillets, et encore on ne réussit pas toujours. (Voir pour la préparation des marcottes, page 617, fig. 249.) Quand les marcottes sont sevrées, détachées du pied-mère, on les répique en pots comme les boutures.

Le semis nous donne plus vite un grand nombre de plantes, mais il nous donne aussi des fleurs simples, comme dans tous les semis. On sème en avril et en mai en pleine terre, dans une planche bien préparée. Une terre substantielle et légère à la fois est la terre de prédilection pour l'œillet. On tasse un peu la terre avant de semer, et on recouvre la graine de 4 à 5 millimètres de terreau mélangé avec de la terre de bruyère ou du sable.

Aussitôt que les œillets ont développé cinq ou six feuilles, on les repique en pépinière à 20 centimètres de distance environ. On paillera la planche pour y maintenir la fraîcheur, et les jeunes plants passeront ainsi l'hiver, sans autre soin qu'une couverture de paille pendant les plus fortes gelées.

Vers le mois de mars suivant, on plantera les œillets dans la pépinière de réserve, à 30 ou 35 centimètres de distance, et on mettra ensuite un bon paillis sur toute la planche. Au moment où les premières fleurs se montrent, on arrache tous les simples et ceux dont les fleurs crèvent ou sont mal faites, pour ne conserver qu'un beau choix.

L'œillet redoute les changements brusques de température, les excès de chaleur et surtout d'humidité. C'est pour cela qu'ils réussissent souvent mieux en pots qu'en pleine terre.

Pour mettre les œillets en pots, on choisit une terre substantielle et légère, que l'on mélange avec du terreau de couche ou du fumier de vache assez décomposé pour être réduit à l'état de terreau.

Les œillets en pots se conservent très-bien pendant l'hiver sous châssis froid, où il est facile de les défendre du soleil en ombrant, et du froid en entourant le coffre du châssis de feuilles mêlées avec de la mousse et même du fumier, si les gelées sont à redouter. Vers le mois de mai, on peut mettre les œillets dehors et même en pleine terre.

Œillet mignardise. Ravissante plante vivace, de la hauteur de 20 à 30 centimètres, faisant les plus jolies bordures du jardin ; fleurs odorantes, blanches, roses ou nuancées de rouge, suivant les variétés, de mai à juillet.

Il est très-difficile, pour ne pas dire impossible, de récolter les graines de l'œillet mignardise. On le multiplie par division de touffes, par marcottes et par boutures.

Œillet de Chine. Plante annuelle et bisannuelle ; tiges rameuses, de 20 à 30 centimètres de hauteur.

Feuilles vert gai ; fleurs blanches, rouges, carnées et panachées, suivant les variétés, de juin à septembre.

Les œillets de Chine forment de très-jolies bordures ; ils peuvent être cultivés en groupes et comme fleurs isolées.

On sème l'œillet de Chine à différentes époques : en août, en pleine terre, pour repiquer en pépinière en pleine terre, dans une plate-bande bien exposée, et mettre en place en avril suivant. On abrite les plants avec des paillassons ou de la litière pendant l'hiver.

On sème également en mars et avril sur couche, pour repiquer en pleine terre, à bonne exposition, et mettre e.. place en mai ou juin.

On peut semer encore en pleine terre en avril et mai, pour repiquer en pépinière en pleine terre et mettre en place lorsque les plants seront assez développés, vers la fin de juin ou la première quinzaine de juillet.

On peut, de la pépinière de repiquage, transplanter les œillets de Chine dans la pépinière de réserve, en les plantant à plus grande distance ; ils peuvent y attendre leur floraison, et alors on les enlève en mottes pour les mettre en place.

Œillet de poète. Plante bisannelle ; vivace, tiges nombreuses, de 35 à 45 centimètres de hauteur ; fleurs de toutes nuances et panachées, depuis juin jusqu'à septembre.

L'œillet de poète est très-florifère ; c'est une plante précieuse pour former des groupes, et en fleurs isolées devant les massifs factices. C'est une plante qui fleurit beaucoup et longtemps ; à ce titre, l'œillet de poète doit avoir accès dans tous les jardins.

On multiplie l'œillet de poète par division de pieds et par semis. La division des pieds reproduit le type exact ; le semis est quelquefois inconstant. Il ne donne pas toujours les types des variétés semées, mais en échange il en produit souvent de nouvelles.

La culture de l'œillet de poète est facile ; il vient facilement dans les terres de jardin préparées comme je l'ai indiqué.

On opère la division des pieds aussitôt après la défloraison, et on plante dans la pépinière de réserve, pour enlever en mottes et mettre en place à l'automne ou au printemps.

On sème en mai et juin en pleine terre, et l'on repique en pépinière pour mettre en place à l'automne ou au printemps, mais mieux vaut à l'automne.

Paquerette. Charmante plante vivace, bien vieille, et qui ne sera jamais assez cultivée dans tous les jardins. La paquerette atteint une hauteur de 10 centimètres environ, et est très-florifère.

Il y a plusieurs variétés de paquerettes, depuis le blanc jusqu'au rouge, et de toutes les nuances intermédiaires entre ces deux extrêmes. La floraison a lieu d'avril à juin, suivant les variétés.

On multiplie les paquerettes par division de pieds et par semis.

La division des pieds s'opère après la défloraison, et l'on plante dans la pépinière de réserve, pour mettre en place à l'automne.

42.

On sème en juillet et août en pleine terre, et l'on repique en pépinière, pour mettre en place à l'automne.

Les paquerettes viennent à peu près dans tous les sols, ou frais et légers.

Pavots. Magnifique plante annuelle, des plus ornementales. Bien vieille, hélas ! assez vieille pour faire reculer d'épouvante les hommes *de fer* du jour, mais rajeunie par les splendides variétés doubles que l'on a obtenues. Elles sont au nombre de vingt, de toutes couleurs, de toutes panachures, et donnent des fleurs grosses comme des pommes de chou.

Rien n'est plus beau et plus ornemental, dans un parc ou un grand jardin, qu'un groupe de pavots doubles ; il produit un effet splendide, qui attire les regards et enchaîne malgré eux les promeneurs les moins amateurs de fleurs.

Le pavot ne supporte pas la transplantation ; il faut le semer en place. Cet inconvénient l'a fait abandonner dans bien des jardins ; mais il est compensé par la facilité de sa culture. Il vient partout, dans tous les sols, secs, légers et même arides. On emploie le pavot pour les groupes à grand effet, et pour les lointains surtout. Un groupe de pavots jeté devant un massif des plus sombres ne l'éclaire pas : il l'illumine.

Il suffit de donner un labour à l'endroit où l'on veut placer un groupe de pavots, d'y jeter à la volée quelques pincées de graines en mars ou avril, et donner un coup de fourche crochue pour ameublir le sol et enterrer la graine, et voilà tout *le secret* de sa culture.

Lorsque les plants sont bien levés et ont acquis une

certaine force, on prend la petite ratissoire à deux branches, et du même coup on détruit les mauvaises herbes
et le plant trop serré. Une distance de 25 centimètres
est nécessaire entre les pieds, pour obtenir une bonne
végétation et une floraison splendide.

C'est peu de chose: le coup de ratissoire donné,
toute l'ouvrage est faite, et vous avez un groupe qui
attire tous les regards et produit un effet magique.

Les pavots produisent un excellent effet devant les
massifs; il suffit d'en jeter quelques graines et de les
enterrer au râteau pour en avoir dix fois la quantité que
l'on peut conserver.

Une fois qu'il y a eu des pavots dans un jardin, il en
repousse toujours; on n'a que la peine d'éclaircir pour
supprimer ce qu'il y a en trop.

Pensée anglaise à grandes fleurs. C'est la plus belle
variété; à ce titre, je m'en tiendrai à cette variété. La
pensée est une plante annuelle du plus grand
mérite; elle joint à l'éclat de son coloris et à la diversité
des couleurs la précocité et une longue floraison. C'est
une des premières qui apparaissent en pleine terre.

Les pensées peuvent être employées de toutes les
manières : en corbeilles, en groupes, en bordures, en
fleurs isolées; elles produisent toujours le meilleur effet
partout où on les place.

La pensée est une des plantes les plus rustiques; elle
supporte les hivers les plus rigoureux en pleine terre,
sans le moindre abri, et vient partout.

On sème en juillet et août, en pleine terre, et l'on
repique en pépinière également en pleine terre. Quand

le plant est assez fort, on le met en place à l'automne ou dans l'hiver ; dans le cas contraire, on attend au printemps. Les pensées élévées dans ces conditions fleurissent depuis le commencement d'avril jusqu'à la mi-juin, et donnent, toutes choses égales d'ailleurs, les plus nombreuses comme les plus belles fleurs. On les met en place à la distance de 25 centimètres au plus, pour que le sol soit entièrement couvert.

On peut encore semer en septembre, mais c'est déjà tard ; les fleurs sont plus tardives. On peut aussi semer sur couche en mars, pour obtenir des fleurs tardives, mais elles sont beaucoup moins belles. Rien ne peut remplacer le semis de juillet et août.

Périlla. Jolie plante annuelle, des plus ornementales, haute de 60 à 80 centimètres, à feuilles odorantes, teintées de pourpre et ondulées. La fleur rose est peu apparente. Cette charmante plante est cultivée pour son feuillage, qui produit le plus joli effet, soit en groupe ou en plante isolée au bord des massifs.

Le perilla vient dans tous les terrains secs et légers, mais il est très-sensible à la gelée.

On sème en mars sur couche, et on repique également sur couche, pour mettre en place quand les gelées ne sont plus à redouter, vers le 25 mai.

Persicaire du Levant. Plante annuelle, haute de 1 à 2 mètres et quelquefois plus ; fleurs blanc rosé, de juillet à septembre.

Il existe une variété de persicaire à fleurs blanches, et une variété naine, plus rameuse et moitié moins grande que la précédente.

La persicaire est une belle plante d'ornement, produisant le meilleur effet en groupes sur les pelouses, devant les grands massifs ou dans le voisinage des pièces d'eau, où elle acquiert un grand développement.

La culture de la persicaire est facile ; elle vient à peu près dans tous les sols, lorsqu'ils sont frais surtout.

On sème en pleine terre en avril, et l'on arrose copieusement le plant aussitôt qu'il est levé, pour mettre en place en mai. Avec de l'eau en quantité suffisante et quelques arrosements au *floral,* on obtient très-vite des plantes de la plus belle venue.

Pervenche grande. Plante vivace, à feuillage vert foncé brillant, haute de 40 centimètres environ, et quelquefois grimpante ; fleurs bleu clair en mars et en juin. Il existe une variété à fleurs blanches et une à feuilles panachées de blanc jaunâtre d'un très-joli effet.

La grande pervenche est une très-jolie plante d'ornement, pas assez cultivée et trop peu employée pour les services qu'elle rend dans les parcs et dans les jardins. La pervenche vient à peu près dans tous les sols frais, et même humides, et dans les endroits frais. Elle fait le meilleur effet au centre des massifs, dans les clairières des grands parcs comme sur les bords des allées, auprès des rochers, dans le voisinage des pièces d'eau, et même dans les suspensions sur les terrasses couvertes, mais à la condition de l'arroser suffisamment. La variété panachée est précieuse pour cet emploi ; elle produit le plus joli effet.

La multiplication de la pervenche se fait de deux manières : par division de pieds à l'automne et par semis.

Le semis se fait en pleine terre, en avril, dans un endroit ombragé.

La levée est longue et difficile. Le sol doit être maintenu constamment humide ; on repique en pépinière à l'ombre, pour mettre en place à l'automne. La multiplication par division de pieds est beaucoup plus prompte.

Pervenche petite. Plante vivace, plus petite que la précédente, d'une hauteur de 15 à 20 centimètres ; feuillage d'un beau vert luisant ; fleurs blanches, violettes, rouges et pourpres, de mars en juin.

Même culture que la précédente et mêmes emplois, plus la ressource de fournir de très-jolies bordures dans les endroits ombragés.

Pétunia. Plante annuelle, des plus précieuses pour l'ornementation de tous les jardins, en ce qu'elle fleurit avec abondance et sans interruption depuis le mois de mai jusqu'aux gelées.

Le pétunia peut être employé à tout : en corbeilles, en groupes, en fleur isolée devant les massifs, et même en vases et dans les suspensions, où il produit le plus joli effet. C'est la fleur ornementale par excellence.

Il y a une assez grande variété de pétunias, à fleurs simples et à fleurs doubles, que l'on reproduit par semis et par boutures. Le semis donne très-promptement une grande quantité de plantes, mais ne reproduisant pas toujours les types exacts des porte-graines.

Quand on a obtenu des variétés nouvelles ou des

plantes très-belles de coloris dans un semis de pétunias, il faut les marquer avec un petit bâton. On les met en pots à la fin de l'automne, pour les conserver sous châssis froids pendant l'hiver. Au printemps on place les pots sur une couche chaude ou tiède ; ils entrent en végétation et fournissent de nombreuses tiges que l'on bouture en pots ou à même le terreau du châssis, pour mettre en pleine terre dès que les gelées ne seront plus à redouter. En opérant ainsi, on peut classer les couleurs comme on l'entend.

Le pétunia vient dans tous les sols légers additionnés de terreau. Dans les sols compacts, on mélange un peu de sable ou de terre de bruyère. On sème à deux époques différentes : en mars sur couche, pour repiquer en pépinière sur une autre couche et mettre en place en mai ; on sème encore en pleine terre en mai, pour mettre en place aussitôt que le plant est assez fort.

On le pince à trois ou quatre feuilles pour le faire ramifier. C'est le mode de culture le plus usité ; il donne des plantes, je ne le conteste pas, mais on les obtient deux fois plus fortes, et des plus ramifiées, sans pincements, avec le repiquage en pépinière.

Les essais comparatifs que j'ai renouvelés plusieurs fois ne me laissent aucun doute et me permettent même d'affirmer que les plants repiqués en pépinière donnent une floraison plus précoce, plus abondante et de plus longue durée que ceux mis en place et pincés.

Dans tous les cas, pour obtenir des plantes d'élite avec les pétunias, qu'on les sème sur couche ou en pleine terre, on devra les repiquer en pépinière et ne les mettre en place que lorsque les touffes seront un peu fortes. Rien de plus facile, en les enlevant en mottes avec le déplantoir.

Le temps d'arrêt dans la végétation, occasionné par le repiquage, arrète l'élongation de la tige et fait tuméfier les yeux du bas, qui se développent, aussitôt la reprise, en ramifications vigoureuses, donnant très-vite les plus belles comme les plus abondantes fleurs. En outre, le repiquage en pépinière nous permet de mettre en place des pétunias déjà forts et ayant des feuilles déjà dures, ce qui les met à l'abri des ravages des escargots, qui détruisent des plantations entières de pétunias ; ils mangent toutes les jeunes feuilles.

Les pétunias viennent parfaitement au bord des massifs et y produisent le plus joli effet; mais les escargots n'en laissent pas : on est obligé de replanter plusieurs fois. Avec des plantes sortant de la pépinière pourvues de feuilles anciennes, il est rare d'avoir un pied à remplacer.

Phlox de Drummond. Belle plante annuelle, haute de 40 à 60 centimètres ; fleurs agglomérées, très-nombreuses, de plusieurs couleurs : rose, blanc, rouge, violet, etc., suivant les variétés, en septembre et octobre.

Les phlox produisent le meilleur effet en corbeilles, en groupes et en plantes isolées devant les massifs ; l'abondance de leurs fleurs attire le regard et éclaire les endroits les plus obscurs.

Pour obtenir de très-belles plantes, il faut semer en pleine terre en septembre, et repiquer en pots pour hiverner sous châssis. On pince les tiges pour les faire ramifier. En mars, on repique en pépinière, en pleine terre, pour mettre en place en avril et mai.

Phlox vivaces hybrides. Belle plante vivace, des plus précieuses pour l'ornementation des jardins, par l'abondance de ses fleurs de toutes les nuances, depuis le blanc jusqu'au rouge pourpre et au violet foncé, en passant par toutes les nuances intermédiaires, de juin à septembre.

La culture des phlox vivaces est des plus faciles ; c'est une plante des plus rustiques, venant partout, même dans les sols arides. Ils se multiplient par division de pieds, par boutures et par semis.

La division de pieds se fait à l'automne, après la défloraison, et on met en place aussitôt après.

Les boutures se font au printemps avec les jeunes pousses ou plutôt le produit des pincements. On les plante en pleine terre ; on les recouvre d'une cloche que l'on ombre pendant quelques jours, pour assurer la reprise. Ensuite on met en pépinière en pleine terre, pour planter à demeure au printemps suivant.

Les semis de phlox vivaces présentent quelques difficultés ; la levée est longue et capricieuse. On sème en octobre en pleine terre mélangée de terre de bruyère et de terreau de couche. Vers la fin d'octobre, on couvre le semis avec un châssis, et la levée a lieu au printemps. On repique en pépinière en pleine terre, pour mettre en place au printemps suivant.

Les phlox vivaces doivent être sévèrement pincés si l'on veut obtenir de belles touffes et des fleurs aussi belles que nombreuses. Le premier pincement doit être fait aussitôt que les tiges ont atteint la hauteur de 12 à 15 centimètres ; un mois après, on pince les ramifications, et ensuite on laisse pousser la plante naturellement.

Pied d'alouette des jardins. Plante annuelle, haute de 50 centimètres à 1 mètre et plus, à tige unique terminée par une longue grappe de fleurs de diverses couleurs, en juin et juillet.

Les *pieds d'alouette grands* atteignent la hauteur de 1m 20 environ, et donnent les couleurs suivantes : blanc, rose et couleur chair, violet clair et foncé, lilas brun et rouge violacé.

Les *pieds d'alouette petits* ne dépassent guère la hauteur de 50 centimètres ; ils fleurissent à la même époque que les grands et donnent les mêmes couleurs, avec quelques nuances de plus.

Les pieds d'alouette viennent partout ; c'est une très-belle plante d'ornement, d'un effet éblouissant, surtout semée en mélange. On peut faire de très-belles corbeilles, dans les parcs, avec le grand pied d'alouette ; il fait aussi très-bon effet en groupes devant les massifs. Les petits sont spécialement affectés aux bordures.

On sème les pieds d'alouette en place en mars et avril. On éclaircit les plants de manière à laisser entre eux une distance de 6 à 8 centimètres pour les petits, et de 10 à 15 pour les grands. Quelques arrosoirs d'eau quand il fait trop s   et c'est tout ce que cette charmante plante demande.

Pied d'alouette vivace à grandes fleurs. Plante

vivace, à tige frêle, de 50 à 60 centimètres de hauteur ; fleurs abondantes, bleues, blanches et dans les nuances intermédiaires, de juin à octobre.

Le pied d'alouette vivace se multiplie par semis et par division de pieds.

On sème en pleine terre en juin et juillet ; on repique en pépinière, pour mettre en place à l'automne ou au printemps. On peut également semer en avril et mai en pleine terre, repiquer en pépinière et mettre en place à l'automne ou au printemps suivant ; mais le semis de juin ou de juillet est préférable, en ce qu'il donne des plantes plus vigoureuses et mieux constituées.

Le pied d'alouette vivace est rustique, mais sensible au froid. Il demande un sol léger et sain surtout ; l'humidité lui est nuisible. Il est toujours prudent de le couvrir avec un peu de litière à l'approche des gelées.

Pivoine. Magnifique plante vivace, du plus bel effet, mais dans les parcs ou les très-grands jardins. Un seul pied de pivoine écrase un petit jardin.

Il existe un grand nombre de variétés de plusieurs couleurs, qui se multiplient par division de pieds à l'automne.

La pivoine produit beaucoup d'effet, mais sa floraison est de très-courte durée, et elle occupe beaucoup de terrain toute l'année. Ces inconvénients ont souvent fait renoncer à sa culture, propre aux très-grands espaces seulement.

On pourrait multiplier les pivoines par semis, mais il faut cinq années au moins pour obtenir une fleur. Il est plus simple d'acheter des pieds tout venus et de laisser le semis aux horticulteurs pour obtenir de nouvelles variétés.

Pois de senteur. (Voyez *gesse odorante*, page 713).

Pourpier à grandes fleurs. Jolie plante à feuille grasse, haute de 15 à 20 centimètres ; fleurs grandes, de plusieurs couleurs : rouges, violettes, roses, jaune pâle et foncé, en juin, juillet et août.

La fleur du pourpier a un grand éclat ; elle produit un effet éblouissant en corbeilles, en groupes et en bordures. Le pourpier peut être utilisé pour la décoration des terrasses naturelles, des perrons, des kiosques, etc., partout où il y a du soleil ; il lui faut de la chaleur et du soleil surtout.

On sème le pourpier en place vers la fin de mai. La graine doit être à peine recouverte pour qu'il lève bien. On éclaircit les plants, pour laisser entre eux une distance de 20 centimètres environ. On sème à la même époque en pleine terre, pour mettre les plants en place aussitôt qu'ils sont assez forts.

Enfin on sème sur couche en mars et avril, pour mettre en place en mai, à exposition chaude et bien éclairée.

Primevères des jardins. Plante vivace, de la hauteur de 10 à 20 centimètres, fleurissant très-abondamment, de très-bonne heure et pendant longtemps. Fleurs de toutes les couleurs : blanches, jaunes, rouges, violacées, etc., de février à mai.

Les primevères sont le plus généralement employées comme bordure ; elles remplissent parfaitement cet office, mais en raison de leur précocité, elles tiennent une place très-honorable dans les corbeilles, et ce à l'époque où aucune autre fleur ne peut les garnir.

Les primevères viennent bien dans toutes les terres de jardin et même à toutes les expositions, bien qu'elles préfèrent les sols un peu frais et les expositions ombragées.

On les multiplie par division de pieds et par semis.

La division de pieds se fait aussitôt après la défloraison, et on repique dans la pépinière de réserve, pour en avoir une abondante provision à mettre en place à l'automne, c'est-à-dire avant l'hiver. Les plantations faites dans ces conditions donnent des fleurs plus belles, en plus grande quantité, et plus précoces que les plantations du printemps.

On ne plante jamais qu'au printemps, je le sais. Pourquoi? Votre jardinier serait très-embarrassé de l'avouer. Il vous répondra : « Je plante au printemps, parce que c'est l'habitude. » Moi, je lui répondrai : « Jardinier, mon ami, votre maître vous paie pour soigner son jardin et lui donner des récoltes de tout. C'est le but de la somme que vous touchez tous les mois. Eh bien ! employez cette somme au travail, aussi exactement que votre maître vous la paie. Semez et plantez en temps voulu, au lieu de vous reposer tout l'hiver. Tout le monde sera content, et vous y gagnerez des gratifications, si tout est bien fait et bien réussi. Si vous êtes embarrassé, consultez *Parcs et Jardins*, et marchez sur ses indications. La lecture d'un bon livre vous serait plus utile que les réunions de sociétés auxquelles on assiste pour entendre toujours les mêmes présentations, la distribution des mêmes primes, les mêmes rapports qui n'apprennent rien à personne, et les mêmes distributions de médailles plus ou moins méritées.

« Tout cela dépense beaucoup de temps aux jardiniers et ne leur apprend absolument rien. Non seulement ils dépensent beaucoup de temps à aller et venir aux réunions, mais ils en dépensent encore davantage au cabaret. Il faisait chaud à la réunion; il a bien fallu se rafraîchir, et on s'est tant et si bien rafraîchi que, pendant ce temps-là, tout ce qui était sous verre a brûlé en été. En hiver, on boit pour se réchauffer; les plantes ne brûlent pas, mais elles gèlent. En moitié moins de temps, chez vous, et à la portée de vos châssis, vous eussiez appris dans un bon livre ce que vous n'apprendrez jamais aux réunions.

« Vous allez depuis plus de vingt ans aux réunions *indispensables pour votre instruction.* Qu'en avez-vous rapporté? Rien, sinon de déplorables habitudes. Et pour le compte de votre maître, vous continuez à semer indistinctement au printemps ce qui doit l'être à l'automne; vous échouez et dites : « La terre ne valait rien; le fumier était trop ou pas assez fait; » ou encore le grand mot, quand on a tout laissé perdre par ignorance ou par manque de soins : « L'ANNÉE N'Y EST PAS ! »

« Travaillez, étudiez, dépensez votre temps à votre service, et je puis vous garantir que non seulement l'année y sera toujours, mais encore que vous aurez *beaucoup de chance* dans vos cultures.

« La CHANCE, c'est le travail et l'étude, et non la *gobichonerie aux cabarets.* »

On sème les primevères en avril et mai; on les repique en pépinière pour les mettre en place à l'automne,
ou au pis aller au printemps suivant. On peut semer
aussi en mars et repiquer en pépinière pour mettre en
place à l'automne, mais on obtient des plantes moins
belles et une floraison moins abondante et moins
précoce.

Primevère de Chine. Plante bisannuelle, des plus
élégantes. Je l'ai classée dans la nomenclature des
fleurs de pleine terre, parce que la culture en est facile
et peut se faire sous châssis.

La primevère de Chine est la plante par excellence
pour les appartements : fleur jolie, inodore et de longue
durée.

Il existe plusieurs variétés de différentes couleurs; je
renvoie au catalogue des spécialistes pour les couleurs
et les nuances.

On sème la primevère de Chine à différentes époques :
de mai à juin, en pots ou en terrines contenant de la
terre légère et placés dans un endroit ombragé; en
juillet, en pots ou en terrines placés à des endroits
ombragés; aussitôt le plant développé, on repique en
pots que l'on hiverne sous châssis froids, pour le mettre
ensuite sur couche chaude ou tiède, suivant que l'on
veut avancer plus ou moins la floraison.

Les primevères de Chine viennent bien en pots et
sont d'un grand secours pour la décoration des terrasses,
des perrons, etc. On peut les exposer à l'air libre vers
la fin de mai.

Reine-marguerite. Plante annuelle, de la hauteur de

30 à 40 centimètres; fleurs de plusieurs couleurs et de plusieurs nuances, de juillet aux gelées.

La reine-marguerite est aussi la reine des jardins par sa longue floraison et les nombreuses nuances de ses belles fleurs. Nos plus habiles horticulteurs ont cultivé cette magnifique plante avec soin, et en ont obtenu de nombreuses variétés, parmi lesquelles je choisirai les plus méritantes, ayant les caractères les plus distincts :

Reine-marguerite pyramidale perfection. Belles fleurs de toutes les nuances, à tiges dressées et se tenant toujours droites.

Reine-marguerite couronnée. Même grandeur; fleurs blanches, ayant le bord seulement coloré sur une largeur d'un centimètre environ. Les reines-marguerites couronnées sont à fond blanc et à bords roses, rouges, gris de lin, indigos et violets. Ce sont les plus éclatantes et celles qui conviennent le mieux pour les corbeilles éloignées de l'habitation ; leur centre blanc les fait apercevoir aux plus grandes distances.

Reine-marguerite pompon. Même fleur et mêmes couleurs ; fleurs à pétales très-petites et très-serrées, offrant l'aspect d'un pompon. La fleur est des. plus jolies, et mérite une place des plus honorables dans tous les jardins.

Reine-marguerite naine. Très-petite; les tiges restent pour ainsi dire collées sur le sol; fleurs très-grandes, des mêmes couleurs et nuances que les précédentes. La reine-marguerite naine convient surtout pour faire des bordures et même des corbeilles moyennes. Son abondante floraison, comme la beauté de ses fleurs, en font une plante des plus remarquables.

Pour les autres variétés, voir les catalogues des spécialistes ; il en existe une grande quantité, toutes plus méritantes les unes que les autres.

Rien de plus joli que les reines-marguerites en corbeilles, en groupes ou isolées dans les plates-bandes bordent les massifs factices. Elles veulent une terre riche et substantielle, et une exposition éclairée. Les reines-marguerites réussissent mal dans les sols trop légers et ne donnent jamais de belles fleurs quand elles sont ombragées.

La culture des reines-marguerites est des plus faciles. On les sème en pleine terre en avril et mai ; on les repique d'abord en pépinière aussitôt que le plant a quatre feuilles, pour les transplanter ensuite en mottes dans la pépinière de réserve, où elles restent presque jusqu'à leur floraison, époque où on les enlève en mottes avec le déplantoir, pour les mettre en place au moment où elles fleurissent.

On sème encore les reines-marguerites sur couche en mars, pour les repiquer en pépinière sous cloche, et ensuite en pleine terre, pour les mettre en place lorsqu'elles sont prêtes à fleurir.

Les corbeilles de reine-marguerite devront être soigneusement paillées, pour maintenir la fraîcheur dans le sol. Cette fraîcheur égale, que le paillis peut seul donner, contribue puissamment à prolonger la floraison et à augmenter le nombre et le volume des fleurs.

Renoncule. Plante vivace, de la hauteur de 20 à 25 centimètres ; fleurs de toutes les couleurs et de toutes les nuances, de mai à juillet, et quelquefois une partie d'août.

Nos horticulteurs ont obtenu une foule de variétés de cette jolie plante. Je renvoie à leurs catalogues pour la description. La renoncule est une très-jolie plante, produisant beaucoup d'effet, faisant de charmantes corbeilles et de très-jolies bordures. On la multiplie par griffes (racines) et par semis.

Les renoncules sont assez difficiles pour la qualité du sol ; elles veulent des terres légères, exemptes d'humidité et substantielles en même temps.

Le fumier de vache très-décomposé et les vieux terreaux de couches lui sont particulièrement favorables. Si le sol était naturellement compact, il faudrait l'alléger avec du sable ou de la terre de bruyère mélangée de terreau, et surtout bien l'épurer, et l'épierrer avant la plantation.

Des volumes entiers ont été écrits sur la culture de la renoncule, et franchement, quand on les a lus, on est tenté de ne jamais cultiver de renoncules, tant ils ont révélé de difficultés.

En dépit des écrits plus ou moins fantaisistes, nous entreprendrons la culture des renoncules à peu près partout, dans les sols qui peuvent lui convenir, et nous aurons bien peu de chose à faire pour lui en créer un spécial, si nous opérons dans un jardin déjà créé, comme je l'ai indiqué.

Les renoncules aiment la chaleur ; l'époque de plantation des griffes variera suivant les climats. Sous le climat de Paris, on plantera en février et même en mars ; dans le centre de la France, en décembre ou janvier, et dans le Midi dès le mois de septembre.

Les griffes se plantent l'œil en haut, bien entendu, et il faut apporter tous ses soins à éviter de briser les racines. On plantera les griffes à une distance variant entre 10 et 15 centimètres, suivant les variétés, et à une profondeur entre 5 et 8 centimètres, suivant la consistance du sol. On plantera plus profondément dans les sols légers, et plus superficiellement dans les terrains compacts.

A l'approche des gelées, on couvrira avec de la litière toutes les plantations faites à l'automne, pour les préserver du froid, et on enlèvera les couvertures dès que la température s'adoucira. Lorsque les plantes seront sorties de terre et que les gelées ne seront plus à craindre, on enlèvera les couvertures, et l'on donnera un léger binage avec le sarcloir, pour rendre le sol perméable. On arrose jusqu'à la floraison, et l'on cesse dès que les fleurs se montrent.

Quelque temps après la défloraison, les tiges et les feuilles sèchent. C'est le moment d'arracher les griffes. On choisit un jour de temps sec et un peu couvert ; on arrache les griffes ; on les débarrasse de la terre qui y adhère, et on les laisse sécher à l'ombre, *jamais au soleil*.

Dès que les racines sont bien sèches, on procède à leur division. On enlève les griffes que l'on a plantées ; elles sont desséchées et ne valent plus rien ; puis on procède à la séparation de celles qui sont nées autour. On les laisse sécher encore quelques jours à l'ombre, et on les conserve ensuite sur des tablettes, dans un endroit bien sec, pour s'en servir à l'époque des nouvelles plantations.

Les griffes, une fois sèches, peuvent se conserver deux années, mais à la condition de les garder dans un endroit très-sec; si elles étaient atteintes d'un peu de moisissure, il faudrait les exposer un jour au soleil et les rentrer ensuite.

On sème les renoncules en pots ou en terrines remplis de terre substantielle mêlée de terre de bruyère et de terreau, en août et septembre. On place ces pots ou terrines dans un endroit ombragé, et hors de la portée des insectes. La levée a lieu avant l'hiver; on place les terrines ou les pots sous châssis pendant les froids, et on les enterre dans une plate-bande exposée au levant, pour les y laisser jusqu'à ce que les feuilles jaunissent et fanent. Alors on arrache les griffes, et on les traite comme je l'ai indiqué précédemment, pour les mettre en place à l'époque voulue.

Réséda. Plante annuelle, assez insignifiante comme fleur, mais ayant un parfum à nul autre pareil. On les cultive uniquement pour leur parfum.

Le réséda aime les sols légers et un peu frais; il s'y sème et s'y reproduit tout seul, sans le secours de la culture. Dans les sols argileux ou calcaires, il est très-difficile d'en obtenir autrement qu'en pots.

Nous comptons deux variétés de réséda : le réséda odorant, l'antique réséda au parfum délicieux, et le réséda pyramidal, à feuilles plus étoffées, dont les rameaux se tiennent droits, et dont les fleurs sont plus grandes et aussi odorantes que celles du réséda odorant. Les fleurs durent de juillet aux gelées.

On sème en place à la fin de mai et dans le courant de juin ; plus tôt, la graine pourrit et ne lève pas. Quand on veut obtenir de belles touffes de réséda, on pince la tige principale sur quatre ou cinq feuilles, pour forcer les ramifications à se développer, et on les pince à leur tour pour les faire ramifier. Par ce procédé, on obtient des touffes très-fournies.

Il y a un moyen d'obtenir du réséda de très-bonne heure : c'est de le semer en pots sur couche chaude, en mars ou avril. On pince les plants pour en faire de belles touffes, et on les met en place en mai. Il est urgent de semer en pots ; le réséda ne supporte pas la déplantation et ne peut reprendre qu'en mottes.

Rhubarbe australe. Plante vivace ; tiges hautes de 1^{m}50 environ ; feuilles très-grandes, vert bronzé ; fleurs très-petites, blanc jaunâtre, en longues grappes. La fleur de la rhubarbe est insignifiante ; cette plante est cultivée uniquement pour ses belles feuilles, très-ornementales, et produisant le meilleur effet sur les pelouses. Rien ne produit un plus joli effet que quelques pieds de rhubarbe isolés ou en groupes.

Il est deux autres variétés plus grandes et qui produisent le meilleur effet dans les parcs et les grands jardins :

La *rhubarbe ondulée.* Plante vivace, haute de 2 mètres au moins.

La *rhubarbe palmée*. Plante vivace, haute de 3 mètres ; feuilles ayant la forme de celles du platane, mais beaucoup plus grandes.

Les rhubarbes sont des plantes à grand effet sur les pelouses, auprès des pièces d'eau ; leur place est marquée dans toutes les créations d'une certaine étendue ; un sol riche et profond, un peu frais, convient essentiellement à cette belle plante.

La culture de la rhubarbe est facile. On sème en avril et mai en pleine terre ; on repique en pépinière, pour mettre en place à l'automne ou au printemps suivant. Beaucoup d'engrais décomposé, de composts faits, avec du terreau et de fréquents arrosements, assurent le succès de cette culture.

On peut aussi multiplier la rhubarbe par division de pieds, que l'on opère au printemps.

Ricin. Plante annuelle ; tiges de la hauteur de 2 à 3 mètres, suivant les variétés ; feuille ample et très-décorative ; fleurs insignifiantes ; fruits en grosses capsules hérissées de pointes produisant bon effet.

Nous cultiverons trois variétés de ricins :

Le *ricin grand*. Hauteur : 3 mètres et plus.

Le *ricin petit*. Hauteur : 1ᵐ 50 environ.

Le *ricin sanguin*. Hauteur : 2 mètres environ. Très-belle plante dont les jeunes feuilles et les pétioles sont colorés de pourpre.

Les ricins produisent le meilleur effet sur les pelouses, en groupes ou isolés ; c'est une belle plante, très-ornementale, à cultiver dans tous les jardins.

On sème en avril et mai sur couche, pour repiquer

en place vers la fin de mai ou dans les premiers jours de juin, à une exposition chaude.

Sol substantiel, riche, exposition très-chaude, arrosements fréquents et copieux, voilà tout le secret de la culture du ricin.

Rose trémière. Plante bisannuelle ; tiges de 2 à 3 mètres de hauteur, terminées par une longue grappe de fleurs. Fleurs doubles de toutes les couleurs et de toutes les nuances, de juin à septembre.

Il est bien entendu que les variétés de roses trémières doubles doivent être seules cultivées ; toutes les simples seront arrachées. Depuis longtemps déjà, cette belle plante est l'objet des soins de nos horticulteurs les plus distingués ; ils en ont obtenu un grand nombre de variétés qui augmente encore chaque année. Je renvoie à leurs catalogues pour la description.

La rose trémière est une plante de haut ornement, produisant un effet magique en groupes sur les pelouses et devant les grands massifs. Elle produit aussi un effet splendide sur toutes les masses sombres, et même isolée, devant des massifs de feuillage un peu foncé.

La rose trémière vient dans tous les sols légers et un peu frais, mais exempts d'humidité. Bien que cette belle plante soit vivace, sous certains climats nous la cultiverons comme plante bisannuelle et par voie de semis, donnant toujours des plantes plus belles, plus vigoureuses, et des nuances de fleurs plus vives.

On peut multiplier par division de pieds sous les climats où la rose trémière devient vivace ; mais dès la troisième année, les fleurs dégénèrent ou perdent de leur éclat. Les plus belles fleurs sont les premières, celles qui apparaissent la seconde année.

On peut multiplier par boutures les variétés hors ligne obtenues dans les semis, et que l'on craindrait de ne pas reproduire franchement par le semis, mode de multiplication préférable à tous, sous tous les rapports.

On sème en mai et juin en pleine terre, pour repiquer en pépinière dans une planche du carré D du potager, à la distance de 25 centimètres environ. Les roses trémières ne fleurissant que la seconde année, elles resteront en pépinière jusqu'au printemps suivant, où on les mettra en place.

N'oublions jamais que la rose trémière n'est pas très-difficile sur le choix du terrain, mais qu'elle l'exige profond. Si on veut la cultiver, même dans le sol qui lui convient le mieux, il faudrait le défoncer, et non le labourer avec une bêche, *pelle à feu ;* on n'obtiendrait rien de bon.

Quand le sol n'a pas été défoncé, il ne faut pas hésiter à le faire pour les massifs de roses trémières, si l'on veut obtenir de belles plantes et surtout de belles fleurs.

Scabieuse. Plante annuelle et bisannuelle, haute de 50 centimètres à 1 mètre ; fleurs pourpre velouté, très-nombreuses, de juin à octobre.

Variétés à fleurs rose cuivré et à fleurs blanches.

Scabieuse naine. Ayant les mêmes caractères, mais haute de 30 à 40 centimètres seulement.

Les scabieuses sont de jolies plantes, et leur longue floraison leur ouvre une place des plus honorables dans tous les jardins. Ce sont les plantes les plus rustiques, venant bien partout et donnant des fleurs à toutes les expositions. Les scabieuses produisent un excellent effet, mélangées avec d'autres fleurs devant les massifs, en groupes ou isolées.

On sème à différentes époques : 1º en août et même septembre en pleine terre ; on repique en pépinière, pour mettre en place en avril suivant ; ce semis donne les plus belles plantes, comme les fleurs les plus belles et les plus abondantes ; 2º en avril et mai en pleine terre, pour mettre en place en juin ; 3º en avril et mai en place.

Seneçon élégant. Plante annuelle, haute de 50 à 60 centimètres ; fleurs agglomérées, violet foncé avec fond jaune d'or.

Le seneçon a produit plusieurs variétés donnant des fleurs de différentes couleurs : blanches, roses, lilas, etc. Il existe aussi une variété naine donnant les mêmes nuances, mais haute de 25 à 30 centimètres seulement.

Les seneçons fleurissent de juin à octobre. Ce sont de bonnes plantes, dont la culture est facile, et produisant très-bon effet en groupes ou isolés devant les massifs.

Le seneçon n'est pas difficile sur le choix du terrain ; il vient partout, pourvu qu'on le place à une exposition chaude.

On sème en septembre pour repiquer en pots et hiverner sous châssis froids. On met en place en avril suivant, et l'on obtient des fleurs de très-bonne heure. On peut semer aussi en pleine terre en avril et mai, pour mettre en place aussitôt que le plant est assez fort, mais ce dernier semis ne vaut jamais le premier.

La multiplication par boutures est employée pour les seneçons très-doubles et que l'on craint de ne pas voir se reproduire exactement par le semis. On les bouture à l'automne, pour les hiverner sous châssis froids ou dans une serre, où les seneçons ne tardent pas à fleurir.

Silènes à bouquet. Plante annuelle de 40 à 60 centimètres de hauteur ; fleurs nombreuses, rose tendre, de juin à septembre. Il y a une variété à fleurs blanches.

Cette variété, très-rustique, venant partout, produit le meilleur effet en corbeilles et devant les massifs un peu sombres, qu'elle éclaire heureusement avec ses abondantes fleurs.

On sème en septembre, et l'on repique en pépinière pour mettre en place en avril suivant. On peut encore semer en place en avril et mai, et éclaircir les plants ; mais les plantes fleurissent plus tard et sont moins belles.

Silène pendant. Plante annuelle, à tiges très-rameuses, hautes de 20 à 25 centimètres ; fleurs rose tendre, très-nombreuses, fleurissant d'avril à juin. Il y a une variété à fleurs blanches.

Cette plante, très-rustique, venant partout, est précieuse par sa floraison précoce. On en fait d'assez jolies corbeilles à l'époque où l'on manque de fleurs, en plantant une bordure blanche à une corbeille rose, ou une bordure rose à une corbeille blanche. Cette combinaison relève les corbeilles unicolores, toujours un peu monotones.

On sème en août en pleine terre ; on repique en pépinière, pour mettre en place avant l'hiver et obtenir une floraison des plus précoces. On peut encore semer en septembre, mais c'est déjà tard.

Soleil. Plante annuelle de 2 à 3 mètres d'élévation ; fleurs jaunes, très-grandes, pendant une partie de l'été.

Les soleils ne sont pas des plantes rares ; leurs fleurs n'ont rien d'extraordinaire, et cependant cette plante rend de très-grands services dans la décoration des parcs et des très-grands jardins ; elle produit un excellent effet dans le lointain et les éclaire souvent d'une manière très-heureuse.

Il y a plusieurs variétés de soleils ; nous ne cultiverons que ceux à grandes fleurs doubles, grands et petits, suivant l'effet que nous aurons à produire, et aussi la grandeur du jardin.

On peut semer les soleils en place en avril et mai ; dans ce cas, toute la culture se borne à éclaircir les plants. Il est préférable de semer en pleine terre dans le carré D du potager, et de mettre en place dès que le plant est assez fort. Il faut l'enlever en mottes et l'arroser copieusement pour assurer sa reprise.

Souci double. Plante annuelle ; tiges rameuses, étalées, de la hauteur de 25 à 30 centimètres ; fleurs grandes, jaunes, de différentes nuances, pendant une grande partie de l'été jusqu'à l'automne.

Le souci n'est pas une plante nouvelle, mais elle nous rend les plus grands services dans la décoration des jardins, où la lumière manque toujours, quand l'expérience du classement des couleurs fait défaut. On entasse fleurs sur fleurs, et l'on obtient une masse obscure. On ne peut faire de la lumière qu'avec du blanc et du jaune ; le souci est une plante essentiellement lumineuse, et des plus précieuses à ce titre.

Il fait les plus jolies corbeilles des lointains, celles qui se détachent le mieux sur les massifs et aident puissamment à la perspective. Le souci est peut-être la seule fleur qui remplisse l'office de lampe dans l'intérieur des massifs, où il produit le meilleur effet ; mêlé avec des pétunias au bord des massifs factices, il égaie les masses les plus sombres et les plus compactes.

Le souci vient partout, dans les pierres comme dans la bonne terre, à l'ombre comme au soleil. Vous pourrez même vous éviter la peine de le cultiver dans les parcs et les jardins ; une fois qu'il y en aura eu, il se sèmera tout seul, et il y en aura toujours ; vous n'aurez que la peine de supprimer ce qui poussera en trop.

On sème les soucis en pleine terre, en place, en avril et mai, et on éclaircit le plant de manière à laisser un espace de 30 centimètres environ entre chaque, quand on veut former un groupe.

Quand on veut obtenir des fleurs de très-bonne heure, on sème en pleine terre en septembre, et l'on repique en pépinière. On couvre avec un peu de paille pendant les gelées, et l'on met en place en avril et mai.

Tagète (œillet et rose d'Inde). Plante annuelle, haute de 40 à 60 centimètres, exhalant une odeur assez désagréable ; fleurs doubles, brunes et jaunes, d'un joli effet, de juillet à octobre.

Rose d'Inde. Plante annuelle, de 80 centimètres de

hauteur, ayant la même odeur que la précédente ; fleurs grandes, jaune orangé, de juillet à octobre.

Rose d'Inde naine. De 30 à 40 centimètres de hauteur, ayant les mêmes caractères que la précédente.

Malgré leur odeur désagréable, les tagètes sont très-cultivées à cause de leur rusticité, du brillant de leur coloris et de leur floraison,

Les insectes n'attaquent jamais les tagètes, avantage immense pour planter des corbeilles et des groupes dans le voisinage des bois ; elles ne demandent ni tuteurs pour les soutenir, ni soins pour fleurir, et produisent de l'effet dans le lointain ; il faut se priver de leur odeur auprès de l'habitation.

On sème en pleine terre en avril et mai, et l'on repique en pépinière pour mettre en place en juin.

Thlaspi. Plante annuelle, de la hauteur de 25 à 40 centimètres en moyenne, à fleurs très-nombreuses, blanches, lilas et violettes, suivant les variétés, de juin à septembre.

Le thlaspi a l'inconvénient d'être très-fragile ; le moindre choc le brise ; aussi faut-il toujours le planter à l'abri des coups de vent. La fleur, sans être jolie, fait de l'effet. A ce titre, les thlaspis peuvent entrer dans tous les jardins, surtout pour orner les lointains. Ils poussent vite, ne demandent pas grands soins et s'accommodent à peu près de tous les terrains.

On sème les thlaspis en septembre en pleine terre ; on les repique en pépinière bien exposée, et on les abrite des gelées avec des paillassons ou une couverture de litière, pour les mettre en place en avril. On sème encore en mars et avril, pour mettre en place en juin.

Il existe une variété de thlaspis nains, blancs, lilas et violets, ne dépassant pas la hauteur de 30 centimètres. La culture est la même que pour le précédent.

Enfin une variété des plus recommandables : le *thlaspi toujours vert*, charmante plante vivace, à tiges très-rameuses, hautes de 25 centimètres environ ; fleurs blanches, en avril et mai.

Le thlaspi toujours vert est très-rustique ; il fait de très-jolies bordures et rend des services importants pour l'ornement des rocailles, des glacis, etc. On le multiplie par division de pieds.

Tigride. Plante vivace et bulbeuse ; feuilles lancéolées, du centre desquelles sort une hampe haute de 60 à 80 centimètres, portant trois ou quatre fleurs à leur extrémité ; fleurs splendides, rouges, tigrées d'orange et découpées avec art. La fleur de la tigride est splendide, mais elle dure quelques heures seulement.

• Les tigrides veulent avant tout de l'air, du soleil et de la chaleur. A ces conditions, elles viennent à peu près dans tous les sols légers et sains, additionnés de terreau.

On peut faire de très-jolies corbeilles avec les tigrides et y avoir toujours de ces admirables fleurs. Il ne faut pour cela que les planter assez près, à 15 ou 20 centimètres de distance en tous sens. Dans ces conditions, il y a toujours un nombre de fleurs assez grand pour bien faire ressortir la corbeille.

Les tigrides se multiplient par caïeux, que l'on plante en avril, à la profondeur de 6 à 7 centimètres. Après la plantation, on met un bon paillis sur toute l'étendue du sol, et il n'y a plus que la végétation et les fleurs à attendre.

Après la défloraison, lorsque les tiges commencent à jaunir, on arrache les bulbes; on les laisse sécher à l'air dans un endroit sec et à l'ombre; quand elles sont bien sèches, on les place sur des tablettes dans un endroit bien sain, où elles attendent l'époque de la plantation.

Tubéreuse. Plante vivace, bulbeuse; tige de la hauteur d'un mètre environ, se terminant par une grappe de fleurs blanc pur, d'une odeur suave et la plus pénétrante qui existe. Il suffit d'un seul pied de tubéreuse pour embaumer l'atmosphère à 150 mètres autour de lui. La tubéreuse est une plante du Midi; elle supporte le climat de Paris, en l'entourant de soins, et partant de là, il est difficile de lui assigner une époque de floraison fixe. Sous le climat de Paris, elle fleurira de juillet à août; sous le climat du Nord, elle fleurira en septembre; sous celui de l'Anjou, dans les premiers jours de juillet, et sous celui de l'olivier en juin.

Des oignons de tubéreuses, plantés en pleine terre sous le climat de Paris à la fin de mai, fleurissent quelquefois en septembre, mais il ne faut pas y compter. On ne peut obtenir de tubéreuses, sous le climat de Paris et dans le nord de la France, qu'avec la culture forcée; celle en pleine terre ne peut être faite avec succès qu'à partir des rives de la Loire jusqu'au climat de l'olivier.

Sous le climat de Paris, sous celui du Nord et de l'Est, on plantera les oignons de tubéreuses en pots dès le mois de mars ; on emplira les pots de terre légère et substantielle à la fois, mélangée de moitié de terreau de couche. On enterrera les pots dans le terreau d'une couche chaude pour accélérer la végétation, et on les mettra à l'air libre dans les premiers jours de juin, alors qu'il fait chaud et que tout retour de gelée est impossible. En retirant les pots de sous châssis, on les placera à l'exposition la plus chaude du jardin, contre un mur ou un perron exposé au midi. Dans ces conditions, on obtiendra des fleurs vers le mois de juillet ou août. Mais hors des conditions indiquées ci-dessus, *des feuilles* et pas de fleurs.

Tulipe. Plante vivace et brillante qui, il y a un demi-siècle, a passionné les amateurs. Cela se comprend à cette époque, où nous n'avions pas les riches collections de fleurs à floraison précoce dont nos horticulteurs nous ont doté, et je dois le dire à leur honneur, dont la richesse augmente chaque jour. Dussé-je passer pour un profane, je ne pourrai m'empêcher de dire que la tulipe ne mérite plus aujourd'hui la réputation qu'elle avait il y a un demi-siècle. C'est une fleur précoce ; à ce titre, je l'admets dans nos jardins, mais c'est une fleur de papier, sans grâce comme sans poésie, et dénuée de parfum.

Quelque belle que soit une tulipe, ce n'est pas une fleur française ; c'est un produit de la Hollande, raide et compassé comme un doyen hollandais ingurgitant méthodiquement une *incommensurable* chope de bière.

Je ne veux pas faire la guerre aux tulipes pas plus qu'aux Hollandais, dont j'apprécie les solides qualités, mais je suis *trop Français* pour aimer la tulipe. Mettez-en dans votre jardin si vous y tenez, mais n'en abusez pas, dans la crainte d'un refroidissement général dans un tableau où nous avons cherché les tons chauds et les oppositions vigoureuses.

Cela dit, occupons-nous consciencieusement de la culture de la tulipe. Je me garderai bien de vous énumérer les nombreuses variétés simples et doubles; mon livre n'y suffirait pas : je renvoie aux catalogues français et hollandais.

Nous voulons des tulipes, c'est convenu; faites ceci, cher lecteur :

La tulipe vient dans tous les sols et à toutes les expositions. Vous avez le choix; mais ne la placez pas trop près de l'habitation; vous allez tout à l'heure partager mon opinion.

Labourez soigneusement et profondément la terre destinée aux tulipes, et fumez-la avec des engrais aussi consommés qu'actifs. L'engrais humain lui réussit bien, disent les traités de culture de tulipes. Nous avons éloigné les tulipes de l'habitation, notez-le bien; j'ai commencé par là.

Pour bien réussir, il faut planter en octobre, novembre au plus tard (nous admirerons la terre de nos corbeilles jusqu'à la fin de la saison). Après la plantation, on recouvre la terre de terreau bien consommé, et il n'y a jusqu'au printemps que de petits binages à donner (quel coup d'œil a votre corbeille, d'octobre à février, pendant cinq mois !)

Lorsque les tulipes sortent de terre, les feuilles simu-

lent une espèce de cornet au centre duquel est la fleur.
S'il survient une gelée et qu'elle frappe le cornet, la
fleur est compromise ; les produits de la maison
Richer et Cie sont impuissants dans ce cas. Alors on
couvre avec des paillassons, mieux avec des châssis
sur lesquels on cloue une toile, et que l'on ajuste sur
des piquets au-dessus de la corbeille de tulipes.

Votre corbeille a pris l'aspect d'un garde-manger
pendant quelques semaines, mais vous avez sauvé vos
tulipes. Vous retirez vos châssis. N'allez pas les faire
mettre au grenier avec une foule de choses bonnes à
cacher : Dieu vous en garde ! Nous en aurons encore
besoin, non pour la gelée, mais pour le soleil.

Les tulipes fleurissent en mai sous le climat de
Paris. A cette époque, nous avons déjà épuisé toutes
nos floraisons précoces ; mais, silence dans les rangs,
pas d'observations, et continuons la culture de la
tulipe.

En mai, le soleil est chaud. Si, ce qui arrive très-
fréquemment à cette époque, il darde entre deux nuées
compactes, il devient brûlant et menace d'incendier
vos tulipes écloses de ce matin. Alors vous laissez toutes
les autres cultures pour courir à vos châssis en toile et
les *reposer* sur vos tulipes, pour empêcher le soleil de
les dévorer. Et tant que le soleil durera, ce qui est si
désirable au mois de mai, vous laissez le châssis *garde-
manger*, à demeure.

Ce sera bien un peu gênant quand vous voudrez
admirer vos tulipes ; mais en vous mettant à quatre
pattes, vous pourrez voir les fleurs sous le châssis.

Ce n'est pas commode, pour les dames surtout, mais cela dure si peu ! En trois semaines ou un mois au plus, toutes vos tulipes sont défleuries. Alors vous enlevez le châssis et le faites porter au grenier cette fois, et pour tout de bon.

Aussitôt le garde-manger démonté, vous vous empressez de casser toutes vos tulipes et d'implorer saint Médard de ne pas vous octroyer de pluie. Il faut que vos tulipes sèchent avant de les arracher, et pour cela le soleil est indispensable.

Quand saint Médard exaucera votre prière et que le soleil persistera, vous en serez quitte pour contempler vos trognons de tulipes jusqu'à ce qu'ils soient bons à arracher (pas plus de six semaines) ; mais si saint Médard pense que la pluie est nécessaire au genre humain, il dédaignera vos tulipes, et votre contemplation sera prolongée d'un mois.

Il faut s'attendre à ces petits inconvénients et les accepter bravement quand on veut avoir des tulipes. On veut des tulipes ou on n'en veut pas. Il y a longtemps que je n'en veux plus.

Verge d'or. Plante vivace, un peu rameuse au sommet, haute d'un mètre environ ; fleurs nombreuses, jaune d'or, de juin à septembre.

C'est une plante rustique par excellence, venant partout, mais préférant les sols un peu frais. On la multiplie par division de pieds au printemps ou à l'automne.

Véronique. Jolie plante vivace de la hauteur de 50 à 60 centimètres environ, à fleurs en grappes bleues, de juin à août.

La plupart des variétés de véroniques se multiplient par éclats de pieds et quelquefois par semis. On sème de mai en juillet en pleine terre, à exposition un peu ombragée ; on repique les plants en pépinière, où ils restent jusqu'à l'automne, époque où on les met en place.

Verveines. Jolie plante annuelle, à floraison abondante et de longue durée, haute de 30 à 40 centimètres environ. Fleurs de toutes les couleurs, de toutes les nuances et de toutes les panachures, depuis mai jusqu'aux gelées.

Il y a plusieurs variétés de verveines, y compris les italiennes, spécialement panachées et barriolées de toutes les façons. Le mieux à faire, quand on veut se monter de cette jolie plante, est de semer tous les ans et de bouturer toutes les plantes remarquables, dont on ressème la graine pour obtenir encore de nouvelles variétés. En opérant ainsi, on se monte des plus riches collections en quelques années.

La culture des verveines est des plus simples et des plus faciles. Ce sont des plantes rustiques, venant partout, dans tous les sols et à toutes les expositions, tout en préférant les sols frais et légers. Au besoin, on donne de la fraîcheur avec un paillis, et de la légèreté avec un peu de terre de bruyère ou du sable.

On sème les verveines en mars et avril sur couche ; on repique sur couche sourde, pour mettre en place en mai. On sème encore en août et septembre, pour repiquer en pots, hiverner sous châssis froid et mettre en place en mai suivant.

Les verveines font de charmantes corbeilles, et pour les avoir dans tout leur éclat, une culture spéciale est nécessaire. Elles font aussi un très-joli effet dans les suspensions accrochées aux terrasses couvertes, kiosques, marquises, etc., etc.

Toutes les verveines provenant de semis ou de boutures doivent être pincées sur trois à quatre feuilles, pour les faire ramifier; quand on néglige ce soin, elles ont toujours tendance à monter et ne se ramifient pas.

Les corbeilles de verveines doivent être entièrement couvertes par les feuilles et les fleurs, et l'on ne doit pas apercevoir grand comme l'ongle de terre ou de paillis. Des feuilles et des fleurs partout. Rien de plus facile en procédant ainsi :

On plante les verveines de 25 à 30 centimètres de distance; on paille ensuite la corbeille en plein pour y maintenir la fraîcheur, et au fur et à mesure que les ramifications se développent, on les marcotte.

L'opération est des plus simples : on se procure une certaine quantité de petits crochets en bois pour les fixer sur le sol. On écarte le paillis à l'endroit où l'on veut marcotter; on pose la tige sur la terre; on l'y fixe en enfonçant le crochet, puis on met le paillis par dessus. Quelques jours après, la ramification est enracinée; on pince les tiges pour les forcer à se ramifier, et bientôt vous obtenez un véritable tapis de fleurs aussi éblouissant que régulier.

Violette. Charmante petite plante vivace, haute de 10 à 15 centimètres; fleurs violettes, d'une odeur suave, au printemps et à l'automne.

44.

Il y a plusieurs variétés de violettes ; on a cherché à améliorer la fleur ; on y est parvenu, mais on a perdu le parfum, son principal mérite.

Nous nous en tiendrons à deux variétés :

Violette des quatre saisons. Fleurs violettes simples et des plus odorantes, comme des plus florifères. La violette des quatre saisons se repose rarement ; elle fleurit presque toujours : d'abord sans interruption de septembre aux gelées ; trois ou quatre jours de dégel, en plein hiver, elle refleurit jusqu'à ce que la gelée vienne l'arrêter de nouveau. Elle reprend sa floraison dès que les gelées cessent, pour la continuer jusqu'en mai. Elle fleurit peu pendant l'été, mais elle donne encore quelques fleurs.

La violette des quatre saisons est des plus précieuses pour faire des bordures dans le voisinage de l'habitation ; quand la saison de toutes les plantes odorantes est passée, elle apporte son parfum et ses modestes bouquets, tant recherchés de tout le monde.

La violette vient à peu près partout dans les sols légers, un peu frais, et aux expositions un peu ombragées. Sa multiplication est des plus faciles, par division de pieds ou par stolons (coulants enracinés comme chez le fraisier). Mais, comme chez le fraisier de Gaillon, les plants obtenus de semis sont plus vigoureux et plus fertiles que tous les autres.

On sème la violette des quatre saisons en pleine terre en juillet et août ; les graines lèvent au printemps ; aussitôt que les plants ont deux feuilles, on les repique en pépinière pour les mettre en place à l'automne. On sème aussi au printemps, mais le plus souvent la graine ne lève que l'année suivante.

Quand le terrain est favorable à la violette et qu'il n'y en a pas dans les massifs ou sous bois, rien de plus facile que de l'y introduire. On remue un peu la terre dans les clairières, et l'on y jette quelques graines, que l'on enterre aussitôt. Elles lèvent, fleurissent, se sèment et multiplient toutes seules, sans que l'on ait besoin de s'en occuper.

Violette de Parme. La plus jolie de toutes les violettes ; fleurs bleues, lilas pâle, très-doubles, et d'un parfum tout spécial.

Malheureusement, cette splendide violette est délicate et craint le froid. On ne peut la cultiver en pleine terre qu'à des expositions chaudes et abritées, et encore faut-il la couvrir pendant les gelées, qui la détruiraient.

En plantant la violette de Parme en pots, que l'on place dans une serre ou sur couche et sous châssis, on avance la floraison de cette magnifique fleur, et l'on en récolte pendant tout l'hiver sans interruption.

Zinnia. Plante annuelle, rameuse, haute de 60 à 80 centimètres, suivant les variétés, à fleurs doubles, grandes et de plusieurs couleurs, dont les principales sont : blanc, rose, violet, lilas, saumon, jaune, orange, écarlate et pourpre, sans compter les diverses nuances dans ces couleurs.

Le zinnia fleurit très-abondamment et sans interruption de la fin de mai aux gelées. C'est la fleur ornementale par excellence ; elle est bonne à tout, et partout elle brille au premier rang, autant par l'abondance de ses belles fleurs que par l'éclat et la variété de son coloris. Rien de plus éblouissant qu'une corbeille de zinnias bien classés par couleurs ; les groupes font un effet splendide, et en plante isolée les zinnias de couleurs claires jettent la lumière dans les massifs les plus obscurs.

Le zinnia vient à peu près partout, dans tous les sols légers et un peu frais. La plante est vigoureuse ; elle pousse vite et fleurit de même.

On sème les zinnias sur couche en mars et avril, pour repiquer en pépinière dans une plate-bande bien exposée et abritée, et mettre en place en mai. On peut semer aussi en pleine terre en mai, repiquer en pépinière en pleine terre pour mettre en place en juin.

Je tiens essentiellement au repiquage en pépinière ; j'insiste sur cette opération, parce que je la sais peu pratiquée. Le repiquage offre les avantages suivants :

1º De développer le chevelu et de produire des plantes très-vigoureuses ;

2º De faire développer les ramifications de la base, très-promptement, dans la pépinière, à l'aide du pincement ;

3º De mettre en place des plantes déjà fortes et de les soustraire à la voracité des loches et des escargots ;

4º D'obtenir plus tôt un plus grand nombre de fleurs.

On enlève les zinnias en motte de la pépinière pour les planter à demeure ; ils ne fanent même pas. Par conséquent, on met en place des plantes fortes, ramifiées et ayant des feuilles déjà coriaces, que les loches et les escargots respectent. Ils ne détruisent jamais une plantation de zinnias déjà forts, et en deux nuits ils dévorent ceux qui ont été pris dans le semis pour les mettre en place. Les feuilles sont tendres ; ils n'en laissent pas une parcelle, et les plantes meurent.

Les zinnias doivent être pincés aussitôt que le bouton de la fleur terminale apparaît. Aussitôt après le pincement, les ramifications se développent. Elles se développeraient également sans pincement, mais moins vigoureusement et beaucoup plus lentement. A quoi bon perdre de la vigueur d'une plante, retarder et diminuer sa floraison, pour s'épargner une opération qui demande deux secondes ?

SEPTIÈME PARTIE

FLORICULTURE. — LES CLÉS DU SUCCÈS

~~~~

CHAPITRE PREMIER

La terre.

Je réunis sous le titre de : *Les clés du succès*, tous les éléments épars sans le concours desquels on ne peut espérer de réussite dans aucune culture, et dont l'importance échappe souvent au lecteur.

Cela se comprend aisément ; on a bien lu, plus ou moins attentivement, les opérations de culture, aux cultures générales ; mais lorsqu'il s'agit d'une culture spéciale, on y cherche des renseignements, et l'on trouve aux cultures, spéciales sans plus penser aux cultures générales, c'est-à-dire que l'on a négligé le principal pour le détail, et on a échoué.

J'ai promis un livre pratique ; je crois l'avoir écrit, mais cela ne suffit pas encore : je veux le succès pour tous ceux qui voudront bien me suivre, et ils ne peuvent l'obtenir qu'en évitant les écueils que je m'empresse de leur signaler. Ces écueils sont des riens en apparence, des irrégularités de culture, mais des riens sur lesquels on se brise le plus souvent.

Ainsi, aux cultures spéciales, ne pouvant répéter à chaque plante la préparation du sol, le mode de fumure, de repiquage, etc., etc., je me suis contenté de dire :

« Semez en pleine terre ; repiquez en pépinière pour mettre en place, etc. » Souvent le lecteur consultera le chapitre *Cultures spéciales*, sans avoir pris la peine d'étudier les précédents. Il sèmera dans de la terre compacte, mal préparée, imperméable, et le dixième à peine de la graine lèvera. Cependant il aura semé d'excellente graine à l'époque voulue.

Le plant ayant levé avec difficulté, sera maigre, chétif et long à venir ; on ne le mettra pas en pépinière pour gagner du temps, et on obtiendra, d'une variété très-belle et très-pure, des fleurs souffreteuses et dégénérées, faute de culture.

Cela dit, prenons une à une les clés du succès, pour vous les mettre dans la main, cher lecteur, et vous permettre d'ouvrir toutes les portes qui conduisent à une réussite certaine.

La première est la terre. Pauvre terre ! si prodigue envers nous de toutes les richesses, de quoi ne l'a-t-on pas accusée ? « La terre ne vaut rien, » c'est le grand mot.

La terre est toujours bonne quand on sait la travailler et que l'on veut prendre la peine de le faire ; elle sera toujours mauvaise quand on lui refusera les façons indispensables et que l'on aura trop peur de se baisser.

J'ai indiqué aux *Cultures spéciales des fleurs* la nature du sol convenant à chacune. Je m'en fusse dispensé si nous n'avions eu à planter des fleurs dans les endroits éloignés des grands parcs. Cette indication était inutile pour les corbeilles et les plates-bandes bordant les massifs, préparées à la création du jardin, comme je l'ai indiqué. On peut planter toutes les fleurs dans ces corbeilles, sans se préoccuper plus du sol que de l'engrais qu'elles demandent.

Non seulement nous n'avons pas à nous inquiéter du sol, mais encore pas davantage de la composition des engrais. Nous avons saturé notre terre, à l'avance, de composts entièrement désagrégés et de terreau. Cette fumure convient à toutes les fleurs. Vous n'avez qu'à planter.

Rien ne peut être aussi simple et plus économique. Du premier coup, nous avons amené la terre de nos corbeilles au plus haut degré de puissance et de fertilité pour la culture des fleurs, et nous avons économisé une somme énorme de main-d'œuvre, dans l'avenir, par une première et seule opération : en préparant convenablement le sol ; c'est la clé de sûreté du succès.

Il en est de même pour les semis et les repiquages en pépinière ; si le sol n'est pas préparé comme je l'ai indiqué, et saturé des engrais que j'ai désignés pour les semis, rien ne lèvera. S'il n'y a pas d'ordre dans votre jardin, que les cultures y soient faites pêle-mêle et les engrais distribués au hasard, les pépinières de fleurs que vous installerez dans le premier coin venu, manquant de tous les éléments indispensables aux jeunes plants, ne vous produiront guère que des plants de rebuts, atteints de toutes les maladies, quand ils ne seront pas, comme tous les végétaux faibles et malingres, dévorés par les insectes.

Mais si, au contraire, votre potager est assolé à quatre ans, comme l'indique le *Potager moderne*, tout marchera avec une régularité mathématique ; la production des légumes sera aussi abondante qu'économique, et chaque année le carré D vous fournira une terre spéciale pour l'élevage des fleurs. Préparez vos planches de pépinières de fleurs comme je l'ai indiqué ; vous obtiendrez en très-peu de temps une végétation luxuriante, une abondante floraison, des fleurs splendides, et vous vous sentirez pénétrés de reconnaissance envers cette pauvre terre, tant calomniée par l'ignorance et la paresse. Si vous avez un jardin dont le sol n'ait pas été défoncé et préparé convenablement, et que vous ne vouliez pas faire cette opération indispensable, couvrez votre jardin de broussailles ; elles vous donneront de l'ombre : c'est tout ce que vous pourrez obtenir sans culture, et cela ne vous coûtera pas cher. Mais si vous voulez vous entêter à obtenir des fruits, des légumes et des fleurs sans culture, vous dépenserez des sommes très-rondes sans jamais obtenir un produit passable, parce que vous n'aurez pas la terre en état de culture.

Gardez-vous de cette école faite chaque jour par vos voisins. Plantez des broussailles dans votre jardin ; achetez des fruits et des légumes au marché, et si vous voulez des fleurs, achetez-en de toutes venues, prêtes à fleurir en pots. Enterrez les pots dans le sol, arrosez de temps à autre : vous aurez des fleurs, et de plus vous aurez réalisé une très-notable économie sur votre budget. Pas de terre bien préparée, pas de récolte possible.

CHAPITRE II

Les clés du succès. — La semence. — Les semis.

La semence a une grande importance : c'est la matière première ; il faut qu'elle soit de bonne qualité, c'est-à-dire pourvue des facultés germinatives, et renferme le type que vous voulez reproduire. En s'adressant à une maison honorable, dont le chef aura les connaissances nécessaires en horticulture, on se procurera toujours de bonnes semences, et je suis heureux de le constater, ces maisons-là sont nombreuses dans le commerce des graines.

On paie un peu plus cher que chez l'épicier ou chez le marchand de son et d'avoine, qui achète et revend il ne sait trop quoi lui-même, pour y trouver un bénéfice, et c'est justice. Les graines bien cultivées et bien récoltées exigent une main-d'œuvre très-coûteuse, dépassant souvent le prix de la graine elle-même. Par conséquent, elles ne peuvent être vendues le même prix que les fonds de sacs de je ne sais quoi, que l'on illustre de toutes les étiquettes possibles et même impossibles.

Quand on veut cultiver une plante, il faut s'en procurer la semence, et non celle d'une autre. C'est aussi

indispensable que le lièvre de la *Cuisinière bourgeoise*
pour faire un civet. Nous avons la semence ; reste le
semis, une porte des plus résistantes à ouvrir.

Le point capital pour réussir un semis, lorsque la
terre a été bien préparée, est d'abord de le faire à
l'époque voulue. Cela paraît tout simple, mais se fait
bien rarement. C'est un écueil énorme, contre lequel
on se brise quatre-vingt-dix fois sur cent, et contre
lequel on se meurtrira encore bien longtemps.

Cela tient à plusieurs causes, d'abord à l'ignorance
absolue des praticiens de l'époque des semis ; il ne faut
pas leur en vouloir de cette ignorance. Vous vous dites
bien avec raison : « Un jardinier doit savoir cela. » Vous
êtes mille fois dans le vrai, mais il ne le sait pas. Il ne
le sait pas, parce qu'il ne l'a pas appris et n'a pas pu
l'apprendre. Qui le lui aurait enseigné ? Il n'y a pas
d'école où un jardinier puisse apprendre, et le public,
tout à la politique, n'a pas le temps de songer que les
professeurs d'horticulture rendent d'immenses services
à la France, et que le nombre devrait en être centuplé.

Ensuite la force de l'habitude de semer tout au printemps entre pour beaucoup dans les fréquentes erreurs
de date des semis, erreurs produisant les effets les plus
désastreux.

Vous avez dû remarquer, cher lecteur, que la plupart
des espèces de fleurs indiquées aux cultures spéciales
se sèment en été et en automne, et que celles qui peuvent se semer à l'automne et au printemps viennent
beaucoup mieux, produisent des plantes plus vigoureuses, fleurissent davantage et donnent des fleurs plus

belles quand elles sont semées à l'automne. Et partout tout cela est semé pêle-mêle, invariablement au printemps. Je ne vous dirai pas le résultat; vous ne le connaissez que trop.

Il n'y a qu'un moyen d'éviter ces trop regrettables erreurs : c'est de faire un tableau d'époques de semis, mois par mois.

Si on veut bien prendre la peine de le consulter, il n'y aura pas d'erreur de date possible, et on dira bien rarement : « La graine n'était pas bonne. »

FLEURS A SEMER CHAQUE MOIS DE L'ANNÉE.

Les époques de semis sont indiquées pour le climat de Paris; elles devront être retardées de quinze jours à trois semaines pour le Nord et l'Est; avancés de quinze jours environ pour le Centre et l'Ouest, et d'un mois pour le Midi.

Janvier.

Cobée (gobéa).

Février.

Cobée (gobéa). Pervenche.
Giroflée quarantaine. Thlaspi.
Immortelles.

Mars.

Adonide. Amarantoïdes.
Agératum. Argémone.

Baguenaudier.

Balisier (canna).

Basilic.

Brachycome.

Chrysanthèmes.

Clarkia.

Cobée (gobéa).

Collinsia.

Coquelicots.

Coréopsis.

Dalhia.

Datura.

Eupatoire à feuilles molles.

Ficoïde.

Gesse (pois de senteur).

Giroflée quarantaine.

Glaïeul.

Héliotrope.

Immortelles.

Lobélia.

Muflier.

Pavots.

Pensée.

Périlla.

Pervenche.

Pétunia.

Pieds d'alouette.

Pourpier.

Reine-marguerite.

Seneçon.

Thlaspis.

Verveines.

Zinnias.

Avril.

Aconit.

Adonide.

Agératum.

Amarante.

Amarantoïdes.

Ancolie.

Anthémis.

Aspérule (muguet).

Baguenaudier.

Balisier (canna).

Balsamine.

Basilic.

Belle de jour.

Belle de nuit.

Brachycome.

Campanule.

Chrysanthèmes.

Clarkia.

Cobée (gobéa).

Collinsia.

Coloquintes.

Coquelicot.

Coréopsis.
Dahlia.
Datura.
Digitale.
Épervière.
Eupatoire à feuilles molles.
Géranium.
Gesse (pois de senteur).
Giroflée quarantaine.
Glaïeul.
Immortelles.
Ipomée écarlate.
Julienne.
Julienne de Mahon.
Lin.
Lobélia.
Lupins.
Lychnis.
Mauve frisée.
Momordique.
Myosotis.
Œillets.
Œillet de Chine.
Pavots.

Pensée.
Périlla.
Pervenche.
Pétunia.
Pieds d'alouette.
Pivoine.
Pourpier.
Primevère.
Reine-marguerite.
Renoncules.
Ricins.
Scabieuse.
Seneçon.
Silène.
Soleil.
Soucis.
Tagète (œillets et roses d'Inde).
Thlaspis.
Véronique.
Verveines.
Volubilis.
Zinnias.

Mai.

Aconit.
Amarante.
Ancolie.
Aspérule (muguet).

Balsamine.
Belle de jour.
Belle de nuit.
Campanule.

Capucines.

Coloquintes.

Coréopsis.

Dalhia.

Digitale.

Géranium.

Giroflée quarantaine.

Giroflée jaune simple.

Ipomée écarlate.

Julienne.

Julienne de Mahon.

Lins.

Lobélia.

Lupins.

Lychnis.

Mauve frisée.

Myosotis.

Œillets.

Œillet de poète.

Œillet de Chine.

Périlla.

Pétunia.

Pieds d'alouette.

Pivoine.

Pourpier.

Primevère.

Reine-marguerite.

Renoncules.

Réséda

Rhubarbe.

Ricins.

Scabieuse.

Seneçon.

Silène.

Soleil.

Soucis.

Tagète (œillets et roses d'Inde).

Véronique.

Volubilis:

Zinnias.

Juin.

Amarante.

Ancolie.

Aspérule (muguet).

Baguenaudier.

Balisier (canna).

Cinéraires.

Épervière.

Giroflée cocardeau.

Giroflée jaune simple.

Ipomée écarlate.

Julienne.

Lychnis.

Muflier.

Œillet de poète.

Phlox.

Pivoine.

Réséda.

Rhubarbe.

Rose trémière.

Zinnias.

Juillet.

Aconit.

Anthémis.

Baguenaudier.

Balisier (canna).

Cinéraires.

Giroflée cocardeau.

Paquerette.

Pensée.

Pivoine.

Primevère.

Rose trémière.

Violette.

Août.

Abronia umbellata.

Agératum.

Chrysanthème.

Ficoïde.

Fraxinelle.

Lobélia.

Muflier.

Myosotis.

Œillet de Chine.

Paquerette.

Pensée.

Primevère.

Renoncules.

Rose trémière.

Scabieuses.

Silène.

Verveines.

Violette.

Septembre.

Adonide.

Agératum.

Brachycome.

Campanule.

Clarkia.

Collinsia.

Coréopsis.

Gesse (pois de senteur).

Giroflée quarantaine.

Immortelles.

Julienne de Mahon.

Lins.

Myosotis.

Pavots.

Pensée.

Phlox.

Pieds d'alouette.

Renoncules.

Scabieuses.

Seneçon.

Silène.

Soucis.

Thlaspis.

Verveines.

Octobre.

Gesse (pois de senteur).

Pensée.

Pieds d'alouette.

Soucis.

Volubilis.

Il est bien entendu que les semis d'été et d'automne sont toujours préférables à ceux du printemps.

Nos graines, semées à époque voulue, et recouvertes de terre très-perméable mélangée de terreau, nous aurons encore, jusqu'à la levée, à y maintenir l'humidité nécessaire, et après la levée à arracher toutes les mauvaises herbes aussitôt qu'elles apparaîtront. (Voir *Semis*, pour les soins à leur donner, page 576.)

CHAPITRE III

Les clés du succès. — La culture.

———

Nos plantes sont levées, rien de mieux ; elles sont nées, rien de plus ; il faut les élever maintenant : c'est là que commence l'œuvre de la culture.

La culture, ce n'est rien et c'est tout. Elle ne consiste pas à gratter des allées et à tondre des gazons, mais à connaître les besoins des plantes et à venir à leur secours en temps utile. La culture proprement dite est l'intuition des besoins des plantes.

Quand les semis sont assez forts, la culture est la science de les enlever à temps, avant qu'ils ne souffrent d'être trop pressés, pour les repiquer en pépinière. C'est la connaissance de la culture qui nous fait donner des labours profonds aux planches destinées aux pépinières, et nous les fait fumer avec des engrais très-consommés, pour que les jeunes plantes trouvent un sol perméable et friable, pour loger leurs nouvelles racines et trouver une nourriture abondante. Ces riens, nés du raisonnement, constituent la science de la culture ; appliqués, ils produisent une végétation splendide ; négligés, vous n'obtenez que des plantes

faibles, maigres et maladives. Vous cultivez pour
donner de la pâture aux insectes, rien de plus.

D'épais paillis pour maintenir le sol frais, des pincements faits à temps pour ramifier les plantes, des
binages donnés en temps opportun, quand le sol se
dessèche et devient imperméable, c'est encore de la
culture.

Il n'y a jamais d'heure fixe ou de jour voulu pour
poser une couverture ou ombrer, pas plus que pour,
donner un binage. C'est l'état du temps et celui de la
terre qui détermine le moment propice pour opérer.
C'est l'intelligence de la culture, et l'homme qui la possède est sûr de faire son chemin, quand même il serait
le plus déshérité de tous sous le rapport de la fortune.

N'est pas cultivateur qui veut. Pour le devenir, il
faut une certaine élévation de pensée, sinon des connaissances, mais au moins des notions générales de
toutes choses (cela s'apprend); mais encore, ce qui ne
s'apprend pas, il faut aussi une certaine dose de pers-
picacité.

Beaucoup de ceux auxquels nous confions nos cultures, malgré tout leur bon vouloir, manquent de plusieurs de ces choses. Ils ont les bras, la force, le
mouvement, mais la pensée fait défaut.

Vous avez un excellent serviteur, mais il est incom-
plet; il veut et ne peut pas. Complétez-le par la
pensée; apportez-lui le secours de la vôtre; il deviendra
un exécutant précieux.

Je n'ai pas la prétention de faire remuer de la terre
aux propriétaires, mais de les initier à la partie intelli-

gente de la culture, pour qu'ils puissent la diriger et faire exécuter des choses sensées sous leur direction.

La direction est une clé qui ouvre sûrement la porte qui conduit au succès.

CHAPITRE IV

Les clés du succès. — La direction.

La direction, c'est la pensée dirigeant le mouvement dans un sens utile ; c'est l'ordre dans l'anarchie. Toute chose sans direction, fortune, entreprise, administration, maison et même jardin, est destinée, sinon à périr, mais au moins à être très-diminuée.

En culture, le défaut de direction conduit à toutes les bévues possibles, au manque de tout, avec le triple de la dépense nécessaire pour nager dans l'abondance. Les meilleurs exécutants, ceux laborieux, soigneux dans leur travail, et ne se dérangeant jamais, ne sont pas, en général, organisés pour la conception. Ils exécutent fidèlement et consciencieusement l'ordre donné, sans sortir du cadre qui leur a été tracé. Ceux-là sont les meilleurs serviteurs : toujours honnêtes sous tous les rapports, d'un commerce agréable, doux et polis, parce qu'_ reconnaissent la supériorité du maître et la respectent.

Avec ces hommes-là, bien dirigés, l'impossible devient praticable.

Vient après la série des exécutants se disant très-intelligents, quand ils n'ont pas la prétention d'être des savants sans avoir rien appris. Ils sont parfois intelligents, mais parlent trop, travaillent peu, et souvent pas du tout. Ils bavardent sans cesse; c'est un besoin chez eux, et ils ont un autre besoin non moins impérieux, celui de se faire écouter. Une armée d'ouvriers, dont la moitié les écoute, est indispensable pour exécuter le travail le plus insignifiant. La plupart du temps, si vous avez donné un ordre la veille, le contraire est exécuté le lendemain, et votre exécutant parle une heure pour vous prouver que le blanc s'appelle ainsi, mais qu'il est rouge, malgré son nom.

Avec le premier, il se fera encore quelque chose; mais avec le second, votre jardin sera converti en gouffre. Apportez la direction, la pensée et l'œil du maître; tout se fera dans des conditions normales, avec facilité et économie.

Avec un bon exécutant (heureux ceux qui les rencontrent en l'an de grâce 1877!), la direction est facile et le résultat toujours assuré. Disons aussi que si nous avons trop de bavards dans le voisinage de Paris, nous ne manquons pas de bons travailleurs et d'excellents serviteurs en province, et qu'en dirigeant leur force et leur bon vouloir, on arrive très-vite au succès.

Tout propriétaire tenant à son jardin ne peut s'affranchir de la direction, à moins d'avoir une fortune princière, et de la confier à un homme d'une valeur réelle, en lui faisant une position équivalant à l'exercice d'une industrie.

Je sais que les trois-quarts de mes lecteurs sont de mon avis, et ceux-là dirigent et dirigeront leurs jardins avec succès ; mais le dernier quart vient chez moi, prend les trois volumes des *Classiques du jardin* et me dit en sortant : « Je veux suivre votre méthode ; elle donne des résultats magnifiques. En rentrant, je vais remettre ces livres à mon jardinier et lui donner l'ordre d'exécuter tout cela. Il ne sait pas lire ; mais sa femme sait, et lui lira vos livres le soir. »

C'est pour ce dernier quart que j'ai écrit les lignes qui précèdent, et j'y ajouterai un conseil : celui de rester tranquille et de laisser les choses comme elles sont, s'il ne veut pas diriger.

Chaque année, eussiez-vous la plus jolie création d'un grand artiste, il faut changer vos corbeilles de fleurs et les maintenir, tout en les changeant, dans les cadres de la perspective et de l'harmonie. Chaque année aussi la végétation sort des limites qui lui sont imposées ; il faut savoir l'y maintenir avec art, sans laisser trace de sections maladroites, convertissant vos massifs en murailles vertes, et mille autres choses ne pouvant se faire qu'avec une intelligence développée et du goût.

Avez-vous le droit de les exiger chez un homme auquel le sort a refusé la possibilité d'exercer sa pensée, dont le travail constant ne lui a pas laissé le temps d'observer pour acquérir le goût ? Évidemment non.

Préférez-vous un bavard? Mille fois non. Eḥ bien, dirigez, et tout ira pour le mieux.

La direction du jardin fruitier et du potager sont des plus faciles en prenant pour guide l'*Arboriculture frui-tière* et le *Potager moderne*. L'expérience l'a prouvé depuis longues années : des dames du meilleur monde ont obtenu de brillants résultats en dirigeant ces deux cultures. Et je puis affirmer, sans crainte d'être démenti, qu'elles n'ont jamais scié une branche, labouré un carré ou roulé une brouette de fumier. Elles ont fait exécuter leurs ordres, apporté au mouvement le secours de la pensée : elles ont dirigé.

J'ai fait tous mes efforts pour rendre *Parcs et Jar-dins* aussi précis et aussi pratique que ses deux aînés, et rendre la direction facile. La création faite, l'entre-tien est facile avec une bonne direction ; je la faciliterai dans le chapitre suivant. L'organisation des corbeilles et l'élevage des fleurs, qu'il faut fixer une année à l'avance, est le travail le plus sérieux dans la direction du jardin paysager.

J'ai rendu les semis, en temps opportun, faciles et sans erreur possible, à l'aide du tableau des époques de semis, page 796 ; il n'y aura qu'à le consulter chaque mois pour savoir ce que l'on doit semer.

Les personnes qui débutent dans la direction de leurs jardins peuvent être exposées à avoir trop de fleurs dans certains mois pour en manquer dans d'autres, et aussi à avoir trop de fleurs de la même couleur à la même époque. Rien de plus facile que de leur éviter ce nouvel écueil avec le tableau suivant, indiquant chaque mois les plantes qui fleurissent et la couleur de leurs fleurs. Il sera impossible, en consultant ce tableau avant de semer, de commettre la moindre erreur, de manquer de fleurs, ou de s'exposer à avoir tantôt une floraison toute blanche, toute rose, toute bleue ou toute jaune.

DATES DE FLORAISON DE PLEINE TERRE ET COULEUR DES PLANTES.

Janvier.

Chrysanthèmes. Blanc, jaune, lilas, violet, acajou, pourpre, rose, etc.

Giroflées simples. Jaune, brun, lie de vin, et panaché dans les mêmes couleurs.

Violette des quatre saisons. Violet.

Février.

Anémones. Toutes couleurs.

Giroflées simples. Jaune, brun, lie de vin et panaché.

Jacinthes. Blanc, bleu, jaune, rouge, rose, lilas.

Narcisse. Blanc, jaune clair.

Primevères. Toutes couleurs.

Violette des quatre saisons. Violet.

Mars.

Adonide de printemps. Jaune clair.

Anémones. Toutes couleurs.

Collinsia. Lilas, violet clair.

Giroflée simple. Jaune, brun, lie de vin et panaché.

Jacinthes. Toutes couleurs.

Narcisse. Blanc, jaune clair.

Paquerettes. Blanc, rouge, rose.

Pensées. Violets variés.

Primevères. Toutes couleurs.

Violette des quatre saisons. Violet.

Avril.

Adonide de printemps. Jaune clair.

Anémones. Toutes couleurs.

Collinsia. Lilas violet.

Giroflée quarantaine. Toutes couleurs.

Giroflée cocardeau. Blanc, rouge, violet, lilas, rose.

Iris nain. Violet.

Jacinthes. Toutes couleurs.

Jonquille. Jaune.

Julienne de Mahon. Rose.

Myosotis. Bleu, blanc et rose.

Narcisse. Blanc, jaune clair.

Paquerettes. Blanc, rouge, rose.

Pensées. Violets divers.

Pervenche. Bleu, blanc.

Phlox. Rose.

Pivoines. Rouge, rose.

Primevères. Toutes couleurs.

Silène. Rose, blanc.

Thlaspi vivace. Blanc.

Tulipes. Rouge et varié.

Violettes des quatre saisons. Violet.

Mai.

Aconit Nappel. Bleu.

Adonide d'été. Rouge.

Agératum. Bleu clair.

Ancolie. Blanc, violet, pourpre, rose.

Anémone. Toutes couleurs.

Aspérule (muguet)). Blanc.

Baguenaudier d'Ethiopie. Écarlate.

Brachycome. Bleu intense.

Campanule. Bleu.

Capucines. Feu, brun.

Clarkia. Rose clair.

Collinsia. Lilas violet.

Coquelicots. Rouge, blanc, rose, etc.

Ficoïde. Blanc, rose.

Fraxinelle. Blanc, rose.

Géranium. Rouge, rose, couleur chair, blanc.

Gesse (pois de senteur). Bleu, rouge, rose, blanc panaché.

Giroflées quarantaines. Toutes couleurs.

Giroflées cocardeau. Blanc, rouge violet, rose, lilas.

Glaïeuls. Toutes couleurs.

Iris. Bleu, jaune.

Julienne. Blanc, lilas, rose.

Julienne de Mahon. Rose.

Lin à fleurs rouges. Rouge.

Lis. Blanc.

Lobélia. Bleu.

Lupins. Bleu, jaune, rose, etc.

Lychnis (croix de Jérusalem). Rouge, blanc.

Myosotis. Bleu, rose, blanc.

Œillets. Toutes couleurs.

Œillet mignardise. Blanc, rose, cramoisi, brun.

Œillet de Chine. Blanc, rouge, rose, panaché.

Œillet de poète. Rose, pourpre, violet, cramoisi.

Paquerettes. Blanc, rouge, rose.

Pavots. Toutes couleurs.

Pensées. Violets variés.

Pervenche. Bleu, blanc..

Pétunias. Rouge, rose, lilas.

Phlox. Rose.

Pied d'alouette. Toutes couleurs.

Pivoine. Rouge, rose.

Primevères. Toutes couleurs.

Renoncules. Toutes couleurs.

Silènes. Rose, blanc.

Soucis. Jaune.

Thlaspi. Blanc, violet, lilas.

Véronique. Bleu.

Violette de Parme. Bleu clair.

Juin.

Aconit Nappel. Bleu.

Adonide d'été. Rouge.

Agératum. Bleu.

Amarantes. Rouge, rose, jaune, feu.

Ancolie. Blanc, violet, pourpre, rose.

Anémone. Toutes couleurs.

Anthémis. Blanc.

Baguenaudier d'Ethiopie. Écarlate.

Balsamines. Toutes couleurs.

Belles de jour. Bleu.

Brachycome. Bleu intense.

Campanule. Bleu.

Capucines. Feu, brun, etc.

Chrysanthèmes. Toutes couleurs.

Cinéraires. Bleu, rouge, rose, lilas.

Clarkia. Rose clair.

Collinsia. Rose violet.

Coquelicots. Rouge, rose, blanc. pourpre, panaché.

Coréopsis. Jaune et brun.

Digitale. Rouge.

Epervière. Orange.

Eupatoire. Blanc.

Ficoïdes. Blanc, rose.

Fraxinelle. Rouge, blanc.

Géranium. Rouge, rose, chair, blanc.

Gesse (pois de senteur). Rouge, rose, bleu, panaché.

Giroflée quarantaine. Toutes couleurs.

Giroflée cocardeau. Blanc, rouge, violet, rose, lilas.

Glaïeuls. Toutes couleurs.

Héliotropes. Lilas.

Immortelles. Jaune, violet, blanc.

Iris. Bleu, jaune.

Julienne. Blanc, violet, rose.

Julienne de Mahon. Rose.

Lin à fleurs rouges. Rouge.

Lis. Blanc.

Lobélia. Bleu.

Lupins. Bleu, rose, jaune.

Lychnis (croix de Jérusalem). Rouge, blanc.

Mauve. Rose.

Mufliers. Toutes couleurs.

Myosotis. Bleu, rose, blanc.

Œillets. Toutes couleurs.

Œillet mignardise. Blanc, rose, cramoisi, brun.

Œillet de Chine. Blanc rouge, rose, panaché.

Œillet de poète. Rouge et violet variés.

Paquerettes. Blanc, rouge, rose.

Pavot. Toutes couleurs.

Pensée. Violets divers.

Périlla. Rose rougeâtre.

Pervenche. Bleu, blanc.

Pétunias. Rouge, lilas, etc.

Phlox. Roses variés.

Pied d'alouette. Toutes couleurs.

Pivoines. Rouge, blanc.

Pourpier. Rouge, rose, violet, jaune.

Renoncules. Toutes couleurs.

Réséda. Verdâtre.

Rose trémière. Toutes couleurs.

Scabieuses. Rouge brun, violet.

Seneçon. Blanc, lilas, violet.

Silènes. Rose, blanc.

Soucis. Jaunes divers.

Tagètes (œillets et roses d'Inde). Jaune, brun.

Thlaspi. Blanc, violet, lilas.

Tigrides. Rouge.

Tubéreuse. Blanc.

Véronique. Bleu.

Verveines. Toutes couleurs.

Zinnias. Blanc, rouge, pourpre, rose, lilas, jaune, orange, mordoré, etc.

Juillet.

Abronia umbellata. Rose.

Aconit Nappel. Bleu.

Adonide d'été. Rouge.

Agératum. Bleu gris.

Amarantes. Rouges et jaunes divers.

Amarantoides. Blanc, violet.

Ancolie. Blanc, violet, pourpre, rose.

Anémones. Toutes couleurs.

Anthémis. Blanc.

Argémone. Blanc.

Baguenaudier d'Ethiopie. Écarlate.

Bégonia discolor. Rose.

Belle de jour. Bleu.

Belle de nuit. Blanc, rouge, jaune, panaché.

Brachycome. Bleu intense.

Campanules. Bleu.

Capucines. Feu, brun.

Chrysanthèmes. Toutes couleurs.

Cinéraires. Bleu, violet, lilas, rouge, rose.

Clarkia. Rose clair.

Collinsia. Rose violet.

Coquelicots. Rouge, rose blanc, etc.

Coréopsis. Jaune et brun.

Dalhias. Toutes couleurs.

Datura. Blanc, blanc lilas.

Digitale. Rouges divers.

Epervière. Orange.

Eupatoire. Blanc.

Ficoïdes. Blanc, rose.

Fraxinelle. Rouge blanc.

Géranium. Rouge, rose, chair blanc.

Gesse (pois de senteur). Violet, rouge, bleu, rose, panaché.

Giroflée quarantaine. Toutes couleurs.

Giroflée cocardeau. Blanc, rouge, violet, lilas, rose.

Glaïeuls. Toutes couleurs.

Héliotropes. Lilas.

Immortelles. Blanc, violet, jaune.

Ipomée. Écarlate.

Julienne. Blanc, violet, rose.

Julienne de Mahon. Rose.

Lin fleurs à rouges. Rouge.

Lis. Blanc.

Lobélia. Bleu.

Lupins. Bleu, rose, jaune, etc.

Lychnis (croix de Jérusalem). Rouge, blanc.

Mauve. Rose, lilas.

Mufliers. Toutes couleurs.

Myosotis. Bleu, rose, blanc.

Œillets. Toutes couleurs.

Œillet mignardise. Blanc, cramoisi, brun.

Œillet de Chine. Blanc, rouge, rose, panaché.

Œillet de poète. Rouge, violets variés.

Pavots. Toutes couleurs.

Pensée. Violets divers.

Périlla. Rose rougeâtre.

Pervenche. Bleu.

Pétunias. Rouge, lilas, etc.

Phlox. Roses divers.

Pied d'alouette. Toutes couleurs.

Pourpier. Rouge, rose, violet, jaune.

Reine-marguerite. Toutes couleurs.

Renoncules. Toutes couleurs.

Réséda. Verdâtre.

Rose trémière. Toutes couleurs.

Scabieuses. Rouge brun, violet.

Seneçon. Blanc, lilas, violet.

Silène. Rose blanc.

Soleil. Jaune.

Soucis. Jaunes divers.

Tagète (œillets et roses d'Inde). **Jaune, brun.**

Thlaspi. Blanc, violet, lilas.

Tigride. Rouge.

Tubéreuse. Blanc.

Verge d'or. Jaune.

Véronique. Bleu.

Verveines. Toutes couleurs.

Volubilis. Toutes couleurs.

Zinnias. Toutes couleurs.

Août.

Abronia umbellata. Rose.

Aconit. Bleu.

Agératum. Bleu gris.

Amarante. Rouges et jaunes divers.

Amarantoïdes. Blanc, violet.

Anthémis. Blanc.

Argémone. Blanc

Baguenaudier d'Ethiopie. Écarlate.

Balsamine. Toutes couleurs.

Bégonia discolor. Rose.

Belle de jour. Bleu.

Belle de nuit. Blanc, rouge, jaune, panaché.

Brachycome. Bleu intense.

Campanule. Bleu.

Capucines. Feu, brun et variés.

Chrysanthèmes. Toutes couleurs.

Cinéraire. Bleu, violet, rouge, lilas, rose.

Clarkia. Rose clair.

Coréopsis. Jaune et brun.

Datura. Blanc, blanc violet.

Digitale. Rouges variés.

Épervière. Orange.

Eupatoire. Blanc.

Ficoïde. Blanc, rose.

Géraniums. Rouge, rose, chair blanc.

Gesse (pois de senteur). Rouge, violet, rose, panaché.

Giroflée quarantaine. Toutes couleurs.

Giroflée cocardeau. Blanc, rouge, violet, rose et lilas.

Glaïeuls. Toutes couleurs.

Héliotrope. Lilas bleu.

Immortelles. Blanc, violet, jaune.

Ipomée. Écarlate.

Julienne de Mahon. Rose.

Lin à fleurs rouges. Rouge.

Lobélia. Bleu.

Lupins. Bleu, rose, jaune, etc.

Lychnis (croix de Jérusalem). Rouge, blanc.

Mauve. Rose, mauve.

Mufliers. Toutes couleurs.

Myosotis. Bleu, rose, blanc.

Œillets. Toutes couleurs.

Œillet mignardise. Blanc, cramoisi, brun.

Œillet de Chine. Blanc, rouge, rose, panaché.

Pavots. Toutes couleurs.

Pensée. Violets variés.

Périlla. Rose rougeâtre.

Pétunias. Rouge, lilas, etc.

Phlox. Roses variés.

Pieds d'alouette. Toutes couleurs.

Pourpier. Rouge, rose, violet, jaune.

Reine-marguerite. Toutes couleurs.

Rose trémière. Toutes couleurs.

Scabieuses. Rouge, brun, violet.

Seneçon. Blanc, lilas, violet.

Silène. Rose, blanc.

Soleil. Jaune.

Souci. Jaunes divers.

Tagète (œillets et roses d'Inde. Brun, jaune.
Thlaspi. Blanc, violet, lilas.
Tigride. Rouge.
Tubéreuse. Blanc.
Verge d'or. Jaune.
Véronique. Bleu.
Verveines. Toutes couleurs.
Volubilis. Toutes couleurs.
Zinnias. Toutes couleurs.

Septembre.

Abronia umbellata. Rose.
Aconit. Bleu.
Agératum. Bleu gris.
Amarante. Rouges et jaunes divers.
Amarantoïdes. Blanc, violet.
Anémones. Toutes couleurs.
Anthémis. Blanc.
Argémone. Blanc.
Balsamines. Toutes couleurs.
Bégonias discolor. Rose.
Belle de jour. Bleu.
Belle de nuit. Blanc, rouge, jaune, panaché.
Brachycome. Bleu intense.
Campanule. Bleu.
Capucines. Feu, brun, etc.
Chrysanthèmes. Toutes couleurs.
Cinéraires. Bleu, violet, rouge, lilas, rose.
Clarkia. Rose clair.

Cobée (gobéa). Violet.

Coréopsis. Jaune et brun.

Dahlias. Toutes couleurs.

Datura. Blanc, blanc violet.

Epervière. Orange.

Eupatoire. Blanc.

Ficoïde. Blanc, rose.

Gesse (pois de senteur). Rouge, violet, rose, panaché.

Giroflée quarantaine. Toutes couleurs.

Glaïeuls. Toutes couleurs.

Héliotropes. Lilas bleu.

Immortelles. Blanc, jaune, violet.

Ipomée. Écarlate.

Lins. Rouge, bleu, lilas.

Lobélia. Bleu.

Lupins. Bleu, rose, jaune, etc.

Lychnis (croix de Jérusalem). Rouge, blanc.

Mauve. Rose, mauve.

Mufliers. Toutes couleurs.

Myosotis. Bleu, blanc, rose.

Œillets. Toutes couleurs.

Œillet de Chine. Blanc, rouge, rose, panaché.

Pensées. Violets divers.

Périlla. Rose rougeâtre.

Pétunias. Rouge, lilas, etc.

Phlox. Roses divers.

Pied d'alouette. Toutes couleurs.

Pourpier. Rouge, rose, violet, jaune.

Reine-marguerite. Toutes couleurs.

Réséda. Verdâtre.

Rose trémière. Toutes couleurs.

Scabieuses. Rouge brun, violet.

Seneçon. Blanc, lilas, violet.

Silène. Rose, Blanc.

Soleil. Jaune.

Souci. Jaunes divers.

Tagète (œillet et rose d'Inde). Brun, jaune.

Thlaspi. Blanc, violet lilas.

Tigride. Rouge.

Tubéreuse. blanc.

Verge d'or. Jaune.

Véronique. Bleu.

Verveines. Toutes couleurs.

Violette des quatre saisons. Violet.

Volubilis. Toutes couleurs.

Zinnias. Toutes couleurs.

Octobre.

Abronia umbellata. Rose.

Aconit. Bleu.

Agératum. Bleu gris.

Anémone. Toutes couleurs.

Balsamines. Toutes couleurs.

Bégonia discolor. Rose.

Belle de nuit. Blanc, rouge, jaune, panaché.

Campanule. Bleu.

Capucines. Feu, brun, etc.

Chrysanthèmes. Toutes couleurs.

Cobée (gobéa). Violet.

Coréopsis. Jaune et brun.

Dahlias. Toutes couleurs.

Datura. Blanc, blanc violet.

Eupatoire. Blanc.

Glaïeuls. Toutes couleurs.

Héliotropes. Bleu lilas.

Immortelles. Blanc, jaune, violet.

Ipomée. Écarlate.

Lobélia. Bleu.

Lupins. Bleu, rose, jaune, etc.

Mufliers. Toutes couleurs.

Myosotis. Bleu, blanc, rose.

Œillets. Toutes couleurs.

Pensées. Violets variés.

Périlla. Rose rougeâtre.

Pétunias. Rouge, lilas, etc.

Phlox. Roses divers.

Pied d'alouette. Bleu.

Reine-marguerite. Toutes couleurs.

Scabieuses. Rouge brun, violet.

Seneçon. Blanc, violet, lilas.

Soleil. Jaune.

Soucis. Jaunes divers.

Tagète (œillet et rose d'Inde). Brun, jaune.

Thlaspi. Blanc, violet, lilas.

Tubéreuse. Blanc.

Verge d'or. Jaune.

Véronique. Bleu.

Verveines. Toutes couleurs.

Volubilis. Toutes couleurs.

Violette des quatre saisons. Violet.
Zinnias. Toutes couleurs.

Novembre.

Aconit. Bleu.
Chrysanthèmes. Toutes couleurs.
Cobée (gobéa). Violet.
Dahlia. Toutes couleurs.
Giroflée jaune simple. Jaune, brun.
Héliotropes. Lilas bleu.
Pensées. Violets divers.
Périlla. Rose rougeâtre.
Réséda. Verdâtre.
Tagète (œillet et rose d'Inde). Brun, jaune.
Violette des quatre saisons. Violet.
Zinnias. Toutes couleurs.

Décembre.

Chrysanthèmes. Toutes couleurs.
Giroflée simple. Jaune brun.
Violette des quatre saisons. Violet.

Nous voilà armés de toutes pièces pour semer en temps utile et dans de bonnes conditions, comme pour distribuer les couleurs de nos fleurs, afin d'avoir la plus grande variété possible dans le jardin. C'est une clé plus utile que vous ne le pensez, cher lecteur ; elle ferme la porte des *mais*, des *si* et des *vous ne savez pas*, si nombreux qu'ils feraient céder toutes les portes possibles, si elles n'étaient munies d'une serrure solide, fermant avec la clé que je viens de vous mettre dans la main.

CHAPITRE V

Les clés du succès. — Entretien.

L'entretien d'un jardin est, par le fait, de la culture obligée par la propreté ; mais il ne faut pas que la propreté fasse négliger la culture. L'une est soudée à l'autre ; elles ne peuvent vivre l'une sans l'autre, et si vous négligez l'une des deux, l'autre en souffre beaucoup.

L'entretien, c'est la dernière clé du succès ; elle a une importance énorme, et le maître ne doit jamais perdre cette clé de vue, s'il veut réussir.

Je n'appelle pas de l'entretien donner un coup de râteau aux allées en courant, et par dessus l'herbe ; ce n'est même pas de la propreté ; mais je veux un entretien sérieux au point de vue de la culture, comme à celui de la propreté.

Il n'y a ni heure, ni jour, ni semaine, ni mois fixe pour les travaux d'entretien ; ils sont de toutes les minutes et doivent être exécutés aussitôt que le besoin s'en fait sentir.

Pour nous bien pénétrer de notre sujet, divisons l'entretien du jardin par séries de cultures, et commençons par le plus important : la *cuisine du jardin*, c'est-à-dire le carré D du potager, consacré en partie à l'élevage des fleurs, ou le carré spécial que vous avez consacré à cet usage, si le potager vous manque. C'est la *cuisine* du jardin, et vous ne pouvez pas plus vous passer de cette cuisine, pour avoir des fleurs, que de celle de votre maison pour déjeûner ou dîner.

La *cuisine du jardin* est et doit être cachée à tous les regards, et précisément parce qu'on ne la voit pas, elle est peu ou point entretenue. C'est déplorable, assurément, mais cela est. Rien d'aussi brutal qu'un fait !

Les *pépinières de fleurs* doivent être dans le meilleur état de culture et de propreté, si on veut réussir dans l'élevage des nombreuses plantes dont on a besoin chaque année dans le jardin, c'est-à-dire que toutes les planches de pépinières ne doivent jamais contenir une mauvaise herbe, et que le sol de celles qui ne sont pas paillées ne doit jamais être battu. Aussitôt que la terre forme croûte, il faut donner un binage avec la petite cerfouette, non pour détruire l'herbe absente, mais pour rendre à la terre sa perméabilité et favoriser le prompt développement des plantes.

Les arrosements doivent être fréquents dans les pépinières de fleurs ; ils seront donnés à la pomme ou au brise-jet Raveneau, ce qui vaut mieux, et non au goulot, avec lequel on déracine les plantes sans les mouiller. Le brise-jet mouille les feuilles et les racines sans battre la terre ; la végétation gagne beaucoup en activité à ce mode d'arrosage.

Les ARBRES, que l'on n'entretient jamais, doivent être visités tous les ans après la chute des feuilles, autant pour les débarrasser des branches mortes que pour supprimer les gourmands qui, en les déformant, abrègent sensiblement leur existence. Cinq minutes à peine suffisent chaque année pour entretenir les arbres dans le meilleur état. (Voir page 506.)

Les MASSIFS doivent également être visités tous les hivers, afin de maintenir les arbres et les arbustes dans une forme normale, et d'augmenter leur floraison par quelques opérations de taille appliquées avec intelligence. Je dis tailler avec intelligence, c'est-à-dire aider la nature par quelques suppressions, et non rogner et mutiler les arbres.

On devra également maintenir certains arbustes, même pendant le cours de la végétation, dans les limites qui leur sont assignées, s'ils s'en écartent. Cela aura lieu assez souvent pour les massifs mixtes, et surtout pour les massifs factices. Ils ne doivent jamais empiéter sur les fleurs et les ombrager.

On ne les élague ni ne les rogne, mais on taille les branches qui avancent trop sur un ou deux bourgeons, comme je l'ai indiqué pour l'intérieur des salles vertes, page 348, de manière à ce que les feuilles, tombant irrégulièrement et naturellement, ne laissent pas soupçonner la taille.

Les PELOUSES doivent être aussi l'objet d'un entretien sérieux quand on ne fait pas de foin. On ne doit les faucher ras que par un temps de pluie ou quand la pluie est imminente, pour que l'herbe repousse vite et ombrage les racines. Mais quelque sécheresse qu'il y ait, il ne faut jamais laisser les gazons grainer. Quand le temps ne permet pas de les faucher ras, il faut ébarber tous les épis avec la faux. La production de la graine est ce qui fatigue le plus les plantes et épuise davantage le sol.

Un gazon ébarbé ne se détruit pas, même par une sécheresse de longue durée ; dès que la pluie vient, on fauche ras.

Il est urgent de calculer l'époque de la dernière coupe, de manière à ce que l'herbe ait le temps de repousser avant les gelées, qui feraient grand tort à la pelouse, si les racines du gazon n'étaient pas abritées. Dès que le temps est doux et pluvieux, au printemps, on fauche ras.

Ajoutez à ces soins les quelques engrais que j'ai désignés page 466 ; vous aurez toujours des pelouses vertes, qui dureront plusieurs années.

Les CORBEILLES et les PLANTES-BANDES bordant les massifs doivent être soigneusement entretenues. En les paillant avec soin, on s'évite plus de moitié de travail, et l'on double les effets de la végétation. Non seulement le paillis maintient le sol frais et donne une nourriture additionnelle aux plantes, mais encore il empêche les mauvaises herbes de pousser et économise la moitié des arrosements.

On ne doit jamais voir une mauvaise herbe dans les

corbeilles et les plates-bandes de fleurs, ni même dans les massifs.

L'humidité doit être maintenue à l'aide d'arrosages donnés en plein avec l'arrosoir Raveneau, et pas au goulot, qui ne mouille rien. Il est même bon, pendant les grandes sécheresses, ou lorsque, dans le voisinage d'une route, les arbres sont couverts de poussière, d'en asperger les feuilles avec la pompe à main Dudon.

Les corbeilles ne doivent jamais rester défleuries. La pépinière de réserve contient des plantes prêtes à fleurir ; aussitôt celles des corbeilles fanées, on les arrache pour les remplacer par des plantes prêtes à fleurir.

Il n'y a ni jour ni époque fixe pour tout ce qui constitue l'entretien. C'est une surveillance de tous les jours, et des soins à donner aussitôt que la végétation les réclame.

Ne jamais oublier que les plantes placées dans des suspensions, vases, jardinières, etc., sur les perrons, terrasses, kiosques, etc., ont besoin d'eau tous les matins, et se souvenir que ces plantes ne doivent jamais faner. Aussitôt défleuries, on les remplace par d'autres prêtes à fleurir.

Les ALLÉES doivent toujours être propres, exemptes d'herbe et ratissées souvent. C'est le meilleur moyen d'empêcher l'herbe d'y pousser. Toujours gratter à la ratissoire ou à la charrue avant de ratisser.

L'entretien ne demande pas autant de travail qu'on le pense, quand on ne laisse rien salir ; mais pour cela, il faut avoir un jardinier stable et que des *devoirs de sociétés* n'obligent pas à s'absenter à chaque instant.

Les corbeilles peuvent être facilement entretenues de fleurs toujours prêtes à fleurir, et il en restera encore assez en pépinière de réserve pour le service des bouquets.

Vous avez maintenant toutes les clés en main, cher lecteur. Si vous ne dédaignez pas de vous en servir, le succès de vos opérations est assuré, et il sera d'autant plus facile que le *Potager moderne* vous a familiarisé avec les semis faits en temps opportun et les repiquages en pépinière, sans lesquels vous ne pourrez obtenir de bonnes plantes ni de belles floraisons. Cette conviction m'a fait retarder l'apparition de *Parcs et Jardins*, que je n'hésite plus à lancer aujourd'hui que vous avez la pratique des semis et des repiquages.

Je ne veux pas finir ce livre sans m'acquitter d'une double dette de reconnaissance envers M. ALPHAND, pour son remarquable ouvrage *Arboretum et Fleuriste de la ville de Paris*, et envers MM. VILMORIN-ANDRIEUX pour leur excellent livre les *Fleurs de pleine terre*.

J'ai trouvé dans ces deux précieux ouvrages les plus utiles renseignements. Je croirais manquer à un devoir en ne signalant pas deux livres de fonds, dictés par le savoir comme par une longue expérience, et dont la place est marquée dans toutes les bibliothèques.

Nouvelles. — Renseignements. — Destruction des insectes.

Au moment où je termine *Parcs et Jardins,* un de nos chimistes agricoles les plus distingués, M. MORIDE, aujourd'hui pharmacien, 34, rue de Labruyère, à Paris, me remet plusieurs flacons d'un nouveau produit : la ZAMINE, ayant une action aussi prompte que certaine pour la destruction des parasites des animaux et des végétaux. Les expériences que j'ai faites m'ont prouvé, sans doute possible, que, par le contact ou les émana - tions, la *zamine* tuait ou asphyxiait tous les insectes en quelques secondes.

Malheureusement, on ne peut employer ce précieux produit à l'air libre. Pour que l'asphyxie se produise, il faut le secours d'un châssis, d'une cloche ou même d'un cornet de papier.

Il suffit de placer un morceau de coton imprégné de zamine sous un châssis ou sous une cloche, pour détruire radicalement en moins d'une minute tous les insectes qui y sont renfermés. On détruit les pucerons sur les arbres fruitiers avec la même rapidité, en plaçant une feuille de papier roulée en cornet autour de la branche infectée ; on serre par le bas avec un fil, pour inter- cepter l'air, et on plie le papier par le haut, après y avoir introduit un morceau de coton imbibé de zamine ; l'asphyxie a lieu instantanément.

La zamine rendra les plus grands services pour toutes les cultures de serre et celles faites sous châssis ou sous cloches. Tous les insectes peuvent y être détruits infailliblement et avec la plus grande facilité en moins d'une minute. L'emploi de la zamine est des plus faciles et sans danger pour les plantes. Il suffit d'en imbiber un morceau de coton, et de le placer au centre du châssis ou de la cloche, pour détruire tous les insectes qui y sont enfermés. Il n'y a qu'une précaution à prendre pour la zamine : l'éloigner du feu, qui pourrait l'enflammer.

La zamine, employée en médecine, a donné des résultats aussi prompts qu'assurés pour la guérison de la galle, du *rouge des chiens*, etc., etc. C'est ce qui a donné à M. Moride l'idée de l'employer pour les végétaux. Le résultat de mes expériences ne me laisse aucun doute; il ne me reste plus qu'à remercier le savant chimiste du nouveau service qu'il a rendu à la culture, et à en recommander l'emploi à mes lecteurs.

PLATRE AGRICOLE *pour la composition des engrais chimiques, l'amendement du sol, la culture des asperges, de la vigne, des prairies, des gazons, etc.*

L'emploi du plâtre (sulfate de chaux) est des plus fréquents en agriculture et en horticulture, soit pour introduire du calcaire dans les sols qui en sont dépourvus, ou stimuler les plantes qui en exigent de très-grandes quantités, telles que les asperges, les arbres à fruits à noyaux, la vigne, les prairies, les gazons, etc.

Le point capital est de se procurer du bon plâtre,

c'est-à-dire riche en calcaire. M. GIRARD, fabricant de plâtre à *Sannois* (Seine-et-Oise), en sa qualité de chimiste, s'est appliqué à fabriquer les plâtres les plus riches pour la culture.

Je ne ferai l'éloge ni de M. Girard, ni de son plâtre agricole ; j'en donne simplement l'analyse :

Paris, 18 juillet 1877.

Je certifie que le plâtre confié à mon examen par M. Girard, de Sannois (Seine-et-Oise), contient :

Plâtre pur (sulfate de chaux)................	79,80
Carbonate de chaux.....................	10,70
Oxide de fer et silice...................	1,30
Eau, matières organiques, charbon et traces de manganèse.........................	8,20
	100,00

Ed. MORIDE.

Ce document est plus éloquent que tout ce qui pourrait être dit ; il fixe, sans doute possible, sur la valeur du produit comme sur le caractère du producteur.

PROPAGATION DES MEILLEURES VARIÉTÉS DE LÉGUMES ET DES PLUS BELLES COLLECTIONS DE FLEURS. — Depuis plusieurs années, sur la demande de mes auditeurs et de mes lecteurs, je réunis et cultive les variétés de légumes et les collections de fleurs indiquées par le *Potager moderne* et *Parcs et Jardins*.

Les graines sont expédiées franco par la poste jusqu'au poids de 500 grammes, et dans les quarante-huit heures de la réception de la demande.

Envoi franco du catalogue détaillé à toute personne, en faisant la demande à M. CRESSENT, professeur d'arboriculture, à *Sannois* (Seine-et-Oise).

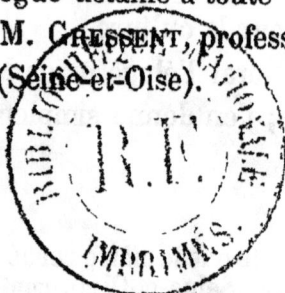

LES CLASSIQUES DU JARDIN

Par GRESSENT.

1º **L'ARBORICULTURE FRUITIÈRE** (5e édition). — Traité complet de la culture, taille et restauration de toutes les espèces d'arbres.

Cette édition, considérablement augmentée de texte et de figures, traite à fond, et de la manière la plus pratique : de la création des jardins fruitiers ; — des vergers ; — du vignoble, etc., etc. ; — du choix des meilleurs fruits ; — **de la spéculation fruitière sans capital** ; — du vignoble ; — de la pépinière ; — des plantations urbaines et d'alignement ; — de l'entretien des arbres forestiers ; — de la culture, de la formation, de la taille et de la restauration de toutes les espèces d'arbres à fruits.

Formes d'arbres et tailles nouvelles ; — simplification de toutes les opérations ; en un mot tout le règne des végétaux ligneux, dans un volume de 900 pages et 430 figures intercalées dans le texte. — **Prix : 7 fr.**

2º Le **POTAGER MODERNE** (4e édition). Traité complet de la création des potagers et de la culture des légumes sous tous les climats de la France. — Production prompte et économique. — Un volume de 800 pages et nombreuses figures. — **Prix : 7 fr.**

3º **PARCS ET JARDINS** (1re édition). Traité complet de la création des parcs et des jardins paysagers, de la culture des arbres et arbustes d'ornement et des fleurs. — Un volume de 840 pages et nombreuses figures, plans, paysages, etc. — **Prix : 7 fr.**

Avec ces trois volumes, les plus pratiques qui existent, une personne étrangère à la culture peut créer et diriger ses jardins avec certitude de succès, promptitude et économie dans la production.

Chez M. GRESSENT, auteur et éditeur, à SANNOIS (Seine-et-Oise). — On expédie, *franco* par la poste et par retour du courrier, contre un mandat de poste.

PARIS, chez A. GOIN, libraire, 62, *rue des Écoles*.

ALMANACH GRESSENT

Almanach Gressent pour 1868, 1869, 1870, 1871-1872 réunis, 1873, 1874, 1875, 1876 et 1878, illustré, **50** cent., traitant des nouveautés horticoles de l'année, et uniquement d'arboriculture, de potager moderne et de floriculture.

Chaque année, il paraît un nouvel **Almanach Gressent**, tenant le public au courant des expériences nouvelles faites pendant l'année. L'**Almanach** est le complément des livres, et la collection est des plus utiles.

Chaque **Almanach Gressent** séparé, **50** centimes, *franco par la poste*. — La collection, neuf années (1867 et 1877 sont épuisés), *franco par la poste* et par *retour du courrier*, contre un mandat de poste de **3 fr.**, adressé directement à M. GRESSENT, professeur d'arboriculture, à SANNOIS (Seine-et-Oise).

L'**Almanach Gressent** paraît toujours du 1er au 5 septembre de l'année précédente. (*Envoi franco par la poste.*)

GRAINES POTAGÈRES ET DE FLEURS

Toutes les variétés de légumes et de fleurs adoptées par le professeur GRESSENT et provenant de ses cultures.

Envoi par la poste et par messageries, en France et à l'étranger.

Le catalogue est adressé *franco par la poste* à toute personne qui en fera la demande à M. GRESSENT, professeur d'arboriculture et d'horticulture, à SANNOIS (Seine-et-Oise).

A. COTTIN

PÉPINIÉRISTE

A SANNOIS (Seine-et-Oise).

ARBRES FRUITIERS

ET

GRIFFES D'ASPERGES D'ARGENTEUIL.

Expédition en France et à l'étranger.

QUINCAILLERIE HORTICOLE

DEROUET

4, Rue du Bouloi, Paris.

Maison spéciale de vente et d'expédition, en France et
à l'étranger, de tous les objets indiqués par les *Classiques
du Jardin.*

TABLE DES MATIÈRES.

TROISIÈME PARTIE.

QUATRIÈME PARTIE.

CINQUIÈME PARTIE. — FLEURS ET PLANTES A FEUILLES ORNEMENTALES.

SIXIÈME PARTIE. — FLORICULTURE.

SEPTIÈME PARTIE. — FLORICULTURE. — LES CLÉS DU SUCCÈS.

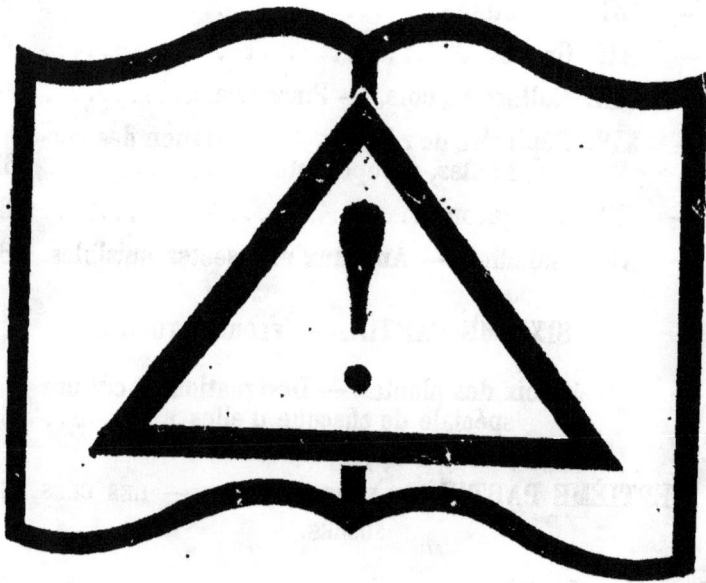

DÉPLIANT(S) EN ...
PRISES DE VUE

LÉGENDE

A ... Voisin désagréable et curieux.

B ... Volière à surprise et à scie.

C ... Potager.

D ... Jardin fruitier.

LÉGENDE

A   Voisin désagréable et curieux.

B   Volière à surprise et à scie.

C   Potager.

D   Jardin fruitier.

E   Salle verte.

F   Kiosque.

G   Entrée.

H   Châlet du Jardinier.

I   Ecuries, Remises, Chenil, etc.

J   Cour.

K   Entrée.

......   Vues.

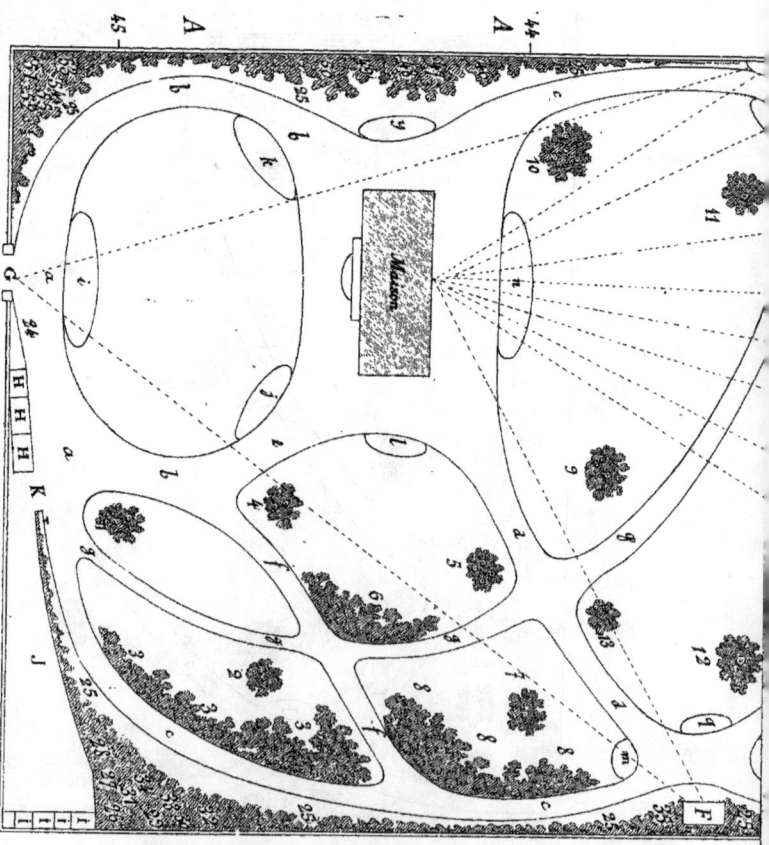